Robert Heinemann

PSPICE

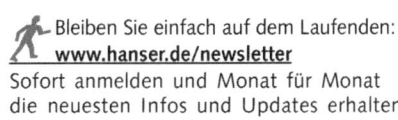

Robert Heinemann

PSPICE

Einführung in die Elektronik-simulation

7., aktualisierte und erweiterte Auflage

Lehrgang
Handbuch
Kochbuch

HANSER

Alle in diesem Buch enthaltenen Programme, Verfahren und elektronischen Schaltungen wurden nach bestem Wissen erstellt und mit Sorgfalt getestet. Dennoch sind Fehler nicht ganz auszuschließen. Aus diesem Grund ist das im vorliegenden Buch enthaltene Programm-Material mit keiner Verpflichtung oder Garantie irgendeiner Art verbunden. Autor und Verlag übernehmen infolgedessen keine Verantwortung und werden keine daraus folgende oder sonstige Haftung übernehmen, die auf irgendeine Art aus der Benutzung dieses Programm-Materials oder Teilen davon entsteht.

Die Wiedergabe von Gebrauchsnamen, Handelsnamen, Warenbezeichnungen usw. in diesem Werk berechtigt auch ohne besondere Kennzeichnung nicht zu der Annahme, dass solche Namen im Sinne der Warenzeichen- und Markenschutz-Gesetzgebung als frei zu betrachten wären und daher von jedermann benutzt werden dürften.

Bibliografische Information Der Deutschen Nationalbibliothek

Die Deutsche Nationalbibliothek verzeichnet diese Publikation in der Deutschen Nationalbibliografie; detaillierte bibliografische Daten sind im Internet über http://dnb.d-nb.de abrufbar.

ISBN 978-3-446-42609-2

© 2011 Carl Hanser Verlag München
Internet: http://www.hanser.de

Lektorat: Mirja Werner M.A.
Herstellung: Dipl.-Ing. Franziska Kaufmann
Coverconcept: Marc Müller-Bremer, www.rebranding.de, München
Coverrealisierung: Stephan Rönigk
Druck und Binden: Kösel, Krugzell
Printed in Germany

Alles soll so einfach wie möglich ge-
macht werden, aber nicht einfacher.

Albert Einstein

Vorwort

In der Geschichte der Elektrotechnik gab es nur wenige Erfindungen, von denen die Arbeit des Elektronikers so stark beeinflusst wurde, wie von PSPICE. Seitdem es PSPICE gibt, genügt ein handelsüblicher PC, um das Betriebsverhalten kompliziertester elektronischer Schaltungen in allen Details vorauszusagen, zu simulieren. Die Genauigkeit der Simulationsergebnisse ist dabei meistens größer, als die Genauigkeit der Analyse der Schaltung im Labor, denn PSPICE macht keine Messfehler.

Für professionelle Elektroniker sind Simulationsprogramme inzwischen zum unverzichtbaren Werkzeug geworden. Es gibt davon eine ganze Reihe, fast alle sind Weiterentwicklungen des legendären Programms SPICE, das an der Universität Berkeley entwickelt wurde. PSPICE setzt unter diesen Programmen den Standard, es kommt weltweit mehr zum Einsatz, als alle übrigen Simulationsprogramme zusammen.

Die Vollversion von PSPICE ist für Schüler, Studenten und Hobbyelektroniker unbezahlbar. Es ist deshalb von unschätzbarem Wert für die Elektronikerausbildung in Betrieben, Schulen und Hochschulen, dass es eine kostenlose Evaluationsversion (Demoversion, Lite-Edition) des Programms gibt, die sich von der Vollversion nur dadurch unterscheidet, dass der Umfang der Schaltungen auf maximal 50 Bauteile begrenzt ist, darunter 10 Transistoren. Diese Einschränkung hat für den Einsatz des Programms in der Ausbildung praktisch keine Bedeutung. Das vorliegende Buch bezieht sich mit seinen Beispielen auf die Evaluationsversion, ist aber selbstverständlich auch zur Einführung in die Vollversion geeignet.

Das Buch erhebt den Anspruch, eine Einführung in PSPICE zu geben, die dem interessierten Elektroniker Freude bereitet. Eine gute Gliederung und regelmäßige Erfolgserlebnisse sind dafür eine wichtige Voraussetzung. Der PSPICE-Lehrgang dieses Buches besteht aus überschaubaren und in sich abgeschlossene Abschnitten, und die Beispielschaltungen, mit denen Sie die PSPICE-Simulation kennen lernen, sind in der Regel typische, Ihnen vertraute Schaltungen der elektrotechnischen Grundausbildung. Auf diese Weise können Sie die Ergebnisse der Simulation jederzeit selbst auf Richtigkeit überprüfen und so das nötige Vertrauen in Ihre eigene Arbeit sowie in die Arbeit von PSPICE gewinnen. Dieses Vertrauen benötigen Sie z.B. bei der Analyse größerer nichtlinearer elektronischer Schaltungen, bei denen die Simulationsergebnisse oftmals auch dem routinierten Elektroniker nicht auf den ersten Blick einleuchten.

Da PSPICE im Original ein sehr amerikanisches Produkt ist, wurde die amerikanische Originalversion des Programms mit Genehmigung des Herstellers an die Gewohnheiten europäischer Anwender angepasst: Die amerikanischen Schaltzeichen der Originalversion wurden durch die in Europa üblichen Schaltzeichen der Norm *DIN EN 60617* ersetzt. Außerdem wurden die in der Originalsoftware vorhandenen und in Europa unüblichen amerikanischen Transistortypen durch Transistoren ergänzt, die in Europa verbreitet sind. Die amerikanische Originalversion und die Euro-Modifikationen liegen dem Buch als CD bei.

In diesem Buch wird „das Unmögliche" versucht: Es soll gleichzeitig Einführungslehrgang für den Einsteiger, angemessene Hilfe für den Fortgeschrittenen und Nachschlagewerk für Einsteiger und Fortgeschrittene sein. Diesem Anspruch soll die folgende Gliederung des Buches dienen:

- Teil 1 vermittelt Grundlagen und richtet sich an den Einsteiger. Auf ca. 120 Seiten werden Sie in 6 Lektionen in die Arbeit mit PSPICE eingeführt. Nach sorgfältigem Durcharbeiten von Teil 1 beherrschen Sie die wichtigsten Analysearten und können somit das, was für eine sinnvolle Nutzung von PSPICE unbedingt erforderlich ist.

- Teil 2 vermittelt Spezialkenntnisse und richtet sich an den fortgeschrittenen Leser, bzw. an den Leser, der Teil 1 bearbeitet und daran anschließend bereits einige Erfahrungen in der Anwendung von PSPICE gewonnen hat. Die 6 Lektionen von Teil 2 können Sie sich in beliebiger Reihenfolge vornehmen.

- Am Ende jeder Lektion befindet sich ein Kochbuch. Seine Rezepte geben in knapper Form Anweisungen zur Durchführung der wichtigsten Aktionen. Damit soll sich der Leser, dem irgendwann einmal einzelne Details einer Routine entfallen sind, möglichst schnell wieder zurechtfinden können.

- Die Teile 3 und 4 eröffnen Ihnen weitere Perspektiven für Ihre vielleicht lebenslange Arbeit mit PSPICE. Unter anderem werden Ihnen Wege aufgezeigt, wie Sie sich PSPICE auch für Spezialanwendungen der Kommunikationselektronik und der Leistungselektronik nutzbar machen können.

Mit den Kenntnissen, die Sie im ersten Teil des Buches erwerben, sind Sie ausreichend vorbereitet, um PSPICE erfolgreich zum Erlernen der Grundschaltungen der Halbleiterelektronik einsetzen zu können. Die Spezialkenntnisse des zweiten Teils können Sie sich dann bei Bedarf nach und nach aneignen.

Der Lehrgang wurde viele Male erprobt und verändert, bis er seine jetzige Form erhalten hat. Allen Kollegen, Schülern und Studenten, deren Anregungen dabei verarbeitet wurden, sei an dieser Stelle herzlich gedankt. Besonderer Dank gilt der Firma CADENCE DESIGN SYSTEMS[1], die durch die kostenlose Vergabe der PSPICE-Evaluation-Software, trotz leerer Kassen in Schulen, Hochschulen und Ausbildungsabteilungen, den erfolgreichen Einsatz von PSPICE in der Ausbildung möglich macht.

Braunschweig, im Herbst 1998
Robert Heinemann

---

1) Der frühere PSPICE-Anbieter ORCAD wurde im Jahr 1999 von CADENCE DESIGN SYSTEMS übernommen. Der Name ORCAD ist seitdem nur noch ein Handelsname für eine Produktfamilie von CADENCE.

Vorwort zur 7. Auflage

Die Resonanz auf die bisherigen Auflagen hat das Konzept dieses Buches eindrucksvoll bestätigt, so dass jetzt bereits eine 7. Auflage erforderlich wird.

Neben der Korrektur der seit Erscheinen der letzten Auflage bekannt gewordenen Druck- und Schönheitsfehler, wurde das Buch um ein Kapitel *Regelungstechnik* erweitert. Es basiert auf regelungstechnischen Bausteinen, deren PSPICE-Modelle ich entwickelt habe. Sie ergänzen die Euromodifikationen zum Buch und befinden sich auf der beiliegenden CD.

Um dieses einführende Buch nicht mit Spezialwissen zu überfrachten, habe ich weiterführende Aspekte zur Verwendung von PSPICE in der Regelungstechnik auf die Webseite zum Buch ausgelagert. Unter *www.spiceLab.de* gibt es jetzt vier neue Abschnitte, die das Kapitel *Regelungstechnik* ergänzen sollen:

- Optimierung von Reglern nach dem Frequenzkennlinienverfahren.
- Ausregelung von Störungen im Regelkreis.
- Regelungstechnik mit den Laplace-Bausteinen von PSPICE.
- Modellbildung mit ABM (Analog Behavior Modeling).

Auf vielfachen Wunsch habe ich meiner Webseite auch einen Abschnitt mit Lösungen zu den Aufgaben des Buches hinzugefügt.

Obwohl es inzwischen eine PSPICE-Version 16.3 gibt, basiert die neue Auflage des Buches weiterhin auf der Demoversion 16.0. Das liegt daran, dass die Demoversion 16.3 einen kleinen aber folgenschweren Fehler enthält: Die Funktion zum Einbinden neuer Modelle funktioniert nicht. Der Verzicht darauf wäre ein Verlust, dem in meinen Augen kein entsprechender Gewinn gegenüber stünde.

Braunschweig, im Januar 2011
Robert Heinemann

Inhaltsverzeichnis

Installation der PSPICE-Demoversion 16.0 12

PSPICE-Lehrgang Teil 1: Grundlagen 15

Lektion 1   Zeichnen von Schaltplänen 17

1.1   CAPTURE starten 17
1.2   Ein neues Projekt anlegen 18
1.3   Bauteile finden und positionieren 22
1.4   Schaltpläne zeichnen 26
1.5   Bauteilattribute editieren 32
1.6   Die Schaltflächen von CAPTURE 35
1.7   Aufgaben 40
           Kochbuch 41

Lektion 2   Gleichstrom-Simulation 45

2.1   Spannungen und Ströme in Gleichstromkreisen 45
2.2   Aufgaben 51
2.3   Die Ausgabedatei von PSPICE (Output-File) und die Alias-Datei 53
2.4   Aufgaben 58
           Kochbuch 59

Lektion 3   PSPICE als Software-Oszilloskop: Die Transienten-Analyse 61

3.1   Die Simulation 61
3.2   Probe-Diagramme darstellen 67
3.3   Eine zweite *y*-Achse einfügen 71
3.4   Nutzung von Probe-Funktionen und -Operatoren 73
3.5   Label setzen 78
3.6   Mittelwerte 80
3.6.1   Effektivwert, arithmetischer Mittelwert, Gleichrichtwert 80
3.6.2   Leistungen 81
3.7   Schaltvorgänge 83
3.8   Aufgaben 85
           Kochbuch 87

Lektion 4   Lineare Wechselstrom-Analyse: Die AC-Analyse 89

4.1   AC-Analyse bei einer einzigen Frequenz 89
4.2   Aufgaben 95
           Kochbuch 96

Lektion 5   Frequenzgänge: Der AC-Sweep 97

5.1   AC-Sweeps mit linearen und logarithmischen Achsenskalierungen ... 97
5.2   Lineare und logarithmische Verteilung der Datenpunkte 102
5.3   Ergebnisse früherer Simulationen wieder zurückholen 106
5.4   Diagramme verschiedener Simulationen gemeinsam darstellen 107
5.5   Aufgaben 110
           Kochbuch 111

Lektion 6   Simulation in der Digitaltechnik 1 113

6.1   PSPICE als statischer Logik-Analysator 113
6.2   Dynamische Digitalsimulation: Zeitablaufdiagramme 118

6.2.1	Knotenbezeichnungen in der Digitalsimulation	118
6.2.2	Darstellung unbestimmter Schaltzeitpunkte im Probe-Fenster	121
6.2.3	Digital-Spannungsquellen	123
6.3	Aufgaben	128
	Kochbuch	130

PSPICE-Lehrgang Teil 2: Hohe Schule 131

Lektion 7   PROBE-Feinheiten 133

7.1	Beeinflussung der äußeren Erscheinung des Probe-Fensters	133
7.1.1	Farbe und Linienbreite der Probe-Diagramme ändern	134
7.1.2	Das Menü VIEW zur Beeinflussung des Bildschirmaufbaus	135
7.1.3	Alternative Ansichten des Bildschirminhalts (ALTERNATE DISPLAY)	136
7.1.4	Multi-Windows-Fähigkeit von PSPICE und CAPTURE	138
7.1.5	Marker	139
7.2	Die y-Achse skalieren	142
7.3	Operatoren und Funktionen im Probe-Fenster anwenden	144
7.4	Probe-Diagramme entflechten	150
7.5	Skalierung der x-Achse	152
7.6	Ausschnittvergrößerungen	154
7.7	Aufgaben	155
7.8	Der Probe-Cursor	156
7.9	Aufgaben	161
7.10	Die wichtigsten Schaltflächen des Probe-Fensters	162
	Kochbuch	164

Lektion 8   Der DC-Sweep 167

8.1	DC-Sweeps mit einer Sweepvariablen	168
8.1.1	DC-Sweep: Gleichspannungsquelle als Sweepvariable	168
8.1.2	DC-Sweep: Gleichstromquelle als Sweepvariable	173
8.1.3	DC-Sweep: Bauteiltemperatur als Sweepvariable	178
8.1.4	DC-Sweep: Modellparameter als Sweepvariable	181
8.1.5	DC-Sweep: Global Parameter als Sweepvariable	183
8.2	Geschachtelte DC-Sweeps (zwei Sweepvariablen)	189
8.2.1	Geschachtelter DC-Sweep von zwei Global-Parametern	189
8.2.2	Geschachtelter DC-Seep von Temperatur und Modellparameter	190
8.3	Aufgaben	193
	Kochbuch	194

Lektion 9   Der Parametric-Sweep 199

9.1	Parametric-Sweep im Rahmen eines DC-Sweep	199
9.1.1	Brückenspannung U_{Br} einer Temperaturmessbrücke: Die Kurven-schar $U_{Br} = f(\vartheta)$ mit Temperaturkoeffizient $TC1$ als Parameter	199
9.2	Parametric-Sweep im Rahmen eines AC-Sweep	204
9.2.1	Beispiel 1: Die Kurvenschar $U_C = f(f)$ mit R als Parameter	204
9.2.2	Beispiel 2, Tiefpass: Kurvenschar $U_C = f(f)$, U_{ein} als Parameter	208
9.3	Der Parametric-Sweep in der Transienten-Analyse	212
9.4	Faktoren als sweepbare Global-Parameter	215
9.5	Aufgaben	217
	Kochbuch	218

Lektion 10 Spezielle Analysen 219

10.1   Die Fourier-Analyse 219
10.1.1   Das Frequenzspektrum einer Rechteckspannung 219
10.1.2   Frequenzspektrum der Ausgangsspannung eines Verstärkers 225
10.2   Rauschen 230
10.3   Performance-Analyse 235
10.4   Hilfsmittel zur Festlegung des Arbeitspunktes 242
10.4.1   Die Bias-Point-Detail-Analyse 242
10.4.2   Die Transfer-Analyse 242
10.4.3   Die DC-Sensitivity-Analyse 243
10.5   Die Monte-Carlo-Analyse 244
10.6   Die Worst-Case-Analyse 253
10.6.1   Überblick über den Aufbau der Worst-Case-Analyse 253
10.6.2   Ermittlung des Worst-Case eines aktiven Filters 255
            Kochbuch 258

Lektion 11 Simulation in der Digitaltechnik 2 263

11.1   Zoom und Cursor in der Digitalsimulation 263
11.2   Stimulierung eines Daten-Busses 266
11.3   Anwendungen, Tipps und Tricks 269
11.3.1   Asynchronzähler 269
11.3.2   Asynchroner BCD-Zähler 271
11.3.3   Asynchroner BCD-Zähler mit dezimaler Ausgabe 272
11.3.4   Hexadezimale Darstellung von Bitkombinationen 273
11.3.5   Programmierung von Stimulusfolgen 276
11.4   Aufgaben 277
11.5   Voreinstellungen der Digital-Bausteine 279
11.5.1   Initialisieren von Flipflops 279
11.5.2   Laufzeittoleranzen 281
11.5.3   Wahl des I/O-Levels 284
            Kochbuch 287

Lektion 12 Die Worst-Case-Analyse in der Digitaltechnik 289

12.1   Überlappen von Ambiguity: Ambiguity-Konvergenz-Hazard 290
12.1.1   Kurzzeitige Fehlstellungen digitaler Zustände (Glitches) 290
12.1.2   Aufdeckung von Ambiguity-Konvergenz-Hazards 294
12.1.3   Fehlermeldungen der digitalen Worst-Case-Analyse 296
12.2   Überlappen von Ambiguity: Cumulative-Ambiguity-Hazard 298
12.3   Nichteinhalten von Grenzwerten: Timing-Violations 300
12.4   Der Hazard von Dauer: Persistent-Hazard 305
            Kochbuch 308

Teil 3: Einblicke, Anwendungen, Aussichten 309

Kapitel 13 Simulation und Messung 311

13.1   Leistungsbandbreite 311
13.2   Anstiegsgeschwindigkeit 313
13.3   Rauschabstand 315
13.4   Harmonische Verzerrungen 316

Kapitel 14 Anwendungen 1: Analogtechnik 317

14.1   Gesteuerte Thyristorbrücken 317
14.1.1   Der gesteuerte Gleichrichter *B2H* 317
14.1.2   Der gesteuerte Gleichrichter *B2C* 319
14.2   Blindleistungskompensation im Dreiphasennetz 320
14.3   Aktive Filter 323

Kapitel 15 Anwendungen 2: AD-DA-Umsetzung 325

15.1   DA-Umsetzer mit gewichteten Widerstandswerten 325
15.2   Digital-Analog-Umsetzer mit R-2R-Netzwerk 326
15.3   Der Digital-Analog-Umsetzer *DAC8break* 326
15.4   Analog-Digital-Umsetzung nach dem Zählverfahren 329
15.5   AD-Umsetzung nach dem Dual-Slope-Verfahren 330
15.6   AD-Umsetzung nach dem Wägeverfahren (SAR) 333
15.7   AD-Umsetzung mit den Bausteinen *ADCbreak* 335

Kapitel 16 Modelle einbinden 337

16.1   Grundsätzliches über SPICE/PSPICE-Modelle 337
16.2   Modellbibliotheken an- und abmelden 340
16.3   Schaltzeichenbibliotheken an- und abmelden 343
16.4   Modelle an Schaltzeichen anbinden 344
16.5   Ein Modell aus dem Internet laden 346
16.6   *discretes2005.olb*: Schaltzeichen für importierte Modelle 351
16.7   Aufgaben 357

Kapitel 17 Regelungstechnik 359

17.1   Optimierung von Reglerparametern 359
17.1.1   P-Regelung 360
17.1.2   I-Regelung 360
17.1.3   PI-Regelung 361
17.1.4   PID-Regelung 362

Anhang 363

     Handbücher 363
     Die Farben des Probe-Bildschirms ändern 363
     PROBE: Verfügbare Funktionen und Operatoren 364
     In der Bibliothek *eeval.olb* vorhandene Bauteile 364
     In der Bibliothek *misc.olb* bzw. *sample.lib* vorhandene Bauteile 368
     Die Spannungsquellen der Transienten-Analyse 369
     Die Messgeräte aus *misc.olb* 372
     Die Schalter aus *misc.olb* 373
     Die Drehstromquelle aus *misc.olb* 374
     Die regelungstechnischen Bausteine aus *misc.olb* 375
     Zusatzmodelle 379
     Rezeptliste 389
     Literaturliste 391
     Antworten auf häufig gestellte Fragen 392
     Index 395

Installationsanleitung für die OrCAD-Demoversion 16.0[1)]

Vorbemerkungen zur Installation unter WINDOWS7-VISTA-XP

- Deinstallieren Sie alle neueren OrCAD-Demoversionen (ab Version 9.2). Die Studentenversion 9.1 können Sie weiterhin nutzen.
- Deaktivieren Sie die Firewall sowie alle Anti-Viren- und Anti-Spyware-Programme.

Zur Installation unter WINDOWS-VISTA/WIN7 gehen Sie wie folgt vor:

1. Öffnen Sie die Buch-CD im WINDOWS-Explorer. Die CD enthält als einzige Datei die selbstextrahierende ZIP-Datei *HeinemannAuflage7.exe*. Starten Sie den Entpackvorgang durch Doppelklick auf den Dateinamen. Es öffnet sich das Fenster WINZIP SELF-EXTRAKTOR mit einem Hinweis über den Start des Entpackvorgangs. Bestätigen Sie die Meldung durch Betätigen der Schaltfläche **OK**.

2. Es öffnet sich das Fenster WINZIP SELF-EXTRAKTOR (HEINEMANNAUFLAGE7.EXE). Als Ordner zum Entpacken wird Ihnen *C:\PS_Temp* vorgeschlagen. Passen Sie gegebenenfalls den Laufwerkbuchstaben an und betätigen Sie dann die Schaltfläche UNZIP.

3. Die Dateien werden nach *PS_Temp* entpackt. Das dauert einige lange Minuten, in denen man versucht ist, an einen Fehler zu glauben. Zum Schluss erscheint dann die Meldung „27 Dateien erfolgreich mit Unzip entpackt". **Schließen**.

4. Es erscheint das Fenster BENUTZERKONTENSTEUERUNG. Lassen Sie die Ausführung von *Setup.exe* zu, indem Sie die Schaltfläche **FORTSETZEN** betätigen.

5. Es erscheint (nach einigen Zwischenstufen) das Fenster LICENSE AGREEMENT zum Lesen der Lizenzbedingungen. Wenn Sie damit fertig sind, wählen Sie I ACCEPT THE TERMS OF THE LICENSE AGREEMENT. Quittieren Sie durch Anklicken von NEXT.

6. Es erscheint der Hinweis, dass Sie vor der Installation alle Virenschutzprogramme ausschalten müssen. Das haben Sie bereits vorweg getan. **OK**.

7. Es öffnet sich das Fenster CHOOSE DESTINATION LOCATION zur Eingabe des Zielordners. Passen Sie gegebenenfalls den Laufwerkbuchstaben an. NEXT.

8. Es öffnet sich das Fenster SELECT PROGRAM FOLDER zur Angabe eines Namens, unter dem das Programm im Startordner geführt werden soll. Übernehmen Sie den Vorschlag *OrCAD 16.0 Demo* und verlassen Sie das Fenster mit NEXT.

9. Es öffnet sich das Fenster INSTALLATION SUMMARY mit einer Zusammenfassung der bisher von Ihnen getroffenen Auswahl. NEXT.

10. Der eigentliche Installationsvorgang beginnt. Er dauert einige Zeit, in der sich streckenweise auf dem Bildschirm nichts tut, so dass man fürchtet, das System sei abgestürzt. Durchhalten!

11. Es erscheint u.U. das Fenster PRODUCT FILE EXTENSION REGISTRATION mit dem Hinweis, dass PSPICE einige Dateiendungen benötigt, um korrekt arbeiten zu können. Um PSPICE nutzen zu können, müssen Sie die Schaltfläche **JA** betätigen.

---

1) Für eine Einführung in PSPICE auf der Grundlage dieses Buches ist die OrCAD-Demoversion 16.0 mit ihren Euromodifikationen erforderlich. Falls Sie irgendwann die Euromodifikationen dieses Buches auch mit einer Vollversion oder einer anderen Demoversion nutzen wollen, müssen Sie den Ordner *addlibs* aus der Demoversion 16.0 in die andere PSPICE-Version kopieren und anschließend die Bibliotheken mit den Euromodifikationen bei PSPICE anmelden. Wie Schaltzeichen- und Modellbibliotheken bei PSPICE angemeldet werden, erfahren Sie in Kapitel 16. Achtung: Die Demoversion 16.3 enthält einen Fehler, der bewirkt, dass die Funktion zum Einbinden neuer Bibliotheken nicht funktioniert.

12. Es erscheint u.U. das Fenster TEXT EDITOR FILE EXTENSION REGISTRATION mit dem Hinweis, dass einige Dateiendungen bereits registriert sind, so dass bestimmte Doppelklickoptionen im Explorer nicht funktionieren werden. Erhalten Sie Ihre bisherigen Doppelklickmechanismen und verlassen Sie das Fenster mit NEIN.

13. Das Setup wird abgeschlossen. Es öffnet sich das Fenster SETUP COMPLETE. Sie können darin Produktmitteilungen anfordern. Wenn Sie das nicht jetzt, sondern erst später tun wollen, dann lassen Sie die kleine Eingabefläche unausgefüllt. Beenden Sie die Installation durch Anklicken von **Finish**.

Installation der Euromodifikationen unter WINDOWS7 und WINDOWS-VISTA

14. Finden Sie im Ordner *PS_Temp* die Datei *EuroSetup_WIN7_VISTA.exe*. Damit können Sie die Euro-Modifikationen für PSPICE in eine Demoversion 16.0 installieren. *EuroSetup_WIN7_VISTA.exe* führt folgende Aktionen aus:
    * Es kopiert zum Buch gehörende Bibliotheken in Ihre PSPICE-Installation.
    * Es legt in Ihrer PSPICE-Installation einen Ordner *Projects* an.
    * Es meldet für dieses Buch erforderliche Zusatzbibliotheken bei PSPICE an.
    * Es verändert einige Voreinstellungen, wodurch einem Anfänger der Einstieg in PSPICE erleichtert wird.

    Wenn Sie mit den oben genannten Änderungen einverstanden sind, dann starten Sie *EuroSetup_WIN7_VISTA.exe* durch Doppelklick auf den Dateinamen.

15. Es öffnet sich die Benutzerkontensteuerung und fragt nach, ob das nicht identifizierbare Programm *EuroSetup_WIN7_VISTA.exe* ausgeführt werden soll. Bestätigen Sie das durch Anwahl von **JA**.

16. Nach kurzer Zeit ist die Installation beendet und Sie werden aufgefordert, das Programm durch Betätigen einer beliebigen Taste zu beenden. Tun Sie das.

17. Unter Umständen öffnet sich der Programmkompatibilitätsassistent mit dem Hinweis: „Dieses Programm wurde eventuell nicht richtig installiert". Wählen Sie dann „Erneut mit den empfohlenen Einstellungen installieren" und wiederholen Sie die Punkte 14. bis 16.

18. Starten Sie Ihren Computer neu.

Zur Installation unter WINDOWS-XP gehen Sie wie folgt vor:

1. Beachten Sie Vorbemerkungen und Fußnote auf der gegenüberliegenden Seite.

2. Öffnen Sie die Buch-CD im WINDOWS-Explorer. Die CD enthält als einzige Datei die selbstextrahierende ZIP-Datei *HeinemannAuflage7.exe*. Starten Sie den Entpackvorgang durch Doppelklick auf den Dateinamen. Es öffnet sich das Fenster WINZIP SELF-EXTRAKTOR mit einem Hinweis über den Start des Entpackvorgangs. Bestätigen Sie die Meldung durch Betätigen der Schaltfläche **OK**.

3. Es öffnet sich das Fenster WINZIP SELF-EXTRAKTOR (HEINEMANNAUFLAGE7.EXE). Als Ordner zum Entpacken wird Ihnen *C:\PS_Temp* vorgeschlagen. Passen Sie gegebenenfalls den Laufwerkbuchstaben an und wählen Sie dann UNZIP.

4. Die Dateien werden nach *PS_Temp* entpackt. Das dauert einige lange Minuten, in denen man versucht ist, an einen Fehler zu glauben. Zum Schluss erscheint dann die Meldung „27 Dateien erfolgreich mit Unzip entpackt". **Schließen**.

5. Es erscheint (nach einigen Zwischenstufen) das Fenster LICENSE AGREEMENT zum Lesen der Lizenzbedingungen. Wenn Sie damit fertig sind, wählen Sie I ACCEPT THE TERMS OF THE LICENSE AGREEMENT. Quittieren Sie durch Anklicken von **NEXT**.

6. Es erscheint der Hinweis, dass Sie vor der Installation alle Virenschutzprogramme ausschalten müssen. Das haben Sie bereits vorweg gemacht. **OK**.

7. Es öffnet sich das Fenster CHOOSE DESTINATION LOCATION zur Eingabe des Zielordners. Passen Sie gegebenenfalls den Laufwerkbuchstaben an. **NEXT**.

8. Es öffnet sich das Fenster SELECT PROGRAM FOLDER zur Angabe eines Namens, unter dem das Programm im Startordner geführt werden soll. Übernehmen Sie den Vorschlag *OrCAD 16.0 Demo* und verlassen Sie das Fenster mit **NEXT**.

9. Es öffnet sich das Fenster INSTALLATION SUMMARY mit einer Zusammenfassung der bisher von Ihnen getroffenen Auswahlen. **NEXT**.

10. Der eigentliche Installationsvorgang beginnt. Er dauert einige Zeit, in der sich streckenweise auf dem Bildschirm nichts tut, so dass man fürchtet, das System sei abgestürzt. Durchhalten!

11. Es erscheint u.U. das Fenster PRODUCT FILE EXTENSION REGISTRATION mit dem Hinweis, dass PSPICE einige Dateiendungen benötigt, um korrekt arbeiten zu können. Um PSPICE nutzen zu können, müssen Sie die Schaltfläche **JA** betätigen.

12. Es erscheint u.U. das Fenster TEXT EDITOR FILE EXTENSION REGISTRATION mit dem Hinweis, dass einige Dateiendungen bereits registriert sind, so dass bestimmte Doppelklickoptionen im Explorer nicht funktionieren werden. Erhalten Sie Ihre bisherigen Doppelklickmechanismen und verlassen Sie das Fenster mit **NEIN**.

13. Das Setup wird abgeschlossen. Es öffnet sich das Fenster SETUP COMPLETE. Sie können darin Produktmitteilungen anfordern. Wenn Sie das nicht jetzt, sondern erst später tun wollen, dann lassen Sie die kleine Eingabefläche unausgefüllt. Beenden Sie die Installation durch Anklicken von **FINISH**.

Installation der Euromodifikationen unter WINDOWS-XP

14. Finden Sie im Ordner *PS_Temp* die Datei *EuroSetupXP.exe*. Damit können Sie die für den PSPICE-Lehrgang erforderliche Installation der Euro-Modifikationen in eine Demoversion 16.0 vornehmen. *EuroSetupXP.exe* führt folgende Aktionen aus:

    • Es kopiert zum Buch gehörende Bibliotheken in Ihre PSPICE-Installation.
    • Es legt in Ihrer PSPICE-Installation einen Ordner *Projects* an.
    • Es meldet für dieses Buch erforderliche Zusatzbibliotheken bei PSPICE an.
    • Es verändert einige Voreinstellungen, wodurch einem Anfänger der Einstieg in PSPICE erleichtert wird.

15. Wenn Sie mit den oben genannten Änderungen einverstanden sind, dann starten Sie *EuroSetupXP.exe* durch Doppelklick auf den Dateinamen.

    Es öffnet sich ein Fenster mit der Darstellung des Fortgangs der Installation. Nach kurzer Zeit ist die Installation beendet und Sie werden aufgefordert, das Programm durch Betätigen einer beliebigen Taste zu beenden. Tun Sie das.

PSPICE-Lehrgang
Teil 1: Grundlagen

Moderne Software enthält entweder Fehler oder sie ist veraltet. Das gilt auch für die Bücher darüber[1]

Bevor Sie mit Teil 1 beginnen:

Alle Lektionen von Teil 1 sollten Sie sorgfältig und in der vorgesehenen Reihenfolge bearbeiten, denn sie enthalten konzentriert und aufeinander aufbauend alle grundlegenden Kenntnisse, die zur erfolgreichen Arbeit mit PSPICE erforderlich sind. Auch die in die Texte eingefügten Übungen sollten Sie unbedingt durchführen. Die Aufgaben am Ende der Lektionen dienen der Festigung vorangegangener Lernschritte.

Lernziele von Teil 1:

Am Ende von Lektion 1 können Sie:
- Mit CAPTURE normgerechte Schaltpläne erstellen.
- CAPTURE-Schaltpläne beim Erstellen technischer Dokumente nutzen.

Am Ende von Lektion 2 können Sie:
- Die Gleichstrom-Analyse (Bias-Point-Analysis) anwenden.
- PSPICE bei der Lösung (fast) aller Probleme der Gleichstromtechnik nutzen.

Am Ende von Lektion 3 können Sie:
- Die Transienten-Analyse anwenden.
- Mit PSPICE Lade- und Entladevorgänge untersuchen.
- Mit PSPICE den Zeitverlauf von Wechselspannungen, Wechselströmen und Leistungen graphisch darstellen.
- Effektivwerte, Gleichrichtwerte, arithmetische Mittelwerte, Wirk-, Blind- und Scheinleistungen von Vorgängen mit beliebigem periodischem Zeitverlauf ermitteln.

Am Ende von Lektion 4 können Sie:
- Die AC-Analyse bei einer festen Frequenz anwenden.
- PSPICE bei der Lösung (fast) aller Probleme der Wechselstromtechnik nutzen.

Am Ende von Lektion 5 können Sie:
- Mit dem AC-Sweep Amplituden- und Phasengänge darstellen.

Am Ende von Lektion 6 können Sie:
- PSPICE bei der Analyse einfacher Schaltungen der Digitaltechnik nutzen.

Lernvoraussetzungen:

Der PSPICE-Lehrgang dieses Buches ist so angelegt, dass Sie ihn bereits am Anfang Ihrer elektrotechnischen Grundausbildung parallel zu einer Lehrveranstaltung oder zur Arbeit mit einem Lehrbuch beginnen und dann schrittweise, parallel zur Entwicklung Ihrer elektrotechnischen Kenntnisse, fortsetzen können. Wenn Sie den gesamten Lehrgang „in einem Zug" durcharbeiten wollen, sollten Sie bereits über Grundlagen der Gleich- und Wechselstromtechnik sowie der Elektronik verfügen.

Im Buch verwendete Typografie:

Programmnamen: Großbuchstaben, z.B. WINDOWS.
PSPICE-Menüs, -Fenster, -Optionen, -Befehle, -Schaltflächen: Kapitälchen, z.B. COPY.
Befehlsfolgen: Trennung durch Schrägstriche, z.B. EDIT/COPY
Variablen, Attribute, Dateien, Ordner und Projekte: Kursiv-Schrift, z.B. *R, diode.opj.*
Tastenbezeichnungen: Spitze Klammern, z.B: <Alt>

---

1) Für Hinweise auf Fehler sowie für Kommentare und Kritiken zum Buch sind Autor (robert.heinemann@spicelab.de) und Verlag (voigt@hanser.de) dankbar.

ZEICHNEN VON SCHALTPLÄNEN

1 Lektion

Bevor Sie mit Ihrer Arbeit beginnen können, müssen Sie CAPTURE aus WINDOWS[1] heraus starten:

CAPTURE starten   1.1

Aktion 1.1

Aktivieren Sie CAPTURE aus dem WINDOWS-Startmenü heraus durch Anklicken des Namens ORCAD CAPTURE CIS DEMO mit der Maus (Bild 1.1).

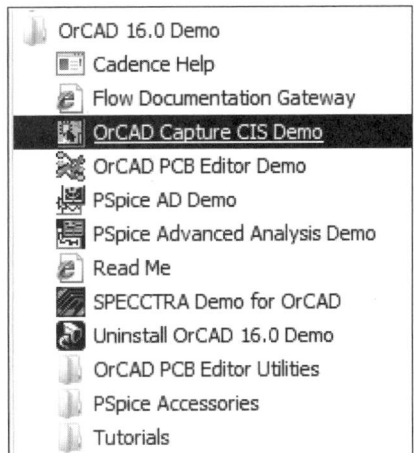

Bild 1.1: Das Startmenü von VISTA mit markiertem Suchweg zu CAPTURE

Es öffnet sich das noch sehr kleine Arbeitsfenster von CAPTURE (Bild 1.2).

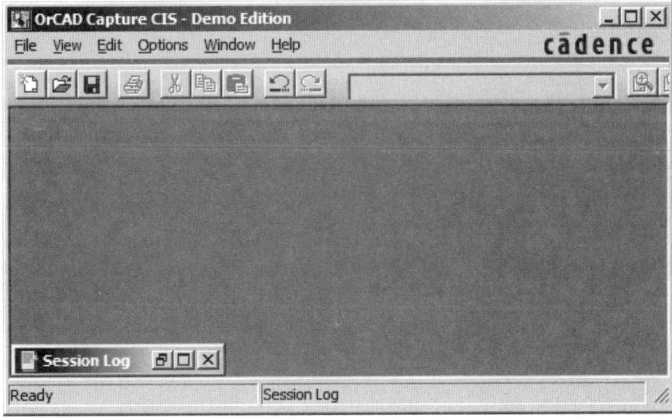

Bild 1.2: Das Arbeitsfenster von CAPTURE nach dem ersten Aufruf

---

1) Die Beispiele des Buches sind mit PSPICE unter VISTA entstanden. PSPICE läuft auch mit WINDOWS 7 und mit WINDOWS-XP.

Aktion
1.2

● Vergrößern Sie das Arbeitsfenster von CAPTURE auf Bildschirmgröße,
● indem Sie rechts oben in seiner Titelleiste die Schaltfläche
● *Maximieren* anklicken (die kleine Schaltfläche mit dem Qua-
● drat). Danach befindet sich im vergrößerten Arbeitsfenster von CAPTU-
● RE die Schaltfläche zum Aktivieren des *Sessi-*
● *on Log* sehr einsam mitten im Fenster. Schaf-
● fen Sie Ordnung und ziehen Sie[1] diese Schaltfläche an den unteren lin-
● ken Rand des jetzt vergrößerten CAPTURE-Arbeitsfensters (Bild 1.3).

Bild 1.3: Das Arbeitsfenster von CAPTURE. Bildschirmfüllend vergrößert

Bevor Sie Ihren ersten Schaltplan erstellen können, müssen Sie ein *Projekt*
anlegen, dem dann Ihr neuer Schaltplan zugeordnet werden kann. Diesem
Projekt können bei Bedarf noch weitere Schaltpläne zugeordnet werden.

1.2   Ein neues Projekt anlegen

Aktion
1.3

● Beginnen Sie mit dem Anlegen eines neuen Projekts, indem Sie das Menü
● FILE (oben links in der Menüleiste) öffnen und darin die Option NEW/
● PROJECT... anwählen. Das Anklicken der Schaltfläche mit dem sym-
● bolisierten weißen Arbeitsblatt hat die gleiche Wirkung.

Es öffnet sich das Fenster NEW PROJECT (Bild 1.4). CAPTURE unterscheidet verschiedene Arten von Projekten, die im Fensterteil CREATE A NEW PRO-
JECT USING ausgewählt werden können. Es gibt Projekte, die ausschließlich
dazu dienen, einen Schaltplan (SCHEMATIC) zu zeichnen. Andere Projekte
nutzen CAPTURE zwar auch zum Erstellen von Schaltplänen, diese Schaltpläne dienen dann allerdings nur als Eingabemittel (Frontend) zur Ausführung anderer Programme, z.B. für das Layout einer Leiterplatte (PC BOARD)

---

1) Ziehen: Anklicken mit der linken Maustaste und dann Verschieben mit gedrückter linker Maustaste.

oder für die Simulation mit PSPICE (ANALOG OR MIXED A/D). In diesem Buch werden Sie ausschließlich Analog-or-Mixed-A/D-Projekte anlegen. Hier dienen die Schaltpläne als Eingabemittel für die Daten zur Simulation der Schaltung mit PSPICE.

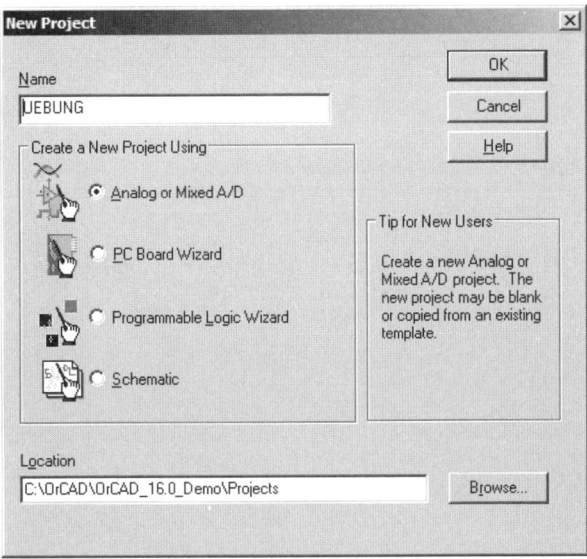

Bild 1.4: Das Fenster NEW PROJECT mit Einstellungen zum Anlegen des Analog-or-Mixed-A/D-Projekts *UEBUNG*

Aktion
1.4

Im Fenster NEW PROJECT ist die für PSPICE-Projekte erforderliche Option ANALOG OR MIXED A/D bereits gewählt. Geben Sie in die Eingabefläche NAME den Projektnamen *UEBUNG*[1] ein. Unter LOCATION steht der Suchweg zum Ordner *Projects*. In diesem Ordner werden Ihre zukünftigen Simulationsdateien gespeichert. Wenn Ihr Fenster so aussieht wie Bild 1.4, dann verlassen Sie es durch Anklicken der Schaltfläche OK.

Aktion
1.5

Es öffnet sich das Fenster CREATE PSPICE PROJECT (Bild 1.5). Wählen Sie in diesem Fenster die Option CREATE A BLANK PROJECT, um ein Projekt anzulegen, das auf keiner bereits vorhanden Vorlage aufbaut. Verlassen Sie anschließend das Fenster durch Anklicken der Schaltfläche OK.

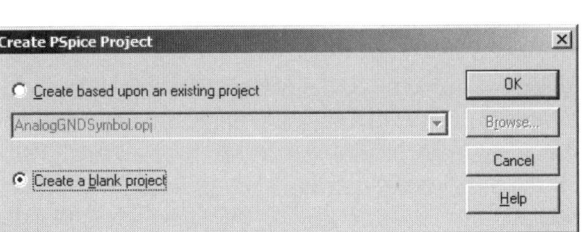

Bild 1.5: Das Fenster CREATE PSPICE PROJECT. Die Option CREATE A BLANK PROJECT ist gewählt

---

1) PSPICE und CAPTURE verstehen keine Umlaute. Den Namen *ÜBUNG* würden sie nicht akzeptieren.

Im Arbeitsfenster von CAPTURE befinden sich jetzt zwei neue Fenster (Bild 1.6): Das noch leere Fenster zum Zeichnen von Schaltplänen und dahinter, fast verdeckt vom Zeichenfenster, das Fenster des Projektmanagers.

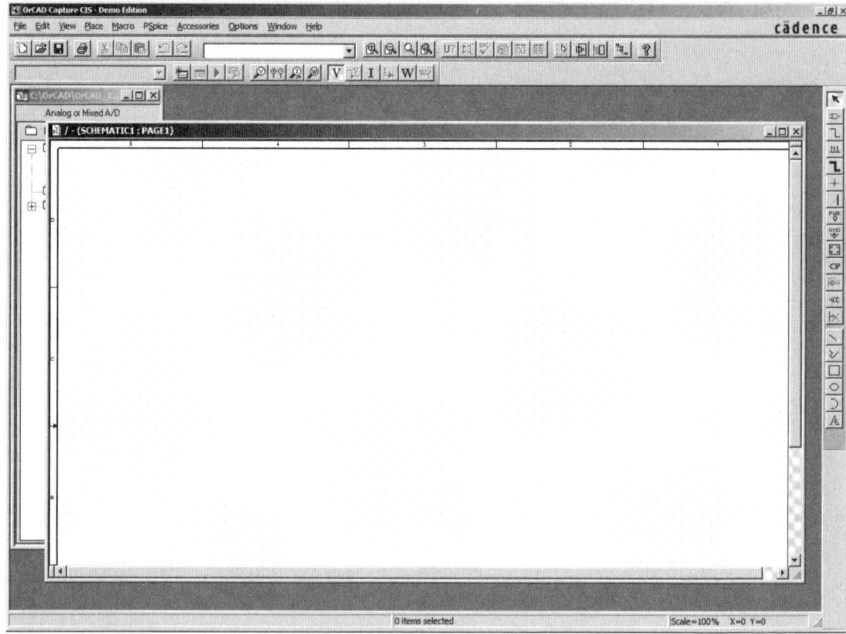

Bild 1.6: Das Arbeitsfenster von CAPTURE mit dem Projektmanager (links hinten) und dem Fenster zum Zeichnen von Schaltplänen (rechts davor)

Aktion
1.6

- Ordnen Sie die beiden Fenster durch Verschieben[1] des Zeichenfensters
- und seiner Ränder so an, dass Ihr Bildschirm anschließend dem Bild 1.7
- ähnelt. Sie können dabei wenig falsch machen, denn Sie sollen mit die-
- ser Aktion nur erreichen, dass beide Fenster anschließend einigermaßen
- übersichtlich nebeneinander angeordnet sind.

Sie sehen oben im Arbeitsfenster von CAPTURE eine Menüleiste (von FILE bis HELP) und darunter die Schaltflächen der so genannten Werkzeugleisten[2]. Ein Vergleich mit dem Arbeitsfenster von Bild 1.3 zeigt, dass sich Menü- und Werkzeugleisten verändert haben. Das liegt daran, dass CAPTURE die verfügbaren Menüs, Menüinhalte und Schaltflächen automatisch an die jeweilige Situation anpasst. Die wichtigsten Menüs werden Sie im Laufe dieses PSPICE-Lehrgangs kennenlernen. Mit Hilfe der Schaltflächen der Werkzeugleisten können Sie die am häufigsten vorkommenden Menübefehle durch einen einfachen Mausklick ausführen. Die ganz linke Schaltfläche (die mit dem weißen Arbeitsblatt) kennen Sie bereits. Es ist die Schaltfläche zur vereinfachten Ausführung des Menübefehls FILE/NEW/PROJECT... Eine Zusammenstellung der verschiedenen CAPTURE-Schaltflächen und der zugehörigen Menübefehle finden Sie im Abschnitt 1.6.

---

1) Durch Anklicken der Titelleiste eines Fensters und „Ziehen" mit gedrückter Maustaste kann ein Fenster verschoben werden. Duch Anklicken und „Ziehen" eines Fensterrandes wird der Rand verschoben.

2) Die Anordnung der Schaltflächen hängt von der Bildschirmauflösung ab und kann bei Ihnen anders sein.

Der *Projektmanager* (links in Bild 1.7) ermöglicht einen Überblick über den Aufbau des Projekts. In seiner Titelleiste steht der Suchweg zu *UEBUNG.opj*.

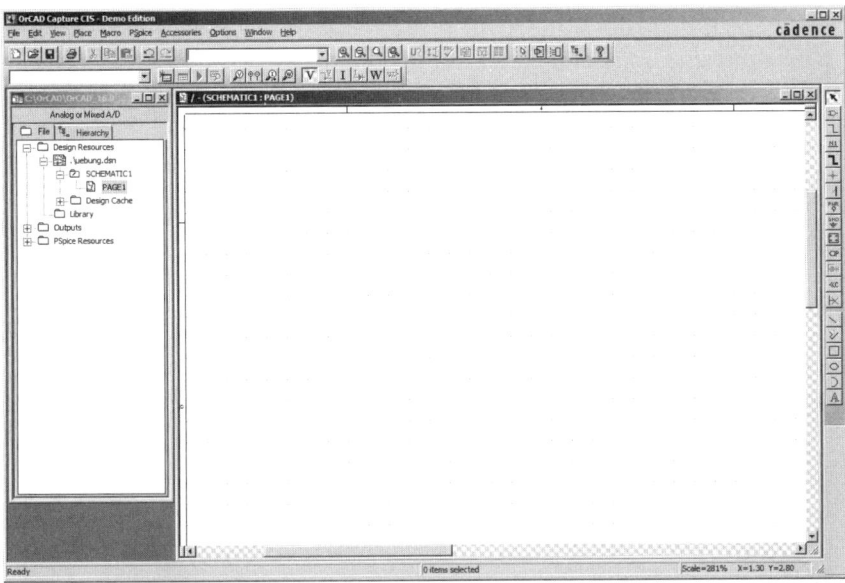

Bild 1.7: Das Arbeitsfenster von CAPTURE mit dem Projektmanager (links) und dem Fenster zum Zeichnen von Schaltplänen (rechts)

Das Zeichenfenster (rechts in Bild 1.7) trägt den Namen SCHEMATIC1: PAGE1, d.h. es befindet sich im Ordner *SCHEMATIC1* und trägt den Namen *PAGE1*. Im Projektmanager (Bild 1.7) ist *PAGE1* mit Suchweg zu erkennen. In Ihrem Projektmanager müssen Sie *PAGE1* noch unter *uebung.dsn* (Anklicken des Pluszeichens) freilegen: ⊞┅▣ .\uebung.dsn

Aktion
1.7

Finden Sie *PAGE1* im Projektmanager und merken Sie sich den Suchweg, denn oftmals müssen Sie Ihr Schaltplanfenster erst im Projektmanager auffinden, um es dort durch doppelten Mausklick öffnen zu können. Aktivieren Sie (Anklicken mit der Maus) abwechselnd beide Fenster. Registrieren Sie, dass sich die Schaltflächen der Werkzeugleisten passend zum gerade aktiven Fenster verändern.

In der nächsten Aktion werden Sie den aktuellen Stand Ihrer Arbeit sichern und dabei das korrekte Speichern von Projekten lernen:

Aktion
1.8

Aktivieren Sie den Projektmanager, indem Sie ihn mit der Maus anklicken[1]. Speichern Sie dann Ihr Projekt durch Anwählen von FILE/ SAVE[2] oder durch Betätigen der Schaltfläche mit der Diskette. Verlassen Sie CAPTURE durch Anklicken der Schaltfläche mit dem Kreuz (oben rechts im Fenster ORCAD CAPTURE CIS-DEMO EDITION): ▣▣✕

1) Bei aktiviertem Schaltplanfenster würden Sie zwar die Schaltung, nicht aber den Rest des Projekts speichern.
2) Bei aktiviertem Projektmanager enthält das Menü FILE auch die Option SAVE AS. Für PSPICE-Projekte macht diese Option keinen Sinn, denn Sie können damit zwar das Design Ihrer Schaltung unter einem neuen Namen speichern, nicht aber die zugehörigen PSPICE-Dateien: Hände weg von SAVE AS...!

1.3   Bauteile finden und positionieren

Aktion
1.9

● Starten Sie CAPTURE (Aktion 1.1) und betätigen Sie dann in der
● Werkzeugleiste des CAPTURE-Arbeitsfensters die Schaltfläche mit
● dem gelben Ordner. Es öffnet sich das Fenster OPEN[1]. Arbeiten Sie
● sich im Fenster OPEN auf dem Pfad *Laufwerk:/OrCAD/OrCAD_16.0_*
● *Demo/Projects* durch bis zum Ordner *Projects* (Bild 1.8) .

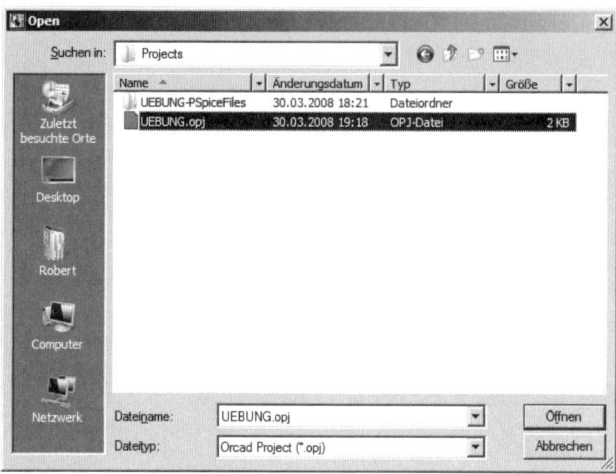

Bild 1.8: Das Fenster OPEN mit *UEBUNG.opj*

Projektdateien erkennt man an der Dateiendung *opj* (**O**rCAD **ProJ**ect). Das
Projekt, das Sie in Abschnitt 1.2 angelegt haben, ist im Ordner *Projects*
unter dem Namen *UEBUNG.opj* gespeichert. Zu diesem Projekt gehört auch
der Ordner *UEBUNG-PSPICEFILES*.

Aktion
1.10

● Markieren Sie den Namen *UEBUNG.opj* und befördern Sie ihn dadurch in
● die Eingabefläche DATEINAME. Betätigen Sie dann die Schaltfläche ÖFFNEN.
● Das Projekt *UEBUNG.opj* erscheint im Arbeitsfenster von CAPTURE, und
● zwar in dem Zustand, in dem Sie es zuletzt gespeichert haben.

Schaltzeichen speichert CAPTURE nach Typen geordnet in so genannten
Bibliotheken (Libraries). Die Namen der Schaltzeichenbibliotheken besitzen die Dateiendung *olb* (**O**rCAD **LiB**rary). Schaltzeichen für Widerstände,
Kondensatoren und Spulen befinden sich z.B. in der Bibliothek *eanalog.olb*,
Spannungsquellen befinden sich in der Bibliothek *e_source.olb*[2]. Für Ihren
ersten CAPTURE-Schaltplan sollen Sie jetzt einen Widerstand finden und
auf der Zeichenfläche platzieren:

---

1) Sie können das Fenster auch über den zugehörigen Menübefehl öffnen: FILE/OPEN/PROJECTS...

2) Die Bauteile in den Bibliotheken *e_source.olb*, *eanalog.olb*, *ebreakou.olb* und *eeval.olb* wurden für dieses Buch erstellt und besitzen Schaltzeichen nach der Europa-Norm *DIN EN 60617*. Auch die Bauteile aus
misc.olb wurden zum größten Teil für dieses Buch neu entwickelt. Die unmodifizierten PSPICE-Original-
bibliotheken heißen *source.olb*, *analog.olb*, *breakout.olb* und *eval.olb*. Sie befinden sich weiterhin in Ihrer
PSPICE-Installation, sind aber z.Z. bei PSPICE nicht angemeldet.

Aktion
1.11

Aktivieren Sie gegebenenfalls das Zeichenfenster (mit der Maus in das Fenster klicken), so dass rechts die zugehörige Werkzeugleiste mit ihren Schaltflächen sichtbar wird. Betätigen Sie die Schaltfläche mit dem stilisierten (amerikanischen) Digitalschaltzeichen[1] und öffnen Sie dadurch das Fenster PLACE PART (Bild 1.9):

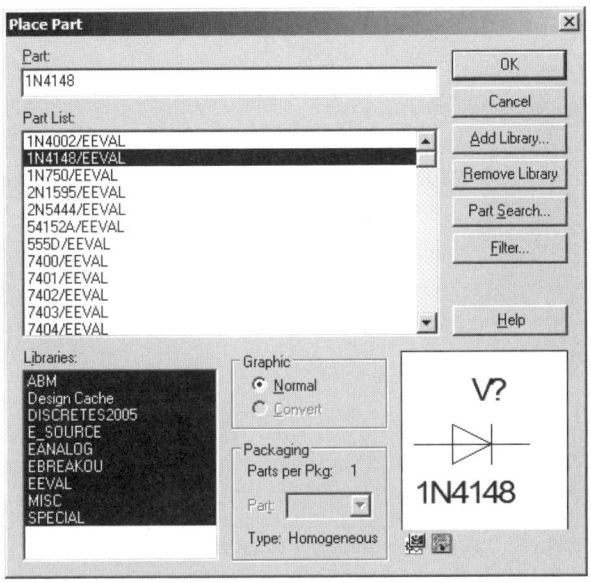

Bild 1.9: Das Fenster PLACE PART. Die Bauteile derjenigen Bibliotheken, die im Fensterteil LIBRARIES markiert sind, werden in der Auswahlliste PART LIST aufgeführt

Aktion
1.12

Markieren Sie (Anklicken mit der Maus) in der PART LIST einzelne Bauteilnamen und sehen Sie sich die zugehörigen Schaltzeichen im Anzeigefenster (unten rechts) an. Experimentieren Sie mit den Anzeigemöglichkeiten des Fensters, indem Sie nur einzelne Bibliotheken der Abteilung LIBRARIES anwählen und somit nur deren Inhalt in der PART LIST anzeigen lassen[2]. Eine der unter Libraries angezeigten Bibliotheken heißt DESIGN CACHE. Im Design-Cache legt CAPTURE Kopien der in ihrem Schaltplan verwendeten Schaltzeichen ab. Für PSPICE-Projekte hat der Design-Cache fast keine Bedeutung. Eine kurze Beschreibung des Design-Cache finden Sie im Anhang unter *Häufig gestellte Fragen*.

Aktion
1.13

Sehen Sie sich den Inhalt der Bibliothek *eanalog* genauer an und stellen Sie fest, dass neben allerlei Schaltzeichen, deren Bedeutung Sie erst noch kennenlernen müssen, auch die besonders wichtigen Schaltzeichen *R*, *L* und *C* darin vorhanden sind.

---

1) Der Menübefehl PLACE/PART... hat die gleiche Wirkung

2) Achtung: CAPTURE hält neben denjenigen Schaltzeichen, die in den Bibliotheken von Bild 1.9 vorhanden sind, auch noch weitere Schaltzeichenbibliotheken bereit. Es handelt sich dabei jedoch um Schaltzeichen, zu denen kein Simulationsmodell gehört, so dass diese nur zum Zeichnen im Rahmen von Zeichenprojekten genutzt werden können. Zur Simulation mit PSPICE sind sie ungeeignet.

Aktion
1.14
* Markieren Sie in der PART LIST den Namen *R* des Widerstands und betätigen Sie dann die Schaltfläche OK. Am Mauszeiger „klebt" jetzt ein Widerstand. Mit jedem Mausklick können Sie einen Widerstand auf dem Zeichenblatt platzieren. Platzieren Sie einige Widerstände und beenden Sie dann den Platziermodus, indem Sie die rechte Maustaste betätigen und im daraufhin sich öffnenden Kontextmenü die Option END MODE anwählen. Bild 1.10 zeigt das CAPTURE-Arbeitsfenster nach dem Platzieren mehrerer Widerstände:

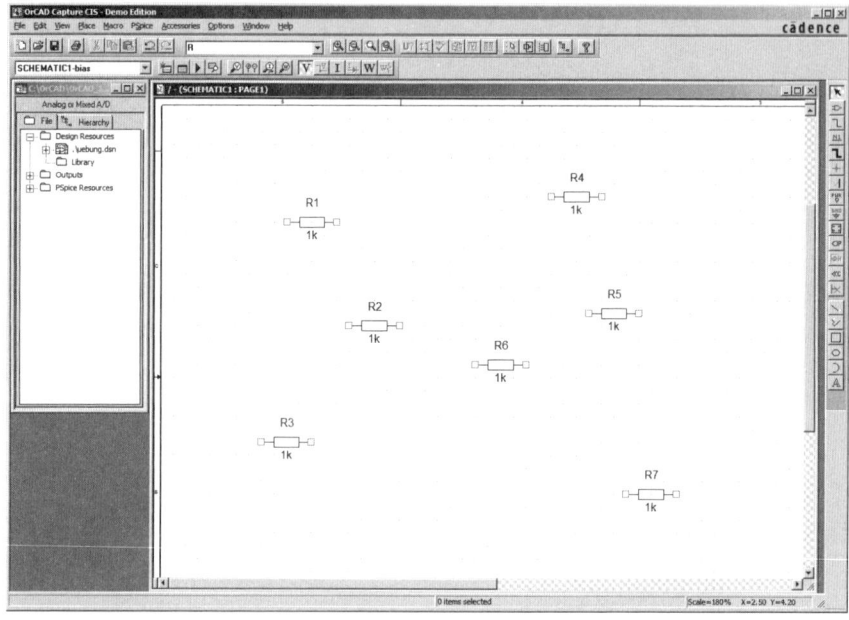

Bild 1.10: CAPTURE-Arbeitsfenster nach dem Platzieren mehrerer Widerstände

Der zuletzt positionierte Widerstand ist rot markiert. Eine Markierung bewirkt, dass der nachfolgende Befehl auf das markierte Teil bezogen wird[1].

Aktion
1.15
* Probieren Sie das aus, indem Sie einen Widerstand markieren und dann löschen (Drücken der Taste <Entf> oder Anklicken der Schaltfläche mit der stilisierten Schere oder über den Menübefehl EDIT/CUT). Wenn Sie beim Markieren die Steuertaste <Strg> drücken, dann können Sie nacheinander mehrere Elemente markieren. Durch Aufziehen eines Rahmens lässt sich der gesamte Inhalt einer rechteckigen Region markieren. Dazu klicken Sie in die linke obere Ecke der gewünschten Region und „ziehen" die Maus mit gedrückter Maustaste in die rechte untere Ecke.

---

1) Ein Bauteil oder eine Bauteileigenschaft kann nur dann verändert (verschoben, gelöscht, kopiert, im Wert modifiziert etc.) werden, wenn es vorher durch Mausklick markiert wurde. Markierte Bauteile werden von CAPTURE rot gezeichnet, markierte Bauteilnamen und -werte (Attribute) werden mit einem schwarzen Kasten umrahmt.

Übungen:

- Markieren Sie einen Widerstand durch Anklicken mit der Maus[1] und probieren Sie aus, wie man durch „Ziehen" bei gedrückter Maustaste ein markiertes Bauteil auf der Zeichenfläche verschieben kann.

- Löschen Sie alle Widerstände und laden Sie zur Übung erneut einige Widerstände / Kondensatoren / Spulen aus der Bibliothek *eanalog.olb*.

- Laden Sie einige Widerstände, Spulen und Kondensatoren. Drücken Sie dabei vor (!) dem Positionieren die Taste <r> (rotate). Fehler lassen sich mit den Schaltflächen UNDO/REDO korrigieren:

- Positionieren Sie auf Ihrem Arbeitsblatt zusätzlich noch einige Exemplare des Transistors *BC548B* aus der Bibliothek *misc.olb*. Drücken Sie vor dem Positionieren die rechte Maustaste und öffnen Sie dadurch das zugehörige Kontextmenü. Erproben Sie die Wirkung der Befehle MIRROR HORIZONTALLY, MIRROR VERTICALLY und ROTATE. Erzeugen Sie abschließend ein CAPTURE-Zeichenfenster, das Bild 1.11 ähnelt.

- Markieren Sie einen bereits positionierten Transistor. Rotieren Sie ihn (<r>) und spiegeln Sie ihn (MIRROR HORIZONTALLY, MIRROR VERTICALLY).

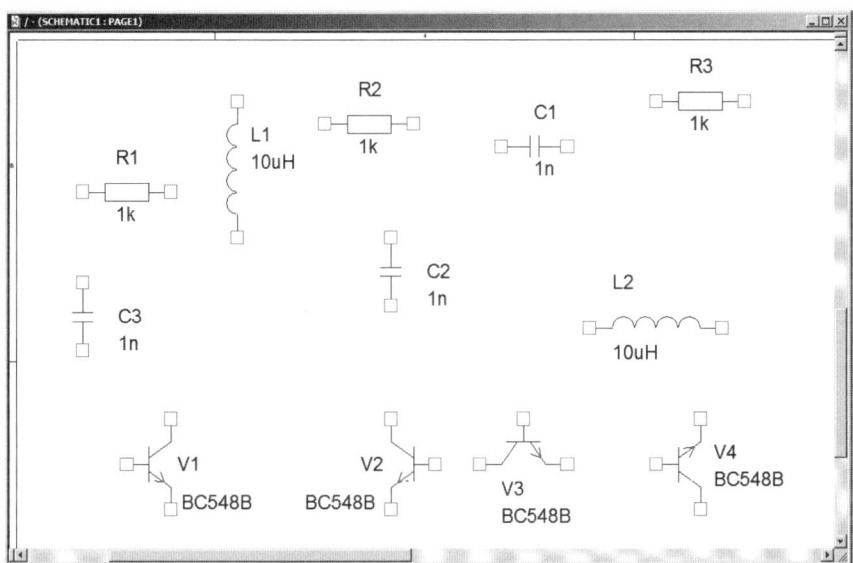

Bild 1.11: Das Zeichenfenster von CAPTURE mit diversen Bauteilen[2][3]

Löschen Sie abschließend alle Symbole[4]. In nächsten Abschnitt werden Sie endlich damit beginnen, eine normgerechte Schaltung zu zeichnen.

Aktion
1.16

---

1) Sie müssen dabei den Widerstandskörper und nicht nur einen Pin anklicken.

2) Um Platz zu sparen ist hier nur ein Ausschnitt des vollständigen CAPTURE-Bildschirms dargestellt.

3) Dieses Buch verwendet die Begriffe *Bauteile* und *Bauelemente* auch dann, wenn eigentlich deren Schaltzeichen mit den zugehörigen Simulationsmodellen gemeint sind.

4) Speziell unter WINDOWS-XP können extreme Löschspuren zurückbleiben. Dann müssen Sie in der Systemsteuerung unter ANZEIGE/DARSTELLUNG/EFFEKTE... die Option KANTENGLÄTTEN VON BILDSCHIRMSCHRIFTEN deaktivieren. Unter VISTA geht das über die Systemsteuerung unter DARSTELLUNG UND ANPASSUNG/FARBSCHEMA ÄNDERN/DARSTELLUNGSEINSTELLUNGEN/EFFEKTE... Dort müssen Sie dann *Kantenglätten* ausschalten. Alternativ können Sie auch durch Betätigen der Funktionstaste F5 den Bildschirm gegebenenfalls neu aufbauen.

1.4 Schaltpläne zeichnen

Im Folgenden werden Sie den normgerechten Schaltplan einer Reihen-schaltung zweier Widerstände (Bild 1.12) zeichnen. Dabei lernen Sie u.a.:

- die gewünschten Schaltzeichen aus den Bibliotheken auf das Arbeitsblatt zu holen und an der gewünschten Stelle zu positionieren,
- den Schaltzeichen die gewünschten Attribute zu geben, also z. B. den Wi-derständen die gewünschten Widerstandswerte zuzuordnen,
- die Schaltung korrekt zu verdrahten.

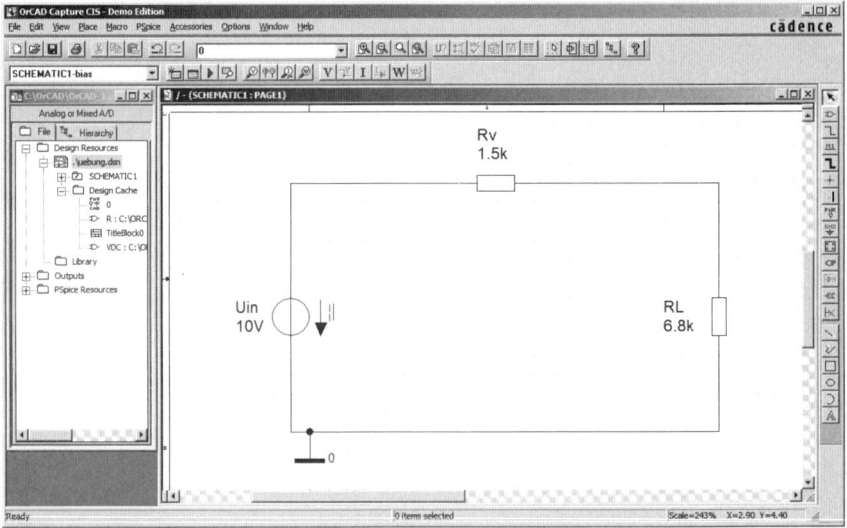

Bild 1.12: Schaltplan einer Reihenschaltung aus *Rv* und *RL*, deren Erstellung auf den nachfolgenden Seiten erlernt werden soll

In Bild 1.12 ist die fertige Schaltung dargestellt. Aber: Hüten Sie sich davor, jetzt auf eigene Faust loszulegen. In den nachfolgenden 21 Aktionen wer-den Sie Schritt für Schritt angeleitet, die Schaltung von Bild 1.12 zu erstel-len. Dabei werden Sie auch weiterführende Kenntnisse erwerben und ein-üben, die zum erfolgreichen Schaltungsentwurf erforderlich sind.

Aktion
1.17

- Bringen Sie zwei Widerstände in richtiger Position auf Ihr Zeichenblatt (Bild 1.13). Ergänzen Sie die Zeichnung durch eine Gleichspannungsquelle *VDC*.
- Die Spannungsquelle *VDC* befindet sich in der Bibliothek *e_source.olb*[1).

Die Bauteile in Bild 1.13 erscheinen unbefriedigend klein auf der Zeichen-fläche. CAPTURE kann auch vergrößern. Es gibt eine Zoomfunktion, die bewirkt, dass die Schaltung auf die vorhandene Zeichenfläche vergrößert wird. Sie können diesen Zoom aus dem Menü VIEW heraus aktivieren, in-dem Sie dort ZOOM/ALL wählen. Die gleiche Wirkung hat die rechte der vier Schaltflächen mit dem stilisierten Vergrößerungsgläsern:

---

1) Für die Gleichspannungsquelle gibt es in *e_source.olb* neben dem in Bild 1.12 verwendeten Schaltzei-chen *VDC* auch das Batteriesymbol *Vbatt*. *Vbatt* ist bezüglich der Simulation identisch mit *VDC*.

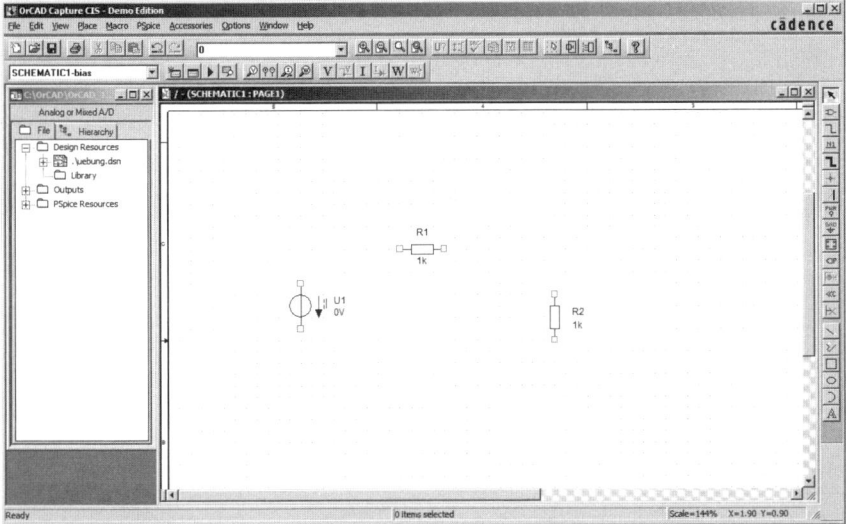

Bild 1.13: Die Bauteile erscheinen optisch unbefriedigend klein auf der Zeichenfläche

Aktion
1.18

Erzeugen Sie mit Hilfe von ZOOM/ALL eine bildschirmausfüllende Darstellung der in Bild 1.13 vorhandenen Bauteile (Bild 1.14):

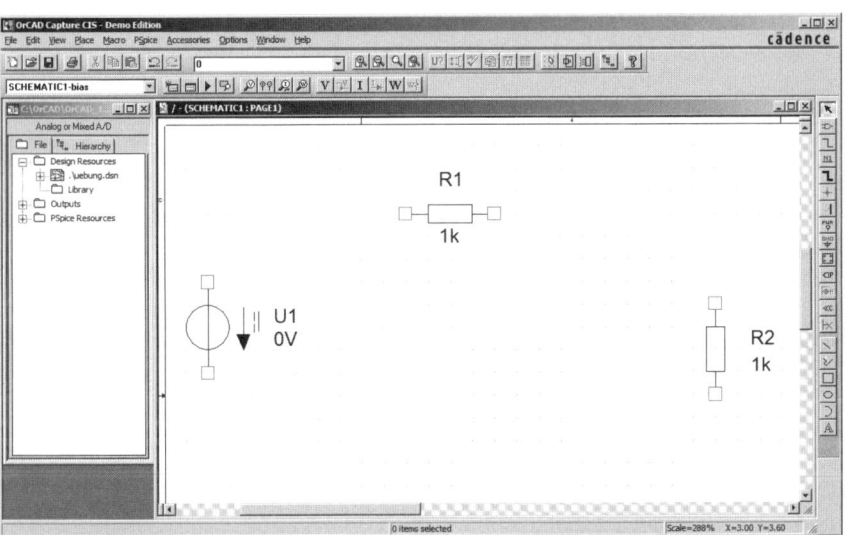

Bild 1.14: Die Zeichnung von Bild 1.13 wurden durch ZOOM/ALL formatfüllend vergrößert

Aktion
1.19

Vergrößern Sie das Zeichenfenster, indem Sie dessen linken Rand fast
vollständig über das Fenster des Projektmanagers ziehen. Wenn Sie am
linken Bildschirmrand ein kleines Stück des Projektmanagers sichtbar
lassen, können Sie ihn durch Anklicken mit der Maus jederzeit wieder
aktivieren und in voller Größe sichtbar machen. Probieren Sie das aus.
Passen Sie Ihre Schaltung an das jetzt vergrößerte Arbeitsfenster durch
erneutes formatfüllendes Zoomen an (Bild 1.15).

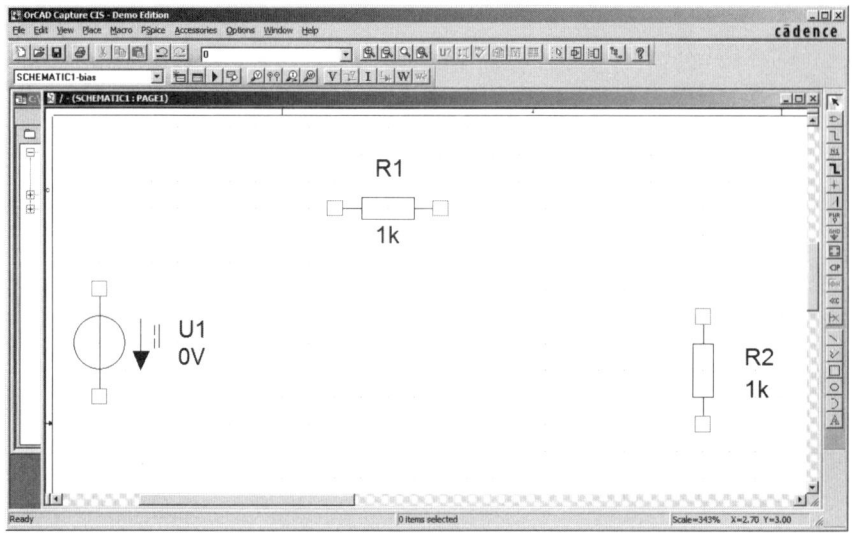

Bild 1.15: Formatfüllende Darstellung. Die Verdrahtung fehlt noch

Im Folgenden werden Sie die Schaltung verdrahten. Als Ergebnis soll eine Schaltung entsprechend Bild 1.16 entstehen[1]:

Aktion
1.20

● Aktivieren Sie im Menü Place die Option Wire oder klicken Sie die Schalt-
● fläche mit dem abgewinkelten Leitungsstück an. Der Cursor ver-
● wandelt sich in ein Fadenkreuz. Klicken Sie mit dem Fadenkreuz-
● Cursor das quadratische Kästchen am oberen Pin der Spannungsquelle
● an. Am Cursor „klebt" jetzt eine Leitung. Bewegen Sie den Cursor nach
● oben, bis zu der Stelle, an der die Leitung nach rechts abknicken soll und
● führen Sie die Maus dann von der Knickstelle bis zum linken Anschluss
● des Widerstands *R1*. Klicken Sie das quadratische Kästchen an. Die
● Leitung löst sich vom Cursor. Das erste Leitungsstück ist fertig.

Aktion
1.21

● Bewegen Sie den Fadenkreuz-Cursor jetzt an den rechten Anschluss
● des oberen Widerstands und verankern Sie die nächste Leitung durch
● einen linken Mausklick. Führen Sie die Maus nach rechts bis zu der nächs-
● ten Knickstelle und dann nach unten zum oberen Anschluss des Wider-
● stands *R2*. Beenden Sie die Leitung durch einen linken Mausklick.

Das letzte Leitungsstück hat zwei Knickstellen. Eine erste Knickstelle macht CAPTURE automatisch richtig. Die erforderliche zweite Knickstelle (unterhalb der Spannungsquelle) wird erzeugt, indem man die Leitung während des Verdrahtens an der gewünschten Stelle durch einen linken Mausklick fixiert.

Aktion
1.22

● Verlegen Sie die letzte Leitung. Beenden Sie dann den Verdrahtungsmo-
● dus, indem Sie die rechte Maustaste betätigen und im Kontextmenü End
● Wire wählen. Der Cursor nimmt wieder die Pfeilform an.

---

1) U.U. ist bei Aktion 1.19 das Bild so vergrößert worden, dass am unteren Bildrand zu wenig Platz bleibt, um die untere, waagerechte Leitung ordentlich verlegen zu können. Dann müssen Sie *U1* und *R2* gemeinsam markieren (mit gedrückter Taste <Strg>) und dann gemeinsam etwas nach oben „ziehen".

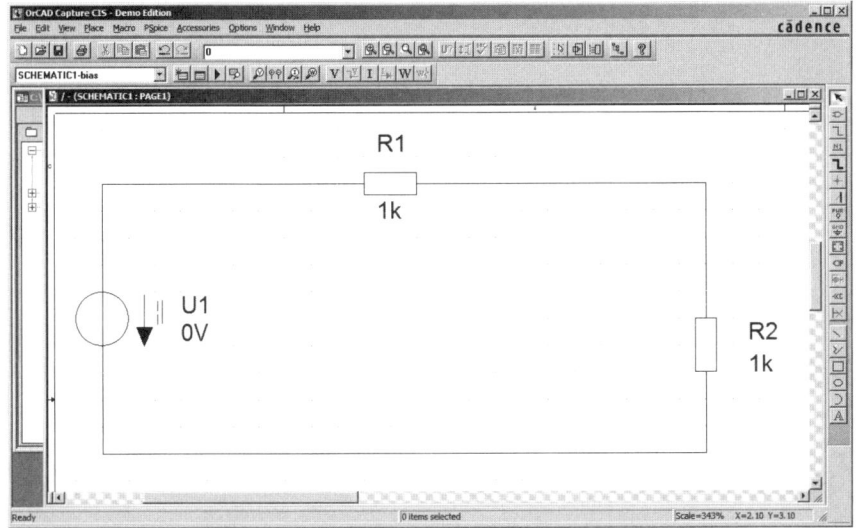

Bild 1.16: Reihenschaltung aus zwei Widerständen. Das Massezeichen fehlt noch

Zwei Tipps gegen Stress beim Verdrahten:

1. Das Verdrahten funktioniert problemlos, solange es gelingt, eine angefangene Leitung immer korrekt an einen Pin oder an eine Leitung zu führen und dort durch einen Mausklick zu verankern. Der Fadenkreuz-Cursor löst sich dann von der daran „klebenden" Leitung und lässt sich so lange ohne Leitung frei bewegen, bis durch einen erneuten Mausklick ein weiteres Leitungsstück begonnen wird. Problematisch wird die Sache erst dann, wenn Sie beim Abschluss eines Leitungsstücks das gewünschte Ziel beim Anklicken nicht ausreichend genau treffen. Dann nämlich betrachtet CAPTURE diesen Mausklick als Aufforderung, der Leitung an der angeklickten Stelle einen Knick zu geben. Die Leitung „klebt" dann weiterhin am Fadenkreuz-Cursor. Erst durch Doppelklick mit der linken Maustaste gelingt es ein angefangenes Leitungsstück unverankert „in der Luft" enden zu lassen und den Cursor von der Leitung zu lösen. Die Trennung von Cursor und Leitung ist Voraussetzung dafür, dass Sie „falsche" Leitungsteile wieder löschen können (vgl. Tipp 2).

2. Verdrahtungsfehler können Sie jederzeit durch Löschen falsch verlegter Leitungsstücke korrigieren. Das geschieht in zwei Schritten: Zuerst müssen Sie gegebenenfalls den Fadenkreuz-Cursor von der daran „klebenden" Leitung befreien (Tipp 1). Danach können Sie (rechter Mausklick) das Kontextmenü öffnen und durch Anwahl von END WIRE vom Fadenkreuz- zum Pfeil-Cursor wechseln. Mit dem Pfeil-Cursor können Sie dann falsch verlegte Leitungsstücke markieren und anschließend durch Betätigen der Löschtaste <Entf> löschen.

Aktion
1.23

Probieren Sie das ausführlich aus. Das erspart Ihnen den Stress, der entsteht, wenn Sie eine Leitung am Cursor „kleben" haben und dann nicht wissen, wie Sie den Verdrahtungsmodus beenden können.

Jetzt fehlt dem Schaltplan noch das Massezeichen[1]. Das Massezeichen erhalten Sie nicht über das Fenster PLACE PART, denn CAPTURE liefert über
dieses Fenster (mit wenigen Ausnahmen) nur solche Bauteile, die auch für
das Platinenlayout Verwendung finden. Das Massezeichen gehört nicht dazu.
Sie finden es über das Menü PLACE nach Anwahl der Option GROUND,
oder durch Betätigen der Schaltfläche *GND*:

Aktion
1.24
● Betätigen Sie die Schaltfläche *GND* und öffnen Sie dadurch das Fenster
● PLACE GROUND (Bild 1.17). Finden Sie das Massezeichen unter dem Na-
● men *0* in der Bibliothek *e_source.olb*.

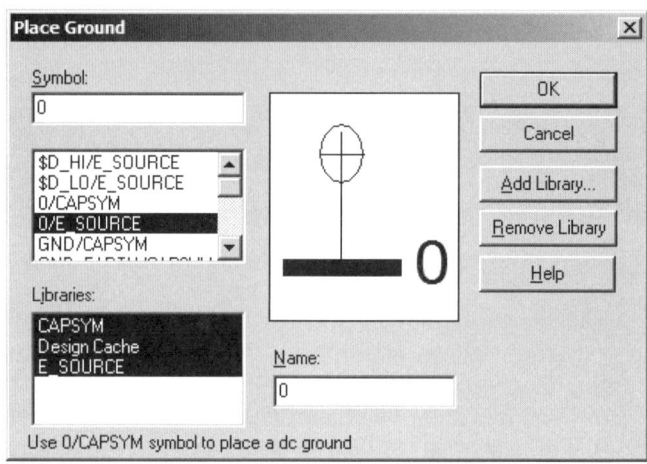

Bild 1.17: Das Fens-
ter PLACE GROUND

Aktion
1.25
● Schließen Sie das Fenster PLACE GROUND bei markiertem Massezeichen
● durch Betätigen von OK. Das Massezeichen „klebt" jetzt am Cursor. Plat-
● zieren Sie das noch fehlende Massezeichen auf dem Schaltplan und
● beenden Sie dann den Platziermodus über einen rechten Mausklick und
● die Anwahl von END MODE. Ihre Schaltung sollte jetzt Bild 1.18 ähneln.

Aktion
1.26
● Platzieren Sie noch ein weiteres Massezeichen und löschen Sie es an-
● schließend gleich wieder. Stellen Sie dabei fest, dass CAPTURE zwar das
● Massezeichen, aber leider nicht die zugehörige „Lötstelle" gelöscht hat.

Zum Setzen von Knotenpunkten (z.B. an Leitungskreuzungen) oder zum Löschen unerwünschter Knotenpunkte gibt es im Menü PLACE die Option JUNCTION
(Verbindung, Knotenpunkt, Knoten). Die Schaltfläche PLACE JUNCTION
hat die gleiche Wirkung.

Aktion
1.27
● Betätigen Sie die Schaltfläche PLACE JUNCTION und setzen Sie einige Kno-
● tenpunkte auf die Verbindungsleitungen Ihrer Schaltung. Löschen Sie
● anschließend die überzähligen Knotenpunkte wieder, indem Sie sie jeweils
● mit einem weiteren Knoten überdecken.

---

1) Einer der beliebtesten Fehler bei der Arbeit mit PSPICE ist das Vergessen des Massezeichens. Auf den
Massepunkt, das Bezugspotenzial, werden alle Berechnungen bezogen. Ohne Massezeichen funktioniert
keine analoge Simulation!

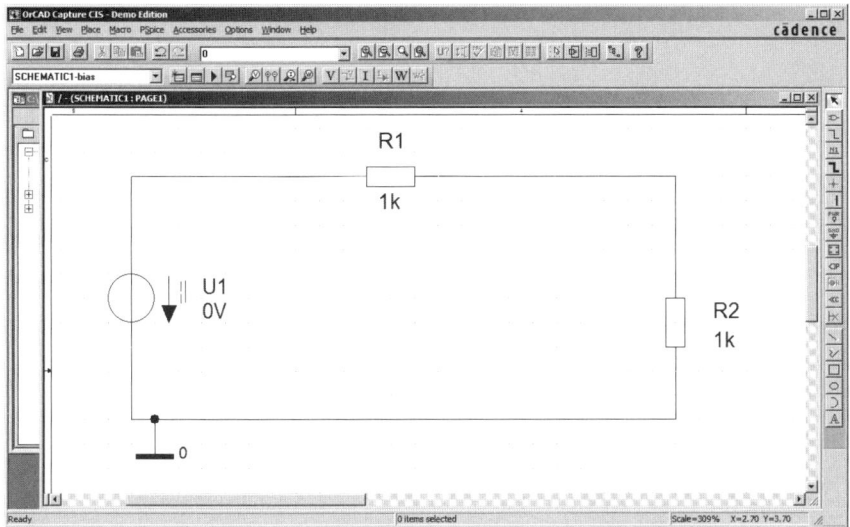

Bild 1.18: Reihenschaltung aus zwei Widerständen mit Massezeichen

Es gibt zwei besonders schnelle Methoden zum Platzieren von Bauteilen, falls deren Name in exakter Schreibweise bekannt ist:

Entweder:

1. Öffnen von PLACE PART durch Anklicken der Schaltfläche:
2. Im Fensters PLACE PART (vgl. Bild 1.9) in die Eingabfläche PART den Namen des gewünschten Bauteils eintippen.
3. Die Schaltfläche OK betätigen.

Oder (noch schneller):

1. Eingeben des Bauteilnamens in die Eingabefläche, die sich in der Werkzeugleiste von CAPTURE rechts neben den Schaltflächen UNDO/REDO befindet:

2. Die Taste <Enter> drücken.

Aktion
1.28

Probieren Sie das aus, indem Sie einige Ihnen namentlich bekannte Bauelemente (*R, BC548B, 0* ..) auf diese Weise platzieren. Bringen Sie zum Schluss Ihren Schaltplan wieder in den Zustand von Bild 1.18, denn im nächsten Abschnitt müssen Sie die Schaltung ja noch weiter bearbeiten, um sie in ihren Endzustand (Bild 1.12) zu versetzen.

Bei Ihren Verdrahtungsexperimenten haben Sie festgestellt, dass sich die Leitungen nur auf dem Gitterraster des Schaltplans und nur waagerecht oder senkrecht verlegen lassen. Das ist so auch fast immer vorteilhaft und dass CAPTURE Ihnen die Arbeit mit der Wasserwaage abnimmt, ist ein angenehmer Luxus. Falls Sie einmal eine Leitung weder waagerecht noch senkrecht verlegen wollen, dann können Sie den „Orthogonal-Modus" ausschalten, indem Sie die Leitung mit gedrückter Shifttaste <⇧> verlegen.

1.5   Bauteilattribute (Properties) editieren

Damit Ihre Schaltung der Vorlage von Bild 1.12 entspricht, müssen Sie den Widerständen und der Spannungsquelle noch die gewünschten Werte und Namen geben. CAPTURE bezeichnet Namen, Werte und sonstige charakteristische Merkmale der Bauelemente als *Properties*. In diesem Buch wird, einer langen PSPICE-Tradition folgend, der Begriff *Property* mit *Attribut* übersetzt. In den beiden folgenden Aktionen sollen Sie für den oberen Widerstand in Bild 1.18 (*R1*) die Attribute *Rv* (Name) und *1.5k* (Wert) setzen.

Namen, die ein Bauteil unverwechselbar mit anderen Bauteilen machen, bezeichnet PSPICE als *Part-Reference*. Der Widerstand *R1* soll als neue Part-Referenz den Namen *Rv* erhalten:

Aktion
1.29
- Klicken Sie den gegenwärtigen Namen *R1* mit der Maus an und markieren
- Sie ihn dadurch. Wählen Sie im Menü EDIT die Option PROPERTIES... und
- öffnen Sie dadurch das Fenster DISPLAY PROPERTIES (Bild 1.19). Tragen Sie
- unter VALUE den Namen Rv ein und bestätigen Sie Ihre Wahl durch OK.
- Der Name *Rv* erscheint jetzt im Schaltplan.

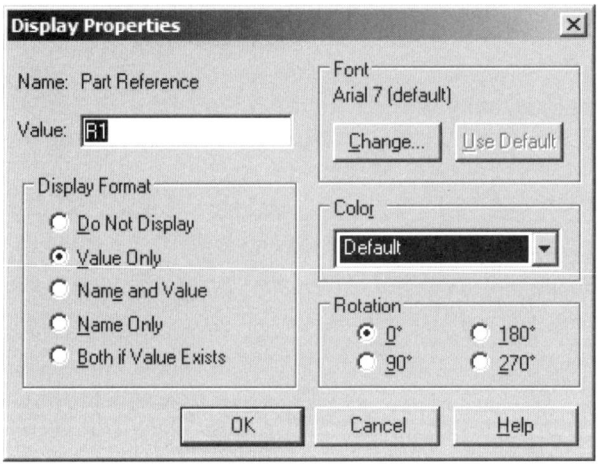

Bild 1.19: Fenster DISPLAY PROPERTIES. Änderung der Part-Referenz

Der Widerstand *Rv* soll den Wert 1,5 kΩ erhalten:

Aktion
1.30
- Markieren Sie (Anklicken mit der Maus) den aktuellen Widerstandswert
- 1k und öffnen Sie (EDIT/PROPERTIES...) das Fenster DISPLAY PROPERTIES (Bild
- 1.20). Tragen Sie 1.5k ein (eins Punkt fünf und außerdem: kein Leer-
- zeichen zwischen 1.5 und k[1]). Bestätigen Sie durch OK.

Das Fenster DISPLAY PROPERTIES können Sie auch dadurch öffnen, dass Sie mit dem Mauszeiger auf ein im Schaltplan sichtbares Attribut doppelklicken.

---

1) Maßvorsätze, z.B. *k* für kilo, müssen Sie ohne Leerzeichen unmittelbar hinter die Maßzahl setzen. Anderenfalls streikt PSPICE. Solche Fehler zu finden ist schwer und hat manchem Elektroniker schon verzweifeln lassen. Gleiches gilt für Einheiten. PSPICE rechnet mit reinen Zahlen und es nimmt Spannungen grundsätzlich in Volt an, Widerstände in Ohm usw. Aber: PSPICE akzeptiert Einheiten als Kommentar direkt (ohne Leerzeichen) hinter dem Zahlenwert bzw. dem Maßvorsatz (1kOhm ist für PSPICE das Gleiche wie 1k). Mehr über Maße und Maßvorsätze finden Sie im Kasten vor Abschnitt 1.7.

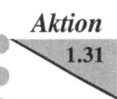

Aktion
1.31

Editieren Sie den anderen Widerstand (*R2*), indem Sie dieses Mal mit
Hilfe des Doppelklick-Verfahrens zuerst seinen Namen auf *RL* verändern und anschließend den Widerstandswert auf 6.8k bringen.

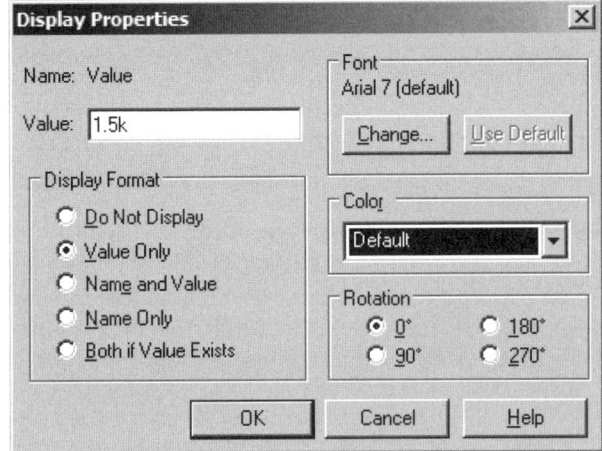

Bild 1.20: Fenster DIS-
PLAY PROPERTIES. **Ände-
rung des Bauteilwertes**

Zum Schluss müssen Sie noch die Attribute der Spannungsquelle editieren.
Das könnten Sie natürlich, wie bisher, im Fenster DISPLAY PROPERTIES erledigen. In diesem Fall sollen Sie aber einen anderen Weg kennenlernen:

Aktion
1.32

Doppelklicken Sie auf das Symbol der Spannungsquelle und öffnen Sie
dadurch das Fenster PROPERTY EDITOR (Bild 1.21). Im Property-Editor finden Sie sämtliche editierbaren Attribute eines Bauelements:

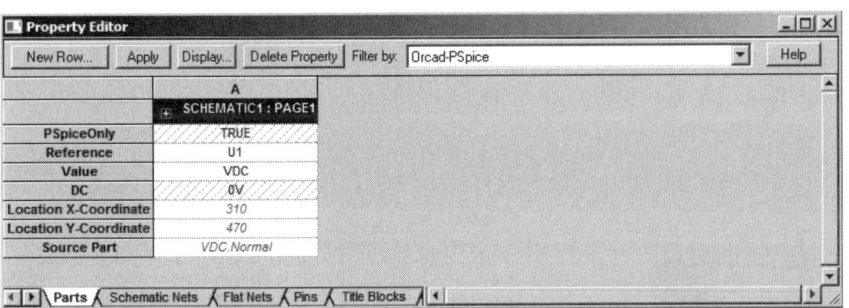

Bild 1.21: Der Property-Editor (verkleinert) mit den Attributen der Spannungsquelle

Aktion
1.33

Setzen Sie einen Text-Cursor in die Eingabefläche neben REFERENCE und
überschreiben Sie die vorhandene Part-Referenz der Spannungsquelle
(*U1*) mit *Uin*. Setzen Sie anschließend die Höhe der Gleichspannung
(DC) auf *10V* (Bild 1.22). Verlassen Sie dann den Property-Editor durch
Anklicken der Schaltfläche mit dem Kreuz, die sich rechts oben im Fenster befindet. Sie erhalten daraufhin eine Warnmeldung, die Sie darauf
hinweist, dass dadurch die UNDO/REDO-Informationen verloren gehen.
Nehmen Sie das zur Kenntnis, haken Sie DO NOT WARN ME AGAIN an und
bestätigen Sie die Warnung durch Anklicken der Schaltfläche YES.

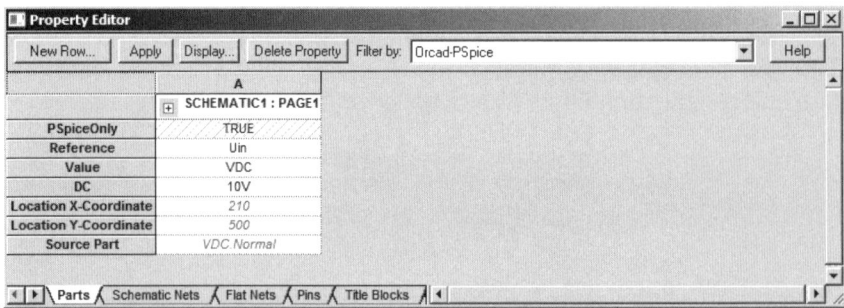

Bild 1.22: Der PROPERTY EDITOR (verkleinert) mit editierten Attributen der Spannungsquelle

Die Norm verlangt, dass Bauteilnamen und -werte nach Möglichkeit links oder oberhalb eines Schaltzeichens stehen. CAPTURE kann diese Forderung erfüllen. Durch Anklicken des Namens *RL* mit der Maus wird *RL* mit einem schwarzen Kasten markiert. Durch anschließendes Ziehen mit gedrückter Maustaste lässt sich der markierte Bereich verschieben.

Aktion
1.34
● Probieren Sie das aus und verschieben Sie auch die übrigen auf dem
● Schaltplan angezeigten Attribute an die normgerechten Stellen (Bild 1.12).

Normalerweise können Sie Attribute nur auf dem Gitterraster (grid) verschieben. Manchmal aber wollen Sie Attribute genauer positionieren: Mit der Schaltfläche SNAP TO GRID lässt sich der Gitter-Schnapp-Modus ausschalten. Dann färbt sich die Schaltfläche SNAP TO GRID rot. Wenn Sie mit ausgeschaltetem Schnapp-Modus verdrahten, kommt es leicht zu Fehlverdrahtungen. Also: Normalerweise immer mit SNAP TO GRID arbeiten.

Aktion
1.35
● Experimentieren Sie mit SNAP TO GRID.
●

Ob ein Attribut auf dem Schaltplan sichtbar ist oder nicht, können Sie bestimmen. Das werden Sie in der nächsten Aktion ausprobieren:

Aktion
1.36
● Öffnen Sie noch einmal den Property-Editor von *VDC* (Aktion 1.32) und
● setzen Sie den Cursor in das weiße Feld neben DC. Dadurch wird der dort
● vorhandene Eintrag (10V) markiert und Ihre folgende Aktion wird sich auf
● diesen Eintrag beziehen. Im oberen Teil des Property-Editors befindet sich
● (u.a.) die Schaltfläche DISPLAY.... Klicken Sie diese an und öffnen Sie dadurch das Fenster DISPLAY PROPERTIES (Bild 1.23).

Dasjenige Attribut, das vorher im Property-Editor markiert wurde, kann in diesem Fenster, getrennt nach Name (NAME) und Wert *(VALUE)*, für die Anzeige auf dem Schaltplan an- oder abgemeldet werden.

Aktion
1.37
● Wählen Sie in der Abteilung DISPLAY FORMAT für das Attribut *10V* die Option
● DO NOT DISPLAY und verlassen Sie anschließend das Fenster mit OK. Überzeugen Sie sich davon, dass der Eintrag *10V* auf dem Schaltplan verschwunden ist. Machen Sie sich mit den übrigen angebotenen Anzeigemöglichkeiten vertraut und bringen Sie dann abschließend Ihrem Schaltplan wieder in den Zustand von Bild 1.12.

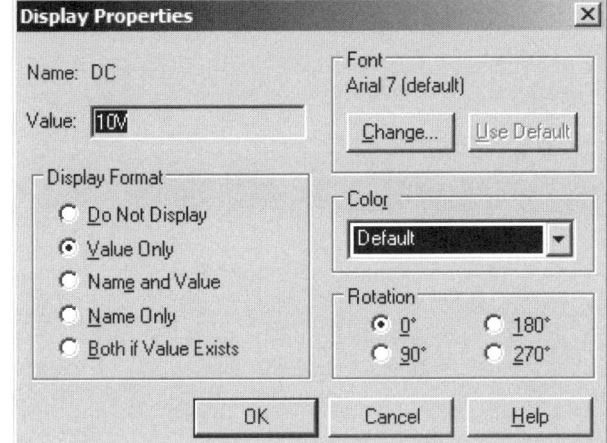

Bild 1.23: Anforderung der Anzeige des Attributs *10V*

Übungen:

*   Sorgen Sie dafür, dass Ihr Schaltplan sichtbar ist und erkunden Sie durch Anklicken der vier Schaltflächen mit den Vergrößerungsgläsern die Vergrößerungs- und Verkleinerungsoptionen von CAPTURE:

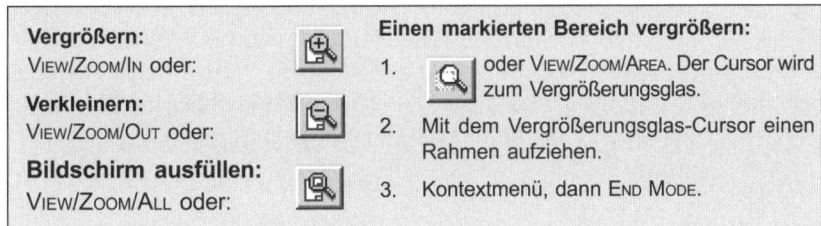

*   Ziehen Sie einen Markierungsrahmen auf, von welchem ein Rand mitten durch ein Bauteil verläuft. Wiederholen Sie die Aktion bei gedrückter Schaltfläche AREA SELECT-FULLY ENCLOSED VS INTERSECTING: Was ändert sich bezüglich des nur zur Hälfte vom Markierungsrahmen umschlossenen Bauteils?

Aktion
1.38

Beenden Sie Ihre Arbeitssitzung nach der Anleitung in Aktion 1.8. In der nächsten Lektion benötigen Sie die Schaltung wieder, denn dann werden Sie diese „unter Strom zu setzen", PSPICE nennt das *simulieren*.

Die Schaltflächen von CAPTURE   1.6

Auf den folgenden Seiten erhalten Sie einen Überblick über die Schaltflächen von CAPTURE. Es werden dabei nur diejenigen Schaltflächen vorgestellt, die für die PSPICE-Simulation von Bedeutung sind. Den einzelnen Schaltflächen wird der jeweils zugehörige Menübefehl zugeordnet. Auf der gegenüberliegenden Seite befindet sich jeweils eine (sinngemäße) deutsche Übersetzung dieser Befehle. Bei der Übersetzung wurden, soweit vorhanden, die Begriffe der deutschen WINDOWS-Übersetzung verwendet:

FILE/PRINT
FILE/SAVE
FILE/OPEN
FILE/NEW/PROJECT

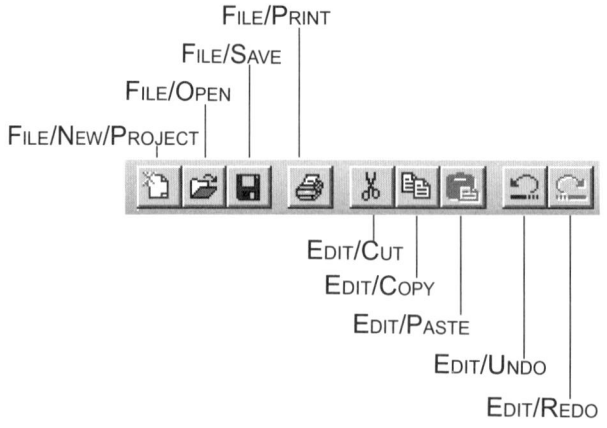

EDIT/CUT
EDIT/COPY
EDIT/PASTE
EDIT/UNDO
EDIT/REDO

VIEW/ZOOM/ :
IN
OUT
AREA
ALL

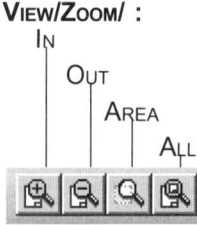

PSPICE/ :

MARKERS/POWER DISSIPATION
MARKERS/CURRENT INTO PIN
MARKERS/VOLTAGE DIFFERENTIAL
MARKERS/VOLTAGE LEVEL

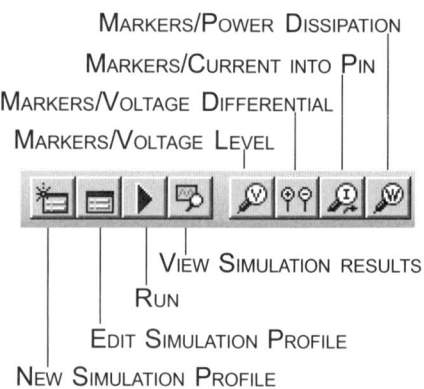

VIEW SIMULATION RESULTS
RUN
EDIT SIMULATION PROFILE
NEW SIMULATION PROFILE

PSPICE/BIAS POINTS/ :

TOGGLE SELECTED BIAS POWER
ENABLE BIAS POWER DISPLAY
TOGGLE SELECTED BIAS CURRENT
ENABLE BIAS CURRENT DISPLAY
TOGGLE SELECTED BIAS VOLTAGE
ENABLE BIAS VOLTAGE DISPLAY

Bild 1.24: Schaltflächen von CAPTURE, die für die PSPICE-Simulation bedeutsam sind. Fortsetzung in Bild 1.25

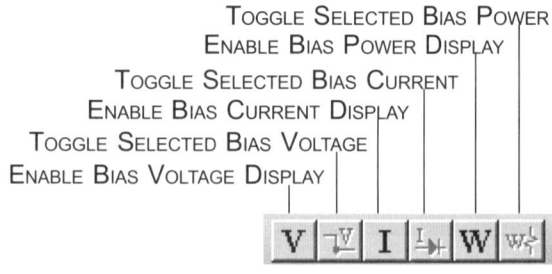

FILE/PRINT	DATEI/sofort und ohne spezielles SETUP drucken
FILE/SAVE	DATEI/SPEICHERN unter dem PROJEKTNAMEN
FILE/OPEN	DATEI/ÖFFNEN
FILE/NEW/project	DATEI/NEU/PROJEKT

EDIT/CUT	BEARBEITEN/AUSSCHNEIDEN
EDIT/COPY	BEARBEITEN/KOPIEREN
EDIT/PASTE	BEARBEITEN/EINFÜGEN
EDIT/UNDO	BEARBEITEN/RÜCKGÄNGIG machen der letzten AKTION
EDIT/REDO	BEARBEITEN/WIDERRUFEN der UNDO-AKTION

VIEW/ZOOM/ :	ANSICHT/ZOOM/ :
IN	VERGRÖSSERN
OUT	VERKLEINERN
AREA	MARKIERTEN AUSSCHNITT VERGRÖSSERN
ALL	SCHALTUNG in aktuelles FENSTER EINPASSEN

PSPICE/ :	PSPICE/ :
MARKERS/POWER DISSIPATION	MARKER/LEISTUNGSMARKER platzieren
MARKERS/CURRENT into PIN	MARKER/STROMMARKER platzieren
MARKERS/VOLTAGE DIFFERENTIAL	MARKER/POTENZIALDIFFERENZMARKER platzieren
MARKERS/VOLTAGE LEVEL	MARKER/POTENZIALMARKER platzieren

VIEW SIMULATION RESULTS	SIMULATIONSERGEBNISSE ANZEIGEN
RUN	SIMULATION STARTEN
EDIT SIMULATION PROFILE	VORHANDENES SIMULATIONSPROFIL BEARBEITEN
NEW SIMULATION PROFILE	NEUES SIMULATIONSPROFIL ANLEGEN

PSPICE/BIAS POINTS/ :	PSPICE/ARBEITSPUNKTE/ :
TOGGLE SELECTED BIAS POWER	OPTION LEISTUNGSANZEIGE ZURÜCKSETZEN
ENABLE BIAS POWER DISPLAY	LEISTUNG ANZEIGEN
TOGGLE SELECTES BIAS CURRENT	OPTION STROMANZEIGE ZURÜCKSETZEN
ENABLE BIAS CURRENT DISPLAY	STROM ANZEIGEN
TOGGLE SELECTES BIAS VOLTAGE	OPTION SPANNUNGSANZEIGE ZURÜCKSETZEN
ENABLE BIAS VOLTAGE DISPLAY	SPANNUNGEN ANZEIGEN

OPTIONS/PREFERENCES/ :

GRID DISPLAY/SCHEMATIC PAGE GRID/POINTER SNAP TO GRID

SELECT/SCHEMATIC PAGE EDITOR/AREA SELECT

MISCELLANEOUS/WIRE DRAG/ALLOW COMPONENT MOVE WITH
CONNECTIVITY CHANGES

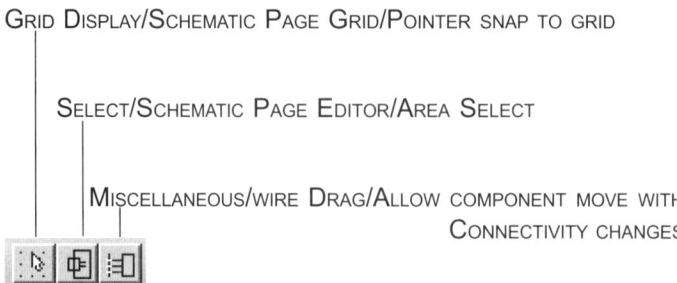

Drei Werkzeuge, die sich nicht über ein Menü aufrufen lassen:

SELECT
PROJECT MANAGER
HELP

PLACE/ :

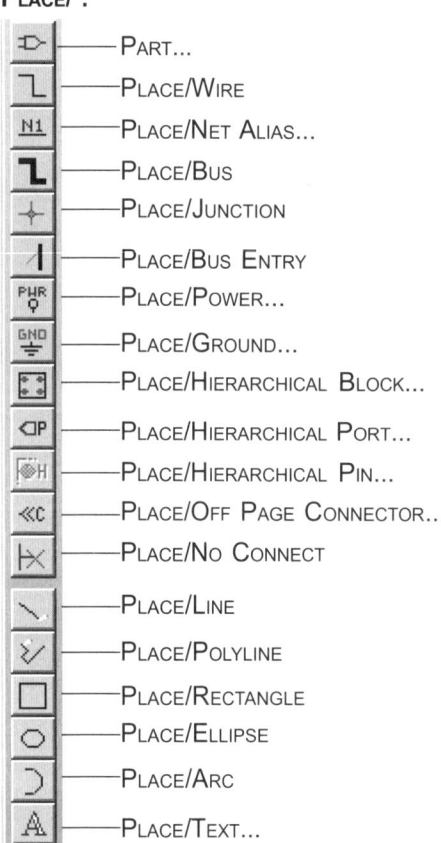

—— PART...

—— PLACE/WIRE

—— PLACE/NET ALIAS...

—— PLACE/BUS

—— PLACE/JUNCTION

—— PLACE/BUS ENTRY

—— PLACE/POWER...

—— PLACE/GROUND...

—— PLACE/HIERARCHICAL BLOCK...

—— PLACE/HIERARCHICAL PORT...

—— PLACE/HIERARCHICAL PIN...

—— PLACE/OFF PAGE CONNECTOR...

—— PLACE/NO CONNECT

—— PLACE/LINE

—— PLACE/POLYLINE

—— PLACE/RECTANGLE

—— PLACE/ELLIPSE

—— PLACE/ARC

—— PLACE/TEXT...

Bild 1.25: Schaltflächen von CAPTURE, die für die PSPICE-Simulation bedeutsam sind. Fortsetzung von Bild 1.24

OPTIONS/PREFERENCES/ :	OPTIONEN/VORGABEN
GRID DISPLAY/SCHEMATIC PAGE GRID/ POINTER SNAP TO GRID	RASTER ANZEIGE/SCHALTPLANRASTER/ MAUSZEIGER AM RASTER FIXIEREN
SELECT/SCHEMATIC PAGE EDITOR/ AREA SELECT	AUSWAHL/SCHALTPLANFENSTER/ OBJEKT NUR MARKIEREN FALLS ES GÄNZLICH VOM RAHMEN UMSCHLOSSEN IST
MISCELLANEOUS/WIRE DRAG/ ALLOW COMPONENT MOVE WITH CONNECTIVITY CHANGES	VERMISCHTES/LEITUNGSFÜHRUNG/ ZULASSEN VON BAUTEILVERSCHIEBUNG, AUCH WENN DADURCH DIE EL.VERBINDUNG GESTÖRT WIRD

Drei Werkzeuge, die sich nicht über ein Menü aufrufen lassen:

SELECT	MAUSZEIGER IM AUSWAHLMODUS
PROJECT MANAGER	ANZEIGE DES PROJEKTMANAGERS
HELP	AUFRUF DER CAPTURE-HILFE

PLACE/ :	PLATZIEREN/ :
PART	BAUTEIL PLATZIEREN
WIRE	ELEKTRISCHE LEITUNG LEGEN
NET ALIAS	NETZKNOTEN MIT ALIAS NAMEN VERSEHEN
BUS	DATENBUS ZEICHNEN
JUNCTION	LEITUNGSVERBINDEUNG ERZEUGEN
BUS ENTRY	BUS-VERZWEIGUNG ERSTELLEN
POWER	DIGITALE SPANNUNGSQUELLE
GROUND	MASSEZEICHEN
HIERARCHICAL BLOCK	HIERARCHISCHEN SCHALTUNGSBLOCK ANLEGEN
HIERARCHICAL PORT	PORTANSCHLUSS AM HIERARCHISCHEN BLOCK
HIERARCHICAL PIN	PIN AN EINEM HIERARCHISCHEN BLOCK
OFF PAGE CONNECTOR	DRAHTLOSER VERBINDER
NO CONNECT	OHNE ELEKTRISCHEN KONTAKT
LINE	GERADE ZEICHNEN
POLYLINE	ABGEWINKELTE GERADENFOLGE ZEICHNEN
RECTANGLE	RECHTECK ZEICHNEN
ELLIPSE	ELLIPSE ZEICHNEN
ARC	BOGEN ZEICHNEN
TEXT	TEXT EINFÜGEN

Einheiten und Vorsätze physikalischer Größen in PSPICE

PSPICE rechnet nur mit Zahlen und nicht mit physikalischen Größen. Allerdings kennt PSPICE die gängigen Vorsätze der physikalischen Größen:

1k   = 10^3
1meg = 10^6
1g   = 10^9
1f   = 10^{-15}
1p   = 10^{-12}
1n   = 10^{-9}
1u   = 10^{-6}
1m   = 10^{-3}

Wenn Sie im Anschluss an eine Zahl oder einen Vorsatz noch (ohne Leerzeichen!) etwas eintippen, dann behandelt PSPICE das wie einen Kommentar, das heißt, es ignoriert diesen Eintrag.

Also: 1kOhm = 1k
         1pF   = 1p
         1Volt   = 1
         1 k oder 1k Ohm: Fehler!!

Noch ein Hinweis zu den Einheiten: PSPICE unterscheidet nicht zwischen großen und kleinen Buchstaben. Also:
1M = 1m (milli und nicht Mega!)
1F = 1f (10^{-15} nicht 1 Farad !!)
In PSPICE müssen Sie für Mega 1Meg oder 1meg schreiben. Auch griechische Buchstaben sind PSPICE unbekannt. Für Mikro (μ) verwendet PSPICE den Maßvorsatz u. Also: 10^{-6} = 1u
Hinweis: Lassen Sie die Finger von der μ-Taste Ihrer Tastatur. Die versteht PSPICE nicht!

1.7   Aufgaben

Aufgabe 1.1: Legen Sie ein Projekt *rlc_mix1.opj* an und zeichnen Sie die Schaltung von Bild 1.26. Wählen Sie eine Spannungsquelle vom Typ *VSIN* aus *e_source.olb*. Hinweis: Simuliert wird die Schaltung erst in Lektion 5.

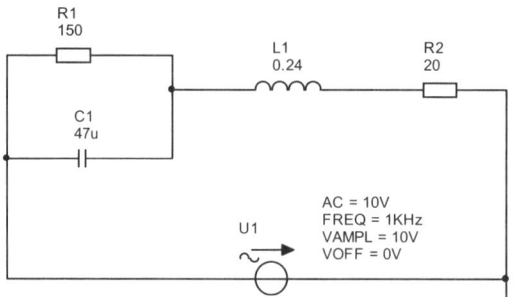

Bild 1.26: RLC-Schaltung

Aufgabe 1.2: Starten Sie parallel zu CAPTURE auch noch Ihr Schreibprogramm und öffnen Sie darin ein leeres Arbeitsblatt. Markieren Sie in *rlc_mix1.opj* die gesamte Schaltung durch Aufziehen eines Rahmens und kopieren Sie diese mit EDIT/COPY in die Zwischenablage. Wechseln Sie zum geöffneten Arbeitsblatt des Schreibprogramms, setzen Sie eine Einfügemarke und importieren Sie die Schaltung mit BEARBEITEN/EINFÜGEN aus der Zwischenablage. Drucken Sie die Schaltung aus. Werden Ihre Ansprüche an die graphische Qualität technischer Dokumentationen durch den Ausdruck erfüllt? Ja? Dann freuen Sie sich über Ihre neuen Möglichkeiten.

Kochbuch

CAPTURE starten ————————————————————

Rezept 1.1

1. Das Startmenü von WINDOWS öffnen (Bild 1.1).
2. Im Startmenü unter *Alle Programme* den Ordner *OrCAD_ 16.0_Demo* öffnen. Auffinden von *OrCAD Capture CIS Demo* (Bild 1.1). Öffnen von

OrCAD Capture CIS Demo durch Anklicken mit linker Maustaste.

(Aktion 1.1)

Hinweis:
Die PSPICE-Version 16.0 erfordert WINDOWS-XP oder -VISTA

Ein neues Projekt anlegen ———————————————

Rezept 1.2

entweder:

1. Öffnen des Menüs FILE. Aktivieren von NEW/PROJECT....
2. Im Fenster NEW PROJECT das Projekt benennen. OK.
3. Im Fenster CREATE PSPICE PROJECT (Bild 1.5) anwählen von CREATE A BLANC PROJECT. OK
(Aktionen 1.3 bis 1.6)

oder:

1. Anklicken der zugehörigen Schaltfläche:
2. Im Fenster NEW PROJECT dem Projekt einen Namen geben. OK.
3. Im Fenster CREATE PSPICE PROJECT (Bild 1.5) anwählen von CREATE A BLANC PROJECT. OK
(Aktionen 1.3 bis 1.6)

Eine gespeicherte Projektdatei öffnen ———————————

Rezept 1.3

entweder:

1. Öffnen des Menüs FILE.
2. Aktivieren von OPEN/PROJECT...
3. Die gewünschte opj-Datei auffinden und dann: ÖFFNEN.

oder:

1. Anklicken der Schaltfläche:
2. Die gewünschte opj-Datei auffinden und dann: ÖFFNEN.

Ein Projekt speichern ————————————————

Rezept 1.4

1. Den Projektmanager durch Anklicken mit der Maus aktivieren.

2. entweder:
im Menü FILE anwählen von SAVE

oder:
Anklicken der Schaltfläche:

CAPTURE beenden ————————————————

Rezept 1.5

1. Das Projekt speichern.
2. Entweder: Beenden von CAPTURE durch Anklicken der kleinen Schaltfläche mit dem Kreuz (ganz

oben rechts im Arbeitsfenster von CAPTURE):

oder: FILE/EXIT

Kochbuch

Rezept
1.6

Ein neues Bauteil auf die Zeichenfläche bringen _____

1. Öffnen des Fensters PLACE PART durch

   entweder:
   PLACE/PART...

   oder:
   Anklicken der Schaltfläche:

2. Diejenige Bibliothek (Library) markieren, in der sich das gewünschte Bauteil befindet (Bild 1.9).

3. In der Abteilung PART LIST des Fensters PLACE PART das gesuchte Bauteil finden und durch Mausklick markieren.

4. Die Schaltfläche OK anklicken.

5. Das Bauteil auf dem Schaltplan in der gewünschten Anzahl platzieren und dann den Positioniermodus durch Betätigen der rechten Maustaste und Anwählen von END MODE beenden.

(Aktionen 1.11 und 1.14)

Die schnellste Methode, ein Bauteil zu platzieren:

Falls der Name des gesuchten Bauteils in exakter Schreibweise bekannt ist (*R* für Widerstände, *C* für Kondensatoren, *BC548B* für einen bestimmten Transistor usw.), so geht der Aufruf des Bauteils deutlich schneller:

1. Öffnen des Fensters PLACE PART durch Anklicken der Schaltfläche:

2. Den Namen des Bauteils, das Sie platzieren wollen, in das Eingabefeld PART eintragen. OK. END MODE.

Oder (noch schneller): Den Namen des Bauteils unmittelbar auf dem Schaltplan in die dafür vorgesehene Eingabefläche schreiben und das Bauteil durch Betätigen von <Enter> auf die Zeichenfläche befördern. END MODE.

(Aktion 1.28)

Rezept
1.7

Markieren _____

- **eines Bauteils:**

  Mit der linken Maustaste das Symbol anklicken. Das Symbol färbt sich rot.

- **eines Bauteilnamens oder eines Bauteilwertes:**

  Mit der linken Maustaste den Namen oder den Wert anklicken. Der Name bzw. der Wert wird mit einem schwarzen Kasten umrahmt.

- **einer Gruppe von Bauteilen:**

  Mit der linken Maustaste einen Rahmen aufziehen, der die gewünschten Bauteile umfasst.

Verschieben _____

- **eines einzelnen Objekts:**

  1. Markieren des Objekts (des Bauteils, Namens oder des Wertes) das verschoben werden soll.

  2. Das markierte Objekt anklicken und mit gedrückter Maustaste an den gewünschten Ort „ziehen". Die Maustaste loslassen.

- **einer Gruppe von Bauteilen:**

  Mit der linken Maustaste einen Rahmen aufziehen, der die gewünschten Bauteile umfasst. Eines der markierten Bauteile anklicken und dann alles mit gedrückter Maustaste an den gewünschten Ort „ziehen".

Kochbuch

Bauteile rotieren und spiegeln

Rezept 1.8

Rotieren um 90°:
Wenn das Teil am Mauszeiger klebt:
<r> drücken und dann positionieren.
Wenn das Teil bereits positioniert ist:
markieren und dann <r> drücken.

(Übungen zu Lektion 1)

Spiegeln:
Wenn das Teil am Mauszeiger klebt:
Kontextmenü öffnen, MIRROR... und dann positionieren.
Wenn das Teil bereits positioniert ist:
markieren, Kontextmenü, MIRROR... und dann positionieren.

Leitungen zeichnen

Rezept 1.9

Start des Verdrahtungsmodus:
DRAW/WIRE
oder Anklicken von:
Der Cursor verwandelt sich in ein Fadenkreuz.

Eine gerade Leitung zeichnen:

1. Mit dem Fadenkreuz-Cursor den gewünschten Anfang der Leitung anklicken.

2. Die Maus zum Ende der Leitung führen und dann die Leitung durch einfachen Mausklick festsetzen.

Abgewinkelte Leitungen zeichnen:

An der Stelle, an der sich der Winkel befinden soll, einmal mausklicken und

dann in der neuen Richtung weiterzeichnen. Hat die Leitung zwischen zwei Anschlüssen nur einen einzigen Winkel, so kann der Mausklick an der Position des Winkels entfallen.

Beenden der Verdrahtung:

Mit dem Fadenkreuz-Cursor die Schaltfläche mit dem Pfeil anklicken oder: rechter Mausklick und END WIRE. Der Cursor nimmt wieder die Pfeilform an.

Hinweis: Leitungen, die „in der Luft" enden würden, setzt CAPTURE nur dann fest, wenn Sie mit der Maus doppelklicken.

(Aktionen 1.20 bis 1.23)

Attribute ändern

Rezept 1.10

Wenn das zu ändernde Attribut im Schaltplan angezeigt wird:

1. Doppelklick auf das Attribut (oder markieren und EDIT/PROPERTIES... anwählen). Editieren des Attributs im Fenster DISPLAY PROPERTIES.

2. Verlassen des Fensters DISPLAY PROPERTIES durch OK.

(Aktionen 1.29 und 1.31)

Wenn das zu ändernde Attribut nicht im Schaltplan angezeigt wird:

1. Öffnen des Property-Editors durch Doppelklick auf das Schaltzeichen (oder: markieren des Schaltzeichen und anschließend EDIT/PROPERTIES... anwählen).

2. Editieren des Attributs nach den Anweisungen von Rezept 1.12.

Das Massezeichen platzieren

Rezept 1.11

1. Im Menü PLACE die Option GROUND... anwählen oder betätigen der Schaltfläche:

2. Im Fenster PLACE GROUND das Element *0* aus der Bibliothek *e_source.olb* anwählen. OK.

Kochbuch

Attribute im Property-Editor ändern

1. Doppelklick auf das Schaltzeichen, um das Fenster PROPERTY EDITOR zu öffnen.
2. Editieren des ersten Attributs.

3. Die nächsten Attribute in gleicher Weise editieren.
4. Verlassen des Fensters durch Anklicken der Schaltfläche mit dem Kreuz. ☒

(Aktionen 1.32 und 1.33)

Attribute im Schaltplan sichtbar machen

1. Den Property-Editor öffnen durch Doppelklick auf das Schaltzeichen (Aktion 1.32).
2. Dasjenige Attribut, dessen Anzeige geändert werden soll, durch Setzen des Cursors in das zugehörige weiße Attribut-Feld markieren.
3. Die Schaltfläche DISPLAY... drücken und damit Öffnen des Fensters DISPLAY PROPERTIES (Bild 1.23).

4. Im Fenster DISPLAY PROPERTIES unter DISPLAY FORMAT die Kreise so markieren, dass die gewünschte Anzeige erreicht wird.
5. Schließen des Fensters DISPLAY PROPERTIES durch OK.
6. Verlassen des Property-Editors durch Anklicken der kleinen Schaltfläche mit dem Kreuz: ☒

(Aktionen 1.36 und 1.37)

Vergrößern und Verkleinern

Vergrößern:

VIEW/ZOOM/IN oder:

Verkleinern:

VIEW/ZOOM/OUT oder:

Bildschirm ausfüllen:

VIEW/ZOOM/ALL oder:

Maßstäblich skalieren:

VIEW/ZOOM/SCALE...

Einen ausgewählten Bereich vergrößern:

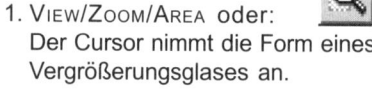

1. VIEW/ZOOM/AREA oder: Der Cursor nimmt die Form eines Vergrößerungsglases an.
2. Mit dem Vergrößerungsglas-Cursor aufziehen eines Rahmens bei gedrückter linker Maustaste.
3. Rechter Mausklick und anwählen von END MODE.

Den Orthogonalmodus beim Verdrahten abstellen

Verlegen der Leitung bei gedrückter Umschalttaste.

GLEICHSTROM-SIMULATION

In dieser Lektion beginnen Sie die eigentliche Arbeit mit PSPICE, nämlich die Simulation elektrischer Schaltungen. Den Einstieg in die verschiedenen Simulationsarten nehmen Sie jeweils anhand von Schaltungen vor, die Sie auch ohne PSPICE leicht überschauen können. Wie anders könnten Sie sonst überprüfen, ob das Programm zufriedenstellend arbeitet? Erst wenn Sie genügend Vertrauen in die Analyseergebnisse von PSPICE gewonnen haben (und auf dem Weg dahin die Handhabung des Programms erlernt haben), werden Sie sich mit Gewinn an solche Schaltungen heranmachen können, deren Eigenschaften Sie vor Beginn der Simulation noch nicht ausreichend kennen und deshalb mit PSPICE erforschen wollen. Wenn Sie bis dahin gekommen sind, werden Sie vielleicht schon etwas über den Suchteffekt erfahren haben, von dem Elektroniker nach der Beschäftigung mit PSPICE manchmal berichten. In dieser Lektion wird die Gleichstrom-Simulation (Bias-Point-Analysis) ausschließlich zur Untersuchung reiner Widerstandsschaltungen verwendet. Was bei der Gleichstrom-Simulation geschieht, wenn in der Schaltung Kondensatoren, Spulen und Halbleiter enthalten sind, erfahren Sie in der Einleitung zu Lektion 8.

Spannungen und Ströme in Gleichstromkreisen 2.1

Alle Spannungen, die PSPICE berechnet, sind Spannungen zwischen einzelnen Punkten der Schaltung und einem gemeinsamen Bezugspunkt *0*, den Sie durch Platzieren des Massezeichens festlegen. Solche Spannungen heißen Potenziale. Die Spannung zwischen zwei beliebigen Punkten einer Schaltung ergibt sich dann als Differenz ihrer Potenziale. In Ihrer ersten Simulation bestimmen Sie die Potenziale der Schaltung von Bild 1.12:

Aktion
2.1

Starten Sie CAPTURE (Aktion 1.1) und laden Sie die Schaltung, die Sie in Lektion 1 gezeichnet und unter dem Namen *UEBUNG.opj* im Ordner *Projects* abgespeichert haben, indem Sie:

1. die Schaltfläche mit dem gelben Ordner betätigen und dadurch das Fenster OPEN öffnen.
2. im Fenster OPEN die Datei *UEBUNG.opj* aufsuchen und markieren.
3. die Schaltfläche ÖFFNEN anklicken.

Der Schaltplan erscheint jetzt im Zeichenfenster von CAPTURE[1].

Manchmal werden Sie eine Schaltung mehrmals mit unterschiedlichen Setup-Einstellungen simulieren wollen. Die Einstellungen verschiedener Simulations-Setups speichert PSPICE in *Simulationsprofilen*. Einmal erstellte Simulationsprofile können Sie bei Bedarf jederzeit wieder aufrufen. Ein neues Simulationsprofil legen Sie im Fenster NEW SIMULATION an:

---

[1] U.U. müssen Sie den Schaltplan erst im Projektmanager unter *.\UEBUNG.dsn\SCHEMATIC1\Page1* finden. Durch Doppelklick auf *Page1* können Sie dann den Schaltplan öffnen (vgl. Aktion 1.7)

Aktion
2.2
- Wählen Sie PSPICE/NEW SIMULATION PROFILE oder betätigen Sie die
- zugehörige Schaltfläche. Es öffnet sich das Fenster NEW SIMULATION:

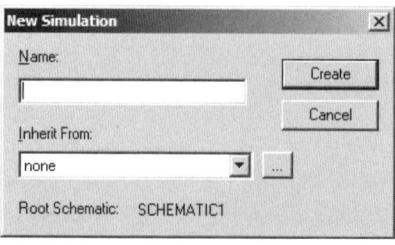

Bild 2.2: Das Fenster NEW SIMULATION zum Anlegen eines neuen Simulationsprofils

Die Gleichstrom-Analyse nennt PSPICE *Bias-Point-Analysis* (Arbeitspunkt-Analyse). Es macht deshalb Sinn, das Simulationsprofil *bias* zu nennen:

Aktion
2.3
- Tragen Sie im Fenster NEW SIMULATION unter NAME für Ihr Simulations-
- profil den Namen *bias* ein (Bild 2.3). Verlassen Sie dann das Fenster
- NEW SIMULATION durch Anklicken der Schaltfläche CREATE. Es öffnet sich
- daraufhin automatisch[1] das Fenster SIMULATION SETTINGS (Bild 2.4)

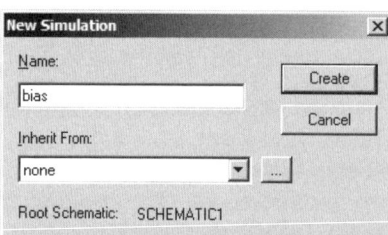

Bild 2.3: Das Fenster NEW SIMULATION. Eintrag zum Anlegen des Simulationsprofils *bias*

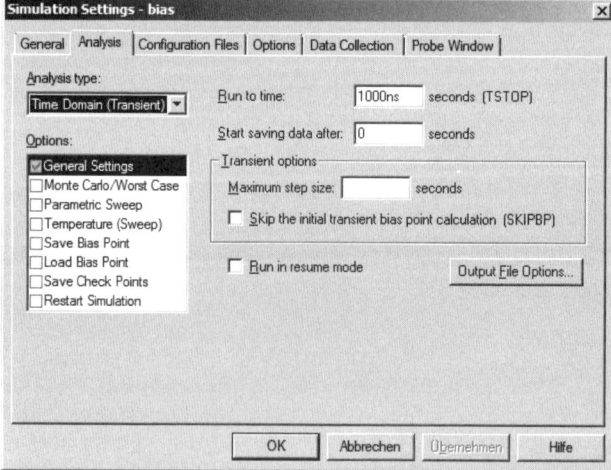

Bild 2.4: Fenster SIMULATION SETTINGS. Anfangszustand

---

1) Manchmal wird das Fenster SIMULATION SETTINGS nach seinem Aufruf nicht geöffnet, sondern nur als Schaltfläche mit dem Namen SIMULATION SETTINGS in die WINDOWS-Fußleiste (Task-Leiste) befördert. Erst nach Anklicken dieser Schaltfläche wird dann das Fenster SIMULATION SETTINGS (Bild 2.4) sichtbar.

Aktion
2.4

Wählen Sie unter ANALYSIS TYPE die Option BIAS POINT und unter OPTIONS
die Option GENERAL SETTINGS. Verlassen Sie dann das Fenster mit OK.

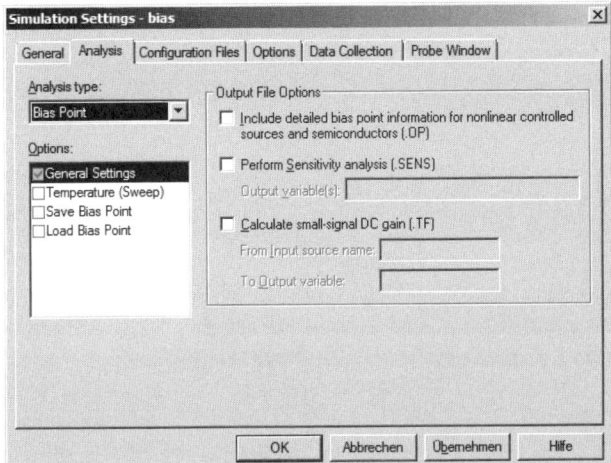

**Bild 2.5: Setup für die
Analyseart BIAS POINT**

Aktion
2.5

Überzeugen Sie sich davon, dass die Schaltfläche ENABLE BIAS VOL-
TAGE DISPLAY (die mit dem V) aktiviert ist. Starten Sie dann die Simulation durch Betätigen der Schaltfläche mit dem blauen Dreieck:

Nach kurzer Rechnung ist die Simulation beendet und es öffnet sich automatisch das so genannte Probe-Fenster (Bild 2.6)[1]. Dieses Fenster können Sie bedenkenlos wieder schließen, denn es hat für die Gleichstrom-
analyse keine Bedeutung. Die Ergebnisse einer Gleichstromsimulation zeigt
PSPICE direkt auf dem Schaltplan an (Bild 2.7).

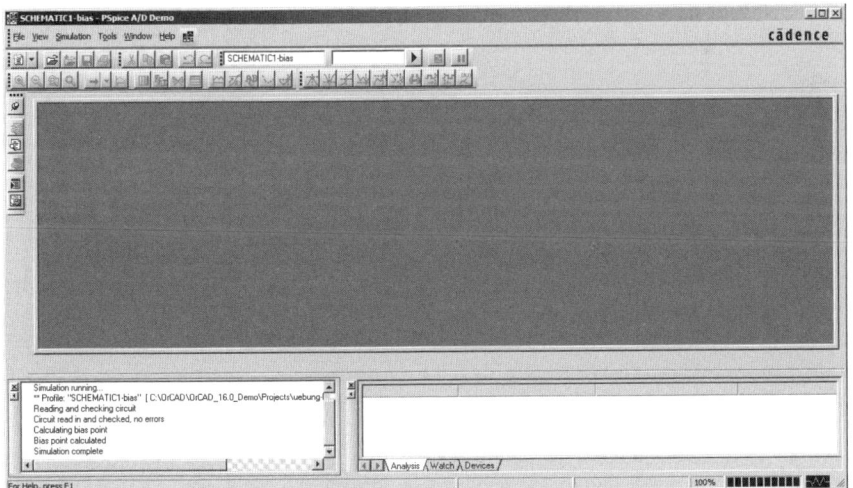

Bild 2.6: Das Probe-Fenster. Es öffnet sich nach jeder Simulation automatisch

1) Manchmal wird das Probe-Fenster nicht automatisch im Vordergrund dargestellt. Es befindet sich dann als
Schaltfläche in der Task-Leiste. Ein Doppelklick auf diese Schaltfläche macht das Probe-Fenster sichtbar.

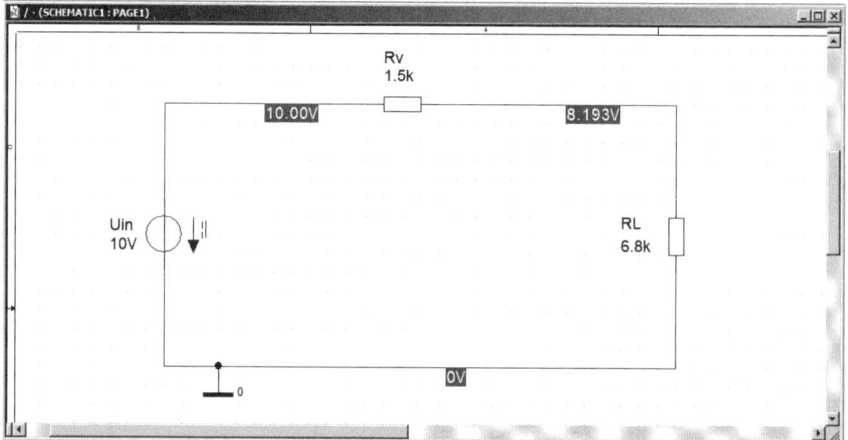

Bild 2.7: Schaltplan mit Anzeige der Knotenpunktpotenziale

Auf dem Schaltplan[1] (Bild 2.7) sehen Sie das Ergebnis der Simulation: 8,193 Volt als Spannung (Potenzial) der Verbindungsstelle der beiden Widerstände gegen Masse. PSPICE zeigt als Ergebnis der Simulation sämtliche Potenziale der Schaltung an. Das kann einen größeren Schaltplan sehr unübersichtlich machen. Unerwünschte Potenziale können Sie löschen, indem Sie diese markieren und dann die Löschtaste <Entf> drücken.

Aktion

- Beseitigen Sie die uninteressanten Einträge (10V und 0V) und stellen
- Sie einen Bildschirm entsprechend Bild 2.8 her:

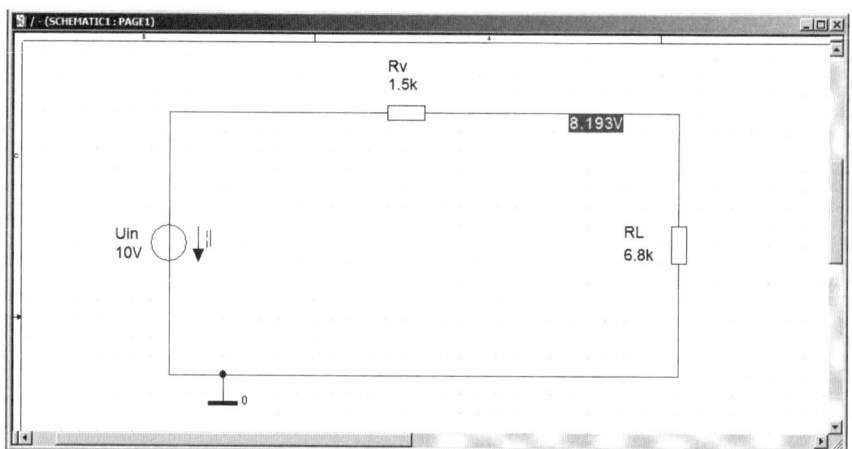

Bild 2.8: CAPTURE-Bildschirm mit Anzeige des Potenzials der Verbindungsstelle der beiden Widerstände

Wollen Sie einen gelöschten Eintrag wieder zur Anzeige bringen, dann müssen Sie das zugehörige Leitungsstück markieren und anschließend die Schaltfläche TOGGLE VOLTAGES ON SELECTED NET(S) betätigen:

---

1) Um Platz zu sparen ist in Bild 2.7, 2.8... nur das Zeichenfenster dargestellt. Ihr Bildschirm enthält natürlich auch noch alle übrigen Bestandteile von CAPTURE, wie den Projektmanager, die Schaltflächen, usw.

Probieren Sie das aus und überzeugen Sie sich außerdem davon, dass Sie die Anzeige der Spannungen durch Betätigen der Schaltfläche mit dem großen V ein- und ausschalten können.

Aktion
2.7

Den Strom in der Schaltung könnten Sie sich natürlich durch Anwenden des Ohm'schen Gesetzes auf die Spannung U_{RL} = 8,193 V und den Widerstand RL = 6,8 kΩ ausrechnen, aber PSPICE hat Ihnen die Arbeit bereits abgenommen. Sie können den Strom zur Anzeige bringen, indem Sie die zugehörige Schaltfläche (ENABLE BIAS CURRENT DISPLAY) betätigen: **I**

Fordern Sie die Anzeige des Stromes auf dem Schaltplan an, indem Sie die Schaltfläche ENABLE BIAS CURRENT DISPLAY betätigen (Bild 2.9):

Aktion
2.8

Alle Ströme in Bild 2.9 sind gleich. Zwei davon sollten Sie löschen:

Stellen Sie einen Bildschirm nach Bild 2.10 her, indem Sie die unerwünschten Stromangaben markieren und dann die Löschtaste <Entf> drücken.

Aktion
2.9

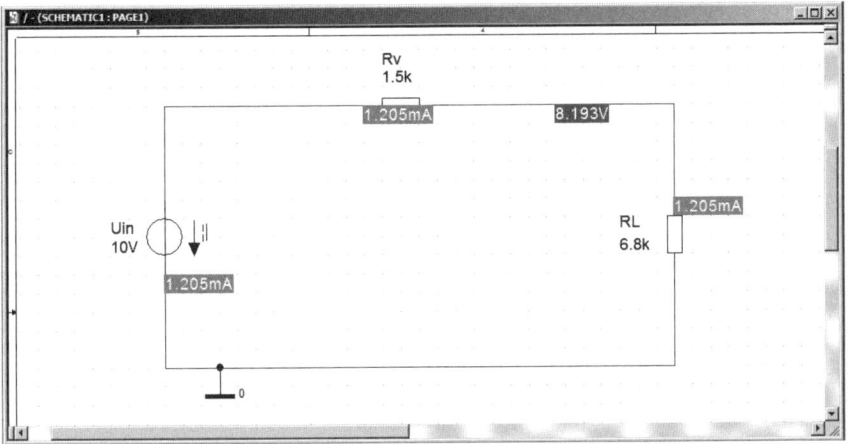

Bild 2.9: Reihenschaltung aus *Rv* und *RL* mit Anzeige von Spannung und Strömen

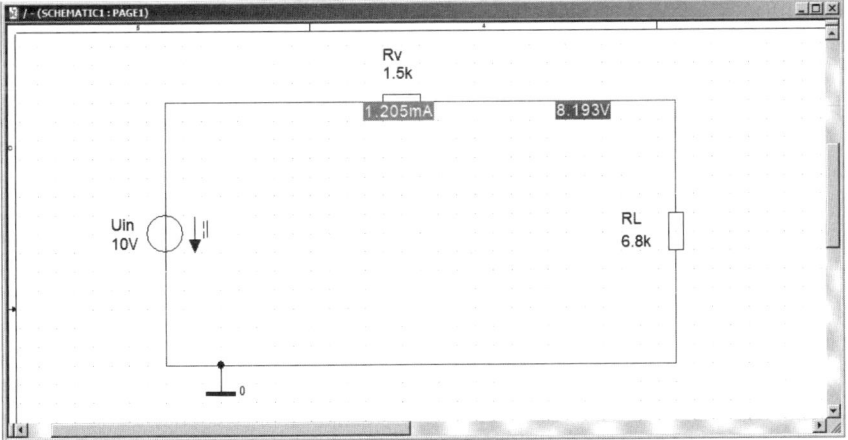

Bild 2.10: Reihenschaltung zweier Widerstände. Anzeige von Strom und Spannung

Aktion

2.10

● Wollen Sie einen gelöschten Stromwert wieder zur Anzeige bringen, dann
● müssen Sie, während die Schaltfläche mit dem großen I aktiv ist, denje-
● nigen Pin markieren, in den der gewünschte Strom (positiv) hineinfließt[1].
● Nach Betätigen der Schaltfläche TOGGLE CURRENT ON SELECTED
● PART(S)/PIN(S) wird der Strom angezeigt. Probieren Sie das aus!

Wenn Sie die Strom- und Potenzialanzeigen etwas von den Leitungen, an
denen Sie anfänglich „kleben", wegziehen, dann entdecken Sie eine nützli-
che Eigenschaft dieser Anzeigen. Durch gestrichelte Linien (Bild 2.11), können Sie erkennen, zu welcher Stelle der Schaltung die jeweilige Anzeige
gehört. Das hilft Ihnen, wenn Sie einen Eintrag verschoben haben und nicht
mehr wissen, wohin er gehört. Die gestrichelten Linien der Stromanzeigen
führen an den Pin, in den der Strom (positiv) hineinfließt. Auf diese Weise
erhalten Sie auch Auskunft über die jeweiligen Stromrichtungen.

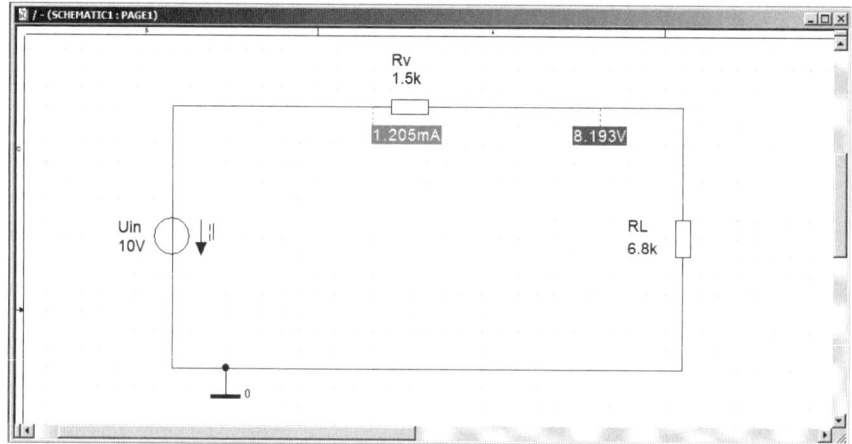

Bild 2.11: Anzeige ausgewählter Ströme und Spannungen

Aktion

2.11

● In der Menüleiste befinden sich auch zwei Schaltflächen zur
● Anzeige und zum Toggeln der Leistungen. Die Anzeige der Leis-
● tungen geschieht nach den gleichen Gesetzen, wie Sie sie oben bereits
● für Ströme und Spannungen kennengelernt haben. Probieren Sie das
● aus. Registrieren Sie, dass für die Leistungsanzeige konsequent das
● Verbraucherzählpfeilsystem angewandt wird, so dass also die von einer
● elektrischen Quelle abgegebene Leistung negativ angezeigt wird.

Die Anzeigeoption für Ströme, Spannungen und Leistungen kann man
insgesamt unwirksam machen. Das geschieht im Menü PSPICE/BIAS POINTS
durch Löschen des Hakens vor ENABLE.

---

1) In größeren Schaltungen werden Sie oftmals nicht genau wissen, in welchen Pin der Strom (positiv)
hineinfließt. Dann können Sie sich damit behelfen, dass Sie einfach mit gedrückter Taste <Strg> beide Pins
markieren. Es ist zu hoffen, dass die nächste PSPICE-Version es wieder zulässt, dass man (wie in früheren
Versionen), nur das betreffende Bauteil markieren muss und sich dann über die Stromrichtungen in den
Pins keine Gedanken machen muss.

Aufgaben[1]   2.2

Aufgabe 2.1:
Legen Sie ein Projekt *r_misch* an und zeichnen Sie in CAPTURE eine gemischte Widerstandsschaltung, bestehend aus einer Parallelschaltung von $R_1 = 3$ kΩ und $R_2 = 6$ kΩ, die in Reihe mit $R_3 = 4$ kΩ an 6 V liegt. Bestimmen Sie mit PSPICE alle Ströme, alle Spannungen und alle Leistungen in der Schaltung. Kontrollieren Sie das Analyseergebnis rechnerisch.

Aufgabe 2.2 (für Tüftler):
Legen Sie ein Projekt *aufg_2_2* an und zeichnen Sie die Schaltung von Bild 2.12. Bestimmen Sie mit PSPICE den Strom I_L durch R_L? Bestätigen Sie das Simulationsergebnis für I_L durch eine Rechnung.

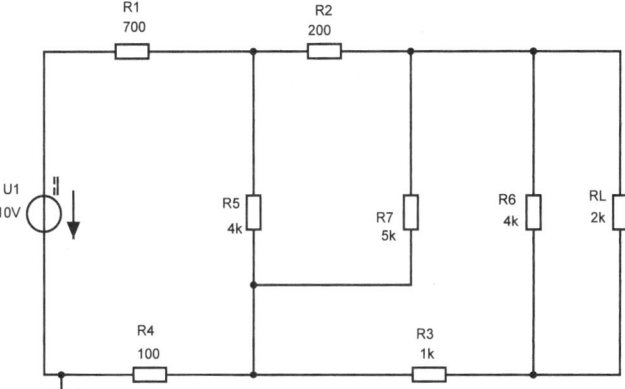

Bild 2.12: Schaltung
aufg_2_2.opj

Aufgabe 2.3:
Legen Sie ein Projekt *2_spann* an und zeichnen Sie die Schaltung von Bild 2.13[2]. Legen Sie ein Simulationsprofil *bias* an. Stellen Sie PSPICE auf die Probe, indem Sie es für diese nicht ganz einfache Schaltung mit zwei Spannungsquellen den Strom durch R_2 berechnen lassen:

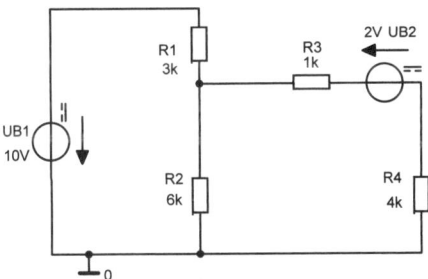

**Bild 2.13: Schaltung mit zwei Spannungs-
quellen.** *2_Spann.opj*

---

1) Lösungen zu den Aufgaben finden Sie auf der Webseite zum Buch: *www.spiceLab.de*

2) Nachdem Sie die DC-Spannungsquelle *UB2* auf dem Schaltplan platziert haben, ist diese erst einmal falsch orientiert. Die von Bild 2.13 vorgegebene Orientierung erhalten Sie durch Rotieren <r> und anschließendes Spiegeln (rechte Maustaste und dann MIRROR HORIZONTALLY).

Aufgabe 2.4:

Finden Sie mit Hilfe von PSPICE „experimentell" heraus, wie groß U_{B2} in Aufgabe 2.3 gewählt werden muss, damit der Strom durch R_2 um weniger als 0,1 µA von null abweicht.

Aufgabe 2.5:

Legen Sie ein Projekt *bruecke* an und zeichnen Sie den Schaltplan der belasteten Brücke (Bild 2.14). Analysieren Sie die Schaltung mit PSPICE. Die Berechnung der Schaltung mit Papier und Bleistift würde Ihnen einige Mühe abverlangen, denn eine belastete Brücke lässt sich mit einfachen Mitteln nicht berechnen. Eine Kontrolle der PSPICE-Ergebnisse ist allerdings leicht möglich, denn Sie müssen ja nur kontrollieren, ob mit den Simulationsergebnissen die beiden Kirchhoff'schen Gesetze für sämtliche Knoten und Maschen erfüllt sind. Führen Sie diese Kontrolle aus.

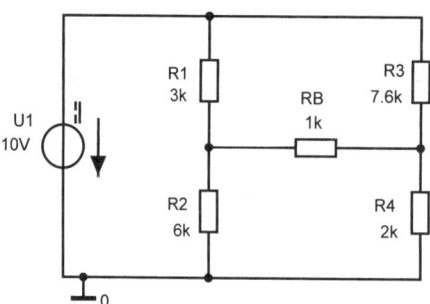

Bild 2.14: Belastete Brücke. *bruecke.opj*

Aufgabe 2.6:

Wählen Sie R_4 aus Aufgabe 2.5 so, dass die Brücke abgeglichen ist. Überprüfen Sie mit Hilfe von PSPICE die Aussage der Theorie, nach der bei einer abgeglichenen Brücke der Strom im Brückenzweig null ist.

Aufgabe 2.7:

Setzen Sie eine zweite Spannungsquelle U_{komp} mit geeigneter Höhe in Reihe mit dem Widerstand *RB* in den Brückenzweig der Brückenschaltung aus Bild 2.14 ein. Finden Sie heraus, ob der Brückenstrom der nicht abgeglichenen Brücke (Widerstandswerte nach Bild 2.14) damit zu null gemacht werden kann.

Aufgabe 2.8 (Für Tüftler):

12 Widerstände mit jeweils 1 Ω bilden die Kanten eines Quaders. Die Spannungsquelle (10V Gleichspannung) ist an zwei diagonal gegenüberliegenden Eckpunkten angeschlossen. Ermitteln Sie durch eine geeignete Simulation den Eingangsstrom der Schaltung. Können Sie den Strom auch berechnen?

Die Ausgabedatei von PSPICE (Output-File) und die Alias-Datei 2.3

Das Output-File:

PSPICE brauchte Jahre, um über verschiedenste Vorstufen zu dem komfortablen Analyseprogramm zu werden, das es heute ist. Früher gab es keine Anzeige der Ergebnisse der Gleichspannungssimulation direkt im Schaltplan. Es gab nicht einmal einen Schaltplaneditor und erst recht nicht die grafische Option PROBE, welche die Darstellung der Simulationsergebnisse als Diagramme im so genannten Probe-Fenster ermöglicht (PROBE lernen Sie in der nächsten Lektion kennen). Früher gab es zur Präsentation der Simulationsergebnisse ausschließlich eine einfache ASCII-Datei (PSPICE nennt sie *Output-File*). Das Output-File ist auch heute noch ein unverzichtbarer Bestandteil von PSPICE. Für die meisten Simulationen muss man es inzwischen nicht mehr öffnen, aber in manchen Situationen kommt man ohne das Output-File nicht weiter. Entdeckt PSPICE beispielsweise, dass Sie sich bei Ihrem Schaltplan nicht an die Regeln gehalten haben, dann gibt es eine Fehlermeldung und die lautet häufig: *Circuit has errors... run aborted. See output file for details.* Meistens wird nach einem festgestellten Fehler das Output-File automatisch geöffnet. In solchen Fällen sind Sie hilflos, wenn Sie nicht wenigstens einige Kenntnisse vom Aufbau dieser Datei besitzen sowie von der „Sprache", in der PSPICE darin mit Ihnen spricht. Unverzichtbar sind Kenntnisse des Output-Files auch dann, wenn es darum geht, herauszufinden, welche Namen PSPICE den Knoten gegeben hat, an denen zwei oder mehr Bauteile miteinander verbunden sind, denn die von PSPICE vergebenen Knotennamen werden im Output-File dokumentiert.

Die Alias-Datei:

Alle Knoten erhalten neben den vom Output-File vergebenen Namen weitere Namen (Alias-Namen), die PSPICE von den Pin-Namen der Bauteile ableitet. Sobald Sie das Prinzip der Alias-Namen verstanden haben, werden Ihnen diese Namen leicht und intuitiv eingehen, so dass Sie nur noch in seltenen Fällen das Output-File und die Alias-Datei nach deren Bedeutung befragen müssen. Die Kenntnis der Alias-Namen eröffnet Ihnen den Zugang zum tieferen Verständnis von PSPICE. Sie benötigen Alias-Namen immer dann, wenn Sie die fantastischen Möglichkeiten des Diagrammfensters von PSPICE (Probe-Fenster) nutzen wollen. Unter Verwendung von Alias-Namen können Sie dann im Probe-Fenster nicht nur die Verläufe von Spannungen und Strömen darstellen, sondern auch deren mathematische Verknüpfungen. Damit können Sie im Probe-Fenster z.B. den in der Elektrotechnik wichtigen Quotienten aus Spannung und Strom (Widerstand) oder deren Produkt (Leistung) oder auch die Wurzel aus dem quadratischen Mittelwert (Effektivwert) und vieles mehr als Diagramm darstellen. Im Folgenden erwerben Sie die wichtigsten Kenntnisse über das Output-File und die Alias-Datei anhand der in Bild 2.7 dargestellten Reihenschaltung zweier Widerstände.

**Aktion
2.12**
● Öffnen Sie das Projekt *UEBUNG.opj* mit der Reihenschaltung zweier Wi-
● derstände.

**Aktion
2.13**
● Starten Sie die Simulation durch Anklicken von Run im Menü PSpice
● bzw. durch Anklicken der Schaltfläche Run PSpice:

Nach kurzer Rechenzeit erscheint das Probe-Fenster, das Sie in den vorausgegangenen Simulationen auch schon gesehen, bisher aber nicht weiter beachtet und gleich wieder geschlossen haben.

**Aktion
2.14**
● Öffnen Sie aus dem Probe-Fenster heraus das Output-File (Bild 2.15),
● indem Sie das Menü View öffnen und darin Output File anwählen.
● Sie können dazu auch die zugehörige Schaltfläche betätigen[1]).

Im Output-File finden Sie u.a.:

• die Netzliste.

• ausgewählte Simulationsergebnisse.

• Informationen zum Ablauf der Simulation, z.B. über aufgetretene Fehler.

Die Netzliste[2])

Unter der Überschrift *INCLUDING SCHEMATIC1.net* finden Sie innerhalb
des Output-Files die Netzliste. Eine Netzliste ist eine vollständige, für PSPICE
verständliche Beschreibungen einer Schaltung. In der Netzliste wird jedes
Bauelement mit folgenden Angaben aufgeführt:

• Typ des Bauteils (z.B. *V* für Spannungsquellen, *R* für Widerstände, *C* für
  Kapazitäten, *L* für Induktivitäten, *Q* für bipolare Transistoren...).

• Name des Bauteils auf dem Schaltplan (z.B. *R1, Rv, Vin, C6*).

• Name der Knoten, an die das Bauteil angeschlossen ist (z.B. *N00197*).

• Kenngröße des Bauteils, z.B. 1.5k, 10, 10V, 8u,1meg.

Der Bezugsknoten zur Berechnung der Knotenpunktpotenziale (der Masse-
knoten) heißt immer *0*. Die übrigen Knotennamen beginnen mit einem N,
gefolgt von einer fünfstelligen Zahl. Die Knotennamen werden automatisch
vergeben, und zwar (aus meiner Sicht) willkürlich und abhängig von der
Reihenfolge der Platzierung der Bauteile auf dem Schaltplan.

Für die Reihenschaltung zweier Widerstände (Bild 2.7) hat PSPICE die
folgende Netzliste erstellt:

weiter auf Seite 56

---

1) Auch aus CAPTURE heraus lässt sich das Output-File öffnen: Dazu müssen Sie das Menü PSpice öffnen
und darin View Output File anwählen.

2) Das Verständnis der Netzliste und der Alias-Namen machen dem Anfänger zuerst etwas Mühe, aber
diese Mühe lohnt sich. Die Kenntnis des Prinzips von Netzliste und Alias-Namen ist der Schlüssel zu all den
Optionen, die PSPICE so einzigartig machen. Wenn Sie bedenken, dass PSPICE eines der wichtigsten
Werkzeuge des Elektronikers ist, und dass Sie voraussichtlich noch viele Jahre damit arbeiten werden, dann
ist die Mühe beim Erlernen der Sprache der Netzliste eine gute Investition.

```
**** 04/11/08 20:43:51 ******* PSpice Lite (August 2007) ****** ID# 10813 ****

  ** Profile: "SCHEMATIC1-bias"  [ C:\OrCAD\OrCAD_16.0_Demo\Projects\uebung-
pspicefiles\schematic1\bias.sim ]

****    CIRCUIT DESCRIPTION
******************************************************************************
** Creating circuit file "bias.cir"
** WARNING: THIS AUTOMATICALLY GENERATED FILE MAY BE OVERWRITTEN BY
SUBSEQUENT SIMULATIONS
*Libraries:
* Profile Libraries :
* Local Libraries :

* From [PSPICE NETLIST] section of
C:\OrCAD\OrCAD_16.0_Demo\tools\PSpice\PSpice.ini file:
.lib "nom.lib"
.lib "sample.lib"

*Analysis directives:
.PROBE V(alias(*)) I(alias(*)) W(alias(*)) D(alias(*)) NOISE(alias(*))

.INC "..\SCHEMATIC1.net"
**** INCLUDING SCHEMATIC1.net ****
* source UEBUNG

R_Rv      N00197 N00204  1.5k
R_RL       0 N00204  6.8k
V_Uin       N00197 0 10V

**** RESUMING bias.cir ****
.END

**** 04/11/08 20:43:51 ******* PSpice Lite (August 2007) ****** ID# 10813 ****

  ** Profile: "SCHEMATIC1-bias"  [ C:\OrCAD\OrCAD_16.0_Demo\Projects\uebung-
pspicefiles\schematic1\bias.sim ]


****    SMALL SIGNAL BIAS SOLUTION      TEMPERATURE =  27.000 DEG C
******************************************************************************
NODE VOLTAGE    NODE  VOLTAGE    NODE  VOLTAGE    NODE  VOLTAGE
(N00197)  10.0000 (N00204)   8.1928

VOLTAGE SOURCE CURRENTS
   NAME        CURRENT
    V_Uin      -1.205E-03

TOTAL POWER DISSIPATION  1.20E-02  WATTS
      JOB CONCLUDED

**** 04/11/08 20:43:51 ******* PSpice Lite (August 2007) ****** ID# 10813 ****

  ** Profile: "SCHEMATIC1-bias"  [ C:\OrCAD\OrCAD_16.0_Demo\Projects\uebung-
pspicefiles\schematic1\bias.sim ]

****    JOB STATISTICS SUMMARY
******************************************************************************
Total job time (using Solver 1)   =       .02
```

Bild 2.15: Output-File nach einer Gleichstrom-Analyse der Schaltung von Bild 2.7

R_Rv	N00197	N00204	1.5k
R_RL	0	N00204	6.8k
V_Uin	N00197	0	10V

Zeile 1 der Netzliste[1] besagt, dass ein Widerstand Rv = 1,5 kΩ mit Pin 1 (der linke Pin) am Knoten *N00197* liegt und mit Pin 2 am Knoten *N00204*. Zeile 2 der Netzliste besagt, dass ein Widerstand RL = 6,8 kΩ mit Pin 1 am Knoten *0* liegt und mit Pin 2 am Knoten *N00204*. Zeile 3 der Netzliste besagt, dass eine Spannungsquelle *Uin* = 10 V mit Pin + (der obere Pin) am Knoten *N00197* liegt und mit Pin – am Knoten *0*.

In Bild 2.16 wurden die Knotennamen nachträglich eingefügt:

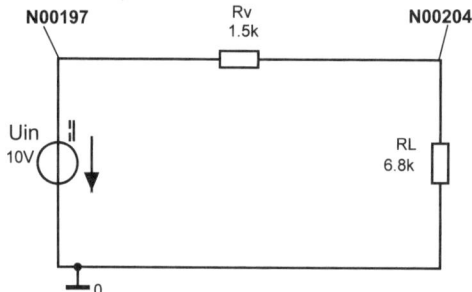

Bild 2.16: Reihenschaltung mit Knotennamen aus der Netzliste

Simulationsergebnisse

Unter der Überschrift *SMALL SIGNAL BIAS SOLUTION* finden Sie im Output-File das Simulationsergebnis:

- Der Knoten *N00197* hat gegen Masse das Potenzial 10 V.
- Der Knoten *N00204* hat gegen Masse das Potenzial 8,1928 V.
- Durch die Spannungsquelle (von + nach –) fließen –1,205 mA.
- Die der Spannungsquelle entnommene Leistung beträgt 12,05 mW.

Da die Simulation fehlerfrei verlaufen ist, gibt es im Output-File natürlich keine Fehlermeldung. Einige häufig vorkommende Fehlermeldungen werden Sie in den Aufgaben 2.10 bis 2.12 erzeugen und dabei kennenlernen.

Liste der Alias-Namen

Die von PSPICE automatisch erzeugten Knotennamen (z.B. *N00197*) besitzen keinen logischen Bezug zu den Namen der angeschlossenen Bauteile und sind dem Elektroniker ohne eine Befragung der Netzliste nicht verständlich. Darum erzeugt PSPICE weitere Namen (Alias-Namen), die von den Pin- und Bauteilnamen abgeleitet werden und dem Elektroniker nach einiger Übung schnell einleuchten. Passive Bauelemente mit zwei Anschlüssen (Widerstände, Kondensatoren, Spulen etc.) haben bei PSPICE immer die Pin-Namen *1* und *2*. Pin 1 ist der linke (bzw. nach einmaligem Rotieren der untere) Anschluss des Bauteils. Pin 2 ist der rechte bzw nach einmaligem Rotieren der obere Anschluss. Bauteile mit mehr als zwei Anschlüssen haben Pin-Namen, die für einen Elektroniker unmittelbar einsichtig sind. Die Pins eines Transistors sind z.B. von den Namen Emitter, Basis und Collector abgeleitet: *e, b* und *c*. Informationen zur Ermittlung der

---

1) Die Knotennamen werden bei Ihnen vermutlich anders lauten als in der hier dargestellten Netzliste.

Alias-Namen der Schaltung von Bild 2.16 finden Sie in der Alias-Datei *SCHEMATIC1.als* (*.../Projects/UEBUNG-PSpice-Files/SCHEMATIC1/SCHEMATIC1.als*). Die folgende Aufstellung gibt nur den Teil der Alias-Datei wieder, der zur Ermittlung der Alias-Namen wichtig ist:

R_Rv   Rv(1 = N00197   2 = N00204)
R_RL   RL(1 = 0   2 = N00204)
V_Uin   Uin(+ = N00197   – = 0)

Zeile 1 der obigen Liste besagt, dass der Widerstand *Rv* mit Pin 1 am Knoten *N00197* liegt und mit Pin 2 am Knoten *N00204*. Der Knoten *N00197* erhält, davon abgeleitet, einen zusätzlichen Namen, den Alias-Namen *Rv:1*. Knoten *N00204* erhält zusätzlich den Alias-Namen *Rv:2*

Zeile 2 der obigen Liste besagt, dass der Widerstand *RL* mit Pin 1 am Knoten *0* liegt und mit Pin 2 am Knoten *N00204*. Der Knoten *0* erhält deshalb den Alias-Namen *RL:1* und der Knoten *N00204* den Alias-Namen *RL:2*

Zeile 3 der Alias-Liste besagt, dass die Spannungsquelle *Uin* mit dem Pin + am Knoten *N00197* und mit Pin – am Knoten *0* liegt. Der Knoten *N00197* erhält deshalb den Alias-Namen *Uin:+*. Der Knoten *0* erhält den Alias-Namen *Uin:–*

Für die Nutzung im Probe-Fenster hält PSPICE folglich das Potenzial am Knoten *N00197* unter drei verschiedenen Namen bereit:

V(N00197)
V(Uin:+)
V(Rv:1)

Auch das Potenzial am Knoten *N00204* hält PSPICE unter drei verschiedenen Namen bereit:

V(N00204)
V(Rv:2)
V(RL:2)

Obwohl das Bezugspotential definitionsgemäß immer gleich null ist, gibt es natürlich auch dafür drei verschiedene Bezeichnungen:

V(0)
V(RL:1)
V(Uin:–)

Wenn Sie das Prinzip zur Ermittlung der Alias-Namen erst einmal verstanden haben, werden Sie vermutlich nur noch in seltenen Ausnahmefällen die Alias-Datei öffnen müssen. Eine solche Ausnahme könnte entstehen, wenn Sie ein Bauteil mit vielen Pins simulieren wollen, dessen Pinnamen vom Ersteller des Modells nicht eingängig gewählt wurden. Die offiziellen PSPICE-Modelle haben immer sehr eingängige Pin-Namen. In der nächsten Lektion werden Sie Ihre neuen Kenntnisse nutzen, um Zeitdiagramme im Probe-Fenster zur Anzeige zu bringen.

2.4   Aufgaben

Aufgabe 2.9:

Vergleichen Sie die im Output-File von *UEBUNG.opj* angegebenen Simulationsergebnisse mit den Ergebnissen, die Sie oben bereits durch direkte Anzeige im Schaltplan gewonnen haben. Stimmen sie überein?

Sehen Sie sich den Inhalt des Fensters BIAS POINT PREFERENCES an, das Sie aus CAPTURE heraus über PSPICE/BIAS POINTS/PREFERENCES... öffnen können. Erproben Sie die Möglichkeit, das Analyseergebnis mit sechs Stellen anzeigen zu lassen. Wie viel Stellen sind maximal möglich? Stellen Sie abschließend wieder eine Anzeige von vier Stellen her.

Aufgabe 2.10:

Geben Sie dem Widerstand *Rv*, den Sie in *UEBUNG.opj* verwendet haben, ein fehlerhaftes Attribut, indem Sie 1.5 k (mit Leerzeichen) anstatt 1.5k eingeben. Starten Sie die Simulation und registrieren Sie, dass sich das Output-File automatisch öffnet. Lesen Sie die Fehlermeldung im Output-File. Beachten Sie, dass die Fehlermeldung mit dem $-Zeichen unter der Fehlerstelle auch den genauen Ort des Fehlers anzeigt und dass PSPICE die Erstellung des Output-Files nur bis zur Fehlerstelle vornimmt und dann abbricht. Korrigieren Sie abschließend das fehlerhafte Attribut, damit die Schaltung bei Bedarf wieder funktionieren kann.

Aufgabe 2.11:

Entfernen Sie in *UEBUNG.opj* das Massezeichen. Starten Sie die Simulation und finden Sie im Output-File die zugehörige Fehlermeldung. Merken Sie sich diese Fehlermeldung gut, denn die wird Ihnen bei der Arbeit mit PSPICE noch häufiger begegnen. Öffnen Sie den SESSION LOG (aus CAPTURE heraus: WINDOW/SESSION LOG) und registrieren Sie, dass Ihnen auch dort ein wertvoller Tipp zur Fehlersuche gegeben wird. Fügen Sie abschließend das Massezeichen wieder ein, damit Ihre Schaltung „funktionsfähig" bleibt.

Aufgabe 2.12:

Welche Fehlermeldung gibt es, wenn Sie dem Widerstand den (falschen) Wert 1,5k geben?

Aufgabe 2.13 (für Tüftler):

Finden Sie mit Hilfe des Output-Files heraus, mit welchen Namen PSPICE die vier Knoten der von Ihnen gezeichneten belasteten Brücke *bruecke.opj* (Bild 2.14) bezeichnet hat. Der Pin *1* des Widerstands *RB* hat neben dem von PSPICE automatisch vergebenen Knotennamen, den Sie gerade eben mit Hilfe des Output-Files ermittelt haben, auch noch drei Alias-Namen. Wie lauten diese?

Kochbuch

Die Simulation starten _____

1. Das Menü PSPICE öffnen
2. RUN anklicken. (Aktion 2.5)

oder:

Anklicken von: _____ ▶

Ein neues Simulationsprofil erstellen _____

PSPICE/NEW SIMULATION PROFILE anwählen und das Fenster NEW SIMULATION öffnen. Unter NAME einen Profilnamen eintragen. CREATE. Es öffnet sich automatisch das Fenster SIMULATION SETTINGS in dem das Setup für die Simulation vorgenommen wird.
oder:

Öffnen des Fensters NEW SIMULATION durch Anklicken der zugehörigen Schaltfläche. Profilnamen eintragen. CREATE. Es öffnet sich automatisch das Fenster SIMULATION SETTINGS, in dem das Setup für die Simulation vorgenommen wird.

(Aktionen 2.2 und 2.3)

Rezept 2.2

Gleichspannungen auf dem Schaltplan anzeigen _____

Das Menü PSPICE öffnen und darin unter BIAS POINTS die Optionen ENABLE und ENABLE BIAS VOLTAGE DISPLAY anwählen.
oder:
1. Das Menü PSPICE öffnen und darin unter BIAS POINTS die Option

ENABLE anwählen (Das brauchen Sie nur einmal zu tun. PSPICE merkt sich das auch für spätere Sitzungen).
2. Anklicken von: _____ V

(Aktionen 2.5 und 2.7)

Rezept 2.3

Gleichströme auf dem Schaltplan anzeigen _____

Das Menü PSPICE öffnen und darin unter BIAS POINTS die Optionen ENABLE und ENABLE BIAS CURRENT DISPLAY anwählen.
oder:
1. Das Menü PSPICE öffnen und da-

rin unter BIAS POINTS die Option ENABLE anwählen (Das brauchen Sie nur einmal zu tun. PSPICE merkt sich das auch für spätere Sitzungen).
2. Anklicken von: _____ I

(Aktion 2.8)

Rezept 2.4

Leistungen auf dem Schaltplan anzeigen _____

Das Menü PSPICE öffnen und darin unter BIAS POINTS die Optionen ENABLE und ENABLE BIAS POWER DISPLAY anwählen.
oder:
1. Das Menü PSPICE öffnen und da-

rin unter BIAS POINTS die Option ENABLE anwählen (Das brauchen Sie nur einmal zu tun. PSPICE merkt sich das auch für spätere Sitzungen).
2. Anklicken von: _____ W

(Aktion 2.11)

Rezept 2.5

Kochbuch

Rezept 2.6

Einzelne angezeigte Spannungen, Ströme oder Leistungen löschen

1. Die zu löschende Strom-, Spannungs- oder Leistungsanzeige durch Anklicken mit der linken Maustaste markieren.
2. Die Löschtaste <Entf> drücken.
(Aktionen 2.6, 2.9, 2.11)

Rezept 2.7

Einzelne gelöschte Ströme/Spannungen wieder anzeigen

Spannungen wieder anzeigen:

1. Sorgen Sie dafür, dass die Schaltfläche mit dem großen V aktiviert (hellgrau) ist (Rezept 2.2).
2. Markieren Sie diejenige Leitung, deren Potenzial wieder angezeigt werden soll, durch einen linken Mausklick. Die markierte Leitung färbt sich rot.
3. Klicken Sie auf:

(Aktion 2.7)

Ströme wieder anzeigen:

1. Sorgen Sie dafür, dass die Schaltfläche mit dem großen I aktiviert (hellgrau) ist (Rezept 2.3).
2. Markieren Sie den Pin, in den der anzuzeigende Strom hineinfließt, durch einen linken Mausklick. Der Pin färbt sich rot.
3. Klicken Sie auf:

(Aktion 2.10)

Rezept 2.8

Einzelne gelöschte Leistungen wieder anzeigen

1. Sorgen Sie dafür, dass die Schaltfläche mit dem großen W aktiviert (hellgrau) ist (Rezept 2.4).
2. Markieren Sie das Bauteil, dessen Leistung wieder angezeigt werden soll, durch einen linken Mausklick. Das Bauteil färbt sich rot.
Betätigen Sie die Schaltfläche:
(Aktion 2.11)

Rezept 2.9

Das Output-File öffnen

entweder aus CAPTURE:
1. Das Menü PSPICE öffnen.
2. VIEW OUTPUT FILE anwählen.
oder aus dem Probe-Fenster:
1. Das Menü VIEW öffnen.
2. OUTPUT-FILE anwählen.

oder:
Im Probe-Fenster die zugehörige Schaltfläche betätigen:

Rezept 2.10

Anschlussbezeichnungen von Bauteilen verstehen

Bei Widerständen, Kondensatoren und Spulen hat der linke bzw. der untere Anschluss den Pinnamen 1, der jeweils andere Anschluss hat den Pinnamen 2.

Achtung: Beim Rotieren und Spiegeln der Bauelemente gehen die Pinnamen mit. Nachdem Sie ein Bauteil rotiert haben, ist der Anschluss 2, der vorher rechts war, nach oben rotiert. Vermeiden Sie zweifaches (unnötiges) Rotieren. Dabei geht Ihnen die Übersicht über die Pin-Namen verloren!

DIE TRANSIENTEN-ANALYSE

Zur Untersuchung zeitabhänger elektrischer Vorgänge (Transienten) verwendet PSPICE die Transienten-Analyse. Diese Analyse ist das Herz von PSPICE. Die Gleichstromanalyse und die in Lektion 4 folgende lineare Wechselstromanalyse (AC-Analyse) sind zwar äußerst angenehm und man freut sich, mit welcher Geschwindigkeit und Genauigkeit PSPICE zu seinen Ergebnissen gelangt, letztendlich nimmt PSPICE dem Elektroniker dabei aber nur viel von einer Arbeit ab, die er mit traditionellem mathematischem Rüstzeug, ausreichend Geduld und enorm viel Zeit auch ohne PSPICE schaffen könnte. Mit der Transienten-Analyse ist das anders. Was PSPICE dabei vollbringt, könnte auch der langlebigste Elektroniker mit konventionellen Methoden nicht leisten. Der Entwurf von Schaltungen mit nichtlinearen elektronischen Bauteilen (Transistoren, Dioden etc.) wird durch die Möglichkeiten der Transienten-Analyse auf eine qualitativ neue Stufe gehoben.

Seine erste Begegnung mit zeitabhängigen Vorgängen hat der Elektroniker meistens bei der Untersuchung der Lade- und Entladevorgänge von Kondensatoren. Im folgenden Abschnitt werden Sie für eine RC-Reihenschaltung die Zeitverläufe des Kondensatorstromes und der Kondensatorspannung mit PSPICE simulieren. Zur grafischen Darstellung der Ergebnisse der Transienten-Analyse verwendet PSPICE ein komfortables Software-Speicheroszilloskop, das *Probe-Fenster*.

Im Anschluss an die Untersuchung der Schaltvorgänge werden Sie das Zeitverhalten der RC-Reihenschaltung erkunden, wenn sie an Wechselspannung betrieben wird. Dabei lernen Sie ein neues wichtiges Bauelement kennen: die Wechselspannungsquelle *VSIN*.

Die Simulation   3.1

Aktion
3.1

Legen Sie ein Projekt *rc_schalt* an und zeichnen Sie die RC-Schaltung von Bild 3.1. Verwenden Sie dabei eine Spannungsquelle *VDC* aus der Bibliothek *e_source.olb* sowie einen Schalter *Sw_perChange* aus der Bibliothek *misc.olb*[1]. Setzen Sie alle Attribute so, wie in Bild 3.1 dargestellt.

---

1) Um den Schalter *Sw_perChange* richtig zu positionieren, müssen Sie ihn spiegeln (vgl. Übungen nach der Aktion 1.15)

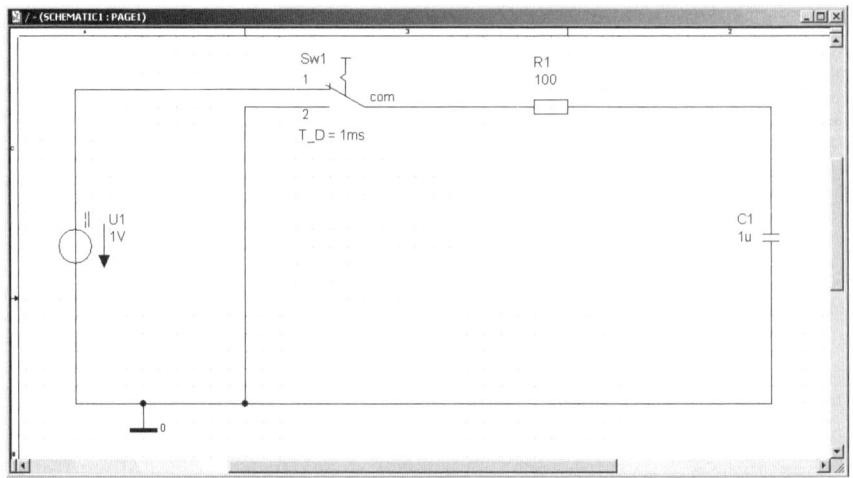

Bild 3.1: RC-Schaltung zur Erkundung der Möglichkeiten der Transienten-Analyse

Mit Hilfe des Umschalters *Sw_perChange* soll der Kondensator 1.5 ms lang geladen (Schalterstellung 1) und anschließend wieder entladen werden (Schalterstellung 2). Um diese Aufgabe lösen zu können, müssen Sie sich etwas mit den Eigenschaften des Schalters *Sw_perChange* beschäftigen:

Aktion
3.2

● Öffnen Sie durch Doppelklick auf das Schaltzeichen des Schalters den
● zugehörigen Property-Editor (Bild 3.2).

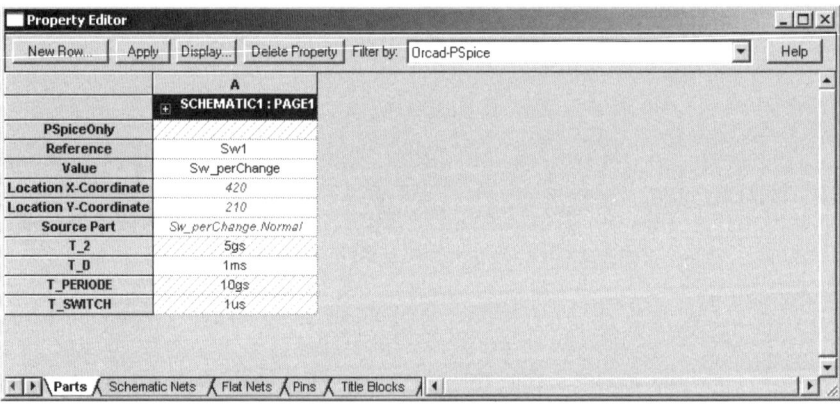

Bild 3.2: Property-Editor des Schalters *Sw_perChange*

Nach Ablauf der Zeit *T_D* schaltet der Schalter zum ersten Mal um, d.h. von 1 nach 2. Anschließend bleibt er für die Zeit *T_2* in Schalterstellung 2. Nach Ablauf von *T_2* wechselt der Schalter wieder nach *1*. Die Umschaltzeit beträgt *T_switch*. Der Schaltvorgang kann periodisch mit der Periodendauer *T_PERIODE* wiederholt werden. Im jeweiligen Durchlasspfad (in Bild 3.1 von Pin *com* nach Pin *1*) hat der Schalter einen Widerstand von 1 $\mu\Omega$. Der jeweilige Sperrpfad hat einen Widerstand von 1 GΩ.

Mit den Default-(Vorgabe-)Werten des Property-Editors (Bild 3.2) schaltet der Schalter nach Ablauf von 1 ms innerhalb von 1 µs von *1* nach *2* und bleibt dann in Position *2* für 5 Gs, d.h. für ca. 160 Jahre. Zu dem Zeitpunkt ist Ihre Simulation vermutlich schon einige Zeit abgeschlossen. Die oben gestellte Schaltaufgabe lässt sich also dadurch lösen, dass *T_D* auf 1.5 ms gesetzt wird und der Rest der Attribute auf ihren Default-Werten verbleibt.

Aktion
3.3

Setzen Sie *T_D* auf 1.5ms (ohne Leerzeichen zwischen 1.5 und ms !!) und verlassen Sie anschließend den Property-Editor durch Anklicken der kleinen Schaltfläche mit dem Kreuz. Überzeugen Sie sich davon, dass *T_D* mit seinem veränderten Wert auf dem Schaltplan angezeigt wird.

Ihre Schaltung ist immer noch nicht ganz fertig. PSPICE besitzt die sehr wertvolle Eigenschaft, Kondensatoren zu Beginn der Simulation in einen Anfangsladezustand versetzen zu können. Sie müssen PSPICE dazu mitteilen, wie groß die Kondensatorspannung zu Beginn der Simulation sein soll. Der Anfangszustand (**I**nitial **C**ondition) lässt sich über das Kondensator-Attribut *IC* einstellen. Für die nachfolgende Simulation soll der Kondensator zu Beginn entladen sein, also eine Anfangsspannung von 0 V haben. Das Attribut *IC* muss folglich auf 0 (oder 0V) gesetzt werden:

Aktion
3.4

Öffnen Sie durch Doppelklick auf das Schaltzeichen des Kondensators den Property-Editor und setzen Sie das Attribut *IC* auf 0V. Machen Sie (DISPLAY...) das Attribut auch auf dem Schaltplan sichtbar (Bild 3.3)

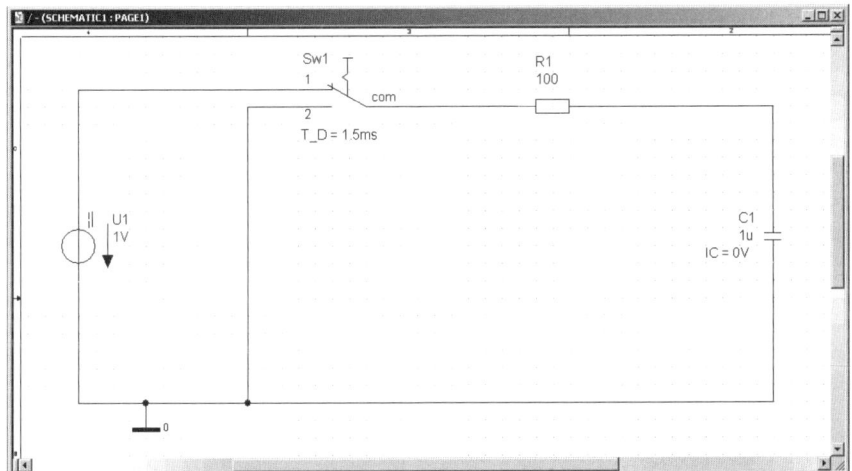

Bild 3.3: RC-Reihenschaltung. Der Kondensator ist am Anfang ungeladen: *IC*=0V

PSPICE würde auch dann arbeiten, wenn Sie das Attribut *IC* gar nicht setzen. In diesem Fall würde PSPICE sich einen aus seiner Sicht passenden Wert für *IC* errechnen, nämlich diejenige Spannung, die der Kondensator nach dem Abschluss des Einschaltvorgangs erreichen würde. Das ist meistens richtig, hier nicht.

Aktion
3.5

● Klicken Sie die Schaltfläche NEW SIMULATION PROFILE an und öffnen
● Sie dadurch das Fenster NEW SIMULATION (Bild 3.4). Wählen Sie für
● eine Analyse der Zeitverläufe (der Transienten) als Namen für das zuge-
● hörige Simulationsprofil *trans* und schreiben Sie diesen Namen in die
● Eingabezeile NAME. Betätigen Sie zum Schluss die Schaltfläche CREATE.

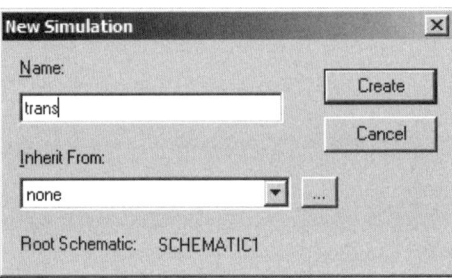

Bild 3.4: Das Fenster NEW SIMULATION.
Anlegen des Simulationsprofils *trans*

Nach dem Schließen des Fensters NEW SIMULATION öffnet sich automatisch
das Fenster SIMULATION SETTINGS, in das die Parameter für das Simulations-
Setup eingetragen werden können (Bild 3.5). Das Fenster SIMULATION SET-
TINGS ist das wichtigste Fenster zur Vorbereitung aller PSPICE-Analysen. In
der Titelzeile wird dem Fensternamen der Name des Simulationsprofils hinzugefügt: SIMULATION SETTINGS-TRANS.

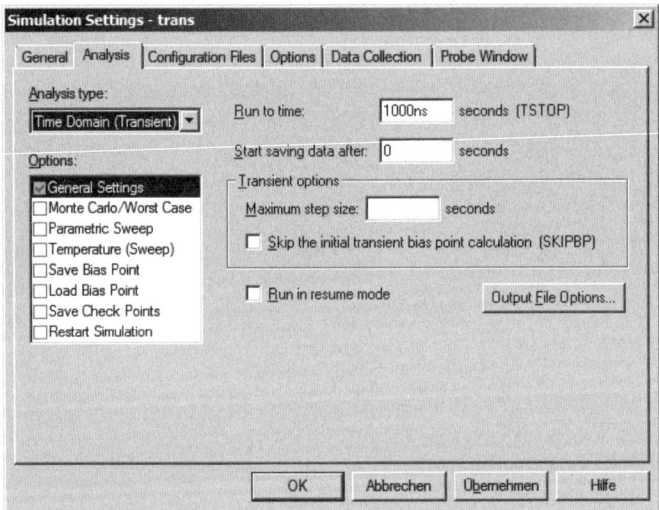

Bild 3.5: Das Fenster SIMULATION SETTINGS-TRANS. Vorgabeeinstellungen

Aktion
3.6

● Füllen Sie das Fenster nach dem Muster von Bild 3.6 aus. Lassen Sie
● das Feld bei MAXIMUM STEP SIZE unausgefüllt. Unter MAXIMUM STEP SIZE kön-
● nen Sie die maximale Schrittweite der Berechnungen festlegen, falls Ih-
● nen die von PSPICE automatisch gewählten Werte nicht zusagen. Ver-
● trauen Sie im ersten Durchlauf auf die Automatik und tragen Sie bei MA-
● XIMUM STEP SIZE nichts ein. Schließen Sie abschließend das Fenster SIMU-
● LATION SETTINGS-TRANS durch Anklicken der Schaltfläche OK.

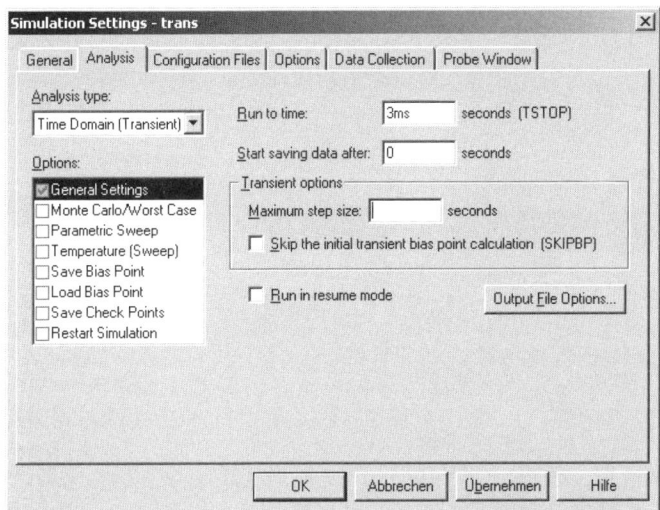

Bild 3.6: Das Fenster SIMULATION SETTINGS-TRANS **mit Einstellungen für eine Transienten-Analyse bis 3 ms**

Starten Sie die Simulation durch Anklicken der Schaltfläche RUN. Nach kurzer Zeit öffnet sich automatisch das zu Anfang noch leere Probe-Fenster. (Bild 3.7)[1)2]:

Aktion
3.7

Bild 3.7: Das Probe-Fenster nach Abschluss einer Transienten-Analyse von 0 bis 3 ms

Die grafische Darstellung von Simulationsergebnissen geschieht im Probe-Fenster. Damit umzugehen, lernen Sie im nächsten Abschnitt. Bis dahin müssen Sie sich noch auf das Ergebnis der Simulation warten.

---

1) Manchmal ist das Probe-Fenster vollständig von CAPTURE verdeckt. Dann hilft es, in der Taskleiste die zugehörige Schaltfläche doppelt anzuklicken.

2) Die Zeiteinträge im Probe-Fenster werden im Kasten auf der folgenden Seite näher erläutert.

Zeit-Einträge im Setup-Fenster der Transienten-Analyse

MAXIMUM STEP SIZE

PSPICE legt während der Simulation den Abstand der Stellen, an denen es die Schaltung analysiert (Stützstellen), automatisch fest. Ändern sich die Ströme und Spannungen in bestimmten Bereichen stark, dann wählt PSPICE automatisch kleinere Schrittweiten, bei geringen Änderungen wählt es die Schrittweite größer. Das spart Rechenzeit, ohne dass die Qualität der Ergebnisse leidet. Die größtzulässige Schrittweite wird allerdings fest vorgegeben durch den Wert, den Sie bei MAXIMUM STEP SIZE eintragen. Wenn Sie das Feld MAXIMUM STEP SIZE leer lassen, dann legt PSPICE die maximale Schrittweite bei 1 % der eingestellten Analysezeit RUN TO TIME fest, das heißt, es berechnet mindestens 100 Stützstellen. Dieser Default-Wert stammt noch aus der Zeit langsamer Computer und ist häufig zu niedrig, um hochwertige Darstellungen zu erzeugen. Gute Ergebnisse erhalten Sie in vertretbarer Rechenzeit meistens mit 1000 Stützstellen.

RUN TO TIME

Schluss-Zeitpunkt der Analyse.

PRINT VALUES IN THE OUTPUT FILE EVERY

Der Eintrag unter PRINT VALUES IN THE OUTPUT FILE EVERY (zugänglich über die Schaltfläche OUTPUT FILE OPTIONS... gibt an, in welchen Intervallen Analyseergebnisse bei Bedarf ins Output-File geschrieben werden. Das war früher von Bedeutung, als PSPICE noch ohne das Probe-Fenster auskommen musste. Heute ist diese Option nur noch für die Fourier-Analyse von Bedeutung. Es gibt eine Fehlermeldung, wenn PRINT VALUES IN THE OUTPUT FILE EVERY unsinnig, d.h. größer als RUN TO TIME gewählt wird. Sie sollten das zugehörige Eingabefenster im Normalfall leer lassen, denn dann setzt PSPICE automatisch den Wert von MAXIMUM STEP SIZE ein. Für eine Fourier-Analyse (Lektion 10.1) ist dieser Wert optimal.

START SAVING DATA AFTER

Zeitpunkt, von dem an berechnete Werte ins Output-File geschrieben und im Probe-Fenster dargestellt werden sollen. Die Vorgabe 0 ist meistens OK. Hinweis: Berechnet werden die Werte in jedem Fall. Es geht hier nur darum, ob die Werte am Anfang auch alle dargestellt werden sollen.

Zeit-Einträge im Probe-Fenster

TIME STEP

Aktuelle Simulationsschrittweite. Unter dieser Bezeichnung gibt PSPICE während der Simulation die Abstände der Stützstellen an, die es gerade für die Analyse verwendet. PSPICE passt TIME STEP an die aktuellen Erfordernisse an, d.h., die Abstände der Stütz-

stellen ändern sich im Verlauf der Simulation.

TIME

Aktueller Stand der Simulation.

END

Im Setup gewählte Zeit für RUN TO TIME.

Probe-Diagramme darstellen 3.2

PSPICE benutzt zur grafischen Darstellung von Simulationsergebnissen, z.B. zur Darstellung des zeitlichen Verlaufs einer Spannung, das Probe-Fenster. Das Probe-Fenster ist weit mehr als nur ein Software-Oszilloskop. Simulationsergebnisse lassen sich im Probe-Fenster nicht nur grafisch als Diagramme darstellen. Es lassen sich auch mehrere Simulationsergebnisse miteinander mathematisch verknüpfen. Wollen Sie z.B. den zeitlichen Verlauf der Kondensatorleistung darstellen, dann berechnet Ihnen PROBE auf Wunsch (Zeit-)Punkt für (Zeit-)Punkt das Produkt $u_C(t) \cdot i_C(t)$ und stellt das Ergebnis als Diagramm dar.

Als erstes Probe-Diagramm werden Sie im Folgenden für die RC-Reihenschaltung von Bild 3.3, die Sie ja bereits in Aktion 3.7 simuliert haben, die Kondensatorspannung $u_C(t)$ darstellen.

Aktion 3.8

Öffnen Sie dazu in dem noch leeren Probe-Fenster[1] das Menü TRACE (Trace heißt auf Deutsch so viel wie Spur, Diagramm, Kurve) (Bild 3.8).

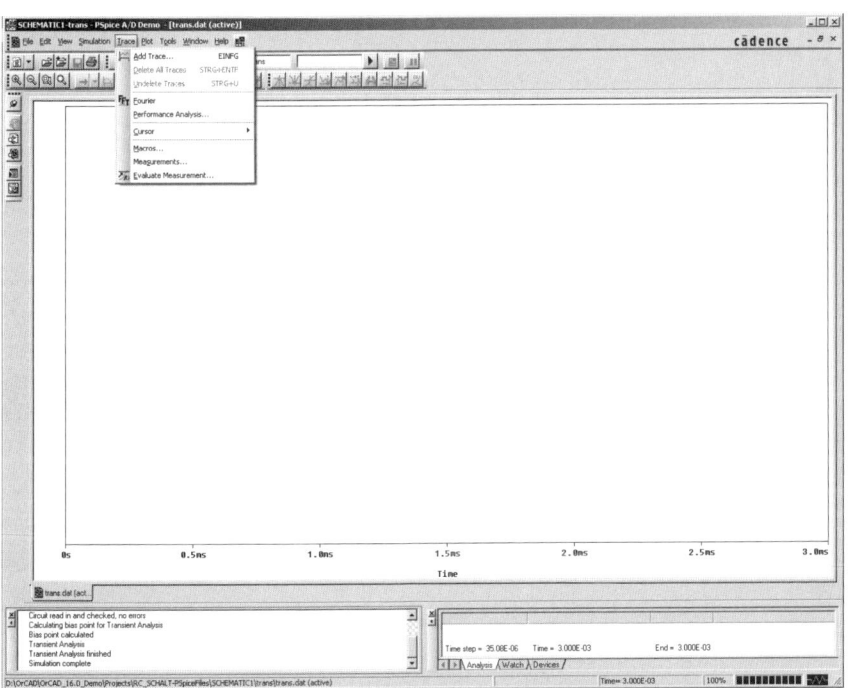

Bild 3.8: Das Menü TRACE, über das (u.a.) die Auswahl der Graphen erfolgt, die auf dem Probe-Bildschirm dargestellt werden sollen

---

[1] Ihr Probe-Fenster hat einen schwarzen Hintergrund. Das ist gut für die Augen und auch für das ästhetische Empfinden, aber nicht für den Drucker. Für die Darstellungen in diesem Buch wurde der Hintergrund des Probe-Bildschirms deshalb auf *weiß* geändert. Wie die Farben des Bildschirms so verändert werden, dass sie den Abbildungen dieses Buches gleichen, erfahren Sie im Anhang.

Aktion
3.9

● Klicken Sie im Menü TRACE das Untermenü ADD TRACE... an. Es öffnet
● sich das Fenster ADD TRACES (Bild 3.9). Im linken Teil dieses Fensters
● befindet sich die so genannte Trace-Liste (SIMULATION OUTPUT VARIABLES).

Das Öffnen des Fensters ADD TRACES erreichen Sie auch durch Anklicken der Schaltfläche mit dem stilisierten Diagramm:

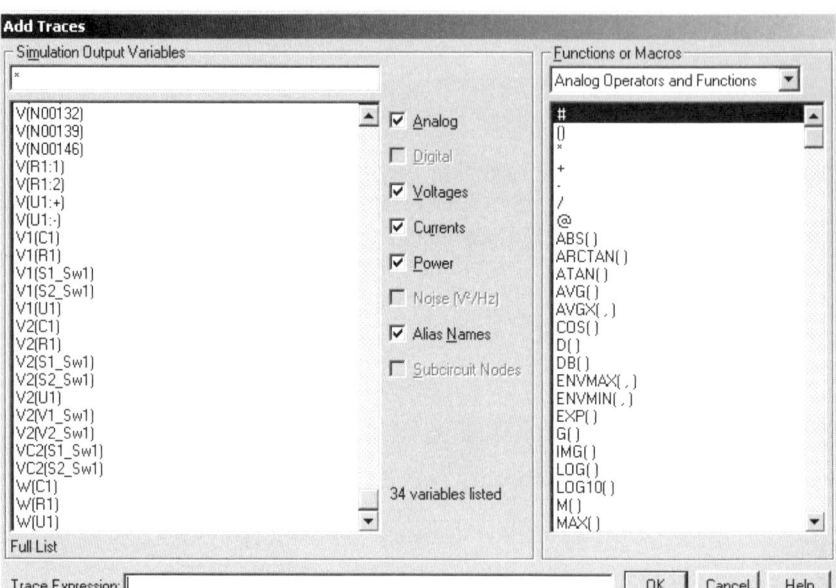

Bild 3.9: Das Fenster ADD TRACES mit der Trace-Liste der RC-Reihenschaltung von Bild 3.3

Das Fenster ADD TRACES enthält in seinem linken Teil alle für eine grafische
Darstellung im Probe-Fenster verfügbaren Ströme, Potenziale und Leistungen[1]. Im rechten Fensterteil (FUNCTIONS OR MACROS) sehen Sie eine Aufstellung aller mathematischen Funktionen und Verknüpfungen (Operatoren), die PSPICE bereithält, um sie gegebenenfalls auf ein oder mehrere
Diagramme anzuwenden. Sie werden in diesem Lehrgang nur mit einer
bescheidenen Auswahl dieser Möglichkeiten arbeiten, aber schon dabei
werden Sie fantastische Anwendungen dieser Option kennenlernen.

Im mittleren Teil des Fensters ADD TRACES können Sie auswählen, welche
der während der Simulation erhobenen Daten Sie in der Trace-Liste sehen
wollen. Über die Optionen VOLTAGES, CURRENTS und POWER können Sie z.B.
auswählen, ob nur die Spannungen oder nur die Ströme oder sowohl Spannungen und Ströme oder auch die Leistungen angezeigt werden sollen.
Haben Sie z.B. eine Analyse ausgeführt, bei der Sie sich nicht für die ermittelten Ströme und Leistungen interessieren, dann können Sie die Haken
vor CURRENTS und POWER löschen. Durch Anwählen von ALIAS NAMES errei-

---

1) Bereitet Ihnen die in der Trace-Liste verwendete Namensgebung für die Ströme, Spannungen und Leistungen Probleme, dann sollten Sie sich noch einmal mit dem Abschnitt über die Netzliste und die Alias-
Bezeichnungen (Lektion 2, Abschnitt 2.3) beschäftigen.

chen Sie, dass die von den Bauteilnamen abgeleiteten Alias-Namen in der Trace-Liste angezeigt werden. Ihre RC-Reihenschaltung hat nur zwei Knoten und es fließt überall der gleiche Strom, das heißt, PSPICE hat insgesamt nur zwei Spannungen und einen Strom errechnet. Wenn dennoch weitaus mehr Ströme und Spannungen in der Traceliste verzeichnet sind, dann sind das Namen (Alias-Namen) für auch anderweitig benannte Größen. SUBCIRCUIT NODES sind Knotenpunkte in Unterschaltkreisen (Subcircuits). PSPICE beschreibt z.B. das Verhalten eines Operationsverstärkers mit Hilfe eines Unterschaltkreises, der sich aus diversen Transistoren, Dioden, Widerständen usw. zusammensetzt. Das Innenleben des Unterschaltkreises, mit dem z.B. das Verhalten des Operationsverstärkers μA741 beschrieben wird, interessiert Sie in den meisten Fällen nicht. Dann ist es nützlich, die Daten, die PSPICE an den SUBCIRCUIT NODES ermittelt hat, ausschalten zu können. Die Anzeige der Simulationsergebnisse für SUBCIRCUIT NODES kann auch zentral ausgeschaltet werden. Das geschieht über das Fenster SIMULATION SETTINGS, indem man dort die Abteilung DATA COLLECTION anwählt. In dieser Abteilung können Sie festlegen, welche Daten an das Fenster ADD TRACES übermittelt werden sollen. Die Vorgabeeinstellung ist ALL BUT INTERNAL SUBCIRCUITS, d.h., es werden alle ermittelten Daten an das Fenster ADD TRACES weitergeleitet, mit Ausnahme der internen Subcircuit-Daten.

Schauen Sie sich in der Trace-Liste um und experimentieren Sie mit den Auswahlmöglichkeiten des mittleren Fensterteils.

Aktion
3.10

Nach diesem Abstecher zu einigen Aspekten des Fensters ADD TRACES sollen Sie jetzt endlich für die oben bereits simulierte RC-Reihenschaltung die Kondensatorspannung in einem Probe-Diagramm darstellen. Hier zahlt es sich aus, dass Sie den Abschnitt 2.3 über die Ausgabedatei von PSPICE sorgfältig gelesen haben, so dass Sie sich mit den von PSPICE vergebenen Namen für Ströme und Spannungen auskennen und die Trace-Liste lesen können. Sie wissen dann, unter welchem Namen das Diagramm des Potenzials am oberen Ende des Kondensators C1 geführt wird: V(C1:2) ist die Spannung am Anschluss 2, also am oberen Ende von C1.

Klicken Sie V(C1:2) in der Trace-Liste an und befördern Sie den Ausdruck dadurch in die Eingabe-Zeile TRACE-EXPRESSION. Wenn Sie sich bei der Gestaltung der TRACE-EXPRESSION-Zeile einmal irren sollten und einen bereits erfolgten Eintrag wieder löschen möchten, dann tun Sie das: Die TRACE-EXPRESSION-Zeile verhält sich wie ein normaler Texteditor, in dem Sie einen Textcursor setzen und bewegen können. Wenn alles so ist, wie Sie es haben wollen, dann bestätigen Sie Ihre Wahl mit OK.

Aktion
3.11

Das gewünschte Diagramm wird angezeigt (Bild 3.10)[1]. Der Zeitverlauf der von PSPICE berechneten Kondensatorspannung entspricht vermutlich Ihren Erwartungen.

---

1) In Abschnitt 7.1.2 erfahren Sie, wie Sie auf Kosten der beiden unteren Fenster einen größeren Teil der Bildschirmfläche zur Darstellung der Diagramme ausnutzen können. Bis dahin sollten Sie sich gedulden und auf eigene Experimente verzichten. Die könnten zu irreversiblen Problemen führen.

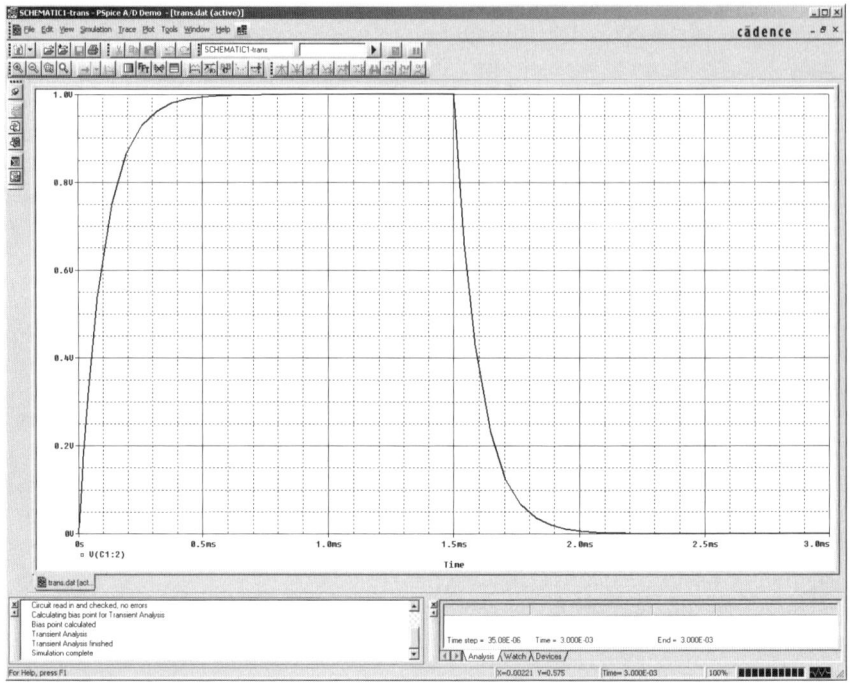

Bild 3.10: RC-Reihenschaltung von Bild 3.3: Spannung am Kondensator. Die Schritt-weite für die Berechnungen wurde von PSPICE automatisch gewählt

Bei genauem Hinsehen erkennen Sie, dass der Kurvenverlauf der Span-nung von Bild 3.10 etwas „unsauber" ist. Im oberen Anstiegsbereich er-kennt man leichte „Ecken". Dieser Schönheitsfehler befriedigt möglicher-weise genügsame Elektroniker. Sie natürlich nicht. Die Schrittweite, die PSPICE zur Berechnung seiner Werte automatisch gewählt hat, ist offen-sichtlich zu groß, um die unbefriedigenden Ecken zu vermeiden. Deshalb:

Aktion

3.12

● Öffnen Sie erneut das Fenster SIMULATION SETTINGS-TRANS, nutzen Sie dafür
● dieses Mal die zugehörige Schaltfläche. Wählen Sie für MAXIMUM
● STEP SIZE eine Schrittweite von 3 μs. Denken Sie daran, dass PSPICE
● keine griechischen Buchstaben und keine Maßeinheiten kennt: 3u oder
● 3us (ohne Leerzeichen zwischen 3 und u) entsprechen 3 μs (Bild 3.11).
● Bei dieser Schrittweite berechnet PSPICE in dem vorgegebenen
● Simulationsintervall von 3 ms mindestens 1000 Werte. Verlassen Sie
● abschließend das Fenster SIMULATION SETTINGS-TRANS durch Anklicken von
● OK.

Aktion

3.13

● Starten Sie mit der verkleinerten Schrittweite eine erneute Simula-
● tion und bringen Sie das gewünschte Diagramm zur Anzeige. Freu-
● en Sie sich darüber, dass der Kurvenverlauf mit dem neuen Wert für
● MAXIMUM STEP SIZE die Ecken und Kanten von Bild 3.10 verloren hat.

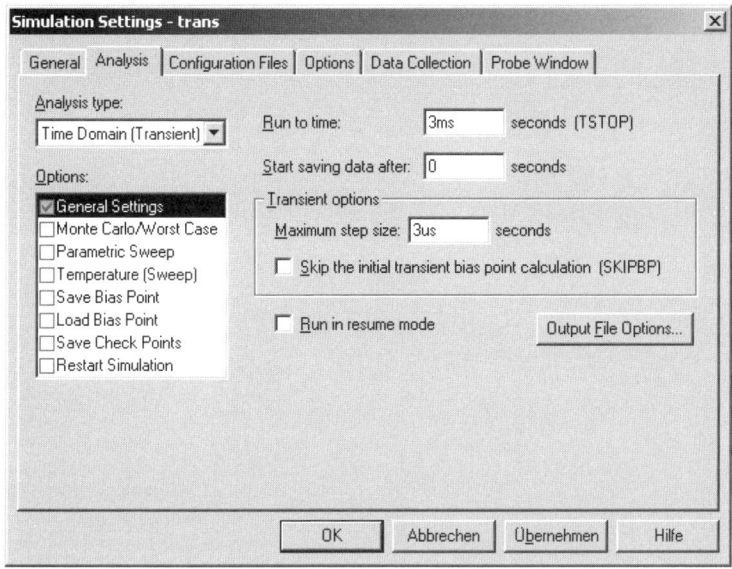

Bild 3.11: Das Fenster SIMULATION SETTINGS-TRANS. **Einstellungen für eine Transienten-Analyse mit** MAXIMUM STEP SIZE = 3 μs

Eine zweite *y*-Achse einfügen   3.3

Wollen Sie für Ihre RC-Reihenschaltung neben der Kondensatorspannung auch noch den Strom als Zeitdiagramm darstellen, dann müssen Sie PROBE mit einer zweiten *y*-Achse versehen. Es gibt nämlich für die Darstellung von u_C und i_C keinen vernünftigen gemeinsamen Maßstab[1].

Aktion
3.14

Zum Einfügen einer zweiten *y*-Achse in Probe gehen Sie wie folgt vor:

1. Öffnen Sie das Fenster ADD TRACES und bringen Sie das für die erste *y*-Achse vorgesehene Diagramm zur Anzeige.

2. Öffnen Sie im Probe-Fenster das Menü PLOT. Klicken Sie ADD Y AXIS an und erzeugen Sie dadurch eine zweite *y*-Achse (Bild 3.12).

Die beiden *y*-Achsen sind mit *1* und *2* gekennzeichnet. Jeweils eine der beiden *y*-Achsen ist mit dem Zeichen **>>** markiert. Das ist die gerade aktive *y*-Achse, auf die sich die im Probe-Fenster gegebenen Befehle beziehen. Durch Anklicken der nicht aktiven *y*-Achse können Sie diese aktivieren.

Aktion
3.15

Die neue *y*-Achse (*2*) ist zu Beginn aktiv. Bringen Sie den Strom I(R1) aus der Trace-Liste in die Eingabezeile TRACE-EXPRESSION. Bestätigen Sie Ihre Wahl mit OK und bringen Sie die Diagramme von Bild 3.12 zur Anzeige.

---

1) PSPICE rechnet mit reinen Zahlen und nicht mit physikalischen Größen. Eine gemeinsame Darstellung von Strom und Spannung in einem Diagramm mit einer gemeinsamen *y*-Achsen-Skalierung ist deshalb grundsätzlich möglich, aber dann würde das Stromdiagramm nahezu unsichtbar niedrig ausfallen.

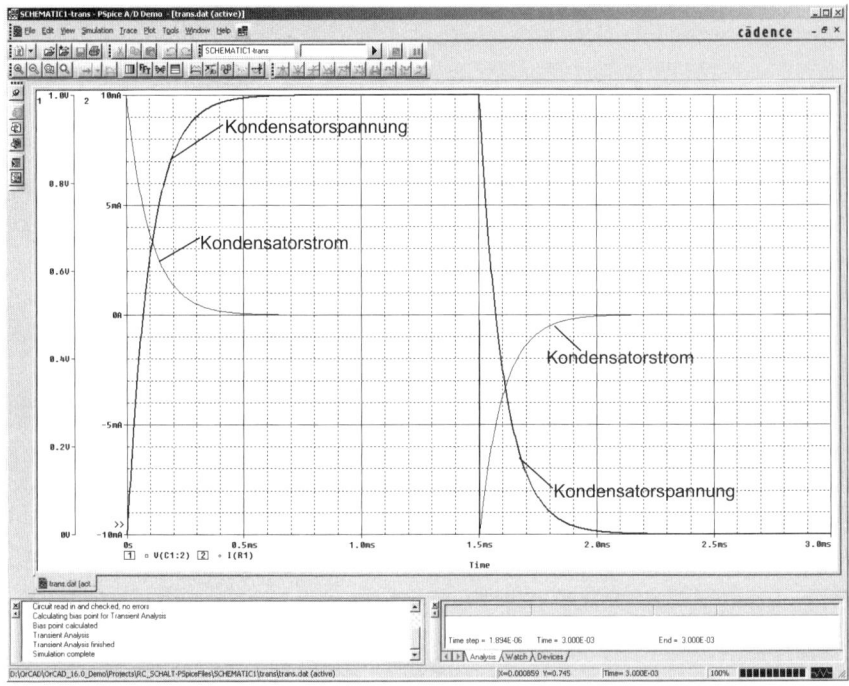

Bild 3.12: Spannung und Strom des Kondensators der RC-Reihenschaltung aus Bild 3.3

Aktion
3.16
   ● Verdoppeln Sie *R* und überzeugen Sie sich davon, dass der Vorgang
   ● dann bei halbiertem Strom und in doppelter Zeit abläuft[1].

Aktion
3.17
   ● Öffnen Sie aus PROBE heraus das Menü TOOLS und darin OPTIONS... ES
   ● öffnet sich das Fenster PROBE SETTINGS. Wählen Sie in der Abteilung TRACE
   ● COLOR SCHEME die Option MATCH AXIS. Finden Sie heraus, wie Sie die
   ● Farbe der Achsennummer in Übereinstimmung mit der Farbe des zuge-
   ● hörigen Diagramms bringen können.

Wenn Sie es leid sind, mit Hilfe des Fensters ADD TRACES mühevoll immer
wieder das gleiche Diagrammschema zu erzeugen und wenn Sie vor dem
Start der Simulation vergessen haben, den Tipp zu befolgen, der Ihnen in
der Fußnote [1] gegeben wird, dann können Sie auch noch nach Abschluss
der Simulation aus PROBE heraus das Fenster mit den Diagrammen der
vorausgegangenen Simulation aufrufen. Dazu müssen Sie aus dem Probe-Fenster heraus über WINDOW/DISPLAY CONTROL... das Fenster DISPLAY
CONTROL öffnen, darin LAST SESSION markieren und dann die Schaltfläche
RESTORE betätigen.

Aktion
3.18
   ● Probieren Sie das aus!
   ●

---

1) PSPICE kann sich Ihre alten Probe-Trace-Einstellungen merken. Dazu müssen Sie vor dem Start einer
Simulation im CAPTURE-Fenster SIMULATION SETTINGS die Registerkarte PROBE WINDOW anwählen und in der
Abteilung SHOW die Option LAST PLOT anwählen.

Nutzung von Probe-Funktionen und -Operatoren $\quad$ 3.4

In diesem Abschnitt untersuchen Sie eine RC-Reihenschaltung an Wechsel-
spannung. Sie nutzen dabei zum ersten Mal einen der im rechten Teil des
Fensters ADD TRACES aufgelisteten Probe-Operatoren, den Operator *Minus*
(−). Das folgende Beispiel wird Ihnen sicherlich genügen, danach auch die
Probe-Operatoren *plus*, *mal* und *geteilt* (+, *, /) nutzen zu können.

Aktion
3.19

Erstellen Sie ein Projekt *rc_sin* und zeichnen Sie die Schaltung von Bild
3.13. Verwenden Sie die Spannungsquelle *VSIN* (*e_source.olb*). Die Attribute der Spannungsquelle werden Sie erst in Aktion 3.20 setzen.

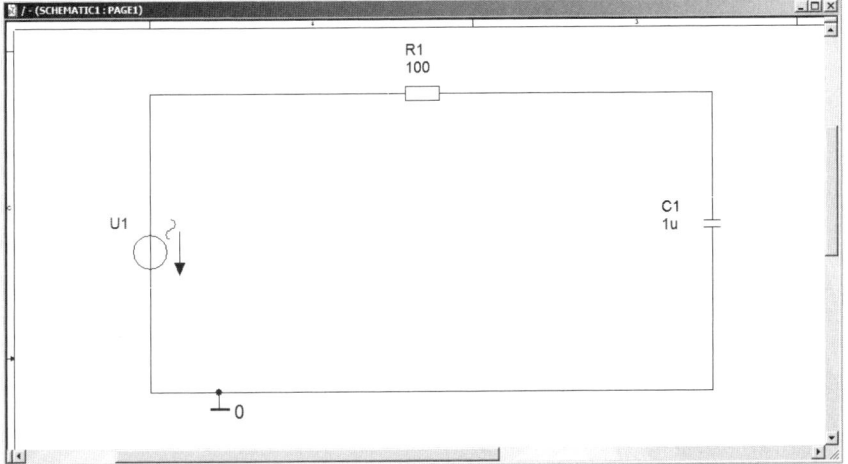

Bild 3.13: RC-Reihenschaltung an sinusförmiger Wechselspannung

Aktion
3.20

Öffnen Sie den Property-Editor von *VSIN*. Setzen Sie *VAMPL* (Amplitude), *FREQ* (Frequenz) und *VOFF* (Offsetspannung) nach dem Muster
von Bild 3.14. *DF*, *TD* und *PHASE* können auf den voreingestellten Werten bleiben. *DC* und *AC* haben für die Transienten-Analyse keine Bedeutung und können leer bleiben[1]. Machen Sie die Werte der Attribute
VAMPL, *VOFF* und *FREQ* auf dem Schaltplan sichtbar (Rezept 1.13).

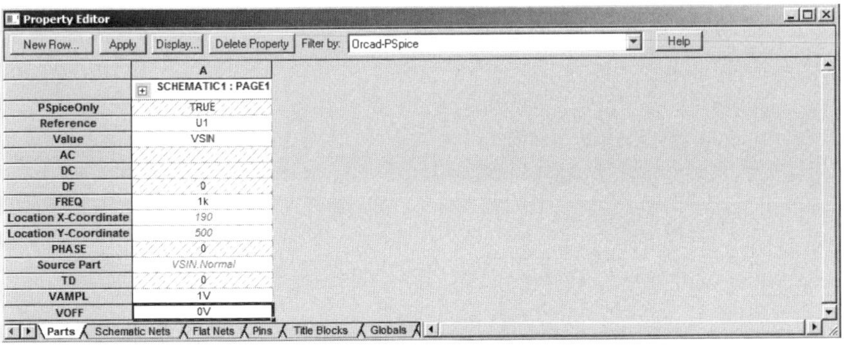

Bild 3.14: Der Property-Editor der Spannungsquelle *VSIN*

1) Mehr zu den Attributen finden Sie im Anhang unter *Die Spannungsquellen für die Transienten-Analyse.*

Aktion
3.21
- ● Öffnen Sie das Fenster New SIMULATION und legen Sie ein Simula-
- ● tionsprofil *trans* an. (Aktion 2.2). Es öffnet sich anschließend das
- ● Fenster SIMULATION SETTINGS-TRANS. Nehmen Sie ein Setup für eine Tran-
- ● sienten-Analyse von 0 bis 4 ms vor. Wählen Sie als maximale Simulations-
- ● schrittweite 4 µs, d.h. MAXIMUM STEP SIZE = 4u (Bild 3.15):

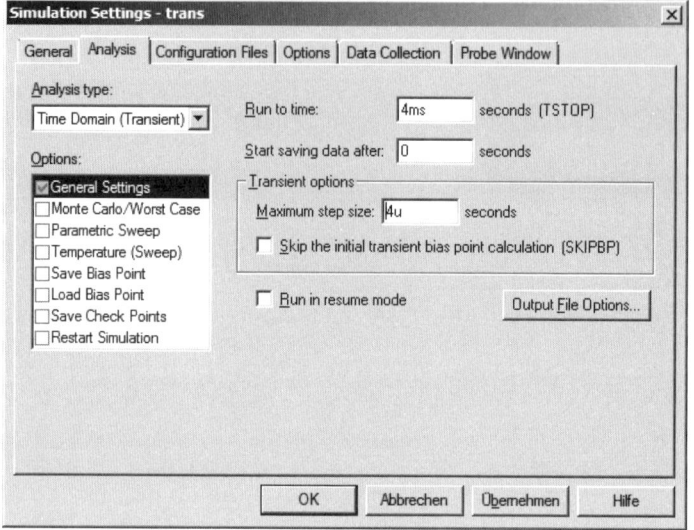

Bild 3.15: Setup für eine Transienten-Analyse der RC-Reihenschaltung

Aktion
3.22
- ● Starten Sie die Simulation (Rezept 2.1) und stellen Sie die Gesamt-
- ● spannung und die Kondensatorspannung entsprechend Bild 3.16 dar:

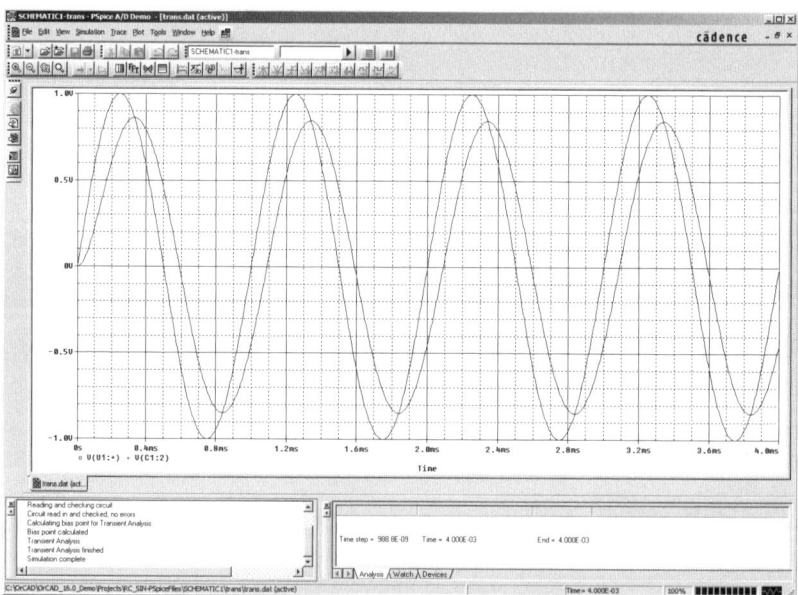

Bild 3.16: Probe-Diagramme der Spannungen $u_1(t)$ und $u_C(t)$ der Schaltung von Bild 3.13

Im Folgenden sollen Sie die Phasenlage von Strom und Spannung am Kondensator kontrollieren. Dazu müssen Sie bedenken, dass PSPICE Ströme positiv zählt, wenn Sie von Pin 1 zu Pin 2 fließen[1]. Das wäre beim Kondensator in Ihrer Schaltung von unten nach oben. Sie interessieren sich aber für den Strom von oben nach unten, d.h. für den Strom – I(C1).

Gehen Sie, um Strom und Spannung am Kondensator gemeinsam und phasenrichtig darzustellen, nach den folgenden Anweisungen vor:

Aktion
3.23

• Löschen Sie das Diagramm der Gesamtspannung durch Markieren (Anklicken) des Diagrammnamens V(U1:+) in der Legende des Probe-Fensters und anschließendes Betätigen der Taste <Entf>.

• Fügen Sie eine zweite *y*-Achse hinzu (Aktion 3.14).

• Klicken Sie in der Trace-Liste den Strom I(C1) an und befördern Sie ihn in die Zeile TRACE EXPRESSION. Setzen Sie den Cursor vor den Eintrag I(C1) und fügen Sie mit der Tastatur[2] ein Minuszeichen ein (Bild 3.17):

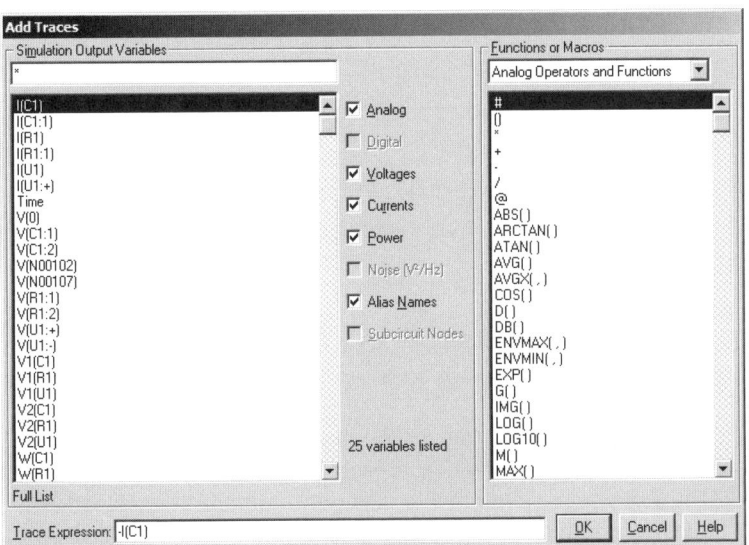

Bild 3.17: Das Fenster ADD TRACES mit dem Eintrag *–I(C1)* in der Eingabezeile TRACE EXPRESSION

Aktion
3.24

Bringen Sie das gewünschte Diagramm zur Anzeige, indem Sie es durch Anklicken der Schaltfläche OK anfordern (Bild 3.18).

1) Bei der Verwendung von Markern ist dieser Satz nur eingeschränkt richtig. Genaueres über die Zählrichtung bei Verwendung von Markern erfahren Sie in der letzten Übung von Abschnitt 7.1.5.

2) Alle im rechten Teils des Fensters ADD TRACES verfügbaren Probe-Operatoren und -Funktionen können Sie direkt mit der Tastatur in die Eingabezeile TRACE EXPRESSION eingeben. Im Falle des Operators *Minus* ist dies der schnellste und bequemste Weg. Alternativ können Sie auch eine Cursormarke an die gewünschte Stelle der Eingabezeile TRACE EXPRESSION setzen und dann in der Operatorenliste des rechten Teils des Fensters ADD TRACES das gewünschte Operatorzeichen durch Mausklick auswählen und einfügen.

Übungen auf der Basis von Bild 3.18:

- Liegt nach dem Abklingen des Einschwingvorgangs das Maximum des Stromes tatsächlich um eine Viertelperiode vor dem Maximum der Spannung, so wie es sich für einen Kondensator gehört?

- Bringen Sie auch noch die Gesamtspannung zur Anzeige und ermitteln Sie aus dem Probe-Diagramm den Phasenwinkel zwischen Gesamtstrom und Gesamtspannung. Bestätigen Sie das Ergebnis rechnerisch.

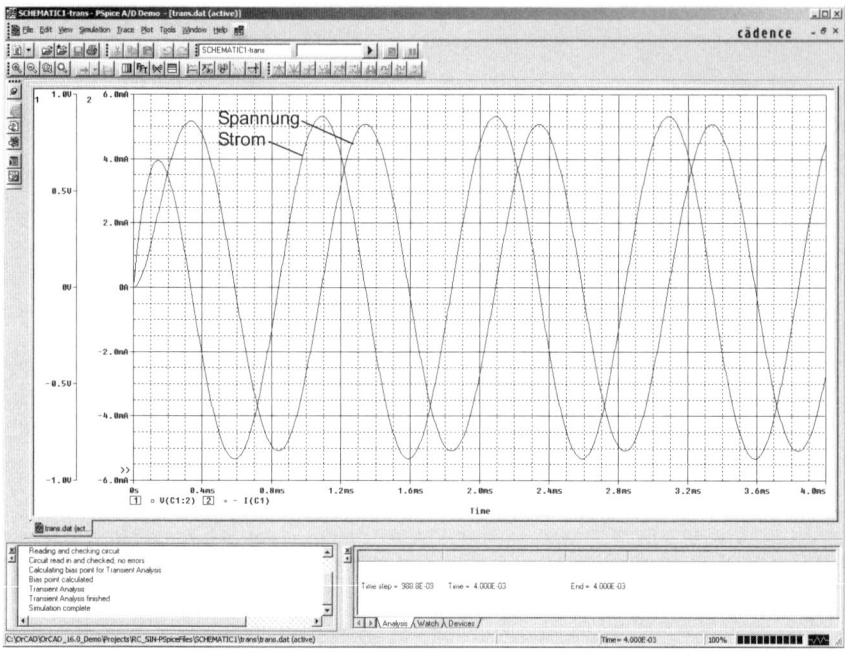

Bild 3.18: Strom und Spannung am Kondensator in einer RC-Reihenschaltung

Natürlich wollen Sie für die RC-Schaltung auch die Spannung $u_R(t)$ im Probe-Fenster darstellen. Wie aber lässt sich diese Spannung darstellen, wenn PSPICE doch nur Potenziale, d.h. Spannungen einzelner Punkte gegen Masse berechnet? PROBE löst dieses Problem elegant. Sie nutzen dazu einen Operator aus dem rechten Teil des Fensters ADD TRACES. Dort sind, wie Sie bereits wissen, eine Menge mathematischer Operatoren und Funktionen verzeichnet, die sich auf die Diagramme der Trace-Liste anwenden lassen. Durch Anwendung des Operators *Minus* lässt sich eine Spannung als Differenz der zugehörigen Potenziale berechnen:

Aktion
3.25

- Löschen Sie alle zur Zeit im Probe-Fenster dargestellten Diagramme
- durch Markieren (Anklicken) des Diagrammnamens in der Legende und
- anschließendes Betätigen von <Entf>. Beseitigen Sie auch, falls vorhanden, eine zweite *y*-Achse (PLOT/DELETE Y AXIS). Öffnen Sie dann das Fenster ADD TRACES, um in der Trace-Liste die Namen der beiden zur Berechnung von u_R erforderlichen Potenziale herauszufinden.

Aktion
3.26

Klicken Sie in der Trace-Liste nacheinander V(R1:1) und V(R1:2) an. Die
beiden Potenziale gelangen dadurch in dieser Reihenfolge in die Trace-
Expression-Zeile. Setzen Sie dann zwischen beide Werte ein Minuszeichen. Das Minuszeichen können Sie mit Ihrer Tastatur erzeugen oder
durch Anklicken dem rechten Teil des Fensters ADD-TRACES entnehmen:

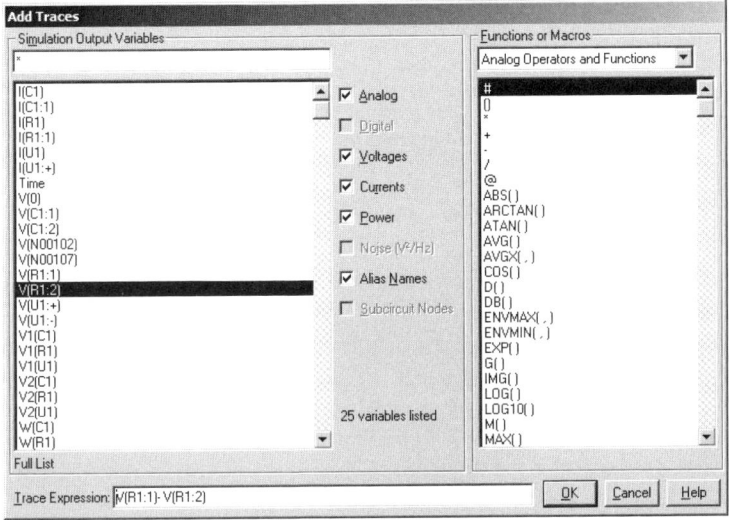

**Bild 3.19: Die Eingabezeile TRACE-EXPRESSION zur Anwahl der Spannung am
Wirkwiderstand R_1 der RC-Reihenschaltung von Bild 3.13**

Aktion
3.27

Bestätigen Sie Ihre Eintragungen in der Trace-Expression-Zeile mit OK
und schauen Sie sich das Ergebnis an (Bild 3.20):

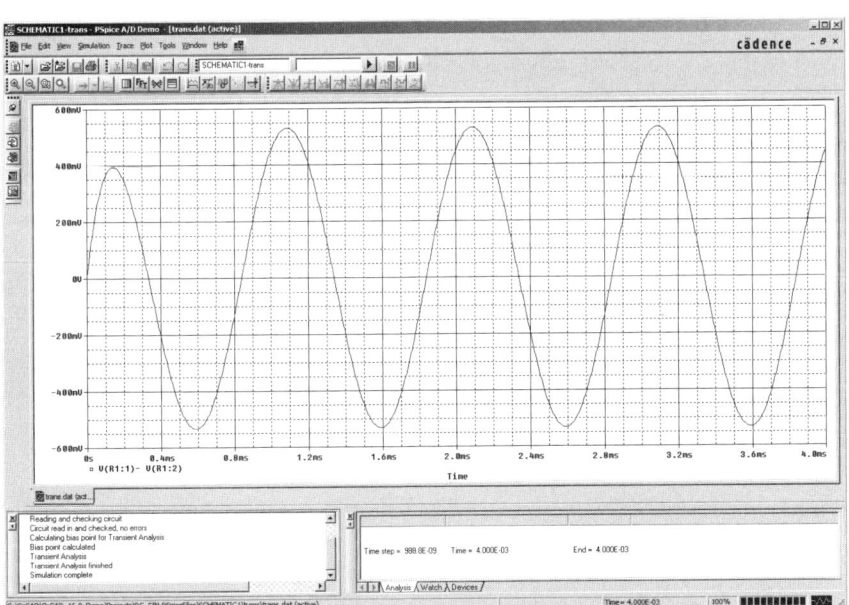

Bild 3.20: Spannung am Wirkwiderstand R_1 der RC-Reihenschaltung von Bild 3.13

Sie erkennen im Anfangsbereich des Diagramms (Bild 3.20), dass die Tran-
sienten-Analyse von PSPICE eine ganz wunderbare Eigenschaft hat: Sie
stellt eine Kombination von Einschwingvorgang und eingeschwungenem
Zustand (stationärem Zustand) dar. Bei der Interpretation der Startbereiche
von Simulationen ist allerdings Vorsicht geboten: Nahezu immer macht
PSPICE seine Sache ausgezeichnet, aber in seltenen Fällen kann es zu
Konvergenzproblemen kommen, die nicht (das wäre besser!) zum völligen
Abbruch der Simulation führen, sondern „nur" zu einer Serie fehlerhafter
Werte zu Beginn der Simulation. Eine Überprüfung der Simulationsergeb-
nisse auf Plausibilität ist immer ratsam.

Über eines muss man sich bei der Arbeit mit PSPICE im Klaren sein: PSPICE
ersetzt nicht die Verwendung des eigenen Verstandes und auch nicht das
Labor. Ob ein Schaltungsentwurf etwas taugt, entscheidet letztlich das Ex-
periment im Labor. Aber: Mit Hilfe von PSPICE kann man den Laborauf-
wand minimieren. Versierte Entwickler verzichten inzwischen völlig auf den
Laboraufbau mit flexiblen Leitungen und stellen als ersten Prototyp einer
Neuentwicklung bereits einen Aufbau auf einer gedruckten Leiterplatte her.
Genau diesen Weg stellt sich die Firma CADENCE DESIGN SYSTEMS[1]
vor, wenn sie sämtliche Werkzeuge zum Schaltungsentwurf unter einer gemeinsamen Benutzeroberfläche[2] vereinigt. Die Ihnen bekannten Werkzeuge CAPTURE und PSPICE sind durch ein Layoutprogramm und einen
Autorouter ergänzt worden. Hierdurch wird es möglich, den Schaltungsentwurf weitgehend am Computer zu betreiben, einschließlich des Leiter-
plattenlayouts und der Ermittlung der Daten für die CNC-Bohrmaschine zur
automatischen Fertigung der Platine.

3.5   Label setzen

Im Abschnitt 2.3 haben Sie erfahren, dass PSPICE den Knotenpunkten
einer Schaltung Namen gibt. Diese Namen (N00197, N00204,...) sind nicht
sonderlich eingängig, so dass PSPICE zusätzlich so genannte *Alias-Namen* erzeugt, die von den Namen der verwendeten Bauteile abgeleitet werden. Mit Hilfe dieser Alias-Namen ist es sehr einfach, in der Trace-Liste die
Namen der gewünschten Diagramme aufzufinden.

Es gibt zwei Situationen, in denen man die von PSPICE automatisch er-

---

1) Im Januar 1998 haben sich MicroSim (Simulation) und OrCAD (Schaltungsentwurf) unter dem Namen
OrCAD zusammengeschlossen. OrCAD wiederum ist im Juni 1999 von CADENCE DESIGN SYSTEMS
übernommen worden, dem Anbieter des Autorouters SPECCTRA und Hersteller der führenden Software
zum Entwurf integrierter Schaltkreise. Bei CADENCE sind damit inzwischen sämtliche (markt-)führenden
Bestandteile für den automatisierten Schaltungsentwurf (Electronic Design Automatisation, EDA) vereinigt.

2) Leider wurde in der Vergangenheit mit beinahe jedem größeren (verdienstvollen) Schritt, den MicroSim,
dann OrCAD und jetzt CADENCE auf dem Gebiet der Entwurfsautomatisierung machten, der Name der
Benutzeroberfläche geändert, unter der die Einzelprogramme zu einem harmonischen Ganzen zusam-
mengefasst sind. Ursprünglich hieß das Programmpaket PSPICE (der Simulator PSPICE war also zusammen mit SCHEMATICS, PROBE etc. Bestandteil eines Programmpakets gleichen Namens). Später hieß
es DESIGN CENTER, dann DESIGN LAB. Heute heißt es ORCAD UNISON DESIGN SUITE. Entwickler
kommen da nicht so schnell hinterher. Sie sprechen heute immer noch von PSPICE, wenn sie das ganze
Programm-Paket meinen. Dieser Tradition folgt auch dieses Buch.

stellten Knotennamen und auch die an sich sehr komfortablen Alias-Namen als unbefriedigend empfindet: Wenn man ein besonders wichtiges Potenzial betrachten will und dafür einen besonders einprägsamen, selbstgewählten Namen verwenden möchte, z.B. *in* und *out* für den Eingang und den Ausgang einer Schaltung, oder wenn PSPICE zur Darstellung seiner Simulationsergebnisse nicht das Probe-Fenster verwendet, sondern das Output-File. Im Output-File werden in den meisten Fällen nicht die Aliasnamen, sondern ausschließlich die wenig benutzerfreundlichen Default-Knotennamen (N00197, N00204...) verwendet. Für solche Fälle bietet PSPICE die Möglichkeit, die Default-Knotennamen durch selbstgewählte Knotennamen (*Labels*) zu überschreiben:

Aktion
3.28

Stellen Sie sicher, dass die Schaltung von Bild 3.13 geladen ist. Aktivieren Sie zur Erzeugung eines Labels die Schaltfläche PLACE NET ALIAS[1]. Es öffnet sich das Fenster PLACE NET ALIAS. Geben Sie dem Label den Namen *out* (Bild 3.21) und betätigen Sie dann die Schaltfläche OK. Am Mauszeiger „klebt" jetzt ein Rechteck. Platzieren Sie das Rechteck (ohne Zwischenraum) irgendwo auf der Leitung, die *R1* und *C1* verbindet. Beenden Sie dann die Aktion, indem Sie durch rechten Mausklick das Kontextmenü öffnen und darin END MODE anwählen.

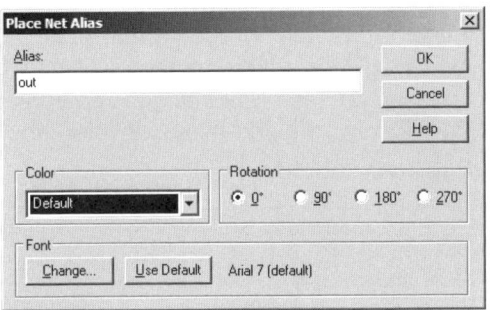

Bild 3.21: Das Fenster PLACE NET ALIAS zum Erzeugen eines Labels

Aktion
3.29

Simulieren Sie die gelabelte Schaltung, öffnen Sie anschließend das Fenster ADD TRACES und stellen Sie fest, dass in der Trace-Liste jetzt anstelle des Eintrags V(N00107)[2] der Eintrag V(out) vorhanden ist.

Aktion
3.30

Geben Sie nun auch noch dem Eingangsknoten einen selbstgewählten Namen (in), simulieren Sie die Schaltung erneut und stellen Sie anhand der Trace-Liste fest, dass die Eingangsspannung jetzt unter dem neuen Namen V(in) aufgeführt wird.

Aktion
3.31

Öffnen Sie das Output-File und überzeugen Sie sich davon, dass auch hier die Default-Knotennamen mit den neuen Namen *out* und *in* überschrieben wurden.

---

1) Der Menübefehl PLACE/NET ALIAS... bewirkt das Gleiche.

2) Bei Ihnen hat der zugehörige Knoten vermutlich einen anderen Default-Namen.

3.6   Mittelwerte

3.6.1   Effektivwert, arithmetischer Mittelwert, Gleichrichtwert

misc.olb enthält Messgeräte zur Ermittlung der Effektivwerte *Urms* und *Irms*, der arithmetischen Mittelwerte *Uavg* und *Iavg* und der Gleichrichtwerte *Uabs* und *Iabs*. Das werden Sie im Folgenden erproben[1]:

Aktion

3.32

● Legen Sie ein Projekt *effektiv* an und zeichnen Sie die Schaltung von
● Bild 3.22. Geben Sie der Spannungsquelle *VSIN* die in Bild 3.22 sichtba-
● ren Attribute. Die beiden Messgeräte *Vmeter_trans* und *Ameter_trans*
● besitzen Attribute *T* zur Eingabe der Periodendauer der Versorgungs-
● spannung. Setzen Sie die Attribute *T* der Messgeräte auf *T* = 1 ms.

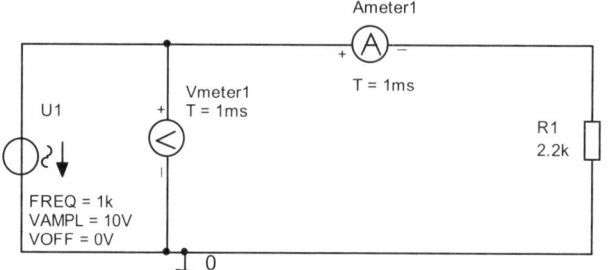

Bild 3.22: Schaltung mit Mittelwertmessern

Ameter_trans und *Vmeter_trans* geben alle Mittelwerte als Spannungen aus. Das gilt auch für die Ströme(!). Im Fall der Mittelwerte der Ströme sind die ausgegebenen Spannungen zahlenmäßig gleich der Höhe der Ströme. Für die Schaltung von Bild 3.22 liefert das Fenster ADD TRACES:

Effektivwert der Spannung:	V(Vmeter1:Urms)
Effektivwert des Stromes:	V(Ameter1:Irms)
Arithmetischer Mittelwert der Spannung:	V(Vmeter1:Uavg)
Arithmetischer Mittelwert des Stromes:	V(Ameter1:Iavg)
Gleichrichtwert der Spannung:	V(Vmeter1:Uabs)
Gleichrichtwert des Stromes:	V(Ameter1:Iabs)

Aktion

3.33

● Simulieren Sie die Schaltung über zwei Perioden (RUN TO TIME = 2 ms)
● mit MAXIMUM STEP SIZE = 1 µs, das entspricht 1000 Punkten/Periode. Er-
● zeugen Sie dann ein Probe-Fenster entsprechend Bild 3.23[2]. Überzeu-
● gen Sie sich davon, dass sich, wie zu erwarten, der Effektivwert *Urms*
● von der Amplitude um den Faktor $1/\sqrt{2}$ unterscheidet. Zur Zeit können
● Sie die Höhe der Größen im Probe-Fenster nur grob schätzen. In Lekti-
● on 7 lernen Sie den Probe-Cursor für exakte Messungen kennen.

Übung:

Geben Sie der Spannungsquelle von Bild 3.22 einen Offset von 10 V (VOFF = 10V). Stellen Sie in einem Diagramm *u*(t), *Urms*, *Uavg* und *Uabs* dar. Bestätigen Sie das Ergebnis rechnerisch. Hinweis: Für den Effektivwert ei-

---

1) In den Beispielen dieses Abschnittes werden nur Mittelwerte sinusförmiger Größen ermittelt. In den Aufgaben 3.5 bis 3.8 werden auch Mittelwerte nicht sinusförmiger Größen bestimmt.

2) Eine verlässliche Mittelwertanzeige erfolgt erst nach Ablauf einer Periodendauer *T*, denn die Mittelwert-berechnung erfolgt immer über das Zeitintervall *T*, das dem Anzeigezeitpunkt vorausgeht.

ner Mischspannung *Umisch*, bestehend aus den Anteilen *Ugleich* und *Uwechsel* gilt: $Umisch_{eff}^2 = Ugleich_{eff}^2 + Uwechsel_{eff}^2$

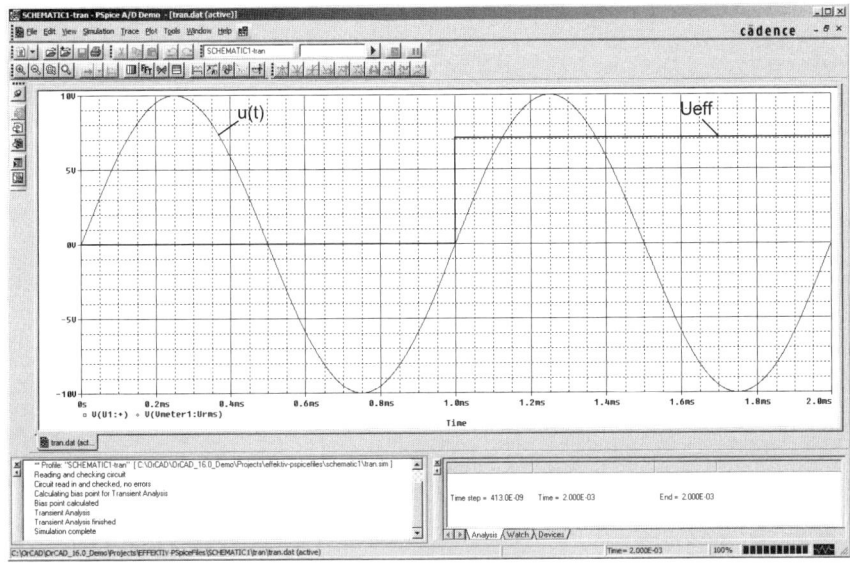

Bild 3.23: Zeitverlauf der Spannung und ihr Effektivwert

Leistungen   3.6.2

In *misc.olb* gibt es auch einen Leistungsmesser: *Wmeter_trans*. Dieser Leistungsmesser ermittelt die Augenblicksleistung sowie die Schein-, Wirk- und Blindleistung. Außerdem liefert *Wmeter_trans* noch die Effektivwerte von Spannung und Strom.

Legen Sie ein Projekt *leistungen* an und zeichnen Sie die folgende Schaltung. Setzen Sie die Attribute so, wie in Bild 3.24 zu sehen:

Aktion
3.34

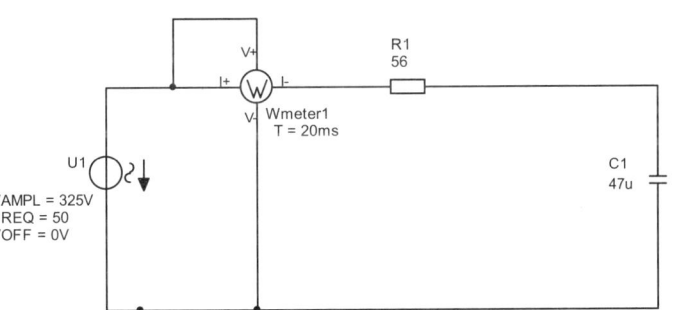

Bild 3.24: Schaltung zur Erprobung von *Wmeter_trans*

Wmeter_trans gibt die berechneten Leistungen als Spannungen aus. Das kennen Sie bereits von *Ameter_trans* aus Abschnitt 3.6.1. Die ausgegebenen Spannungen von *Wmeter_trans* sind zahlenmäßig gleich der Höhe der Leistungen. Für die Schaltung von Bild 3.24 liefert die Trace-Liste (u.a.)

folgende Analyseergebnisse des Leistungsmessers[1]:

Effektivwert der Spannung:	V(Wmeter1:Urms)
Effektivwert des Stromes:	V(Wmeter1:Irms)
Augenblicksleistung $p(t)=u(t) \cdot i(t)$:	V(Wmeter1:pt)
Wirkleistung:	V(Wmeter1:Pw)
Blindleistung:	V(Wmeter1:Q)
Scheinleistung:	V(Wmeter1:Sapp)

Aktion
3.35

● Simulieren Sie über drei Perioden (RUN TO TIME = 60 ms) mit MAXIMUM
● STEP SIZE = 20 µs. Erzeugen Sie die Diagramme von Bild 3.25[2]:

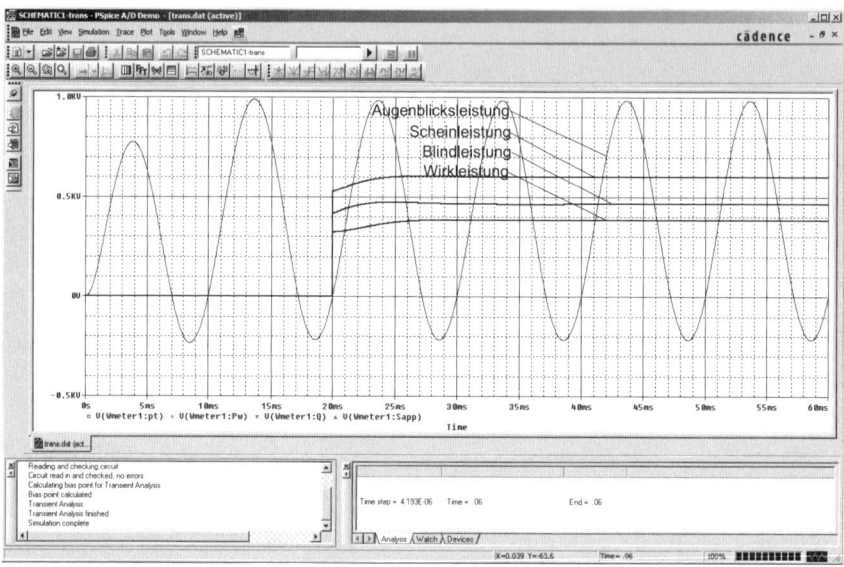

Bild 3.25: Leistungen in der RC-Schaltung von Bild 3.24

Übung:

Eine Reihenschaltung aus *R1* = 20 Ω und *L1* = 120 mH liegt an 230 V / 50
Hz. Die Blindleistung soll kompensiert werden. Testen Sie die Wirkung der
Schaltung von Bild 3.26 (RUN TO TIME = 100 ms). Um welchen Faktor redu-
ziert die Kompensation den Strom in der Zuleitung?

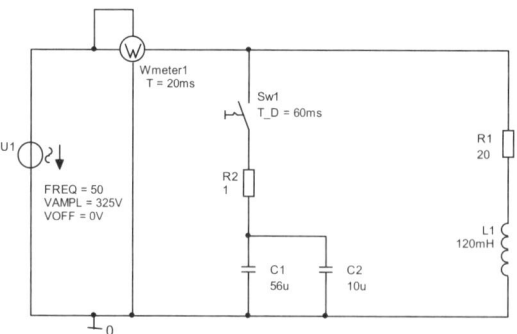

**Bild 3.26: Schaltung zur Kompen-
sation induktiver Blindleistung**

1) Die Fußnote 1) auf S. 80 gilt sinngemäß auch für die Leistungsmesser.

2) Eine verlässliche Mittelwertanzeige erfolgt erst nach Ablauf einer Periodendauer *T*, denn die Mittelwert-
berechnung erfolgt immer über das Zeitintervall *T*, das dem Anzeigezeitpunkt vorausgeht.

Schaltvorgänge   3.7

Einen einfachen Schaltvorgang haben Sie bereits im ersten Teil dieser Lektion untersucht: den Lade- und Entladevorgang in der RC-Reihenschaltung. In diesem Abschnitt lernen Sie, Schaltvorgänge in Schaltungen mit mehreren Kondensatoren und mit Induktivitäten zu simulieren. Falls Sie sich im Moment (noch) nicht für diese eher schwierigen Schaltvorgänge interessieren, dann können Sie den Abschnitt 3.7 ruhigen Gewissens erst einmal auslassen und zu einem beliebigen späteren Zeitpunkt bearbeiten.

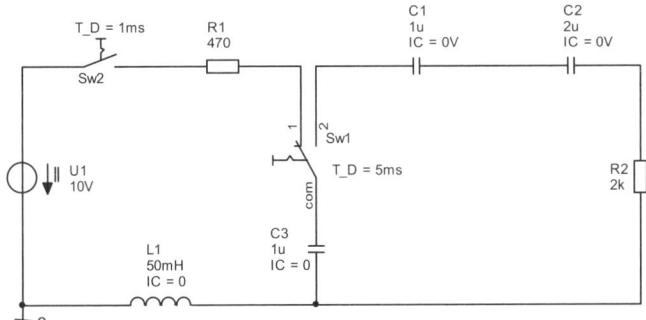

Bild 3.27: Testschaltung zur Untersuchung von Schaltvorgängen in RLC-Schaltungen

Die Simulation von Schaltungen mit Induktivitäten und/oder Kapazitäten ist mit Problemen verbunden. PSPICE muss zu Beginn sämtlicher Simulationen den (Gleichstrom-)Arbeitspunkt (Bias Point) der Knotenpunkte bestimmen. Sind IC-Attribute gesetzt, werden diese während der Berechnung der Arbeitspunkte verwendet. Anderenfalls versetzt PSPICE bei der Arbeitspunktberechnung die Induktivitäten und Kapazitäten in Ladezustände, die sie nach Abschluss des Einschaltvorgangs erreichen würden: PSPICE legt also für die Arbeitspunktbestimmung eine Ersatzschaltung zugrunde, in der sämtliche Kondensatoren durch unendlich große Widerstände ersetzt sind und sämtliche Induktivitäten durch Kurzschlüsse. Befindet sich also in der Schaltung eine Induktivität, so kann das dazu führen, dass diese die Spannungsquelle während der Arbeitspunktberechnung kurzschließt, so dass PSPICE aussteigt, weil es keinen unendlich großen Strom simulieren kann. Befinden sich in der Schaltung mehrere in Reihe geschaltete Kondensatoren, so scheitert PSPICE bei der Bestimmung des Potenzials am Verbindungsknoten der Kondensatoren, d.h. an der Verbindungsstelle unendlich großer Widerstände. Es gelten für alle Simulationen folgende Regeln:

- Es ist darauf zu achten, dass Induktivitäten bei der Arbeitspunktbestimmung keinen Kurzschluss der Versorgungsspannung bewirken können.

- Jeder Knotenpunkt einer Simulationsschaltung muss eine leitfähige Gleichstromverbindung zur Masse haben.

Ein durch Induktivitäten verursachter Gleichstrom-Kurzschluss lässt sich gegebenenfalls leicht mit Hilfe eines kleinen Serienwiderstandes verhindern. Im obigen Beispiel tritt das Problem nicht auf. Das Problem mit den in

Reihe geschalteten Kapazitäten lässt sich dadurch lösen, dass die problematischen Knotenpunkte durch hochohmige Hilfswiderstände mit dem Massepunkt verbunden werden. Es ist zu beachten, dass die Hilfswiderstände
ausreichend groß gewählt werden, so dass die damit verbundenen Zeitkonstanten ihre Wirkung erst lange nach Abschluss des „wahren" Einschaltvorgangs (ohne Hilfswiderstände) zeigen.

Bild 3.28 basiert auf der Schaltung von Bild 3.27. *R3* dient als Hilfswiderstand.
Seine Größe wurde so gewählt, dass die durch ihn bewirkten Zeitkonstanten
etwa um den Faktor 10^3 größer sind, als die „wahren" Zeitkonstanten. Damit durch *R3* die optische Wirkung der Schaltung nicht entstellt wird, ist der
Widerstand mittels zweier gleichnamiger Labels in die Schaltung eingebunden. Labels mit gleichen Namen betrachtet PSPICE als elektrisch verbunden. Der Anfangsstrom von *L1* ist mit Hilfe des Attributs *IC* auf 0A gesetzt. Die Kondensatoren sind zu Beginn entladen (*IC* = 0V). Bild 3.29 zeigt
den Zeitverlauf der Kondensatorspannungen.

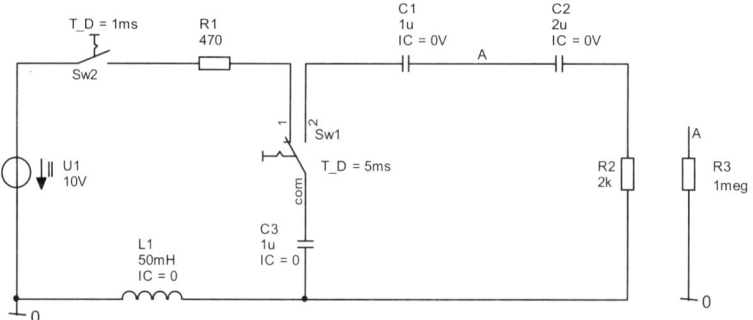

Bild 3.28: RLC-Schaltung mit Hilfswiderstand *R3*. Verbindung mittels Label

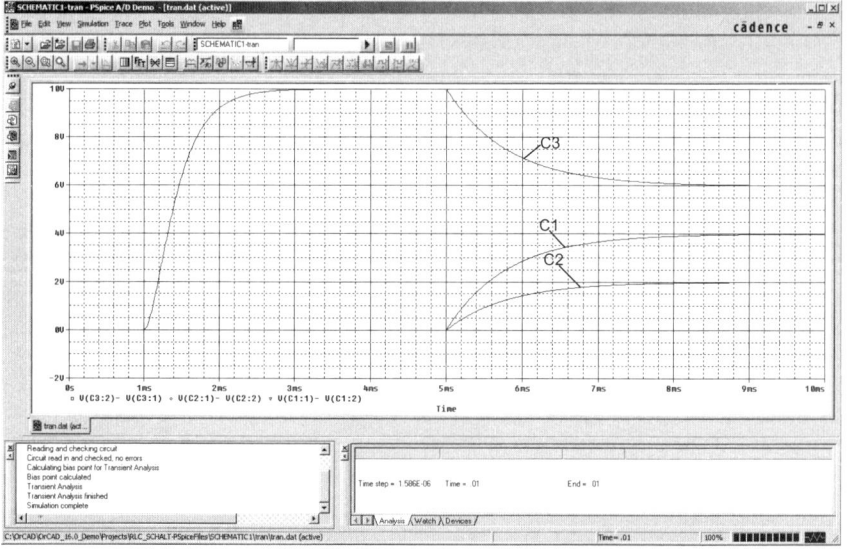

Bild 3.29: Zeitverlauf der Kondensatorspannungen in der Schaltung von Bild 3.28

Aufgaben   3.8

Aufgabe 3.1:

Erzeugen Sie ein Probe-Fenster, in welchem für die RC-Reihenschaltung von Bild 3.13 die Spannungen u_{ges}, u_R, u_C sowie $u_R + u_C$ in einem gemeinsamen Diagramm dargestellt sind. Überzeugen Sie sich davon, dass zu jedem Zeitpunkt (auch während des Einschwingens) gilt: $u_{ges} = u_R + u_C$

Aufgabe 3.2:

Eine RL-Reihenschaltung besteht aus einem Widerstand mit R = 10 kΩ und einer Induktivität mit L = 1 mH. Die Schaltung liegt an einer Wechselspannung mit der Amplitude 1 V und der Frequenz f = 1 MHz. Berechnen Sie die Teilspannungen U_R und U_L und die Phasenverschiebung φ zwischen Strom und Gesamtspannung im eingeschwungenen Zustand. Simulieren Sie die Schaltung mit PSPICE und überprüfen Sie Ihre Rechnung.

Aufgabe 3.3:

Ermitteln Sie für die RLC-Schaltung von Bild 3.30 durch eine Simulation die Phasenverschiebung (im eingeschwungenen Zustand) zwischen Strom und Gesamtspannung.Vergleichen Sie das Ergebnis mit der Theorie.

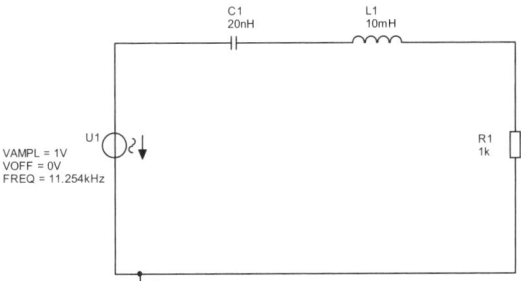

Bild 3.30: RLC-Reihenschwingkreis zu Aufgabe 3.3

Aufgabe 3.4:

Zeichnen Sie die Schaltung von Bild 3.31. Ermitteln Sie die Zeitkonstanten τ_1 und τ_2, mit denen C_1 und C_2 aufgeladen werden. Hinweis: Nach Ablauf von τ ist ein Kondensator auf 63 % seines Endzustandes aufgeladen.

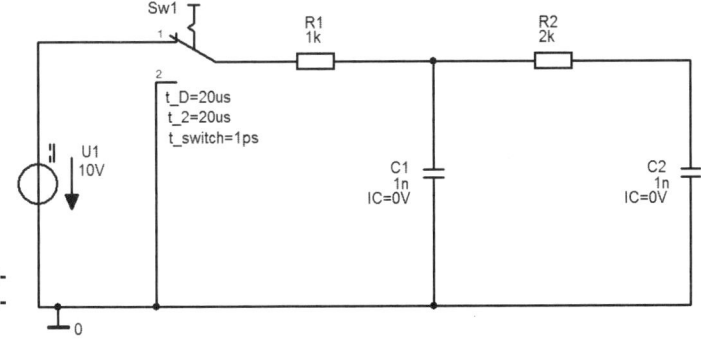

Bild 3.31: Schaltung zu Aufgabe 3.4

Aufgabe 3.5:

Erstellen Sie ein Projekt *pulse* und zeichnen Sie die Schaltung von Bild 3.32. Sie nutzen hier erstmalig eine Spannungsquelle *VPULSE*. Setzen Sie die Attribute der Spannungsquelle so, wie es auf dem Schaltplan dargestellt ist. Simulieren Sie die Schaltung und ermitteln Sie den Effektivwert, den Gleichrichtwert und den arithmetischen Mittelwert der Spannung. Finden Sie im Anhang die Beschreibung der Attribute der Spannungsquelle *VPULSE* und experimentieren Sie mit verschiedenen Werten der Attribute.

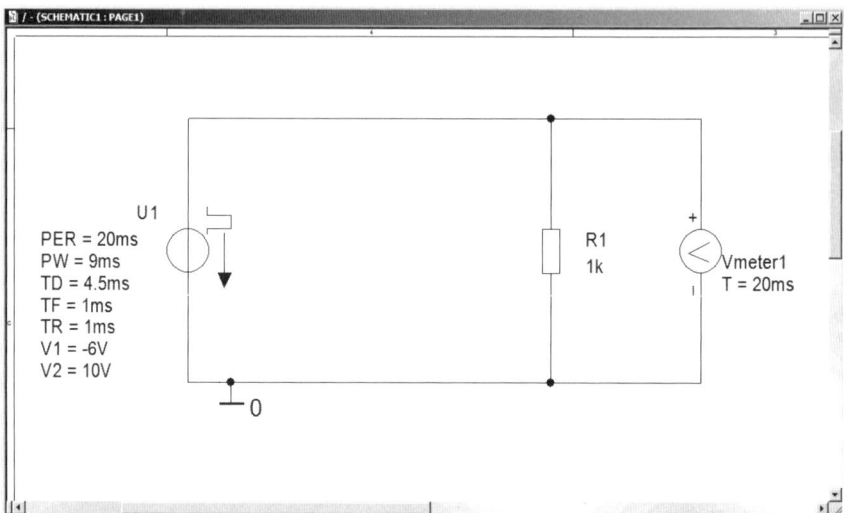

Bild 3.32: Testschaltung mit einer Spannungsquelle *VPULSE*

Aufgabe 3.6:

Erzeugen Sie mit Hilfe der Spannungsquelle *VPULSE* eine deieckförmige Wechselspannung mit der Amplitude 10 V und der Frequenz 1 kHz. Bestimmen Sie für diese Spannung Effektivwert und Gleichrichtwert.

Aufgabe 3.7:

Verändern Sie für die Spannungsquelle von Aufgabe 3.5 die Attribute *V1* und *V2* so, dass eine Folge positiver dreieckförmiger Impulse entsteht. Ermitteln Sie für die Pulsfolge den Effektivwert, den arithmetischen Mittelwert und den Gleichrichtwert.

Aufgabe 3.8:

Eine Folge von Rechteckimpulsen mit der Pulshöhe 10 V hat die Frequenz 40 kHz und das Tastverhältnis (Impulsdauer / Periodendauer) 1/4. Ermitteln Sie den Effektivwert und den arithmetischen Mittelwert.

Aufgabe 3.9:

Ein Widerstand R_s = 1 kΩ liegt in Reihe mit einer Parallelschaltung, die aus R_p = 2,2 kΩ und L_p = 20 mH besteht, an einer sinusförmigen Wechselspannung mit U_{eff} = 10 V und f = 10 kHz. Kompensieren Sie die Blindleistung mit Hilfe eines Kondensators, der parallel zur Versorgungsspannung liegt.

Kochbuch

Eine Spannung als Differenz zweier Potenziale darstellen ____

Rezept 3.1

1. Öffnen Sie das Fenster ADD TRACES durch Anklicken von:

2. Klicken Sie den Namen des ersten Potenzials an und befördern Sie ihn dadurch in die Zeile TRACE-EXPRESSION.

3. Klicken Sie den Namen des zwei-

ten Potenzials an und befördern Sie ihn dadurch in die Zeile TRACE-EXPRESSION.

4. Setzen Sie in der Zeile TRACE-EXPRESSION zwischen beide Potenziale ein Minuszeichen (Bild 3.19).

5. Betätigen Sie OK.

(Aktionen 3.26 und 3.27)

Eine Transienten-Analyse durchführen _____

Rezept 3.2

1. Öffnen Sie das Fenster SIMULATION SETTINGS (Bild 3.5). Hinweis: Das Fenster SIMULATION SETTINGS öffnet sich automatisch, nachdem sie ein Simulationsprofil neu angelegt haben. Falls für das Projekt bereits ein Simulationsprofil besteht, können Sie auch die zugehörige Schaltfläche betätigen:

2. Wählen Sie unter ANALYSIS TYPE die Analyse TIME DOMAIN (TRANSIENT).

3. Wählen Sie unter OPTIONS die Option GENERAL SETTINGS (Bild 3.5)

4. Füllen Sie das Fenster SIMULATION SETTINGS geeignet aus:

- RUN TO TIME: Ende der Transienten-Analyse eintragen.
- MAXIMUM STEP SIZE: Maximale Schrittweite der Berechnungen eintragen (Rezept 3.3).
- PRINT VALUES IN THE OUTPUT FILE EVERY: Spielt nur für die Fourier-Analyse eine Rolle. Muss immer kleiner als RUN TO TIME sein.
- Die übrigen Felder können leer bleiben.

5. Kehren Sie mit OK zurück zum Arbeitsfenster von CAPTURE.

6. Starten Sie die Simulation:

(Aktionen 3.6 und 3.7)

Die Simulationsschrittweite (MAXIMUM STEP SIZE) wählen ____

Rezept 3.3

Eine Simulation auf der Basis von 1000 Punkten führt meistens zu akzeptablen Ergebnissen. Falls Ihnen die Simulation mit der gewählten Schrittweite zu lange dauert, können Sie mit größeren Schrittweiten experimentieren. Ob eine gewählte Schrittweite zu groß ist, erkennen Sie an „kantigen" Graphen. Mehr zur Wahl geeigneter Schrittweiten erfahren Sie im Kasten auf S. 66.

Kochbuch

Rezept
3.4

Ein Simulationsergebnis im Probe-Fenster darstellen

1. Nachdem sich der Probe-Bildschirm geöffnet hat, müssen Sie das Fenster ADD TRACES öffnen. Wählen Sie dazu im Menü TRACE die Option ADD TRACE... an oder betätigen Sie die zugehörige Schaltfläche:

2. Wählen Sie im linken Teil des Fensters ADD TRACES (Bild 3.9) die als Diagramm darzustellenden Größen an und befördern Sie diese dadurch in die Eingabezeile TRACE-EXPRESSION. Bei Bedarf lassen sich die Einträge der TRACE-EXPRESSION-Zeile editieren (Aktion 3.11).

3. Verlassen Sie das Fenster ADD TRACES durch Anklicken der Schaltfläche OK und kehren Sie zum Probe-Bildschirm zurück. Die gewünschten Diagramme werden jetzt angezeigt.

(Aktion 3.11)

Rezept
3.5

Positive Zählrichtung von Strömen und Spannungen

Vorzeichen von Spannungen:
Spannungen zählen positiv vom jeweiligen Knoten zur Masse.

Vorzeichen von Strömen:
Bei Widerständen, Spulen und Kondensatoren: Der Strom wird positiv gezählt vom Anschluss 1 zum Anschluss 2 (Anschlussbezeichnungen verstehen: Rezept 2.10).

Bei Transistoren, FET, Thyristoren, etc.: Der Strom wird positiv gezählt, wenn er in das Bauteil hineinfließt.

Rezept
3.6

Die Eingabezeile TRACE-EXPRESSION editieren

Die Größen im linken Teil des Fensters ADD TRACES (Bild 3.9) lassen sich in der TRACE-EXPRESSION-Zeile mit den mathematischen Operatoren und Funktionen des rechten Fensterteils verknüpfen.
Beispiel: Für Bild 3.13 ergibt
$(V(C1:2) - V(C1:1)) * (- I(C1))$

den zeitlichen Verlauf der Augenblicksleistung am Kondensator C_1.

Eine Auflistung aller im Probe-Fenster verfügbaren mathematischen Operatoren und Funktionen sowie deren Bedeutung finden Sie im Anhang dieses Buches.

Rezept
3.7

Eine zweite y-Achse einfügen

1. Öffnen Sie das Menü PLOT und wählen Sie darin die Option ADD Y AXIS. Das Diagramm erhält dadurch eine zweite y-Achse.

2. Das Diagramm, das Sie als Nächstes in der Trace-Liste auswählen und in die Trace-Expression-Zeile befördern, wird automatisch der neuerstellten y-Achse zugeordnet.

(Aktionen 3.14 und 3.15)

DIE AC-ANALYSE

In dieser Lektion lernen Sie ein weiteres unter PSPICE mögliches Analyse-Verfahren kennen, die AC-Analyse (**A**lternating **C**urrent, Wechselstrom). Die Anwendung der AC-Analyse setzt voraus, dass die zu untersuchende Schaltung linear ist und nur mit sinusförmigen Quellen einer einzigen Frequenz betrieben wird. Linear sind alle Schaltungen, die aus Widerständen, Induktivitäten und Kapazitäten aufgebaut sind (RLC-Schaltungen). Das Verhalten nichtlinearer Bauteile (z.B. Transistoren) lässt sich mit der AC-Analyse ebenfalls untersuchen. In diesen Fällen linearisiert PSPICE die Schaltung, indem es die nichtlinearen Kennlinien durch deren Tangenten im Arbeitspunkt ersetzt. Die derart linearisierten Bauteile werden dann anstelle der realen Bauteile in den Schaltplan eingefügt. Die lineare Ersatzschaltung beschreibt das Verhalten des nichtlinearen Bauteils solange akzeptabel, wie es durch die Wechselsignale um den Arbeitspunkt herum nur wenig ausgesteuert wird. Dann nämlich bleiben die Unterschiede zwischen den Kennlinien und den sie ersetzenden Tangenten im Arbeitspunkt ausreichend gering, d.h. der Bereich der *Kleinsignal-Aussteuerung* wird nicht verlassen.

In der AC-Analyse werden alle Gleichspannungsquellen durch Kurzschlüsse, alle Gleichstromquellen durch unendlich große Widerstände ersetzt. Für diese Ersatzschaltung berechnet die AC-Analyse die Amplitude und den Phasenwinkel aller Spannungen und Ströme im eingeschwungenen Zustand. Im Vergleich zu einer Transienten-Analyse, in der der zeitliche Verlauf der Spannungen und Ströme ohne irgendwelche Vereinfachungen berechnet wird, ist die AC-Analyse um ein Vielfaches schneller. Mit geringem Zeitaufwand kann PSPICE deshalb für eine gegebene Schaltung eine ganze Reihe AC-Analysen bei unterschiedlichen Frequenzen, einen AC-Sweep, durchzuführen. Den lernen Sie in Lektion 5 kennen.

AC-Analyse bei einer einzigen Frequenz   4.1

Im Folgenden werden Sie die Ihnen altvertraute RC-Reihenschaltung (Bild 3.13) mit einer AC-Analyse untersuchen. Die Schaltung liegt an einer Wechselspannung mit der Amplitude U = 1 V und der Frequenz f = 1 kHz.

Aktion
4.1

Legen Sie ein Projekt *rc_ac.opj* an und zeichnen Sie die Schaltung von Bild 4.1. Wählen Sie als Spannungsquelle *VSIN* und als Spannungsmesser *AC-Vmeter*. Die Strom- und Spannungsmesser für die AC-Analyse finden Sie in *misc.olb*. Versehen Sie Ihre Schaltung nach dem Muster von Bild 4.1 mit den Labels *in* und *out*.

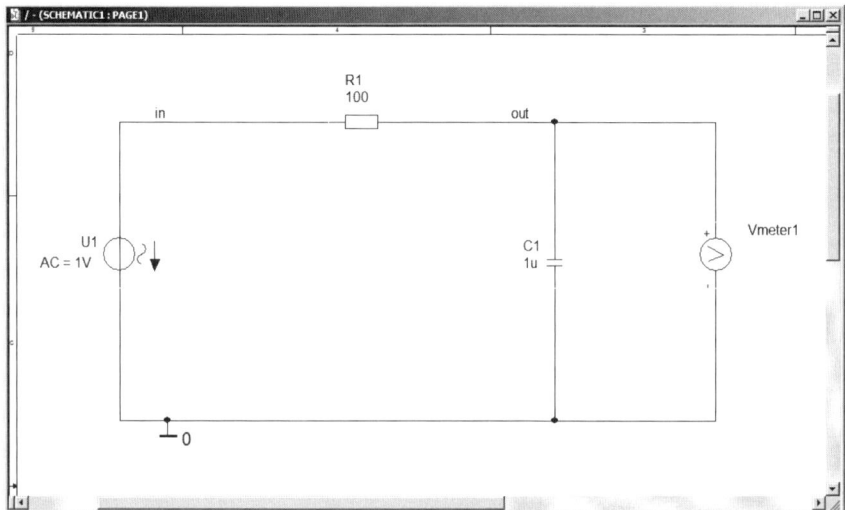

Bild 4.1: Schaltplan einer RC-Reihenschaltung als Grundlage für eine AC-Analyse bei einer einzigen Frequenz

Aktion
4.2

● Öffnen Sie den Property-Editor der Spannungsquelle *VSIN* (Bild 4.2).
● Stellen Sie die Attribute nach den Vorgaben von Bild 4.2 ein.

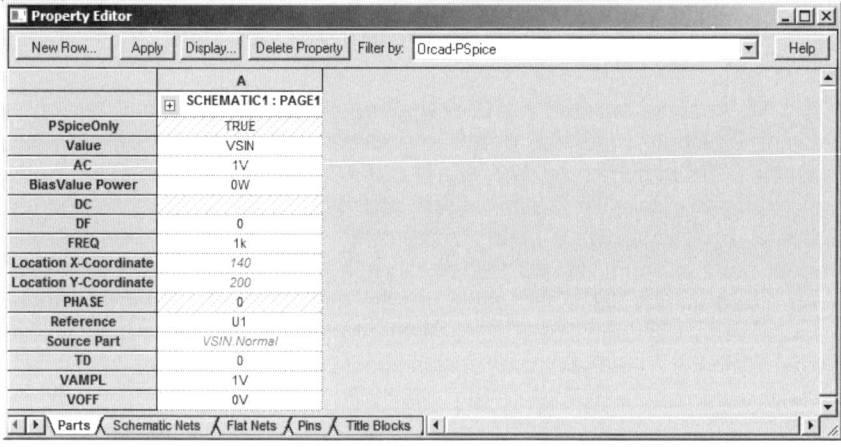

Bild 4.2: Der Property-Editor der Wechselspannungsquelle *VSIN*

Die Spannungsquelle *VSIN* ist sowohl für die Transienten-Analyse als auch für die AC-Analyse geeignet. Der Spannungswert, den Sie unter *AC* eintragen, ist nur für die AC-Analyse wirksam. Die Werte, die Sie unter *FREQU, VAMPL* und *VOFF* eintragen, sind nur für die Transienten-Analyse wirksam und werden bei der AC-Analyse ignoriert. Das gilt auch für die Verzögerungszeit *TD* und den Dämpfungsfaktor *DF*. Sie müssen allerdings immer irgendwelche Werte unter *VAMPL, VOFF, FREQ, TD* und *DF* eintragen (z.B. 0), selbst dann, wenn Sie keine Transienten-Analyse durchführen wollen. Anderenfalls gibt es eine Fehlermeldung, die Sie daran erinnert.

Aktion
4.3

Üben Sie an dieser Stelle noch einmal die benutzerdefinierte Anzeige
der Attribute der Spannungsquelle in CAPTURE, indem Sie *AC*=1V neben der Spannungsquelle zur Anzeige bringen.

Bevor PSPICE mit der Arbeit beginnen kann, müssen Sie noch ein geeignetes Setup für die Simulation erstellen:

Aktion
4.4

Öffnen Sie das Fenster NEW SIMULATION und erstellen Sie ein Simulationsprofil namens *AC*. Nachdem Sie den Namen des Simulationsprofils durch Betätigen der Schaltfläche CREATE bestätigt haben, öffnet
sich das Setup-Fenster SIMULATION SETTINGS-AC. Öffnen Sie das Auswahl-
menü ANALYSIS TYPE und wählen Sie darin AC SWEEP/NOISE sowie unter
OPTIONS die Option GENERAL SETTINGS (Bild 4.3):

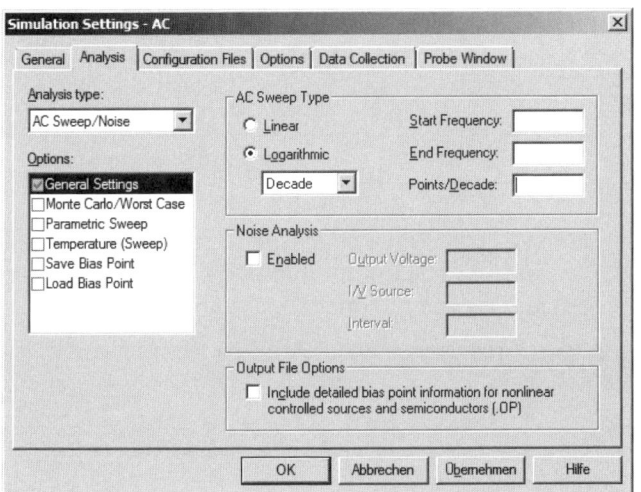

**Bild 4.3: Setup einer
AC-SWEEP-Analyse**

Bei näherer Betrachtung des Setup-Fensters für die Analyseart AC-Sweep/
Noise (kurz: AC-Analyse) ahnen Sie, dass sich damit weitaus mehr machen lässt, als das Wenige, das Sie im Moment damit vorhaben. Mit der
AC-Analyse lässt sich eine Schaltung nicht nur für eine einzige Frequenz
analysieren, sondern Sie können auch automatisch eine ganze Serie von
Frequenzen auswerten. Diese wunderbare Option zur Berechnung von Fre-
quenzgängen, den AC-Sweep, lernen Sie in der nächsten Lektion ausführlich kennen. Auch zur Analyse des Rauschverhaltens einer Schaltung (NOISE
ANALYSIS) kann PSPICE über das Setup-Fenster der AC-Analyse veranlasst
werden. Das ist Gegenstand von Abschnitt 10.2.

Im Moment wollen Sie zur Erfüllung der gegebenen Aufgabenstellung keinen vollständigen Frequenz-Sweep (AC-Sweep) durchführen, sondern die
Schaltung nur für eine einzige Frequenz, nämlich für f = 1 kHz untersuchen. Dazu müssen Sie einen Trick anwenden: die Durchführung eines
Einpunkt-AC-Sweeps, beginnend bei f = 1 kHz (START FREQ.) und endend
bei f = 1 kHz (END FREQ.) mit insgesamt einem Punkt (POINTS/DECADE).

Aktion
4.5

● Füllen Sie zur Vorbereitung eines Einpunkt-AC-Sweeps die Eingabe-
● flächen des Fensters SIMULATION SETTINGS-AC wie in Bild 4.4 dargestellt
● aus und bestätigen Sie alles mit OK.

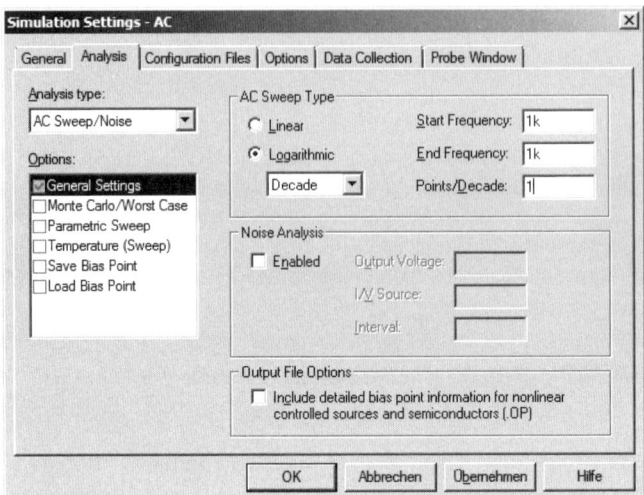

**Bild 4.4: Setup ei-
ner AC-Analyse bei
f = 1 kHz**

Aktion
4.6

● Starten Sie die Simulation. Nach ihrem Abschluss öffnet sich das Probe-
● Fenster. Klicken Sie im unteren rechten Teilfenster WATCH an. In dem
● Fenster erscheint daraufhin das Simulationsergebnis (Bild 4.5).

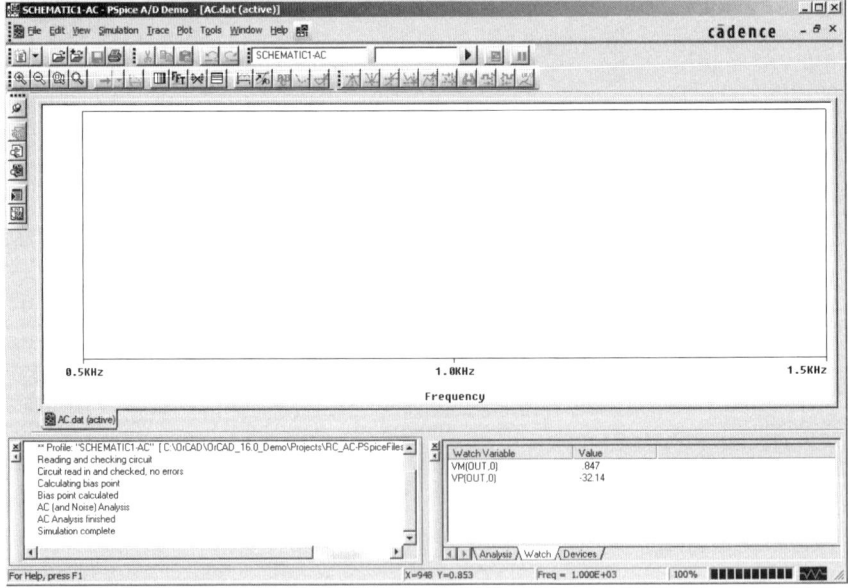

**Bild 4.5: Das Probe-Fenster nach Abschluss einer Einpunkt-AC-Analyse bei *f* = 1 kHz. Im
unteren rechten Fensterteil ist WATCH aktiviert**

Der Eintrag unten rechts im Probe-Fenster besagt, dass die Spannung
zwischen *out* und *0* eine Amplitude (Magnitude) *VM* = 0,847 V hat und,

bezogen auf die Eingangsspannung *U1*, einen Phasenwinkel *VP* = –32,14°.

Aktion
4.7

Ermitteln Sie für die Schaltung von Bild 4.1 rechnerisch die Ampliude und die Phasenlage von U_C. Stimmt das Ergebnis der Rechnung mit den Ergebnissen der AC-Analyse (Bild 4.5) und der Transienten-Analyse (Bild 3.18) überein?

Aktion
4.8

Nutzen Sie Ihre WINDOWS-Fähigkeiten und bringen Sie den Schaltplan und das Simulationsergebnis gleichzeitig zur Anzeige (Bild 4.6). Hinweis: Wenn das CAPTURE-Fenster aktiv ist, dann verschwindet das Probe-Fenster normalerweise als Icon in die Taskleiste. Das können Sie abstellen, indem Sie die Schaltfläche ALWAYS ON TOP betätigen.

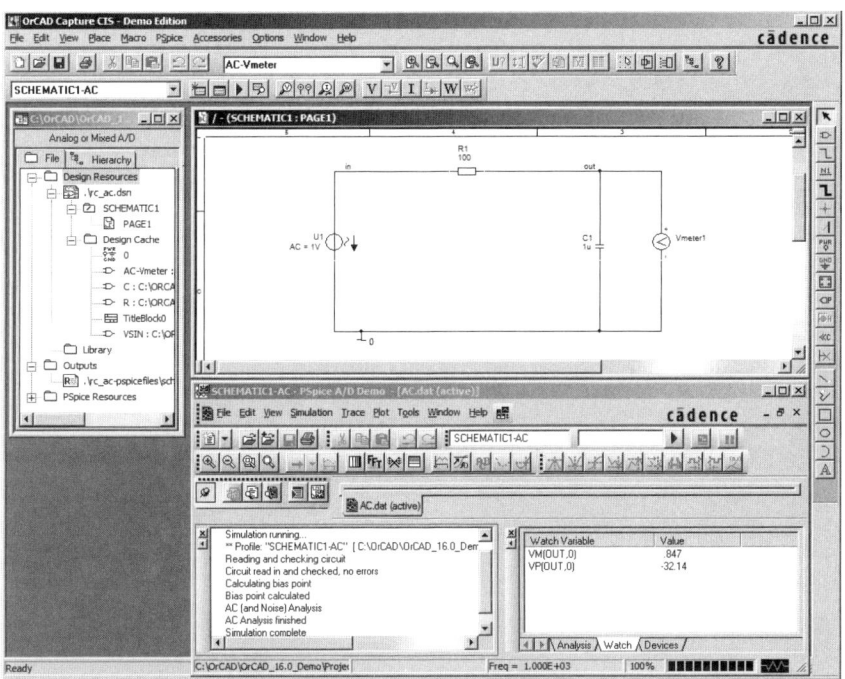

Bild 4.6: RC-Reihenschaltung mit Wechselsspannungsmesser. Schaltplan und Simulationsergebnis werden auf dem gleichen Bildschirm angezeigt

Möglicherweise werden Sie sich bereits gefragt haben, warum Sie bei der Erstellung der Schaltung von Bild 4.1 aufgefordert wurden, entgegen der sonstigen Praxis in diesem Buch Ein- und Ausgangsknoten mit Labels (*in* und *out*) zu versehen. Den Grund dafür sehen Sie rechts unten in Bild 4.6: Zur Anzeige der Simulationsergebnisse im WATCH-Fenster hätte PSPICE „von sich aus" seine Default-Knotennamen verwendet. Die lassen sich aber bekanntlich schwer „lesen". In den Fällen, wo Sie Simulationsergebnisse dem WATCH-Fenster (oder dem Output-File) entnehmen müssen, empfiehlt es sich deshalb, die entsprechenden Knoten der Schaltung mit passenden selbstgewählten Labels zu versehen. Mit diesen Labels überschreibt PSPICE dann seine „schwer lesbaren" Default-Knotennamen.

Aktion
4.9

● Ergänzen Sie die Schaltung durch einen zweiten Spannungsmesser und
● einen Strommesser *AC-Ameter* (Bild 4.7). Versehen Sie den Knoten zwi-
● schen Strommesser und Widerstand mit dem Label *mitte*.

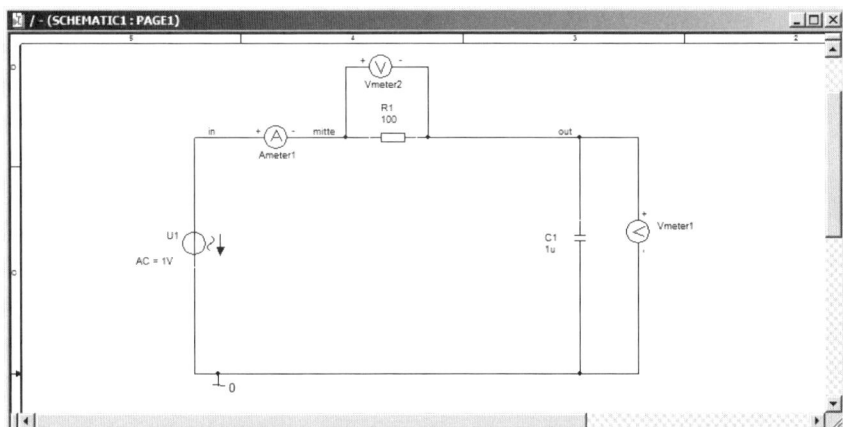

Bild 4.7: RC-Reihenschaltung mit einem Strom- und zwei Spannungsmessern

Aktion
4.10

● Simulieren Sie und erzeugen Sie einen Bildschirm entsprechend Bild 4.8.
● Ändern Sie den Widerstand auf $R = 50\ \Omega$ und starten Sie eine erneute
● Simulation. Freuen Sie sich darüber, dass das Simulationsergebnis Ihnen
● „blitzschnell" auf dem gleichen Bildschirm wie die geänderte Schaltung
● angezeigt wird und dass Sie fortan über optimale Voraussetzungen verfü-
● gen, Wechselstromschaltungen „experimentell" analysieren zu können.

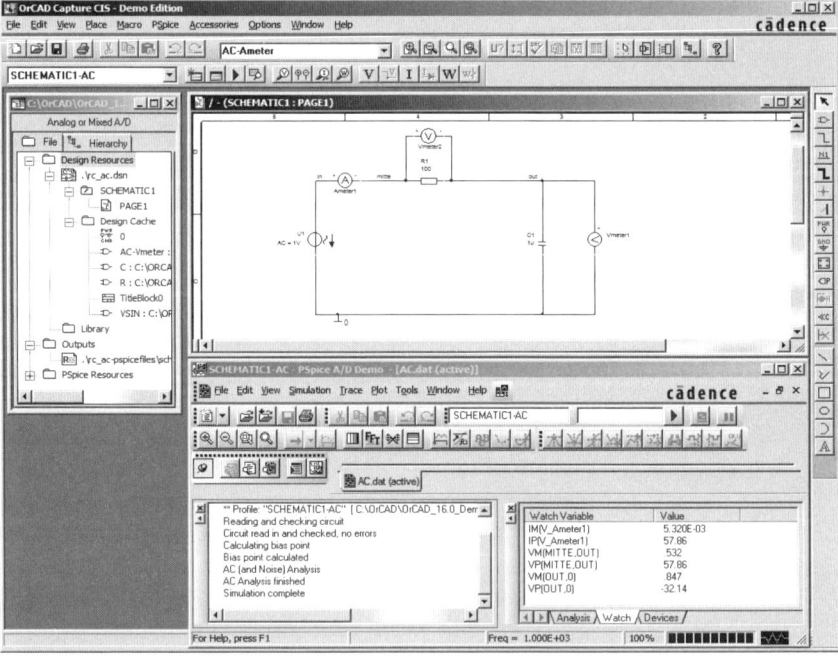

Bild 4.8: RC-Schaltung von Bild 4.7 mit Simulationsergebnissen im Fenster WATCH

Leider lässt PSPICE innerhalb des Fensters WATCH nur die Darstellung der Ergebnisse von maximal drei AC-Messgeräten zu. Wollen Sie mehr als drei Messgeräte einsetzen, so müssen Sie das Output-File bemühen. Dort können die „Anzeigen" beliebig vieler AC-Messgeräte aufgezeichnet werden.

Aktion
4.11

Setzen Sie den Widerstand zurück auf 100 Ω und fügen Sie der Schaltung noch einen weiteren Spannungsmesser zur Messung der Gesamtspannung hinzu (Bild 4.9).

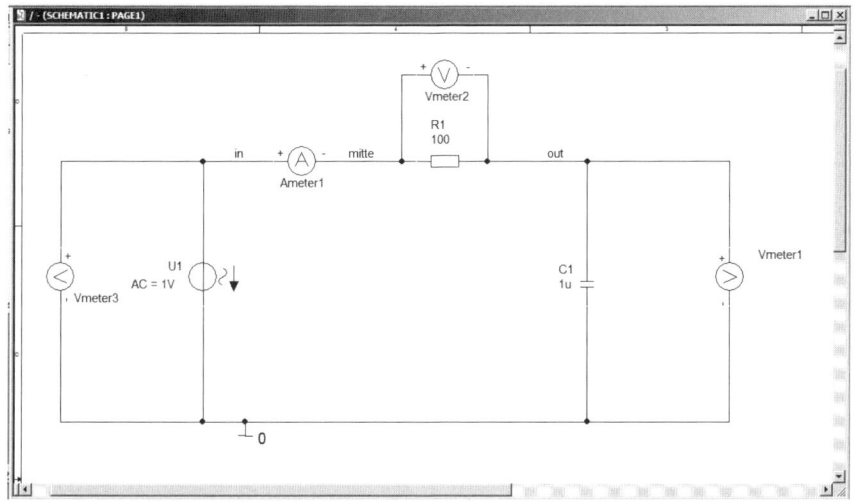

Bild 4.9: RC-Reihenschaltung mit einem Strom- und drei Spannungsmessern

Aktion
4.12

Simulieren Sie die Schaltung. Überzeugen Sie sich davon, dass nur die Ergebnisse von drei Messgeräten im Fenster WATCH angezeigt werden.

Aktion
4.13

Öffnen Sie das Output-File (aus dem Probe-Fenster heraus: VIEW/OUTPUT-FILE oder aus CAPTURE heraus: PSPICE/VIEW OUTPUT FILE) und finden Sie dort die Ergebnisse aller vier AC-Messgeräte (Bild 4.10):

FREQ	VM(mitte,out)	VP(mitte,out)	FREQ	VM(in,0)	VP(in,0)
1.000E+03	5.320E-01	5.786E+01	1.000E+03	1.000E+00	0.000E+00

FREQ	VM(out,0)	VP(out,0)	FREQ	IM(V_Ameter1)	IP(V_Ameter1)
1.000E+03	8.467E-01	-3.214E+01	1.000E+03	5.320E-03	5.786E+01

Bild 4.10: Output-File (Auszug) mit Simulationsergebnissen für die Schaltung von Bild 4.9

Aufgaben   4.2

Aufgabe 4.1:

Woran erkennen Sie, dass sich die von PSPICE festgestellten Phasenwinkel (Aktion 4.13) auf die Gesamtspannung beziehen und nicht, wie es in der Elektrotechnik auch üblich ist, auf den Strom in der Reihenschaltung?

Aufgabe 4.2:

Skizzieren Sie für die Schaltung von Bild 4.1 das Zeigerdreieck der Spannungen. Gelten mit den Ergebnissen der Simulation die folgenden Beziehungen des Spannungsdreiecks: $U_R^2 + U_C^2 = U_{ges}^2$ und $\tan \varphi = U_C / U_R$?

Aufgabe 4.3:

Ermitteln Sie das Ergebnis von Aufgabe 3.2 mit Hilfe der AC-Analyse.

Aufgabe 4.4:

Ermitteln Sie das Ergebnis von Aufgabe 3.3 mit Hilfe der AC-Analyse.

Aufgabe 4.5:

Gegeben ist die RLC-Schaltung von Bild 4.11. Die Gesamtspannung hat eine Amplitude von 10 V und eine Frequenz von 1 kHz. Bestimmen Sie mit Hilfe einer AC-Analyse die Amplitude des Eingangsstroms der Schaltung und seinen Phasenwinkel. Wie groß ist die von der Schaltung aufgenommene Wirkleistung ($P = U \cdot I \cdot \cos \varphi$ mit $U = \hat{u} / \sqrt{2}$ und $I = \hat{i} / \sqrt{2}$).

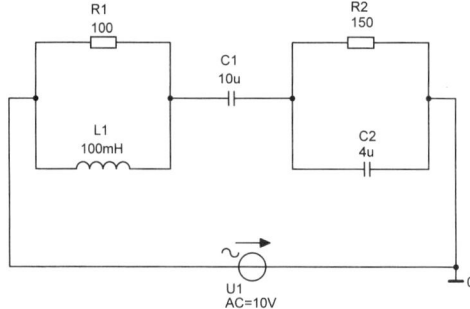

Bild 4.11: Schaltung zu Aufgabe 4.5

Aufgabe 4.6:

Lösen Sie Aufgabe 3.8 mit Hilfe einer AC-Analyse.

Kochbuch

Rezept
4.1

Eine AC-Analyse (feste Frequenz) durchführen

1. AC-Strom- und Spannungsmesser an die gewünschten Stellen der Schaltung setzen (Bild 4.7).

2. Im Setup-Fenster SIMULATION SETTINGS den AC-Sweep aktivieren (Bild 4.3).

3. Die gewünschte Frequenz sowohl als Start- als auch als Stoppfrequenz wählen. POINTS/DECADE,

bzw. TOTAL POINTS auf 1 setzen (Bild 4.3).

4. Die Simulation starten.

5. Bei bis zu drei Messgeräten das Simulationsergebnis dem Fenster WATCH (Bild 4.8) entnehmen oder dem Output-File (Bild 4.10) bei mehr als drei Messgeräten.

(Aktionen 4.5 und 4.6)

DER AC-SWEEP

In diesem Abschnitt lernen Sie, mit Hilfe der Analyse *AC-Sweep* Frequenzgänge zu simulieren und im Probe-Fenster grafisch darzustellen. Sie nutzen dabei Ihre Fähigkeiten zur Einpunkt-AC-Analyse, die Sie in Lektion 4
erworben haben. Ein AC-Sweep führt in einem vorgegebenen Frequenzbereich eine ganze Serie von Einpunkt-AC-Analysen unterschiedlicher Frequenzen durch. Die Frequenzabhängigkeit der Amplitude und der Phasenlage kann dann im Probe-Fenster als Amplitudengang und als Phasengang
dargestellt werden. Die beiden Koordinatenachsen können wahlweise linear oder logarithmisch skaliert werden. Für die *y*-Achse ist auch eine Skalierung in Dezibel (dB) möglich. Die Darstellung des Phasengangs und die
dB-Skalierung der *y*-Achse sind nicht Gegenstand dieser Grundlagen-Lek-
tion. Sie werden in Abschnitt 7.3 *Mathematische Operationen auf Simulationsergebnisse anwenden* behandelt.

AC-Sweeps mit linearen und logarithmischen   5.1
Achsenskalierungen

Aktion
5.1

Legen Sie ein Projekt *rc_ac100.opj* an (Rezept 1.2) und zeichnen Sie die
Ihnen gut bekannte RC-Reihenschaltung von Bild 5.1

Aktion
5.2

Setzen Sie die Attribute der Spannungsquelle *VSIN* auf die Werte entsprechend Bild 4.2. Für den AC-Sweep wird PSPICE von diesen Attributen nur das Attribut *AC=1V* verwenden, aber es besteht darauf, dass für
die übrigen Attribute irgendwelche Einträge vorhanden sind.

Aktion
5.3

Erstellen Sie ein neues Simulationsprofil mit dem Namen *AC100* (Rezept 2.2). Es öffnet sich automatisch das Fenster SIMULATION SETTINGS-
AC100.

Aktion
5.4

Erstellen Sie im Fenster SIMULATION SETTINGS-AC100 das Setup für einen
linearen AC-Sweep mit insgesamt 10000 Analysepunkten (TOTAL
POINTS=10000), beginnend bei 10 Hz und endend bei 999 kHz (Bild 5.2).

Sicherlich fragen Sie sich, warum als Obergrenze des Frequenzbereichs
999 kHz und nicht 1 MHz gewählt wurde: Bei logarithmischer Skalierung
zeichnet PROBE vollständige Dekaden oder größere Bruchteile davon. Bei
1 MHz beginnt aber gerade eine neue Dekade, für die Sie nur einen einzi-

gen Punkt berechnen. Diese Dekade würde auf der *x*-Achse angelegt werden, obwohl es darin praktisch keine Punkte aufzutragen gäbe. Der Raum wäre nutzlos vertan.

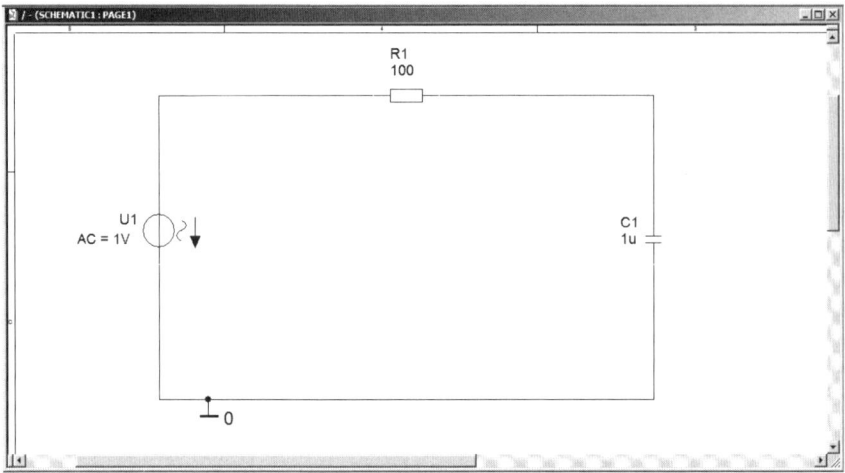

Bild 5.1: RC-Reihenschaltung als Grundlage für einen AC-Sweep

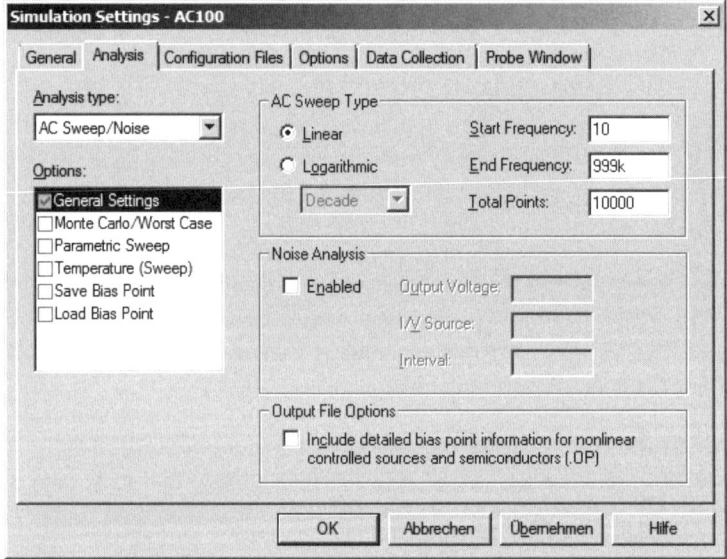

Bild 5.2: Das Fenster SIMULATION SETTINGS-AC100. Einstellungen für einen linearen AC-Sweep von 10 Hz bis 999 kHz

Den Teil NOISE ANALYSIS des Fensters SIMULATION SETTINGS-AC100 können Sie unausgefüllt lassen, denn eine Rauschanalyse haben Sie ja zur Zeit nicht vor. Auch OUTPUT FILE OPTIONS brauchen Sie nicht zu wählen, denn die Sie interessierenden Ergebnisse des AC-Sweeps liefert Ihnen nicht das Output-File, sondern das Probe-Fenster.

Aktion
5.5

Schließen Sie das Fenster SIMULATION SETTINGS-AC100 durch Anklicken
der Schaltfläche OK.

Aktion
5.6

Starten Sie die Simulation durch Betätigen der Schaltfläche RUN. Nach
einiger Rechenzeit öffnet sich automatisch das Probe-Fenster. Das untere rechte Fenster ist vermutlich noch auf WATCH eingestellt. Stellen Sie
es wieder auf ANALYSIS ein. Öffnen Sie das Fenster ADD TRACES mit 🗠
TRACE/ADD TRACE... oder durch Anklicken der Schaltfläche ADD TRACE.

Aktion
5.7

Wählen Sie in der Trace-Liste die Spannung am Kondensator V(C1:2)
aus und schließen Sie dann das Fenster ADD TRACES mit OK. Sie erhalten
den Amplitudengang von Bild 5.3:

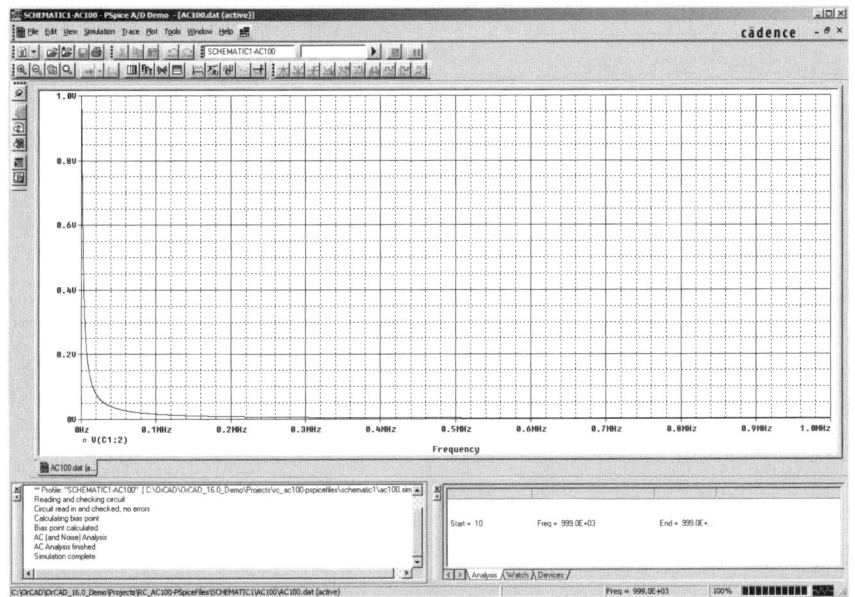

**Bild 5.3: Amplitudengang eines RC-Tiefpasses mit R = 100 Ω und C = 1 µF. Lineare
Skalierung der Frequenzachse**

PSPICE hat für die Darstellung eine lineare Frequenzachsen-Skalierung
gewählt. Das ist ungeeignet für einen Frequenzbereich, der sich über fünf
Dekaden erstreckt. Den Amplitudengang können Sie sich auch mit logarithmisch skalierter Frequenzachse darstellen lassen:

Aktion
5.8

Rufen Sie im Menü PLOT die Option AXIS SETTINGS... auf und öffnen Sie
dadurch das Fenster AXIS SETTINGS (Bild 5.4). Wählen Sie in der Abteilung X-Axis unter SCALE die Option LOG. Bestätigen Sie Ihre Wahl mit OK
und sehen Sie sich den Amplitudengang mit logarithmisch skalierter
Frequenzachse (Bild 5.5) an.

Man erkennt aus Bild 5.5 sofort, warum diese Darstellung in der Elektrotechnik üblich ist: Der interessante Durchlassbereich ist weitaus besser erkennbar als bei linear skalierter Frequenzachse.

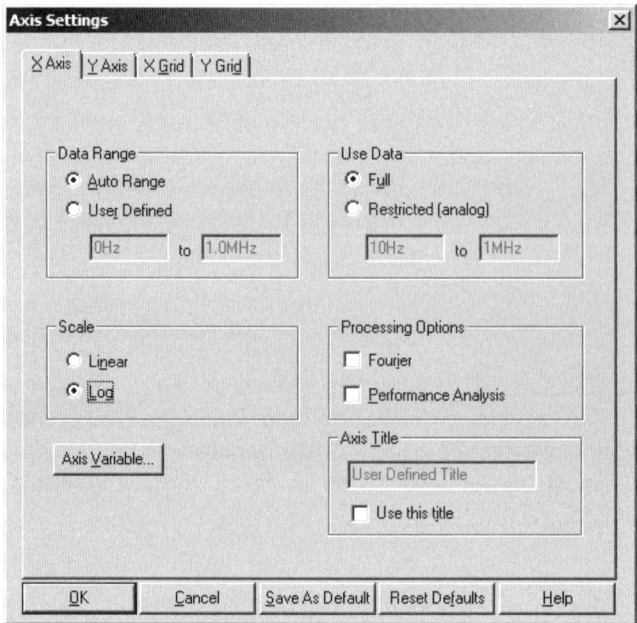

Bild 5.4: Das Fenster AXIS SETTINGS / X AXIS

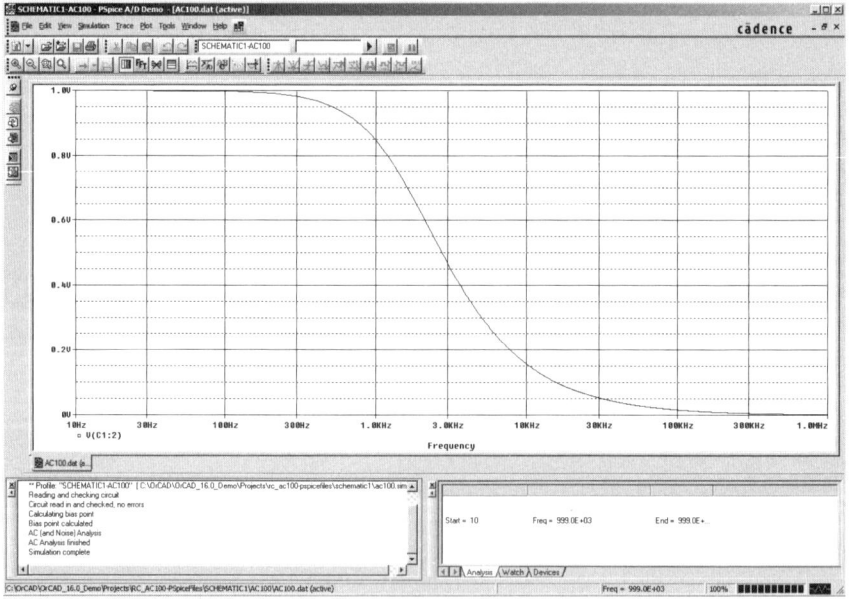

Bild 5.5: Amplitudengang des Tiefpasses. Logarithmisch skalierte Frequenzachse

Zum schnellen Wechsel zwischen linearer und logarithmisch skalierter *x*-Achse besitzt das Probe-Fenster die Schaltfläche LOG X AXIS. Man erkennt sie an der stilisierten *x*-Achse:

Aktion
5.9

Probieren Sie aus, wie Sie mit dieser Schaltfläche zwischen linearer und
logarithmischer *x*-Achse hin- und herschalten können.

Bevor Sie damit beginnen, auch die *y*-Achse logarithmisch zu skalieren,
denken Sie noch an eines: Der Logarithmus von 0 ist minus unendlich. Das
bedeutet, dass bei logarithmischer Skalierung der Frequenz-(*x*-)Achse, der
Frequenzbereich nicht bei *0* beginnen darf. Entsprechend dürfen bei logarithmisch skalierter *y*-Achse keine Funktionswerte der Größe 0 vorkom-
men. Zum Glück reagiert PROBE für den Fall, dass der Wert 0 Hz im Frequenzbereich enthalten ist, sehr gutmütig, nämlich mit einer Fehlermeldung,
die ohne erneute Simulation eine Korrektur des Fehlers zulässt. Sie müssen dazu einfach die Frequenz 0 Hz aus dem darzustellenden Frequenzbereich entfernen. Um das zu erreichen, können Sie den im Probe-Fenster
darzustellenden Frequenzbereich (DATA RANGE) im Fenster X AXIS SETTINGS
(Bild 5.4) benutzerdefiniert (USER DEFINED) vornehmen und das Diagramm
oberhalb von 0 beginnen, z.B. bei 1 Hz.

Zur Darstellung von Amplitudengängen benutzt man häufig eine Achsen-
aufteilung, bei der auch die *y*-Achse logarithmisch skaliert wird:

Aktion
5.10

Stellen Sie sicher, dass die *x*-Achse logarithmisch skaliert ist. Betätigen
Sie dann die Schaltfläche mit der stilisierten logarithmischen *y*-Ach-
se. Erzeugen Sie dadurch eine Darstellung entsprechend Bild 5.6)[1].

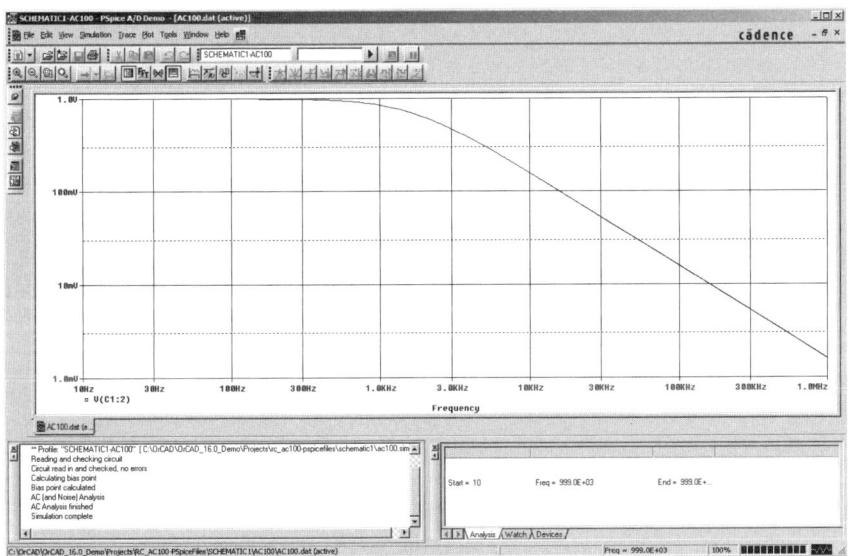

Bild 5.6: Amplitudengang mit doppelt logarithmischer Achsenskalierung

Aktion
5.11

Speichern Sie das gesamte Projekt (Rezept 1.4) und schließen Sie dann
das Schaltplanfenster, den Projektmanager und das Probe-Fenster.

---

1) PSPICE lässt für die *y*-Achse auch eine Skalierung in dB zu. Wie das geht, erfahren Sie in Lektion 7.3
Mathematische Operationen auf Simulationsergebnisse anwenden.

5.2 Lineare und logarithmische Verteilung der Datenpunkte

Im Folgenden sollen Sie klären, wie sich der Amplitudengang der RC-Reihenschaltung verändert, wenn *R1* von 100 Ω auf 1000 Ω vergrößert wird. Damit die Simulationsdaten für die Schaltung mit *R1* = 100 Ω nicht verloren gehen (die benötigen Sie noch), müssen Sie für die neue Schaltung ein neues Projekt anlegen. Um Zeichenarbeit zu sparen, werden Sie dieses Projekt auf der Basis des bereits vorhandenen Projekts *rc_ac100.opj* anlegen. Gehen Sie dazu wie folgt vor:

Aktion
5.12

1. Betätigen Sie aus CAPTURE heraus die Schaltfläche zum Anlegen eines neuen Projekts. Es öffnet sich das Fenster NEW PROJECT. Geben Sie dem Projekt den Namen *rc_ac1000*. OK. Es öffnet sich das Fenster CREATE PSPICE PROJECT. Wählen Sie dieses Mal CREATE BASED UPON AN EXISTING PROJECT und betätigen Sie dann die Schaltfläche BROWSE... Es öffnet sich das Fenster ÖFFNEN. Finden Sie im Ordner *Projects* die Datei *rc_ac100.opj*. Markieren Sie den Namen *rc_ac100.opj* und befördern Sie ihn dadurch in die Eingabezeile DATEINAME. Betätigen Sie ÖFFNEN und befördern Sie *rc_ac100.opj* mitsamt Suchpfad in die Eingabezeile des Fensters CREATE PSPICE PROJECT (Bild 5.7). Bestätigen Sie mit OK.

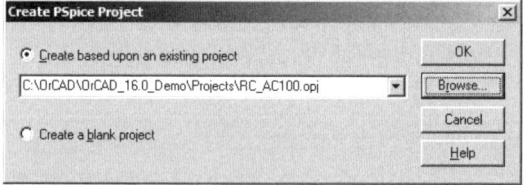

Bild 5.7: Ein neues Projekt wird auf der Basis eines vorhandenen angelegt

2. Es öffnet sich der Projektmanager. Finden Sie innerhalb der Design-Datei *rc_ac1000.dsn* den Ordner *SCHEMATIC1* und darin *PAGE1*. Öffnen Sie *PAGE1* durch Doppelklick mit der Maus. Ihre alte Schaltung *rc_ac100.opj* befindet sich im Schaltplanfenster. Setzen Sie den Wert des Widerstands auf *R1* = 1000 Ω.

3. Betätigen Sie die Schaltfläche zum Erstellen eines neuen Simulationsprofils und erstellen Sie das Profil *AC1000*, basierend auf (INHERIT FROM) dem Profil *AC100* (Bild 5.8). CREATE.

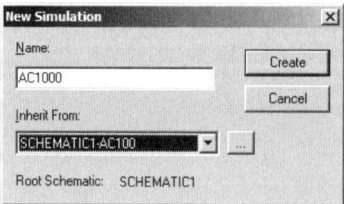

Bild 5.8: Ein neues Simulationsprofil wird auf der Basis eines vorhandenen angelegt

Es öffnet sich das Fenster SIMULATION SETTINGS-AC1000 mit den Einträgen des Projekts *rc_ac100.op*j (Bild 5.2). Dieses Setup ist auch für die neue Simulation geeignet. Verlassen Sie das Fenster mit OK.

4. Simulieren Sie die Schaltung und erzeugen Sie den Amplitudengang der Kondensatorspannung entsprechend Bild 5.9.

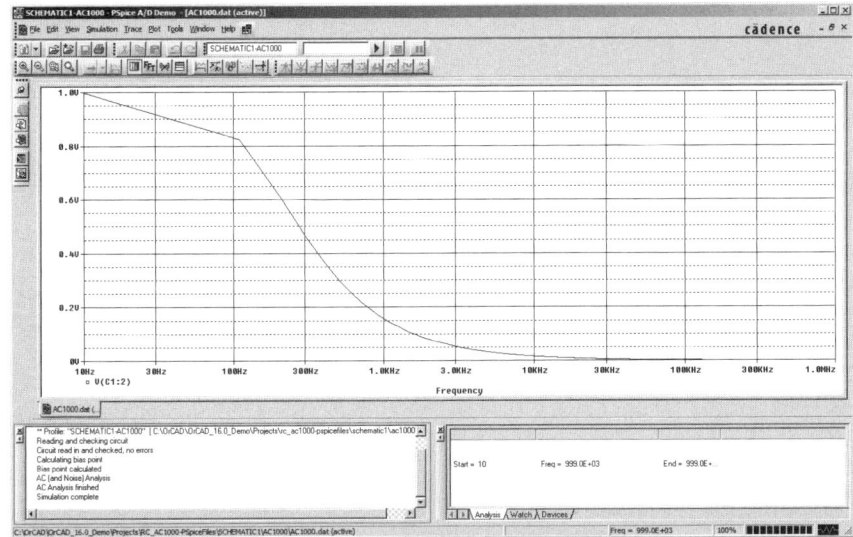

Bild 5.9: Amplitudengang des Tiefpasses *rc_ac1000.opj* **mit** R = 1000 Ω **und** C = 1 μF. Im Bereich niedriger Frequenzen ist die Auflösung zu gering

Wer nur etwas Erfahrung mit Tiefpässen hat, erkennt sofort, dass mit diesem Amplitudengang etwas nicht stimmt. Der Knick bei ca. 100 Hz kann nicht angehen. Sie ahnen den Grund für die Ecke bei ca. 100 Hz: PSPICE hat im Bereich zwischen 10 Hz und 100 Hz zu wenig Datenpunkte berechnet. Mit dem Setup (Bild 5.2) haben Sie 10000 Punkte auf einen Frequenzbereich von 10 Hz bis 999 kHz gleichmäßig verteilt. Das entspricht einem Punkt alle 100 Hz. PSPICE hat seinen ersten Punkt bei 10 Hz und den nächsten Punkt bei 110 Hz berechnet und die beiden Punkte dann linear verbunden. Dabei kann nichts Vernünftiges herauskommen. PSPICE besitzt die Fähigkeit, die berechneten Datenpunkte anzuzeigen:

Aktion
5.13

Öffnen Sie im Probe-Fenster das Menü Tools und klicken Sie Options... an. Es öffnet sich das Fenster Probe Settings (Bild 5.10):

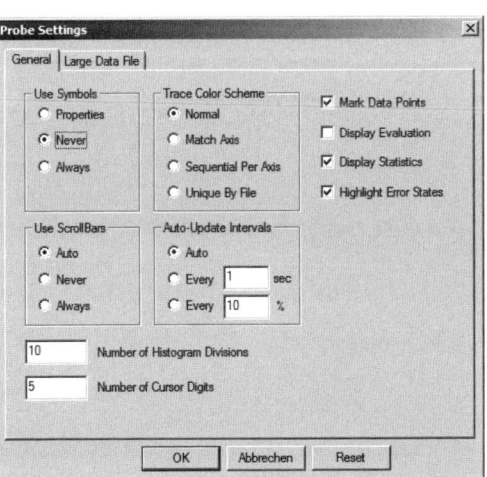

Bild 5.10: Probe Settings. Auswahl möglicher Probe-Einstellungen

Unter den PROBE SETTINGS (Bild 5.10) befindet sich eine Option, mit der Sie die Markierung der berechneten Datenpunkte bewirken: MARK DATA POINTS.

Aktion
5.14

● Wählen Sie im Fenster PROBE SETTINGS die Option MARK DATA POINTS an
● und erzeugen Sie damit Bild 5.11.

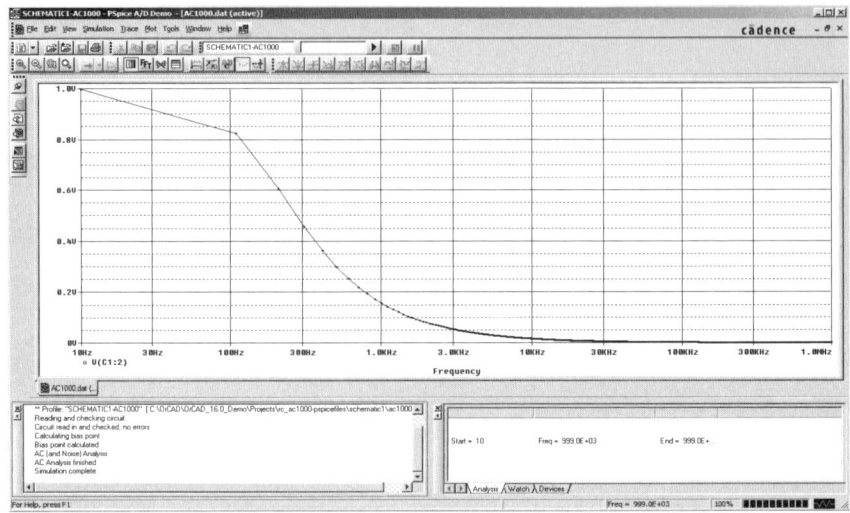

Bild 5.11: Amplitudengang eines RC-Tiefpasses mit zu wenig Datenpunkten. Die von PSPICE berechneten Analysepunkte sind durch kleine Punkte markiert

Bild 5.11 macht es unübersehbar: Die berechneten 10000 Datenpunkte wurden für eine logarithmische *x*-Achsenskalierung völlig unsinnig verteilt. Sinnvoll wäre es gewesen, auch die Datenpunkte logarithmisch zu verteilen, d.h. für jedes Zehnerpotenz-Intervall (Dekade) gleich viele Punkte zu berechnen. Diese Möglichkeit bietet PSPICE auch an. Betrachten Sie noch einmal Bild 5.2. Unter AC SWEEP TYPE ist LINEAR markiert, das bedeutet, dass die Datenpunkte linear, also mit gleichen Frequenzabständen auf der *x*-Achse verteilt werden. Das wäre sinnvoll bei linear skalierter *x*-Achse, aber bei einer logarithmischen Skalierung ist es unsinnig.

Aktion
5.15

● Öffnen Sie erneut das Fenster PROBE SETTINGS (Aktion 5.13) und deakti-
● vieren Sie MARK DATA POINTS[1]. Bereiten Sie anschließend eine logarith-
● mische Verteilung der Datenpunkte vor, indem Sie im Setup-Fenster SI-
● MULATION SETTINGS-AC1000 die Option LOGARITHMIC/DECADE markieren (Bild
● 5.12). Der rechte Teil des Fensters verändert daraufhin sein Aussehen
● so, dass Sie die Möglichkeit haben, die Anzahl der Datenpunkte, die pro
● Dekade berechnet werden sollen (POINTS/DECADE), anzugeben. Wählen
● Sie 100 Punkte pro Dekade, das wären bei den für den Sweep vorgese-
● henen 5 Dekaden insgesamt 500 Punkte.

Vorher musste PSPICE 10000 Punkte, also zwanzigmal mehr Punkte berechnen. Das ergibt dann natürlich auch eine zwanzigfache Rechenzeit

---

1) Die im Fenster PROBE SETTINGS (Bild 5.10) getroffene Wahl bestimmt, mit welcher Einstellung das Probe-Fenster beim nächsten Mal geöffnet wird. Eine mit der zugehörigen Schaltfläche (die lernen Sie in Aktion 5.17 kennen) getroffene Wahl wird „vergessen".

mit einem, wie Sie gesehen haben, äußerst dürftigen Ergebnis.

Aktion
5.16

Starten Sie mit dem in Bild 5.12 dargestellten Setup eine erneute Simulation. Bringen Sie das jetzt makellose Diagramm zur Anzeige (Bild 5.13).

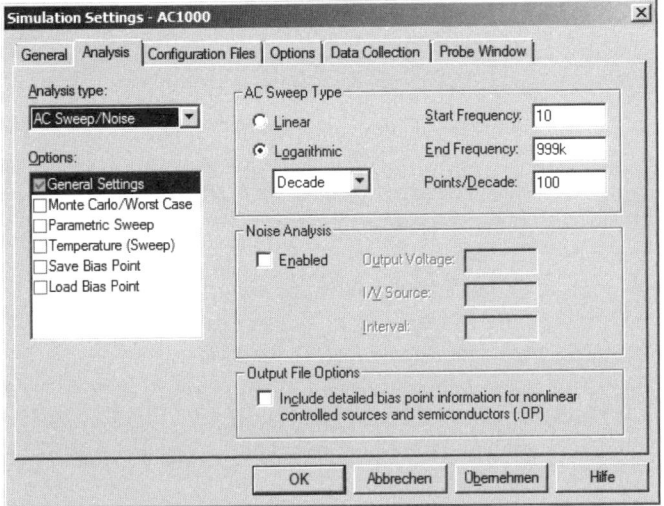

Bild 5.12: Das Fenster SIMULATION SETTINGS. **Einstellungen zur Erzeugung einer logarithmischen Verteilung der Datenpunkte**

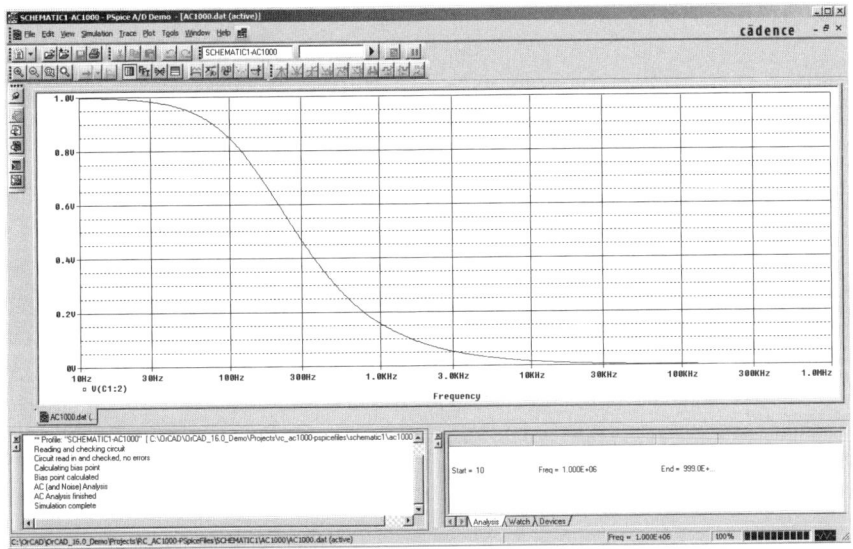

Bild 5.13: Diagramm des RC-Tiefpasses *rc_ac1000.opj* **mit** $R = 1000\ \Omega$ **und** $C = 1\ \mu F$**. Die berechneten Datenpunkte sind logarithmisch verteilt mit 100 Punkten pro Dekade**

Aktion
5.17

Sehen Sie sich im Diagramm von Bild 5.13 die Verteilung der Datenpunkte an. Benutzen Sie dieses Mal zum Aufruf der Option MARK DATA POINTS die zugehörige Schaltfläche:

Aktion
5.18

Speichern Sie das gesamte Projekt (Rezept 1.4) und schließen Sie dann das Schaltplanfenster, den Projektmanager und das Probe-Fenster.

5.3   Ergebnisse früherer Simulationen wieder zurückholen[1]

Falls Sie sich den Amplitudengang des Tiefpasses mit $R = 100 \ \Omega$ noch einmal ansehen möchten, obwohl in der Zwischenzeit womöglich bereits einige Tage vergangen sind, dann können Sie das tun, ohne eine erneute Simulation der Schaltung durchführen zu müssen. PSPICE hat alle bisherigen Simulationsdaten gespeichert:

Aktion

5.19

- Laden Sie in CAPTURE das Projekt *rc_ac1000.opj*. Öffnen Sie das Menü
- PSPICE und wählen Sie die Option VIEW SIMULATION RESULTS. Es öffnet sich
- daraufhin das Probe-Fenster. Im Fenster ADD TRACES sind alle Diagramm-
- me, die zum Projekt *rc_ac1000.opj* gehören, ohne erneute Simulation
- wieder aufrufbar. Bei sehr langen Simulationszeiten ist das natürlich von
- großem Nutzen. Bringen Sie den Amplitudengang der Spannung am Kon-
- densator zur Anzeige und stellen Sie im Vergleich mit Bild 5.5 fest, dass
- das Diagramm korrekt dargestellt wird.

Sie können frühere Simulationsdaten auch direkt aus Probe heraus aufrufen. Um aus PROBE heraus den Amplitudengang für $R1 = 1000 \ \Omega$ aufzurufen, gehen Sie wie folgt vor:

Aktion
5.20

- Klicken Sie in PROBE die Schaltfäche OPEN an. Dies entspricht dem
- Menübefehl FILE/OPEN. Es öffnet sich das Fenster ÖFFNEN. Öffnen
- Sie Ihren Schaltungsordner (.../OrCAD/ORCAD_16.0_DEMO/Projects).
- Im Ordner *Projects* werden alle Ordner angezeigt, in denen sich PRO-
- BE-Daten früherer Simulationen befinden. Öffnen Sie den Ordner *rc_ac*
- *1000-PSpiceFiles* und finden Sie darin auf dem Suchpfad *SCHEMATIC1/*
- *AC1000* die Datei *AC1000.dat*. Darin befinden sich die PROBE-Daten
- der letzten Simulation von *rc_ac1000.opj*.

Aktion
5.21

- Markieren Sie *AC1000.dat* und bringen Sie dadurch den Dateinamen in
- die Eingabezeile DATEINAME. Betätigen Sie dann die Schaltfläche ÖFFNEN.
- Es öffnet sich das noch leere Probe-Fenster. Aus der Titelleiste des Fens-
- ters ersehen Sie, dass es sich um das Probe-Fenster zu *AC1000.dat*
- handelt. Bringen Sie jetzt mit Hilfe der Trace-Liste den Amplitudengang
- der Kondensatorspannung V(C1:2) zur Anzeige (Bild 5.14).

Sie erkennen unter dem Diagramm-Fenster zwei „Karteikartenreiter"[2]. Mit diesen können Sie zwischen den Amplitudengängen von *AC100* und *AC1000* hin- und herschalten.

Aktion
5.22

- Speichern Sie jetzt das Projekt (Rezept 1.4) und schließen Sie dann das
- Schaltplanfenster, den Projektmanager und das Probe-Fenster.

---

[1] Die Abschnitte 5.3 und 5.4 können Sie, wenn Sie wollen, erst einmal auslassen. Sie sollten sich dann aber zu gegebener Zeit daran erinnern, dass es diese beiden Abschnitte gibt, um sie später zu bearbeiten.

[2] Die „Karteikartenreiter" sind nur im *Workbook-Mode* sichtbar. Den Workbook-Mode aktivieren Sie aus dem Probe-Menü VIEW heraus, indem Sie dort WORKBOOK MODE wählen.

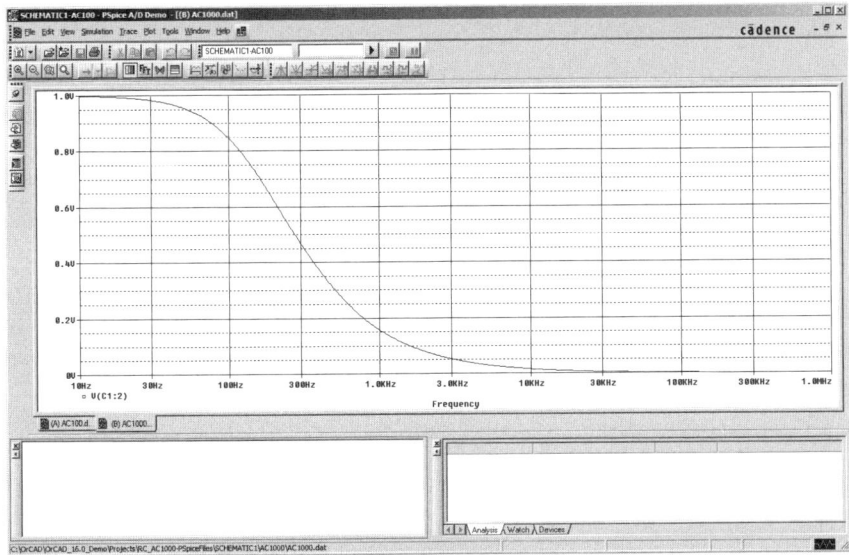

Bild 5.14: Diagramm des Amplitudengangs von *rc_ac1000.opj*, gestartet durch direkten Aufruf der zugehörigen PROBE-Datei *AC1000.dat*

Diagramme verschiedener Simulationen gemeinsam darstellen   5.4

Aus Abschnitt 5.3 wissen Sie, wie Sie Probe-Diagramme aus längst vergangenen Simulationen wieder ans Licht bringen können. Es bleibt die Frage, wie man einem Diagramm, das sich gerade auf dem Bildschirm befindet, ein entsprechendes Diagramm einer anderen, zu einem früheren Zeitpunkt erfolgten Simulation hinzufügen kann. PSPICE hat dafür im Menü FILE des Probe-Fensters einen speziellen Befehl: APPEND WAVEFORM (Diagramm hinzufügen). Das Anklicken der zweiten Schaltfläche von links, die mit dem gelben Ordner und dem Pluszeichen, bewirkt das Gleiche, nämlich das Öffnen des Fensters APPEND.

Aktion
5.23

Sorgen Sie dafür, dass der Amplitudengang der Kondensatorspannung aus *rc_ac100.opj* im Probe-Fenster angezeigt wird und öffnen Sie dann das Fenster APPEND durch Betätigen der Schaltfläche. Arbeiten Sie sich auf dem Suchpfad *.../Projects/rc_ac1000-PSpiceFiles/ SCHEMATIC1/AC1000* durch bis zur Datei *AC1000.dat* (Bild 5.15).

Aktion
5.24

Markieren Sie *AC1000.dat* und befördern Sie den Eintrag in die Eingabezeile DATEINAME. Betätigen Sie dann die Schaltfläche ÖFFNEN und fügen Sie dadurch dem Amplitudengang von *AC100* den Amplitudengang von *AC1000* hinzu (Bild 5.16).

Beachten Sie, dass Sie dieses Mal das Fenster ADD TRACES nicht zu öffnen brauchten, denn PROBE wählt zur Darstellung automatisch das zum vorhandenen Diagramm passende Diagramm aus.

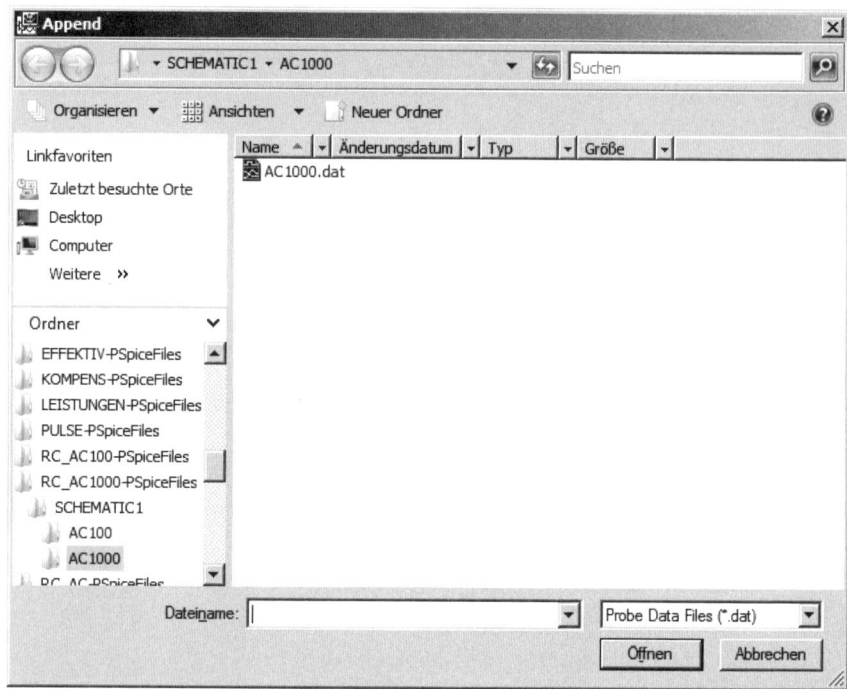

Bild 5.15: Das Fenster APPEND, mit dem sich einem vorhandenen Probe-Bildschirm weitere Probe-Diagramme hinzufügen lassen

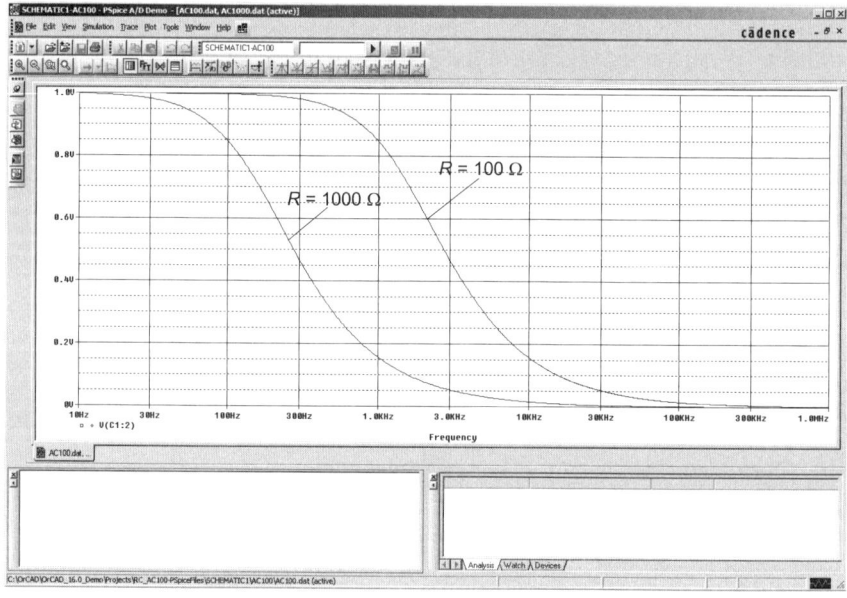

Bild 5.16: Probe-Diagramm mit den Simulationsergebnissen der beiden Tiefpass-Schaltungen *rc_ac100.opj* und *rc_ac1000.opj*

Manchmal ist es schwer herauszufinden, welcher Graph zu welcher Simulation gehört. PROBE hilft Ihnen da weiter: Wenn Sie einen im Probe-Fenster angezeigten Graphen mit der rechten Maustaste anklicken, dann öffnet sich ein Kontextmenü. In der Abteilung INFORMATION erfahren Sie, zu welcher Simulation ein Graph gehört. Das Kontextmenü zum rechten Diagramm liefert z.B. die Information von Bild 5.17:

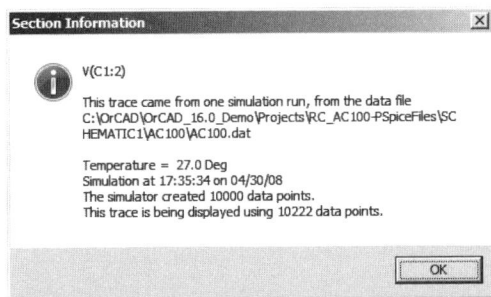

Bild 5.17: Information aus dem Kontextmenü zum rechten Graphen von Bild 5.16

Natürlich können Sie nur gleichartige Diagramme gemeinsam darstellen. Falls der hinzuzufügende Datensatz nicht in sämtlichen Knotennamen mit dem bereits geladenen Datensatz übereinstimmt, gibt es die Anfrage von Bild 5.18. Prüfen Sie in diesem Fall, ob -wenn schon nicht alle Diagramme in beiden Datensätzen vorhanden sind- wenigstens das von Ihnen gewünschte Diagramm verfügbar ist. Dazu müssen Sie im Fenster INCONSISTENT SECTIONS die Schaltfläche DO NOT SKIP SECTIONS betätigen.

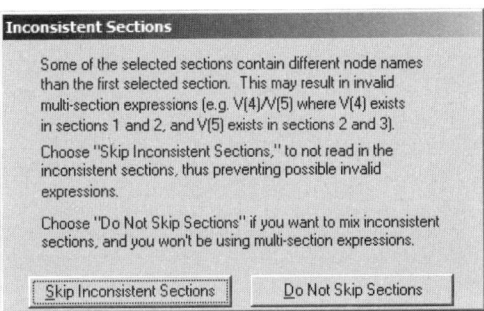

Bild 5.18: Fehlermeldung nach dem Versuch, einen Datensatz zu laden, der formal nicht mit dem bereits geladenen Datensatz übereinstimmt

Die *.dat-Dateien benötigen enorm viel Speicherplatz. Es lohnt sich also, nicht mehr benötigte *.dat-Dateien hin und wieder zu löschen. Leider ist das etwas mühsam, denn Sie wissen ja inzwischen, dass sich diese Dateien ganz unten in der Ordner-Hierarchie befinden. Die Daten einer gelöschten dat-Datei sind nach dem Löschen verloren, so dass die Aktionen aus den Abschnitten 5.3 und 5.4 nicht mehr möglich sind. Falls Sie eine dat-Datei gelöscht haben, dann aber irgendwann merken, dass Sie diese doch noch benötigen, dann können Sie Ihre Schaltung problemlos erneut simulieren. Bei kleinen Schaltungen ist das kein bemerkenswerter Zeitverlust.

5.5   Aufgaben

Aufgabe 5.1:
Laden Sie *rlc_mix1.opj* (Bild 1.24) aus dem Ordner *Projects*. Erzeugen Sie einen AC-Sweep von 1 Hz bis 10 kHz und stellen Sie den Amplitudengang des Kondensatorstromes in einem Probe-Fenster dar.

Aufgabe 5.2 (für Tüftler):
Legen Sie ein Projekt *12db_wei.opj* an und zeichnen Sie die nachfolgend dargestellte Schaltung des Tiefpasses einer Lautsprecher-Frequenzweiche mit einer Flankensteilheit von 12 dB/Oktave.

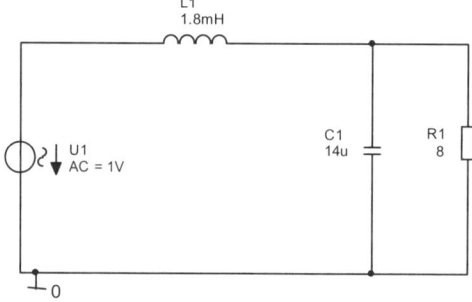

Bild 5.19: Tiefpass einer Lautsprecher-Frequenzweiche für 8-Ω-Lautsprecher

a)   Simulieren Sie die Schaltung mit einem AC-Sweep und bringen Sie die Spannung an R_1 mit linear skalierter y-Achse und logarithmisch skalierter Frequenzachse zur Anzeige. Bestimmen Sie die Grenzfrequenz, d.h. die Frequenz, bei der die Spannung an R_1 auf 70 % ihres Maximalwertes abgesunken ist.

b)   Legen Sie ein Projekt *6db_wei.opj* an und zeichnen Sie die Schaltung von Bild 5.19 ohne den Kondensator. Verändern Sie L_1 so, dass ein Tiefpass mit der gleichen Grenzfrequenz wie bei a) entsteht. Stellen Sie beide Amplitudengänge in einem Diagramm dar. Welcher Tiefpass trennt die Frequenzen besser?

c)   Legen Sie die Schaltungen aus a) und b) über einen Einschalter *Sw_perClose* an eine Spannungsquelle *VDC* mit 1 V. Setzen Sie für Spule und Kondensator das Attribut *IC* auf 0. Simulieren Sie das Einschwingverhalten $u_R = f(t)$ der beiden Tiefpässe mit Hilfe einer Transienten-Analyse. Stellen Sie die Einschwingverläufe für beide Tiefpässe in einem gemeinsamen Diagramm dar. Welcher Tiefpass schwingt besser ein?

Aufgabe 5.3:
Eine RLC-Reihenschaltung besteht aus $R = 1 k\Omega$, $L = 12$ mH und $C = 22$ nF. Die Ampltitude der Versorgungsspannung beträgt 10 V.

a)   Erstellen Sie ein Projekt *resonanz1000* und erzeugen Sie den Amplitudengang der Spannung am Widerstand.

b)   Erstellen Sie für die Schaltung ein Projekt *resonanz100* wobei der Widerstand R auf 100 Ω verkleinert wird. Stellen Sie die Amplitudengänge der Spannungen am Widerstand für beide Projekte in einem gemeinsamen Diagramm dar.

Kochbuch

Einen AC-Sweep durchführen ————————————————

1. Entwerfen Sie in CAPTURE die gewünschte Schaltung. Achten Sie darauf, dass Sie eine Spannungsquelle wählen, die einen AC-Sweep zulässt, z.B. die Spannungsquelle *VSIN*, und denken Sie daran, ein für den AC-Sweep wirksames Spannungsattribut einzustellen, z.B. *AC*=1V.

2. Legen Sie ein Simulationsprofil an, das in seinem Namen erkennen lässt, dass es für einen AC-Sweep gilt.

3. Wählen Sie im Fenster SIMULATION SETTINGS die Optionen AC SWEEP/NOISE sowie GENERAL SETTINGS. Nehmen Sie für das Setup folgende Einträge vor (Bilder 5.2 und 5.12):

   • Wählen Sie unter SWEEP TYPE (linker Fensterteil) aus, ob Sie die Datenpunkte gleichmäßig auf das gewählte Frequenzintervall verteilen wollen (LINEAR) oder logarithmisch (LOGARITHMIC/DECADE). Wenn Sie vorhaben, in Ihrem Probe-Diagramm die Frequenzachse logarithmisch zu skalieren, dann ist auch eine logarithmische Verteilung der Datenpunkte sinnvoll.

   • Vermerken Sie unter SWEEP TYPE (rechter Fensterteil) im Falle linear verteilter Datenpunkte (Bild 5.2) die Gesamtzahl der zu berechnenden Datenpunkte und im Falle logarithmisch verteilter Datenpunkte (Bild 5.12) die pro Dekade zu berechnenden Datenpunkte.

   • Wählen Sie im rechten Fensterteil von SWEEP TYPE den gewünschten Frequenzbereich.

   • Schließen Sie das Fenster SIMULATION SETTINGS mit OK.

4. Starten Sie die Simulation durch Betätigen der Schaltfläche:

5. Bringen Sie das Simulationsergebnis im Probe-Fenster zur Anzeige.

(Aktionen 5.3 bis 5.6)

Zwischen linearer und logarithmischer *x*-Achse wechseln ————

Entweder:

1. Klicken Sie im Menü PLOT/AXIS SETTINGS... an. Sie öffnen dadurch das Fenster AXIS SETTINGS. Wählen Sie den „Karteikartenreiter" X AXIS

2. Wählen Sie unter SCALE zwischen LOG und LINEAR.

3. Klicken Sie auf OK.

(Aktion 5.8)

Oder:

Wechseln Sie zwischen logarithmischer und linearer Skalierung der x-Achse hin und her durch Betätigen der Schaltfläche mit der stilisierten logarithmischen *x*-Achse: ▥

Kochbuch

Rezept
5.3

Zwischen linearer und logarithmischer *y*-Achse wechseln ⎯⎯

Entweder:

1. Klicken Sie im Menü PLOT/AXIS SETTINGS... an. Sie öffnen dadurch das Fenster AXIS SETTINGS. Wählen Sie den „Karteikartenreiter" Y AXIS
2. Wählen Sie LOG oder LINEAR.
3. Klicken Sie auf OK.

Oder:

Wechseln Sie zwischen logarithmischer und linearer Skalierung der *y*-Achse hin und her durch Betätigen der Schaltfläche mit der stilisierten logarithmischen *y*-Achse:

(Aktion 5.10)

Rezept
5.4

Die berechneten Datenpunkte im Probe-Diagramm anzeigen

Entweder:

1. Im Probe-Fenster mit TOOLS /OPTIONS... das Fenster PROBE SETTINGS öffnen (Bild 5.10).
2. MARK DATA POINTS markieren.
3. Klicken Sie auf OK.

Oder:

Zwischen den Optionen *Anzeigen* und *Nichtanzeigen* hin- und herschalten durch Betätigen der Schaltfläche:

(Aktionen 5.13 und 5.17)

Rezept
5.5

Gespeicherte Probe-Diagramme zur Anzeige bringen ⎯⎯

1. Öffnen Sie aus dem Probe-Fenster heraus das Fenster ÖFFNEN entweder mit FILE/OPEN oder durch Anwahl der Schaltfläche mit dem gelben Ordner: 🗁

2. Finden Sie im Fenster ÖFFNEN die gewünschte Datei. Sie hat den

gleichen Namen wie das zugehörige Simulationsprofil (Endung .dat).

3. Markieren Sie den Dateinamen und betätigen Sie ÖFFNEN.

4. Bringen Sie in PROBE das gewünschte Diagramm zur Anzeige.

Rezept
5.6

Gespeicherte Probe-Diagramme verschiedener Schaltungen in einem gemeinsamen Diagramm zur Anzeige bringen ⎯⎯

1. Das erste Probe-Diagramm zur Anzeige bringen (Rezept 5.5).

2. Im Probe-Fenster das Fenster APPEND öffnen (Bild 5.15) durch FILE/APPEND WAVEFORM oder durch Anklicken der zugehörigen Schaltfläche: 🗁

3. Die zweite Datei unter dem Namen des zugehörigen Simulationsprofils (mit der Endung .dat) auffinden, markieren und ÖFFNEN.

4. Die Schritte 2. bis 3. wiederholen, wenn weitere Diagramme zugefügt werden sollen.

(Aktionen 5.23 und 5.24)

Simulation in der Digitalatechnik 1

PSPICE als statischer Logik-Analysator

6.1

Aktion

6.1

Legen Sie ein Projekt *digi1* an und zeichnen Sie die Schaltung von Bild
6.1. Die Digital-Bausteine finden Sie in der Bibliothek *eeval.olb*. Die drei
Spannungsquellen sind vom Typ *VDC* und befinden sich in der Bibliothek
e_source.olb.

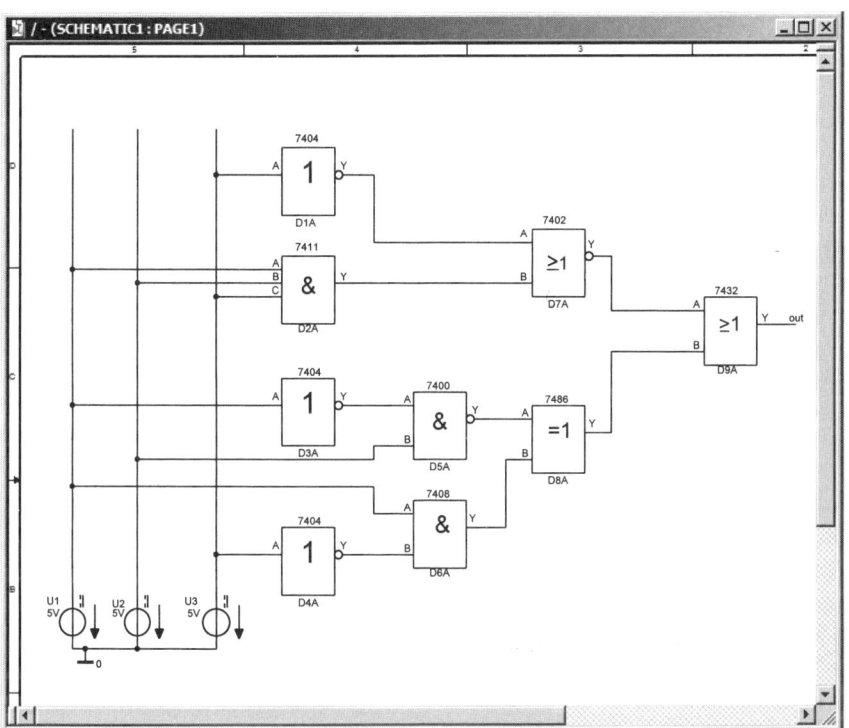

Bild 6.1: Logische Schaltung mit verschiedenen Bauelementen der Digitaltechnik

Sie können U_1, U_2 und U_3 wahlweise auf die TTL-Pegel $L = 0$ V bzw. $H = 5$ V
setzen. Für diese Spannungen führt PSPICE dann eine Logikanalyse durch:

Aktion

6.2

Stellen Sie $U_1 = U_2 = U_3 = 5$ V ein. Legen Sie ein Simulationsprofil *bias* an.
Wählen Sie im Fenster SIMULATION SETTINGS-BIAS unter ANALYSIS TYPE die
Analyse BIAS POINT sowie unter OPIONS die Option GENERAL SETTINGS. Starten Sie die Simulation. PSPICE berechnet mit diesem Setup die logischen Zustände aller digitalen Knotenpunkte der Schaltung. Die logischen
Zustände werden allerdings nicht automatisch angezeigt. Deren Anzeige muss extra angefordert werden:

Aktion

● Verlassen Sie das Probe-Fenster, falls es sich im Anschluss an die Si-
● mulation automatisch geöffnet hat und kehren Sie zurück zum Schaltplan-
● editor. Betätigen Sie in CAPTURE die Schaltfläche mit dem gro-
● ßen *V*, die Sie in Lektion 2 zur Anzeige der Knotenpunktpotenziale
● kennengelernt haben. PSPICE zeigt Ihnen jetzt die logischen Zustände
● an (Bild 6.2).

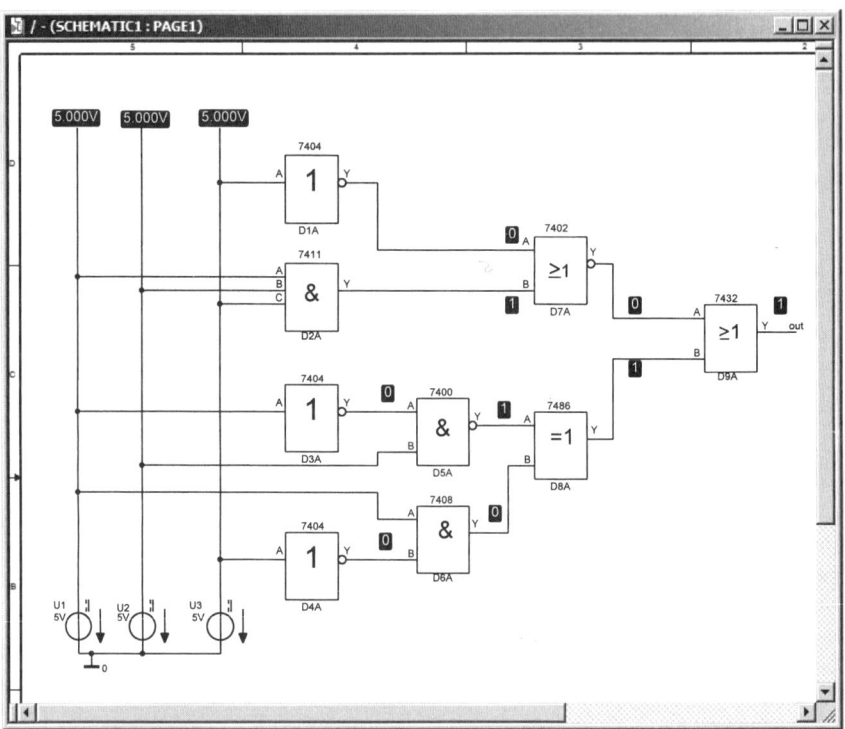

Bild 6.2: Die Digitalschaltung von Bild 6.1 mit Anzeige der logischen Zustände

Aktion

● Experimentieren Sie mit unterschiedlichen L-H-Kombinationen der Ein-
● gangsspannungen und vergleichen Sie die Ergebnisse der Simulation
● mit Ihren eigenen Überlegungen.

PSPICE macht seine Arbeit ganz nett, aber mit etwas Geduld machen Sie
das nicht schlechter. Beeindruckend wird die Sache erst beim gleichzeiti-
gen Einsatz von digitalen und analogen Bauteilen:

Nehmen Sie einmal an, die Schaltung von Bild 6.1 solle so ergänzt werden, dass bei 1-Signal am Ausgang des Exklusiv-ODER-Gliedes (X-OR)
eine rote Lampe (5 V / 200 Ω) leuchtet. 200 Ω sind für den Ausgang einer
TTL-Schaltung eine ansehnliche Belastung. Es muss untersucht werden,
ob das X-OR-Glied damit noch eine Spannung liefern kann, die ausreicht,
um von dem folgenden ODER-Glied *7432* als 1-Signal verstanden zu werden. Bei der TTL-Technik sind dazu mindestens 2 V erforderlich.

Aktion
6.5

Ergänzen Sie die Schaltung durch einen 200-Ω-Widerstand am Ausgang des X-OR (Bild 6.3). Simulieren Sie die Schaltung dann mit einer Kombination der Eingangsspannungen, die am Ausgang des X-OR ein 1-Signal erwarten lässt. Nach Betätigen der Schaltfläche mit dem großen *V* ergibt sich Bild 6.3:

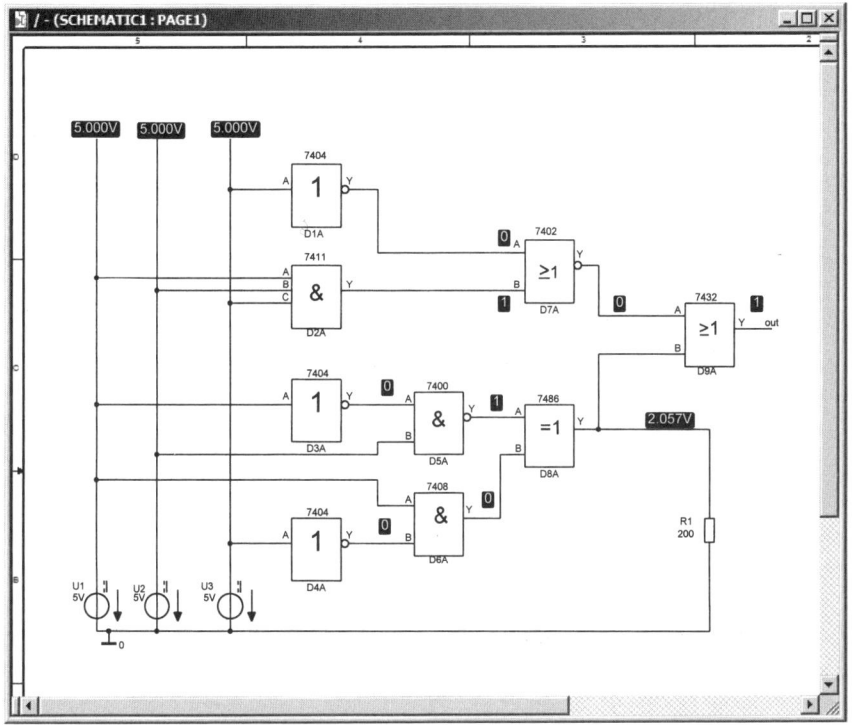

Bild 6.3: Die Digitalschaltung von Bild 6.1 mit einem zusätzlichen Widerstand

Sie erkennen in Bild 6.3 eine interessante Eigenschaft, die PSPICE bei gemeinsamer Simulation analoger und digitaler Bauteile besitzt: Dort, wo Knotenpunkte ausschließlich digitale Bauteile verbinden, liefert die Simulation digitale Zustände (*1* oder *0*). Wenn an einem Knoten auch mindestens ein analoges Bauteil angeschlossen ist (in Bild 6.3 der Widerstand und die Gleichspannungsquellen), liefert der Simulator analoge Potenziale. Die Spannung am Ausgang des X-OR beträgt knapp über 2 Volt. Der Widerstand könnte somit direkt, d.h. ohne Treiber angeschlossen werden.

Aktion
6.6

Verringern Sie den Widerstand auf 180 Ω und überzeugen Sie sich davon, dass mit diesem Widerstand die TTL-Grenze von 2 V unterschritten wird (Bild 6.4). Spannungen, die zwischen 0,8 V und 2 V liegen, gelten in der TTL-Technik als unbestimmte Zustände. Beachten Sie, dass der unbestimmte Zustand des X-OR-Gliedes dazu führt, dass auch der Ausgang *out* einen unbestimmten Zustand einnimmt, der von PSPICE durch ein *X* gekennzeichnet wird.

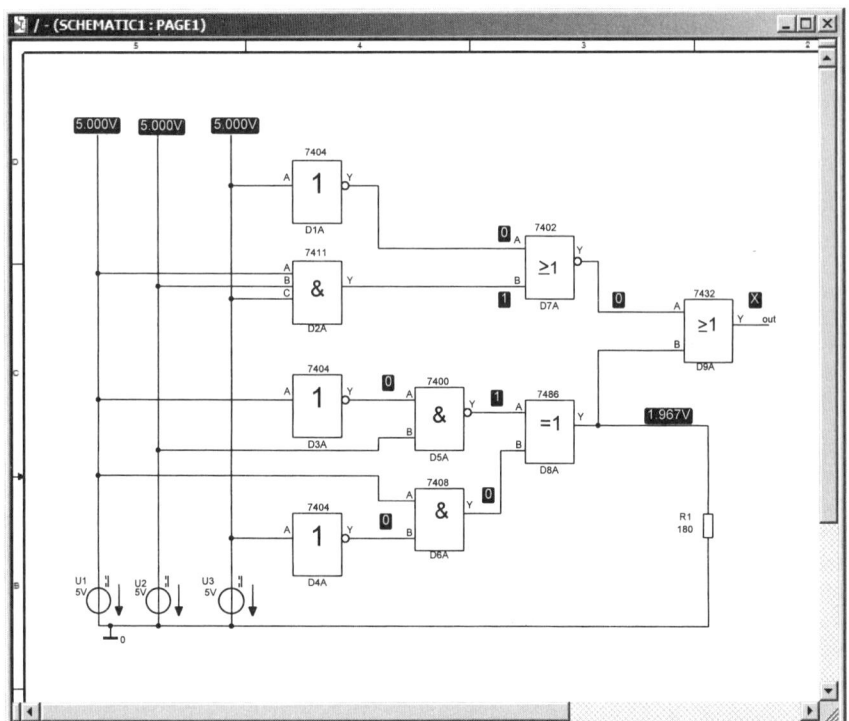

Bild 6.4: Digitalschaltung von Bild 6.3 mit verkleinertem Widerstand R_1 = 180 Ω. Der Ausgang des X-OR-Gliedes *7486* wird überlastet und liefert kein sicheres 1-Signal

Übung:

Testen Sie die „Intelligenz" von PSPICE, indem Sie für die Schaltung mit dem unzulässigen Widerstand R_1=180 Ω eine Kombination der Eingangsspannungen wählen, die ein 1-Signal am Ausgang des NOR-Gliedes erzeugt und folglich trotz des unbestimmten Zustandes des X-OR-Gliedes für einen eindeutigen Zustand des Ausgangs *out* (1-Signal) sorgt. Erkennt PSPICE das?

Sie haben oben herausgefunden, dass die Lampe mit ihrem Widerstand von 200 Ω die Digitalschaltung nicht dazu bringt, einen unbestimmten Zustand einzunehmen[1]. Eine gute Lösung ist es dennoch nicht: Eine Lampe mit 5 V Nennspannung arbeitet bei etwa 2 V, die am Ausgang des X-OR-Gliedes verfügbar sind, nur noch als „Funzel". Außerdem wird die Forderung ignoriert, einen TTL-Störabstand von 0,4 V einzuhalten. Danach wären am Ausgang des X-OR-Gliedes mindestens 2,4 V erforderlich.

Aktion

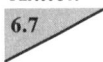

● Ergänzen Sie die Schaltung durch einen Open-Kollektor-Treiber *7405*
● (Bild 6.5). Nehmen Sie für die veränderte Schaltung eine erneute Simu-
● lation vor. Wie groß ist jetzt die Spannung am Widerstand?

---

1) Die Fähigkeit zur Simulation gemischt analog-digitaler Schaltungen ist eine Besonderheit von PSPICE. Sie wird als *Mixed-Mode-Simulation* bezeichnet.

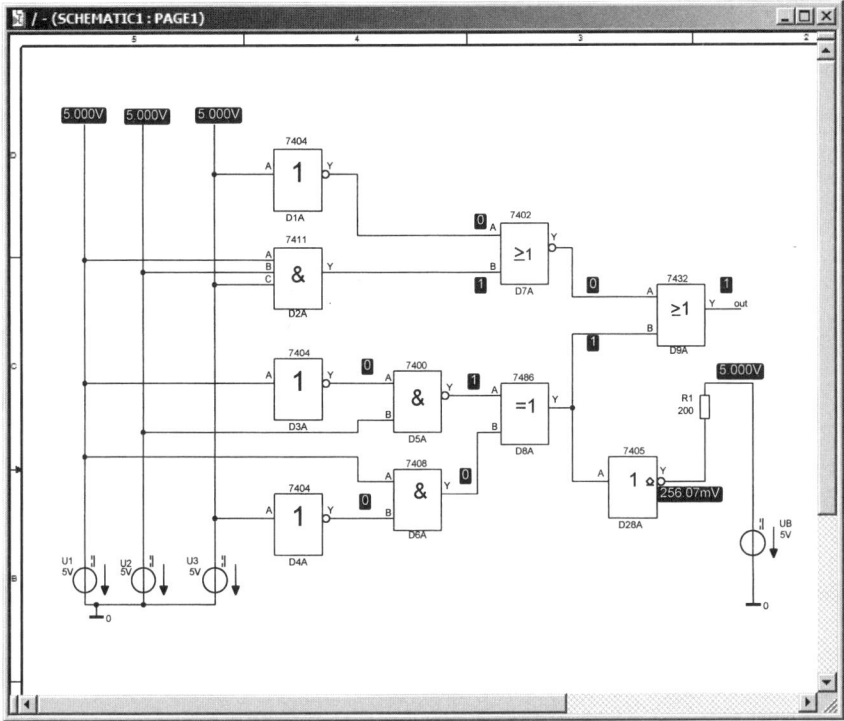

Bild 6.5: Gemischt analog-digitale Schaltung mit Anzeige digitaler Zustände an rein digitalen Knoten und analoger Spannungen an gemischt analog-digitalen Knoten

Die Eingangssignale wurden in den bisherigen Aktionen mit Hilfe analoger Spannungsquellen *VDC* erzeugt. Das geht für rein digitale Knoten auch eleganter. Wenn Sie mit Hilfe der Schaltfläche PLACE GROUND das Fenster PLACE GROUND öffnen, dann finden Sie darin in der Abteilung *e_source* die Elemente *$D_HI* und *$D_LO*. Diese HI- und LO-Elemente dienen zur Erzeugung digitaler High- und Low-Zustände.

Aktion
6.8

Besorgen Sie sich drei HI-Elemente (*$D_HI*) und ersetzen Sie damit die analogen Signalquellen von Bild 6.5. Ihre Schaltung sollte daraufhin dem Bild 6.6 gleichen. Simulieren Sie die Schaltung und überzeugen Sie sich davon, dass sich das Ergebnis nicht von dem Ergebnis aus Bild 6.5 unterscheidet.

Aktion
6.9

Experimentieren Sie mit verschiedenen H-L-Kombinationen und stellen Sie dabei fest, dass bei Verwendung digitaler Spannungsquellen an den drei Signalleitungen nicht mehr die Spannungen (5 V bzw. 0 V) angezeigt werden, sondern die digitalen Zustände (*1* bzw. *0*).

Aktion
6.10

Ersetzen Sie auch noch U_B durch ein HI-Element und stellen Sie dabei fest, dass die HI- und LO-Elemente nur an rein digitalen Knoten funktionieren.

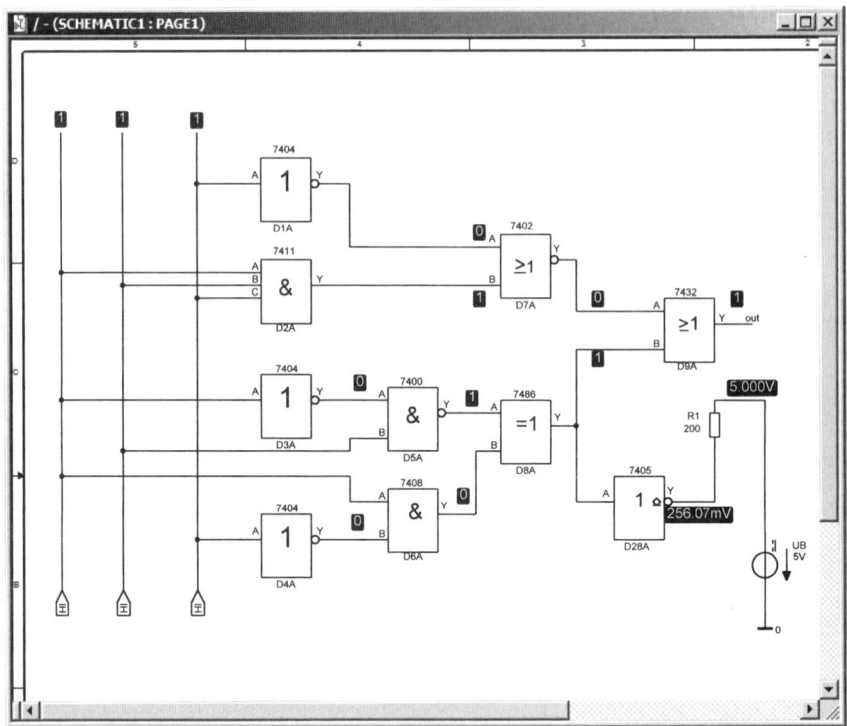

Bild 6.6: Digitalschaltung von Bild 6.5 unter Verwendung digitaler HI-Elemente

6.2   Dynamische Digitalsimulation: Zeitablaufdiagramme

6.2.1   Knotenbezeichnungen in der Digitalsimulation

Die Zeitabhängigkeit digitaler Vorgänge wird im Probe-Fenster dargestellt. Deshalb muss man wissen, mit welchen Namen die digitalen Zustände in in der Trace-Liste bezeichnet werden.

Zur Untersuchung der Knotenbezeichnungen sei die folgende analog-digitale Schaltung (Bild 6.7) gegeben[1]:

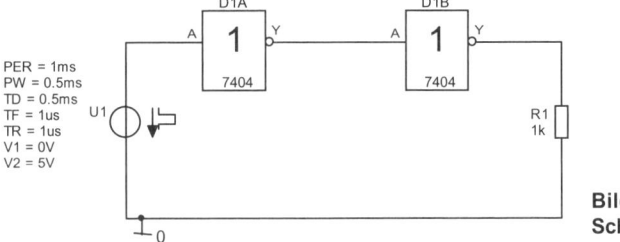

Bild 6.7: Analog-digitale Schaltung *digi2.opj*

---

1) In der Schaltung von Bild 6.7 wird die Spannungsquelle *VPULSE* verwendet. Mit den in Bild 6.7 sichtbaren Attributen liefert *VPULSE* periodische 5-V-Impulse der Periodendauer *PER* = 1 ms und der Pulsweite *PW* = 0,5 ms. Mehr dazu finden Sie im Anhang unter *Die Spannungsquellen für die Transienten-Analyse*.

Aktion
6.11

Legen Sie ein Projekt *digi2* an und zeichnen Sie die Schaltung von Bild
6.7. Erstellen Sie für die Schaltung ein Simulationsprofil mit dem Namen
trans und nehmen Sie eine Transienten-Analyse über ein Zeitintervall
von 2 ms vor (MAXIMUM STEP SIZE = 1 µs). Öffnen Sie anschließend das
Fenster ADD TRACES und entfernen Sie zur Erhöhung der Übersichtlichkeit die Anzeige der Ströme und Leistungen in der Trace-Liste:

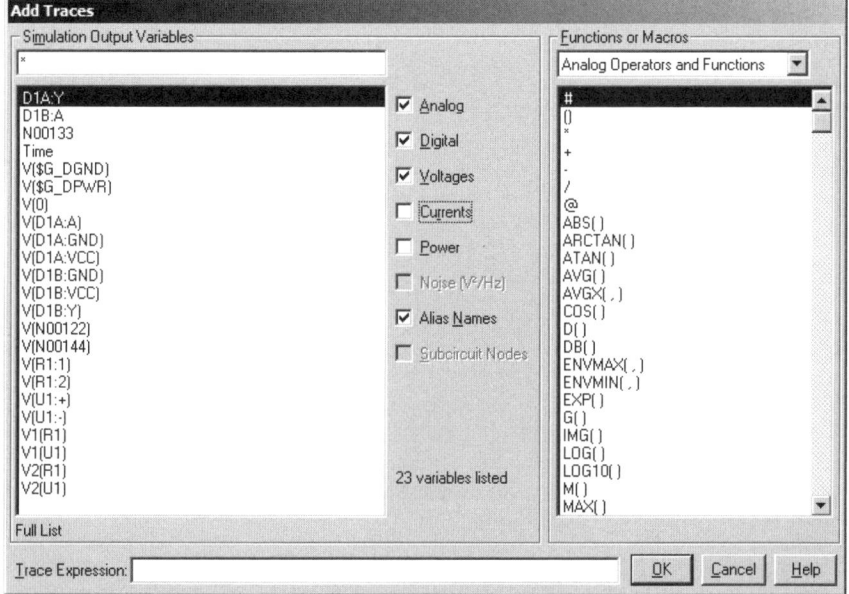

Bild 6.8: Das Fenster ADD TRACES nach der Simulation mit analogen und digitalen Bauteilen

In der Trace-Liste sind die Bezeichnungen der analogen Potenziale (die
stehen unterhalb des Eintrags TIME) problemlos zu verstehen, denn zu deren Kennzeichnung verwendet PSPICE Alias-Namen, die von den Pin- und
Bauteil-Namen abgeleitet sind. Das kennen Sie bereits aus Lektion 2.
V(D1A:A) ist z.B. das Potenzial am Pin *A* des Bauteils *D1A*. Auch die Bezeichnungen für die digitalen Zustände an rein digitalen Knoten der Schaltung (sie stehen oberhalb des Eintrags TIME) sind nicht schwer zu verstehen: D1A:Y ist der digitale Zustand am Pin *Y* des Bausteins *D1A*. Für Knoten, an denen sowohl analoge als auch digitale Bauteile angeschlossen
sind, werden nur die analogen Potenziale angegeben.

Um Ihnen die Arbeit mit der Trace-Liste zu erleichtern, wurden die Schaltzeichen der Digitalbausteine für dieses Buch so präpariert, dass deren Pin-
Namen auf dem Schaltplan sichtbar sind. In wenigen Fällen musste auf die
Anzeige der Pin-Namen verzichtet werden, weil anderenfalls das Schaltzeichen dadurch zu unübersichtlich geworden wäre. In solchen Fällen können Sie die Pin-Namen in Erfahrung bringen, indem Sie die betreffenden
Pins mit der Maus anklicken. In der grauen Leiste unterhalb des Zeichenfensters wird dann der Pin-Name angezeigt.

Aktion

6.12

● Bringen Sie im Probe-Fenster[1] die Eingangsspannung und die Ausgangs-
● spannung zur Anzeige (Bild 6.9). In der Mitte zwischen den beiden Inver-
● tern liegt ein rein digitaler Knoten. Überzeugen Sie sich davon, dass die
● Trace-Liste kein analoges Potenzial für diesen Knoten bereithält.

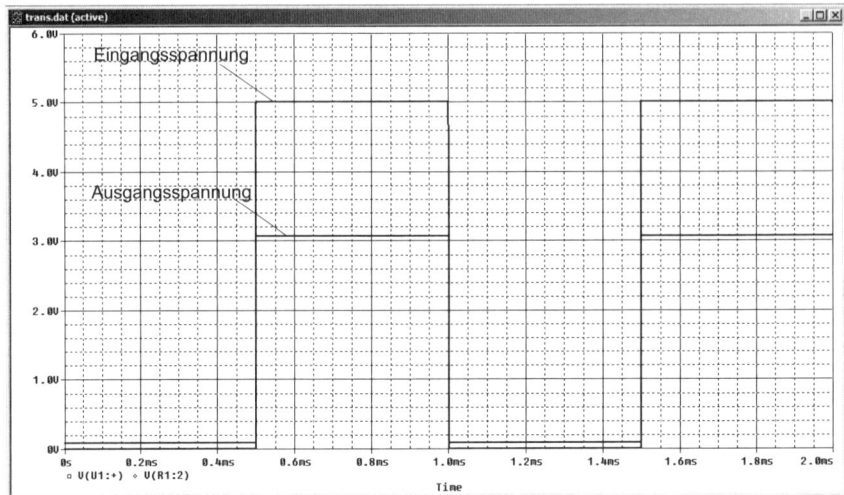

Bild 6.9: Der Verlauf von Eingangs- und Ausgangsspannung der Schaltung von Bild 6.7

Aktion
6.13

● Bringen Sie zusätzlich zu den analogen Spannungen noch den digitalen
● Zustand *D1A:Y* zur Anzeige (Bild 6.10):

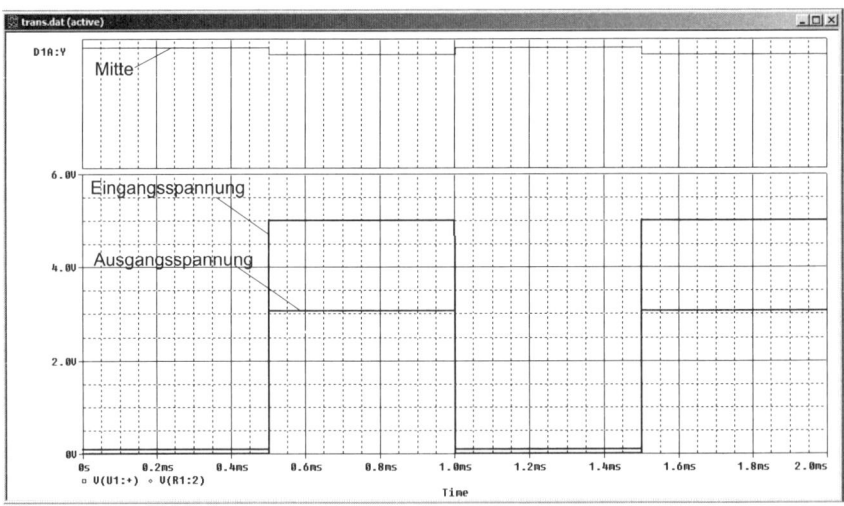

Bild 6.10: Analoge Spannungen und digitaler Zustand in der Schaltung von Bild 6.7

Das Probe-Fenster besteht aus einem analogen und einem digitalen Teil.
Die Aufteilung des Fensters in diese beiden Teile können Sie verändern:

---

1) Fortan werden die Probe-Fenster in der Regel nur noch in einer reduzierten Form dargestellt, bei der auf
die Abbildung der Werkzeugleisten und der Menüleiste verzichtet wird. **Achtung:** Das ist keine Aufforderung, die Werkzeugleisten oder gar die Menüleiste von Ihrem Bildschirm zu entfernen.

Aktion
6.14

Öffnen Sie aus dem Probe-Fenster heraus das Menü PLOT und darin
DIGITAL SIZE... Es öffnet sich das Fenster DIGITAL PLOT SIZE. Fordern Sie
darin für den Digitalteil 15 % des Bildschirms und erzeugen Sie Bild 6.11.

Eine andere Möglichkeit, die Aufteilung des Bildschirms in einen Analog-
und einen Digitalteil zu verändern, bietet Ihnen die Maus:

Aktion
6.15

Platzieren Sie den Mauszeiger zwischen den beiden Linien, die den Übergangsbereich zwischen Analog- und Digitalteil bilden. Der Mauszeiger
verändert sein Aussehen in einen Doppelpfeil. Ziehen Sie den Übergangsbereich zwischen Analog- und Digitalteil mit gedrückter linker Maustaste
an den gewünschten Ort.

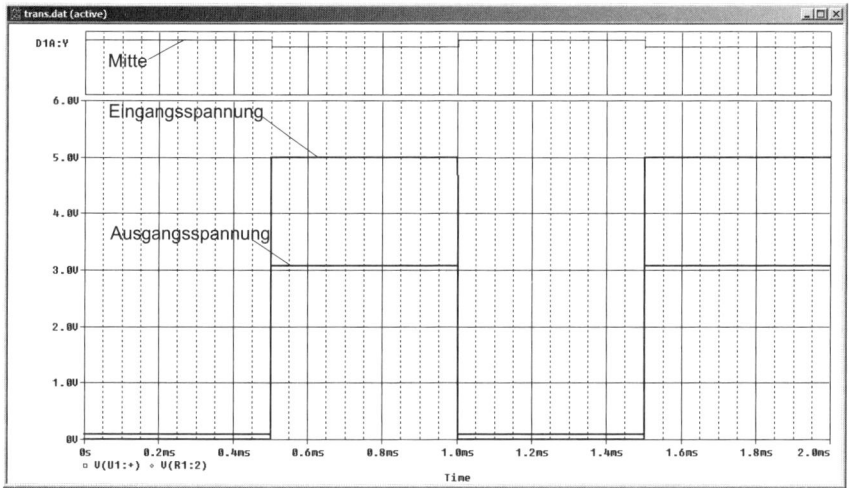

Bild 6.11: Der Analogteil von Bild 6.10 wurde auf Kosten des Digitalteils vergrößert

Darstellung unbestimmter Schaltzeitpunkte im Probe-Fenster   6.2.2

Die Schaltung aus Bild 6.7 wird von einer analogen Impulsspannungsquelle
VPULSE gespeist. Die Spannungsquelle wurde so eingestellt, dass die Impulse innerhalb von 1 µs von 0 V auf 5 V ansteigen (*TR* = 1 µs). Im Verlauf
dieses Anstiegs durchläuft die Spannung den digital unbestimmten Span-
nungsbereich zwischen 0,8 V und 2 V, innerhalb dessen der Schaltvorgang
irgendwann ausgelöst wird. Wann genau das geschieht, ist ungewiss. Es
stellt sich natürlich die Frage, wie PSPICE diesen Zeitbereich der Unsi-
cherheit im Probe-Diagramm darstellt. PSPICE bezeichnet Bereiche, innerhalb derer zu einem unbekannten Zeitpunkt ein Zustandswechsel erfolgt, als Ambiguity-Bereiche. Den Namen Ambiguity müssen Sie sich merken, denn er bezeichnet den am häufigsten verwendeten Begriff in den
Fehlermeldungen der digitalen Worst-Case-Analyse (Lektion 12).

Die Darstellung von Bild 6.11 lässt es nicht zu, den Ambiguity-Bereich genauer zu untersuchen. Dazu müssen Sie die Spannungsquelle *VPULSE* so
einstellen, dass der Anstieg der Eingangsspannung verlangsamt wird:

Aktion

6.16

● Setzen Sie die Anstiegszeit von *VPULSE* auf *TR* = 0.2 ms. Öffnen Sie
● über SIMULATION SETTINGS die Abteilung PROBE WINDOW. Aktivieren Sie da-
● rin LAST PLOT und starten Sie erneut die Simulation. Sie erhalten das
● Diagramm von Bild 6.12.

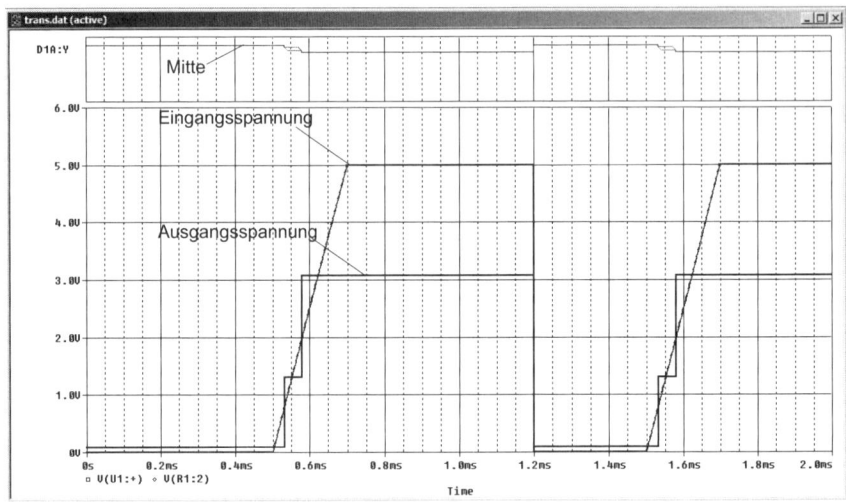

Bild 6.12: Darstellung des Ambiguity-Bereichs beim Anstieg der Ausgangsspannung

Sie erkennen in Bild 6.12, auf welche Weise im Probe-Fenster Ambiguity-
Bereiche dargestellt werden: im Digitalteil durch Parallelogramme, im Analogteil durch eine konstante Spannung, deren Höhe etwa in der Mitte des digital unbestimmten Spannungsbereichs zwischen 0,8 V und 2 V liegt.

Aktion

6.17

● Sehen Sie sich jetzt auch noch die abfallende Flanke der Ausgangs-
● spannung an, indem Sie das Attribut *TF* auf 0.2 ms setzen:

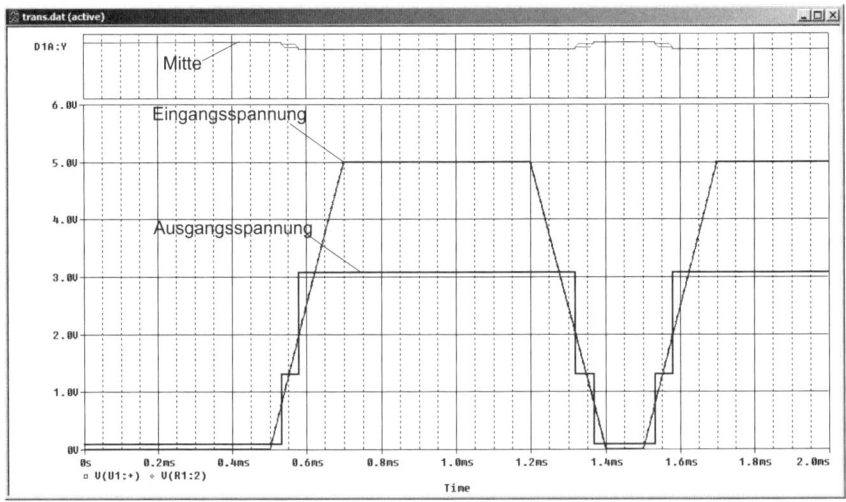

Bild 6.13: Darstellung der Ambiguity-Bereiche bei Anstieg und Abfall von U_1

Digital-Spannungsquellen   6.2.3

Zur Erzeugung digitaler Erregersignale (Stimulussignale) hält PSPICE in
der Bibliothek *e_source.olb* spezielle Spannungsquellen bereit:

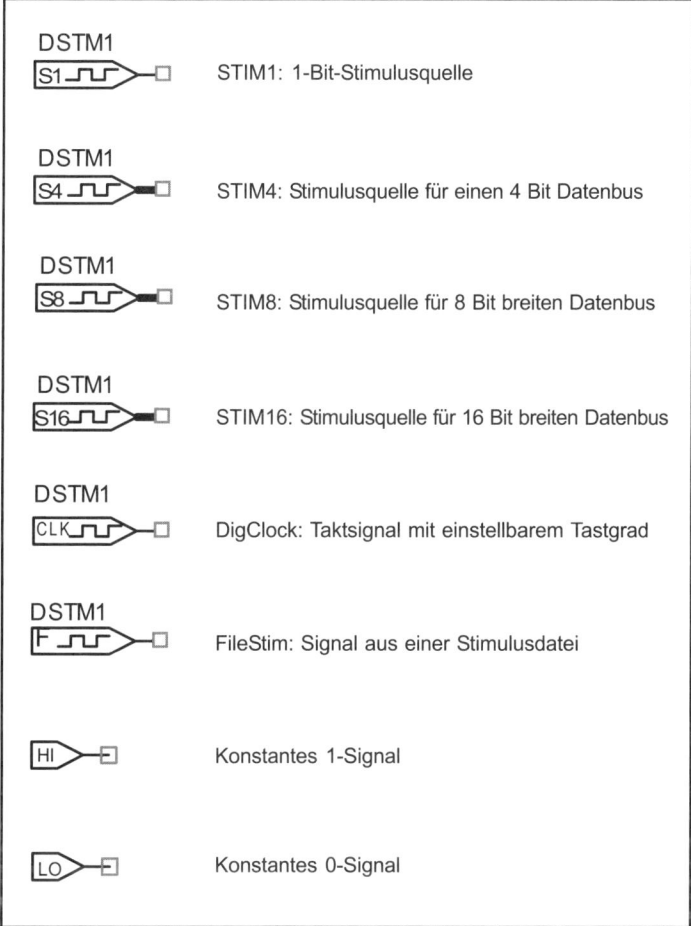

Bild 6.14: In PSPICE verfügbare Stimulusquellen

In den folgenden Beispielen lernen Sie die Anwendung der wichtigsten dieser Stimulusquellen kennen. Die Beschreibung weiterer Stimulusquellen
finden Sie in Lektion 11, *Simulation in der Digitaltechnik 2*. In Lektion 11
werden Sie auch lernen, Stimulusquellen zur Stromversorgung von Daten-
bussen zu nutzen.

Beispiel 1: Erzeugung eines 1-Bit-Stimulussignals

Laden Sie die Schaltung aus Bild 6.7 (*digi2.opj*), entfernen Sie die vorhandene analoge Spannungsquelle *VPULSE* und fügen Sie stattdessen eine digitale Stimulusquelle *STIM1* ein. Die Schaltung sollte anschließend der aus Bild 6.15 gleichen:

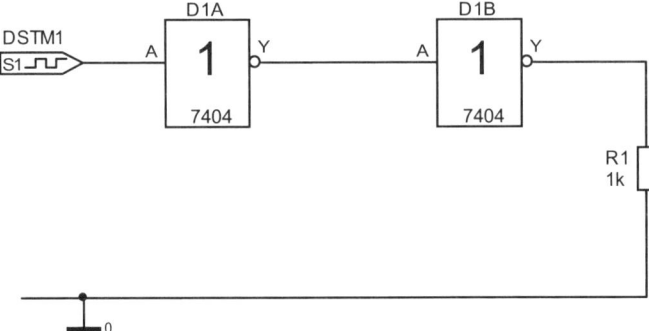

Bild 6.15: Digitalschaltung mit zwei Invertern. Stimulusquelle *STIM1*

Aktion
6.18

- Öffnen Sie den Property-Editor der Stimulusquelle (Bild 6.16) durch
- Doppelklick auf das Symbol:

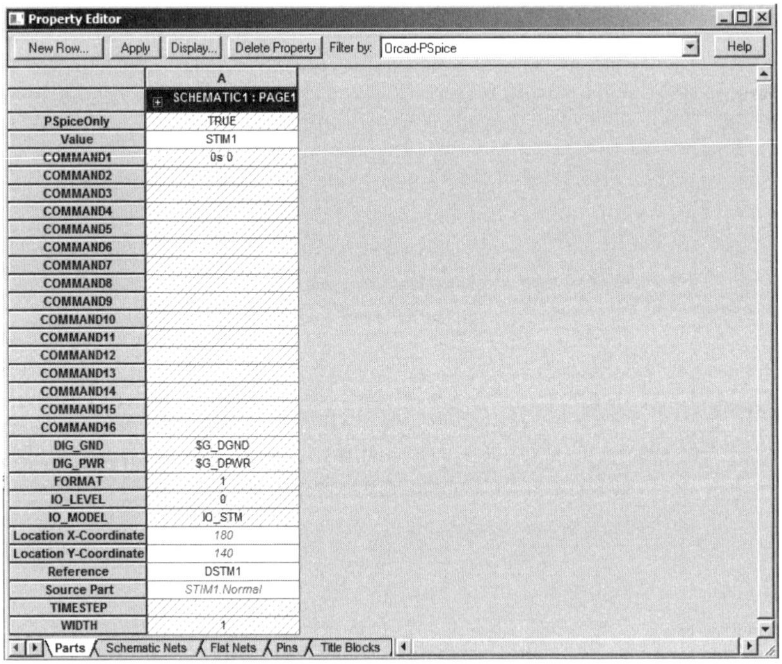

Bild 6.16: Der Property-Editor der Stimulusquelle *STIM1*

Der Property-Editor lässt die Erteilung von 16 Kommandos zu. Jedes Kommando besteht aus einem Zeitpunkt und (mit einem Leerzeichen getrennt) einem zugehörigen logischen Zustand. Damit können Sie eine Zustandsfolge Punkt für Punkt definieren. Zur Kennzeichnung logischer Zustände im Attributfenster sind folgende Bezeichnungen zulässig:

Bezeichnung	Bedeutung	Darstellung im Probe-Fenster
0	0-Signal	
1	1-Signal	
R	Ambiguity (Anstieg)	
F	Ambiguity (Abfall)	
X	unbestimmter Zustand	
Z	hochohmig	

Bild 6.17: Kennzeichnung der logischen Zustände im Property-Editor und im Probe-Fenster

Aktion
6.19

Erzeugen Sie ein Stimulussignal nach den Vorgaben von Bild 6.18, simulieren Sie damit die Schaltung über 5 ms und erzeugen Sie das Probe-Diagramm von Bild 6.19.

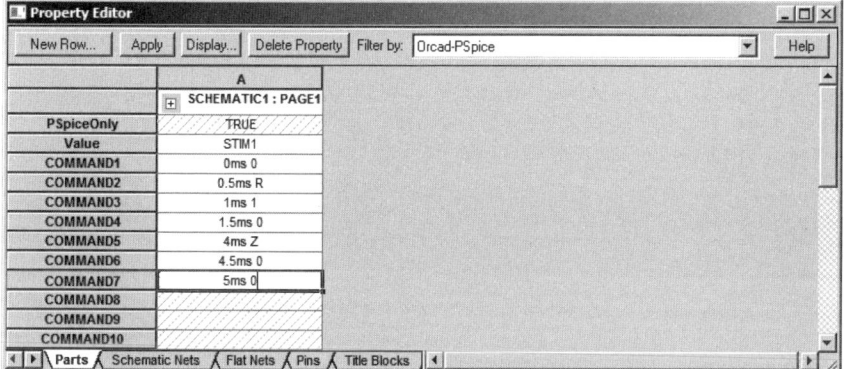

Bild 6.18: Definition des Signals der Stimulusquelle *STIM1* zur Erzeugung des Probe-Diagramms von Bild 6.19

Besteht ein Stimulussignal aus einer Folge gleichlanger Zeitabschnitte (Timesteps) und bleibt das Signal während jedes Timesteps konstant auf einem der in Bild 6.17 dargestellten Zustände, so lässt sich die Stimulusquelle auch mit Hilfe des Attributs TIMESTEP einstellen. In die COMMAND-Zeilen wird dann (gefolgt von einem c (für clockcycle)) die Anzahl der Timesteps eingetragen, nach denen das betreffende Kommando erfolgen soll. Das gleiche Stimulussignal, das Sie mit dem Setup nach Bild 6.18 erstellt haben, können Sie auch mit dem Setup von Bild 6.20 erzeugen.

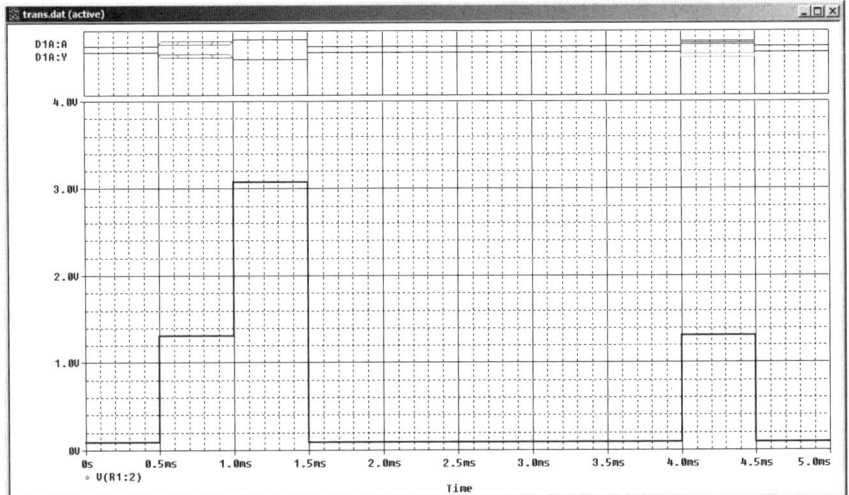

Bild 6.19: Probe-Diagramm der Schaltung aus Bild 6.15 mit Stimulus nach Bild 6.18

Bild 6.20: Stimulussignal entsprechend Bild 6.18 unter Verwendung des Attributs TIMESTEP

Aktion
6.20
● Probieren Sie das aus.
●

Im Property-Editor der Stimulusquelle (Bild 6.20) sehen Sie u.a. die Attribute WIDTH, FORMAT und IO_LEVEL. Die können Sie in dieser Lektion unverändert lassen. In Lektion 11 werden Sie sich mit diesen Attributen noch genauer beschäftigen.

Beispiel 2: Erzeugung eines periodischen Taktsignals

Sehr häufig werden in der Digitaltechnik periodische Taktsignale benötigt. Die könnten Sie mit Hilfe des Ihnen bereits bekannten Elements *STIM1* erzeugen. Leichter haben Sie es allerdings, wenn Sie dazu das Element *DigClock* aus der Bibliothek *e_source.olb* verwenden.

Aktion
6.21

Ersetzen Sie in der Schaltung nach Bild 6.15 die Stimulusquelle *STIM1* durch eine Stimulusquelle *DigCLOCK*. Öffnen Sie danach den Property-Editor von *DigClock* (Bild 6.21). Setzen Sie die Attribute ONTIME auf 1 ms und OFFTIME auf 2 ms. Simulieren Sie die Schaltung über einen Zeitraum von 10 ms und erzeugen Sie das Diagramm von Bild 6.22.

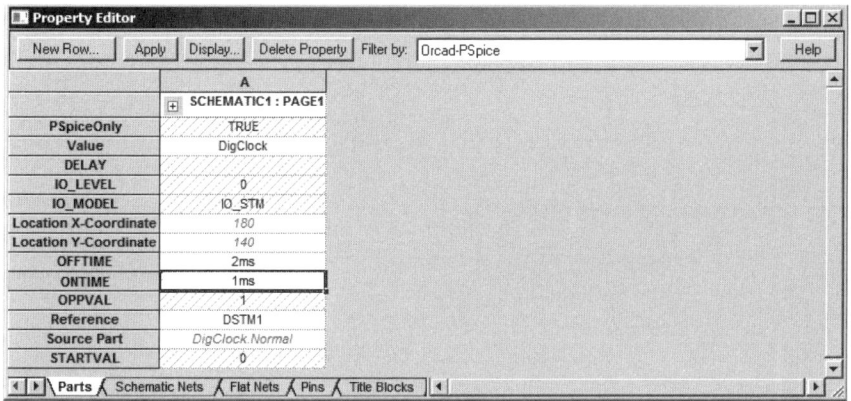

Bild 6.21: Der Property-Editor der Stimulusquelle *DigClock*

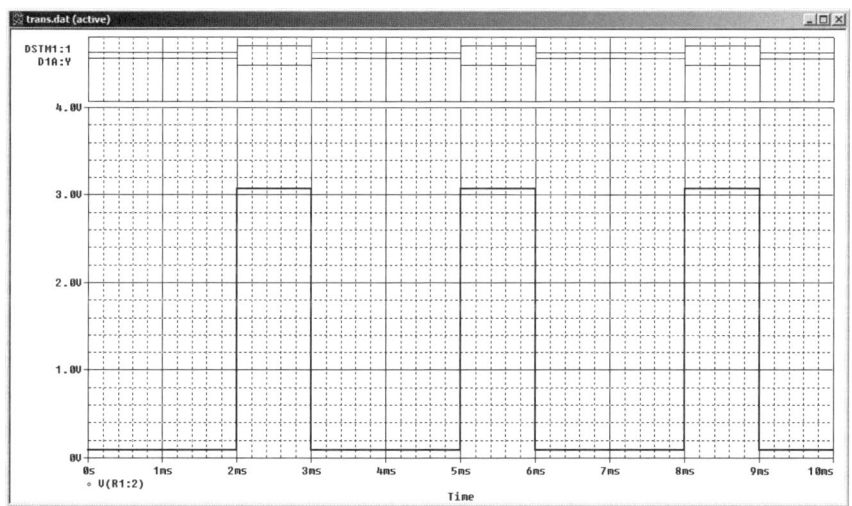

Bild 6.22: Signal der Stimulusquelle *DigClock* mit ONTIME = 1 ms und OFFTIME = 2 ms

Aktion
6.22

Die Attribute STARTVAL und OPPVAL haben normalerweise die Werte *0* oder *1*. Invertieren Sie diese Attribute. Was ändert sich? Werden alle Zustandswerte aus Bild 6.17 für STARTVAL und OPPVAL akzeptiert?

6.3   Aufgaben

Aufgabe 6.1:

Ermitteln Sie für die Schaltung nach Bild 6.23 durch geeignete Simulationen die Wahrheitstabelle für die Ausgangsvariable *out*.

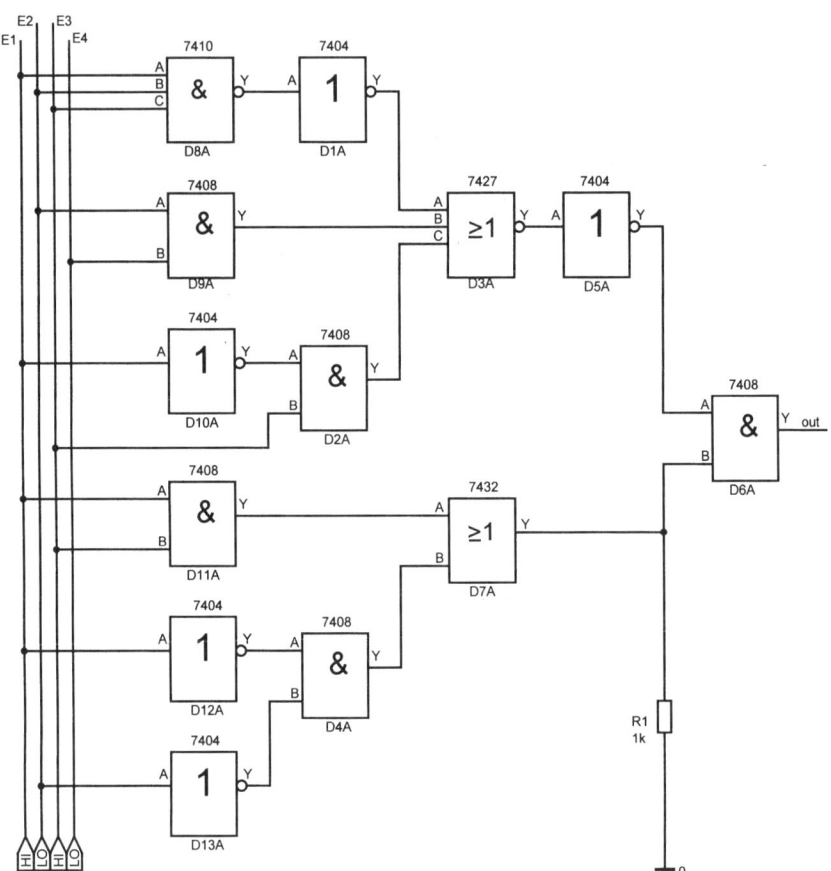

Bild 6.23: Übungsschaltung zur Erzeugung der Wahrheitstabelle zu Aufgabe 6.1

Aufgabe 6.2:

Zeichnen Sie die Schaltung, die zu der folgenden Funktionsgleichung gehört und ermitteln Sie durch Simulation die zugehörige Wahrheitstabelle:

$$out2 = (E_1 \wedge E_2 \wedge E_3) \vee (\overline{E}_1 \wedge \overline{E}_2 \wedge E_3)$$

Vergleichen Sie die Wahrheitstabellen der Aufgaben 6.1 und 6.2. Was fällt Ihnen dabei auf?

Aufgabe 6.3:

Gegeben ist die nachfolgende Digitalschaltung (Bild 6.24). Versorgen Sie die Schaltung mit Taktsignalen aus zwei Stimulusquellen *DigClock*. Setzen Sie OFFTIME und ONTIME jeweils auf die Werte von Bild 6.24 und lassen die übrigen Attribute der Stimulusquellen unverändert. Simulieren Sie über einen Zeitbereich von 10 µs und stellen Sie die Eingangssignale und das Ausgangssignal in einem Diagramm dar. Wozu könnte man die Schaltung verwenden?

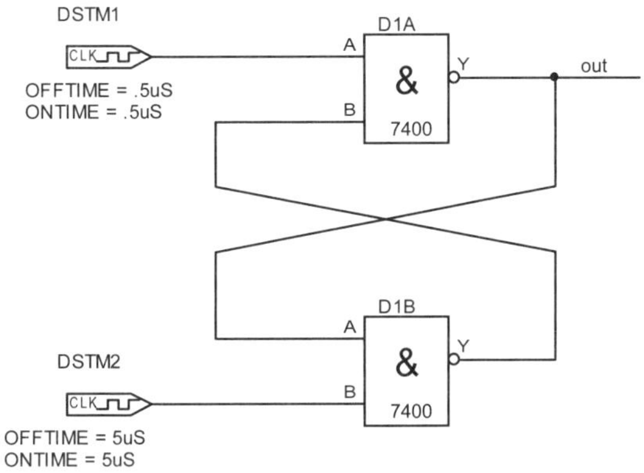

Bild 6.24: Digitalschaltung zu Aufgabe 6.3

Aufgabe 6.4 (Für Tüftler):

Die Steuerung einer Förderanlage nutzt vier Sensoren *A, B, C* und *D*. Jeder dieser Sensoren kann die Zustände *1* oder *0* annehmen. Die folgende Wertetabelle zeigt die möglichen Kombinationen der Sensor-Signale. Der Motor läuft bei 1-Signal am Ausgang *X*:

A	B	C	D	X
0	0	0	0	0
0	0	0	1	0
0	0	1	0	0
0	0	1	1	1
0	1	0	0	1
0	1	0	1	0
0	1	1	0	1
0	1	1	1	1
1	0	0	0	1
1	0	0	1	1
1	0	1	0	0
1	0	1	1	1
1	1	0	0	1
1	1	0	1	1
1	1	1	0	0
1	1	1	1	1

Erstellen Sie die Funktionsgleichung *X* der Motorsteuerung und überprüfen Sie deren Richtigkeit durch geeignete Simulationen. Vereinfachen Sie die Funktionsgleichung mit Hilfe einer KV-Tafel und überprüfen Sie auch die minimierte Funktionsgleichung.

Kochbuch

Rezept
6.1

Eine statische Logik-Analyse durchführen _____

1. Spannungsquellen *VDC* (5 V / 0 V) oder HI-, LO-Elemente als Signalquellen verwenden.

2. Im Fenster Simulation Settings die Bias-Point-Analyse aktivieren.

3. Die Simulation starten (Rezept 2.1).

4. Die Schaltfläche mit dem großen *V* betätigen (Rezept 2.3) und dadurch die logischen Zustände oder Pegel der Knotenpunkte auf den Schaltplan bringen (Bild 6.2).

(Aktionen 6.1 bis 6.3)

Rezept
6.2

Ein digitales Stimulussignal mit 1 Bit erzeugen _____

1. Die Stimulusquelle *STIM1* auf die Zeichenfläche bringen.

2. Den Property-Editor von *STIM1* (Bild 6.16) öffnen.

3. Die gewünschten Zeit-Zustandskombinationen in die Command-Zeilen bringen (Bild 6.18). Leerzeichen zwischen Zeit und Zustand setzen!

(Aktionen 6.18 und 6.19)

oder:

1. Die Stimulusquelle *STIM1* auf die Zeichenfläche bringen.

2. Den Property-Editor von *STIM1* (Bild 6.16) öffnen.

3. Mit Hilfe des Attributs Timestep die gewünschte Schrittweite wählen.

4. Zu den Zeitpunkten ganzzahliger Vielfacher von Timestep die gewünschte Timestep-Zustandskombination in die Command-Zeile bringen. Der Ziffer zur Kennzeichnung der Anzahl der Timesteps muss ohne Leerzeichen ein *c* folgen. (Bild 6.20).

(Aktion 6.19)

Rezept
6.3

Ein periodisches Taktsignal erzeugen _____

1. Eine Stimulusquelle vom Typ *DigClock* auf das Zeichenblatt bringen.

2. Den Property-Editor der Quelle öffnen und unter Ontime die Länge des gewünschten 1-Signals und unter Offtime die Länge des

gewünschten 0-Signals eintragen. Durch Vertauschen der Vorgabewerte unter STARTVAL und OPPVAL lässt sich das eingestellte Signal invertieren. Damit ist es möglich, die Taktfolge mit dem Zustand 1 zu beginnen.

(Aktion 6.21)

PSPICE-Lehrgang
Teil 2: Hohe Schule

Meistens ist es so, dass man nicht zuerst lernt,
um dann zu handeln, sondern zuerst handelt und
dabei lernt.

Mao Tsetung

Bevor Sie mit Teil 2 beginnen:

Nachdem Sie den Teil 1 des PSPICE-Lehrgangs abgeschlossen haben, besitzen Sie alle Voraussetzungen, um eine erfolgreiche, vergnügliche und äußerst spannende Reise in die Welt der Elektronik zu beginnen. Ihre Reiseroute wählen Sie ab sofort selbst, d.h., es ist nicht zwingend erforderlich, die vom Buch vorgegebene Reihenfolge der Lektionen bei der Bearbeitung einzuhalten. Vielmehr sollten Sie sich eine bestimmte Lektion aus Teil 2 dann vornehmen, wenn Sie bei Ihrer Arbeit auf ein Problem stoßen, dessen Lösung von dieser Lektion versprochen wird. Diese Arbeitsweise schließt natürlich nicht aus, dass Sie bei der Bearbeitung einer Lektion feststellen, dass Ihnen einzelne Kenntnisse einer vorangegangenen Lektion fehlen. Die müssten Sie dann an dieser Stelle auch noch erwerben.

Im Teil 1 haben Sie noch ausführlichste Hinweise zur Durchführung der verschiedenen PSPICE-Operationen erhalten. Die wird es fortan spärlicher geben, denn Sie sind ja inzwischen aus den PSPICE-Kinderschuhen heraus. Auch die Screen-Shots, die exakten Abbildungen der CAPTURE- und Probe-Fenster, werden fortan nur noch in Ausnahmefällen den gesamten Bildschirm abbilden.

Lernziele:

In Teil 2 des PSPICE-Lehrgangs lernen Sie:
- Ausschnittvergrößerungen von Probe-Diagrammen zu erzeugen.
- Probe-Diagramme mit zwei Cursors zu vermessen.
- Simulationsergebnisse mathematisch zu verknüpfen.
- In einer Schaltung Bauteilwerte, Temperatur, Eingangsspannung, Modellparameter zu variieren und die sich daraufhin ergebenden Ströme und Spannungen als Sweeps im Probe-Fenster darzustellen.
- Jeweils zwei Größen einer Schaltung gleichzeitig zu variieren und das Ergebnis als Kurvenschar im Probe-Fenster darzustellen.
- Die Fourier-Analyse einer zeitabhängigen Größe vorzunehmen.
- Das Rauschen einer Schaltung zu analysieren.
- Die Empfindlichkeit einer Schaltung gegen Streuungen der Bauteilparameter zu untersuchen.
- PSPICE zur detaillierteren Analyse digitaler Schaltungen einzusetzen.

Lernvoraussetzungen:

Um die Lektionen von Teil 2 sinnvoll bearbeiten zu können, sollten Sie den Teil 1 abgeschlossen haben. Bis einschließlich Lektion 8 sind nur Kenntnisse der RLC-Schaltungen erforderlich. Lektion 9 setzt auch Grundkenntnisse der Elektronik, Lektion 10 außerdem Grundkenntnisse der Digitaltechnik voraus.

PROBE-FEINHEITEN

Beeinflussung der äußeren Erscheinung 7.1
des Probe-Fensters

Mit der Auslieferung der PSPICE-Version 9 wurde die grafische Darstellung der Simulationsergebnisse im Probe-Fenster wesentlich verbessert. Vor Version 9 gab es ein extra Grafikprogramm namens PROBE, das allerdings so perfekt mit PSPICE verzahnt war, dass der Benutzer meistens gar nicht wusste, dass er mit unterschiedlichen Programmen arbeitete. Ab Version 9 ist PROBE kein eigenständiges Programm mehr, sondern vollständig mit dem Simulator PSPICE verschmolzen[1]. Diese Integration, zusammen mit einigen kleineren Verbesserungen, die bei den Integrationsarbeiten gleich mit erledigt wurden, haben eine Reihe positiver Auswirkungen mit sich gebracht:

- Es können jetzt mehrere Probe-Fenster gleichzeitig geöffnet werden. Durch diese Multi-Windows-Technik lassen sich Ergebnisse unterschiedlicher Simulationen leichter miteinander vergleichen.

- Im Schaltplaneditor lassen sich farbige Marker auf dem Schaltplan mit der Maus von Knoten zu Knoten bewegen, wobei simultan im gleichzeitig geöffneten Probe-Fenster die jeweils zugehörigen Diagramme (in der Farbe des Markers) betrachtet werden können.

- Die Schaltflächen des Probe-Fensters lassen sich benutzerdefiniert auf dem Bildschirm anordnen.

- Eine neue Schaltfläche ALTERNATE DISPLAY macht es möglich, zwischen zwei voreingestellten Kombinationen der verschiedenen Teilfenster des Probe-Fensters hin und her zu schalten.

- Die Strichstärke der Probe-Diagramme sowie ihre Farbe und Struktur lassen sich verändern.

Eine Reihe kleiner Beispiele wird Ihnen im Folgenden die erweiterten grafischen Möglichkeiten von PSPICE demonstrieren.

---

1) Es ist unter den PSPICE-Nutzern weiterhin üblich, von PROBE zu reden, so als sei PROBE immer noch ein eigenständiges Programm. In diesem Buch wird in der Regel der Begriff Probe-Fenster verwendet. In Ausnahmefällen gibt es aber auch Formulierungen wie: „Darstellung des Vorgangs in PROBE".

7.1.1   Farbe und Linienbreite der Probe-Diagramme ändern

Aktion
7.1
● Legen Sie ein Projekt *rlc_ac* an und zeichnen Sie die nachfolgende RLC-
● Reihenschaltung.

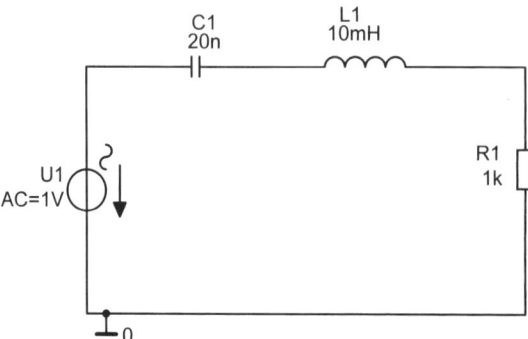

Bild 7.1: Schaltung zur Erkundung von Grafik-Eigenschaften des Probe-Fensters

Aktion
7.2
● Legen Sie ein Simulationsprofil *AC* an und nehmen Sie für die Schaltung
● eine AC-Analyse von 10 Hz bis 1 MHz vor (100 Punkte pro Dekade).
● Erzeugen Sie das Diagramm von Bild 7.2:

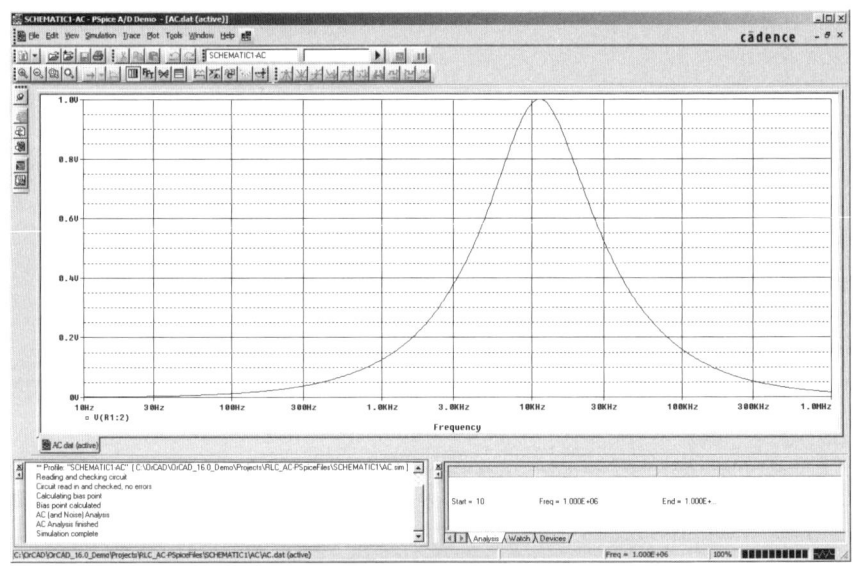

Bild 7.2: Amplitudengang der RLC-Reihenschaltung von Bild 7.1

Aktion
7.3
● Klicken Sie die Kurve im Diagramm mit der rechten Maustaste an und
● öffnen Sie dadurch das zugehörige Kontextmenü. Im Kontextmenü werden Ihnen zwei Angebote gemacht: die Anzeige von INFORMATION und von
● PROPERTIES... (Eigenschaften). Öffnen Sie durch einen linken Mausklick
● auf INFORMATION das zugehörige Fenster SECTION INFORMATION (Bild 7.3)[1].

---

1) Auch das Anklicken einer Gitterlinie des Diagramms mit der rechten Maustaste öffnet ein Kontextmenü. Es liefert Kontextinformationen zu SETTINGS... und PROPERTIES... Diese dienen zur wunschgemäßen Anpassung des Gitters.

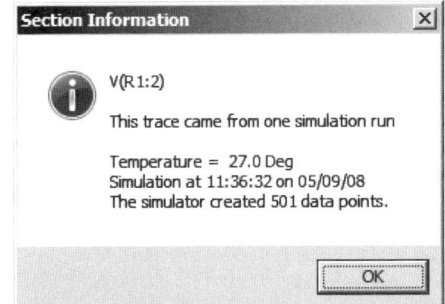

Bild 7.3: Das Fenster SECTION INFORMATION
mit Informationen über ein Diagramm

Die Informationen aus Bild 7.3 sind nicht übermäßig beeindruckend, aber
wenn Sie sich vorstellen, dass Sie einen Bildschirm mit 20 Diagrammen
betrachten, dann ist es natürlich von einigem Nutzen, wenn PSPICE Ihnen
auf Mausklick verrät, zu welchem Knotenpunkt ein Diagramm gehört.

Aktion
7.4

Bringen Sie jetzt noch aus dem Kontextmenü heraus durch Anwahl von
PROPERTIES... das Fenster TRACE PROPERTIES zur Anzeige (Bild 7.4):

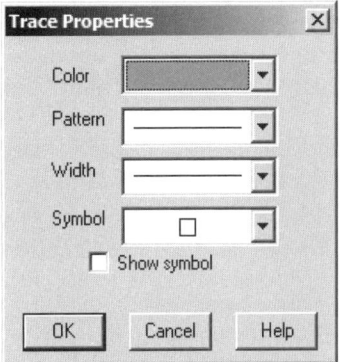

Bild 7.4: Das Fenster TRACE PROPERTIES,
**zur Anpassung verschiedener Eigen-
schaften der Diagramme**

Aktion
7.5

Die Möglichkeit, die Strichstärke (Width) und die Farbe der Kurven ändern zu können, machen PROBE zu einem hervorragenden Werkzeug
bei der Dokumentation Ihrer elektrotechnischen Arbeit. Experimentieren
Sie mit den Optionen des Fensters TRACE PROPERTIES.

Das Menü VIEW zur Beeinflussung des Bildschirmaufbaus   7.1.2

Vermutlich stören Sie schon seit einiger Zeit die beiden kleinen Teilfenster
im unteren Teil des Probe-Fensters, denn deren Haupteigenschaft scheint
darin zu bestehen, die notwendige Fläche zur Darstellung von Diagrammen zu verkleinern. Die Anzeige dieser Fenster können Sie ausschalten:

Aktion
7.6

Öffnen Sie dazu im Probe-Fenster das Menü VIEW (Bild 7.5):

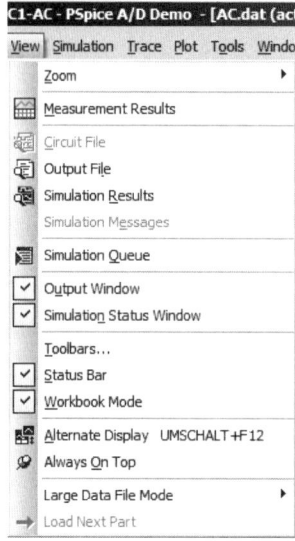

Bild 7.5: Das Probe-Menü VIEW **mit Optionen zur Beein-
flussung des Aufbaus des Probe-Fensters**

Im mittleren Teil des Menüs sehen Sie, dass das OUTPUT WINDOW, das ist
das linke der beiden unteren Fenster, und das SIMULATION STATUS WINDOW,
das ist das rechte der beiden unteren Fenster, aktiviert ist. Auch der
Workbook-Mode ist aktiv. Den kennen Sie bereits aus Lektion 5.

Aktion
7.7
⬤ Deaktivieren Sie die Fenster OUTPUT WINDOW und SIMULATION STATUS WINDOW
⬤ und freuen Sie sich über das vergrößerte Diagrammfenster (Bild 7.6).

Aktion
7.8
⬤ Experimentieren Sie auch noch mit der Möglichkeit, die Statusbar über
⬤ das Menü VIEW ein- und ausschalten zu können. Sorgen Sie zum Schluss
⬤ dafür, dass die Statusbar wieder angezeigt wird, denn die hilft Ihnen, den
⬤ Simulationsfortschritt zu beurteilen.

Aktion
7.9
⬤ Experimentieren Sie mit der Möglichkeit, die Schaltflächenleisten auf dem
⬤ Probe-Bildschirm verschieben zu können. Sie müssen dazu die etwas
⬤ breiteren grauen Flächen, die sich zwischen einigen Schaltflächen be-
⬤ finden, mit der Maus anklicken und mit gedrückter Maustaste an einen
⬤ neuen Platz ziehen.

7.1.3   Alternative Ansichten des Bildschirminhalts (ALTERNATE DISPLAY)

Oben wird behauptet, das OUTPUT WINDOW und das SIMULATION STATUS WINDOW
seien unnütz. Das ist so natürlich nicht ganz richtig. Wenn es Probleme mit
der Simulation gibt, sind beide Fenster von großer Bedeutung. PSPICE
bietet eine Möglichkeit, durch Mausklick zwischen zwei Bildschirmen mit
und ohne die beiden unteren Teilfenster hin- und herzuschalten. Um einen
Wechsel zwischen zwei Bildschirmen (z.B. Bildschirmen entsprechend den
Bildern 7.6 und 7.7) zu erreichen, gibt es in der Menüleiste die Schaltfläche
ALTERNATE DISPLAY: Diese Schaltfläche kann zwei mögliche Positionen
einnehmen, *gedrückt* und *nicht gedrückt*. Die Positionen sind durch

unterschiedliche Graufärbung der Schaltfläche unterscheidbar. Jeder Positionen kann ein Bildschirmaufbau zugeordnet werden. Zugeordnet ist jeweils der Bildschirm, der vorhanden ist, bevor durch Drücken der Schaltfläche ALTERNATE DISPLAY in den anderen Bildschirm gewechselt wird.

Aktion
7.10

Testen Sie die Wirkung der Schaltfläche ALTERNATE DISPLAY aus, indem Sie zwei umschaltbare Ansichten des Probe-Fensters entsprechend der Vorgabe der Bilder 7.6 und 7.7 herstellen.

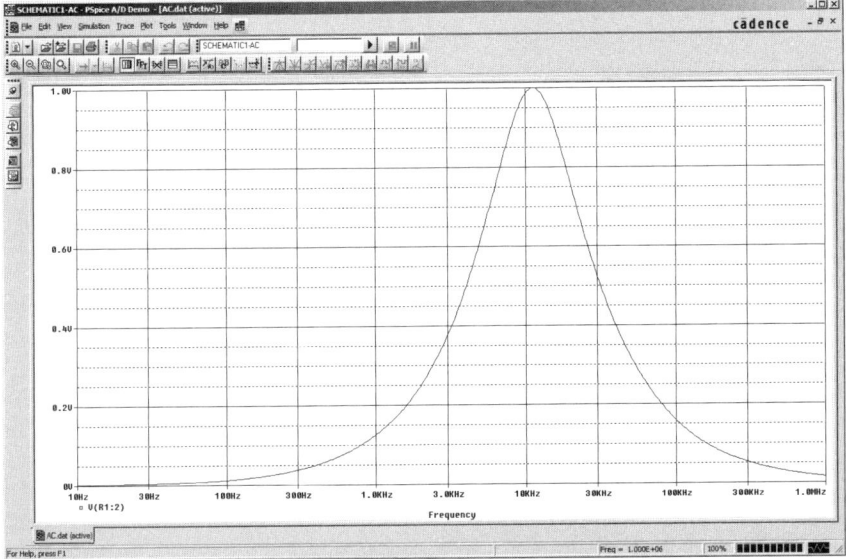

Bild 7.6: Probe-Fenster ohne Zusatzfenster. Alternate Display 1

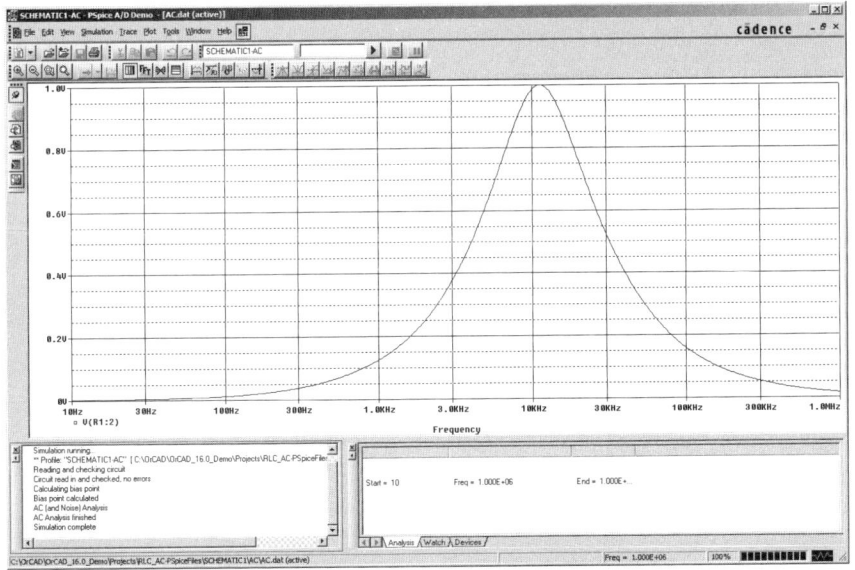

Bild 7.7: Probe-Fenster mit Zusatzfenstern. Alternate Display 2

7.1.4   Multi-Windows-Fähigkeit von PSPICE und CAPTURE

In PSPICE lassen sich mehrere Programm-Fenster gleichzeitig öffnen:

Aktion 7.11
- Sorgen Sie dafür, dass Ihr Bildschirm dem aus Bild 7.6 gleicht. Betätigen
- Sie dann im Probe-Fenster die Schaltfläche OPEN und laden Sie
- (Rezept 5.5) den Datensatz *TRANS.dat* der Transienten-Analyse
- des RC-Tiefpasses *rc_sin.opj* (Bild 3.13). Zuerst ist der Bildschirm noch
- leer. Laden Sie über die Trace-Liste das Zeitdiagramm der Kondensator-
- spannung V(C1:2), das Sie aus Bild 3.16 bereits kennen.

Das Diagramm des AC-Sweeps der RLC-Reihenschaltung ist jetzt vom Bildschirm verschwunden, allerdings keineswegs unwiederruflich:

Aktion 7.12
- Falls der Workbook-Mode nicht aktiv ist, dann öffnen Sie noch einmal
- das Menü VIEW und wählen Sie darin WORKBOOK. Sie sehen spätestens
- dann unten in Ihrem Bildschirm zwei Schaltflächen, die mit den Namen
- *TRANS.dat* und *AC.dat* versehen sind. Mit diesen beiden Schaltflächen
- können Sie zwischen den Diagrammen der beiden Schaltungen hin und
- her schalten. Tun Sie das.

Aktion 7.13
- Mit den üblichen WINDOWS-Techniken könnten Sie die beiden Dia-
- gramm-Fenster auch verkleinern, nebeneinander anordnen und damit
- gleichzeitig sichtbar machen. PSPICE liefert Ihnen zur Anordnung der
- Fenster eine besonders komfortable Möglichkeit. Im Menü WINDOW des
- Probe-Fensters finden Sie die Optionen TILE VERTICALLY, TILE HORIZONTAL-
- LY und CASCADE. Probieren Sie diese Optionen aus und erzeugen Sie
- zum Abschluss einen Bildschirm entsprechend Bild 7.8:

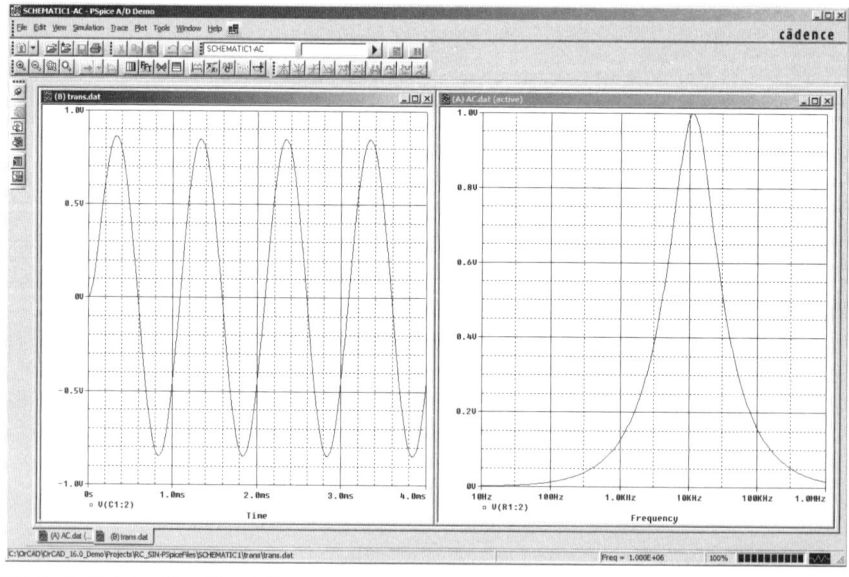

Bild 7.8: Gleichzeitige Darstellung der Diagramme von Transienten-Analyse und AC-Sweep

Durch Anklicken eines Fensters können Sie es aktivieren. Ein aktives Fenster erkennen Sie an der Farbe seiner Titelleiste (mit den Vorgabeeinstellungen von WINDOWS ist die Titelleiste des aktiven Fensters blau.) Auf das aktive Fenster beziehen sich alle Menü-Befehle im Probe-Fenster.

Marker 7.1.5

Mit Markern kann man bestimmte Knoten eines Schaltplans markieren, um deren Potenziale, Potenzialdifferenzen... für die Anzeige im Probe-Fenster auszuwählen. Um die Anzeige von Strömen per Marker anzufordern, müssen die Pins, in welche die Ströme hineinfließen, mit einem Marker versehen werden. Zur Anzeige der Leistungen werden die Bauteile gemarkt. Auf diese Weise werden die jeweiligen Simulationsergebnisse automatisch angezeigt, ohne dass dazu die Trace-Liste geöffnet werden muss. Marker gibt es bei PSPICE seit Langem und sie werden mit jeder Version mehr. Einige der SPICE-basierenden Simulationsprogramme gehen bei der Entwicklung von Markern so weit, dass sie die äußere Form der Marker grafisch aufwändig gestalten und ihnen das Aussehen unterschiedlicher elektronischer Messgeräte verleihen. Immer geht es bei der Entwicklung von Markern um den fragwürdigen Versuch, ein Simulationsprogramm zu popularisieren, indem es den Nutzern die Mühe abnimmt, sich mit der Trace-Liste genauer zu befassen. In diesem Buch wird bei der Anleitung zum Einstieg in PSPICE ein Konzept verfolgt, das den Gebrauch von Markern in der Anfangsphase vermeidet. Marker können, sobald die Arbeit mit PSPICE anspruchsvoller wird, die Arbeit mit der Trace-Liste nicht ersetzen. Bereits die einfache Aufgabe, aus den Simulationsergebnissen eines Reihenschwingkreises (Bild 7.1) die Summe der in L und C umgesetzten Blindleistungen zu bestimmen, überfordert die Markermethode. Allein über die Trace-Liste kann der Elektroniker bis zur Nutzung der mächtigen Möglichkeiten gelangen, die PSPICE so einzigartig machen.

Mit dem Erscheinen der PSPICE-Version 9 musste das, was gerade zur Überflüssigkeit von Markern gesagt wurde, etwas relativiert werden. Mit der neu gewonnenen Multi-Windows-Fähigkeit von PSPICE sind Marker nicht mehr nur überflüssige Krücken zur Umgehung der Trace-Liste, sondern sie eröffnen dem PSPICE-Nutzer auch einige neue Möglichkeiten: Es ist jetzt möglich geworden, im Schaltplan Marker zu setzen, sie mit der Maus an verschiedene Stellen der Schaltung zu verschieben und dabei in Echtzeit die Änderungen im gleichzeitig geöffneten Probe-Fenster zu verfolgen. Das stellt ganz offensichtlich einen Gewinn für den PSPICE-Nutzer dar. Eine Demonstration dazu erhalten Sie im Folgenden.

Aktion
7.14

Laden Sie, sofern sie nicht mehr auf Ihrem Bildschirm ist, die RLC-Reihenschaltung *rlc_ac.opj* von Bild 7.1. Besorgen Sie sich einen Potenzial-Marker durch Anklicken der zugehörigen Schaltfläche. Platzieren Sie den Marker zwischen R_1 und L_1 (Bild 7.9). Marker können Sie durch Betätigen der Taste <r> in 90°-Schritten gegen den Uhrzeigersinn rotieren.

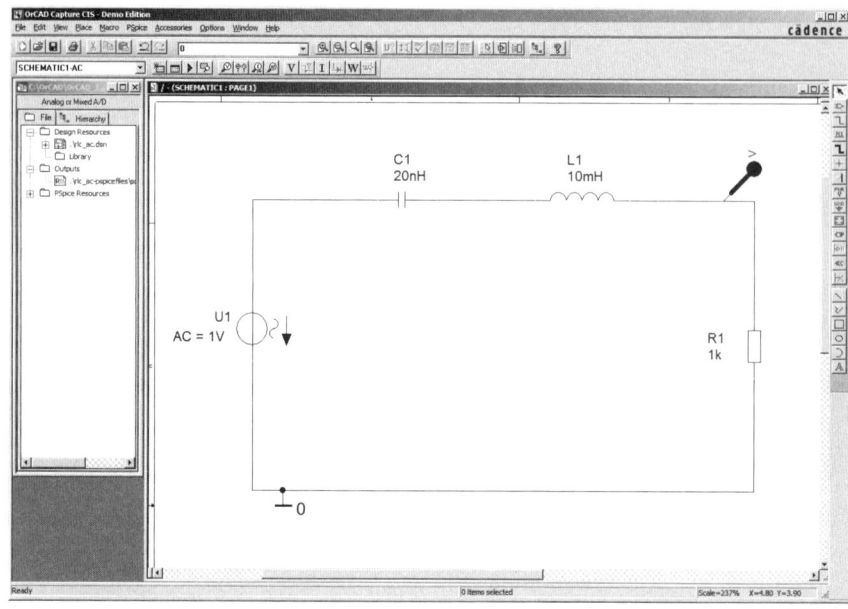

Bild 7.9: RLC-Reihenschaltung mit Potenzial-Marker

Aktion
7.15
● Wählen Sie im Fenster SIMULATION SETTINGS/PROBE WINDOW die Optionen
● DISPLAY PROBE WINDOW/DURING SIMULATION und SHOW/ALL MARKERS ON OPEN
● SCHEMATICS. Starten Sie anschließend eine Simulation mit den gleichen
● Einstellungen wie bei Aktion 7.2. Sie erhalten automatisch, d.h. ohne
● das Fenster ADD TRACES zu öffnen, ein Ergebnis entsprechend Bild 7.2.

Aktion
7.16
● Reduzieren Sie die Größe des Probe-Fensters, indem Sie ganz oben
● rechts die Schaltfläche *Teilbild* anklicken. Dadurch werden Teile
● des CAPTURE-Fensters sichtbar. Reduzieren Sie in der gleichen
● Weise auch die Größe des Fensters von CAPTURE. Die Ränder der
● Fenster können Sie durch Anklicken und "Ziehen" mit gedrückter Maus-
● taste verschieben. Organisieren Sie mit Hilfe dieser Techniken Ihren Bild-
● schirm entsprechend Bild 7.10. Nachdem Sie die Schaltfläche *Teilbild*
● betätigt haben, verändert sie ihr Aussehen zu einem stilisierten
● *Vollbild*. Mit dieser Schaltfläche können Sie wieder zur Vollbild-
● darstellung eines Fensters zurückkehren

Aktion
7.17
● Verschieben Sie den Marker mit Hilfe der Maus auf dem Schaltplan und
● staunen Sie darüber, dass ohne merkliche Zeitverzögerung die jeweils
● zugehörigen Potenziale angezeigt werden.

Aktion
7.18
● Setzen Sie einen zweiten Potenzialmarker mit einer anderen Farbe und
● bringen Sie ein zweites, passend gefärbtes Diagramm zur Anzeige.

Aktion
7.19
● Entfernen Sie die Potenzialmarker und setzen Sie einen Strom-
● marker. **Hinweis:** Strommarker müssen genau auf einem Pin posi-
● tioniert werden.

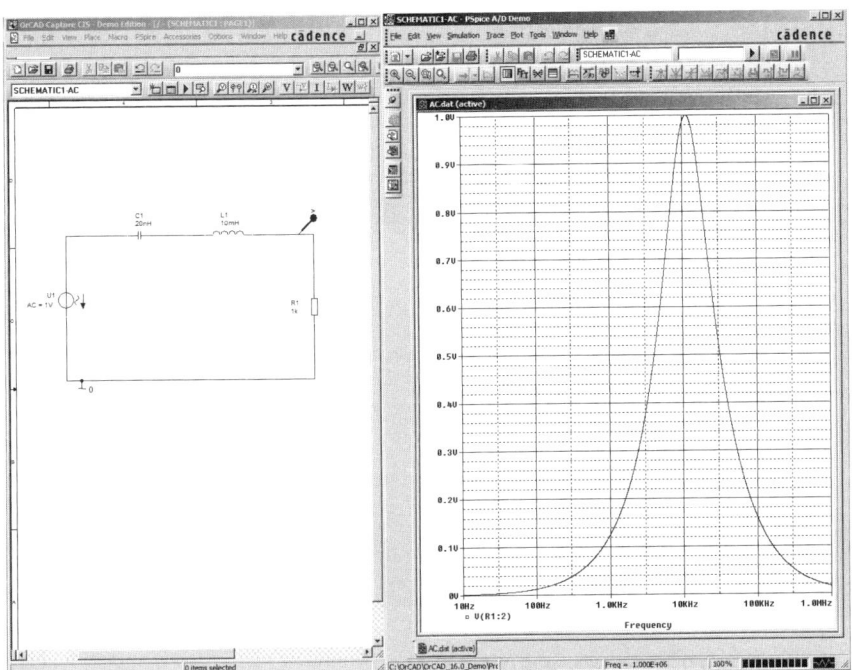

Bild 7.10: CAPTURE-Fenster mit Potenzialmarker und zugehöriges Probe-Fenster zur Anzeige der Knotenpunktpotenziale an den jeweiligen Markerpositionen

Übungen:

• Schließen Sie *rlc_ac.opj*. Registrieren Sie, dass das Diagramm weiterhin im Probe-Fenster verfügbar bleibt. Löschen Sie das Diagrammfenster, ohne dabei das gesamte Probe-Fenster zu schließen, indem Sie die untere der beiden kleinen Schaltflächen mit dem Kreuz betätigen. Auch in anderen Situationen können Sie auf diese Weise einzelne, nicht mehr gebrauchte Probe-Fenster schließen, ohne dabei Probe mitsamt allen darin noch geöffneten Fenstern zu verlassen.

• Laden Sie die RC-Reihenschaltung *rc_sin.opj* und führen Sie eine Transienten-Analyse bis 4 ms durch. Erproben Sie die Wirkung des Potenzialdifferenz-Markers, den Sie im CAPTURE-Menü MARKERS unter dem Namen VOLTAGE DIFFERENTIAL finden. **Hinweis:** Der Potenzialdifferenz-Marker besteht aus zwei Teilen (+ und –), die nacheinander auf die jeweiligen Knotenpunkte gesetzt werden müssen.

• Entfernen Sie die vorhandenen Marker und positionieren Sie einen Strommarker zuerst am linken und danach am rechten Pin des Widerstands. Beobachten Sie die Veränderung des Diagramms. Merken Sie sich die Darstellungsweise im Probe-Fenster bei Verwendung von Markern: Ströme werden im Probe-Fenster positiv dargestellt, wenn sie in den markierten Pin hineinfließen. Das ist bei den Bezeichnungen der Trace-Liste anders. Da zählen Ströme positiv, wenn sie von *Pin1* zu *Pin2* fließen.

7.2   Die *y*-Achse skalieren

● Legen Sie ein Projekt *rlc_trans* an und zeichnen Sie die RLC-Reihen-
● schaltung von Bild 7.11.

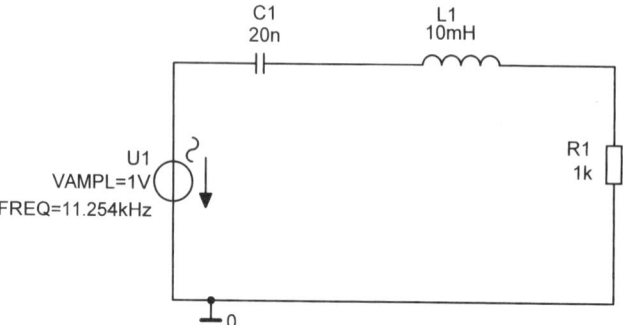

Bild 7.11: RLC-Schal-
tung bei Resonanz

Da der Schwingkreis bei der angelegten Frequenz gerade in Resonanz ist,
sollte die gesamte Eingangsspannung am Ende des Einschwingvorgangs
am Widerstand R_1 liegen.

● Überprüfen Sie diese Erwartung durch eine Transienten-Analyse des
● Reihenschwingkreises (RUN TO TIME: 300 µs, MAXIMUM STEP SIZE: 200 ns)
● mit anschließender Darstellung der Gesamtspannung und der Spannung
● am Wirkwiderstand. Wenn alles richtig verlaufen ist, sollte Ihr Bildschirm
● dem von Bild 7.12 entsprechen:

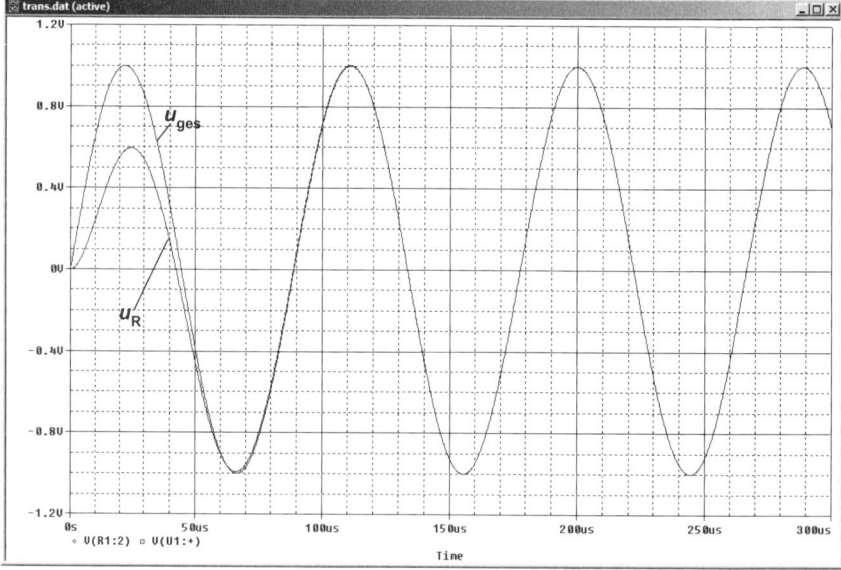

Bild 7.12: RLC-Reihenschaltung bei Resonanz. Gesamtspannung und Teilspannung am
Wirkwiderstand R_1

Wie zu erwarten, liegt nach einem kurzen Einschwingvorgang die gesamte

Eingangsspannung am Wirkwiderstand R_1. Die Theorie stimmt. Zur Darstellung der Spannungen wird das Probe-Fenster automatisch nach oben und nach unten bis ± 1,2 V skaliert. Das hat der Automat zwar gut gewählt, aber, um die benutzerdefinierte Skalierung der y-Achse zu lernen, sollen Sie im Folgenden die y-Achsen-Skala auf ± 1,1 V beschränken:

Aktion
7.22

Öffnen Sie dazu in PROBE das Menü PLOT/AXIS SETTINGS.../Y AXIS (Bild 7.13). Unter DATA RANGE ist die Option AUTO RANGE gewählt. Mit dieser Option wählt PROBE die Skalierung der y-Achse automatisch.

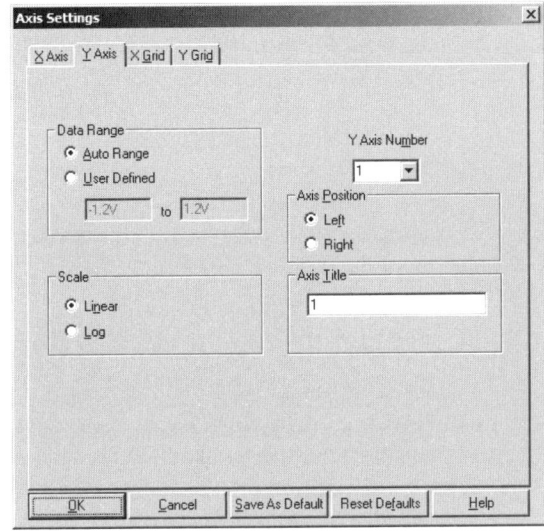

Bild 7.13: Das Fenster AXIS SETTINGS/Y AXIS mit Optionen zur Darstellung der y-Achse

Aktion
7.23

Wählen Sie im Fenster AXIS SETTINGS unter DATA RANGE die Option USER DEFINED und tragen Sie in die beiden Eingabefenster -1.1V to 1.1V ein (Bild 7.14). Verlassen Sie dann das Fenster AXIS SETTINGS mit OK.

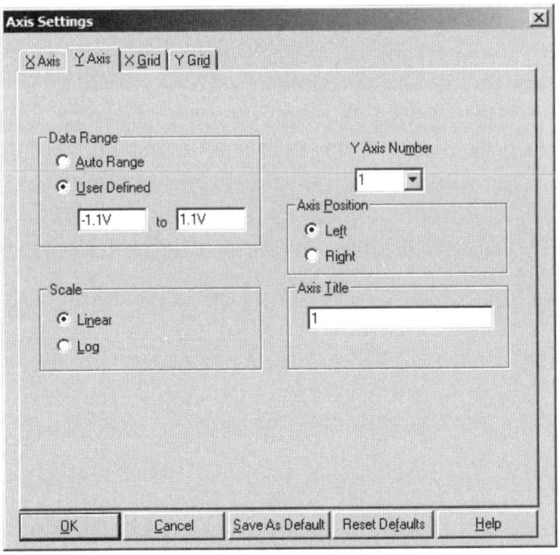

Bild 7.14: Das Fenster AXIS SETTINGS/Y AXIS mit Optionen zur Skalierung der y-Achse

Die Skalierung der *y*-Achse umfasst jetzt den verlangten Bereich. Das Diagramm ist optimal an den Bildschirm angepasst (Bild 7.15):

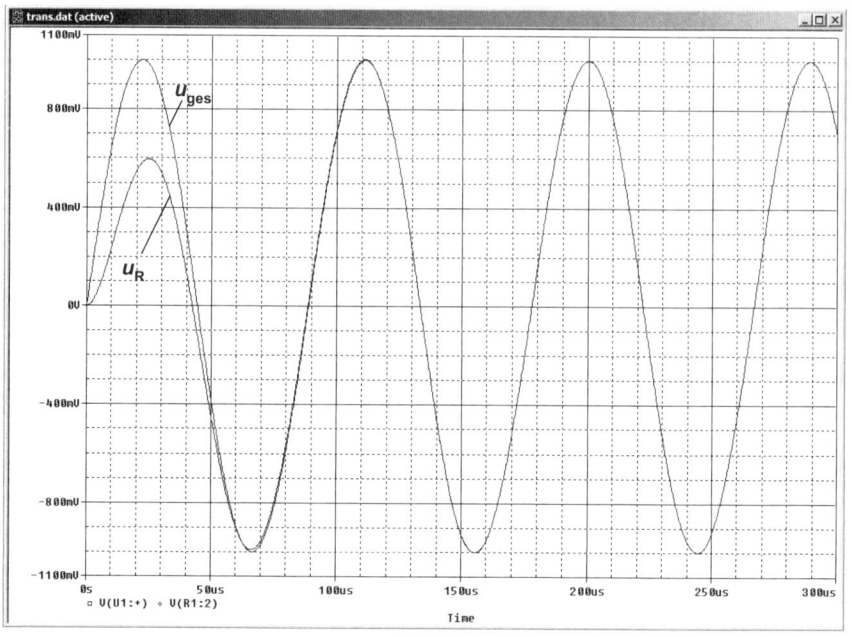

Bild 7.15: RLC-Reihenschaltung. Gesamtspannung und Spannung am Widerstand R_1. Benutzerdefinierte Skalierung der *y*-Achse

7.3   Operatoren und Funktionen im Probe-Fenster anwenden

In diesem Abschnitt lernen Sie, mathematische Operatoren und Funktionen auf Probe-Diagramme anzuwenden. In der Aktion 3.26 haben Sie damit bereits Erfahrungen gemacht, als Sie PROBE unter Verwendung des Operators *Minus* eine Spannung aus der Differenz zweier Potenziale berechnen ließen. In diesem Abschnitt lernen Sie auch noch den Operator *Mal* sowie die Funktionen *DB* (Darstellung des Amplitudengangs in Dezibel) und *P* (Darstellung des Phasengangs) kennen. Es gibt im rechten Teil des Probe-Fensters noch weit mehr mathematische Operatoren und Funktionen als die, die Sie in diesem Abschnitt kennenlernen. Eine Zusammenstellung der im Probe-Fenster verfügbaren Operatoren und Funktionen finden Sie zusammen mit einer Kurzbeschreibung im Anhang.

Eine beschränkte Auswahl der im Fenster ADD TRACES verfügbaren mathematischen Funktionen wurde auch als Marker (Advanced-Marker) realisiert. Die Advanced-Marker können über das Menü PSPICE/MARKERS/ADVANCED aufgerufen werden. Sie sind ausschließlich bei AC-Sweeps anwendbar. Advanced-Marker sind verfügbar zur Darstellung des Amplitudengangs in dB, des Phasengangs, der Gruppenlaufzeit, des Realteils und des Imaginärteils. Sie entsprechen den Probe-Funktionen *DB ( )*, *P ( )*, *G ( )*, *R ( )* und *IMG ( )*. Der Einsatz von Advanced-Markern bringt im Vergleich zur Nutzung der entsprechenden Probe-Funktionen keinen Gewinn und macht m.E. nur dann Sinn, wenn es einem Elektroniker nicht gelingt, die Bezeichnungen der Trace-Liste zu verstehen. Wenn man Abschnitt 2.3 dieses Buches sorgfältig bearbeitet hat, weil man plant, nach und nach sämtliche Probe-Funktionen zu nutzen, dann besitzt man ausreichende Kenntnisse der Bezeichnungen der Trace-Liste und hat somit von Advanced-Markern keinen Gewinn. In diesem Buch werden sie deshalb nicht verwendet.

Für den Reihenschwingkreis aus Bild 7.11 sollen Sie unter Verwendung des Operators *Minus* neben den bereits vorhandenen Diagrammen (Bild 7.15) auch noch die Spannungen u_L und u_C im Probe-Fenster darstellen.

Aktion
7.24

Öffnen Sie dazu das Fenster ADD TRACES (Bild 7.16), um die Namen der zur Darstellung von u_L erforderlichen Potenziale herauszufinden:

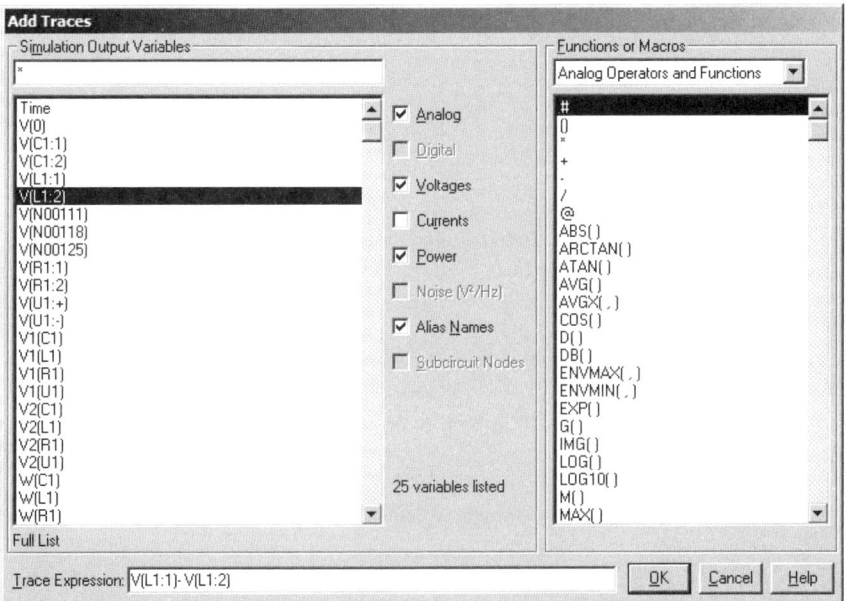

Bild 7.16: Das Fenster ADD TRACES mit Eintragungen zur Berechnung der Spulenspannung aus den Knotenpunktpotenzialen der beiden Spulenenden

Aktion
7.25

Klicken Sie zur Bildung der Differenz der beiden Potenziale zuerst V(L1:1) an, setzen Sie danach mit der Tastatur ein Minuszeichen und klicken Sie anschließend in der Trace-Liste V(L1:2) an. Die Zeile TRACE-EXPRESSION sollte dann der aus Bild 7.16 gleichen. Bestätigen Sie den Eintrag mit OK. Bringen Sie auch noch das Diagramm der Kondensatorspannung zur Anzeige. Ihr Bildschirm sollte danach dem von Bild 7.17 gleichen.

Das Simulationsergebnis ist korrekt: Das Maximum der Spulenspannung liegt eine Viertelperiode vor dem Maximum der Spannung am Widerstand. Das Maximum der Kondensatorspannung liegt um eine Viertelperiode hinter dem Maximum der Spannung am Widerstand. Die Spannungen an Kondensator und Spule haben Amplituden von ca. 2/3 der Eingangsspannung.

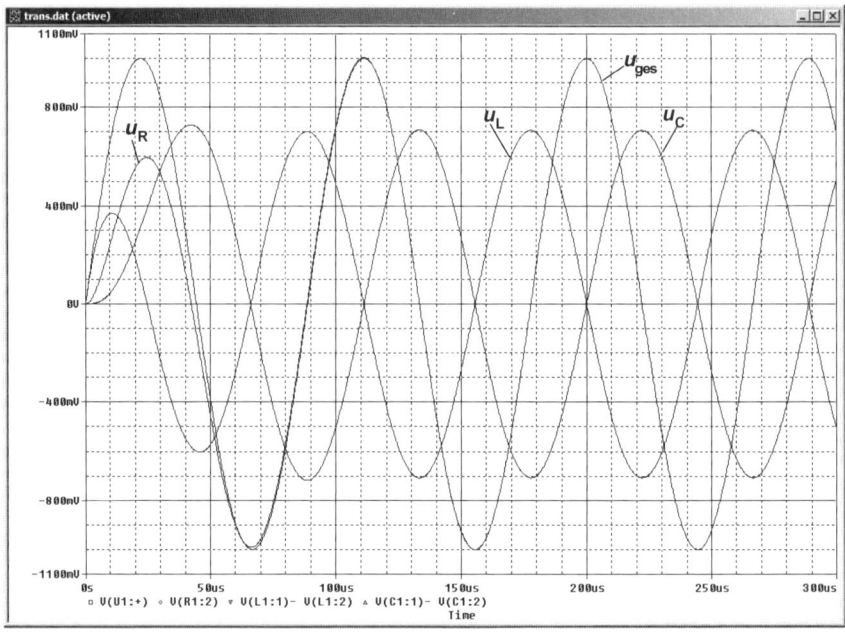

Bild 7.17: RLC-Reihenschaltung bei Resonanz. Gesamtspannung und Teilspannungen an Wirkwiderstand R_1, Spule L_1 und Kondensator C_1

Übungen:

Übung 1: Untersuchen Sie für die RLC-Schaltung von Bild 7.11 bei der Resonanzfrequenz f = 11.254 kHz den zeitlichen Verlauf der Leistung, die von der Spannungsquelle abgegeben und vom Wirkwiderstand aufgenommen wird. Erzeugen Sie dazu die Diagramme $u_{ges} \cdot i_{ges}$ und $u_R \cdot i_R$ (Bild 7.18).

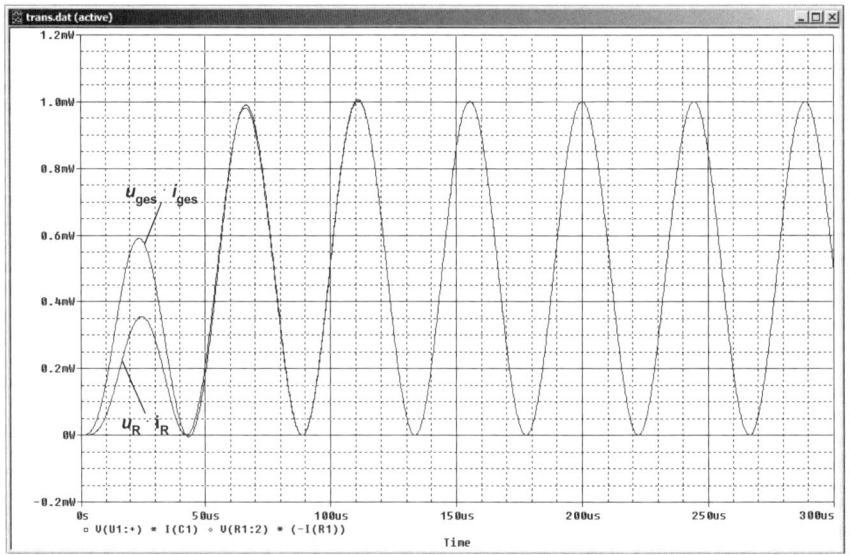

Bild 7.18: RLC-Reihenschaltung bei Resonanz: zeitlicher Verlauf der Leistungen

Übung 2: Simulieren Sie *rlc_trans.opj* (Bild 7.11) für *f* = 5 kHz. Stellen Sie den Zeitverlauf der Leistung an *R1* und den Zeitverlauf der Leistung in der Reihenschaltung aus *C1* und *L1* dar (Bild 7.19). Registrieren Sie, dass die Schaltung außerhalb der Resonanzfrequenz Blindleistung aufnimmt.

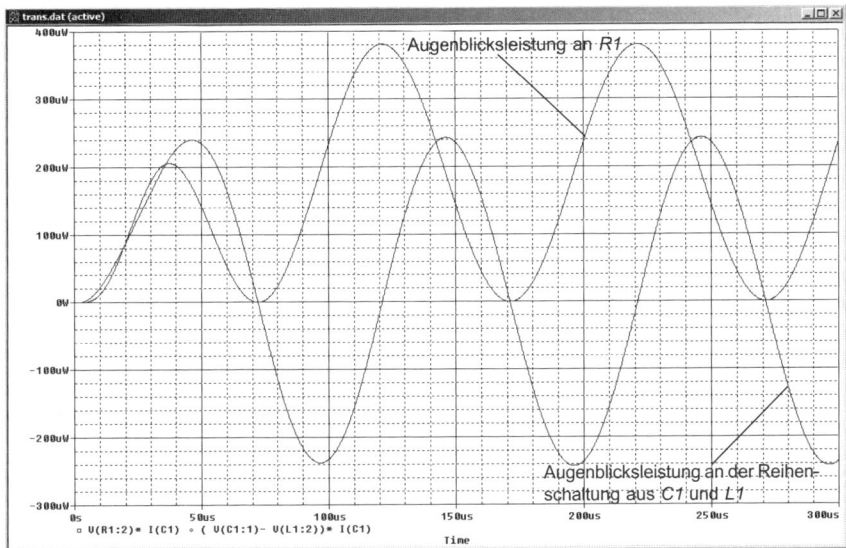

Bild 7.19: RLC-Reihenschaltung außerhalb der Resonanz: Zeitlicher Verlauf der Leistungen

Übung 3 (für Nachrichten- und Regelungstechniker): Laden Sie *rlc_ac.opj* und erzeugen Sie den Amplitudengang der Spannung am Widerstand mit einer Skalierung in dB (Bild 7.20). Markieren Sie dazu im rechten Teil des Fensters ADD TRACES die Funktion *DB( )* und bringen Sie diese dadurch in die Zeile TRACE EXPRESSION. Der Textcursor befindet sich bereits zwischen den Klammern von *DB( )*. Klicken Sie das Potenzial V(R1:2) an und befördern Sie es an die Stelle des Cursors. Bestätigen Sie mit OK.

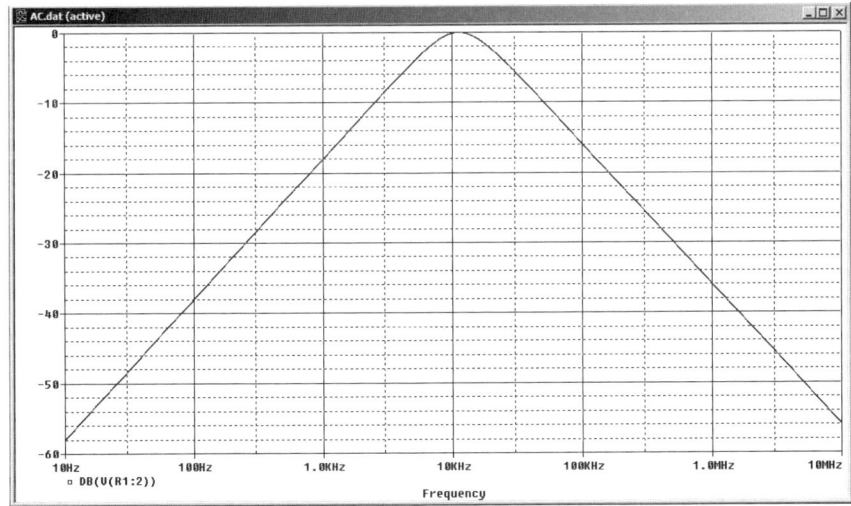

Bild 7.20: Amplitudengang der RLC-Reihenschaltung von Bild 7.1. Skalierung in dB

Übung 4 (für Nachrichten- und Regelungstechniker): Erzeugen Sie für den Schwingkreis von Bild 7.1 (*rlc_ac.opj*) das Diagramm des Phasengangs der Spannung am Widerstand (Bild 7.21). Markieren Sie dazu im rechten Teil des Fensters ADD TRACES die Funktion *P( )* und bringen Sie diese dadurch in die Zeile TRACE EXPRESSION. Der Textcursor befindet sich bereits richtig zwischen den Klammern von P( ). Klicken Sie das Potenzial V(R1:2) an und befördern Sie es an die Stelle des Textcursors. Verlassen Sie das Fenster mit OK.

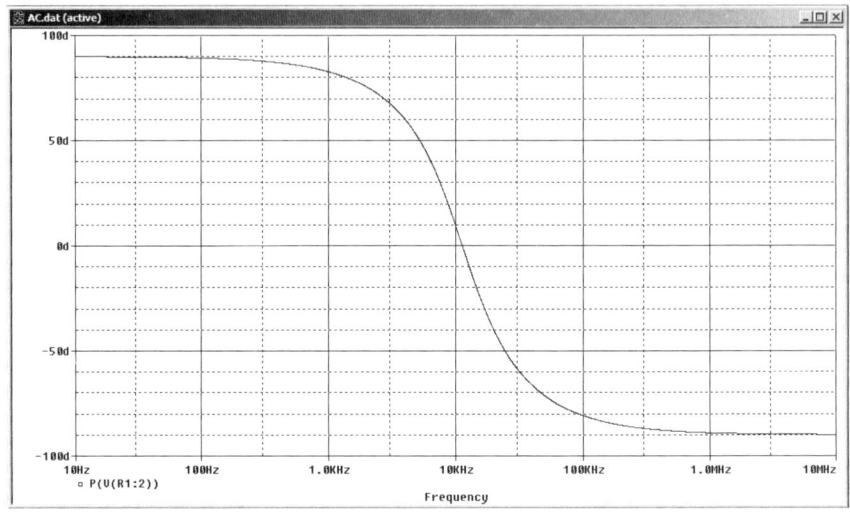

Bild 7.21: Phasengang der Spannung der RLC-Reihenschaltung von Bild 7.1

Übung 5 (für Nachrichten- und Regelungstechniker): Erzeugen Sie den Amplitudengang des 12-dB-Tiefpasses (Bild 5.19) mit dB-Skalierung. Überzeugen Sie sich davon, dass der Abfall tatsächlich 12 dB pro Oktave beträgt. Hinweis: Eine Oktave bedeutet eine Verdopplung der Frequenz.

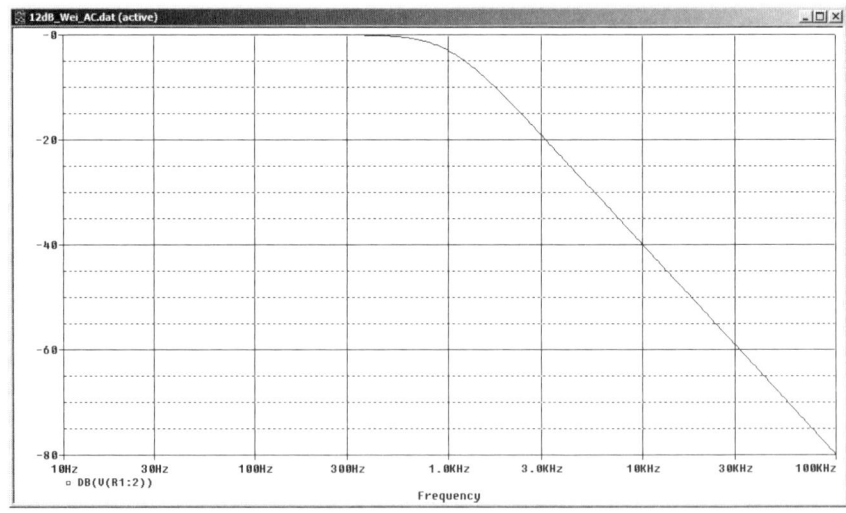

Bild 7.22: Amplitudengang des 12 dB-Tiefpasses von Bild 5.17. Skalierung in dB

Übung 6 (für Nachrichten- und Regelungstechniker): Stellen Sie den Phasengang des 12-dB-Tiefpasses von Bild 5.19 in PROBE dar (Bild 7.23):

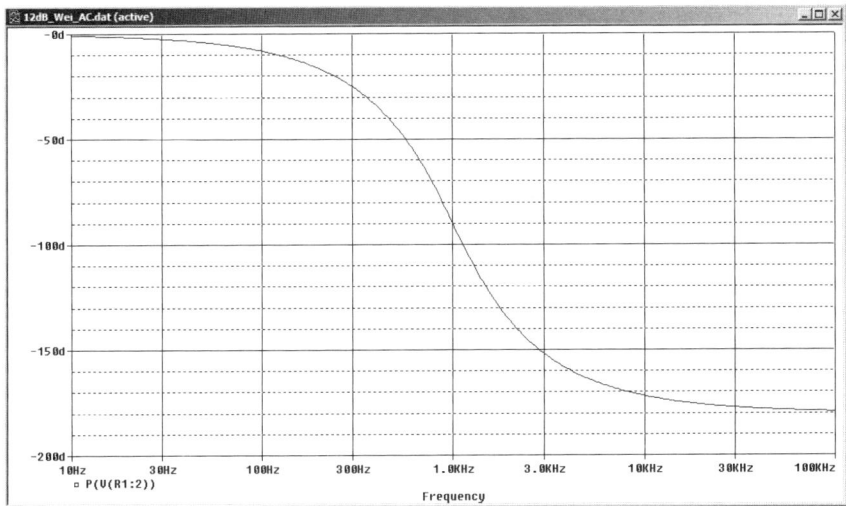

Bild 7.23: Phasengang des 12-dB-Tiefpasses von Bild 5.17

Übung 7 (für Kenner der komplexen Rechnung): Die Synthese der Bilder 7.22 und 7.23 ist die Ortskurve von Bild 7.24. Die Ortskurve ist diejenige Kurve, auf der sich die Spitze des Zeigers der Ausgangsspannung V(R1:2) bei einem Sweep der Frequenz von $f = 0$ Hz bis $f =$ unendlich bewegt. Zur Probe-Darstellung einer Ortskurve wird im Anschluss an einen AC-Sweep der Imaginärteil der Ausgangsspannung über ihrem Realteil aufgetragen[1].

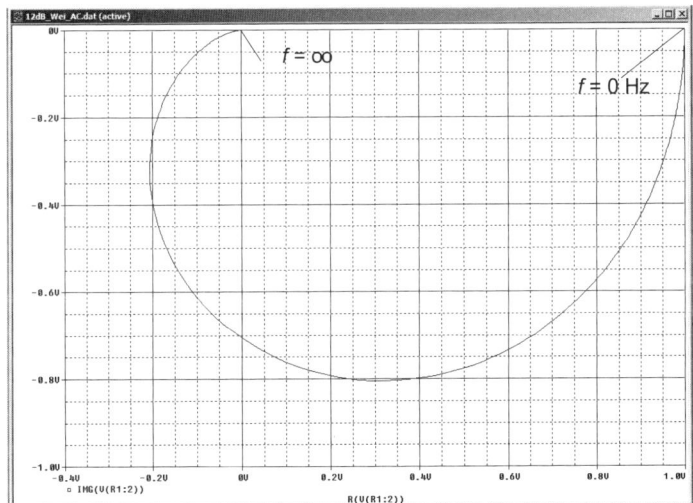

Bild 7.24: Tiefpass von Bild 5.19. Ortskurve

1) Zur linearen Realteil-Skalierung der X-Achse: PLOT/AXIS SETTINGS/X AXIS (linear wählen!) /AXIS VARIABLE. Im Fenster AXIS VARIABLE bei FUNCTIONS OR MACROS den Realteil R() wählen und in die Eingabezeile TRACE EXPRESSION befördern. Dann aus der Trace-Liste V(R1:2) zwischen die Klammern von R() befördern. OK.OK. Wahl der Y-Achsen-Variablen: Im Probe-Fenster bei FUNCTIONS OR MACROS den Imaginärteil IMG() wählen und in die Eingabezeile TRACE EXPRESSION befördern. Anschließend aus der Trace-Liste V(R1:2) zwischen die Klammern von IMG() befördern. OK.

7.4   PROBE-Diagramme entflechten

In Bild 7.17 sind vier Diagramme in einem einzigen Achsenkreuz dargestellt. Diese Art der Darstellung ist für zwei, maximal für drei Diagramme
sinnvoll, bei mehr Diagrammen leidet jedoch die Übersichtlichkeit enorm.
In der Elektrotechnik ist es in solchen Fällen üblich, die einzelnen Diagramme übereinander und in richtiger zeitlicher Zuordnung anzuordnen. Das
kann PROBE auch. Um die vier Diagramme von Bild 7.17 in getrennten
Darstellungen übereinander anzuordnen, gehen Sie wie folgt vor:

Aktion
7.26
- ● Laden Sie die RLC-Reihenschaltung *rlc_trans.opj* von Bild 7.11. Simu-
- ● lieren Sie die Schaltung bei *f* = 11,254 kHz von 0 bis 500 µs und bringen
- ● Sie nach Abschluss der Simulation das Diagramm der Gesamtspannung
- ● V(U1:+) im Probe-Fenster zur Anzeige.

Aktion
7.27
- ● Wählen Sie im Menü PLOT die Option ADD PLOT TO WINDOW und bringen
- ● Sie damit ein weiteres Achsenkreuz auf den Probe-Bildschirm.

Aktion
7.28
- ● Öffnen Sie die Trace-Liste, markieren Sie die Spannung des Widerstands
- ● (V(R1:2)) und bringen Sie diese mit OK in dem neu geschaffenen Achsen-
- ● kreuz zur Anzeige:

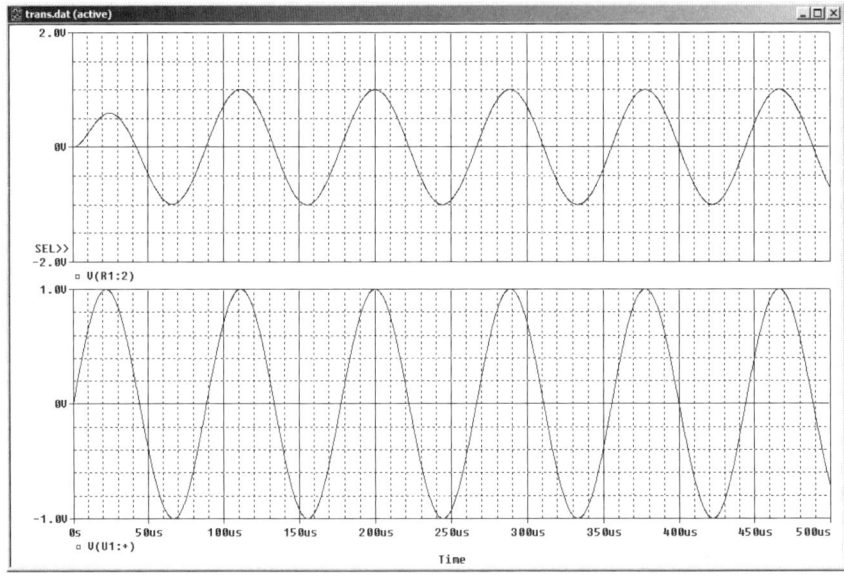

**Bild 7.25: Gesamtspannung und Spannung am Widerstand *R*₁ bei einem Reihenschwingkreis,
der sich in Resonanz befindet**

Bringen Sie nun auch noch in einem dritten Achsenkreuz die Spulenspannung zur Anzeige, indem Sie wie folgt vorgehen:

Aktion
7.29
- ● Erzeugen Sie mit PLOT/ADD PLOT TO WINDOW ein drittes Achsenkreuz. Öff-
- ● nen Sie dann die Trace-Liste und bringen Sie die Spulenspannung
- ● V(L1:1)-V(L1:2) in die TRACE-EXPRESSION-Zeile (Bild 7.25).

Wiederholen Sie die Prozedur, um auch noch das Diagramm der Kondensatorspannung hinzuzufügen (Bild 7.27)[1]:

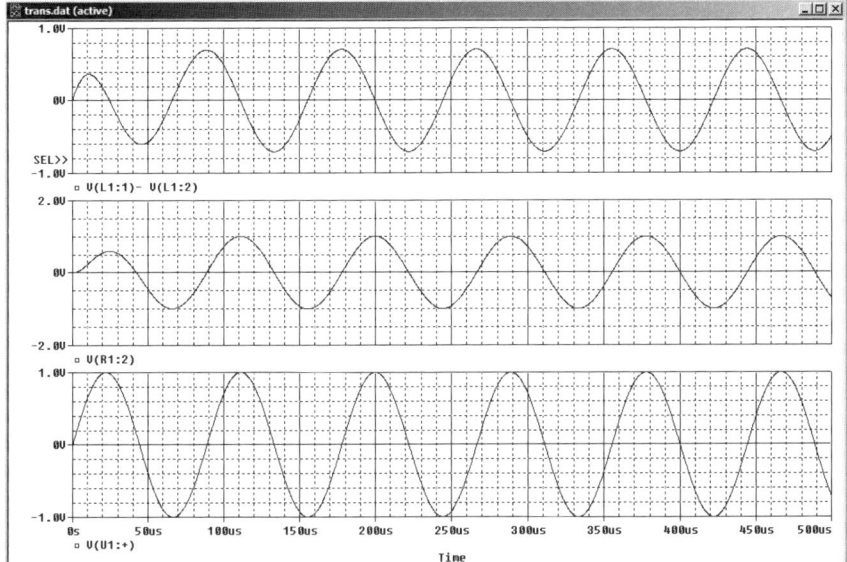

Bild 7.26: Schwingkreis bei Resonanz. Gesamtspannung und Teilspannungen am Widerstand und an der Spule

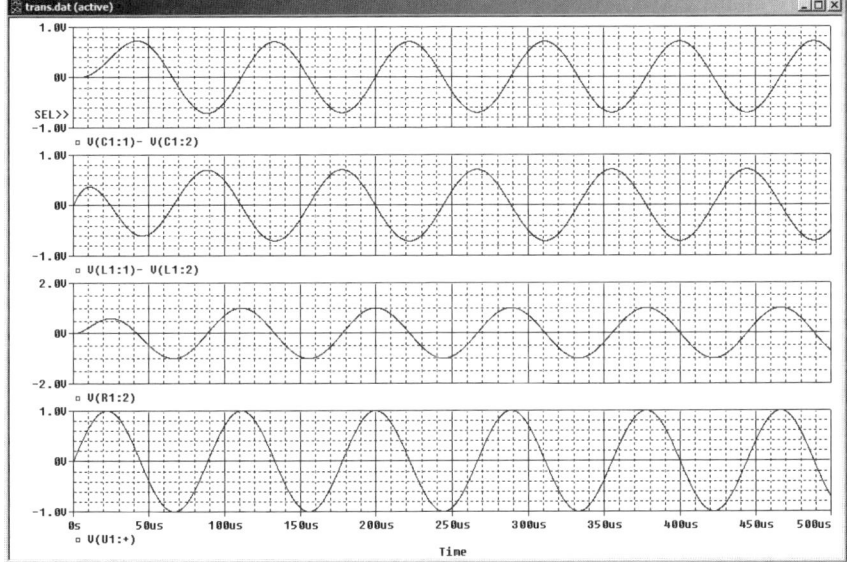

Bild 7.27: Schwingkreis bei Resonanz. Gesamtspannung und alle Teilspannungen

1) Das Teilfenster, in dem sich die Marke SEL>> befindet, ist das gerade aktive Teilfenster. Auf dieses Fenster beziehen sich die Menü-Befehle. Durch Anklicken eines gerade nicht aktiven Teilfensters können Sie dieses aktivieren.

7.5   Skalierung der *x*-Achse

Oftmals interessiert man sich nur für den stationären Zustand, d.h. für den Zustand nach dem Abklingen des Einschwingvorgangs. Sie lernen in diesem Abschnitt, die Darstellung des Einschwingvorgangs zu unterdrücken.

Aktion
7.31
● Bringen Sie die Diagramme von Bild 7.27 zur Anzeige. Öffnen Sie im
● Probe-Fenster das Menü Plot und darin Axis Settings/X Axis (Bild 7.28).

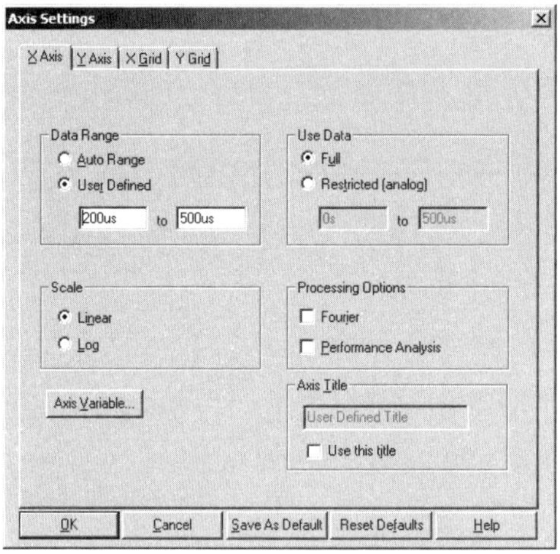

Bild 7.28: Das Fenster Axis Settings mit Einträgen zur X-Achsen-Skalierung

Aktion
7.32
● Fordern Sie im Fenster Axis Settings/X Axis einen Ausschnitt des Probe-
● Diagramms von 200 µs bis 500 µs. Skalieren Sie, wenn nötig, auch noch
● die *y*-Achsen benutzerdefiniert auf den Bereich ± 1 V (Bild 7.29).

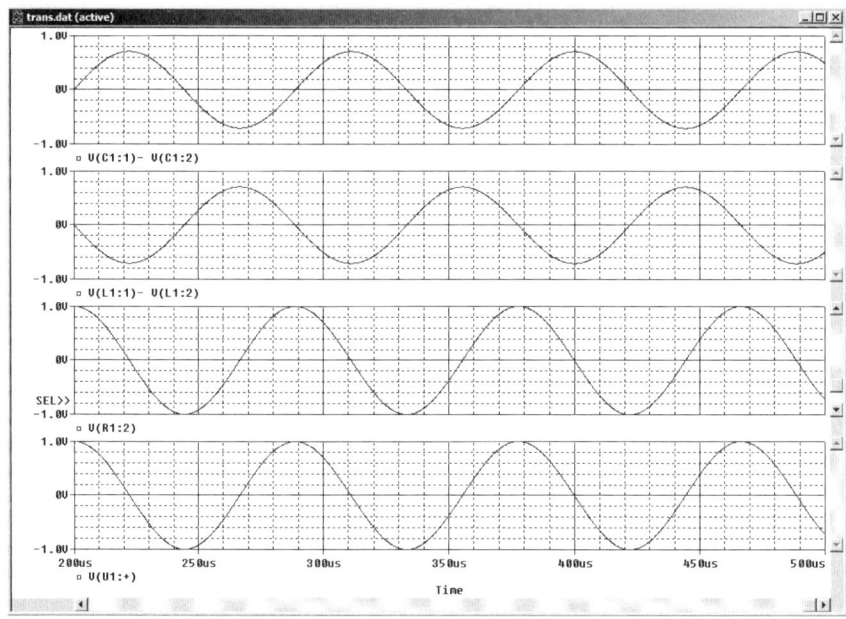

Bild 7.29: RLC-Reihenschaltung bei Resonanz. Gesamtspannung und Teilspannungen

Wenn Sie das gesamte Bild zu klein oder von zu geringer Qualität finden, dann beschäftigen Sie sich mit den Möglichkeiten der Option PAGE SETUP aus dem Menü FILE. PAGE SETUP dient zur Vorbereitung des Ausdrucks von Probe-Diagrammen. Durch geeignete Einstellungen im Fenster PAGE SETUP können Sie das Diagramm formatfüllend auf einer A4-Seite im Querformat (LANDSCAPE) oder im Hochformat (PORTRAIT) ausdrucken (Bild 7.30). Über WINDOW/COPY TO CLIPBOARD können Sie hochwertige Bildschirmkopien über die Zwischenablage in Ihre technischen Dokumentationen einfügen.

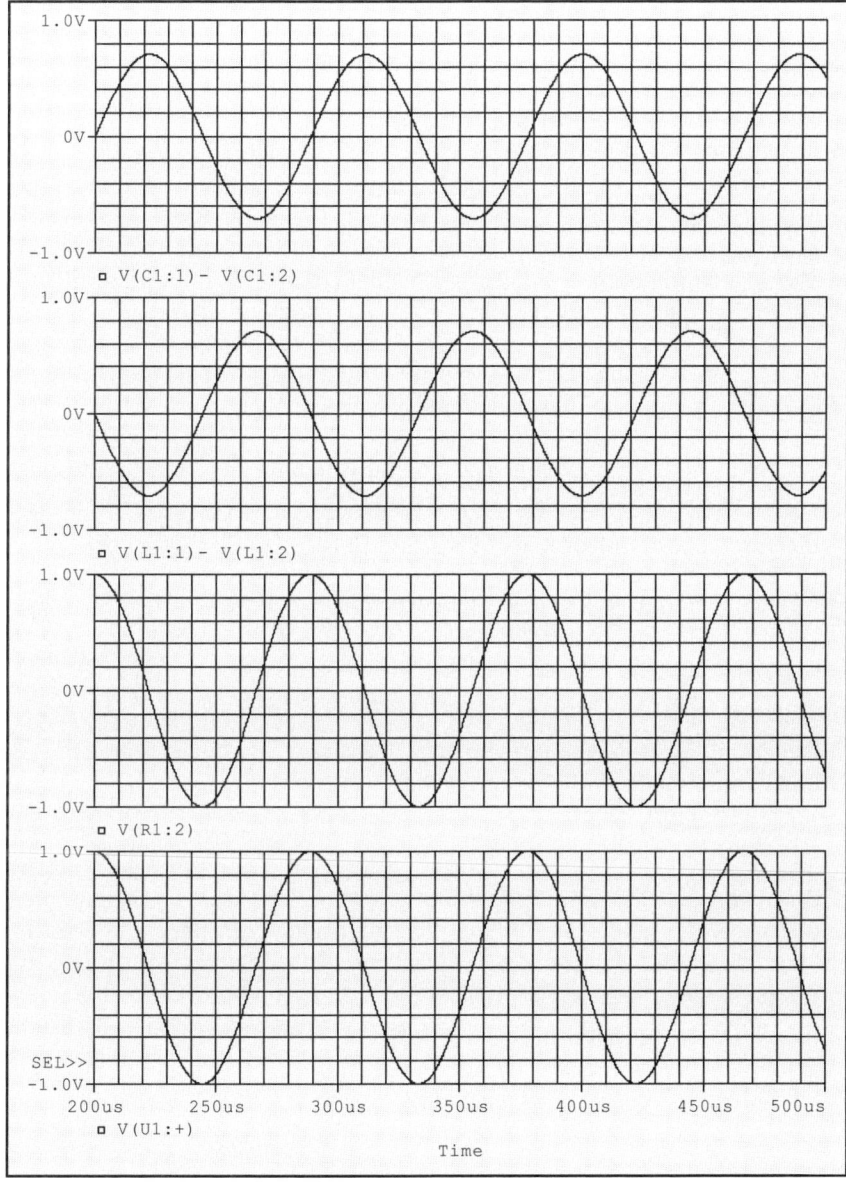

Bild 7.30: Ausdruck des Probe-Diagramms von Bild 7.29. Dazu wurde die Option PAGE-SETUP des Probe-Menüs FILE ausgenutzt

7.6   Ausschnittvergrößerungen

Eine Methode, Ausschnittvergrößerungen zu erzeugen, haben Sie bereits in den Abschnitten 7.2 und 7.5 kennengelernt: Im Fenster AXIS SETTINGS können Sie jeden gewünschten Ausschnitt eines Diagramms zur format-füllenden Darstellung auswählen. PROBE kennt aber auch, ebenso wie Sie das schon von CAPTURE her kennen, Vergrößerungs-, Verkleinerungs- und Ausschnittoptionen, mit denen Sie in vielen Fällen schneller zum Ziel kommen. An diese Optionen gelangen Sie über das Menü VIEW/ZOOM bzw. durch Betätigung der vier Schaltflächen mit den Vergrößerungsgläsern.

Um eine Ausschnittvergrößerung einer Probe-Darstellung zu erzeugen, ge-hen Sie nach den Anweisungen der folgenden vier Aktionen vor:

Aktion
7.33
- Aktivieren Sie im Menü VIEW die Option ZOOM und darin AREA oder
- klicken Sie das Vergrößerungsglas mit dem Ausschnittsymbol (das
- dritte von links) an. Der Cursor verwandelt sich in ein Kreuz.

Aktion
7.34
- Klicken Sie mit dem Kreuz-Cursor die linke obere Ecke des gewünsch-
- ten Ausschnitts an[1)] und halten Sie die Maustaste gedrückt.

Aktion
7.35
- Ziehen Sie den Cursor mit gedrückter Maustaste bis in die rechte untere
- Ecke des gewünschten Ausschnitts.

Aktion
7.36
- Lassen Sie die Maustaste los. Der gewünschte Ausschnitt wird jetzt
- formatfüllend, also vergrößert dargestellt.

Sie können jederzeit wieder zur Ausgangsdarstellung zurückkehren, indem Sie VIEW/ZOOM/FIT aktivieren bzw. die entsprechende Schaltfläche anklicken, die Sie in ähnlicher Bedeutung schon von CAPTURE her kennen.

Übungen:

Aktion
7.37
- Probieren Sie die Wirkung von VIEW/AREA und VIEW/FIT ausführlich aus
- und experimentieren Sie auch mit den VIEW/IN- und VIEW/OUT-
- Vergrößerungsgläsern.

Aktion
7.38
- Im Anschluss an die Aktion 3.24 mussten Sie in den *Übungen auf der*
- *Basis von Bild 3.18* zwei Fragen beantworten. Das konnten Sie mit Ihren
- damaligen Mitteln eher schlecht als recht erledigen, denn die Darstel-
- lung von Bild 3.18 ließ nur sehr ungenaue Aussagen zu. Mit den neuen
- Vergrößerungsoptionen geht das weitaus besser. Laden Sie *RC_SIN.opj*
- und stellen Sie wieder ein Probe-Fenster entsprechend Bild 3.18 her.
- Beantworten Sie die beiden Fragen erneut, indem Sie dieses Mal mittels
- geeigneter Vergrößerungen die Genauigkeit erhöhen.

---

1) Sie müssen unbedingt Ihre „Klicks" mit dem Kreuz-Cursor innerhalb einer Diagrammregion vornehmen. Anderenfalls gibt es die Fehlermeldung „Can´t zoom any further".

Aufgaben   7.7

Aufgabe 7.1:

Führen Sie eine Transienten-Analyse für die nachfolgende Schaltung eines realen RLC-Parallelschwingkreises bei f = 6 kHz durch. Stellen Sie den Gesamtstrom und die Teilströme nach dem Abklingen des Einschwingvorgangs für eine Periodendauer übereinander und in richtiger zeitlicher Zuordnung zueinander dar.

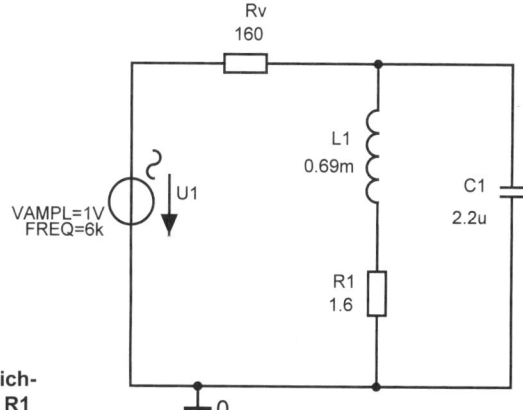

Bild 7.31: Schwingkreis. Berücksichtigung der Spulenverluste durch R1

Aufgabe 7.2:

Führen Sie für den Parallelschwingkeis von Bild 7.31 einen AC-Sweep von 10 Hz bis 100 kHz durch und stellen Sie den Frequenzgang der Kondensatorspannung für Amplitude und Phasenlage übereinander und bezüglich der Frequenz in richtiger Zuordnung zueinander dar. Wählen Sie für beide Diagramme eine logarithmisch skalierte Frequenzachse. Erproben Sie für die Darstellung des Amplitudengangs eine lineare und eine logarithmisch skalierte Spannungsachse. Stimmen die Simulationsergebnisse mit Ihren Überlegungen überein?

Aufgabe 7.3 (für Tüftler):

Stellen Sie für die drei Bauelemente des RLC-Reihenschwingkreises aus Bild 7.11 den zeitlichen Verlauf der Leistungen in drei übereinander angeordneten Probe-Diagrammen dar.

Aufgabe 7.4 (für Nachrichten- und Regelungstechniker):

Erzeugen Sie für den Tiefpass von Bild 5.19 das Bode-Diagramm der Ausgangsspannung. Hinweis: Ein Bode-Diagramm besteht aus zwei übereinander angeordneten Diagrammen mit dem Amplitudengang (skaliert in dB) und dem Phasengang. Also: Gesucht ist die Kombination der Bilder 7.22 und 7.23 in einem Probe-Fenster.

7.8   Der Probe-Cursor

Sicherlich haben Sie sich im Verlauf dieses Lehrgangs schon einige Male gewünscht, einzelne Wertepaare eines Probe-Diagramms exakt feststellen zu können. Bisher waren Sie in solchen Fällen gezwungen, die Koordinaten eines Diagrammpunktes mit Hilfe eines Lineals vom Bildschirm oder vom Ausdruck des Probe-Diagramms abzulesen. Die Genauigkeit dieses Verfahrens ist natürlich sehr begrenzt. Das Probe-Fenster hält für dieses Problem eine perfekte Lösung bereit: zwei Cursors, die Sie an die interessierenden Stellen des Diagramms setzen können und deren Koordinaten dann in einem Anzeigefenster mit höchster Genauigkeit angezeigt werden.

Den Umgang mit dem Probe-Cursor erlernen Sie bei der Vermessung der Ihnen bestens vertrauten RC-Reihenschaltung *RC_SIN.opj*:

Aktion
7.39
● Öffnen Sie in CAPTURE das Projekt *RC_SIN.opj*:
●

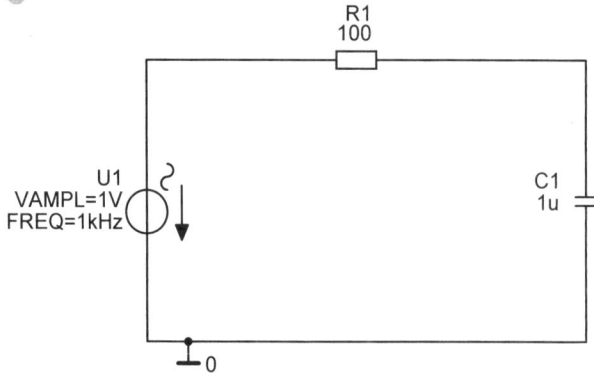

Bild 7.32: RC-Reihenschaltung mit *R* = 100 Ω und *C* = 1 µF als Grundlage für die Erarbeitung der Cursorfunktionen des Probe-Fensters

Aktion
7.40
● Führen Sie eine Transienten-Analyse von *rc_sin.opj* mit einer sinusför-
● migen Wechselspannung der Amplitude *VAMPL* = 1 V und der Frequenz
● *f* = 1 kHz durch. Wählen Sie dazu als Simulationszeit (RUN TO TIME) 2 ms,
● so dass zwei Perioden der Eingangsspannung betrachtet werden kön-
● nen. Lassen Sie PSPICE mindestens 1000 Werte berechnen, d.h. wäh-
● len Sie MAXIMUM STEP SIZE = 2 µs.

Aktion
7.41
● Stellen Sie im Anschluss an die Simulation die Spannungen $u_{ges}(t)$ und
● $u_c(t)$ in einem Probe-Diagramm dar (Bild 7.33).

Auf die beiden in Bild 7.33 dargestellten Diagramme werden Sie jetzt den Probe-Cursor zur Bestimmung einzelner Wertepaare anwenden:

Aktion
7.42
● Aktivieren Sie den Probe-Cursor durch die Wahl von TRACE/CURSOR/DIS-
● PLAY oder durch Anklicken der Schaltfläche mit dem stilisierten Dia-
● gramm:

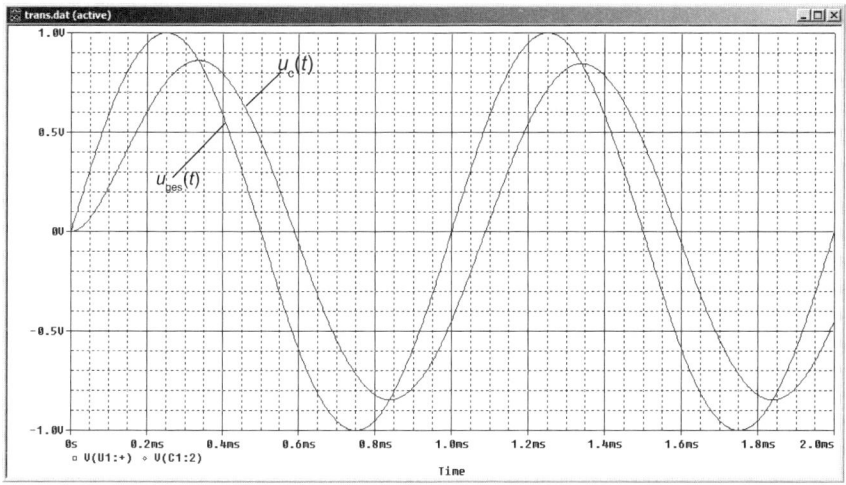

Bild 7.33: Probe-Diagramm mit dem Ergebnis einer Transienten-Analyse der RC-Reihen-schaltung aus Bild 7.32

Der Probe-Bildschirm hat sich nach dem Aufruf des Cursors verändert. Auf dem Bildschirm hat sich ein neues kleineres Fenster geöffnet (Bild 7.34), das Cursor-Fenster. Im Cursor-Fenster sehen Sie die aktuellen Koordinaten zweier Probe-Cursors mit den Bezeichnungen *A1* und *A2*. Beide Cursors liegen zu Anfang bei den Koordinaten 0,000 / 0,000, d.h. bei 0 ms / 0 V. Auch die Differenz der Koordinaten der beiden Cursors wird angezeigt. Natürlich be-trägt diese Differenz 0,000 / 0,000. Dieses Ergebnis ist nicht sonderlich interessant, aber Sie ahnen, dass Sie von der Differenzmessung spätestens bei der Bestimmung der Phasenverschiebung der beiden Diagramme von Bild 7.34 profitieren werden.

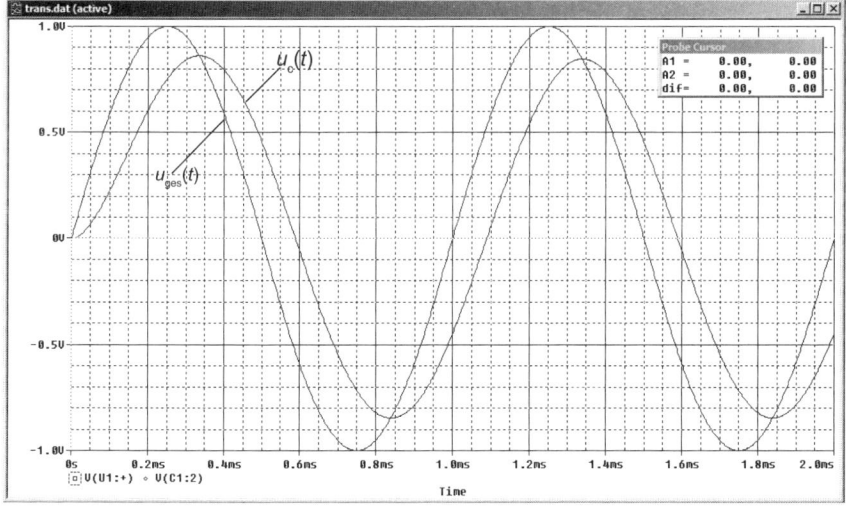

Bild 7.34: Probe-Bildschirm mit den Spannungen der RC-Reihenschaltung nach dem Aktivieren des Cursors

Aktion
7.43 ● Klicken Sie jetzt mit der linken Maustaste auf eine beliebige Stelle des
         ● Probe-Fensters:

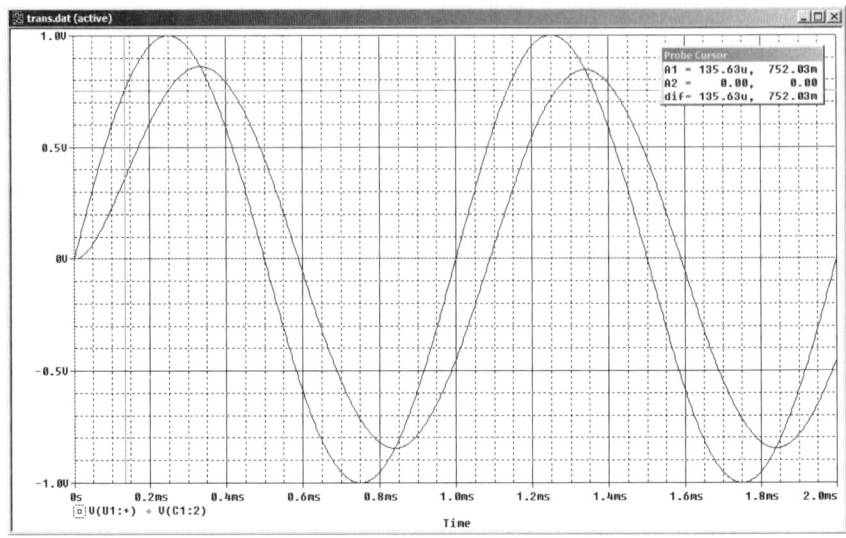

Bild 7.35: Probe-Diagramme der RC-Reihenschaltung mit gesetzem Cursor A1

Bei dem Zeitwert, an dem Sie Ihren Mausklick vorgenommen haben, wird
der Cursor gesetzt und er nimmt die Form eines gepunkteten Fadenkreu-
zes an. Dieses Fadenkreuz können Sie mit der linken Maustaste verschieben. Im Cursor-Fenster wird die Cursor-Position in Echtzeit dargestellt. Auf
welches der im Probe-Fensters dargestellten Diagramme sich der Cursor
beziehen soll, entscheiden Sie durch einen linken Mausklick auf das unten
links im Probe-Fenster befindliche Symbol des jeweiligen Graphen:

        ┌─────────────────────────────────┐
        │ ⌂ V(U1:+)   ◇ V(C1:2)   │
        └─────────────────────────────────┘

Bild 7.36: Legende am unteren Rand des Probe- Fensters. Der gestrichelte Rahmen um
das Symbol von V(U1:+) besagt, dass sich zur Zeit alle Cursor-Aktionen auf das Diagramm V(U1:+) beziehen

Durch Drücken der rechten Maustaste können Sie einen zweiten Cursor
aktivieren. Diesen Cursor können Sie mit der rechten Maustaste verschieben. Durch Anklicken eines der Symbole der Legende am unteren Rand
des Probe-Fensters mit der rechten Maustaste können Sie den zweiten
Cursor bei Bedarf einem anderen Diagramm, natürlich aber auch dem gleichen Diagramm zuordnen. In Bild 7.37 ist der erste Cursor dem Diagramm
der Gesamtspannung V(U1:+) zugeordnet, der zweite Cursor dem Diagramm der Spannung am Kondensator V(C1:2):

        ┌─────────────────────────────────┐
        │ ⌂ V(U1:+)   ◇ V(C1:2)   │
        └─────────────────────────────────┘

Bild 7.37: Legende am unteren Rand des Probe-Fensters. Der Cursor *1* ist V(U1:+) zugeordnet. Der Cursor *2* ist V(C1:2) zugeordnet

Übungen:

Experimentieren Sie mit den Cursors und erlernen Sie dabei deren Handhabung. Beachten Sie, dass man die Cursors durch die Art der Punktie-
rung ihrer Linien und Markierungen unterscheiden kann.

Aktion
7.44

Überprüfen Sie die Genauigkeit der Cursors, indem Sie möglichst genau
das Maximum der Eingangsspannung bestimmen. Den genauen Wert
kennen Sie ja. Er liegt bei exakt 1.

Aktion
7.45

Testen Sie den Probe-Cursor an den Grenzen seiner Möglichkeiten, indem Sie im Probe-Fenster einen stark vergrößerten Ausschnitt um das
Maximum der Gesamtspannung herum anzeigen lassen und den Cursor
darauf zur Bestimmung des Maximums anwenden. Wie genau ist die
Cursor-Anzeige?

Aktion
7.46

Mit den Schaltflächen rechts neben der Schaltfläche zur
Aktivierung des Cursors können Sie den Cursor automatisch zum nächsten relativen Maximum, zum nächsten relativen Minimum
und zum nächsten Wendepunkt springen lassen, außerdem zum absoluten
Minimum und zum absoluten Maximum. Damit Sie mit diesen Suchoptionen
des Cursors problemlos arbeiten können, müssen Sie beachten, dass Diagramme, so z.B. auch die vorliegende Sinuskurve der Eingangsspannung,
mehrere relative Maxima, Minima oder Wendepunkte haben können. Bevor
Sie die Schaltfläche zum Suchen eines Maximums, Minimums oder Wende-
punktes anklicken, müssen Sie PROBE also sagen, in welcher Richtung der
Cursor auf die Suche gehen soll. Das können Sie tun, indem Sie vor der
Betätigung der gewünschten Cursor-Schaltfläche erst einmal eine der Pfeiltasten < ← > oder < → > drücken. Wenn Sie auch noch die Taste SHIFT
< ⇧ > gedrückt halten, können Sie den zweiten Cursor mit Hilfe der entspre-
chenden Schaltflächen zu den relativen Maxima und Minima sowie zu den
Wendepunkten und den absoluten Maxima und Minima springen lassen.

Übungen:

Probieren Sie die Schaltflächen der Cursor-Suchoptionen für beide Cursors aus.

Aktion
7.47

Es gibt noch eine weitere Cursor-Suchschaltfläche. Sie heißt CUR-
SOR POINT. Wenn Sie diese Schaltfläche betätigen, springt der Cursor in dem ausgewählten Diagramm mit jedem Mausklick auf die Schaltfläche von Datenpunkt zu Datenpunkt. Betätigen Sie die Schaltfläche
MARK DATA POINTS, so dass die berechneten Datenpunkte sichtbar
werden. Erzeugen Sie dann eine sehr starke Ausschnittvergrößerung, so dass die Datenpunkte einzeln erkennbar werden. Setzen Sie
den Cursor in einen interessanten Bereich eines Diagramms und betätigen Sie dann die Schaltfläche CURSOR POINT. Lassen Sie den Cursor einige Datenpunkte anspringen. Wählen Sie die Sprungrichtung durch Betätigen der Pfeiltasten < ← > oder < → >.

Aktion
7.48

Aktion

7.49
● Stellen Sie den Spitze-Spitze-Wert der Gesamtspannung fest, indem Sie
● den ersten Cursor (*A1*) auf dem Maximum und den zweiten Cursor (*A2*)
● auf dem Minimum der Gesamtspannung positionieren und dann die Dif-
● ferenz der beiden Spannungen aus dem Cursor-Fenster ablesen.

Aktion

7.50
● Um wie viel Volt liegt das zweite Maximum der Kondensatorspannung
● unter dem ersten Maximum?

Aktion

7.51
● Positionieren Sie die beiden Cursors so auf zwei Nulldurchgängen der
● Spannung, dass Sie die Periodendauer aus der Differenz der Cursor-
● Positionen ablesen können.

Aktion

7.52
● Positionieren Sie die beiden Cursors so auf zwei Maxima der Spannung,
● dass Sie die Periodendauer aus der Differenz der Cursor-Positionen ab-
● lesen können.

Aktion

7.53
● Positionieren Sie die beiden Cursors so auf zwei Wendepunkten der Span-
● nung, dass Sie die Periodendauer aus der Differenz der Cursor-Positio-
● nen ablesen können.

Aktion
7.54
● Setzen Sie einen Cursor und klicken Sie anschließend die zweitletzte
● Schaltfläche (MARK LABEL) an. Erzeugen Sie dadurch ein Label mit
● der Anzeige der zugehörigen Koordinaten. Setzen Sie ein weite-
● res Label an der Stelle des ersten Minimums der Kondensatorspannung.
● Finden Sie heraus, wie sich unerwünschte Label wieder entfernen las-
● sen.

Bei den Übungen mit den Cursors haben Sie festgestellt, dass die Ergebnisse ganz ausgezeichnet sind. Dennoch haben Sie u.U. registriert, dass
die von PROBE ermittelten Koordinaten nicht zu 100 % exakt sind. Das
liegt daran, dass die Maxima und Minima, die der Probe-Cursor herausfindet, nicht die theoretischen (exakten) Extrema der Diagramme sind, sondern schlicht die höchsten bzw. niedrigsten Werte, die bei der Simulation
berechnet wurden. Wenn sich unter den berechneten Werten auch das
exakte (theoretische) Extremum befinden sollte, dann wäre das reiner Zu-
fall. Wollen Sie die Genauigkeit der Extremwertbestimmung von PROBE
erhöhen, dann müssen Sie PSPICE mehr Punkte berechnen lassen.

Aktion

7.55
● Aktivieren Sie die Schaltfläche MARK DATA POINTS, auf der eine ge-
● punktete Kurve dargestellt ist. Damit machen Sie bekanntlich die
● Punkte sichtbar, die von PSPICE berechnet wurden. Überzeugen Sie
● sich anhand einer starken Ausschnittvergrößerung im Bereich des zwei-
● ten Maximums der Kondensatorspannung davon, dass an der Stelle des
● theoretischen Maximums kein Analysepunkt gelegen hat und registrie-
● ren Sie auch, dass PROBE die berechneten Werte durch Geradenstücke
● verbindet (Bild 7.38).

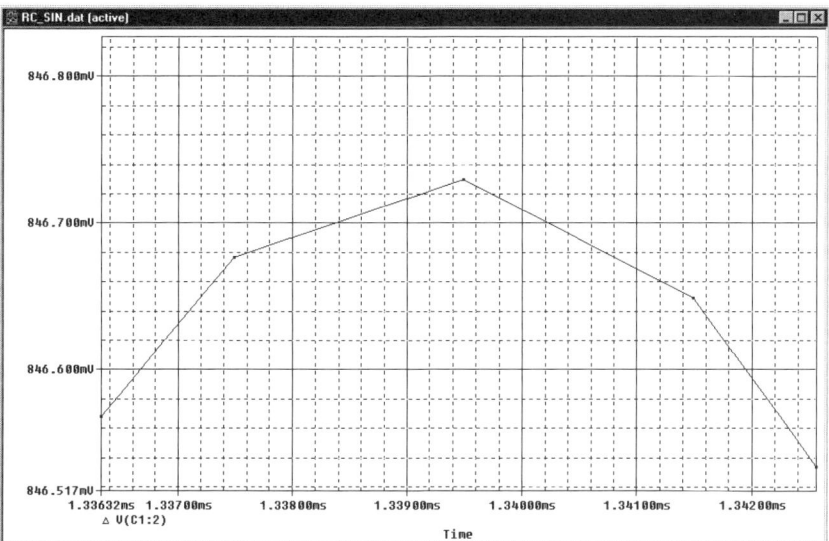

Bild 7.38: Extreme Ausschnittvergrößerung des Bereichs um das Maximum der Kondensatorspannung der RC-Reihenschaltung (Bild 7.32) herum. Der Cursor findet als „Maximum" nur den höchsten von PSPICE errechneten Wert

Aufgaben   7.9

Aufgabe 7.5:

Laden Sie den Reihenschwingkreis *rlc_ac.opj* (Bild 7.1) und führen Sie damit einen AC-Sweep von 100 Hz bis 1 MHz durch. Stellen Sie anschließend in einem Probe-Diagramm die Amplitudengänge des Stromes und der Teilspannungen U_L und U_C von Spule und Kondensator dar.

a) Untersuchen Sie den Einfluss der Größe des Widerstandes R auf den Verlauf von I, U_L und U_C.

b) Wie groß muss R gewählt werden, damit U_L und U_C gerade noch keine Resonanzüberhöhungen haben? Wie groß (Vermessung mit dem Cursor!) ist dann die Bandbreite des Stromes I (Abfall auf 70 % von I_{max})?

Aufgabe 7.6 (für Tüftler):

Untersuchen Sie, angelehnt an Aufgabe 5.2.c, das Einschwingverhalten der Frequenzweiche von Bild 5.19. Verwenden Sie den Probe-Cursor, um festzustellen, um wie viel Prozent der Überschwinger der Ausgangsspannung über ihrem stationären Endwert liegt. Vergrößern Sie danach den Lastwiderstand auf $R1 = 16\ \Omega$. Wieviel Prozent beträgt der Überschwinger mit diesem fehlangepassten Lastwiderstand?

7.10   Die wichtigsten Schaltflächen des Probe-Fensters

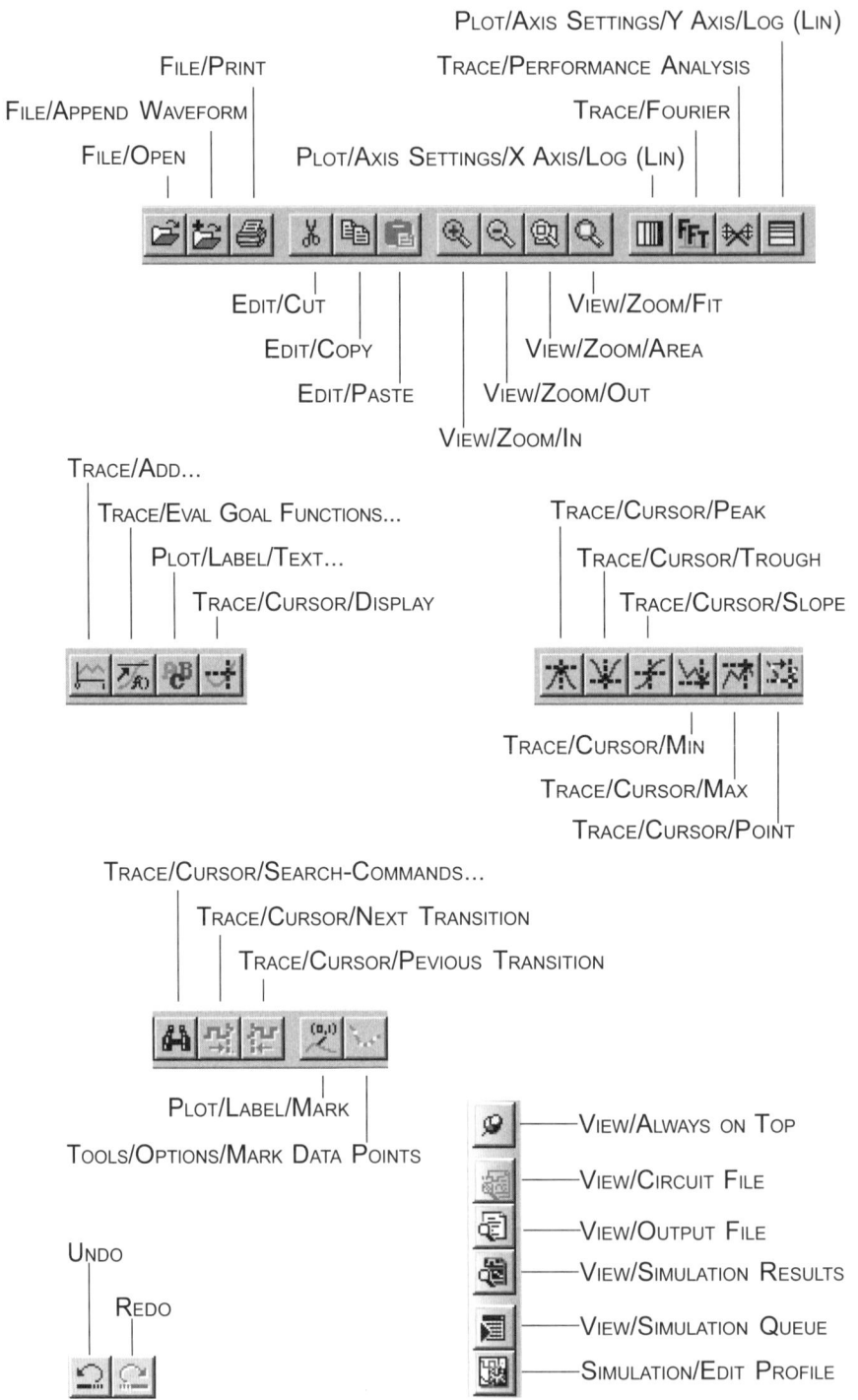

FILE/OPEN	DATEI/ÖFFNEN
FILE/APPEND WAVEFORM	DATEI/DIAGRAMM HINZUFÜGEN
FILE/PRINT	DATEI/DRUCKEN OHNE SPEZIELLES SETUP
EDIT/CUT	BEARBEITEN/AUSSCHNEIDEN
EDIT/COPY	BEARBEITEN/KOPIEREN
EDIT/PASTE	BEARBEITEN/EINFÜGEN
VIEW/ZOOM/IN	ANSICHT/VERGRÖSSERN
VIEW/ZOOM/OUT	ANSICHT/VERKLEINERN
VIEW/ZOOM/AREA	ANSICHT/AUSSCHNITT
VIEW/ZOOM/FIT	ANSICHT/IN AKTUELLES FENSTER FORMATFÜLLEND EINPASSEN
PLOT/AXIS SETTINGS/X AXIS//LOG (LIN)	DARSTELLUNG/ACHSEN-FORMAT/X-ACHSE/LOG (LIN)
PLOT/AXIS SETTINGS/YAXIS//LOG (LIN)	DARSTELLUNG/ACHSEN-FORMAT/Y-ACHSE/LOG (LIN)
TRACE/FOURIER	GRAPH/FOURIER-ANALYSE AUSFÜHREN
TRACE/PERFORMANCE ANALYSIS	GRAPH/PERFORMANCE-ANALYSE AUSFÜHREN
TRACE/ADD...	GRAPH/HINZUFÜGEN
TRACE/EVAL-GOAL-FUNCTIONS...	GRAPH/ZIELFUNKTION ANWENDEN
PLOT/LABEL/TEXT...	ABBILDUNG/LABEL/TEXT EINFÜGEN
TRACE/CURSOR/DISPLAY	GRAPH/CURSOR/ANZEIGEN
TRACE/CURSOR/PEAK	WERKZEUGE/CURSOR/MAXIMUM SUCHEN
TRACE/CURSOR/TROUGH	WERKZEUGE/CURSOR/MINIMUM SUCHEN
TRACE/CURSOR/SLOPE	WERKZEUGE/CURSOR/WENDEPUNKT SUCHEN
TRACE/CURSOR/MIN	WERKZEUGE/CURSOR/ABSOLUTES MINIMUM SUCHEN
TRACE/CURSOR/MAX	WERKZEUGE/CURSOR/ABSOLUTES MAXIMUM SUCHEN
TRACE/CURSOR/POINT	WERKZEUGE/CURSOR/NÄCHSTER DATENPUNKT
TRACE/CURSOR/SEARCH COMMANDS...	DIAGRAMM/CURSOR/SUCHEN
TRACE/CURSOR/NEXT TRANSITION	DIAGRAMM/CURSOR/NÄCHSTE FLANKE AUFFINDEN
TRACE/CURSOR/PEVIOUS TRANSITION	DIAGRAMM/CURSOR/ZUR VORIGEN FLANKE ZURÜCK
PLOT/LABEL/MARK LABEL	BILD/LABEL/AKTUELLE CURSORPOSITION LABELN
TOOLS/OPTIONS/MARK DATA POINTS	WERKZEUGE/CURSOR/STÜTZSTELLEN ANZEIGEN
VIEW/ALWAYS ON TOP	ANSICHT/IMMER OBEN DARSTELLEN
VIEW/CIRCUIT FILE	ANSICHT/CIRCUIT FILE DARSTELLEN
VIEW/OUTPUT FILE	ANSICHT/OUTPUT FILE DARSTELLEN
VIEW/SIMULATION RESULTS	ANSICHT/SIMULATIONSERGEBNISSE DARSTELLEN
VIEW/SIMULATIOIN QUEUE ANZEIGEN	ANSICHT/NOCH AUSSTEHENDE SIMULATIONEN
SIMULATION/EDIT PROFILE	SIMULATION/SIMULATIONSPROFIL BEARBEITEN
UNDO	AKTION RÜCKGÄNGIG MACHEN
REDO	RÜCKGÄNGIG MACHEN WIDERRUFEN

Kochbuch

Rezept
7.1

Die Skalierung von *x*- und *y*-Achse ändern _____

Die *x*-Achse skalieren:

1. Öffnen Sie im Probe-Fenster das Menü Plot, wählen Sie Axis Settings... Es öffnet sich das Fenster Axis Settings (Bild 7.28).
2. Wählen Sie die Registerkarte X Axis und darin User Defined.
3. Editieren Sie das gewünschte Darstellungsintervall (Bild 7.28). OK.

(Aktion 7.31)

Die *y*-Achse skalieren:

1. Öffnen Sie im Probe-Fenster das Menü Plot, wählen Sie Axis Settings... Es öffnet sich das Fenster Axis Settings (Bild 7.13).
2. Wählen Sie die Registerkarte Y Axis und darin User Defined.
3. Editieren Sie das gewünschte Darstellungsintervall. OK.

(Aktionen 7.22 und 7.23)

Rezept
7.2

Mathematische Operationen auf Probe-Diagramme anwenden

1. Öffnen Sie das Fenster Add Traces durch Anklicken von:
2. Klicken Sie den Namen eines oder (nacheinander) mehrerer Diagramme an und befördern Sie diese dadurch in die Zeile Trace Expression der Trace-Liste.
3. Editieren Sie die Zeile Trace Ex-pression unter Verwendung der mathematischen Operatoren und Funktionen aus dem rechten Teil des Fensters Add Traces.
4. Bestätigen Sie mit OK.

Hinweis: Eine Aufstellung mit Kurzbeschreibung der im Probe-Fenster zulässigen Operatoren und Funktionen finden Sie im Anhang.

(Aktionen 7.24 und 7.25)

Rezept
7.3

Ein Diagramm aus dem Probe-Bildschirm löschen _____

1. Markieren Sie das zu löschende Diagramm durch Anklicken seines Namens in der Legende am unteren Bildschirmrand.
2. Drücken Sie die Taste <Entf>.

Rezept
7.4

Ein zweites Diagramm in richtiger Zuordnung oberhalb eines bereits vorhandenen Diagramms darstellen _____

1. Öffnen Sie das Menü Plot und aktivieren Sie Add Plot to Window. Ein zweites Achsenkreuz wird angelegt.
2. Öffnen Sie das Fenster Add Traces und wählen Sie das Diagramm aus, das in dem neuen Achsenkreuz erscheinen soll. Bestätigen Sie Ihre Wahl mit Ok.

(Aktionen 7.27 und 7.28)

Kochbuch

Automatischer Wiederaufruf der Einstellungen des letzten Probe-Durchgangs

1. Vor der Simulation: Öffnen Sie aus CAPTURE heraus das Fenster SIMULATION SETTINGS und wählen Sie darin PROBE WINDOW. Wählen Sie in der Abteilung SHOW die Option LAST PLOT.

2. Nach der Simulation: Öffnen Sie aus PROBE heraus das Menü WINDOW und wählen Sie DISPLAY CONTROL... Markieren Sie im Fenster DISPLAY CONTROL den Eintrag LAST SESSION und betätigen Sie dann die Schaltfläche RESTORE.

Achtung: Wenn Sie vor der Simulation im Fenster SIMULATION SETTINGS/PROBE WINDOW die Option LAST PLOT gewählt haben, dann gilt das auch für Ihre nächste, unter Umständen veränderte Schaltung auf dieser Seite. Wenn Sie aber eine ganz andere Schaltung simuliert haben, dann ist der Wiederaufruf der Einstellungen der letzten PROBE-Sitzung unter Umständen unsinnig. PROBE reagiert darauf mit einer Fehlermeldung.

Vergrößerung und Verkleinerung im Probe-Fenster

Einen Ausschnitt vergrößern:

1. Wählen Sie VIEW/ZOOM/AREA oder betätigen Sie die zugehörige Schaltfläche:

2. Setzen Sie den zu einem Kreuz veränderten Cursor in die linke obere Ecke des gewünschten Ausschnitts.

3. Ziehen Sie die Maus mit gedrückter linker Maustaste in die rechte untere Ecke des gewünschten Ausschnitts.

4. Lassen Sie die Maustaste los.

(Aktionen 7.33 bis 7.36)

Einen vergrößerten Ausschnitt wieder unvergrößert darstellen:

Wählen Sie VIEW/ZOOM/FIT an oder klicken Sie auf die zugehörige Schaltfläche:

Vergrößern:

1. VIEW/ZOOM/IN oder:

2. Mit der Maus die zu vergrößernde Stelle anklicken.

Verkleinern:

1. VIEW/ZOOM/OUT oder:

2. Mit der Maus die zu verkleinernde Stelle anklicken.

Den Probe-Cursor aktivieren

Entweder:

Anwählen von TRACE/CURSOR/DISPLAY

Oder:

Anklicken der Schaltfläche:

Strichstärke und Farbe von Probe-Diagrammen ändern

Das Diagramm mit der rechtern Maustaste anklicken. Im Kontextme-

nü wählen von PROPERTIES... und öffnen des Fensters TRACE PROPERTIES.

Kochbuch

Rezept
7.9

Die beiden Probe-Cursors den im Probe-Bildschirm angezeigten Diagrammen zuordnen

1. Ordnen Sie zuerst den ersten Cursor einem Diagramm zu. Klicken Sie dazu in der Legende am unteren Bildschirmrand das Symbol vor dem Namen des gewünschten Diagramms mit der linken Maustaste an (Bild 7.36).
2. Ordnen Sie dann den zweiten Cursor dem gleichen oder einem anderen Diagramm zu. Klicken Sie dazu in der Legende am unteren Bildschirmrand das Symbol vor dem Namen des gewünschten Diagramms mit der rechten Maustaste an (Bild 7.37).
3. Jetzt können Sie den ersten Cursor mit der linken, den zweiten mit der rechten Maustaste setzen.

Hinweis: Der erste Cursor besteht aus einem gepunkteten, der zweite Cursor aus einem gestrichelten Fadenkreuz. Haben Sie die beiden Cursors verschiedenen Diagrammen zugeordnet, dann können Sie in der Legende am unteren Bildrand erkennen, welcher Cursor zu welchem Diagramm gehört: Die Symbole vor den zugehörigen Diagrammnamen sind mit dem Muster des jeweiligen Cursors (gepunktet bzw. gestrichelt) umrahmt (Bild 7.37).

Sind beide Cursors dem gleichen Diagramm zugeordnet, dann wird das zugehörige Symbol mit einem anderen Muster (lange Striche) umrahmt (Bild 7.36).

Rezept
7.10

Den Cursor steuern. Diagrammstellen mit Koordinaten versehen

Cursor 1 zum Maximum rechts, bzw. links von der aktuellen Cursor-Position springen lassen:

1. Pfeiltaste <➔> bzw. <⬅>
   drücken.
2. Anklicken von: _____

Cursor 1 zum Minimum rechts, bzw. links von der aktuellen Cursor-Position springen lassen:

1. Pfeiltaste < ➔ > bzw. < ⬅>
   drücken.
2. Anklicken von: _____

Cursor 1 zum Wendepunkt rechts, bzw. links von der aktuellen Cursor-Position springen lassen:

1. Pfeiltaste < ➔> bzw. < ⬅ >
   drücken.
2. Anklicken von: _____

Cursor 1 zum absoluten Minimum/ Maximum springen lassen:

Cursor 2 zum Maximum/Minimum/ Wendepunkt springen lassen:

1. Shifttaste <⇧>.
2. Weitere Schritte wie bei Cursor 1.

Cursor zum nächsten Datenpunkt bewegen: Anklicken von: ___

Eine Cursor-Position mit ihren Koordinaten beschriften:

   Setzen Sie den Cursor.
1. Klicken Sie auf die Schalt-
2. fläche Mark Label:_____

(Aktionen 7.47, 7.48 und 7.54)

DER DC-SWEEP

In Lektion 2 haben Sie die normale Gleichstrom-Analyse kennengelernt. Dabei werden alle Kondensatoren als Unterbrechungen des Stromkreises angesehen, alle Induktivitäten als Kurzschlüsse. Nichtlineare Bauteile, wie z.B. Dioden oder Transistoren, werden durch ihren Gleichstromwiderstand im Arbeitspunkt ersetzt. Die so entstandene Ersatzschaltung enthält dann nur noch reine Wirkwiderstände. Die Gleichstrom-Analyse ermittelt für den Fall zeitlich konstanter Ströme und Spannungen die Knotenpunktpotenziale dieser Ersatzschaltung.

Beim DC-Sweep führt man eine ganze Serie derartiger Gleichstrom-Analysen aus und verändert dabei in kleinen Schritten eine Schaltungsgröße, z.B. die Temperatur oder den Wert eines bestimmten Widerstandes. PSPICE kennt DC-Sweeps für eine Reihe von Sweepvariablen, nämlich:

• Temperaturen

• Schaltungsparameter (z.B. Widerstände)

• Spannungsquellen

• Stromquellen

• Modellparameter.

Mit dem DC-Sweep eröffnen sich dem Anwender von PSPICE mächtige Möglichkeiten der Schaltungsanalyse, die selbst bestens ausgestattete Labore nicht bieten können. Denken Sie nur daran, welchen Nutzen es bringt, das Verhalten einer Transistorschaltung für Temperaturen zwischen minus 70 °C und plus 150 °C simulieren zu können. In der Vergangenheit mussten aufwändige Testserien aufgelegt werden, um herauszufinden, ob eine Schaltung mit Transistoren aus der laufenden Fertigung funktioniert, d.h. mit Transistoren, deren Stromverstärkungen Abweichungen vom Nennwert zwischen –50 % und +100 % haben können. Solche Fragen klärt die Simulation mit minimalem Aufwand.

Der DC-Sweep von PSPICE bietet noch mehr: Neben dem Hauptsweep (MAIN SWEEP) lässt sich noch eine zweite Sweepvariable in einem Nebensweep (SECONDARY SWEEP) verändern. Dadurch wird es möglich, auch vollständige Kurvenscharen darzustellen, so zum Beispiel das Ausgangskennlinienfeld eines Transistors. In den nachfolgenden Abschnitten 8.1.1 bis 8.1.5 erlernen Sie die oben angeführten fünf Varianten des DC-Sweep. Die Abschnitte 8.2.1 und 8.2.2 behandeln geschachtelte DC-Sweeps.

8.1   DC-Sweeps mit einer Sweepvariablen

8.1.1   DC-Sweep: Gleichspannungsquelle als Sweepvariable

Als Beispiel für einen DC-Sweep, bei dem eine Spannungsquelle als Sweepvariable dient, werden Sie jetzt Aufgabe 2.4 noch einmal lösen. Sie haben
die Aufgabe bereits in Lektion 2 bearbeitet. Mit dem DC-Sweep geht die
Lösung weitaus eleganter.

Aktion

● Laden Sie aus dem Ordner *Projects* die Widerstandsschaltung mit zwei
● Spannungsquellen, *2_spann.opj*:

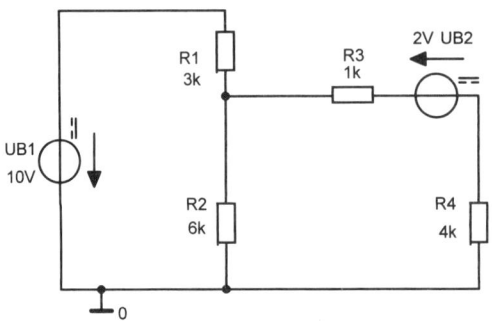

**Bild 8.1: Schaltung mit zwei Span-
nungsquellen**

Die Schaltung *2_spann.opj* besitzt bereits das Simulationsprofil *bias* für eine
Bias-Point-Analyse. Dieses Simulationsprofil soll für spätere Anwendungen erhalten bleiben. Im Folgenden lernen Sie, der Schaltung für den geplanten DC-Sweep ein neues Simulationsprofil zu geben, so dass Sie fortan
zwischen den beiden Profilen wählen können.

Aktion

● Betätigen Sie zum Erstellen eines weiteren Simulationsprofils die
● Schaltfläche NEW SIMULATION PROFILE und öffnen Sie dadurch das
● Fenster NEW SIMULATION. Geben Sie dem neuen Simulationsprofil den
● Namen *DC-Sweep* und verlassen Sie anschließend das Fenster mit
● CREATE. Es öffnet sich das Fenster SIMULATION SETTINGS-DC-SWEEP. Wäh-
● len Sie in der Abteilung ANALYSIS TYPE die Option DC SWEEP und unter
● OPTIONS die Option PRIMARY SWEEP (Bild 8.2).

Oben im Fenster SIMULATION SETTINGS-DC-SWEEP sehen Sie in der Mitte unter SWEPT VARIABLE die Aufzählung der für einen DC-Sweep möglichen
Sweepvariablen. Davor befinden sich runde Markierungsflächen zur Auswahl einer dieser Sweepvariablen. Um die Spannungsquelle *UB2* zu variie-
ren (zu sweepen) wurde als Sweepvariable VOLTAGE SOURCE (Spannungsquelle) ausgewählt. Oben rechts muss unter NAME der Name der Sweepvariablen, d.h. der zu sweependen Spannungsquelle eingetragen werden. Im
unteren Teil des Fensters müssen Sie das Sweepintervall festlegen (von
START VALUE bis END VALUE) sowie die Abstände der Stützstellen (INCREMENT).
Die Stützstellen lassen sich linear oder logarithmisch verteilen. Wenn Sie
VALUE LIST aktivieren, dann können Sie in der daneben vorhandenen Eingabezeile einzelne Werte für die gewünschten Stützstellen eingeben.

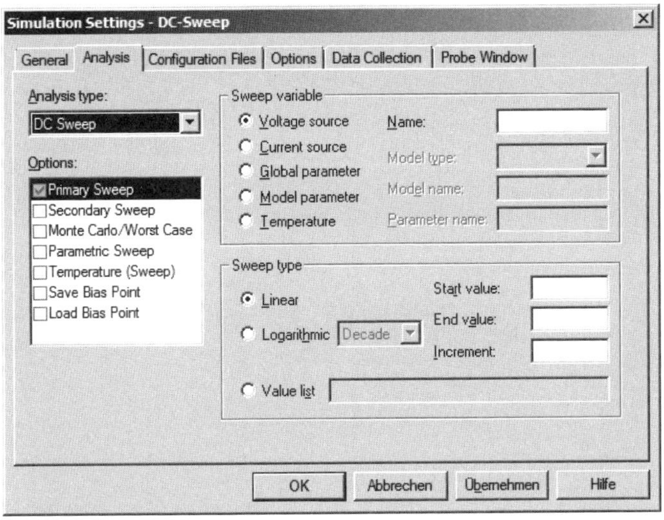

Bild 8.2: Simulation Settings-DC-Sweep

Aktion 8.3

Füllen Sie das Fenster SIMULATION SETTINGS-DC-SWEEP nach dem Muster von Bild 8.3 aus. Sie bewirken damit einen Sweep der Spannung *UB2* von 0 V bis 20 V. Die Abstände der Stützstellen betragen 1 mV. Bestätigen Sie Ihre Auswahl mit OK und starten Sie den DC-Sweep durch Anklicken der Schaltfläche RUN.

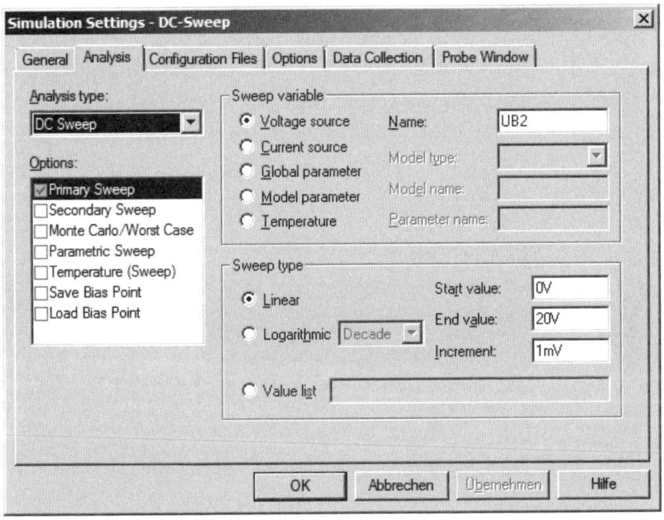

Bild 8.3: Setup für DC-Sweep von *UB2*

Nach einiger Rechenzeit öffnet sich automatisch das Probe-Fenster. Als x-Achsenvariable ist bereits *UB2* eingestellt.

Aktion 8.4

Bringen Sie den Strom – I(R2) zur Anzeige. Denken Sie an die Vorzeichenregeln von PSPICE: Der Strom durch *R2* zählt positiv vom Anschluss *1* zum Anschluss *2*, in Ihrer Zeichnung also von unten nach oben. Da Sie den Strom, der von oben nach unten durch *R2* fließt, mit positiven Werten versehen wollen, müssen Sie sich – I(R2) anzeigen lassen (Bild 8.4):

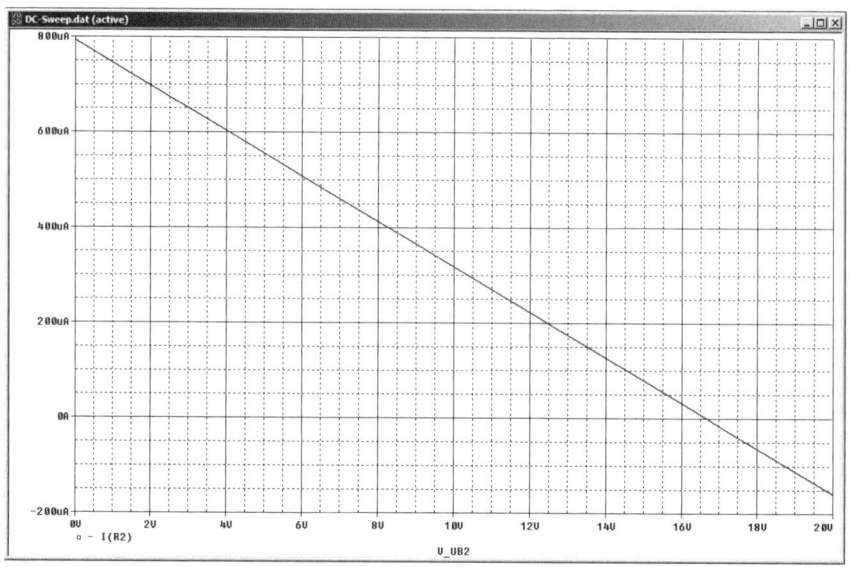

Bild 8.4: Diagramm zur Darstellung der Änderung des Stromes durch *R2* aufgrund einer Veränderung der Spannung *UB2*

Im Probe-Diagramm können Sie ausgezeichnet die Veränderung des Stromes durch *R2* aufgrund der Veränderung der Spannung *UB2* erkennen. Die Frage der Aufgabe 2.4, für welchen Wert der Spannung *UB2* der Strom I_2 gleich null wird, lässt sich mit dem Diagramm beantworten: Etwas mehr als 16,5 V. Für Ihre Ansprüche reicht diese Genauigkeit natürlich nicht aus:

Aktion

● Aktivieren Sie den Probe-Cursor und bestimmen Sie die Spannung, die
● den Strom I_2 zu null macht, so genau wie möglich. Entspricht die Cursor-
● Lösung Ihrem Ergebnis von Aufgabe 2.4?

Übungen:

• Lösen Sie Aufgabe 2.7 mit Hilfe eines DC-Sweeps.

• Erstellen Sie ein Projekt *linear.opj* und zeichnen Sie die Schaltung von Bild 8.5. Sweepen Sie *U1* von 0 V bis 10 V. Stellen Sie anschließend das Diagramm *I* = f(*U*) dar und überzeugen Sie sich davon, dass der Widerstand *R1* ein lineares Bauelement ist, d.h., dass Strom und Spannung unabhängig von der Höhe der Spannung proportional sind.

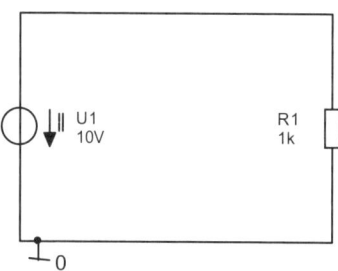

Bild 8.5: Schaltung *linear.opj* zur Demonstration der Linearität des Widerstandes *R1*

Anwendungsbeispiel: Darstellung einer Dioden-Kennlinie

Im Folgenden werden Sie mittels DC-Sweep eine Diodenkennlinie darstellen. Dabei zeigt sich (erwartungsgemäß), dass Dioden, anders als der Wirkwiderstand der vorausgegangenen Übung, nichtlineare Kennlinien haben.

Erstellen Sie ein Projekt *diode.opj* und zeichnen Sie die Schaltung von Bild 8.6. Erstellen Sie anschließend ein Simulationsprofil *DC-Sweep* und nehmen Sie einen DC-Sweep der Spannung *U1* von 0 V bis 50 V mit einer Schrittweite von 1 mV vor. Lassen Sie im Probe-Fenster den Diodenstrom I(V1) anzeigen (Bild 8.7).

Aktion
8.6

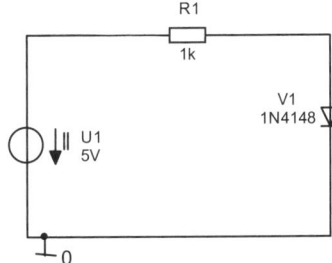

Bild 8.6: Schaltung zur Aufnahme einer Diodenkennlinie mittels DC-Sweep

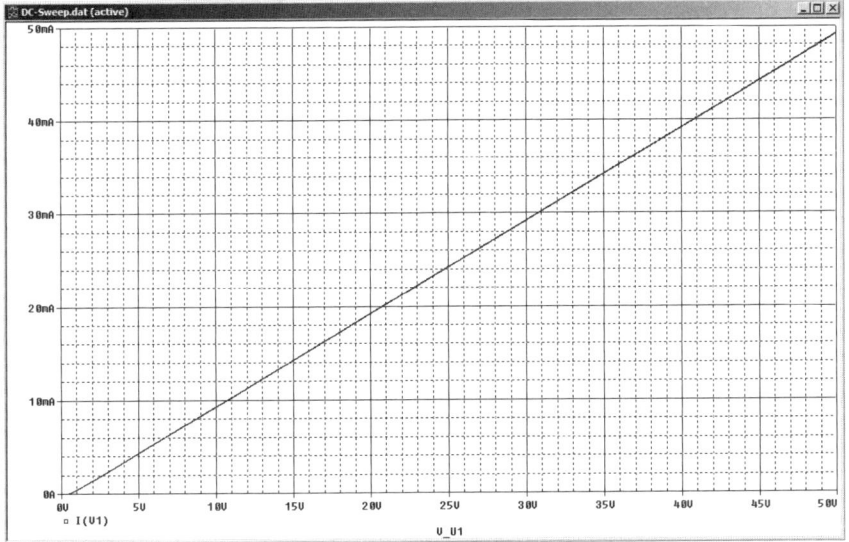

Bild 8.7: Der Diodenstrom als Funktion der Versorgungsspannung

Das Diagramm sieht ganz nett aus, es ist aber keineswegs die in der Überschrift versprochene Diodenkennlinie. Zur Darstellung der Diodenkennlinie müsste als *x*-Achsen-Variable nicht, wie in Bild 8.7, die Gesamtspannung *V_U1* aufgetragen sein, sondern die Diodenspannung V(V1:1)[1]. PSPICE

---

1) Um das Potenzial am oberen Pin der Diode in der Trace-Liste finden zu können, müssen Sie dessen Namen kennen. Der ist bei einer Diode nicht selbstverständlich. Die Diode ist dreimal rotiert worden, d.h. der ursprünglich linke Pin ist jetzt oben. Heißt der obere Pin folglich *1*, so wie es bei den meisten zweipoligen Bauteilen üblich ist, oder heißt er vielleicht *anode*, wie es einer verbreiteten Konvention bei Halbleiterbauteilen entspräche? Klicken Sie den oberen Dioden-Pin mit der Maus an. Ganz unten im CAPTURE-Fenster steht die Lösung: *Pin Name: 1*

kann das ändern. Im Fenster AXIS SETTINGS/X AXIS (Bild 8.8) gibt es die Schaltfläche AXIS VARIABLE..., mit der man die *x*-Achsen-Variable wählen kann.

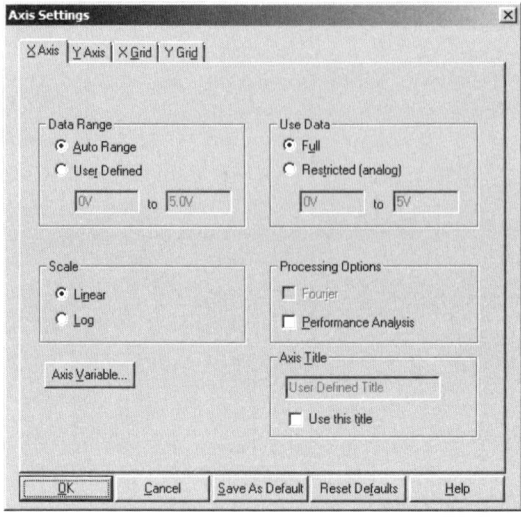

**Bild 8.8: Das Fenster AXIS SET-
TINGS mit der Schaltfläche AXIS
VARIABLE... zur Anpassung der *x*-
Achsen-Variablen**

Aktion
8.7

● Öffnen Sie aus dem Menü PLOT heraus das Fenster AXIS SETTINGS/X AXIS
● und betätigen Sie die Schaltfläche AXIS VARIABLE. Es öffnet sich das Fenster
● X AXIS VARIABLE. Dieses Fenster sieht dem Fenster ADD TRACES täuschend
● ähnlich. Wählen Sie als neue *x*-Achsen-Variable V(V1:1) und schließen
● Sie das Fenster X AXIS VARIABLE mit OK. Sie kehren zurück zum Fenster
● AXIS SETTINGS. Verlassen Sie auch dieses Fenster mit OK. Im Probe-Fens-
● ter sehen Sie jetzt die korrekte Kennlinie der Diode *1N4148* (Bild 8.9)

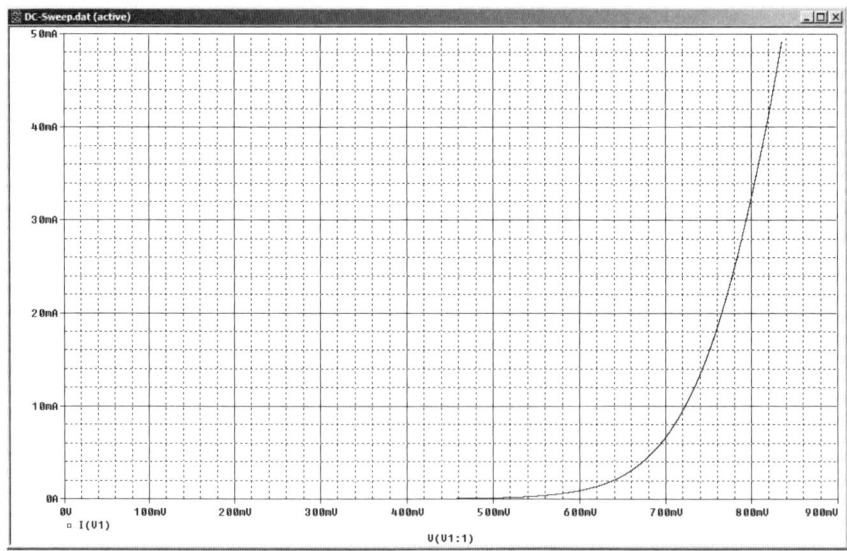

**Bild 8.9: Kennlinie der Diode *1N4148*, erzeugt mit einem DC-Sweep und anschließender
Neuwahl der *x*-Achsen-Variablen**

DC-Sweep: Gleichstromquelle als Sweepvariable[1)]   8.1.2

Die Netzwerktheorie behauptet, dass sich jede Spannungsquelle mit gegebener Quellspannung Uq und gegebenem Innenwiderstand Ri in ihrer Wirkung auf den Rest eines Netzwerkes durch eine passende Stromquelle Iq
mit Parallelwiderstand Rp ersetzen lässt. Dabei muss Rp genauso groß
wie Ri gewählt werden und Iq so groß, dass beide Quellen den gleichen
Kurzschluss-Strom haben (Bild 8.10).

In einem ersten Test werden beide Quellen mit dem gleichen Lastwiderstand
RL = 4,7 kΩ belastet. Die Quellspannung der Spannungsquelle wird dann
von Uq = 0 V bis Uq = 100 V gesweept. Anschließend wird das Ergebnis
dieses Sweeps verglichen mit dem Ergebnis eines Sweeps des Quellstromes
von Iq = 0 mA bis Iq = 100 mA. Beide Sweeps müssten nach der Theorie
einen gleichen Verlauf der Spannung an RL ergeben.

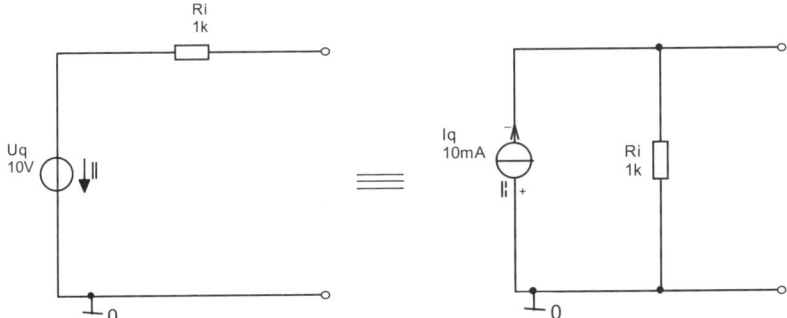

**Bild 8.10: Eine Spannungsquelle mit Ri = 1 kΩ und Uq = 10 V und eine Stromquelle mit
Ri= 1 kΩ und Iq = 10 mA. Nach der Theorie sind beide Quellen (nach außen) identisch**

Aktion
8.8

Legen Sie ein Projekt *sp_quell* an und zeichnen Sie die Schaltung von
Bild 8.11. Legen Sie ein Simulationsprofil *DC-Sweep* an. Nach Anklicken
von CREATE öffnet sich das Fenster SIMULATION SETTINGS (Bild 8.12).

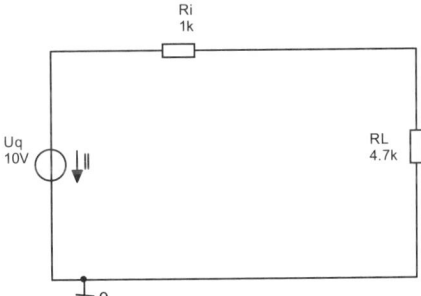

**Bild 8.11: Spannungsquelle mit Ri = 1 kΩ
und Uq = 10 V. Lastwiderstand RL = 4,7 kΩ**

Aktion
8.9

Füllen Sie das Fenster SIMULATION SETTINGS nach den Vorgaben von Bild
8.12 aus und simulieren Sie die Schaltung. Erzeugen Sie das Probe-
Diagramm von Bild 8.13:

---

1) In diesem Abschnitt wird nicht nur der DC-Sweep von Gleichstromquellen behandelt, sondern auch das
Erstellen und Simulieren zweier Schaltungen im gleichen Projekt. Das ist eine stellenweise etwas trockene
Kost. Man kann als PSPICE-Nutzer jahrelang hervorragend ohne diese Kenntnisse leben. Falls Sie also
gerade keine Zeit oder „den Kopf voll" haben, dann lassen Sie den Abschnitt 8.1.2 einfach aus.

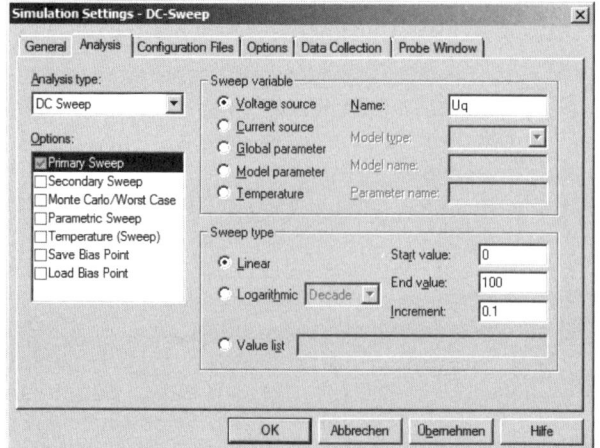

Bild 8.12: Setup für einen DC-Sweep der Spannung *Uq* von 0 V bis 100 V

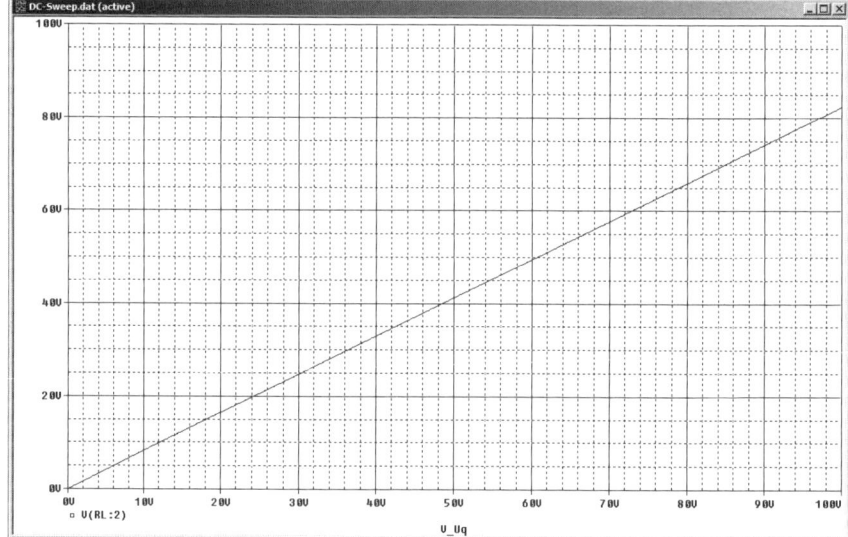

Bild 8.13: Die Spannung am Lastwiderstand *RL* bei einem Sweep der Quellspannung von *Uq* = 0 V bis *Uq* = 100 V

Als Nächstes sollen Sie die zu Bild 8.11 gleichwertige Schaltung mit einer Stromquelle untersuchen. Dabei werden Sie zusätzlich lernen, einem vorhandenen Projekt einen weiteren Schaltplan hinzuzufügen. Das geschieht im Projektmanager (Bild 8.14). Die Design-Datei .\sp_quell.dsn (blau markiert) enthält z. Z. nur einen einzigen Schaltplan namens *SCHEMATIC1*.

Aktion

8.10

● Klicken Sie .\sp_quell.dsn mit der rechten Maustaste an. Es öffnet sich
● ein Kontextmenü. Wählen Sie darin NEW SCHEMATIC. Es öffnet sich das
● Fenster NEW SCHEMATIC und schlägt Ihnen für den neuen Schaltplan den
● Namen *SCHEMATIC2* vor. Überschreiben Sie diesen Namen mit dem
● passenderen Namen *Stromquelle*. Übernehmen Sie die Wahl mit OK.
● Der Projektmanager (Bild 8.15) kennt jetzt den neuen Schaltplan.

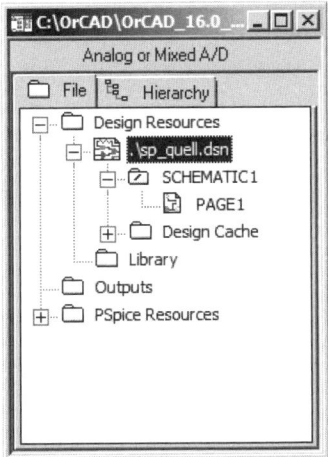

Bild 8.14: Der Projektmanager des Projekts *sp_quell*. Zur Zeit enthält das Projekt nur einen Schaltplan mit dem Namen *SCHEMATIC1*

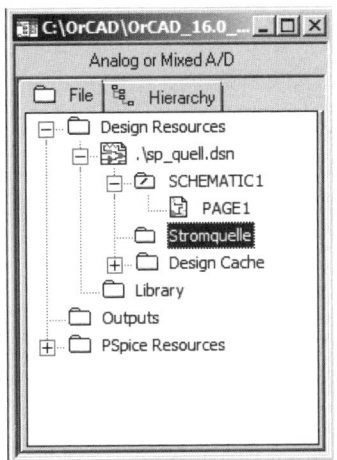

Bild 8.15: Der Projektmanager des Projekts *sp_quell*. Die Schaltpläne *SCHEMATIC1* und *Stromquelle* sind angemeldet

Aktion
8.11

Noch enthält *Stromquelle* keine Seite zum Zeichnen einer Schaltung. ●
Klicken Sie den Namen *Stromquelle* mit der rechten Maustaste an und ●
wählen Sie im Kontextmenü die Option NEW PAGE. Es öffnet sich das ●
Fenster NEW PAGE IN SCHEMATIC... Übernehmen Sie den vorgeschlagenen ●
Namen *PAGE1*. Bestätigen Sie mit OK. Bild 8.16 zeigt den Erfolg. ●

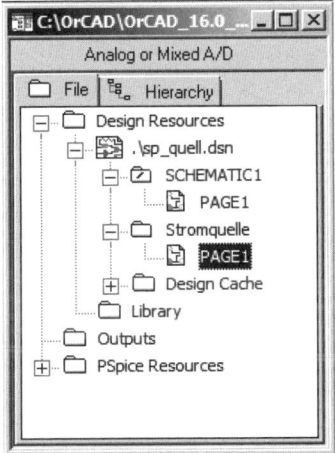

Bild 8.16: Der Projektmanager des Projekts *sp_quell*. Dem Schaltplan *Stromquelle* ist die Seite *PAGE1* hinzugefügt worden

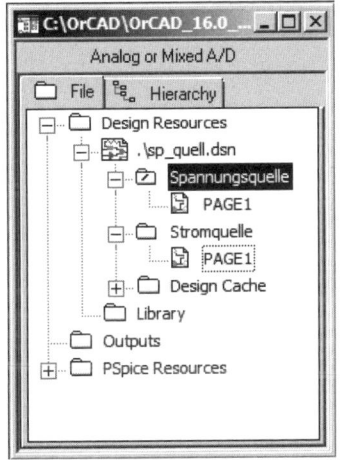

Bild 8.17: Der Projektmanager des Projekts *sp_quell*. Der Schaltplan *SCHEMATIC1* ist in *Spannungsquelle* umbenannt worden

Aktion
8.12

Benennen Sie zum Schluss noch den Schaltplan *SCHEMATIC1* um in ●
Spannungsquelle. Öffnen Sie dazu das Kontextmenü von *SCHEMA-* ●
TICS1, wählen Sie RENAME und tragen Sie in das zugehörige Eingabe- ●
fenster *Spannungsquelle* ein. OK. Bild 8.17 zeigt das Ergebnis. ●

Aktion
8.13
● Öffnen Sie die noch leere Seite *PAGE1* des neu angelegten Schaltplans
● *Stromquelle*. Zeichnen Sie die Schaltung der gleichwertigen Stromquelle
● entsprechend Bild 8.18. Verwenden Sie eine Stromquelle von Typ *IDC*
● aus *e_source.olb*. Rotieren Sie die Stromquelle zweimal, damit der Strom
● von oben nach unten durch den Lastwiderstand *RL* fließen kann.

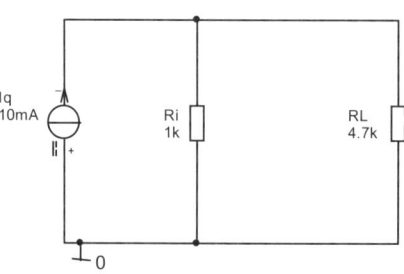

Bild 8.18: Stromquelle mit Parallelwiderstand

Da Ihr Projekt jetzt zwei Schaltungen besitzt, müssen Sie PSPICE mitteilen,
welche davon es simulieren soll. Das geschieht im Projektmanager. In Bild
8.17 erkennen Sie, dass der gelbe Ordner von *Spannungsquelle* mit einem
Schrägstrich gekennzeichnet ist. Der Schrägstrich kennzeichnet diejenige
Schaltung, die gerade aktiv (root) ist. Bei *Stromquelle* fehlt der Schrägstrich.

Aktion
8.14
● Um die Schaltung *Stromquelle* zu aktivieren, müssen Sie Ihr Projekt zuerst
● speichern, denn das Speichern ist Vorbedingung für einen Wechsel der
● Root-Schaltung. Machen Sie dazu das Fenster des Projektmanagers aktiv
● (anklicken mit der Maus) und betätigen Sie dann die Speicher-Schalt-
● fläche. Wenn Sie das Speichern vergessen, erinnert PSPICE Sie
● daran. Klicken Sie anschließend im Projektmanager *Stromquelle* mit der
● rechten Maustaste an und wählen Sie im Kontextmenü MAKE ROOT. *Strom-*
● *quelle* wechselt daraufhin im Projektmanager an die erste Postition und
● trägt im Ordnersymbol den Root-Schrägstrich.

Aktion
8.15
● Legen Sie für die neue Schaltung *Stromquelle* ein Simulationsprofil *DC-*
● *Sweep* an und bereiten Sie im Fenster SIMULATION SETTINGS DC-SWEEP
● einen DC-Sweep der Stromquelle *Iq* nach dem Muster von Bild 8.19 vor.

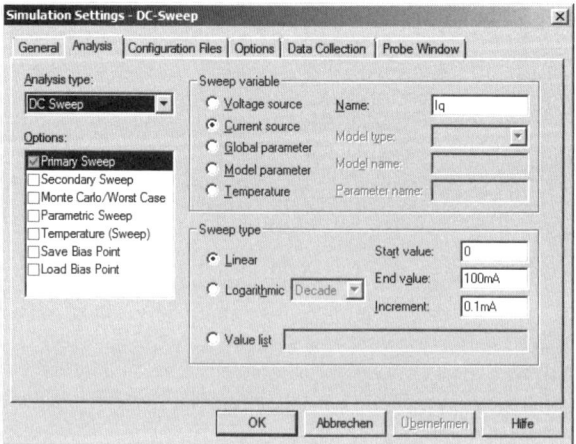

**Bild 8.19: Setup für einen
Sweep der Stromquelle *Iq*
von 0 bis 100 mA**

Starten Sie die Simulation und erzeugen Sie das Diagramm der Spannung an *RL* (Bild 8.20):

Aktion
8.16

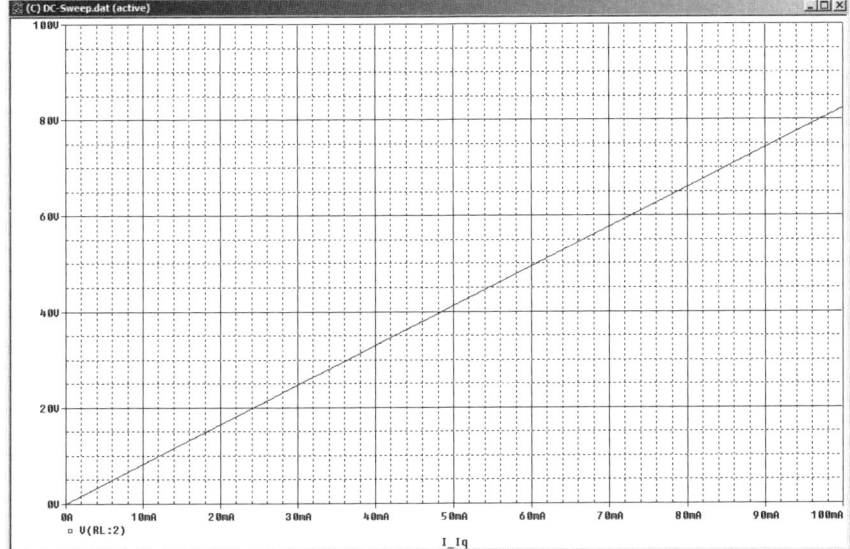

Bild 8.20: Die Spannung an *RL* bei einem Sweep des Stromes *Iq* von 0 mA bis 100 mA. Das Ergebnis ist mit dem aus Bild 8.13 identisch

Offensichtlich ergibt dieser Test für beide Schaltungen einen identischen Verlauf der Spannung. Die Theorie scheint zu stimmen. Die letzte Gewissheit über deren Richtigkeit haben Sie allerdings erst dann, wenn nachgewiesen ist, dass sich die Quellen auch für unterschiedliche Lastwiderstände gleich verhalten. Diesen Nachweis erbringen Sie in Aufgabe 8.1.

Betrachten Sie zum Schluss den folgenden Ausschnitt aus dem Projektmanager (Bild 8.21). In der Abteilung PSPICE RESOUCES/SIMULATION PROFILES sehen Sie die beiden Simulationsprofile, die Sie für Ihr Projekt angelegt haben. Das gerade aktive Simulationsprofil ist an einem roten *P* mit Ausrufungszeichen zu erkennen. Nur das gerade aktive Profil kann simuliert werden. Durch Anklicken mit der rechten Maustaste und Anwahl von MAKE ACTIVE kann ein nicht aktives Simulationsprofil aktiviert werden.

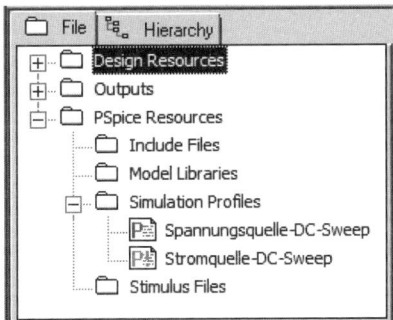

Bild 8.21: Projektmanager (Auszug). Das Simulationsprofil *Stromquelle-DC-Sweep* ist aktiv

8.1.3   DC-Sweep: Bauteiltemperatur als Sweepvariable

Übliche Widerstände vergrößern ihren Wert bei steigender Temperatur. Die Temperaturabhängigkeit kann in den meisten Fällen durch die Gleichung $R_{warm} = R_{kalt} \cdot (1 + \alpha \cdot \Delta\vartheta)$ beschrieben werden. Der Temperaturbeiwert α ist eine Materialkonstante, die in allen Tabellenbüchern für die in der Elektrotechnik gängigen Materialien aufgeführt wird. Nickel z. B. hat den Temperaturbeiwert $\alpha = 6{,}7 \cdot 10^{-3}$ K^{-1}. Bei PTC-Widerständen ist α positiv, bei NTC-Widerständen negativ. PSPICE besitzt spezielle Widerstände, deren Temperaturbeiwerte sich einstellen und auch sweepen lassen. Sie heißen *Rbreak* und befinden sich in der Bibliothek *ebreakou.olb*.

Aktion
8.17
● Legen Sie ein Projekt *temp_brk* an und zeichnen Sie die Schaltung einer
● Temperaturmessbrücke (Bild 8.22). Besorgen Sie sich dazu zwei Wider-
● stände *Rbreak* aus der Bibliothek *ebreakou.olb* und zwei normale
● temperaturkonstante Widerstände *R* aus der Bibliothek *eanalog.olb*.

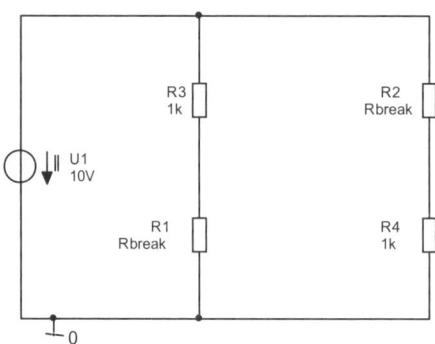

Bild 8.22: Schaltung einer Temperaturmessbrücke mit Widerständen der Sorten *Rbreak* und *R*

Zum Setzen des gewünschten Temperaturbeiwerts, der lineare Temperaturbeiwert von PSPICE heißt *TC1* (Temperature Coefficient), müssen Sie den Parameter *TC1* im Simulationsmodell von RBREAK verändern. Um das Modell von RBREAK[1] anzupassen, gehen Sie wie folgt vor:

Aktion
8.18
● Klicken Sie das Schaltzeichen eines der beiden *Rbreak* an und markie-
● ren Sie es dadurch. Betätigen Sie die rechte Maustaste zum Öffnen des
● Kontextmenüs. Wählen Sie im Kontextmenü EDIT PSPICE MODEL. Es öff-
● net sich der Modell-Editor (Bild 8.23). Das Modell *Rbreak* ist geladen.

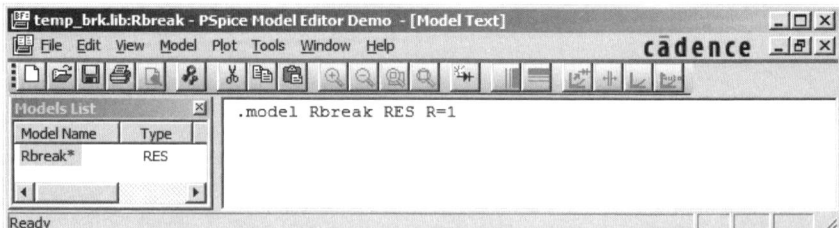

Bild 8.23: Das Fenster des Modelleditors von PSPICE. Das Modell *Rbreak* ist geladen

---

1) In der hier beschriebenen Weise lassen sich die Modelle aller Bauelemente der Bibliothek *ebreakou.olb* verändern.

Aktion
8.19

Setzen Sie den Text-Cursor zwischen die Einträge *RES* und *R=1* und
fügen Sie den Eintrag *TC1=0.0067* mit jeweils einem Leerzeichen Abstand zu den Nachbareinträgen ein (Bild 8.24). Sie überschreiben auf
diese Weise den (an dieser Stelle vorhandenen, aber nicht angezeigten)
Defaultwert *TC1=0* mit dem Temperaturbeiwert von Nickel. Speichern
Sie die Änderung durch Betätigen der Schaltfläche mit dem roten
Diskettensymbol oder durch die Wahl von FILE/SAVE.

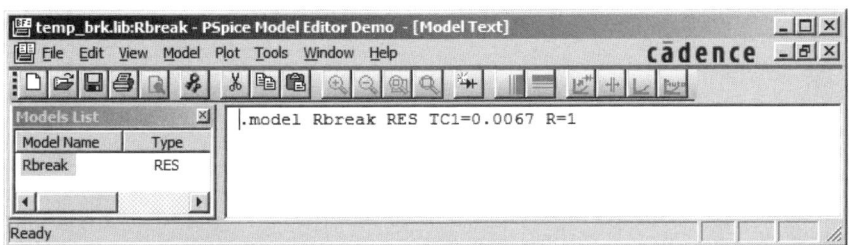

Bild 8.24: Der Modelleditor von PSPICE mit dem Modell eines Widerstandes *Rbreak*,
dessen Temperaturverhalten dem von Nickel (α = 6,7·10^{-3}) gleicht

Aktion
8.20

Markieren Sie den in Aktion 8.18 nicht ausgewählten *Rbreak*, öffnen Sie
den Modelleditor mit dem Modell dieses Widerstandes und überzeugen
Sie sich davon, dass die in Aktion 8.19 vorgenommene Modelländerung
auch für diesen Widerstand gilt.

Die in Aktion 8.19 vorgenommene Modelländerung gilt lokal, d.h. für alle
Widerstände *Rbreak* der vorliegenden Schaltung. Für andere Schaltungen,
die *Rbreak* verwenden, ist die Änderung des Modells unwirksam. Das loka-
le Modell ist unter *.../Projects/temp_brk-PSpiceFiles* unter dem Namen
temp_brk.lib gespeichert.

Damit die Messbrücke gut funktioniert, müssen Sie den beiden *Rbreak* noch
einen Widerstandswert für die Normaltemperatur (27 °C[1]) geben. Der Widerstandswert lässt sich im Property-Editor von *Rbreak* einstellen.

Aktion
8.21

Öffnen Sie den Property-Editor eines der beiden *Rbreak* durch Doppelklick auf das Widerstandssymbol (Bild 8.25). Der Vorgabewert 1k ist für
die Brücke gut geeignet. Lassen Sie den Widerstandswert also so wie er
ist und bringen Sie den Wert 1k auch auf dem Schaltplan zur Anzeige
(Rezept 1.13). Bringen Sie anschließend auch den Wert des anderen
Breakout-Widerstands zur Anzeige. Ihr Schaltplan sollte anschließend
dem von Bild 8.18 gleichen.

---

1) Die in PSPICE eingestellte Vorgabe für die Arbeitstemperatur beträgt 27 °C. Man erkennt an diesem
Wert, dass PSPICE in Kalifornien entwickelt wurde. Sollte Ihnen dieser Wert nicht zusagen, dann können
Sie die Arbeitstemperatur im Fenster SIMULATION SETTINGS/ANALYSIS/TEMPERATURE verändern, indem Sie unter
RUN THE SIMULATION AT TEMPERATURE: die von Ihnen gewünschte Umgebungstemperatur in die zugehörige
Eingabefläche eintragen und damit den Defaultwert (27°C) überschreiben. Die Änderung ist nur für den
gerade geöffneten Schaltplan gültig. Verwechseln Sie die Arbeitstemperatur nicht mit der Nominaltemperatur
TNOM, die im Fenster SIMULATION SETTINGS/OPTIONS eingestellt werden kann. *TNOM* ist die Temperatur, von
der PSPICE annimmt, dass dabei die temperaturabhängigen Parameter der verwendeten Simulationsmodelle gemessen wurden. Auch *TNOM* hat als Vorgabewert 27 °C.

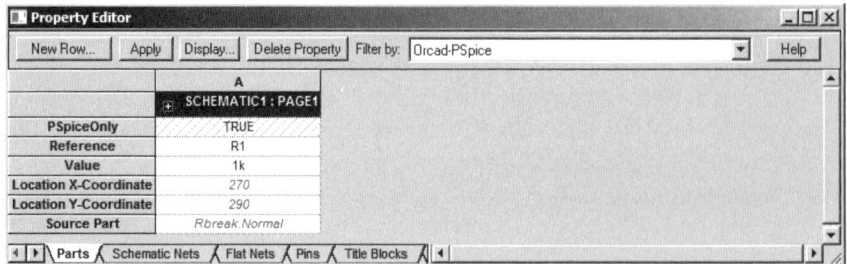

Bild 8.25: Property-Editor von *Rbreak*. Der voreingestellte Widerstandswert beträgt 1 kΩ

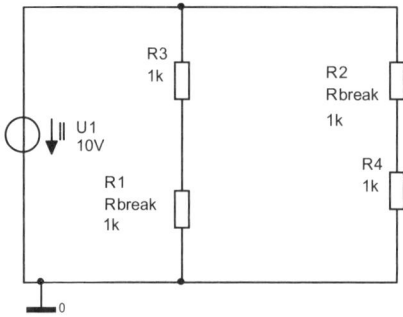

Bild 8.26: Der fertige Schaltplan der Temperaturmessbrücke

Die Temperaturmessbrücke ist damit fertig entworfen. Sie können mit dem Setup für den geplanten Temperatursweep beginnen:

Aktion
8.22

- Legen Sie ein Simulationsprofil mit dem Namen *Temperatur-DC-Sweep*
- an und erstellen Sie das Setup für einen DC-Sweep der Temperatur von
- –50 °C bis 150 °C mit Stützstellen im Abstand von 0,1 °C (Bild 8.27).
- Verlassen Sie zum Schluss das Fenster durch Anklicken von OK.

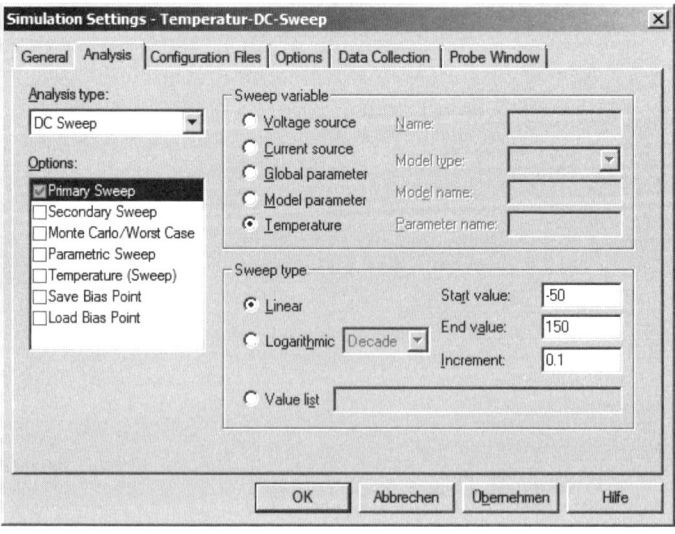

Bild 8.27: Setup für Temperatur-DC-Sweep

Simulieren Sie die Schaltung und bringen Sie anschließend die Spannung im Brückenzweig (Bild 8.28) zur Anzeige.

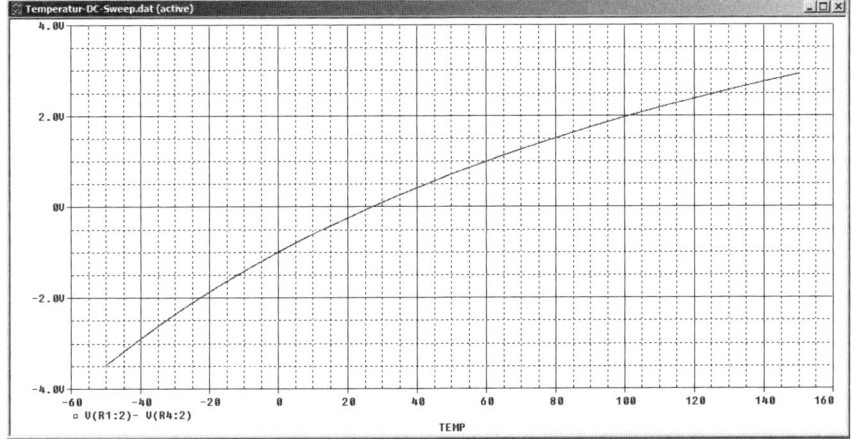

Bild 8.28: Die Brücke *temp_brk.opj* ist bei der Normaltemperatur 27 °C abgeglichen

Die Temperaturmessbrücke ist gut brauchbar. Schöner wäre natürlich ein völlig linearer Zusammenhang zwischen der Brückenspannung und der Temperatur, aber für nicht allzu anspruchsvolle Anwendungen ist diese einfache Schaltung voll tauglich. Sie funktioniert mit den gegebenen Werten problemlos in der Arktis, in der Sahara und vermutlich sogar in der Hölle.

DC-Sweep: Modell-Parameter als Sweepvariable   8.1.4

Im Folgenden werden Sie für die Messbrücke von Bild 8.26 untersuchen, wie die Spannung im Brückenzweig von der Größe des Temperaturparameters *TC1* abhängt. Von Interesse sei die Höhe der Brückenspannung bei 0 °C. Sie werden dazu für die Schaltung einen DC-Sweep des Modellparameters *TC1* bei der festen Temperatur 0 °C vornehmen. Da die Schaltung unverändert bleibt, können Sie diese unverändert übernehmen und dafür ein geeignetes zweites Simulationsprofil anlegen.

Laden Sie *temp_brk.opj* und legen Sie ein neues Simulationsprofil mit dem Namen *TC1-Sweep* an. Nehmen Sie anschließend im Fenster SIMULATION SETTINGS das Setup für den geplanten Sweep des Modellparameters *TC1* vor (Bild 8.29). Aktivieren Sie unter OPTIONS die Option TEMPERATURE und tragen Sie im zugehörigen Fenster unter RUN THE SIMULATION AT TEMPERATURE: den Wert *0* ein (Bild 8.30). Simulieren Sie die Schaltung und erzeugen Sie ein Diagramm entsprechend Bild 8.31.

Übung:

Bild 8.28 zeigt für Nickel ($\alpha = 0.0067$ K^{-1}) bei 0 °C eine Brückenspannung von −1V. Wird dieser Wert von dem Diagramm aus Bild 8.31 bestätigt?

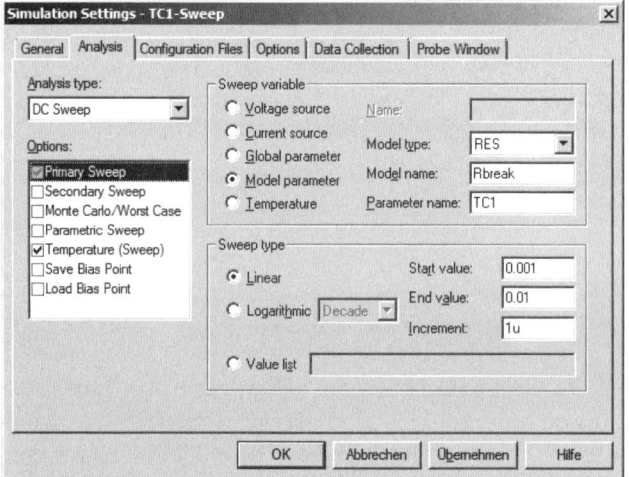

Bild 8.29: Setup für einen Sweep des Temperaturbeiwerts *TC1*

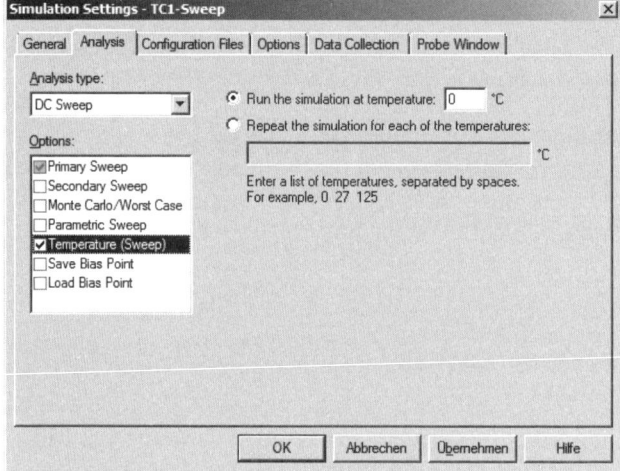

Bild 8.30: Festlegung der Bauteiltemperatur auf 0 °C

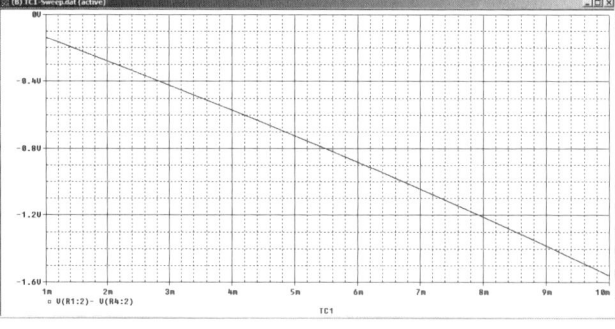

Bild 8.31: Brückenspannung: Abhängigkeit von *TC1* bei 0 °C

Übung:

Ersetzen Sie in der Temperaturmessbrücke die beiden *Rbreak* durch Kaltleiter *ptc_lite* aus *misc.olb*. Vergleichen Sie das Ergebnis mit Bild 8.28. Testen Sie anschließend auch noch den Heißleiter *ntc_lite* aus misc.olb.

DC-Sweep: Global Parameter als Sweepvariable   8.1.5

Als letzten DC-Sweep werden Sie im Folgenden noch den Sweep eines Widerstandswertes kennenlernen. PSPICE nennt Widerstandswerte in diesem Zusammenhang *Global-Parameter*. Als *Global-Parameter* kann man (u.a.) sämtliche editierbaren Attribute eines Bauteils deklarieren. Beim AC-Sweep und der Transienten-Analyse kommen als *Global-Parameter* neben Widerstandswerten noch eine ganze Reihe anderer Werte in Frage, so z.B. die Kapazität *C*, die Induktivität *L*, die Amplitude *VAMPL*, der Potentiometerabgriff *SET* (vgl. Lektion 9).

Der DC-Sweep eines *Global-Parameter* funktioniert etwas anders, als Sie es von den bisherigen Sweeps gewöhnt sind. Bei allen bisherigen DC-Sweeps konnten Sie das gesamte Setup innerhalb des Fensters SIMULATION SETTINGS vornehmen. Beim Sweep eines *Global-Parameter* müssen die Sweepvariablen auch noch außerhalb dieses Fensters an zwei weiteren Stellen angemeldet werden. Am Beispiel des Sweeps eines Widerstandes werden Sie dieses Verfahren erlernen und dabei auch noch das Gesetz über die *Leistungsanpassung* bestätigen, nach dem einer Spannungsquelle genau dann die maximale Leistung entnommen wird, wenn der Lastwiderstand gleich dem Innenwiderstand der Spannungsquelle ist.

Aktion
8.25

Legen Sie ein Projekt *param1* an und zeichnen Sie die untenstehende Reihenschaltung aus zwei Widerständen (Bild 8.32):

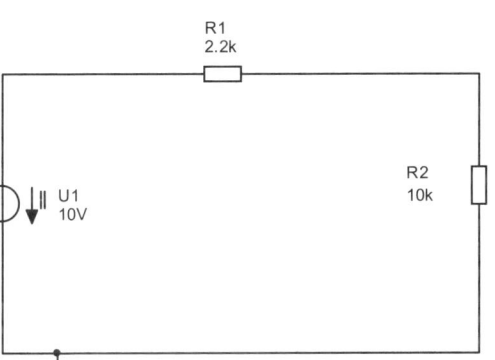

Bild 8.32: Reihenschaltung zweier Widerstände. *R2* soll mit einem DC-Sweep in einem Bereich von 0 kΩ bis 20 kΩ variiert werden

Aktion
8.26

Öffnen Sie das Fenster DISPLAY PROPERTIES von *R2* (Doppelklick auf den Widerstandwert 10k), löschen Sie den aktuellen Eintrag 10k und geben Sie Ihrer Sweepvariablen einen Namen, z.B. *Rvar*, den Sie in geschweifte Klammern setzen müssen (Bild 8.33). Durch die geschweiften Klammern melden Sie *Rvar* als Parameter an.

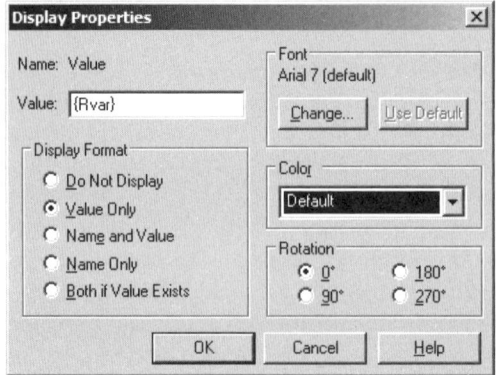

Bild 8.33: Das Fenster Display
Properties. *Rvar* wird als Parameter angemeldet

Aktion
8.27
● Schließen Sie das Fenster Display Properties mit OK. Registrieren Sie,
● dass sich der Wert von *R2* im Schaltplan geändert hat (Bild 8.34).

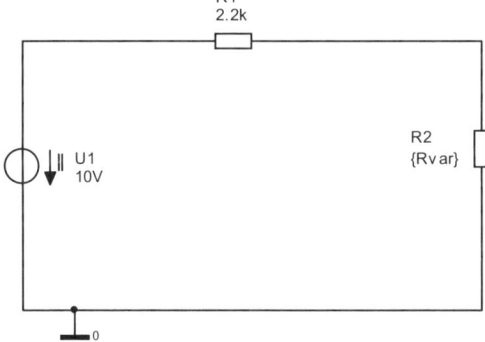

Bild 8.34: Schaltplan einer Reihenschaltung von zwei
Widerständen. Der Wert des Widerstands *R2* ist als
Sweepvariable *Rvar* eines DC-Sweeps vorgesehen

Aktion
8.28
● Bringen Sie das Element *PARAM* aus der Bibliothek *special.olb* auf
● die Zeichenfläche (Bild 8.35):

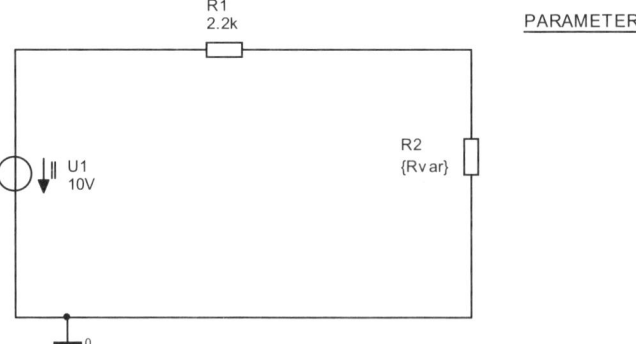

Bild 8.35: Schaltplan mit dem Element *PARAM* aus
special.olb

Doppelklicken Sie auf *PARAMETERS* und öffnen Sie damit den Property-
Editor von *PARAM* (Bild 8.36). In diesem Fenster nehmen Sie den zweiten Teil der Anmeldung von *Rvar* als Parameter vor:

Aktion
8.29

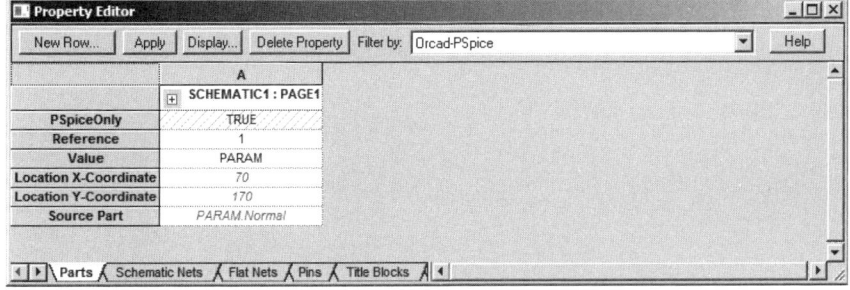

Bild 8.36: Der Property-Editor von *PARAM* nach seinem ersten Aufruf

Der Property-Editor enthält bisher noch kein Attribut namens *Rvar*. Um dieses zu erzeugen, müssen Sie eine neue Reihe (new row) anlegen:

Aktion
8.30

Betätigen Sie die Schaltfläche NEW ROW... und öffnen Sie dadurch das
Fenster ADD NEW ROW (Bild 8.37). Tragen Sie unter NAME den gewünschten Namen *Rvar* ein. Es wird daraufhin auch die anfangs graue Eingabefläche VALUE editierbar. Tragen Sie bei VALUE den Wert 10k ein:

Bild 8.37: Das Fenster ADD NEW ROW
zum Anlegen des neuen Attributs
Rvar

Ein Wert für den Parameter (10k) muss unbedingt gesetzt werden. Da es
von PSPICE erlaubt wird, beliebig viele Parameter anzumelden, obwohl
pro Simulationsdurchlauf davon nur maximal zwei genutzt werden können,
muss PSPICE wissen, was es mit den angemeldeten, aber nicht zum Sweep
ausgewählten Parametern machen soll. PSPICE verwendet dann die im
Property-Editor von *PARAM* bei VALUE angegebenen Werte.

Aktion
8.31

Schließen Sie das Fenster ADD NEW ROW mit OK und kehren Sie zurück
zum Property-Editor. *Rvar* ist dort bereits aufgeführt. Schließen Sie auch
den Property-Editor. Der Schaltplan enthält jetzt das Symbol *PARAME-
TERS* mit dem angemeldeten Parameter *Rvar* (Bild 8.38):

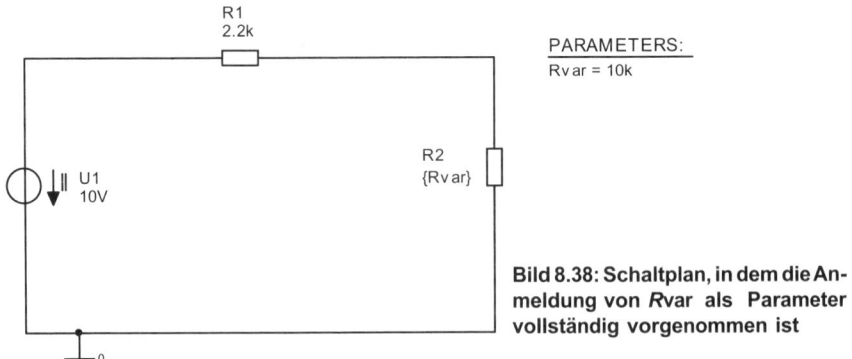

PARAMETERS:
Rvar = 10k

**Bild 8.38: Schaltplan, in dem die An-
meldung von *R*var als Parameter
vollständig vorgenommen ist**

**Aktion
8.32**

● Erstellen Sie ein Simulationsprofil *DC-Param-Sweep* und nehmen Sie
● im Fenster SIMULATION SETTINGS die Einstellungen für einen DC-Sweep
● des Parameters *Rvar* vor (Bild 8.39). Bestätigen Sie Ihr Setup mit OK.

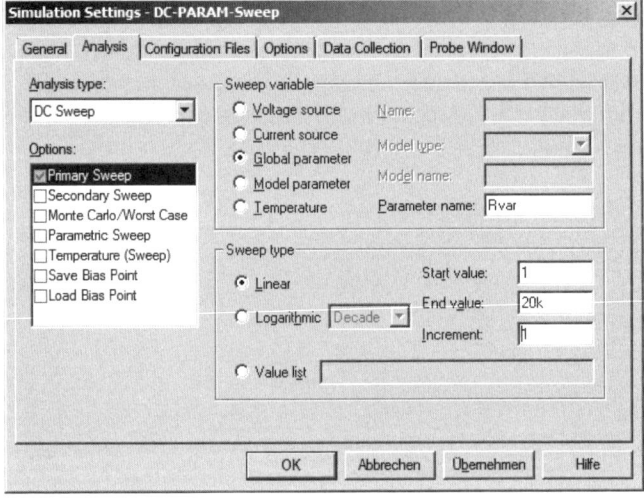

**Bild 8.39: Setup für
einen Sweep von
*Rvar***

**Aktion
8.33**

● Starten Sie die Simulation und erzeugen Sie das Probe-Fenster von
● Bild 8.40. Falls Sie inzwischen vergessen haben, wie man eine zweite
● *y*-Achse einfügt, dann sehen Sie bei Rezept 3.7 nach.

Bild 8.40 bestätigt, was Sie natürlich schon lange wissen: Wenn *Rvar* gleich
null ist, dann ist der Strom durch *Rvar* besonders groß und die Spannung
an *Rvar* ist gleich null. Wird *Rvar* sehr groß, dann wird der Strom durch
Rvar besonders klein und die Spannung nähert sich dem Wert 10 V. Also:
Für *Rvar* = 0 ist die in *Rvar* umgesetzte Leistung *U·I* gleich 0 und für *Rvar*
gegen ∞ ist die in *Rvar* umgesetzte Leistung sehr klein. Dazwischen muss
es ein Maximum der an *Rvar* abgegebenen Leistung geben. Diesen Zustand nennt man *Leistungsanpassung*. Er wird in vielen Anwendungen an-
gestrebt.

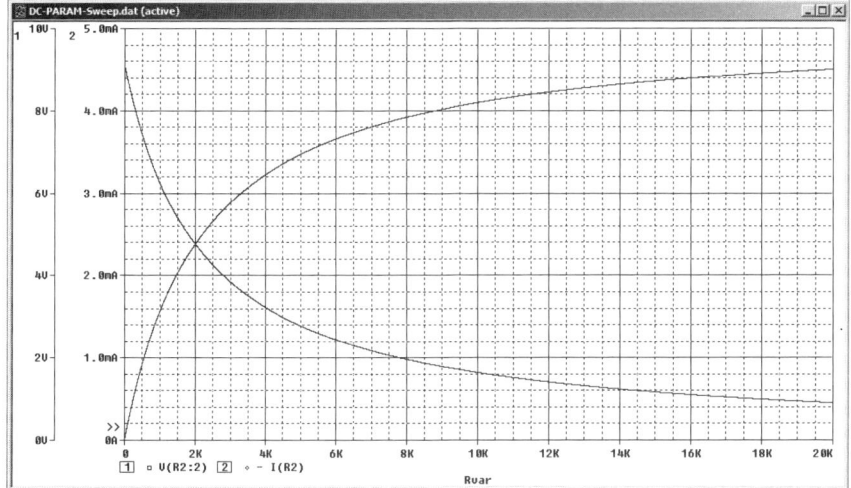

Bild 8.40: Spannung an *Rvar* (V(R2:2)) und Strom durch *Rvar* (-I(R2))

Aktion
8.34

Löschen Sie die Diagramme des Stromes und der Spannung an *Rvar*.
Entfernen Sie auch die zusätzliche *y*-Achse (PLOT/DELETE Y AXIS), damit
Ihr Bildschirm bereit wird für die Darstellung der Leistung. Öffnen Sie
anschließend das Fenster ADD TRACES und forden Sie die Anzeige der in
Rvar umgesetzten Leistung *W(R2)* an. (Bild 8.41).

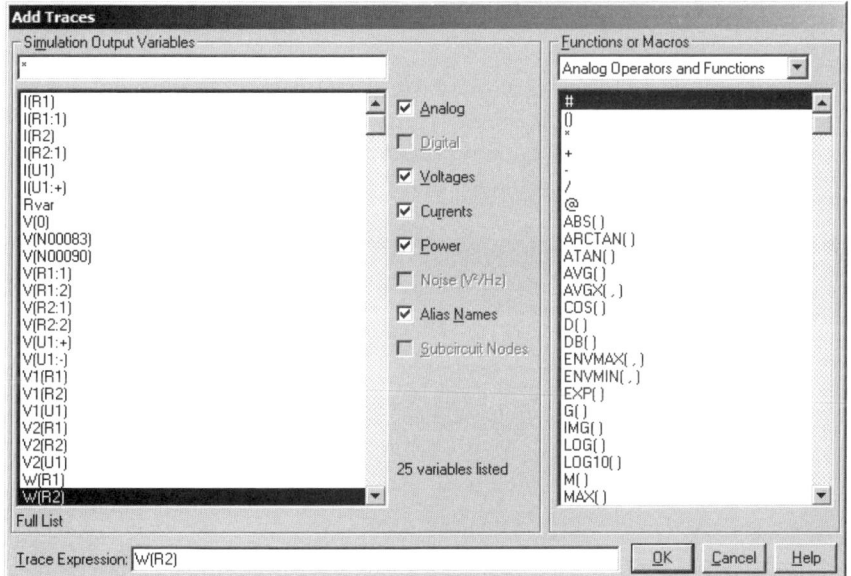

**Bild 8.41: Das Fenster ADD TRACES. In der Zeile TRACE-EXPRESSION steht W(R2), d.h. der
Ausdruck für die Leistung, die in *Rvar* umgesetzt wird**

Aktion
8.35

Bringen Sie das Diagramm der in *Rvar* umgesetzten Leistung zur Anzeige. Bestimmen Sie mit dem Probe-Corsor die exakte Lage des Maximums (Bild 8.42).

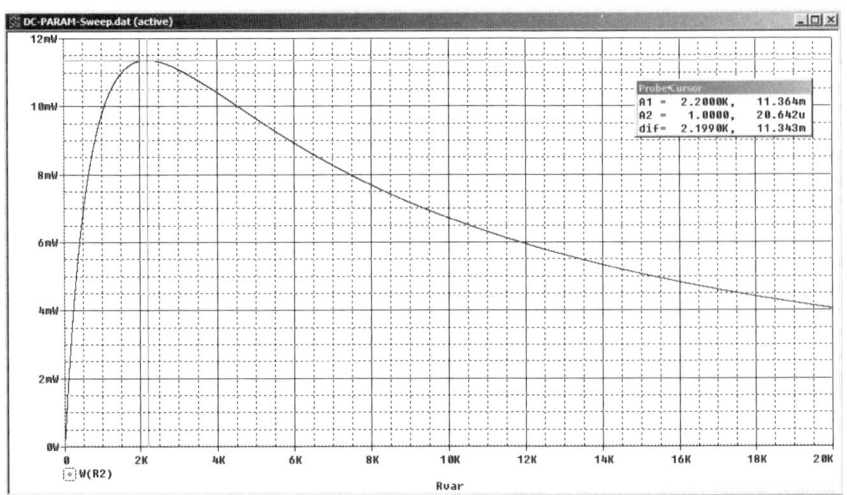

Bild 8.42: Verlauf der Leistung in *Rvar* bei Veränderung von *Rvar*. Der Verlauf der Leistung weist ein ausgeprägtes Maximum auf

Aus der Theorie wissen Sie, dass das Maximum der Leistung dann erreicht wird, wenn *Rvar* genauso groß ist wie *R1*. Das Simulationsergebnis bestätigt die Theorie exakt.

Bei vielen Anwendungen ist man auch am Wirkungsgrad einer Energieübertragung interessiert, d.h. am Verhältnis der abgegebenen Leistung zur insgesamt aufgewandten Leistung. Bild 8.43 zeigt den Verlauf des Wirkungsgrades –W(R2)/W(U1) in Abhängigkeit von *Rvar*. Das negative Vorzeichen ist erforderlich, weil PSPICE zugeführte Leistungen positiv und abgegebene Leistungen negativ darstellt. Die Vermessung mit dem Cursor ergibt bei Leistungsanpassung einen Wirkungsgrad von 0,5. Dies Ergebnis ist für Elektroniker wenig erstaunlich, aber es erhöht den Respekt vor PSPICE.

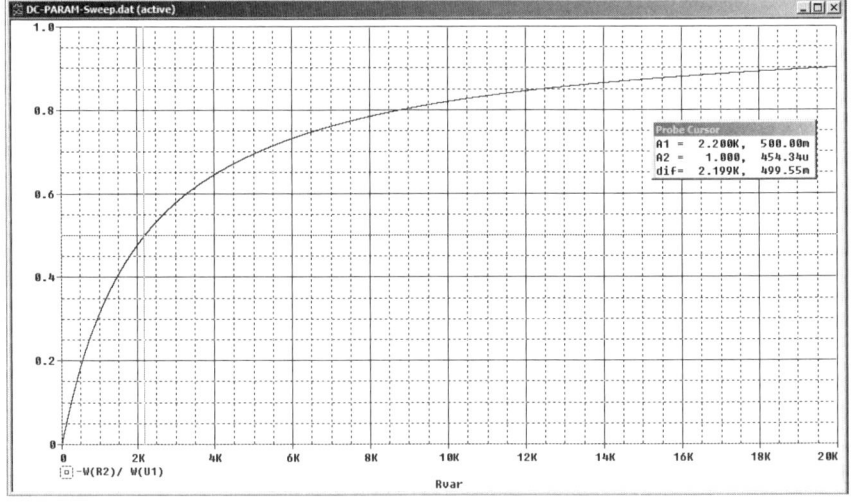

Bild 8.43: Verlauf des Wirkungsgrades einer Spannungsquelle mit Innenwiderstand

Geschachtelte DC-Sweeps (zwei Sweepvariablen)   8.2

Geschachtelter DC-Sweep von zwei Global-Parametern   8.2.1

Im Folgenden lernen Sie zum ersten Mal einen geschachtelten DC-Sweep kennen. Nach der Theorie liegt Leistungsanpassung vor, wenn *Rvar* und *R1* gleich groß sind. Mit einem DC-Sweep des Global-Parameters *Rvar* in Verbindung mit einem Secondary-DC-Sweep des Global-Parameters *Ri* (Bild 8.44) lässt sich dieser Satz anschaulich untermauern:

Aktion 8.36

Melden Sie nach dem Muster der Aktionen 8.26 bis 8.31 den Gobal-Parameter *Ri* an[1]. *Ri* habe den Defaultwert 2.2k. Ihre Schaltung sollte anschließend Bild 8.44 entsprechen.

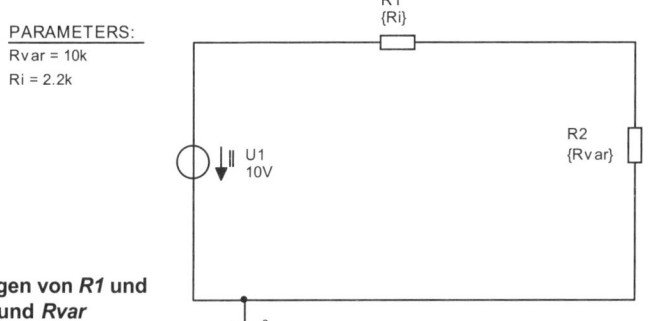

Bild 8.44: Anmeldungen von *R1* und *R2* als Parameter *Ri* und *Rvar*

Aktion 8.37

Ergänzen Sie den einfachen DC-Sweep des Global-Parameters *Rvar* von Bild 8.39 um einen Secondary-DC-Sweep des Global-Parameters *Ri* entsprechend Bild 8.45:

Bild 8.45: Setup für Secondary-Sweep von *Ri*

---

1) Wenn Sie im PARAMETERS-Symbol einen neuen Parameter angelegt haben (new row), dann aber feststellen, dass Sie sich geirrt haben so können Sie diesen Parameter auch wieder löschen: Dazu müssen Sie im Property-Editor des PARAMETERS-Symbols den Namen des unerwünschten Parameters mit der rechten Maustaste anklicken, dann im Kontextmenü FILTERS wählen und dann HIDE anklicken.

Aktion

Simulieren Sie die Schaltung und erzeugen Sie das Probe-Diagramm von Bild 8.46.

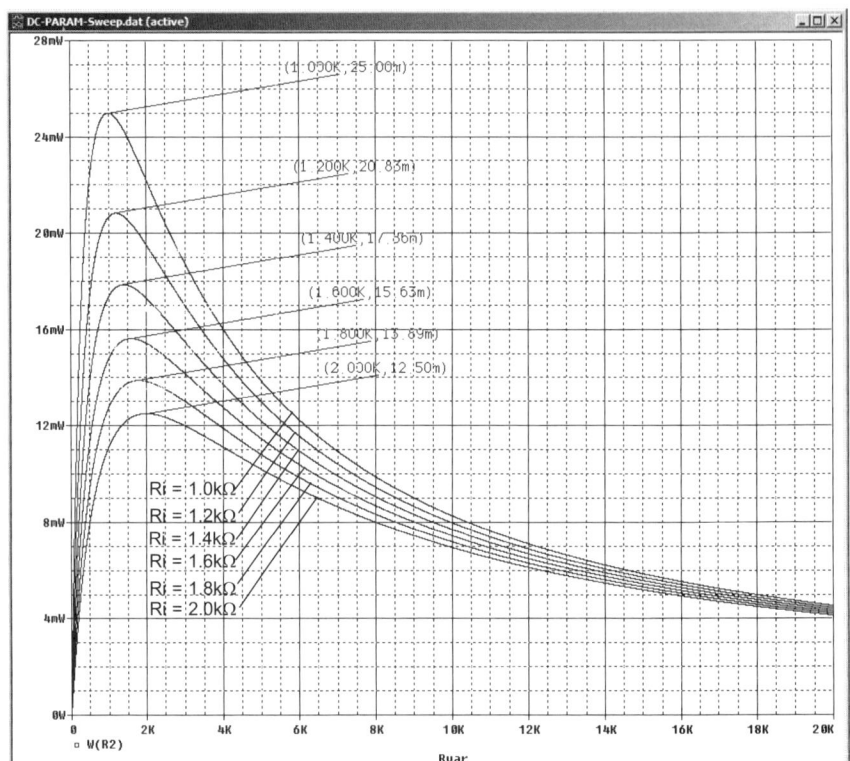

Bild 8.46: Diagramm der in *Rvar* umgesetzten Leistung in Abhängigkeit von *Rvar* und *Ri*

Aktion

Üben Sie zur Vermessung der Maxima der Kurvenschar von Bild 8.46 die Handhabung des Cursors und der Cursor-Label (Rezept 7.10). Bestätigen Sie dadurch die Lage der Maxima bei *Rvar = Ri*

8.2.2 Geschachtelter DC-Sweep vonTemperatur und Modellparameter

Im folgenden Abschnitt sollen Sie für die Temperaturbrücke (Bild 8.26) Temperatur-Sweeps für verschiedene Werte des Temperaturkoeffizienten *TC1* erzeugen und die Ergebnisse dann als Kurvenschar in einem gemeinsamen Diagramm darstellen. Diese Aufgabe ist mit einem geschachtelten Sweep (Secondary Sweep) lösbar.

Aktion

Laden Sie erneut die Messbrücke *temp_brk.opj* und öffnen Sie das Fenster SIMULATION SETTINGS durch Betätigen der zugehörigen Schaltfläche. Stellen Sie sicher, dass das Fenster immer noch die Einträge hat, die Sie im Abschnitt 8.1.3 (Bild 8.27) vorgenommen haben.

Im Fenster SIMULATION SETTINGS (Bild 8.27) sehen Sie unter OPTIONS die Option SECONDARY SWEEP zum Aufruf eines Nebensweeps.

Aktion
8.41

Klicken Sie die kleine weiße Schaltfläche VOR SECONDARY SWEEP an und öffnen Sie dadurch das Fenster zur Eingabe der Parameter für den Secondary-Sweep. (Bild 8.47):

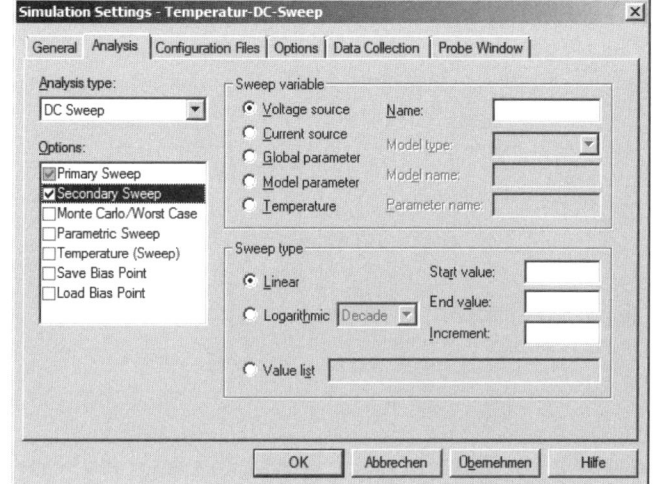

Bild 8.47: Das Unterfenster SECONDARY SWEEP des Fensters SIMULATION SETTINGS

TC1 ist ein Modellparameter des Modells *Rbreak*. *Rbreak* gehört, so wie auch der normale Widerstand *R*, zum Modelltyp *Res* (Resistor).

Aktion
8.42

Füllen Sie das Secondary-Sweep-Fenster nach den Vorgaben von Bild 8.48 aus. Sie erreichen damit einen linearen Sweep des Temperaturkoeffizienten *TC1* von *TC1* = 0.002 K^{-1} bis *TC1* = 0.01 K^{-1}. Verlassen Sie anschließend das Secondary-Sweep-Fenster durch Anklicken von OK.

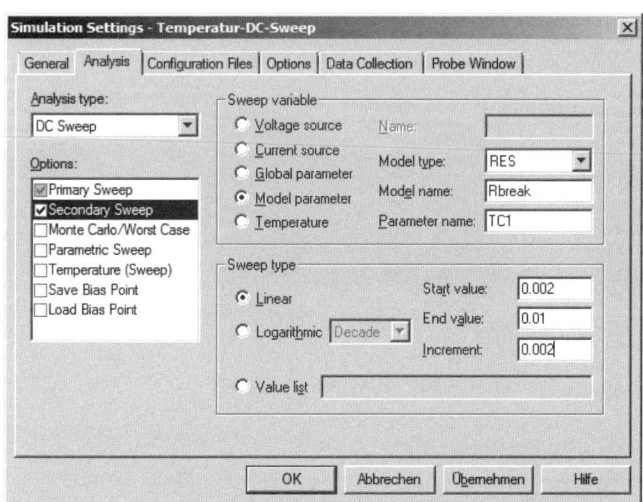

Bild 8.48: Setup für einen Secondary-Sweep von *TC1*

Aktion
8.43

● Starten Sie die Simulation und erzeugen Sie die Probe-Diagramme der
● Temperatursweeps entsprechend Bild 8.49:

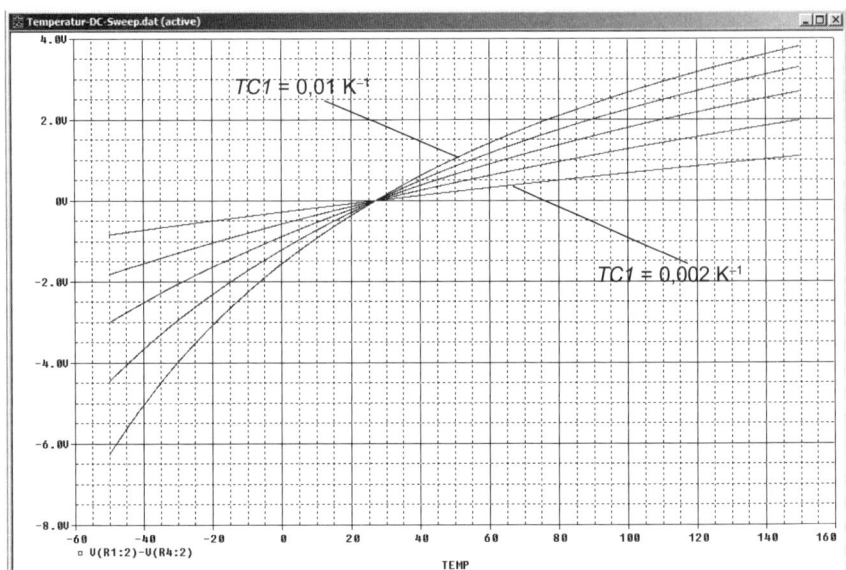

Bild 8.49: Temperatursweeps für verschiedene Werte des Temperaturkoeffizienten *TC1*

Bild 8.49 zeigt, dass die Temperaturmessbrücke bei 27°C abgeglichen ist.
Für deutsche Verhältnisse ist das kein sehr geeigneter Wert, zumal der
verwendete Temperaturbeiwert von Nickel ($\alpha = 6{,}7 \cdot 10^{-3}\,K^{-1}$) für eine Normaltemperatur von 20°C gilt. Für eine korrekte Anzeige müssen Sie also *TNOM*
(vgl. die Fußnote auf S. 179) auf 20°C stellen. Bild 8.50 zeigt das Ergebnis:

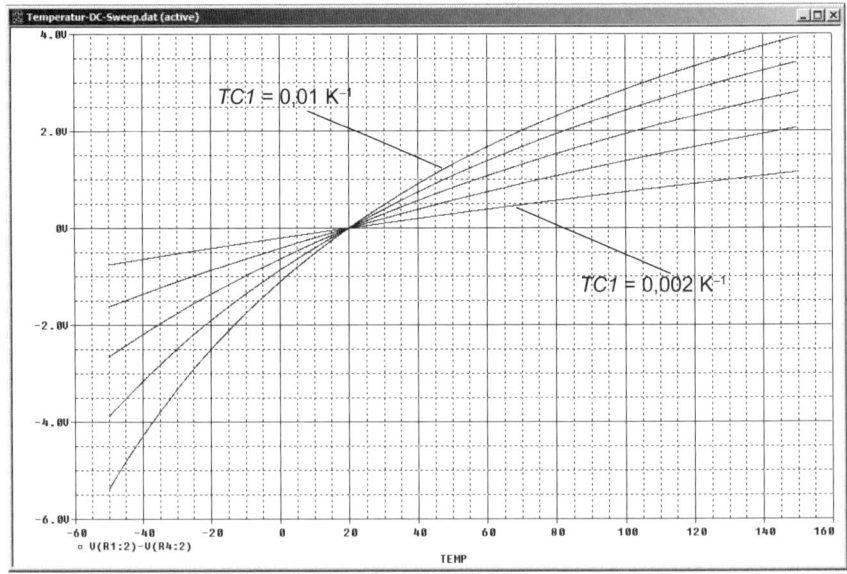

Bild 8.50: Temperatur-Sweeps mit Einstellungen wie bei Bild 8.49. Aber: *TNOM* = 20 °C

Aufgaben   8.3

Aufgabe 8.1:
Erzeugen Sie für die beiden Schaltungen aus *sp_quell.opj* (Bilder 8.11 und 8.18) einen Sweep des Lastwiderstands *RL* von *RL* = 1 kΩ bis *RL* = 10 kΩ. Erbringen Sie damit den abschließenden Beweis, dass beide Schaltungen (nach außen hin) gleichwertig sind, d.h., dass beide Sweeps unter allen Bedingungen gleiche Ergebnisse für die Spannung an R_L ergeben.

Aufgabe 8.2:
Laden Sie die belastete Brücke *bruecke.opj* (Bild 2.14). Sweepen Sie *R4* und testen Sie die Richtigkeit der Abgleichbedingung für die Brücke.

Aufgabe 8.3 (für Tüftler mit Kenntnissen der Halbleiter-Elektronik):
Legen Sie ein Projekt *transistor-kennlinie* an und zeichnen Sie die Schaltung von Bild 8.51. Wählen Sie einen geeigneten Sweep, um das Ausgangs-Kennlinienfeld des Transistors (Bild 8.52) zu erzeugen. Hinweis: Damit das Probe-Fenster bei *UCE* = 0 keinen unendlich hohen Wert der Leistungshyperbel (P_{tot} = 300 mA) anzeigen muss, müssen Sie die anzuzeigenden *y*-Achsenwerte beschränken (PLOT/AXIS SETTINGS/Y AXIS/USER DEFINED).

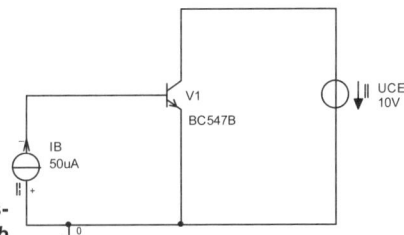

Bild 8.51: Schaltung zur Aufnahme des Ausgangs-Kennlinienfeldes des *BC547B* aus *misc.olb*

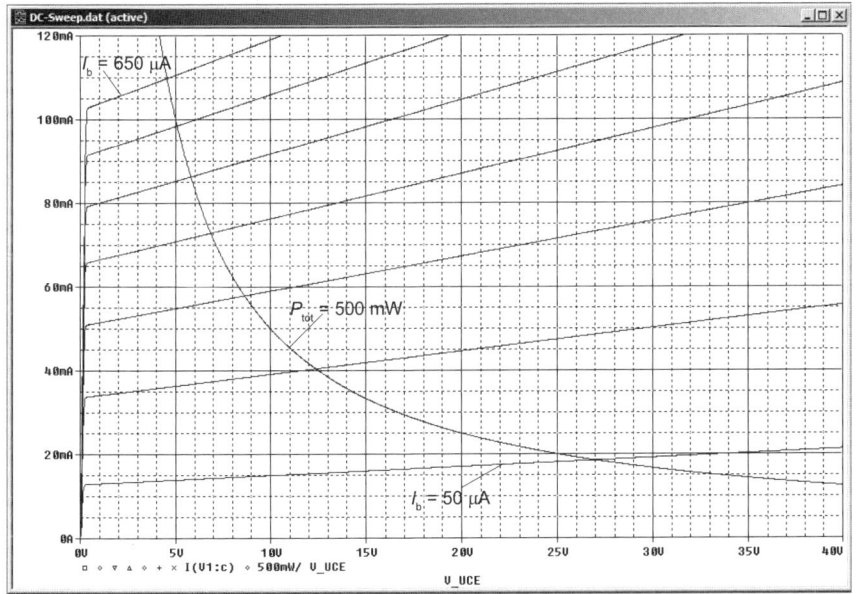

Bild 8.52: Ausgangskennlinienfeld des Transistors *BC547B* mit Verlustleistungshyperbel

Kochbuch

Rezept
8.1

DC-Sweep: Eine Gleichspannungsquelle sweepen _____

1. Zeichnen der Schaltung unter Verwendung einer DC-fähigen Spannungsquelle, z.B. *VDC*.
2. Ein Simulationsprofil anlegen, das den Charakter des Sweeps erkennen lässt, z.B. *VDC-Sweep*.
3. Im Fenster SIMULATION SETTINGS (Bild 8.3) folgende Einträge vornehmen:
   - Bei ANALYSIS TYPE: DC SWEEP
   - Bei OPTIONS: PRIMARY SWEEP
   - Bei SWEEP VARIABLE: Anwählen von VOLTAGE SOURCE.
   - Bei NAME den Namen der zu sweependen Spannungsquelle eintragen.

- Bei START VALUE, END VALUE und INCREMENT das Sweepintervall und die Schrittweite eintragen (Bild 8.3).
- Bei SWEEP TYPE auswählen, wie die Stützstellen verteilt werden sollen. Meistens ist es sinnvoll, bei linear skalierter *x*-Achse auch die Stützstellen linear zu verteilen und bei logarithmisch skalierter *x*-Achse auch logarithmisch verteilte Stützstellen zu wählen.

4. Das Fenster SIMULATION SETTINGS verlassen mit OK.
5. Die Simulation starten (Rezept 2.1) und das Ergebnis im Probe-Fenster darstellen (Rezept 3.4).

(Aktionen 8.2 bis 8.4)

Rezept
8.2

DC-Sweep: Eine Gleichstromquelle sweepen _____

Zeichnen der Schaltung unter Verwendung einer DC-fähigen Stromquelle, z.B. *IDC*.

Ein Simulationsprofil anlegen, das den Charakter des Sweeps erkennen lässt, z.B. *IDC-Sweep*.

Im Fenster SIMULATION SETTINGS (Bild 8.19) folgende Einträge vornehmen:
- Bei ANALYSIS TYPE: DC SWEEP
- Bei OPTIONS: PRIMARY SWEEP
- Bei SWEEP VARIABLE: Anwählen von CURRENT SOURCE.
- Bei NAME den Namen der zu sweependen Stromquelle eintragen.

- Bei START VALUE, END VALUE und INCREMENT das Sweepintervall und die Schrittweite eintragen (Bild 8.19).
- Bei SWEEP TYPE auswählen, wie die Stützstellen verteilt werden sollen. Meistens ist es sinnvoll, bei linear skalierter *x*-Achse auch die Stützstellen linear zu verteilen und bei logarithmisch skalierter *x*-Achse auch logarithmisch verteilte Stützstellen zu wählen.

Das Fenster SIMULATION SETTINGS verlassen mit OK.

Die Simulation starten (Rezept 2.1) und das Ergebnis im Probe-Fenster darstellen (Rezept 3.4).

(Aktionen 8.15 bis 8.16)

Kochbuch

DC-Sweep: Die Betriebstemperatur einer Schaltung sweepen

1. Zeichnen der Schaltung unter Verwendung DC-fähiger Quellen, z.B. *VDC, IDC*.

2. Ein Simulationsprofil anlegen, das den Charakter des Sweeps erkennen lässt, z.B. *DC-Temp-Sweep*.

3. Im Fenster SIMULATION SETTINGS (Bild 8.27) folgende Einträge vornehmen:

   - Bei ANALYSIS TYPE: DC SWEEP
   - Bei OPTIONS: PRIMARY SWEEP
   - Bei SWEEP VARIABLE: Anwählen von TEMPERATURE.
   - Bei START VALUE, END VALUE und INCREMENT das Sweepintervall

und den Abstand der Stützstellen eintragen (Bild 8.27).

- Bei SWEEP TYPE auswählen, wie die Stützstellen verteilt werden sollen. Meistens ist es sinnvoll, bei linear skalierter *x*-Achse auch die Stützstellen linear zu verteilen und bei logarithmisch skalierter *x*-Achse auch logarithmisch verteilte Stützstellen zu wählen.

4. Das Fenster SIMULATION SETTINGS verlassen mit OK.

5. Die Simulation starten (Rezept 2.1) und das Ergebnis im Probe-Fenster darstellen (Rezept 3.4).

(Aktionen 8.22 bis 8.23)

DC-Sweep: Einen Modellparameter sweepen

1. Zeichnen der Schaltung unter Verwendung DC-fähiger Quellen, z.B. *VDC, IDC*.

2. Ein Simulationsprofil anlegen, das den Charakter des Sweeps erkennen lässt, z.B. *TC1-Sweep*.

3. Im Fenster SIMULATION SETTINGS (Bild 8.29) folgende Einträge vornehmen:

   - Bei ANALYSIS TYPE: DC SWEEP
   - Bei OPTIONS: PRIMARY SWEEP
   - SWEEP VARIABLE: MODEL PARAMETER.
   - Den MODEL TYPE auswählen:

RES	Widerstand
IND	Induktivität
CAP	Kapazität
npn	npn-Transistor

pnp	pnp-Transistor
D	Diode

Bei MODEL NAME den Modellnamen eintragen.

- Bei PARAMETER NAME den Namen des zu sweependen Modellparameters eintragen.

- Bei START VALUE, END VALUE und INCREMENT das Sweepintervall und die Schrittweite eintragen (Bild 8.29).

Bei SWEEP TYPE auswählen, wie die Stützstellen verteilt werden (vgl. Rezept 8.3).

4. Die Simulation starten (Rezept 2.1) und das Ergebnis im Probe-Fenster darstellen (Rezept 3.4).

(Aktion 8.24)

Kochbuch

Rezept
8.5

DC-Sweep: Widerstandswert als *Global-Parameter* sweepen

1. Den Widerstand als *Global- Parameter* auf dem Schaltplan anmelden (Rezept 8.6)
2. Ein Simulationsprofil anlegen, das den Charakter des Sweeps erkennen lässt, z.B. *Rvar-Sweep*.
3. Im Fenster SIMULATION SETTINGS (Bild 8.39) folgende Einträge vornehmen:

   • Bei SWEEP VARIABLE: GLOBAL PARAMETER wählen.

   • Bei PARAMETER NAME den Namen des zu sweependen Globalparameters eintragen.

   • Bei START VALUE, END VALUE und INCREMENT das Sweepintervall und den Abstand der Stützstellen eintragen.

   • Bei SWEEP TYPE wählen, ob die Stützstellen linear oder logarithmisch verteilt werden sollen.

4. Die Simulation starten (Rezept 2.1) und das Ergebnis im Probe-Fenster darstellen.

(Aktionen 8.32 bis 8.33)

Rezept
8.6

Einen Global-Parameter auf dem Schaltplan anmelden _____

Die Anmeldung eines Global-Parameters wird am Beispiel der Anmeldung eines Widerstandswertes beschrieben:

1. Durch Doppelklick auf den aktuellen Wert des als Parameter vorgesehenen Widerstands das Fenster DISPLAY PROPERTIES öffnen (Bild 8.33).
2. Dem Widerstandswert einen Namen geben (z.B. *Rvar*) und diesen in geschweifte Klammern setzen.
3. Das Element *PARAM* auf dem Schaltplan platzieren (Bild 8.35).
4. Durch Doppelklick auf *PARAMETERS* den Property-Editor von *PARAM* öffnen (Bild 8.36).
5. Mit NEW ROW.. das Fenster ADD NEW ROW öffnen. Den Namen und den Defaultwert des Parameters eintragen (Bild 8.37). OK.

(Aktionen 8.28 bis 8.31)

Rezept
8.7

Mehrere Simulationsprofile in einem Projekt nutzen _____

Anlegen eines zusätzlichen Simulationsprofils:

Gehen Sie zum Anlegen eines zusätzlichen Simulationsprofils genauso vor, wie es in Rezept 2.2 für die Anlage eines ersten Simulationsprofils beschrieben wird.

Aktivieren eines nicht aktiven Simulationsprofils:

1. Im Projektmanager den Ordner SIMULATION PROFILES mit den vorhandenen Simulationsprofilen aufsuchen und öffnen. Das aktive Profil erkennt man an einem Ausrufezeichen.
2. Anklicken des gewünschten Profils mit der rechten Maustaste und wählen von MAKE ACTIVE.

(Bild 8.21)

Kochbuch

Einen geschachtelten DC-Sweep durchführen ──────────

Rezept
8.8

1. Das Setup für den DC-Sweep (MAIN SWEEP) entsprechend den Anweisungen in den Rezepten 8.1 bis 8.5 vornehmen. Die für den Main-Sweep gewählte Sweepvariable wird im abschließenden Probe-Diagramm die x-Achse bilden.

2. SECONDARY SWEEP wählen.

3. Im Secondary-Sweep-Fenster (Bild 8.45) folgende Einträge vornehmen:

   • Bei SWEEP VARIABLE: Anwählen der Sweepvariablen, die für den Nebensweep (Secondary-Sweep) vorgesehen ist.

   • Bei SWEEP TYPE auswählen, wie die Stützstellen des Nebensweeps verteilt werden sollen (Meistens ist es bei einem Nebensweep sinn-

voll, eine lineare Verteilung zu wählen oder einzelne Werte als VALUE LIST einzugeben.

   • Entweder: Bei START VALUE, END VALUE und INCREMENT das Sweepintervall und den Abstand der Werte der Variablen des Nebensweeps eintragen.

   Oder: Wahl von VALUE LIST. Es wird dann automatisch im rechten Fensterteil das Feld VALUES aktiviert, so dass dort einzelne Werte eingetragen werden können, für die ein Secondary-Sweep durchgeführt werden soll. OK.

4. Die Simulation starten (Rezept 2.1) und das Ergebnis im Probe-Fenster darstellen (Rezept 3.4).

(Aktionen 8.25 bis 8.28)

Spaghetti mit einem Pesto alla Genovese herstellen ────────

Rezept
8.9

1. 40 Basilikumblätter mit 20 etwas angerösteten Pinienkernen in einen Mörser geben.

2. Je nach Tagesplanung zwischen 3 und 13 Knoblauchzehen kleinwürfeln und dem Mörserinhalt hinzufügen.

3. Alles gut zermörsern. Zwei Esslöffel Parmesanspäne und ausreichend Salz untermischen.

4. Die Mischung in eine Schüssel ge-

ben und ein Glas Olivenöl vom Feinsten untermischen.

5. Die Spaghetti in sprudelndes Salzwasser geben. Kurz bevor sie fertig sind, drei Esslöffel von dem heißen Spaghettiwasser dem Pesto zufügen und gut verrühren.

6. Die Spaghetti abgießen und mit dem Pesto vermischen. Warm essen!

Im Schaltplan einen unbekannten Pin-Namen identifizieren

Rezept
8.10

Klicken Sie den Pin, dessen Namen Sie nicht kennen, zur Arbeit in der Trace-Liste aber kennen müssen, mit der linken Maustaste an. Am unteren Rand des CAPTURE-Bildschirms er-

scheint dann in der grauen Informationsleiste der Eintrag PIN-NAME: und dahinter der Name des gesuchten Pins.

Kochbuch

Das Temperaturverhalten von Widerständen, Kapazitäten und Induktivitäten modellieren

Die Simulationsmodelle der Widerstände, Kondensatoren und Induktivitäten lassen sich so verändern, dass die Bauteile temperaturabhängig werden. PSPICE verwendet dazu einen linearen (*TC1*) und einen quadratischen (*TC2*) Temperaturkoeffizienten. Damit berechnet PSPICE bei einer gegebenen Bauteiltemperatur den Widerstandswert nach der Formel:

$$R_{warm} = R_{kalt} \cdot (1 + TC1 \cdot \Delta \vartheta + TC2 \cdot \Delta \vartheta^2)$$

Darin ist $\Delta\vartheta$ die Abweichung der vorhandenen Schaltungstemperatur ϑ_{ist} zur Normaltemperatur von 27 °C.

Für Kondensatoren und Induktivitäten gilt die Formel entsprechend.

Um einem Widerstand ein lineares Temperaturverhalten zu geben, gehen Sie wie folgt vor:

1. Ersetzen Sie alle Widerstände, die temperaturabhängig werden sollen, durch Widerstände der Sorte *Rbreak*. Die Widerstände *Rbreak* befinden sich in der Bibliothek *ebreakou.olb*.

2. Markieren Sie einen der *Rbreak* durch Mausklick und färben Sie ihn dadurch rot ein.

3. Öffnen des Kontextmenüs durch rechten Mausklick .

4. Wählen Sie Edit PSpice Model und öffnen Sie den Modell-Editor (Bild 8.23).

5. Fügen Sie im Modelleditor einen Eintrag ein, in der nach *TC1=* der gewünschte Temperaturkoeffizient steht (Bild 8.24).

6. Tragen Sie im Property-Editor von *Rbreak* bei Value den gewünschten Widerstandswert bei der Normaltemperatur von 27 °C ein (Bild 8.25).

(Aktionen 8.18 bis 8.21)

Mehrere Schaltungen in einem Projekt nutzen

Anlegen eines zusätzlichen Schaltplans im Projektmanager:

Anklicken der Design-Datei *.dsn mit der rechten Maustaste. Im Kontextmenü anwählen von New Schematic. Wahl eines Namens für die neue Schaltung. OK   (Aktion 8.10)

Anlegen einer neuen Seite in einem neu angelegten Schaltplan:

1. Im Projektmanager aufsuchen der neuen Schaltung. Öffnen des Kontextmenüs mit rechtem Mausklick.

2. Wahl von New Page. Im Fenster New Page in Schematic:.. übernehmen des vorgeschlagenen Namens PAGE1. OK

(Aktion 8.11)

Das Root-Verzeichnis wechseln

1. Speichern des gesamten Projekts.

2. Den als Root-Verzeichnis gewünschten Ordner mit der rechten Maustaste anklicken. Wählen von Make Root im Kontextmenü.

(Aktion 8.14)

DER PARAMETRIC-SWEEP

Der Parametric-Sweep ist eine weitere sehr leistungsfähige Analyseart von PSPICE. Er ähnelt stark dem DC-Sweep mit seiner Möglichkeit zu einem Secondary-Sweep. Der Parametric-Sweep ermöglicht es, in Abhängigkeit von einer in Stufen veränderlichen Größe, einem *Parameter*, eine ganze Serie von DC-, AC- oder Transienten-Analysen durchzuführen und die Ergebnisse als Kurvenscharen darzustellen. Eine jedem Elektroniker interessierende Kurvenschar, die sich mit Hilfe eines Parametric-Sweeps erzeugen lässt, ist z.B. der Amplitudengang der Ausgangsspannung einer Emitterschaltung für unterschiedliche Emitterwiderstände zur Gegenkopplung. Um dieses mit PSPICE zu simulieren, wird für verschiedene Emitterwiderstände *RE* (*RE* ist der Parameter des zugehörigen Parametric-Sweeps) eine Serie AC-Sweeps zur Darstellung des Amplitudengangs der Ausgangsspannung U_{out} der Verstärkerstufe durchgeführt. Der Verlauf U_{out} = f (*f*) mit *RE* als Parameter wird dann abschließend in einem gemeinsamen Probe-Diagramm als Kurvenschar dargestellt.

Der Parametric-Sweep überträgt die Möglichkeiten, die beim DC-Sweep der Secondary-Sweep bietet, auf die anderen genannten Analyse-Arten. Da Sie sich bereits ausführlich mit den DC-Sweep und seinem Secondary-Sweep beschäftigt haben, wird Ihnen die Beherrschung des Parametric-Sweeps keine große Mühe bereiten.

Parametric-Sweep im Rahmen eines DC-Sweep   9.1

Brückenspannung U_{Br} einer Temperaturmessbrücke: Die Kurvenschar U_{Br} = f (ϑ) mit Temperaturkoeffizient *TC1* als Parameter   9.1.1

Wer sich mit dem DC-Sweep so gut auskennt wie Sie, der stellt natürlich die Frage, was den Unterschied ausmacht zwischen einem DC-Secondary-Sweep, wie Sie ihn bereits aus Lektion 8 kennen, und einem DC-Parametric- Sweep, welcher Gegenstand dieses Abschnitts ist. Die Antwort lautet: Der Unterschied zwischen diesen beiden Sweeps ist minimal. Zur Demonstration dieses minimalen Unterschiedes sowie zum Erlernen der Ausführung eines DC-Parametric-Sweep dient die Temperaturmessbrücke (Bild 8.26), deren Eigenschaften Sie im Abschnitt 8.2.2 mit Hilfe eines DC-Secondary-Sweep und einer damit erzeugten Kurvenschar (Bild 8.49) dargestellt haben. Eine (fast) gleiche Kurvenschar werden Sie jetzt mit Hilfe eines DC-Parametric-Sweep erzeugen.

Aktion
9.1

   ● Erstellen Sie ein neues Projekt *dc-param-sweep*. Erstellen Sie die Schal-
   ● tung der Temperaturmessbrücke (Bild 9.1) durch Kopieren der bereits
   ● vorhandenen Schaltung aus *temp_brk.opj*[1)2)]. Lernen Sie dabei, dass Sie
   ● in CAPTURE mehrere Projekte gleichzeitig geöffnet haben können, die,
   ● wie bei WINDOWS üblich, über die Zwischenablage miteinander korres-
   ● pondieren können.

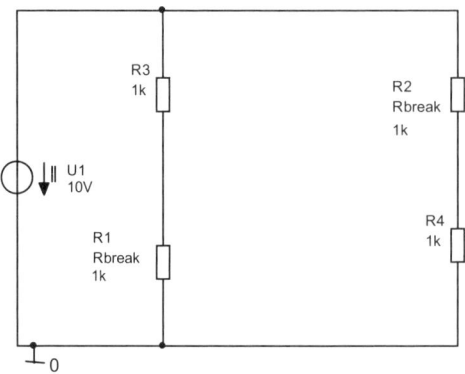

**Bild 9.1: Temperaturmessbrücke als
Grundlage für DC-Parametric-Sweep**

Aktion
9.2

   ● Erstellen Sie für den Hauptsweep ein Setup, wie Sie es bereits in der
   ● Lektion 8.1.3 verwendet haben, also für einen DC-SWEEP der Temperatur
   ● von –50 °C bis +150 °C in Schritten von 0,1 °C (Bild 9.2).

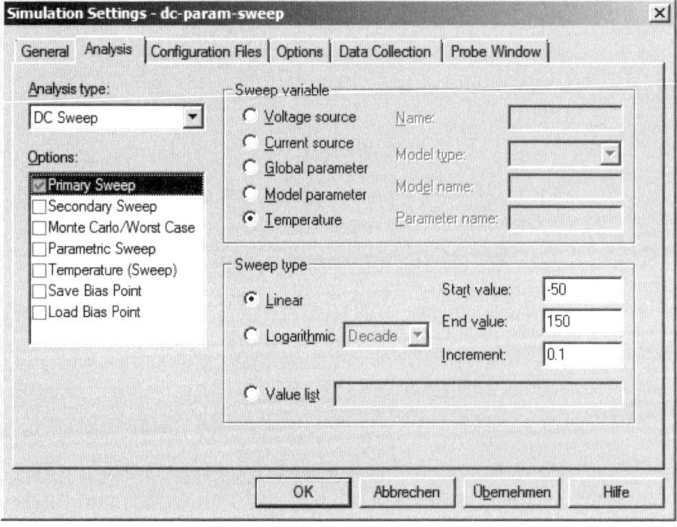

**Bild 9.2: Setup
für DC-Sweep
der Temperatur**

---

1) Natürlich wäre es für Ihr aktuelles Vorhaben einfacher, ein neues Simulationsprofil im bereits vorhandenen Projekt *temp_brk.opj* anzulegen. Wenn Sie hier dennoch aufgefordert werden, die geplante Aufgabe in
einem neuen Projekt durchzuführen, dann geschieht das, um Sie nachhaltig mit der Möglichkeit vertraut zu
machen, mit COPY und PASTE Schaltungen oder Schaltungsteile zwischen verschiedenen Projekten auszu-
tauschen. Damit werden Sie in Zukunft vermutlich viel Zeit sparen.

2) Wenn eine Schaltung durch Aufziehen eines Rahmens markiert wurde, kann sie durch einen rechten
Mausklick und (im Kontextmenü) Anwahl von COPY in die WINDOWS-Zwischenablage befördert werden.
Der Inhalt der Zwischenablage kann anschließend in ein anderes (aktives) Fenster eingefügt werden.

Klicken Sie im Fenster SIMULATION SETTINGS unter Options die kleine Aus-
wahl-Fläche neben PARAMETRIC SWEEP an und öffnen Sie dadurch das
Fenster zur Eingabe der Daten für den Parametric-Sweep, den Sie als
Nebensweep planen (Bild 9.3).

Aktion
9.3

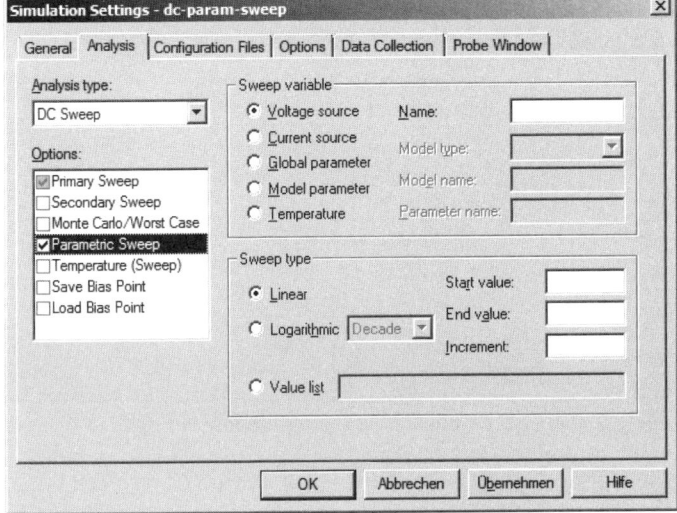

**Bild 9.3: Wahl
der Option PARA-
METRIC SWEEP**

Das Fenster zur Eingabe der Daten für den Parametric-Nebensweep (Bild
9.3) gleicht dem Fenster für den DC-Hauptsweep (Bild 9.2) und dem Fenster für den DC-Secondary-Sweep (Bild 8.47) fast vollständig.

Füllen Sie das Fenster für den Parametric-Nebensweep nach dem Muster von Bild 9.4 aus, also genauso wie beim DC-Secondary-Sweep (Bild
8.47). Bestätigen Sie Ihre Auswahl mit OK und starten Sie die Simulation
durch Anklicken der Schaltfläche mit dem blauen Pfeil.

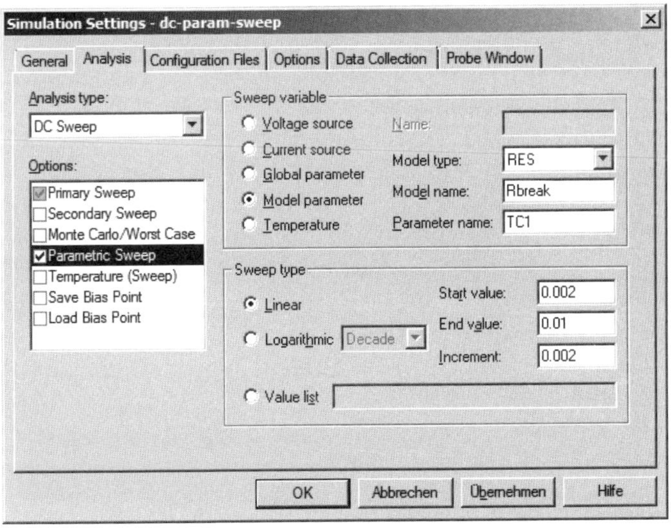

Aktion
9.4

**Bild 9.4: Setup
für PARAMETRIC
SWEEP von *TC1***

Nach einiger Rechenzeit, die Sie im Probe-Fenster verfolgen können, öffnet sich das Fenster AVAILABLE SECTIONS. Darin sind für alle Werte des Parameters die zugehörigen Kurven aufgelistet (Bild 9.5):

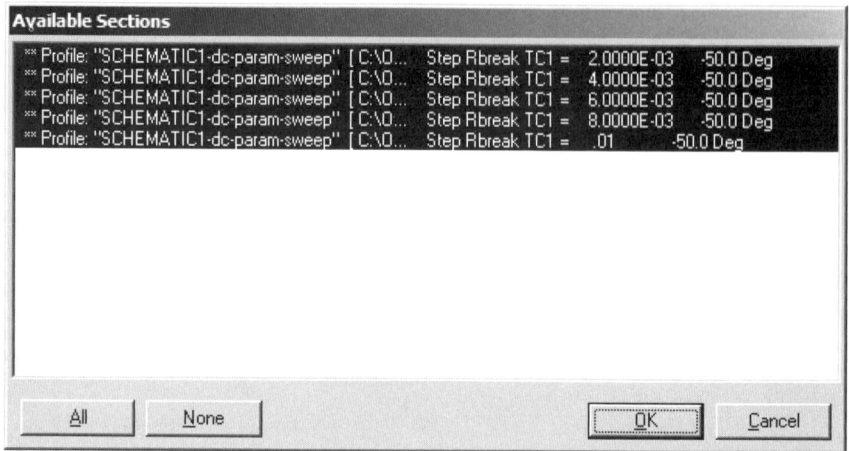

Bild 9.5. Das Fenster AVAILABLE SECTIONS **mit den verfügbaren Diagrammen**

Sie können (mit gedrückter Taste <Strg>) diejenigen Kurven auswählen,
die Sie im Probe-Fenster darstellen wollen. Falls Sie das Fenster so lassen
wie es nach seiner Öffnung ist, dann sind alle Kurven blau markiert, d.h. für
die Darstellung im Probe-Fenster ausgewählt. Die Möglichkeit, einzelne Kurven auswählen zu können, stellt den wesentlichen Unterschied zwischen
dem DC-Parametric-Sweep und dem DC-Secondary-Sweep dar. Beim DC-
Secondary-Sweep haben Sie diese Möglichkeit nicht.

Aktion
9.5
● Wählen Sie im Fenster AVAILABLE SECTIONS alle Kurven für die Darstellung
● aus und bestätigen Sie Ihre Wahl mit OK. Es öffnet sich das noch leere
● Probe-Fenster. Öffnen Sie das Fenster ADD TRACES und bringen Sie die
● Spannung im Brückenzweig formatfüllend zur Anzeige (Bild 9.6).

Das Ergebnis ist Ihnen schon aus Bild 8.49 bekannt. Dieses Mal lassen
sich die einzelnen Kurven sogar farblich unterscheiden. Diese Möglichkeit
geht einher mit der Möglichkeit, für jede einzelne Kurve ein Kontextmenü
öffnen zu können, in dem INFORMATION und PROPERTIES... angeboten werden.
Das kennen Sie schon aus Abschnitt 7.1.1. Sie können damit durch (rechten) Mausklick erfahren, zu welchem Temperaturkoeffizienten ein ausgewählter Graph gehört und Sie können die Farbe und die Strichstärke des
Graphen nach Ihren Wünschen ändern. Das alles kann der DC-Secondary-Sweep nicht.

Übung 1: Erzeugen Sie das Diagramm von Bild 8.46 mit Hilfe eines DC-
Parametric-Sweep.
Übung 2: Erstellen Sie ein Projekt *diode_temperatur* und zeichnen Sie die
Schaltung von Bild 9.7. Wählen Sie einen geeigneten Sweep und erzeugen
Sie die Kurvenschaar von Bild 9.8.

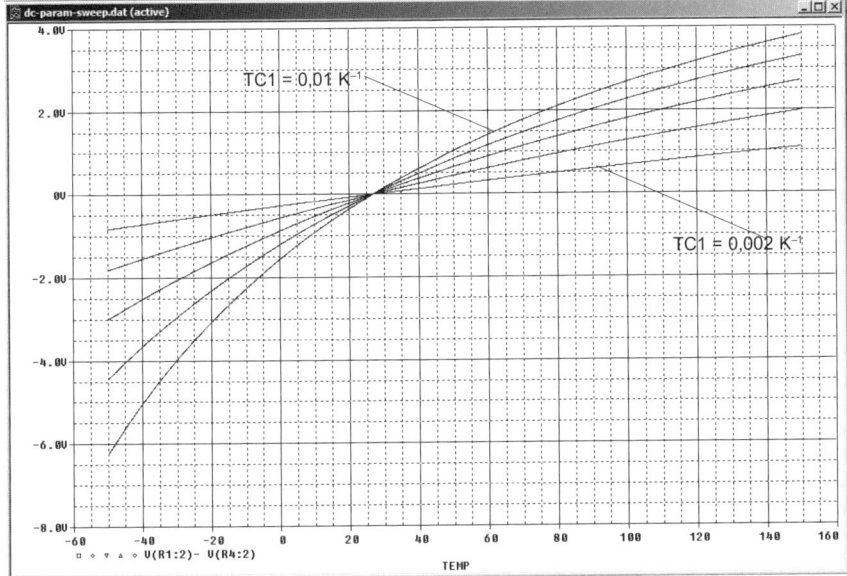

Bild 9.6: Die Temperaturabhängigkeit der Spannung im Brückenzweig einer Temperaturmessbrücke. Der Temperaturkoeffizient *TC1* ist Parameter der Kurvenschar

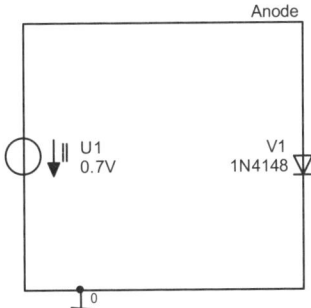

Bild 9.7: Testschaltung zur Ermittluntg des Temperaturverhaltens der Diode. Tipp: Beschränken Sie den *y*-Achsen-Bereich (USER DEFINED) auf 50 mA

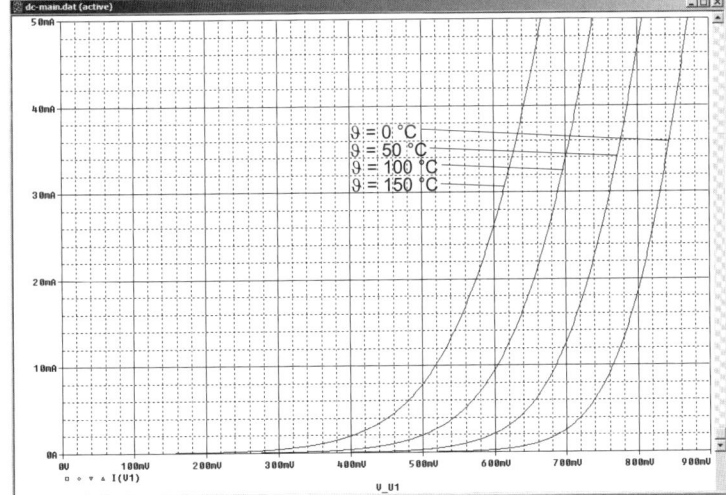

Bild 9.8: Temperaturverhalten der Diode

9.2   Parametric-Sweep im Rahmen eines AC-Sweep

9.2.1   Beispiel 1. Die Kurvenschar U_C = f (f) mit R als Parameter

In Lektion 5 haben Sie mühsam für zwei Widerstandswerte die Amplitudengänge eines RC-Tiefpasses erzeugt. Das Ergebnis sehen Sie in Bild 5.16.
Der AC-Parametric-Sweep löst diese Aufgabe besser und eleganter.

Im Folgenden werden Sie mit Hilfe eines AC-Parametric-Sweep für einen
RC-Tiefpass (Bild 9.9) eine Schar von Amplitudengängen erzeugen. Aus
dieser Kurvenschar wird die Abhängigkeit des Amplitudengangs vom Widerstandswert, dem Parameter *R_Tiefpass* des AC-Parametric-Sweeps,
weitaus besser hervorgehen als aus den beiden Kurven von Bild 5.16.
Nebenbei werden Sie dabei auch noch eine neue Technik kennen lernen,
mit der Sie sich fortan viel Arbeit ersparen können, wenn Sie ein neues
Projekt anlegen wollen, dessen Inhalt weitgehend einem bereits vorhandenen Projekt entspricht. Ihr neues Projekt entspricht bekanntlich in weiten
Teilen dem bereits vorhandenen Projekt *RC_AC100.opj*.

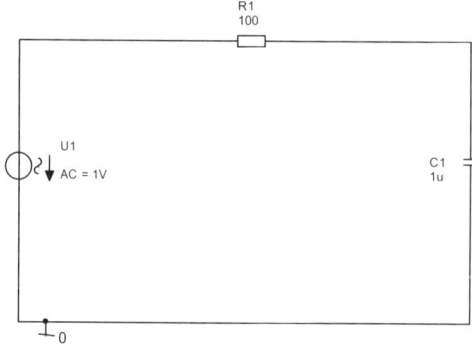

Bild 9.9: RC-Tiefpass mit R_1 = 100 Ω
und C_1 = 1 µF. Spannungsquelle: *VSIN*

Aktion
9.6

- Legen Sie im Fenster NEW PROJECT (Bild 1.3) ein neues Projekt namens
- *rc_ac_param* an und verlassen Sie das Fenster mit OK. Es öffnet sich
- wie immer das Fenster CREATE PSPICE PROJECT (Bild 9.10), in dem Sie
- bisher immer die Option CREATE A BLANC PROJECT gewählt haben. Wählen
- Sie dieses Mal CREATE BASED UPON AN EXISTING PROJECT. Betätigen Sie die
- Schaltfläche BROWSE... und arbeiten Sie sich in der Dateienhierarchie bis
- zum Ordner *Projects* durch. Finden Sie *RC_AC100.opj*, markieren Sie
- den Dateinamen und betätigen Sie dann die Schaltfläche ÖFFNEN. Sie
- kehren dadurch zum Fenster CREATE PSPICE PROJECT zurück. Der Such-
- weg zu *RC_AC100.opj* steht jetzt in der Eingabezeile (Bild 9.11). Betäti-
- gen Sie die Schaltfläche OK. Es öffnet sich der Projektmanager. Der
- Name des neuen Designs *rc_ac_param.dsn* ist oben im Projektmanager
- verzeichnet. Wenn Sie das + vor *rc_ac_param.dsn* anklicken, erscheint
- der Ordner *SCHEMATIC1* und darin *PAGE1*. *PAGE1* enthält die Schal-
- tung des RC-Tiefpasses aus *RC_AC100.opj*. Auch die Setup-Einstellun-
- gen von *RC_AC100.opj* sind mitsamt dem Namen des Simulationspro-
- fils (*AC100*) übernommen worden. Überzeugen Sie sich davon.

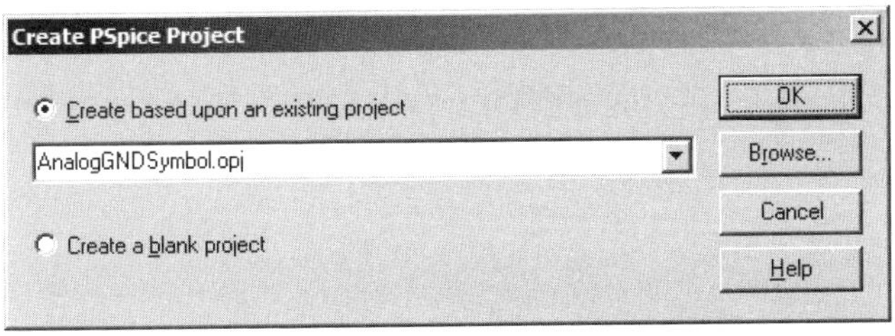

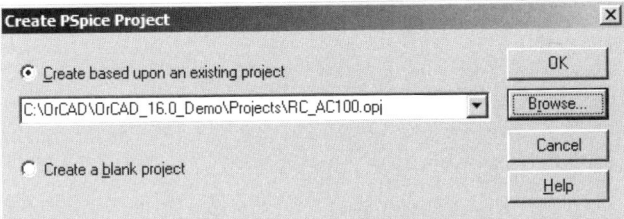

Bild 9.10: Das Fenster
CREATE PSPICE PROJECT

Bild 9.11: Das neue
Projekt soll basieren
auf *RC_AC100.opj*

Aktion
9.7

Setzen Sie, sofern erforderlich, die Spannungsquelle auf *AC* = 1 V und
machen Sie das auch im Schaltplan sichtbar. Denken Sie daran, dass
die Attribute für die Transienten-Analyse (*FREQ, VOFF, VAMPL, TD, TF,*
PHASE) mit irgendwelchen Werten versehen sein müssen, obwohl diese ja bekanntlich bei einem AC-Sweep gar nicht verwendet werden.

Wenn man einen bestimmten Parameter sweepen möchte, ist man manchmal unsicher, welche Art von Parameter man im Fenster SIMULATION SETTTINGS
unter SWEEP PARAMETER auswählen soll: VOLTAGE SOURCE und CURRENT SOURCE
dienen dem DC-Sweep. Sie besitzen beide mit dem Attribut *DC* nur einen
einzigen sweepbaren Parameter. Die übrigen Sweep-Parameter funktionieren in allen drei Sweepversionen (DC, AC und Transient): Der Parameter TEMPERATURE ermöglicht die Variation der Umgebungstemperatur. MODEL
PARAMETER ermöglicht eine Variation derjenigen Modellparameter, die nicht
über ein zugehöriges Attributmenü zugänglich sind. Alle übrigen Parameter
sind GLOBAL PARAMETER. Global-Parameter können *global*, d.h. bei Bedarf
auch mehrmals in einer Schaltung benutzt werden.

Aktion
9.8

Melden Sie den Widerstandswert von R_1 als Global-Parameter mit dem
Namen *R_Tiefpass* an (Rezept 8.5) und erzeugen Sie dadurch die folgenden Änderungen im Schaltplan:

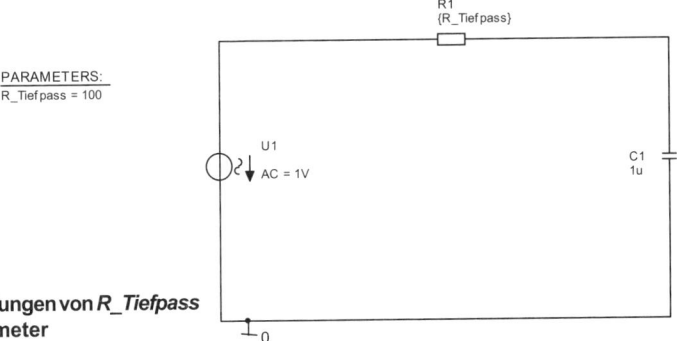

Bild 9.12: Anmeldungen von *R_Tiefpass*
als Global-Parameter

Aktion
9.9

● Stellen Sie sicher, dass das Setup, das Sie aus *RC_AC100.opj* impor-
● tiert haben, als Setup für den geplanten AC-Sweep geeignet ist: Er soll
● als Mainsweep über den Frequenzbereich f = 10 Hz bis f = 999 kHz mit
● 100 Datenpunkten pro Dekade verlaufen (Bild 9.13).

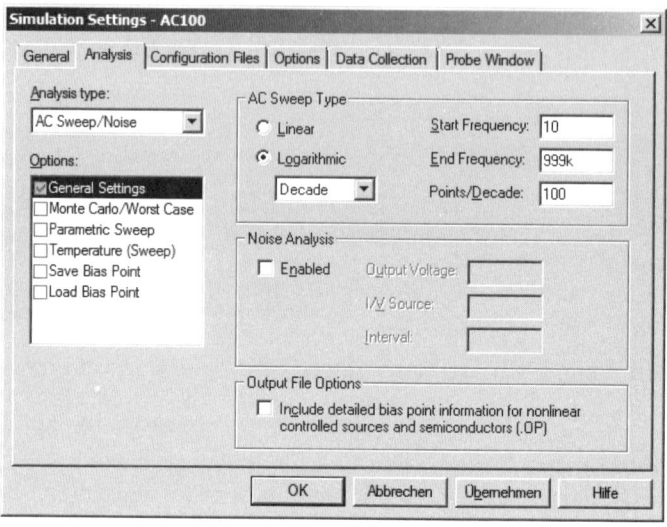

**Bild 9.13: Setup
für Hauptsweep
eines AC-Para-
metric-Sweep**

Aktion
9.10

● Klicken Sie die Schaltfläche vor PARAMETRIC SWEEP an und öffnen Sie das
● Eingabefenster für den Parametric-Sweep. Erzeugen Sie das Setup für
● den Sweep des Parameters *R_Tiefpass* von 100 Ω bis 1 kΩ (Bild 9.14).

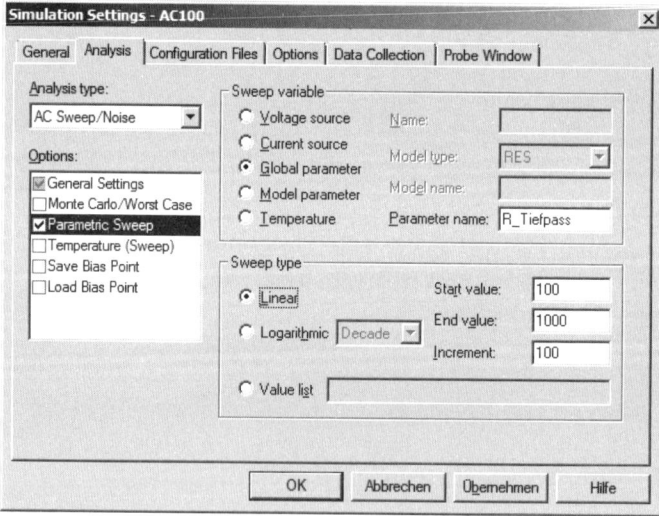

**Bild 9.14: Setup
für den Parame-
tric-Nebensweep**

Aktion
9.11

● Schließen Sie das Fenster SIMULATION SETTINGS mit OK. Starten Sie an-
● schließend die Simulation und erzeugen Sie die Kurvenschar der Ampli-
● tuden- und Phasengänge der Kondensatorspannung mit *R_Tiefpass* als
● Parameter (Bilder 9.15 bis 9.17).

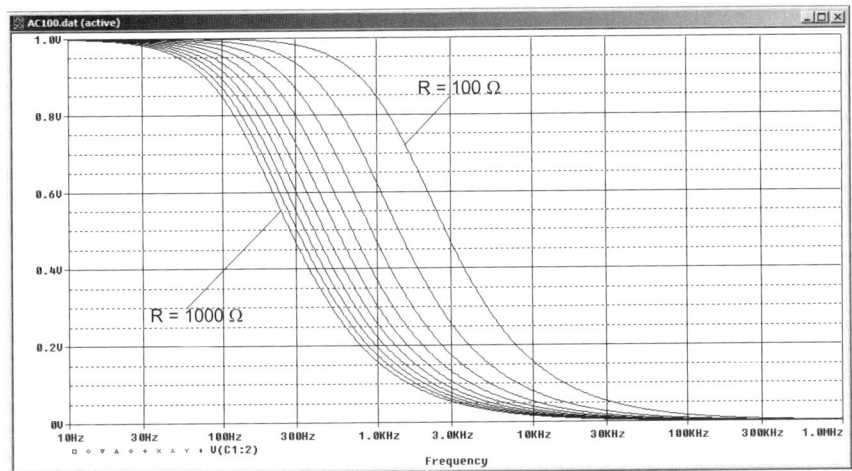

Bild 9.15: Amplitdengang des Tiefpasses aus Bild 9.12 mit *R_Tiefpass* als Parameter

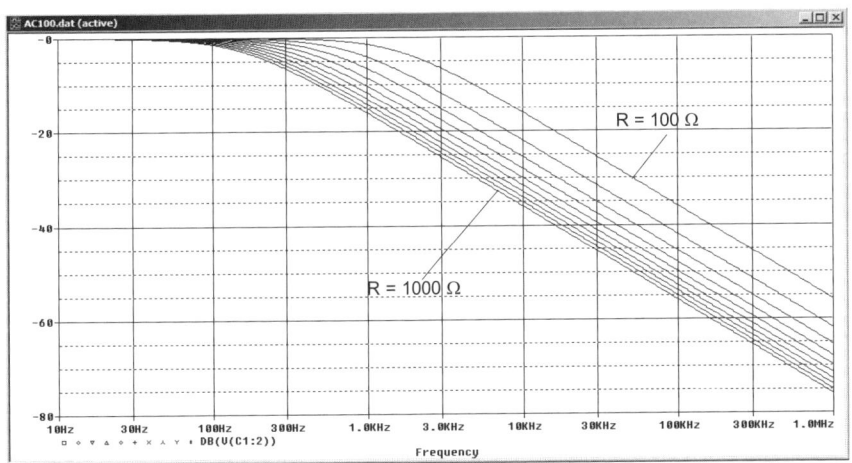

Bild 9.16: Amplitudengang entsprechend Bild 9.15. Die *y*-Achse wurde in dB skaliert

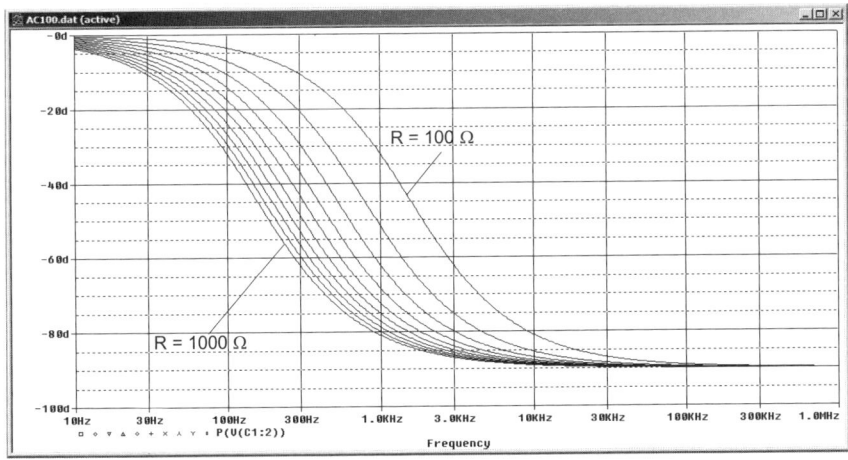

Bild 9.17: Phasengang des Tiefpasses aus Bild 9.12 mit *R_Tiefpass* als Parameter

9.2.2   Beispiel 2, Tiefpass: Kurvenschar U_c = f(f), U_{ein} als Parameter

Sehen Sie sich das in Bild 9.14 dargestellte Parametric-Fenster VON SIMULA-TION SETTINGS noch einmal an. Oben links steht eine Liste der möglichen Sweepvariablen für den Parametric-Sweep. Leider werden die Wahl-möglichkeiten dieser Liste nicht automatisch an den jeweiligen Hauptsweep angepasst. Die Optionen VOLTAGE SOURCE und CURRENT SOURCE stehen nur für den DC-Parametric-Sweep zur Verfügung, nicht aber für den AC-Para-metric-Sweep und auch nicht für die Transienten-Analyse. Wechselspan-nungsquellen lassen sich nicht durch eine einzige Sweepvariable beschrei-ben, so dass gar nicht klar wäre, was in diesem Fall überhaupt als VOLTAGE SOURCE gesweept werden sollte: die Frequenz, die Amplitude, die Phasen-lage? Natürlich können Sie auch die Amplitude einer Wechselspannungs-quelle für einen Parametric-Sweep vorsehen. Dann aber muss sie als GLO-BAL PARAMETER deklariert werden.

Zur Erläuterung dieser Zusammenhänge soll als kleines Beispiel der Amp-litudengang des RC-Tiefpasses für verschiedene Amplituden der Eingangs-spannungen dargestellt werden. Die Amplitude der Eingangsspannung ist also der Parameter eines AC-Parametric-Sweep.

Aktion
9.12
● Laden Sie *rc_ac_param.opj* und legen Sie im Projektmanager einen neuen
● Schaltungsordner *amplit_sweep* an (Rezept 8.12). Legen Sie anschlie-
● ßend im Schaltungsordner *amplt_sweep* eine Seite PAGE1 an (Rezept
● 8.12). Speichern Sie das Projekt und machen Sie dann *amplit_sweep*
● zur Root-Schaltung (Rezept 8.12). Bild 9.18 zeigt den Projektmanager,
● in dem die obigen Änderungen erfolgt sind.

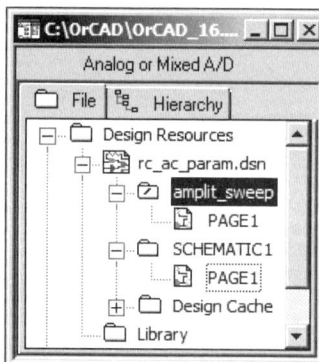

Bild 9.18: Der Projektmanager. Ein Schaltungsordner *amplit_sweep* **mit einer Seite** *PAGE1* **ist angelegt und zum Root-Ordner gemacht worden**

Aktion
9.13
● Bringen Sie durch COPY und PASTE (vgl Fußnote 2 zu Aktion 9.1) die RC-
● Reihenschaltung aus dem Ordner *SCHEMATIC1/PAGE1* in das neu an-
● gelegte Zeichenblatt *PAGE1* des Ordners *amplit_sweep*. Verändern Sie
● die Schaltung nach den Vorgaben von Bild 9.19. Sie bereiten damit ei-
● nen AC-Parametric-Sweep vor, bei dem die Amplitude der Spannungs-
● quelle als Parameter mit dem Namen *Amplit* definiert ist.

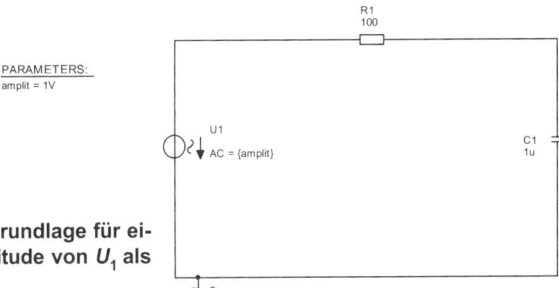

Bild 9.19: RC-Tiefpass als Grundlage für einen ACSweep mit der Amplitude von U_1 als Parameter *amplit*

Aktion
9.14

Legen Sie ein Simulationsprofil *ac_amplit* an und erzeugen Sie das Setup für einen AC-Sweep als Hauptsweep mit f = 10 Hz bis f = 999 kHz und 100 Datenpunkten/Dekade (Bild 9.20) sowie einen Parametric-Sweep als Nebensweep (Bild 9.21) mit *amplit* = 1V, 3V, 5V (VALUE LIST)[1].

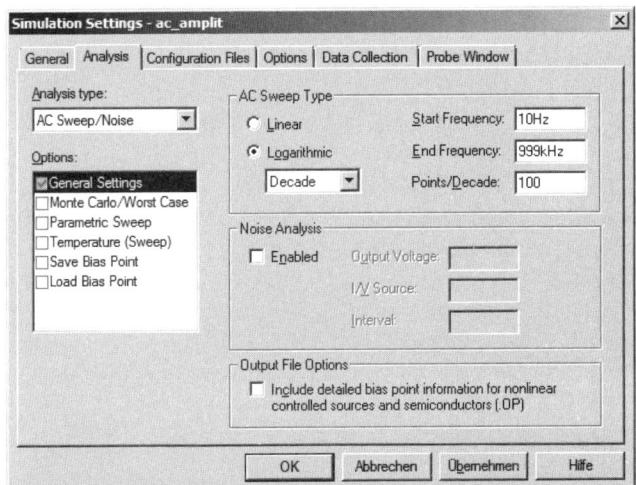

Bild 9.20: Setup des Hauptsweeps

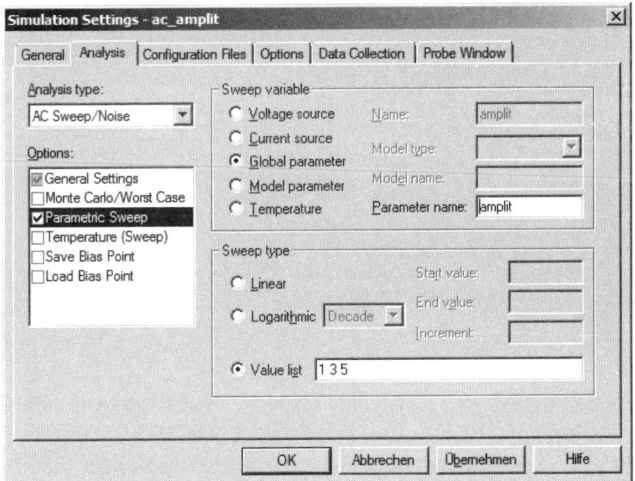

Bild 9.21: Setup des Nebensweeps

1) Die Einträge bei VALUE LIST werden durch Leerzeichen getrennt.

Aktion
9.15

● Starten Sie die Simulation und bringen Sie das Diagramm des Amplituden-
● gangs mit der Amplitude als Parameter *amplit* zur Anzeige:

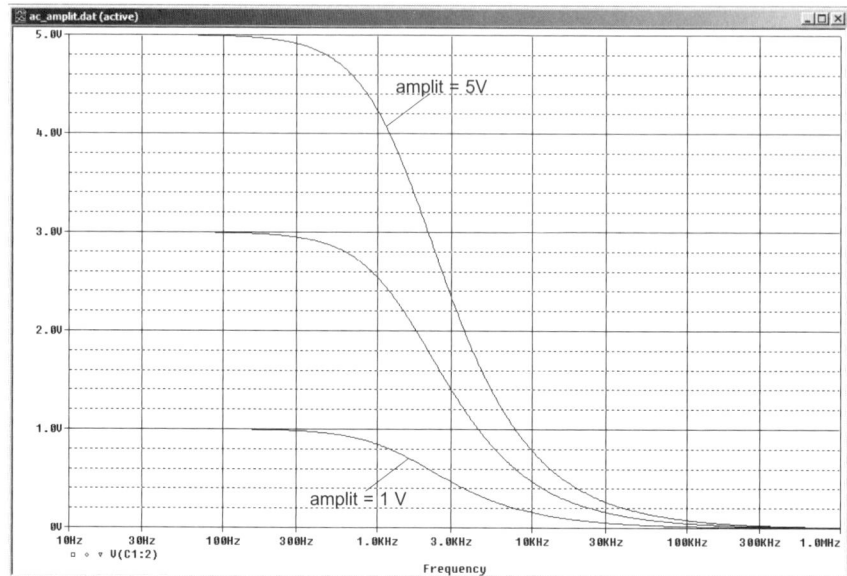

**Bild 9.22: Amplitudengang eines RC-Tiefpasses mit der Amplitude der Eingangsspannung
als Parameter**

Übungen:

Aktion
9.16

● Laden Sie, sofern vorhanden, die Schaltung des Tiefpasses einer Laut-
● sprecher-Frequenzweiche (*12db_wei.opj*, Bild 5.19), modifizieren Sie
● diese gegebenenfalls oder zeichnen Sie die Schaltung neu:

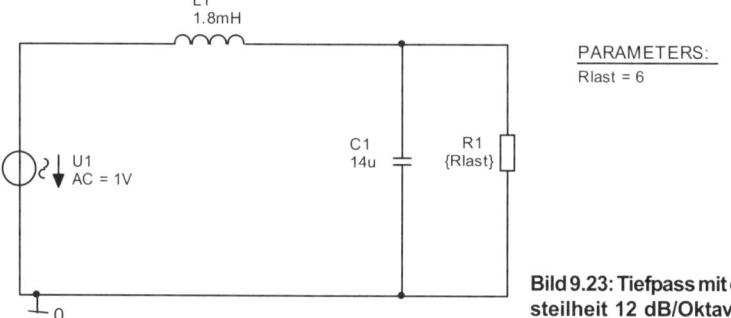

**Bild 9.23: Tiefpass mit der Flanken-
steilheit 12 dB/Oktave**

Aktion
9.17

● Erzeugen Sie mit Hilfe eines AC-Parametric-Sweep das nachfolgende
● Diagramm des Amplitudengangs (Bild 9.24) und des Phasengangs (Bild
● 9.25) des Tiefpasses mit dem Widerstandwert *Rlast* als Parameter. Vari-
● ieren Sie dabei den Lautsprecherwiderstand R_1 zwischen 4 Ω und 12 Ω
● in Abständen von 2 Ω:

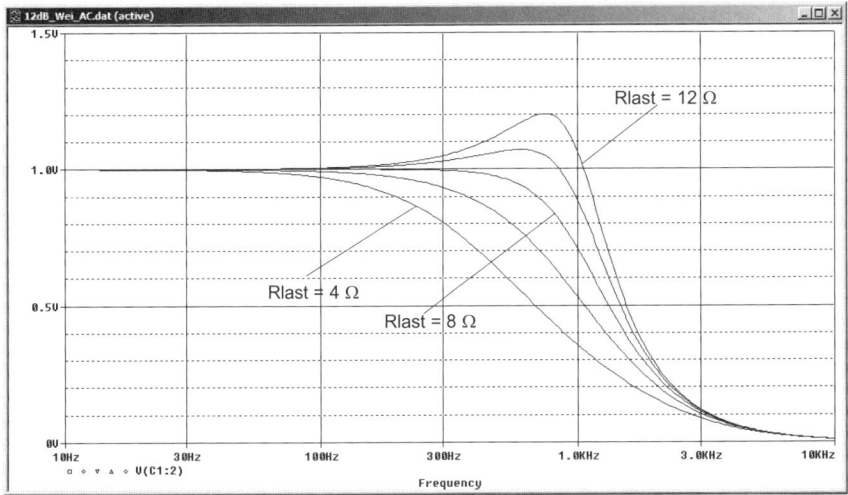

Bild 9.24: Amplitudengang des Tiefpasses einer 12-dB/Oktave-Lautsprecher-Frequenz-weiche mit dem Lautsprecherwiderstand als Parameter

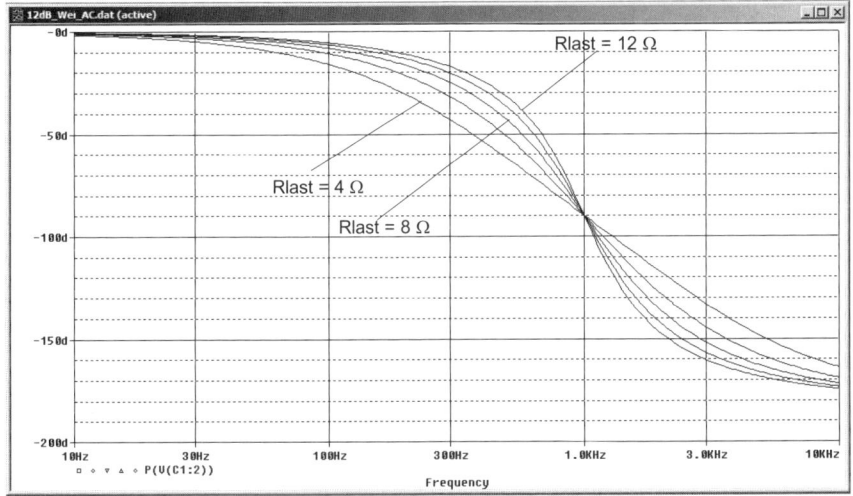

Bild 9.25: Phasengang des Tiefpasses einer 12-dB/Oktave-Lautsprecher-Frequenzwei-che mit dem Lautsprecherwiderstand als Parameter

Aktion
9.18

Überzeugen Sie sich davon, dass der Amplitudengang des Tiefpasses bei einem Lautsprecherwiderstand von 8 Ω optimal ist.

Aktion
9.19

Wählen Sie für den Lautsprecher einen Widerstand R = 4 Ω und variie-ren Sie die Induktivität L_1 von 0,2 mH bis 2 mH in Abständen von 0,2 mH. Für welche Induktivität arbeitet die Weiche optimal? Wie groß ist die Grenzfrequenz (Abfall der Spannung am Lautsprecher auf 70 %) für die „optimale" Induktivität?

Für Tüftler: Finden Sie für einen Lautsprecherwiderstand R = 6 Ω die „op-timalen" Werte für L und C, wenn die Grenzfrequenz bei 1 kHz liegen soll.

9.3   Der Parametric-Sweep in der Transienten-Analyse

Der Transient-Parametric-Sweep gehört zu den mächtigsten Werkzeugen von PSPICE, seine Anwendung wird Ihnen aber glücklicherweise besonders leicht fallen. Auf der Grundlage Ihrer bisherigen Kenntnisse der verschiedenen Sweeps erfordert die Handhabung des Transient-Parametric-Sweep keine neuen Überlegungen.

Auch beim Setup des Transient-Parametric-Sweep dürfen Sie die im Fenster SIMULATION SETTINGS eingetragenen Sweepvariablen VOLTAGE SOURCE und CURRENT SOURCE nicht benutzen. Diese Sweepvariablen sind nur für den parametrischen DC-Sweep erlaubt. Wollen Sie Amplitude, Phase, Verzögerungszeit, Impulsanstiegszeit etc. einer Strom- oder Spannungsquelle sweepen, dann müssen Sie diese Größen als GLOBAL PARAMETER definieren und sweepen.

Als Beispiel für einen Transient-Parametric-Sweep soll im Folgenden das Ein- und Ausschwingverhalten der Ihnen gut bekannten 8 Ω-Tiefpass-Frequenzweiche (Bild 9.26) untersucht werden. Diese Aufgabe haben Sie bereits (als Tüftler) in Aufgabe 5.2 gelöst. Mit Ihren neu erworbenen Sweepmöglichkeiten ist die Lösung der Aufgabe jedoch weitaus einfacher und genauer:

Aktion
9.20

● Legen Sie ein neues Projekt *12db_imp* an, basierend auf dem bereits
● vorhandenen Projekt *12db_wei.opj* von Bild 9.23. Wählen Sie dazu im
● Fenster CREATE PSPICE PROJECT (Bild 9.11) die Option CREATE BASED UPON
● AN EXISTING PROJECT und bringen Sie dann *12db_wei.opj* mit Hilfe der Schalt-
● fläche BROWSE... mit seinem vollständigen Suchpfad in die Eingabezeile.
● OK. Modifizieren Sie die importierte Schaltung, so dass sie zum Schluss
● Bild 9.26 gleicht. Verwenden Sie dieses Mal als Spannungsquelle eine
● Impulsquelle *VPULSE* mit den im Schaltplan (Bild 9.26) angegebenen
● Attributen. Bereiten Sie als Hauptsweep eine Transienten-Analyse ent-
● sprechend den Angaben von Bild 9.27 vor:

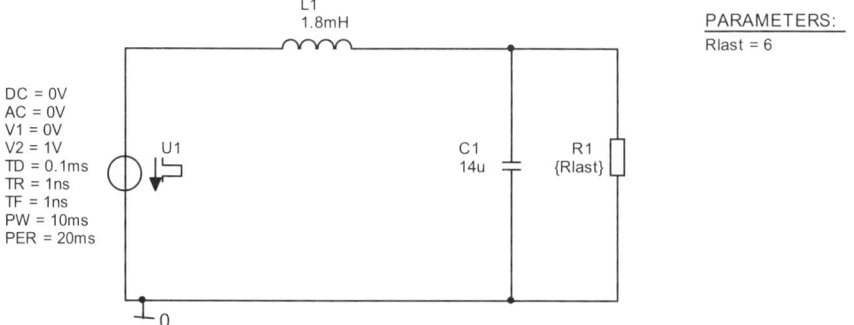

Bild 9.26: Tiefpass einer 12-dB/Oktave-Lautsprecher-Frequenzweiche an einer Spannungsquelle *VPULSE* zur Untersuchung des Ein- und Ausschwingens bei unterschiedlichen Lautsprecherwiderständen

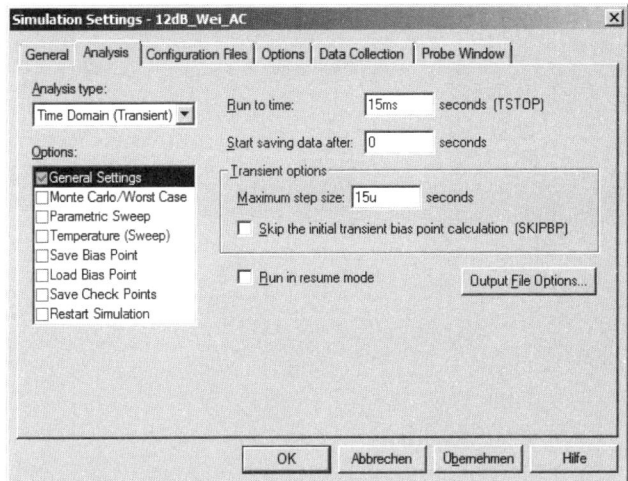

Bild 9.27: Setup der Transienten-Analyse als Hauptsweep eines Transient-Parametric-Sweep zur Untersuchung des Ein- und Ausschwingverhaltens einer 12-dB-Tiefpassweiche

Aktion
9.21

Wählen Sie unter Options die Option PARAMETRIC SWEEP und erzeugen Sie für den Nebensweep das Setup eines Parametric-Sweeps nach dem Muster von Bild 9.28.

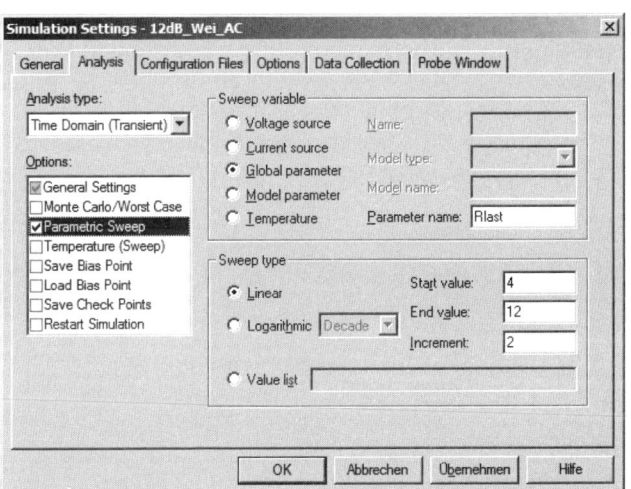

Bild 9.28: Setup für einen Sweep des Parameters *Rlast* als Nebensweep zu einer Transienten-Analyse. Mit diesen Einstellungen wird der Lastwiderstand von *Rlast* = 4 Ω bis *Rlast* = 12 Ω in Abständen von 2 Ω gesweept

Aktion
9.22

Starten Sie die Simulation und erzeugen Sie das Probe-Diagramm von Bild 9.29.

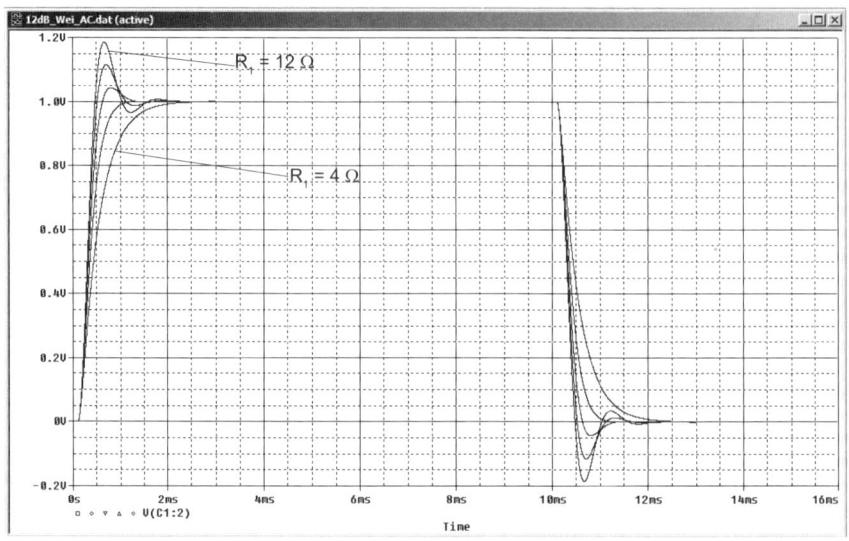

Bild 9.29: Abhängigkeit des Ein- und Ausschwingens des Tiefpasses einer 12-dB/Oktave-Frequenzweiche von der Größe des Lautsprecherwiderstands

Das Diagramm zeigt deutlich, dass der Tiefpass nur für einen einzigen Wert von R_{last} optimal arbeitet, d.h. möglichst schnell, aber ohne Überschwinger seinen Endzustand erreicht. Auch der Amplitudengang des Tiefpasses war nur für einen einzigen Wert des Lastwiderstands optimal (Bild 9.24), nämlich für $R_{last} = 8\ \Omega$. Es ist zu hoffen, dass 8 Ω auch für optimales Einschwingverhalten (Impulsverhalten) der gerade richtige Widerstand ist:

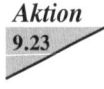

Aktion
9.23

- Erzeugen Sie eine starke Ausschnittvergrößerung des Einschwingbereichs des Diagramms von Bild 9.29 und bestimmen Sie den Widerstand, für den der Tiefpass optimal einschwingt (Bild 9.30):

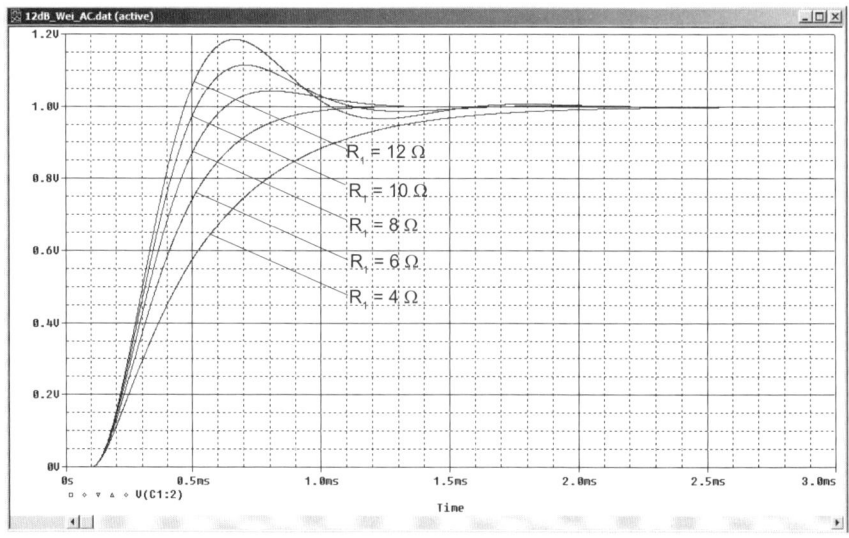

Bild 9.30: Ausschnitt von Bild 9.29 zur Untersuchung des Einschwingverhaltens

Die Ausschnittvergrößerung macht deutlich, dass der vorliegende Tiefpass an einem Lastwiderstand von etwa 6 Ω am besten einschwingt.

Aktion
9.24

Erzeugen Sie eine geeignete Ausschnittvergrößerung des Ausschwing-bereichs und überzeugen Sie sich davon, dass auch das Ausschwingen des Tiefpasses an einem Widerstand von etwa 6 Ω optimal ist.

Der Amplitudengang und das Impulsverhalten von Frequenzweichen lassen sich offenbar nicht mit der gleichen Weiche optimieren. Damit sind Sie dem zentralen Problem beim Entwurf von Lautsprecher-Frequenzweichen auf der Spur, dem Finden eines ohrfreundlichen Kompromisses zwischen optimalem Ein- und Ausschwingen und optimaler Frequenztrennung.

Schaltungstheoretiker kann die eben gewonnene Erkenntnis nicht überraschen, denn sie wissen bereits, dass Sprungantwort und Frequenzgang einander umkehrbar eindeutig zugeordnet sind, d.h., dass durch den Verlauf des Frequenzgangs die zugehörige Sprungantwort festgelegt ist. Sie wissen auch, dass zu einem maximal flachen Frequenzgang unvermeidlich ein Überschwinger in der Sprungantwort gehört. Vermutlich wird sich aber auch der versierte Fachmann darüber freuen, dass er mit PSPICE auf einfachste Weise Erkenntnisse der Theorie überprüfen und illustrieren kann.

Faktoren als sweepbare Global-Parameter   9.4

Als Global-Parameter haben Sie bisher nur die Werte von Attributen, also von Widerständen, Induktivitäten, Kapazitäten und Amplituden kennengelernt. Hinter der Bezeichnung *global* verbirgt sich noch weitaus mehr. Ein globaler Parameter kann an mehreren Stellen einer Schaltung eingesetzt und gesweept werden.

Der Ihnen schon sehr vertraute Tiefpass (Bild 9.23) wird Ihnen diese Art Einsatz eines Global-Parameters verdeutlichen: Sie werden im Folgenden untersuchen, welche Auswirkung es auf das Verhalten eines Tiefpasses hat, wenn sein Impedanzniveau verändert wird. Zur Änderung des Impedanzniveaus werden R, L und C so verändert, dass sich der Wirkwiderstand R um den gleichen Faktor ändert, wie (bei gegebener Frequenz) die Blindwiderstände X_L und X_C. Um X_L und X_C um den Faktor k zu vergrößern, muss die Induktivität L um den Faktor k vergrößert und die Kapazität C um den Faktor k verkleinert werden.

Aktion
9.25

Legen Sie ein Projekt *12db_k.opj* auf der Basis von *12db_wei.opj* an[1]. Melden Sie (Rezept 8.6) auf dem Schaltplan den Parameter *k* für einen AC-Parametric-Sweep an (Bild 9.31).

---

1) Nachdem Sie den Schaltplan aus *12db_wei.opj* importiert haben, befindet sich das PARAMETERS-Symbol mit angemeldeten Parameter *Rlast* auf dem Schaltplan. *Rlast* können Sie für Ihr neues Projekt nicht mehr gebrauchen. Um *Rlast* zu löschen, müssen Sie (Doppelklick) den Property-Editor von PARAMETERS öffnen, dann den unerwünschten Parameter *Rlast* mit der rechten Maustaste anklicken und anschließend im Kontextmenü FILTERS und danach HIDE (verbergen) wählen.

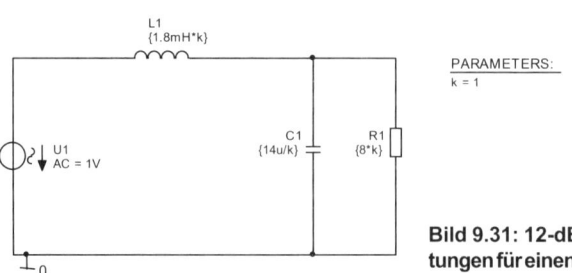

Bild 9.31: 12-dB/Oktave-Fiefpass. Vorberei-
tungen für einen Sweep des Impedanzniveaus

Aktion
9.26
● Setzen Sie die Spannungsquelle auf *AC* = 1 V und bereiten Sie im Fens-
● ter SIMULATION SETTINGS den Hauptsweep vor mit 100PTS/DECADE, START
● FREQ = 10Hz, END FREQ = 99kHz (BILD 9.32).

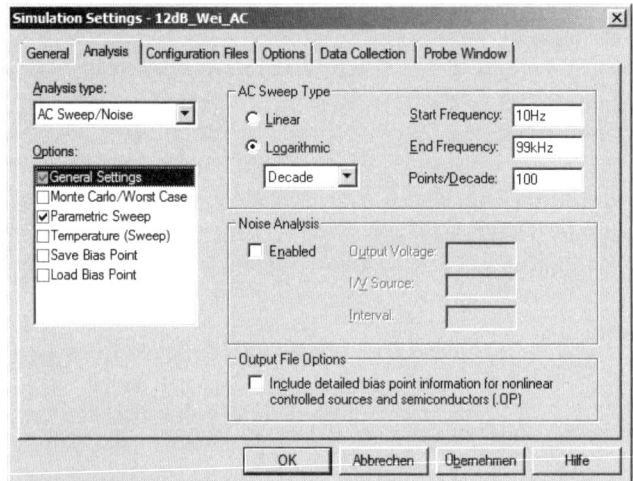

Bild 9.32: Setup für
den AC-Hauptsweep

Aktion
9.27
● Öffnen Sie das Fenster für das Setup des Parametric-Nebensweeps und
● bereiten Sie darin einen Sweep von *k* als Global-Parameter vor. Variie-
● ren Sie *k* von 0,5 bis 2 in Abständen von 0,5.

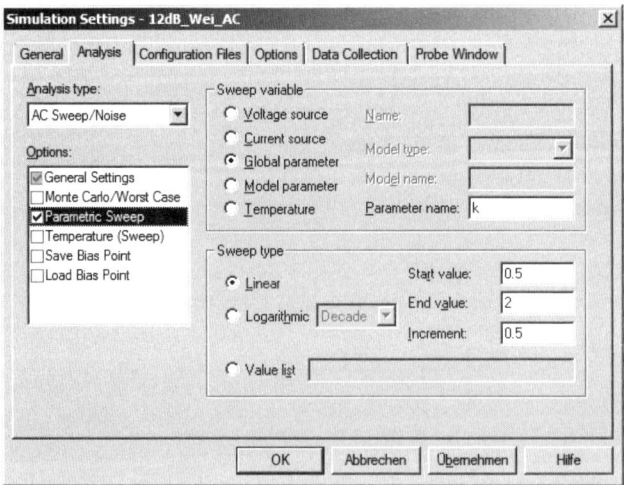

Bild 9.33: Setup für
den Nebensweep

Starten Sie die Simulation und erzeugen Sie das Diagramm des
Amplitudengangs (Bild 9.34 oben) und des Phasengangs (Bild 9.34 unten)
der Spannung am Lastwiderstand R_1:

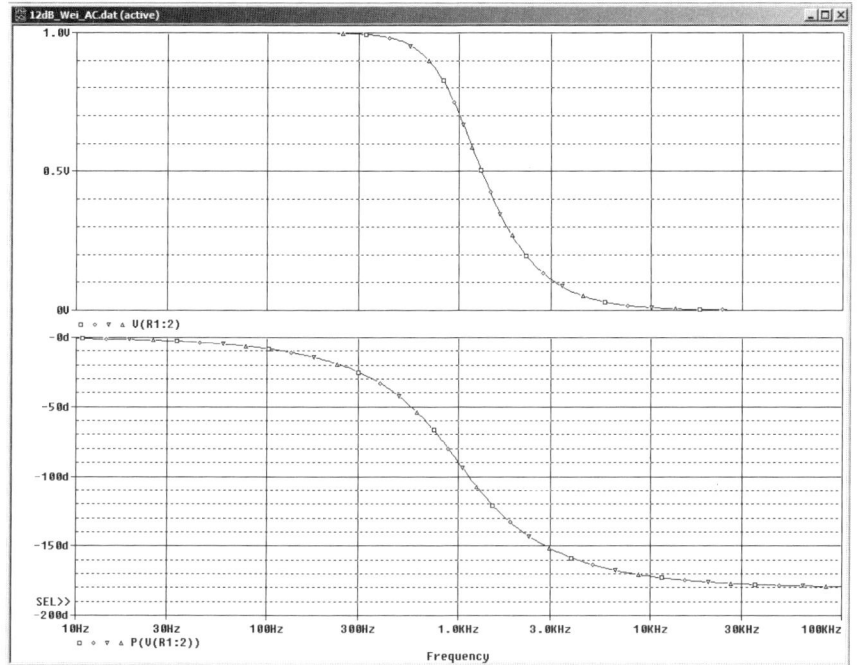

**Bild 9.34: Probe-Diagramm von Amplitudengang (oben) und Phasengang (unten) eines
12-dB/Oktave-Tiefpasses bei verschiedenen Impedanzniveaus**

Die Diagramme für sämtliche Impedanzniveaus sind deckungsgleich. Dies
Ergebnis ist zuerst einmal verblüffend. Wird das Impedanzniveau einer
frequenzabhängigen Schaltung verändert, d.h., werden Wirk- und Blindwiderstände um den gleichen Faktor verändert, so ändert sich der Frequenzgang der Spannungen nicht. Bei weiterem Nachdenken legt sich dann
allerdings die Verblüffung.

Aufgabe 9.1 zeigt, dass auch das Einschwingverhalten gleichbleibt, wenn
das Impedanzniveau verschoben wird.

Aufgaben   9.5

Aufgabe 9.1:

Führen Sie für den 12-dB/Oktave-Tiefpass von Bild 9.31 einen Transient-
Parametric-Sweep zur Untersuchung des Einschwingverhaltens bei ver-
schiedenen Impedanzniveaus durch. Hinweis: Transienten-Analyse wie in
Bild 9.27 und Parametric-Sweep entsprechend Bild 9.33.

Kochbuch

Rezept
9.1

Einen Parametric-Sweep durchführen

1. Falls in dem Parametric-Sweep ein Global-Parameter gesweept werden soll, müssen Sie zuerst den Parameter auf dem Schaltplan anmelden. Wie das geht, steht in Rezept 8.6.

2. Eine der folgenden Analysen als Hauptsweep einrichten:

   DC-Sweep für

   • Spannungsquelle
   • Stromquelle
   • Modellparameter
   • Global-Parameter
   • Temperatur

   AC-Sweep für

   • Frequenz

   Transienten-Analyse für

   • Zeit

3. Im Fenster SIMULATION SETTINGS durch Anklicken der Schaltfläche vor PARAMETRIC SWEEP das Fenster Parametric-Fenster öffnen (Bild 9.3).

4. Im Parametric-Fenster (Bild 9.3) eine der unter SWEEP VARIABLE aufgeführten Sweep-Variablen auswählen.

5. Starten der Simulation.

6. Nach Abschluss der Simulation im Fenster AVAILABLE SECTIONS (Bild 9.5) die gewünschten Kurven auswählen.

7. Das Fenster ADD TRACES öffnen und aus der Trace-Liste die gewünschten Größen auswählen und im Probe-Fenster darstellen.

Rezept
9.2

Ein Projekt auf der Basis eines vorhandenen Projekts anlegen

Entweder:

1. Dem neuen Projekt einen Namen geben (Bild 1.3).

   Im Fenster CREATE PSPICE PROJECT wählen von CREATE BASED UPON AN EXISTING PROJECT (Bild 1.4). Mit BROWSE... das Projekt suchen, das als Vorlage dienen soll (Bild 9.11). OK. Das Setup der Vorlage-Schaltung bleibt bei der Operation erhalten.

2. Die Schaltung und das Setup gegebenenfalls anpassen

   (Aktion 9.6)

Oder:

1. Neues Projekt anlegen.

2. Die Schaltung, die als Vorlage dienen soll, öffnen.

3. Die Vorlage-Schaltung markieren durch Aufziehen eines Rahmens.

4. Die Vorlage-Schaltung durch rechten Mausklick und COPY in die Zwischenablage bringen.

5. Das Zielfenster aktivieren. Dann: rechter Mausklick und PASTE.

6. Die Schaltung gegebenenfalls anpassen und ein neues Simulationsprofil erstellen.

7. Ein neues Setup vornehmen.

   (Aktion 9.1)

Die Fourier-Analyse 10.1

Auf der Grundlage einer Transienten-Analyse kann PSPICE auch die Fourier-Analyse eines Signals durchführen und somit die Frequenzspektren gegebener Signale ermitteln. Dabei verwendet es zwei unterschiedliche Verfahren zur Berechnung der Fourier-Koeffizienten. Bei der einen Methode (FFT) werden die Analyse-Ergebnisse im Anschluss an die Transienten-Analyse aus den Kurven des Probe-Diagramms ermittelt und dann auch als Probe-Diagramm dargestellt. Bei der anderen Methode werden die nötigen Berechnungen während der Simulation vorgenommen und die Ergebnisse ins Output-File geschrieben. Im Folgenden werden beide Methoden an Hand zweier Signale erläutert: zuerst an Hand einer rechteckförmigen symmetrischen Wechselspannung der Frequenz 1 kHz und dann an Hand der Ausgangsspannung eines übersteuerten, d.h. „klirrenden" Transistorverstärkers.

Das Frequenzspektrum einer Rechteckspannung 10.1.1

Aktion
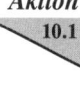
10.1

Legen Sie ein Projekt *fourier1* an und zeichnen Sie unter Verwendung einer Spannungsquelle *VPULSE* die Schaltung von Bild 10.1 zur Erzeugung einer (nahezu) rechteckförmigen Wechselspannung. Legen Sie ein Simulationsprofil *fourier1* an und führen Sie anschließend eine Transienten-Analyse mit einem Setup nach Bild 10.2 durch.

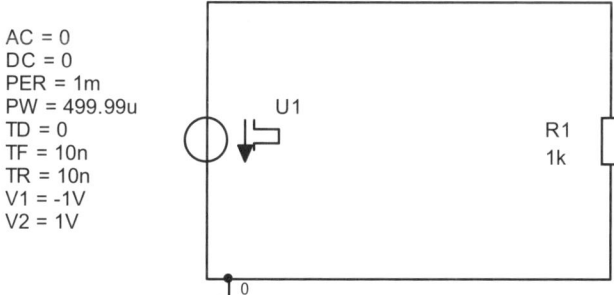

Bild 10.1: Schaltung zur Erzeugung einer rechteckförmigen Wechselspannung

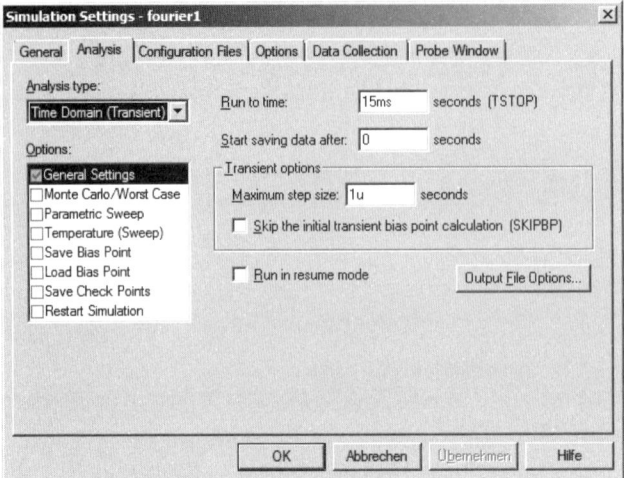

Bild 10.2: Setup für die Transienten-Analyse einer rechteckförmigen Wechselspannung

Aktion
10.2

● Erzeugen Sie im Anschluss an die Simulation das Probe-Diagramm von
● Bild 10.3.

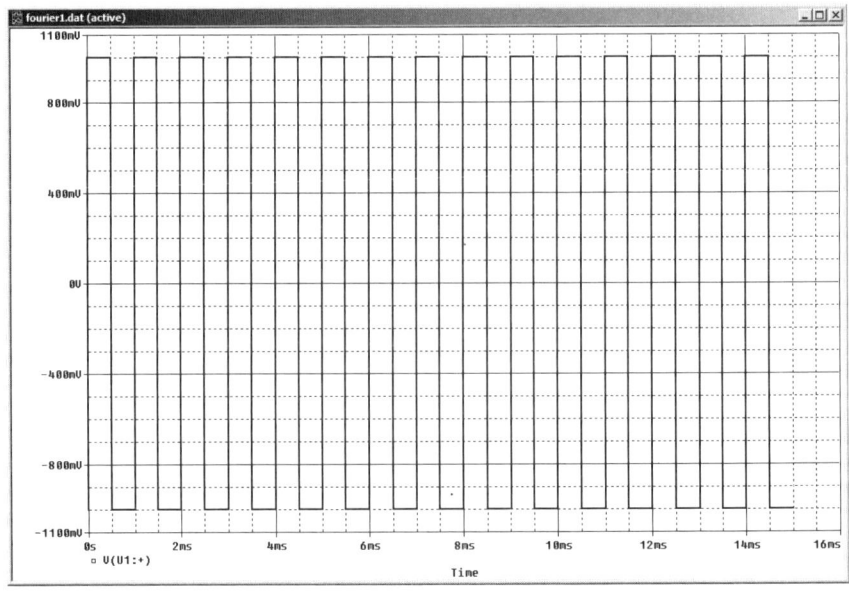

Bild 10.3: 15 Perioden einer (nahezu) rechteckförmigen Wechselspannung mit f = 1 kHz

Aus dem Probe-Bildschirm heraus können Sie für jede darin dargestellte
Zeitfunktion eine Fourier-Analyse (FFT) durchführen. Dabei geht PSPICE
davon aus, dass sich der gesamte bei der Simulation berechnete Funktions-
verlauf periodisch wiederholt, unabhängig davon, welchen Teil des simu-

lierten Funktionsverlaufs Sie gerade im Probe-Bildschirm dargestellt haben. Sie müssen also bei periodischen Signalen darauf achten, dass Sie tatsächlich genau eine Periode der zu untersuchenden Funktion oder ein ganzzahliges Vielfaches der Periode simulieren. Falls Sie aus irgendwelchen Gründen kein ganzzahliges Vielfaches der Periodendauer des Signals simuliert haben oder falls sich erst bei der Betrachtung des Probe-Diagramms herausstellt, dass sich der periodische Verlauf des Signals erst im Anschluss an einen Einschwingvorgang einstellt, dann können Sie im Probe-Fenster auch noch nachträglich den für die Fourier-Analyse zu verwendenden Datenbereich einschränken. Dazu müssen Sie im Anschluss an die Simulation, aber noch vor der Betätigung der Schaltfläche zur Durchführung der Fourier-Analyse, aus dem Probe-Fenster heraus das Fenster PLOT/AXISSET-TINGS.../X AXIS öffnen. Nach Aktivieren von RESTRICTED können Sie dort einen reduzierten Zeitbereich eingeben.

Die vorliegende Transienten-Analyse (Bild 10.3) verläuft über genau 15 Perioden der Schwingung und ist somit für eine korrekte Fourier-Analyse geeignet.

Aktion
10.3

Starten Sie die auf langsamen Rechnern oftmals recht zeitaufwändige Fourier-Analyse durch Betätigen der Schaltfläche FFT:

Nachdem Sie die Frequenzachse etwas angepasst haben (PLOT/X-AXIS-SETTINGS.../X AXIS/USER DEFINED) sollte das Analyseergebnis dem Bild 10.4 gleichen.

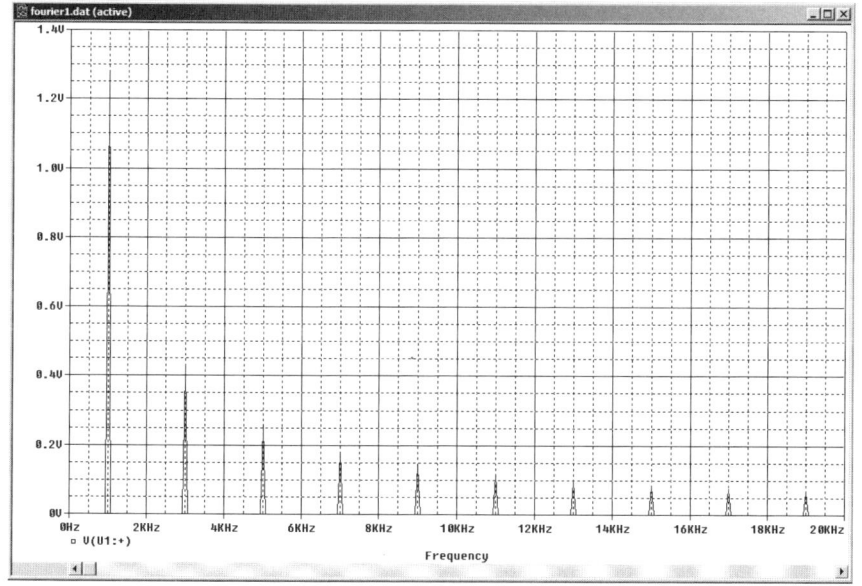

Bild 10.4: Fourier-Spektrum einer rechteckförmigen Wechselspannung mit *f* = 1 kHz

Mit der Schaltfläche FFT können Sie nicht nur die Fourier-Analyse starten, sondern auch, nachdem die Analyse abgeschlossen ist, zwischen dem Zeit- und dem Frequenzbereich hin- und herschalten.

Aktion 10.4

● Betätigen Sie mehrmals die Schaltfläche FFT und wechseln Sie dadurch
● zwischen den beiden Bildschirmen hin und her.

Die Berechnungen einer solchen Fourier-Analyse dauern manchmal so lange, dass man genügend Zeit findet, sich nach einem schnelleren Rechner zu sehnen. Dabei verwendet PSPICE den schnellen Algorithmus der Fast-Fourier-Transformation (FFT). Noch vor relativ wenigen Jahren, zur Zeit der Rechner mit Taktfrequenzen von 12 MHz waren Analysen der oben dargestellten Art nur solchen Elektronikern vorbehalten, die Zugang zu einem der wenigen superteuren Großrechner hatten.

Um Rechenzeit einzusparen, kann die Fourier-Analyse natürlich auch über einem reduzierten Zeitintervall durchgeführt werden. Theoretisch reicht eine einzige Periode aus. Bild 10.5 zeigt das Analyseergebnis der obigen Rechteckspannung, wenn für die Analyse nur das Zeitintervall einer einzigen Periode (RUN TO TIME = 1 ms) verwendet wird. Da PSPICE den Abstand Δf der Stützstellen der Berechnung aus $\Delta f = 1/$RUN TO TIME berechnet, haben die Stützstellen in Bild 10.5 nur einen Abstand von 1/1ms = 1 kHz. In Bild 10.4 betragen die Abstände der Stützstellen 1/15 ms = 66,6 Hz. Beim Vergleich der Bilder 10.4 und 10.5 müssen Sie bedenken, dass PPOBE benachbarte Datenpunkte immer durch Geraden verbindet.

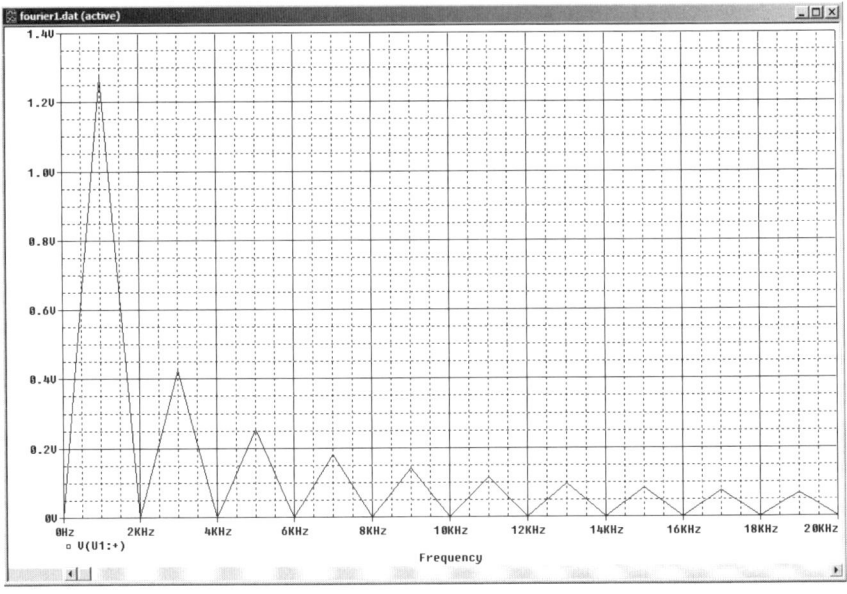

Bild 10.5: Ergebnis einer FFT-Analyse der Schaltung von Bild 10.1. Für die Analyse sind nur die Daten einer einzigen Periode der Schwingung verwendet worden

PSPICE kann eine Fourier-Analyse gleich während der Transienten-Analyse vornehmen. Das müssen Sie allerdings vorher im Setup der Transienten-Analyse anmelden. Das Ergebnis wird dann nach Abschluss der Simulation tabellarisch im Output-File dargestellt. Angefordert wird diese Fourier-Analyse im Fenster TRANSIENT OUTPUT FILE OPTIONS, das Sie aus dem Fenster SIMULATION SETTINGS (Bild 10.2) heraus durch Betätigen der Schaltfläche OUTPUT FILE OPTIONS... öffnen können. Bild 10.6 zeigt dieses Fenster fertig ausgefüllt für eine periodische Schwingung mit 1 kHz. PSPICE wird aufgefordert, für die Spannung V(U1:+) zehn Harmonische (Grundschwingung und neun Oberschwingungen) zu berechnen.

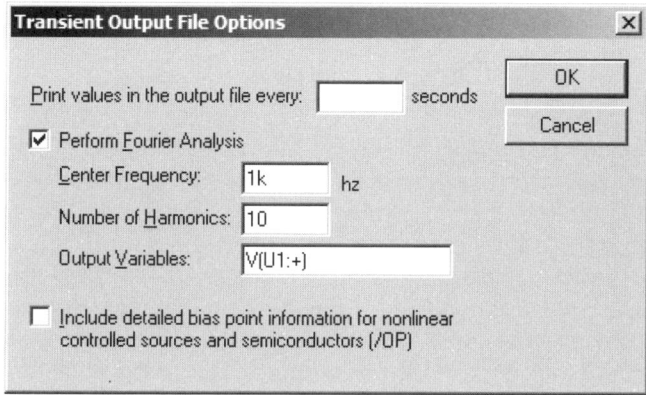

Bild 10.6: Setup für eine Transienten-Analyse. Darstellung der Ergebnisse für die Grundschwingung und neun Oberschwingungen im Output-File

Die Fourier-Analyse, die während der Simulation ihre Ergebnisse ins Output-File schreibt, arbeitet zum Teil anders als die oben beschriebene Fourier-Analyse aus dem Probe-Fenster heraus (FFT). Für die Fourier-Analyse, die ihre Ergebnisse ins Output-File schreibt, wählt PSPICE als Analysegrundlage automatisch die letzte simulierte Periode aus. Deren Periodendauer T berechnet es aus der Angabe für CENTER FREQUENCY (Bild 10.6) mit Hilfe der Beziehung T = 1/CENTER FREQUENCY. Das Problem, die Transienten-Analyse unbedingt über ein ganzzahliges Vielfaches der Periodendauer durchführen zu müssen oder nachträglich den berechneten Datensatz reduzieren zu müssen, stellt sich dabei nicht. Die Genauigkeit beider Varianten der PSPICE-Fourier-Analyse hängt von der Größe bei PRINT VALUES IN THE OUTPUT FILE EVERY: (Bild 10.6) und MAXIMUM STEP SIZE ab. Je kleiner beide Werte sind, desto genauer werden die Analyseergebnisse. Achtung: Ist die Eingabefläche bei PRINT VALUES IN THE OUTPUT FILE EVERY: leer, so setzt PSPICE für PRINT VALUES IN THE OUTPUT FILE EVERY: den Wert von MAXIMUM STEP SIZE ein. Sie sollten das so lassen. Dann ist immer der Wert für PRINT VALUES IN THE OUTPUT FILE EVERY: = MAXIMUM STEP SIZE und Sie können die Genauigkeit der Analyse in beiden Verfahren über ein einziges Attribut (MAXIMUM STEP SIZE) steuern.

Aktion
10.5

   ● Erzeugen Sie das Setup für die Fourier-Analyse nach dem Muster von
   ● Bild 10.6. Der Wert für CENTER FREQUENCY ergibt sich aus der Frequenz f_0
   ● der Grundschwingung der Rechteckspannung (f_0 = 1/Periodendauer =
   ● 1/1ms = 1 kHz). Simulieren Sie die Schaltung. Nach Abschluss der Si-
   ● mulation finden Sie im Output-File die Ergebnisse der Fourier-Analyse
   ● (Bild 10.7):

FOURIER COMPONENTS OF TRANSIENT RESPONSE V(N00061)

DC COMPONENT = 0.000000E+00

HARMONIC NO	FREQUENCY (HZ)	FOURIER COMPONENT	NORMALIZED COMPONENT	PHASE (DEG)	NORMALIZED PHASE (DEG)
1	1.000E+03	1.273E+00	1.000E+00	-1.800E-01	0.000E+00
2	2.000E+03	2.065E-16	1.622E-16	-1.361E+02	-1.357E+02
3	3.000E+03	4.244E-01	3.333E-01	-5.400E-01	-1.711E-10
4	4.000E+03	1.083E-16	8.508E-17	-7.064E+00	-6.344E+00
5	5.000E+03	2.547E-01	2.000E-01	-9.000E-01	-8.555E-10
6	6.000E+03	7.148E-17	5.614E-17	1.153E+02	1.164E+02
7	7.000E+03	1.819E-01	1.429E-01	-1.260E+00	-2.395E-09
8	8.000E+03	7.780E-16	6.110E-16	4.820E+01	4.964E+01
9	9.000E+03	1.415E-01	1.111E-01	-1.620E+00	-5.132E-09
10	1.000E+04	2.059E-16	1.617E-16	3.248E+01	3.428E+01

Bild 10.7: Darstellung der Daten einer Fourier-Analyse im Output-File

Nach der Theorie ergibt sich für die Fourier-Entwicklung einer Rechteckspannung mit der Amplitude 1 Volt:

$$u = \frac{4}{\pi} \cdot (\sin \omega_0 t + \frac{1}{3} \cdot \sin 3 \cdot \omega_0 t + \frac{1}{5} \cdot \sin 5 \cdot \omega_0 t ....) \cdot 1 \text{ V} ; \ \omega_0 = 2 \ \pi \cdot f_0$$

Ein Vergleich der Ergebnisse aus Bild 10.7 mit der Theorie ergibt eine aus-
gezeichnete Übereinstimmung, die sich durch Verkleinerung von MAXIMUM
STEP SIZE und dem Wert bei PRINT VALUES IN THE OUTPUT FILE EVERY: noch weiter
steigern lässt. Theoretisch hat eine symmetrische Rechteckspannung keine geradzahligen Oberschwingungen. Wenn PSPICE dennoch welche berechnet, dann können Sie daraus Schlüsse ziehen über den Grad der Fehler, die mit dem gewählten Wert für MAXIMUM STEP SIZE gemacht werden.
Allerdings: Wenn PSPICE Oberschwingungen berechnet, die in Wirklich-
keit nicht existieren, und dabei Amplituden in der Größenordnung von 10^{-16}
ermittelt, dann ist das kein Qualitätsmangel, sondern ein großartiger Beweis für die Qualität der Berechnungen von PSPICE.

Der Arbeitsspeicher Ihres Rechners wird u.U. überfordert, wenn Sie ver-
langen, dass gleichzeitig die Fourier-Komponenten für das Output-File und
für die Darstellung im Probe-Fenster berechnet werden. Bei großen Datensätzen steigt PSPICE dann aus und bricht die Arbeit ab. Eine entsprechen-

de Fehlermeldung gibt es in diesem Fall leider nicht. Also: Wenn Sie eine Fourier-Analyse durchführen, deren Ergebnisse ins Output-File geschrieben werden sollen, dann sorgen Sie dafür, dass nicht gleichzeitig die FFT im Probe-Fenster aktiviert ist. Wenn die Berechnungen für das Output-File abgeschlossen sind, können Sie anschließend problemlos auch noch eine FFT durchführen.

Frequenzspektrum der Ausgangsspannung eines Verstärkers   10.1.2

Das Frequenzspektrum einer Rechteckspannung (vgl. Abschnitt 10.1.1) ist in der Elektrotechnik bestens bekannt und man benötigt nicht PSPICE, um es zu bestimmen. Die wunderbaren Möglichkeiten der Fourier-Analyse von PSPICE kommen erst dann richtig zum Tragen, wenn das Frequenzspektrum einer Spannung gesucht ist, deren Verlauf nicht auf einfache Weise mathematisch beschrieben werden kann, zum Beispiel das Spektrum der (verzerrten) Ausgangsspannung einer Verstärkerstufe.

Als Maß für die Verzerrungen von Spannungen dient in der Elektronik der Klirrfaktor. Er ist definiert als das Verhältnis des Effektivwertes aller Oberschwingungen zum Effektivwert der gesamten Spannung. Klirrfaktoren können über die Fourier-Analyse ermittelt werden. Im Folgenden wird der Klirrfaktor einer Transistorstufe ermittelt:

Aktion
10.6

Legen Sie ein Projekt *fourier2* an und zeichnen Sie die Verstärkerstufe von Bild 10.8. Verwenden Sie dabei für die Eingangsspannung eine Spannungsquelle vom Typ *VSIN*, den Transistor *BC547B* finden Sie in misc.olb. Führen Sie anschließend eine Transienten-Analyse über 25 Perioden durch (MAXIMUM STEP SIZE = 1us, RUN TO TIME = 25ms). Erzeugen Sie das Probe-Diagramm von Bild 10.9.

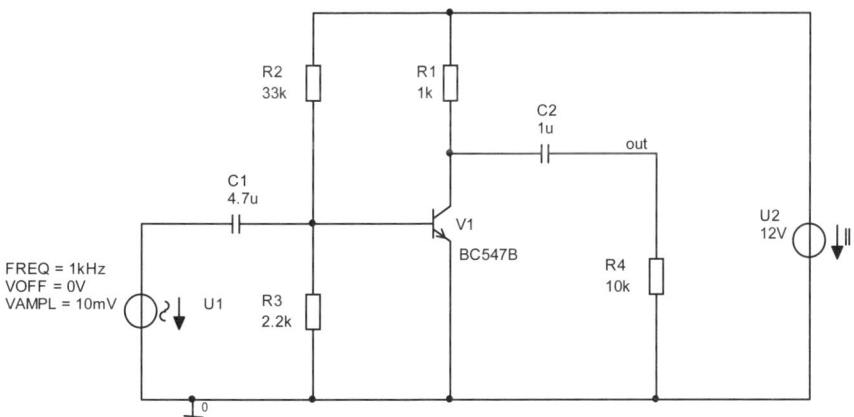

Bild 10.8: Transistorverstärker in Emitterschaltung

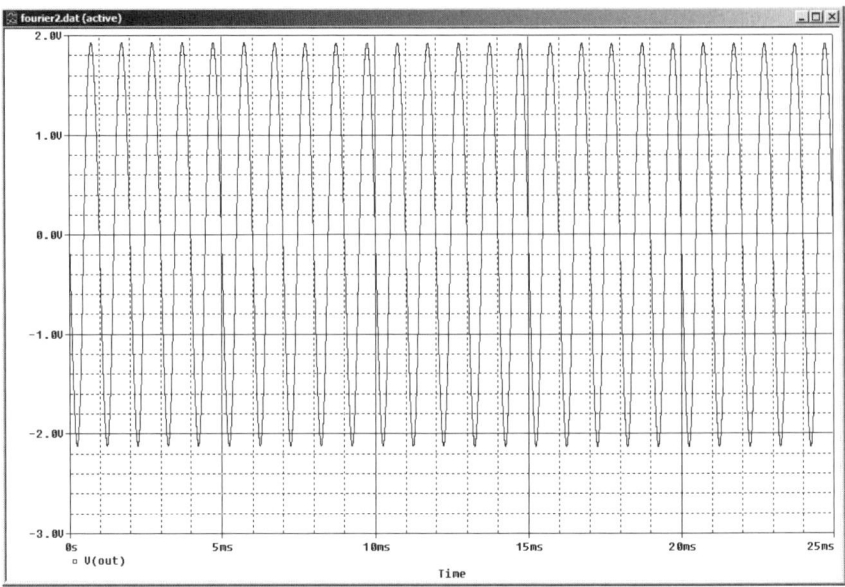

Bild 10.9: Ausgangsspannung eines Transistorverstärkers

Nach wenigen Perioden ist die Schaltung eingeschwungen. Man erkennt allerdings schon mit bloßem Auge, dass die oberen Halbschwingungen etwas breiter sind als die unteren: Der Verstärker „klirrt".

Aktion
10.7

● Beschränken Sie den für die Fourier-Analyse zu verwendenden Daten-
● bereich auf den eingeschwungenen Zustand zwischen 15 ms und 25 ms
● (PLOT/AXIS SETTINGS.../X AXIS/RESTRICTED/15ms bis 25ms) und erzeugen
● Sie mit FFT eine Darstellung des Frequenzspektrums nach Bild 10.10:

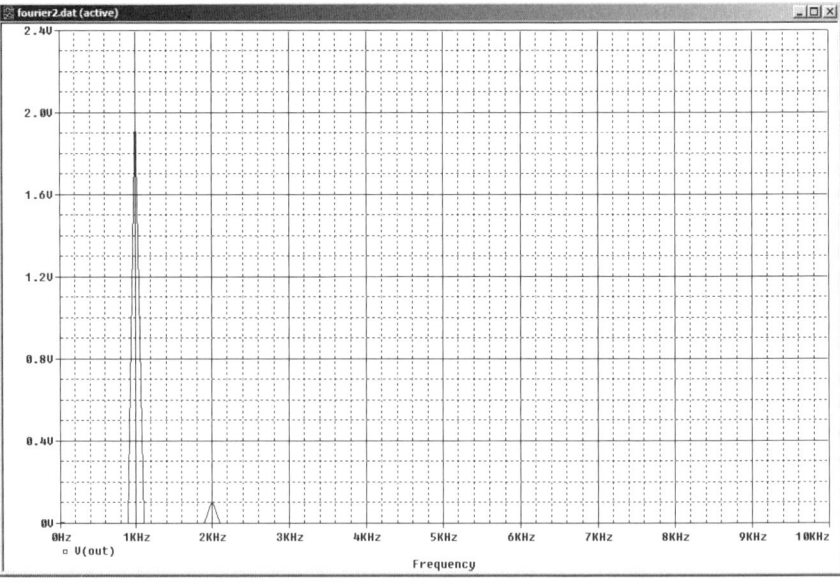

Bild 10.10: Frequenzspektrum der Ausgangsspannung der Schaltung von Bild 10.8

Bild 10.10 zeigt, dass nur die erste Oberschwingung bei 2 kHz einen „sichtbaren" Beitrag zum Klirrfaktor liefert. Zur näherungsweisen Berechnung des Klirrfaktors könnten Sie die Amplituden der Grundschwingung und der ersten Oberschwingung mit Hilfe des Probe-Cursors vermessen und daraus die Effektivwerte berechnen. Einfacher und genauer geht das, wenn Sie vor der Simulation beim Setup der Transienten-Analyse im Unterfenster TRANSIENT OUTPUT FILE OPTIONS die Durchführung einer Fourier-Analyse anfordern (PRINT VALUES IN THE OUTPUT FILE EVERY= bleibt unausgefüllt, CENTER FREQUENCY = 1k, NUMBER OF HARMONICS = 10, OUTPUT VARIABLES = V(out), MAXIMUM STEP SIZE = 1u)[1]. Dann erhalten Sie die gewünschten Daten aus dem Output-File (Bild 10.11):

FOURIER COMPONENTS OF TRANSIENT RESPONSE V(OUT)

DC COMPONENT = 2.697278E-03

HARMONIC NO	FREQUENCY (HZ)	FOURIER COMPONENT	NORMALIZED COMPONENT	PHASE (DEG)	NORMALIZED PHASE (DEG)
1	1.000E+03	2.022E+00	1.000E+00	-1.765E+02	0.000E+00
2	2.000E+03	1.114E-01	5.511E-02	9.693E+01	4.500E+02
3	3.000E+03	1.250E-03	6.181E-04	2.355E+01	5.531E+02
4	4.000E+03	1.575E-04	7.791E-05	7.883E+01	7.849E+02
5	5.000E+03	3.929E-05	1.943E-05	-4.869E+00	8.777E+02
6	6.000E+03	2.846E-05	1.407E-05	-3.868E+00	1.055E+03
7	7.000E+03	2.544E-05	1.258E-05	-1.290E+01	1.223E+03
8	8.000E+03	1.963E-05	9.707E-06	-1.160E+01	1.401E+03
9	9.000E+03	1.924E-05	9.517E-06	-1.126E+01	1.577E+03
10	1.000E+04	1.628E-05	8.050E-06	-1.507E+01	1.750E+03

TOTAL HARMONIC DISTORTION = 5.511036E+00 PERCENT

Bild 10.11: Auszug aus dem Output-File. Ergebnis der Fourier-Analyse der Emitterschaltung von Bild 10.8

Im Output-File finden Sie, bereits fertig ausgerechnet, den Wert für die „harmonische Verzerrung" (Total Harmonic Distortion). Die harmonische Verzerrung ist ein in Europa wenig verwendetes Maß für die Verzerrung. Sie ist definiert als das Verhältnis des Effektivwertes aller Oberschwingungen zum Effektivwert der Grundschwingung. Solange die harmonische Verzerrung, so wie bei allen nur halbwegs brauchbaren Verstärkerschaltungen, kleiner als 10 % ist, sind Klirrfaktor und „harmonische Verzerrung" zahlenmäßig nahezu gleich groß.

Die Emitterschaltung von Bild 10.8 hat einen Klirrfaktor von etwa 5,5 %. Einen derart hohen Klirrfaktor sollte man auch dem Ohr seines größten Feindes auf Dauer nicht zumuten. Das Wundermittel des Elektronikers in solchen Fällen heißt Gegenkopplung. Fügt man der Emitterschaltung einen Emitterwiderstand zur (Wechselstrom-)Gegenkopplung hinzu (Bild 10.12), dann reduzieren sich die Verzerrungen enorm (Bilder 10.13, 10.14 und 10.15), allerdings auch die Verstärkung.

---

1) Denken Sie daran, die FFT nicht gleichzeitig laufen zu lassen.

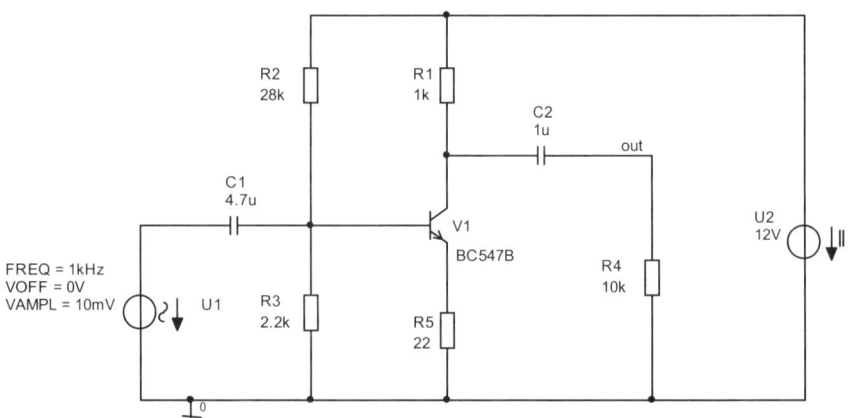

Bild 10.12: Emitterschaltung mit Gegenkopplung zur Reduzierung der Verzerrungen

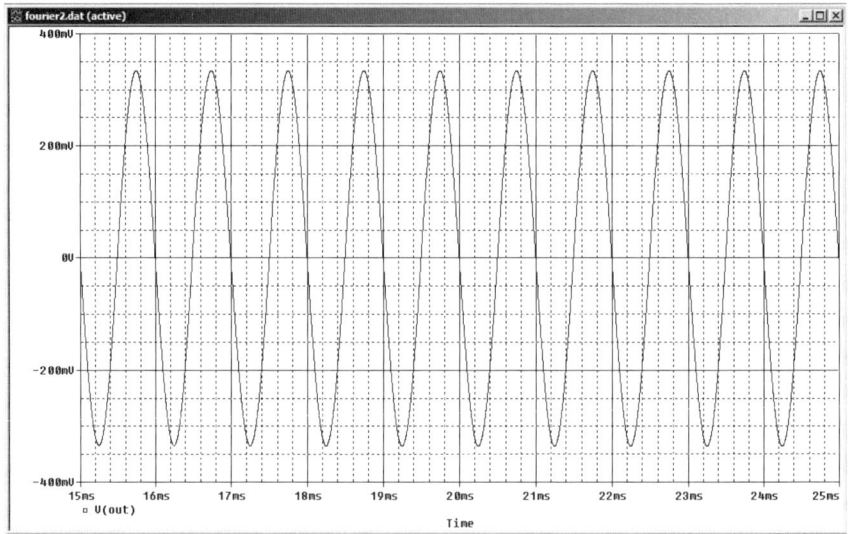

Bild 10.13: Ausgangsspannung der Emitterschaltung mit Gegenkopplung von Bild 10.12. Reduzierter Darstellungsbereich ab 15 ms

DC COMPONENT = -2.354259E-04

HARMONIC NO	FREQUENCY (HZ)	FOURIER COMPONENT	NORMALIZED COMPONENT	PHASE (DEG)	NORMALIZED PHASE (DEG)
1	1.000E+03	3.340E-01	1.000E+00	-1.780E+02	0.000E+00
2	2.000E+03	7.042E-04	2.108E-03	9.246E+01	4.485E+02
3	3.000E+03	5.766E-06	1.726E-05	1.752E+02	7.092E+02
4	4.000E+03	6.041E-06	1.809E-05	1.497E+01	7.270E+02
5	5.000E+03	5.039E-06	1.509E-05	-3.819E+01	8.518E+02
6	6.000E+03	3.402E-06	1.019E-05	-6.385E+01	1.004E+03
7	7.000E+03	1.861E-06	5.572E-06	3.477E+01	1.281E+03
8	8.000E+03	3.472E-06	1.039E-05	2.823E+01	1.452E+03
9	9.000E+03	3.493E-06	1.046E-05	-2.430E+01	1.578E+03
10	1.000E+04	2.977E-06	8.913E-06	-7.469E+01	1.705E+03

TOTAL HARMONIC DISTORTION =   2.108609E-01 PERCENT

Bild 10.14: Emitterschaltung mit Gegenkopplung von Bild 10.12. Reduktion des Klirrfaktors auf ca. 0,24 %

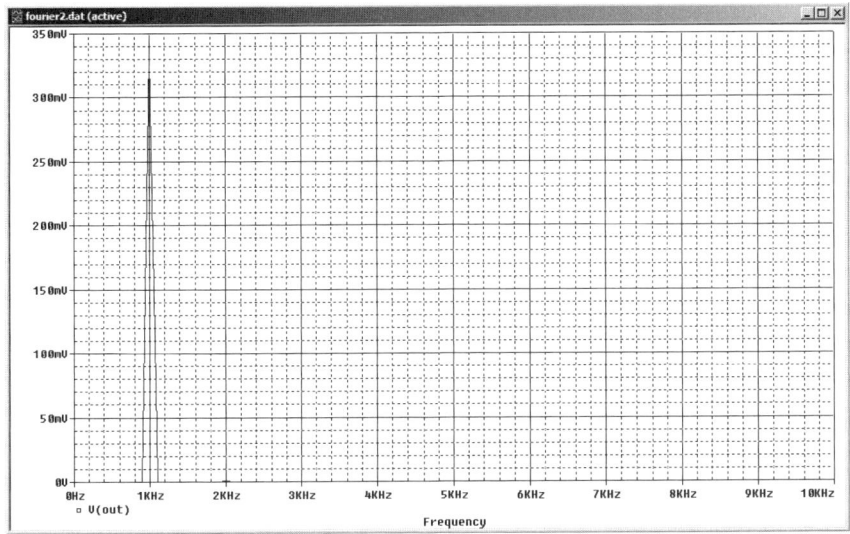

Bild 10.15: Frequenzspektrum der Emitterschaltung mit Gegenkopplung von Bild 10.12

Die Gegenkopplung wirkt gut. Mit einem noch größeren Emitterwiderstand ließe sich der positive Effekt noch weiter vergrößern. Dann bliebe aber von der Verstärkung nicht mehr viel übrig. Der Vergleich der Bilder 10.9 und 10.13 zeigt, dass durch die Gegenkopplung die Verstärkung auf ca. 15 % des Ausgangswertes reduziert wurde. Bild 10.16 zeigt das Ergebnis der Fourier-Analyse für die Schaltung von Bild 10.12, wenn zum Emitterwiderstand R_E ein Emitterkondensator C_E = 1000 µF parallelgeschaltet wird.

DC COMPONENT = 9.334673E-04

HARM ONIC NO	FREQUENCY (HZ)	FOURIER COMPONENT	NORMALIZED COMPONENT	PHASE (DEG)	NORMALIZED PHASE (DEG)
1	1.000E+03	1.756E+00	1.000E+00	-1.750E+02	0.000E+00
2	2.000E+03	1.056E-01	6.016E-02	1.005E+02	4.506E+02
3	3.000E+03	1.905E-03	1.085E-03	2.690E+01	5.520E+02
4	4.000E+03	1.224E-04	6.971E-05	8.417E+01	7.843E+02
5	5.000E+03	2.783E-05	1.585E-05	-3.532E-01	8.748E+02
6	6.000E+03	1.930E-05	1.099E-05	-8.267E+00	1.042E+03
7	7.000E+03	1.733E-05	9.872E-06	-1.656E+01	1.209E+03
8	8.000E+03	1.355E-05	7.717E-06	-1.464E+01	1.386E+03
9	9.000E+03	1.316E-05	7.498E-06	-1.665E+01	1.559E+03
10	1.000E+04	1.132E-05	6.449E-06	-2.307E+01	1.727E+03

TOTAL HARMONIC DISTORTION = 6.017263E+00 PERCENT

Bild 10.16: Emitterschaltung mit Gegenkopplung von Bild 10.12. Zusätzlich: Überbrückung des Emitterwiderstands R_E durch einen Emitterkondensator C_E = 1000 µF

Der Einsatz des Emitterkondensators bringt kein positives Ergebnis. Zwar ist die Verstärkung wieder so gut wie am Anfang, aber der Verstärker klirrt sogar noch etwas mehr als am Anfang. Durch den wechselstommäßigen Kurzschluss ist der Emitterwiderstand nur noch gleichstrommäßig wirksam, d.h. zur Arbeitspunktstabilisierung, z.B. bei Temperaturschwankungen.

10.2   Rauschen

Zufallsprozesse, wie die Wärmebewegung der Elektronen in Halbleitern und Widerständen, führen zu sehr kleinen, für den Beobachter regellos verlaufenden Spannungen und Strömen. Wenn man diese Signale genügend verstärkt und auf einen Lautsprecher gibt, hört man ein Rauschen. Deshalb spricht man von Rauschsignalen. Ein wichtiges Gütekriterium für Verstärker ist folglich die Größe des Verhältnisses von Nutzsignal zum Rauschsignal am Ausgang des Verstärkers. Man bezeichnet den Logarithmus dieses Verhältnisses (multipliziert mit dem Faktor 20) als Rauschabstand. PSPICE kann bei der Bestimmung des Rauschabstandes behilflich sein. Die Rauschanalyse heißt bei PSPICE „Noise Analysis", sie ist Bestandteil des AC-Sweeps.

Zur Demonstration einer Rauschanalyse soll im Folgenden das Rauschverhalten eines einstufigen Transistorverstärkers in Emitterschaltung untersucht werden.

Aktion

10.8

● Legen Sie ein Projekt *noise* an und zeichnen Sie die Emitterschaltung
● von Bild 10.17:

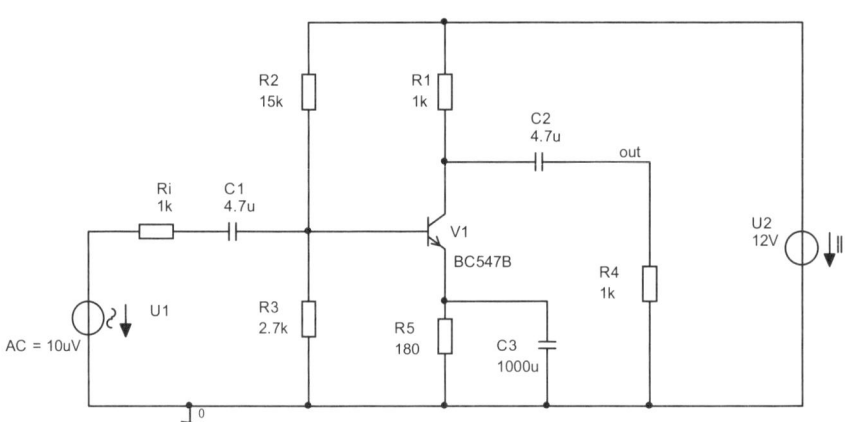

Bild 10.17: Emitterschaltung mit Arbeitspunktstabilisierung durch Stromgegenkopplung

Die Schaltung soll im Frequenzbereich zwischen 1 Hz und 100 MHz untersucht werden.

Aktion
10.9

● Öffnen Sie das Fenster Simulation Settings (Bild 10.18) und bereiten Sie
● entsprechend den Setup-Angaben in Bild 10.18 einen AC-Sweep mit
● logarithmisch verteilten Datenpunkten über einen Frequenzbereich von
● 1 Hz bis 100 MHz vor.

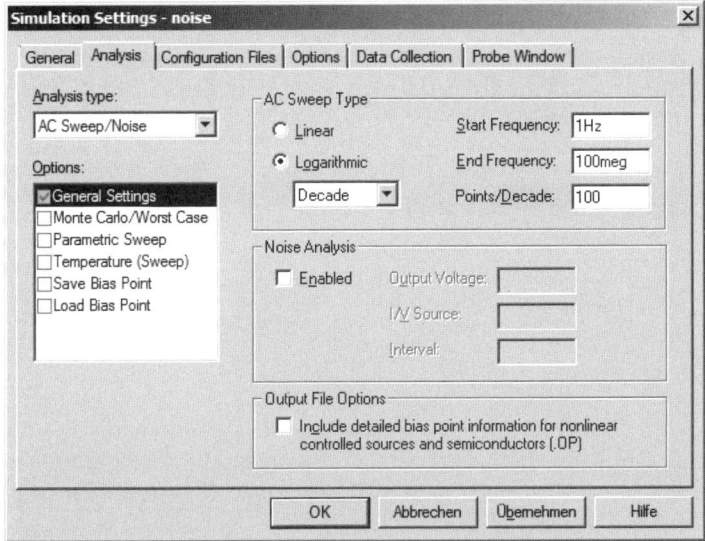

Bild 10.18: Das Fenster SIMULATION SETTINGS **mit Einstellungen zur Durchführung eines AC-Sweep im Frequenzbereich von 1 Hz bis 100 MHz. Die Option** NOISE ANALYSIS **ist noch nicht aktiviert**

Im unteren Teil des Fensters SIMULATION SETTINGS sehen Sie die Abteilung NOISE ANALYSIS (Bild 10.19). Dort müssen Sie bei OUTPUT VOLTAGE angeben, für welche Stelle der Schaltung das Rauschen berechnet werden soll. Sie interessieren sich für das Rauschen am Lastwiderstand R4, also für die Spannung V(out). In der mittleren Eingabefläche I/V SOURCE müssen Sie eine Quelle angeben, für die PSPICE das *äquivalente Eingangsrauschen* berechnen soll, d.h. diejenige Spannung, die von der bei I/V SOURCE eingetragenen Quelle abgegeben werden müsste, um in einer ansonsten rauschfreien Schaltung an dem bei OUTPUT VOLTAGE benannten Knoten die gleiche Rauschspannung zu bewirken. Sie müssen hier unbedingt eine Quelle angeben, anderenfalls kann PSPICE die Rauschanalyse nicht durchführen, so dass es zum Simulationsabbruch kommt. In der unteren Eingabefläche INTERVAL können Sie anfordern, in welchen Abständen detaillierte Angaben über das Ausgangsrauschen ins Output-File geschrieben werden sollen. Wenn Sie hier z.B. 100 eintragen, dann wird jedes hundertste Analyseergebnis ins Output-File geschrieben. Das heißt, dass bei 100 Datenpunkten pro Dekade genau ein Ergebnis pro Dekade dokumentiert wird.

Aktion
10.10

Ergänzen Sie die Noise-Abteilung des Fensters SIMULATION SETTINGS nach dem Muster von Bild 10.19 und verlassen Sie dann das Fenster SIMULATION SETTINGS mit OK. Starten Sie den AC-Sweep und bringen Sie im Probe-Fenster den Amplitudengang der Ausgangsspannung V(out) mit logarithmisch skalierter y-Achse zur Anzeige (Bild 10.20).

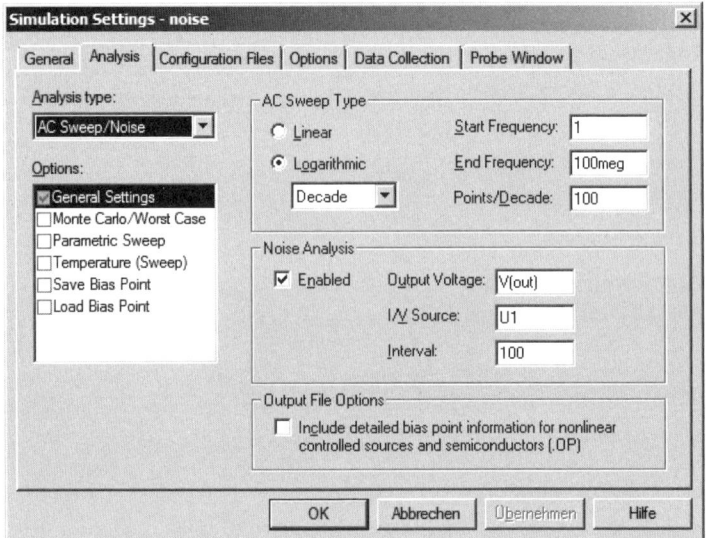

Bild 10.19: Das Fenster AC SWEEP AND NOISE ANALYSIS mit Eintragungen zur Durchführung einer Rauschanalyse

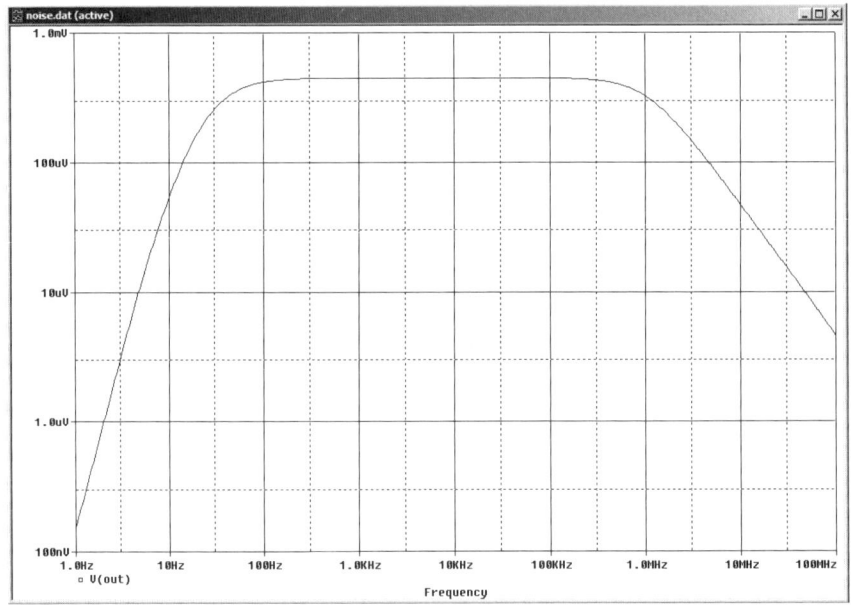

Bild 10.20: Der Amplitudengang der Emitterschaltung von Bild 10.16

Bild 10.20 sagt noch nichts über das Rauschen der Schaltung aus. Das Diagramm des Rausch-Amplitudengangs müssen Sie erst noch aus der Trace-Liste heraus aktivieren.

Aktion
10.11

● Öffnen Sie das Fenster ADD TRACES (Bild 10.21):
●
●

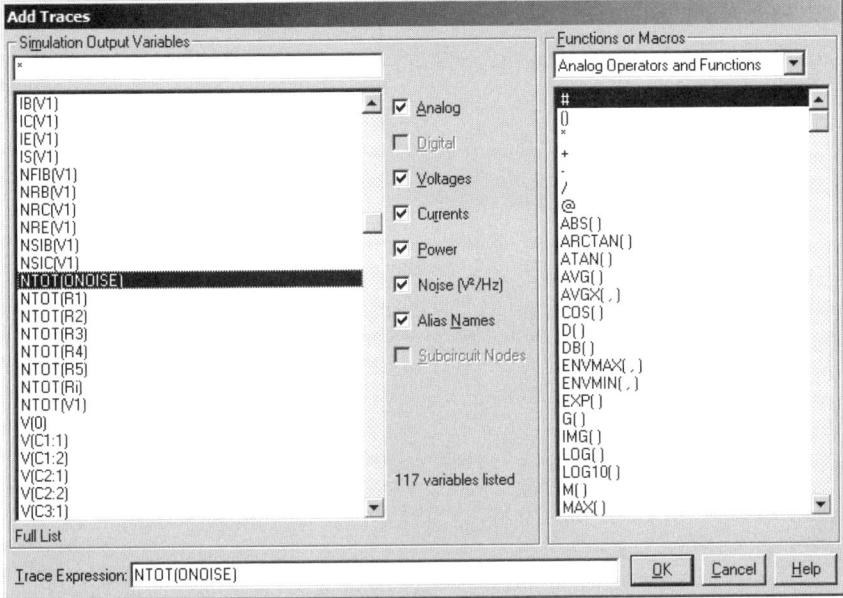

Bild 10.21: Das Fenster ADD TRACES **nach der Durchführung eines AC-Sweep mit aktivierter Option** NOISE ANALYSIS

In der Trace-Liste sehen Sie mehrere Einträge, die dort beim normalen AC-Sweep nicht vorhanden sind. Diese Einträge beginnen bis auf zwei Ausnahmen mit dem Buchstaben *N*. Dahinter verbergen sich die in der Regel frequenzabhängigen spektralen Leistungsdichten der Rauschsignale, die die einzelnen Rauschquellen der Schaltung (Widerstände, Halbleiterbauelemente) an dem Netzknoten erzeugen, den Sie im Noise-Setup (Bild 10.19) unter OUTPUT VOLTAGE festgelegt haben. *NTOT(ONOISE)* bezeichnet die spektrale Leistungsdichte, die insgesamt an diesem Knoten auftritt. Unter der spektralen Leistungsdichte S_{Lu} einer Rauschspannung versteht man das Quadrat des Effektivwertes U_{eff}^2 des Rauschsignals dividiert durch die Mess-Bandbreite $2B$ des schmalbandigen selektiven Messgeräts, mit dem der Effektivwert gemessen wird: $S_{Lu} = U_{eff}^2/2B$. Die Einheit der spektralen Leistungsdichte ist deshalb, wie hinter der Schaltfläche Noise in Bild 10.21 angegeben, V^2/Hz. S_{Lu} gibt also an, welche Leistung auf das Frequenzintervall $2B$ entfällt. Der Begriff Leistung wird in diesem Zusammenhang in einem erweiterten Sinn benutzt. Er bedeutet den zeitlichen Mittelwert des Quadrats der Spannung. Die Quadratwurzel aus *NTOT(ONOISE)* wird als *V(ONOISE)* bezeichnet. *V(INOISE)* gibt an, welches Rauschsignal die im Noise-Setup unter I/V (Bild 10.19) bezeichnete Quelle liefern müsste, um *V(ONOISE)* zu erzeugen.

Erzeugen Sie im Probe-Fenster eine Darstellung der Frequenzabhängigkeit von Rausch- und Nutzleistung am Ausgang der Emitterschaltung (Bild 10.22):

Aktion
10.12

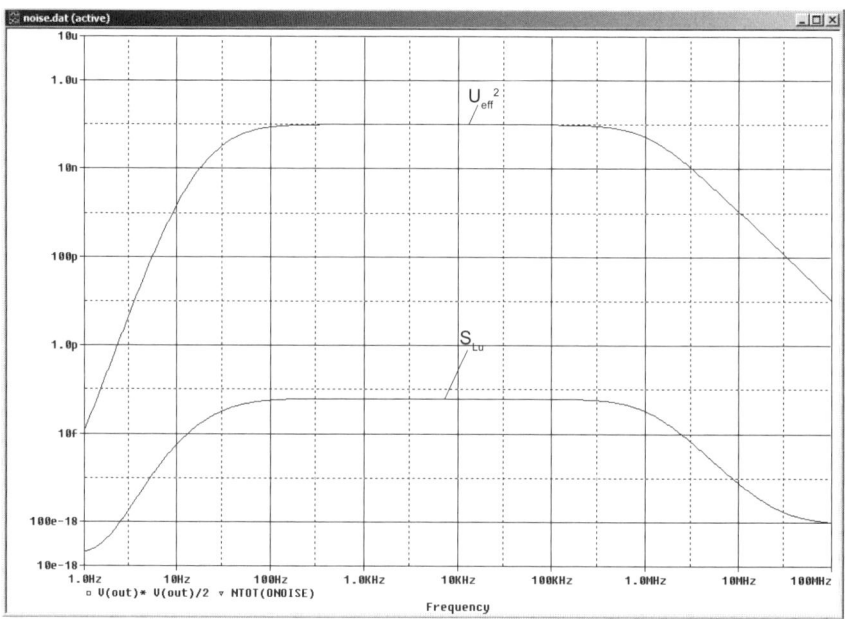

Bild 10.22: Rausch- und Nutzleistung der Emitterschaltung von Bild 10.16

Bild 10.23 zeigt einen Auszug des Output-Files mit den Ergebnissen der Rauschanalyse für die Frequenz 1 kHz. Wie zu erwarten sind die Rauschleistungen, die von den thermisch rauschenden Widerständen R_i, R_2 und R_3 am Verstärkereingang ausgehen, in der gesamten Rauschleistung besonders stark enthalten. Sie sind in der Summe größer als die vom Transistor stammende Rauschleistung. Eine Aufgabe des Entwicklers ist es, die Schaltung so zu optimieren, dass die von der Verstärkerschaltung herrührende Rauschleistung möglichst klein wird. PSPICE kann ihm dabei zur Hand gehen.

```
**** TRANSISTOR SQUARED NOISE VOLTAGES (SQ V/HZ)

          Q_V1
RB      6.870E-17
RC      2.421E-23
RE      3.221E-17
IBSN    1.344E-14
IC      3.914E-16
IBFN    0.000E+00
TOTAL   1.393E-14

**** RESISTOR SQUARED NOISE VOLTAGES (SQ V/HZ)

          R_Ri        R_R1        R_R5        R_R2        R_R3        R_R4
TOTAL   3.326E-14   3.806E-18   9.680E-21   2.220E-15   1.233E-14   3.812E-18

**** TOTAL OUTPUT NOISE VOLTAGE       = 6.176E-14 SQ V/HZ
                                       = 2.485E-07 V/RT HZ

TRANSFER FUNCTION VALUE:
V(OUT)/V_U1                            = 4.480E+01
EQUIVALENT INPUT NOISE AT V_U1         = 5.547E-09 V/RT HZ
```

Bild 10.23: Auszug aus dem Output-File. Ergebnisse der Rauschanalyse für f = 1 kHz

Performance-Analyse   10.3

Für eine Performance-Analyse muss die Schaltung nicht extra „unter Strom gesetzt" werden. Die Performance-Analyse wertet nur bereits vorhandene, bei einem vorangegangenen Parametric-Sweep gewonnene und als Kurvenschar im Probe-Fenster darstellbare Daten nach neuen Gesichtspunkten aus. Für jeden Schar-Parameter wird der Darstellung (Performance) der zugehörigen Kurve der Kurvenschar ein vorweg definierter Wert entnommen, z.B. der Maximalwert oder die Bandbreite. Die so gewonnenen Werte werden im Probe-Fenster anschließend in Abhängigkeit vom Parameter als Diagramm dargestellt. Der Parameter des zugrunde liegenden Parametric-Sweep wird also immer auf der x-Achse des Diagramms der zugehörigen Performance-Analyse dargestellt.

Zur Demonstration dieser Zusammenhänge wird im Folgenden ein frequenzabhängiger Spannungsteiler (Bild 10.24) untersucht. Den unteren Teil der Schaltung bildet ein Parallelschwigkreis, dessen Spule durch die Reihenschaltung einer reinen Induktivität mit einem Wirkwiderstand dargestellt wird[1]. Mit Hilfe einer Performance-Analyse soll geklärt werden, wie der Amplitudengang der Ausgangsspannung $V(out)$, speziell sein Maximalwert und seine Bandbreite, vom Spulenwiderstand $R1$ abhängen.

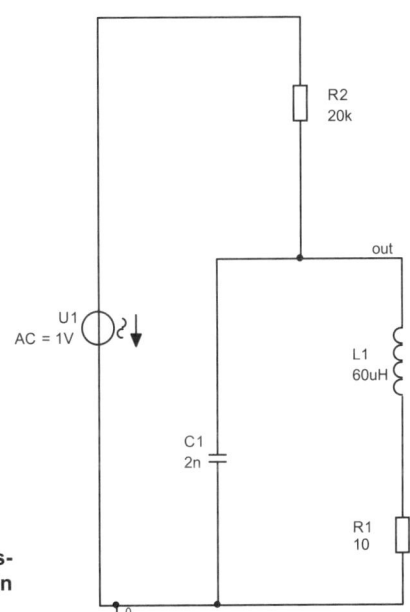

**Bild 10.24: Frequenzabhängiger Spannungs-
teiler. Den unteren Teil der Schaltung bildet ein
Parallelschwingkreis.**

Als Grundlage für die Performance-Analyse dient ein AC-Sweep, bei dem der Widerstand $R1$ Parameter des Nebensweeps ist.

---

[1] Diese Filterschaltung findet man häufig in Abstimmkreisen von Rundfunkempfängern.

Erzeugen Sie zur Vorbereitung der Performance-Analyse einen AC-Parametric-Sweep der Schaltung. Gehen Sie dazu wie folgt vor:

**Aktion
10.13**

- Legen Sie ein Projekt *rlc_par* an und zeichnen Sie die Schaltung von Bild
- 10.24. Wählen Sie für die Schaltung eine Spannungsquelle vom Typ *VSIN*.
- Setzen Sie ein Ausgangslabel *out*. Wählen Sie im Property-Editor von
- *VSIN* das Attribut *AC* = 1V und setzen Sie die Attribute *FREQU*, *VAMPL*
- und *VOFF* auf irgendwelche Werte.

**Aktion
10.14**

- Legen Sie ein Simulationsprofil *rlc_par* an und bereiten Sie als Haupt-
- sweep einen AC-Sweep mit 1000 linear verteilten Datenpunkten zwi-
- schen 420 kHz und 500 kHz vor (Bild 10.25).

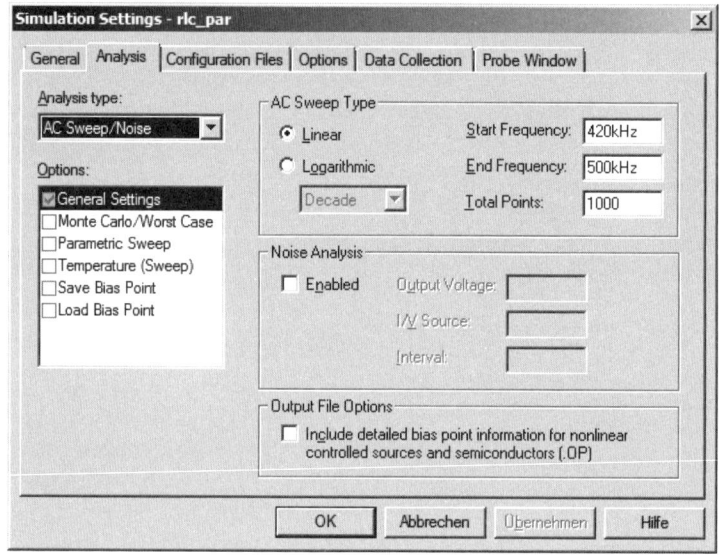

Bild 10.25: Das Setup für den AC-Sweep (Hauptsweep)

**Aktion
10.15**

- Melden Sie als Vorbereitung für einen Parametric-Nebensweep des
- Dämpfungswiderstandes *R1* den Parameter *R_damp* auf dem Schalt-
- plan an (Bild 10.26).

**Aktion
10.16**

- Erzeugen Sie das Setup für den Parametric-Sweep des Spulenwider-
- stands entsprechend Bild 10.27.

**Aktion
10.17**

- Erzeugen Sie die Kurvenschar des Amplitudengangs der Ausgangs-
- spannung *V(out)* = f(*f*) mit *R_damp* als Parameter (Bild 10.28).

Jetzt erst beginnt die eigentliche Performance-Analyse. Jede Kurve der
Kurvenschar wird nach einem vorgegebenen Kriterium vermessen. Als Ergebnis wird genau ein Messergebnis pro Kurve ermittelt, z.B. die Höhe des
Maximums der Kurve oder ihre Bandbreite. Jedes Messergebnis bildet zusammen mit dem Parameter der vermessenen Kurve ein Wertepaar des

Diagramms, das zum Schluss als Ergebnis der Performance-Analyse erzeugt wird. Sie suchen zu jedem Wert von *R_damp* die Höhe des zugehörigen Maximums des Amplitudengangs von *V(out)*. PROBE hält eine Reihe kleiner Funktionen bereit, mit deren Hilfe es die einzelnen Kurven der Kurvenschar nach interessierenden Größen vermessen kann. Diese Suchprogramme heißen *Measurement Definitions* (Messfunktionen). Es gibt Messfunktionen zur Ermittlung von Grenzfrequenzen, Anstiegszeiten, Bandbreiten etc. Es gibt auch eine Messfunktion zur Ermittlung der Höhe des Maximums einer Kurve. Diese Messfunktion benötigen Sie als Nächstes.

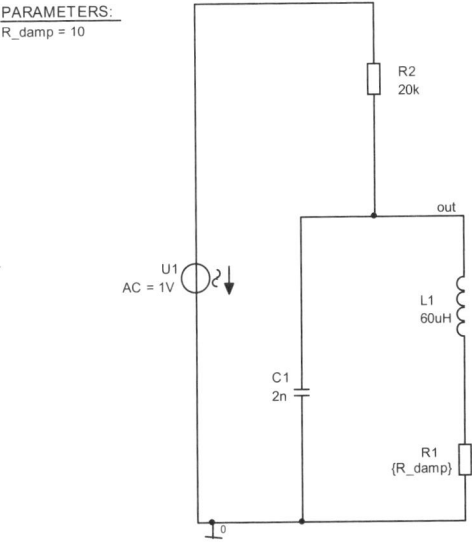

Bild 10.26: Frequenzabhängiger Spannungsteiler. Anmeldung von *R_damp* als Parameter

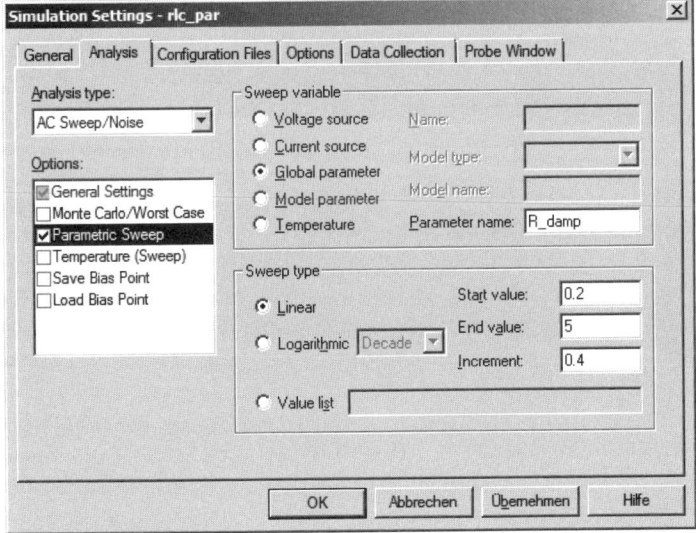

Bild 10.27: Setup für einen Parametric-Sweep des Widerstands *R_damp*

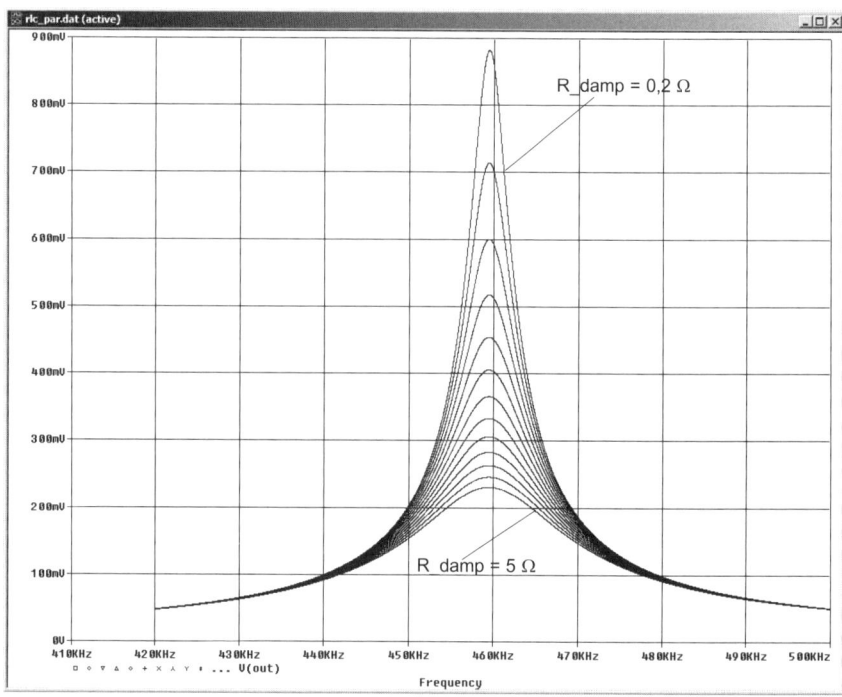

Bild 10.28: Der Amplitudengang der Ausgangsspannung *V(out)* des frequenzabhängigen Spannungsteilers von Bild 10.24 für Widerstände *R_damp* zwischen 0,2 Ω und 5 Ω

Aktion
10.18

● Löschen Sie die Kurvenschar von Bild 10.28, indem Sie in der Legende
● am unteren Bildrand den Diagrammnamen markieren und anschließend
● die Löschtaste drücken. Aktivieren Sie danach aus dem Probe-Fenster
● heraus die Option PERFORMANCE ANALYSIS, indem Sie die zugehörige
● Schaltfläche anklicken:

Die *x*-Achse wird daraufhin mit den Werten des Parameters *R_damp* skaliert.

Aktion
10.19

● Öffnen Sie jetzt das Fenster ADD TRACES (TRACE/ADD TRACES...) (Bild 10.29).
●

Auf den ersten Blick unterscheidet sich das Fenster ADD TRACES nicht von den Fenstern, die Sie zur Edition der Trace-Expression-Zeile bereits viele Male betrachtet haben. Auf den nächsten Blick erkennen Sie allerdings, dass sich der rechte Teil des Fensters verändert hat. Dort, wo bisher die verfügbaren mathematischen Funktionen standen, sind jetzt unter der Überschrift MEASUREMENTS die verfügbaren Messfunktionen aufgelistet.

Über die Auswahlfläche FUNCTIONS OR MACROS können Sie zwischen der Anzeige MEASUREMENTS mit den Messfunktionen sowie ANALOG OPERATORS AND FUNCTIONS mit den Ihnen bekannten mathematischen Funktionen und Operatoren wechseln. In zwei weiteren Abteilungen gibt es noch MACROS und PLOT WINDOW TEMPLATES. Die spielen in diesem Buch keine Rolle.

Es würde den Rahmen dieses Buches sprengen, wenn es die Beschreibung und Erläuterung sämtlicher innerhalb des Probe-Fensters verfügbarer Messfunktionen aufnehmen wollte. Eine knappe Beschreibung der einzelnen Messfunktionen finden Sie, wenn Sie aus dem Probe-Fenster heraus das Menü TRACE öffnen und darin MEASUREMENTS.... anwählen. Es öffnet sich das Fenster MEASUREMENTS mit einer vollständigen Liste der verfügbaren Messfunktionen. Wenn Sie eine Messfunktion im Fenster MEASUREMENTS markieren, dann können Sie sich deren Beschreibung nach Anklicken von VIEW ansehen. In den Beschreibungen der Messfunktionen sind die Zeilen hinter den Sternen Kommentare. Sie enthalten die „Gebrauchsanweisung" für die Anwendung der Funktion. Innerhalb der geschweiften Klammern steht die eigentliche Messfunktion.

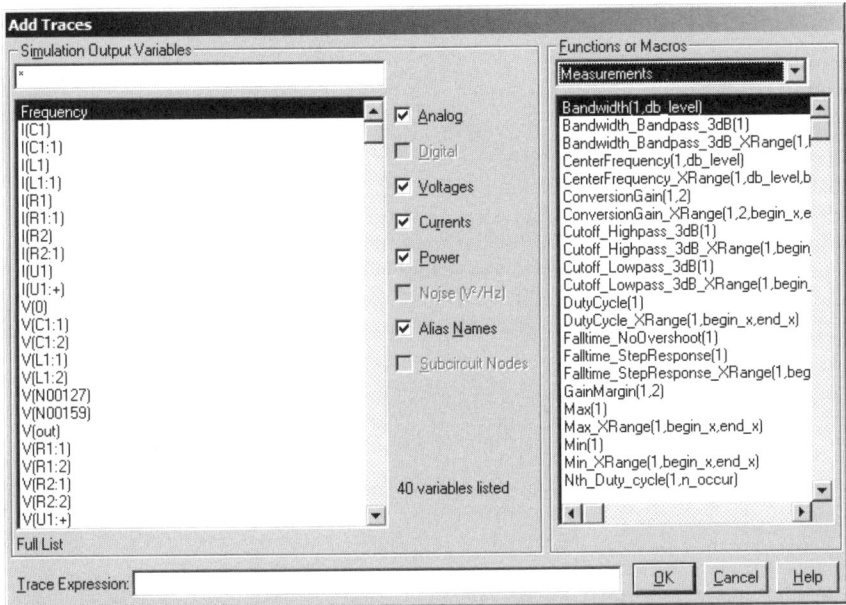

Bild 10.29: Das Fenster ADD TRACES. In der Abteilung MEASUREMENTS stehen die im Probe-Fenster verfügbaren Messfunktionen

Eine der in PSPICE verfügbaren Messfunktionen heißt *Max(1)*. Damit lässt sich das Maximum einer Kurve suchen und vermessen.

Aktion
10.20

Klicken Sie *Max(1)* an und bringen Sie es in die Trace-Expression-Zeile. An der Stelle der *1* steht jetzt der Einfüge-Cursor. Klicken Sie in der Trace-Liste V(out) an und befördern Sie den Ausdruck in die Trace-Expression-Zeile an die Stelle des Cursors. Dadurch erreichen Sie, dass PSPICE die Maxima der Ausgangsspannung *V(out)* sucht, ihre Höhe feststellt und dem Wert des zugehörigen Parameters zuordnet (Bild 10.30).

Aktion
10.21

Starten Sie die Suche nach den Maxima der Kurvenschar und deren anschließende Darstellung im Probe-Fenster mit OK. Ihr Probe-Diagramm sollte danach dem von Bild 10.31 gleichen.

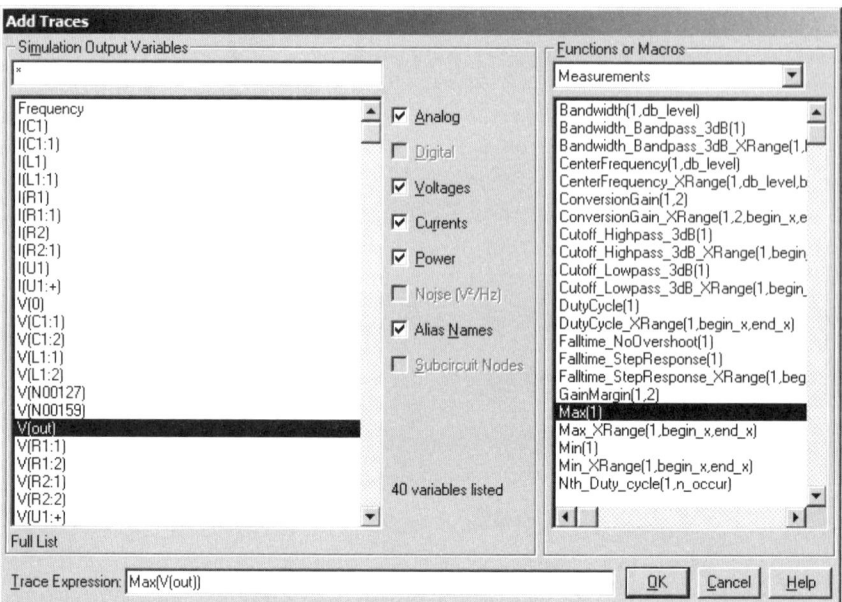

Bild 10.30: Das Fenster ADD TRACES. Der in der Trace-Expression-Zeile vorhandene Eintrag führt zur Ermittlung der Maxima der einzelnen Amplitudengänge von V(out) und zu deren Darstellung in Abhängigkeit vom Parameter _R_damp_

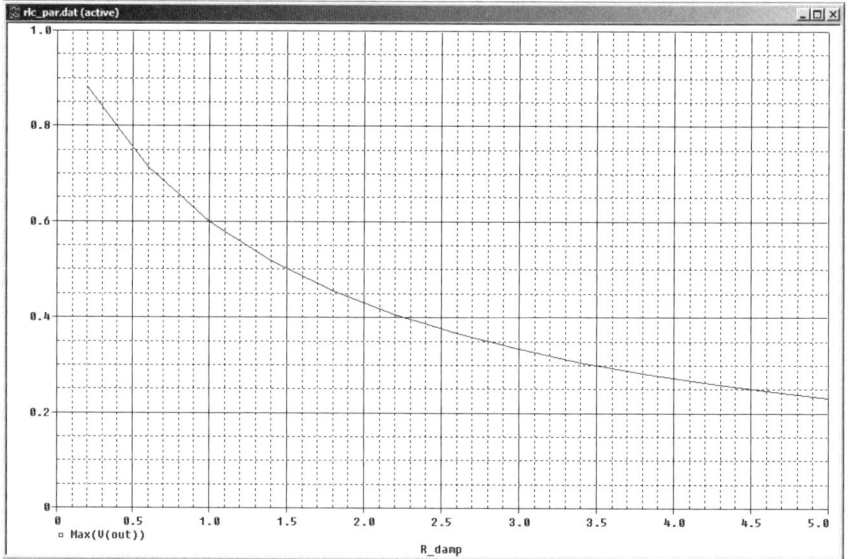

Bild 10.31: Probe-Diagramm der Performance-Analyse: Abhängigkeit des Maximums des Amplitudengangs der Ausgangsspannung _V(out)_ vom Wirkwiderstand der Spule

Als Nächstes soll die Abhängigkeit der Bandbreite des Amplitudengangs der Ausgangsspannung _V(out)_ vom Widerstand _R_damp_ untersucht werden. Die Messfunktion zur Ermittlung der Bandbreite heißt _Bandwith (1,db_level)_. Innerhalb der Klammer muss anstelle der dort stehenden _1_ die Bezeichnung des Diagramms eingetragen werden, das Sie durchsuchen wollen. Bei *db_level* müssen Sie eintragen, um wie viel dB die betrachtete Größe an den Bandgrenzen abgefallen sein soll. Meistens interessiert man sich für die 3-dB-Bandbreite[1].

Füllen Sie die Trace-Expression-Zeile nach dem Muster von Bild 10.32 aus und erzeugen Sie das Diagramm von Bild 10.33.

Aktion
10.22

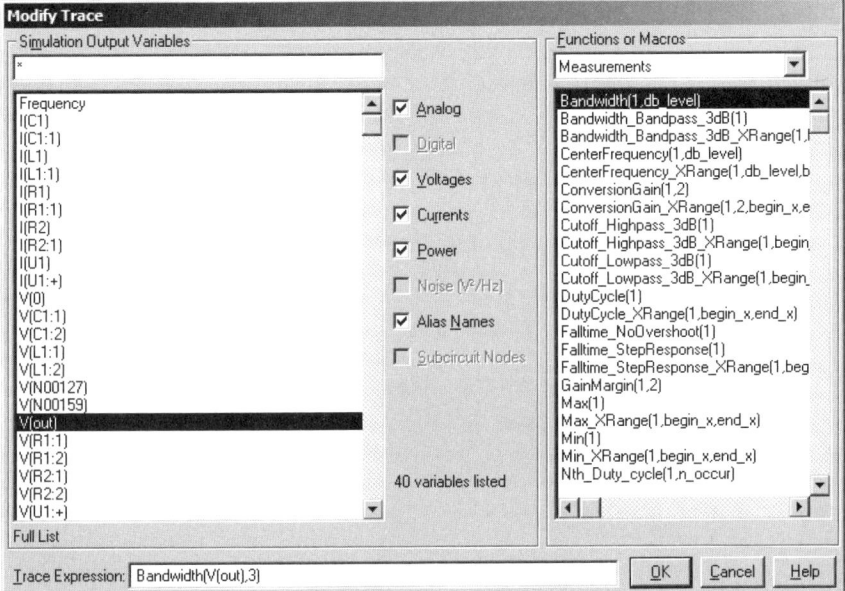

Bild 10.32: Trace-Expression-Zeile mit Eintrag zur Ermittlung der Bandbreite von *V(out)*

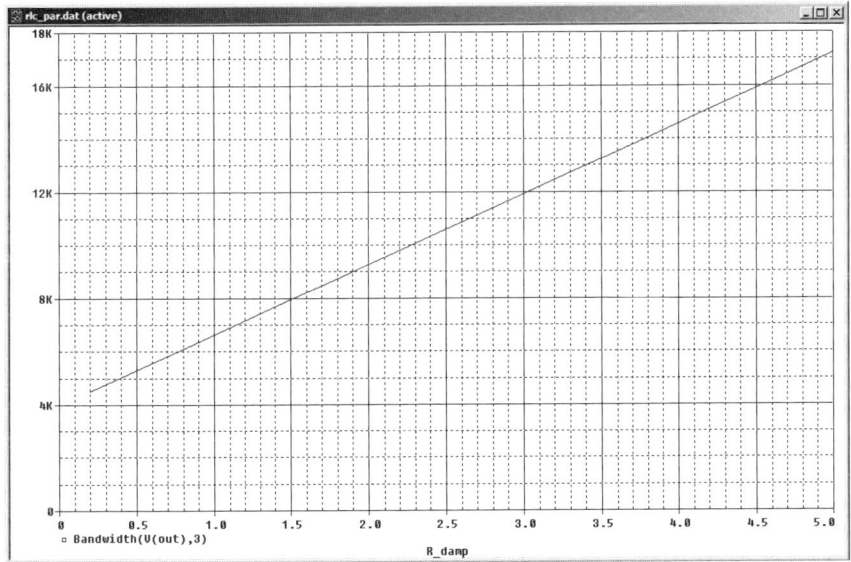

Bild 10.33: Die Abhängigkeit der Bandbreite von der Größe des Widerstands *R_damp*

---

1) Dann ist die Ausgangsspannung an den Bandrändern auf ca. 70 % des Maximalwertes abgefallen.

10.4   Hilfsmittel zur Festlegung des Arbeitspunktes

PSPICE hält drei kleinere, relativ wenig benutzte Analysen bereit, die bei
der Festlegung des Arbeitspunktes einer Schaltung manchmal nützlich sein
können. Alle drei Analysen liefern ihr Ergebnis an das Output-File.

10.4.1   Die Bias-Point-Detail-Analyse

Bei jeder Analyse ermittelt PSPICE Angaben über den verwendeten Arbeitspunkt (Bias Point). Diese Angaben finden Sie im Output-File unter der Überschrift „Small Signal Bias Solution". Es handelt sich dabei im Wesentlichen
um die Knotenpunktpotenziale und um die Ströme durch die Spannungsquellen. Seit der Version 8 kennt PSPICE die komfortable Gleichstrom-
simulation, deren Ergebnisse direkt auf dem Schaltplan angezeigt werden.
Damit gelangen Sie weitaus einfacher an noch bessere Informationen.

Haben Sie im Fenster SIMULATION SETTINGS die Option DETAILED BIAS POINT
INFORMATION aktiviert, dann ermittelt PSPICE zusätzliche Informationen über
den Arbeitspunkt. Diese finden Sie im Output-File unter der Überschrift
„Operating Point Information". Es handelt sich dabei im Wesentlichen um
die für den Arbeitspunkt ermittelten Kleinsignalparameter der verwendeten
elektronischen Bauelemente.

10.4.2   Die Transfer-Analyse

Bei der Kleinsignal-Gleichstrom-Transfer-Analyse ermittelt PSPICE die
Kleinsignalverstärkung, den Kleinsignal-Eingangswiderstand und den Klein-
signal-Ausgangswiderstand einer Schaltung im Rahmen einer DC-Analy-
se. Dabei werden, wie immer bei einer DC-Analyse, die Kapazitäten als
Unterbrechungen und die Induktivitäten als Kurzschlüsse behandelt. Die
Kennlinien werden um den Arbeitspunkt herum linearisiert.

Die Analyse wird aktiviert durch Anwählen von CALCULATE SMALL-SIGNAL DC
GAIN im Fenster SIMULATION SETTINGS/BIAS POINT und anschließendes Ausfüllen der zugehörigen Eingabeflächen (Bild 10.34).

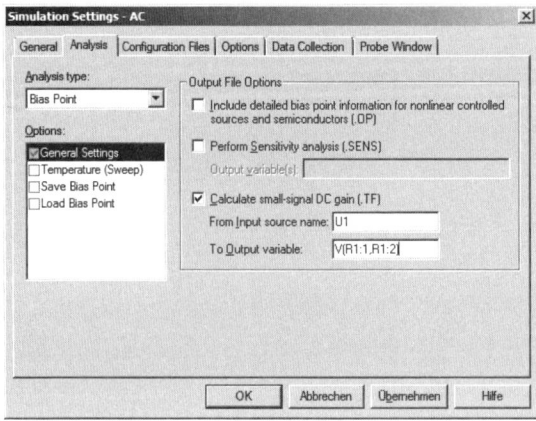

Bild 10.34: Setup für eine Transfer-Analyse

Unter To OUTPUT VARIABLE müssen Sie die Spannung eintragen, die Sie als Ausgangsspannung definieren. Leider akzeptiert PSPICE bei der Transfer-Funktion kein Minuszeichen, mit dessen Hilfe Sie bisher Spannungen als Differenz der zugehörigen Potenziale beschrieben haben. Bei der Transfer-Funktion möchte PSPICE innerhalb der Klammer (Bild 10.34) die beiden zugehörigen Knotenpunkte angegeben haben, und zwar getrennt durch ein Komma. Bei INPUT SOURCE müssen Sie den Namen der Eingangsspannungsquelle der durch die Transfer-Analyse zu untersuchenden Schaltung eintragen.

Die DC-Sensitivity-Analyse   10.4.3

Die DC-Sensitivity-Analyse berechnet die Empfindlichkeit (Sensitivity) einer im Setup als Ausgang definierten Größe auf Änderungen einzelner Schaltungsparameter. Sie können auf diese Weise herausfinden, welche Bauelemente Sie mit möglichst geringen Toleranzen wählen sollten, um ein gewünschtes Verhalten Ihrer Schaltung zu garantieren. Die Ergebnisse der Sensitivity-Analyse finden Sie im Output-File unter der Überschrift „DC Sensitivity Analysis".

Zur Durchführung einer DC-Sensitivity-Analyse gehen Sie wie folgt vor:

1. Öffnen Sie das Fenster SIMULATION SETTINGS/BIAS POINT/GENERAL SETTINGS.

2. Wählen Sie PERFORM SENSITIVITY ANALYSIS an (Bild 10.35).

3. Tragen Sie unter OUTPUT VARIABLE(S) die Bezeichnung der Spannung ein, deren Empfindlichkeit gegen Veränderungen der Bauteilegrößen Sie herausfinden wollen. Interessieren Sie sich für mehrere Spannungen, dann müssen Sie diese in der Eingabezeile durch ein Leerzeichen trennen.

4. Verlassen Sie das Fenster SIMULATION SETTINGS mit OK.

5. Starten Sie die Simulation und finden Sie anschließend das Analyseergebnis im Output-File im Abschnitt „DC Sensitivity Analysis".

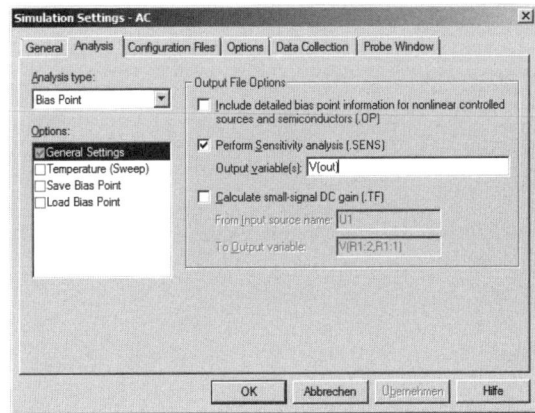

Bild 10.35: Setup zur Sensitivity-Analyse der Spannung *V(out)*

10.5   Die Monte-Carlo-Analyse

Bisher sind Sie in diesem Lehrgang davon ausgegangen, dass Bauteile tatsächlich ihre Nominalwerte haben, dass z.B. ein Widerstand, dessen Farbcode den Wert 1 kΩ angibt, tatsächlich den Wert 1 kΩ hat. Diese Annahme geht an der Realtität weit vorbei, denn selbstverständlich haben alle Bauteile, die in elektronischen Schaltungen eingesetzt werden, Toleranzen. Die Kunst des Schaltungsentwurfs besteht in der Regel gerade darin, eine Schaltung zu entwickeln, die nicht nur im Labor mit handverlesenen Bauteilen funktioniert, sondern auch unter den Bedingungen der Massenproduktion. In der automatischen Fertigung von elektronischen Schaltungen versorgen Bestückungsautomaten die Leiterplatten mit Bauteilen und man erwartet, dass die Schaltungen mit den Bauteilen funktionieren, wie sie von der Rolle kommen. Um Kosten zu sparen, möchte man dabei sogar möglichst große Toleranzen zulassen. Die Aufgabe, unter diesen Bedingungen der Forderung nach einer „Null-Fehler-Produktion" nachzukommen, ist ohne Simulation bei vertretbarem Kostenaufwand nicht möglich.

PSPICE lässt es zu, die Bauteilparameter mit Toleranzen zu versehen. Bei einer Monte-Carlo-Analyse wird nach einem Zufallsprinzip jedem toleranzbehafteten Schaltungsparameter ein innerhalb des Tolereranzbereichs liegender Wert zugewiesen. Mit den so gewonnenen Parametern wird die Schaltung anschließend simuliert. Danach wird ein neuer Parametersatz „ausgewürfelt" und die Schaltung erneut simuliert. Die Ergebnisse aller Simulationen werden zum Schluss nach Kriterien ausgewertet, die Sie im Monte-Carlo-Setup vorgegeben haben, z.B. nach der maximalen Abweichung einer Spannung von ihrem Nominalwert, d.h. von dem Wert, den die Spannung hätte, wenn alle Bauelemente ihre Nennwerte besäßen.

Besonders aufschlussreich sind die zur Monte-Carlo-Analyse gehörenden Probe-Diagramme. Wenn z.B. die Ergebnisse sämtlicher Simulationsläufe einer Monte-Carlo-Analyse in einem gemeinsamen Probe-Diagramm dargestellt werden, erkennt man die Empfindlichkeit einer Schaltung gegen Bauteiltoleranzen auf einen Blick.

Die Monte-Carlo-Analyse lässt sich im Rahmen des DC-Sweep, des AC-Sweep und der Transienten-Analyse durchführen. Der erste Simulationslauf einer Monte-Carlo-Analyse ist immer der „Nominal"-Lauf, bei dem alle Bauteile ihre Nennwerte besitzen.

Die Monte-Carlo-Analyse besitzt aufwändige Methoden zur statistischen Verteilung der zu variierenden Bauteiltoleranzen. Sie können dabei auswählen, nach welcher Verteilungsfunktion die Parameter gestreut werden sollen. Als Vorgabe wird von PSPICE eine gleichmäßige Verteilung innerhalb der gewählten Toleranzbreite (UNIFORM) vorgesehen. Aber auch eine Gauß-Verteilung (GAUSSIAN) oder jede andere Verteilung (USER DEFINED) ist möglich. Das sind phantastische Möglichkeiten für professionelle Entwickler in der Massenproduktion. Dieser Lehrgang beschränkt sich allerdings auf die in der Monte-Carlo-Analyse als Vorgabe eingestellte gleichmäßige

Verteilung der Parameterwerte (UNIFORM). Für Kenner der Gesetze der Stochastik ist die Monte-Carlo-Analyse ein perfektes Werkzeug zur Auswertung der Daten, die in den Monte-Carlo-Durchläufen gewonnen wurden.

Eine Finesse der Monte-Carlo-Analyse besteht darin, dass Sie wählen können, ob jeder mit einem Toleranzwert versehene Parameter für sich „ausgewürfelt" werden soll oder ob eine Gruppe von z.B. 1-kΩ-Widerständen gemeinsam verändert werden soll. Diese zweite Möglichkeit spielt bei der Simulation integrierter Schaltkreise eine wichtige Rolle. Die Toleranzangabe wird in diesem Fall mit der Kennung *LOT* versehen, z.B. *LOT* = 5 %. *LOT* verwenden Sie in diesem Lehrgang nicht. In den folgenden Beispielen werden alle Parameter unabhängig voneinander bestimmt, so wie es bei der Verwendung von einzelnen (diskreten) Bauteilen vernünftig ist. Dann erhält die Toleranz die Kennung *DEV*, z.B. *DEV* = 5 %[1].

Als Beispiel wird im Folgenden eine aktive Filterschaltung untersucht werden. Die charakteristischen Eigenschaften von Filtern hoher Selektivität sind meistens extrem empfindlich gegen Streuungen der Bauteilwerte.

Aktion
10.23

Legen Sie ein Projekt *bp_aktiv* an und zeichnen Sie das Bandfilter von Bild 10.36. Beachten Sie den „Trick", der bei der Schaltung angewandt wurde, um den Schaltplan nicht durch die Leitungen der Stromversorgung der Operationsverstärker unnötig unübersichtlich zu machen: Es werden die Label V+ und V– an jeweils zwei Stellen gesetzt. Label mit gleichem Namen gelten bei PSPICE als elektrisch verbunden. Hinweis: Die %-Angaben an den Bauelementen werden Sie erst in den Aktionen 10.27 bis 10.29 setzen.

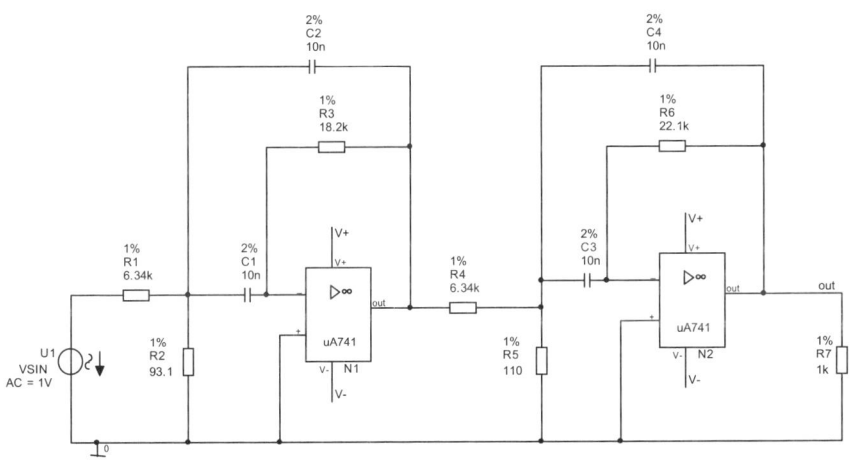

Bild 10.36: Schaltung eines aktiven Bandfilters mit zwei Operationsverstärkern uA741

---

[1] Wenn DEV über ein Attribut im Property-Editor gesetzt wird, dann heißt dieses Attribut häufig TOLERANCE. So ist es zum Beispiel bei Widerständen.

Aktion
10.24
● Erzeugen Sie für die Schaltung aus Bild 10.36 ein Setup für einen nor-
● malen AC-Sweep (so wie Sie ihn bisher kennengelernt haben, d.h. ohne
● irgendwelche Monte-Carlo-Optionen). Stellen Sie den Amplitudengang
● von Bild 10.37 dar.

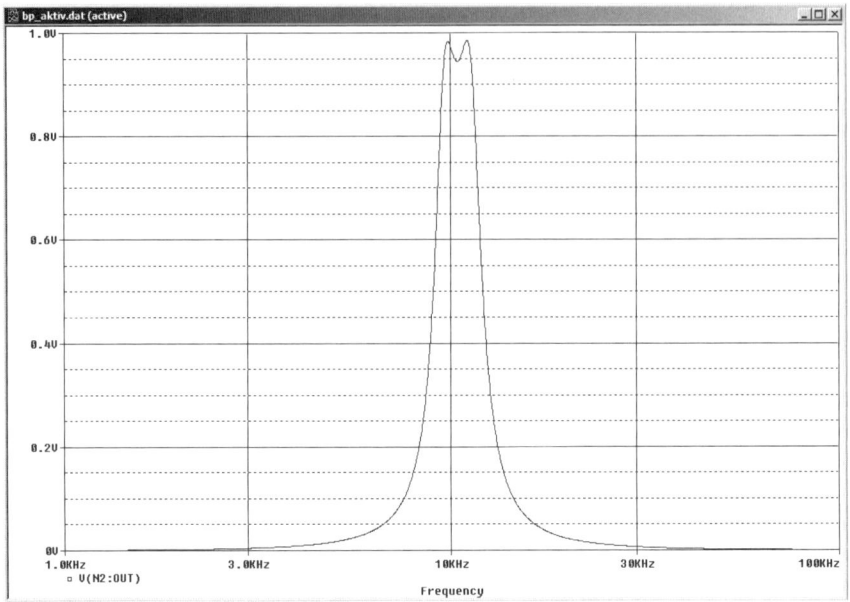

Bild 10.37: Amplitudengang des aktiven Bandfilters von Bild 10.36

Der Amplitudengang hat so wunderbar steile Flanken, dass sich der Kenner fragt, ob die Schaltung ihre Eigenschaften auch noch bei Vorhanden-
sein kleiner Bauteilstreuungen beibehält. Das werden Sie jetzt erkunden.

Zu den Attributen der Widerstände gehört auch das Attribut TOLERANCE.
Alle Widerstände der Schaltung sollen 1 % Toleranz erhalten, d.h. das At-
tribut TOLERANCE muss für alle Widerstände auf 1 % gesetzt werden.
Das könnten Sie nacheinander für alle sieben Widerstände erledigen, aber
CAPTURE kann diese Arbeit auch automatisieren. Das gleichzeitige Edi-
tieren mehrerer Bauteile werden Sie in den folgenden Aktionen lernen.

Aktion
10.25

● Markieren Sie alle Widerstände, indem Sie diese mit gedrückter Taste
● <Strg> nacheinander anklicken. Betätigen Sie dann die rechte Maustas-
● te und öffnen Sie dadurch das Kontextmenü. Wählen Sie darin EDIT PRO-
● PERTIES... Es öffnet sich der Property-Editor, in dem die Attribute sämtli-
● cher markierter Widerstände verzeichnet und editierbar sind (Bild 10.38).

Aktion
10.26

● Klicken Sie den Attributnamen TOLERANCE mit der linken Maustaste
● an. Die danebenstehenden Eingabefelder für den Toleranzwert färben
● sich schwarz. Betätigen Sie die rechte Maustaste und wählen Sie EDIT...
● Es öffnet sich das Fenster EDIT PROPERTY VALUES (Bild 10.39)

	A	B	C	D	E
	SCHEMATIC1 : PAGE1	SCHEMATIC1 : PAGE1	SCHEMATIC1 : PAGE1	SCHEMATIC1 : PAGE1	SCHEMATIC1 : PAGE1
PSpiceOnly					
Reference	R1	R2	R3	R4	R5
Value	6.34k	93.1	18.2k	6.34k	110
R_damp					
BiasValue Power	0W	0W	115.8pW	329.7pW	5.721pW
Location X-Coordinate	150	190	300	390	460
Location Y-Coordinate	250	300	140	260	300
Source Part	R.Normal	R.Normal	R.Normal	R.Normal	R.Normal
TOLERANCE					

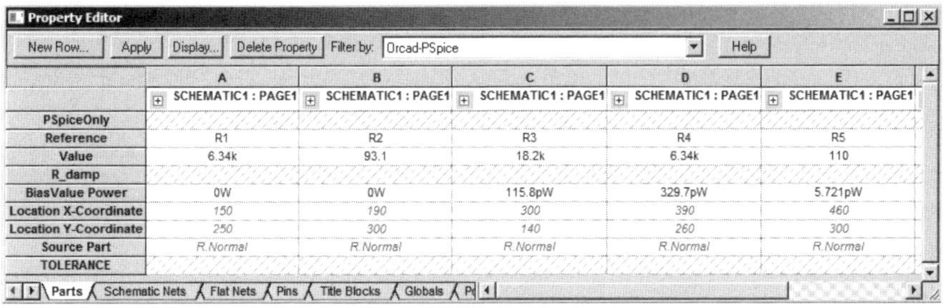

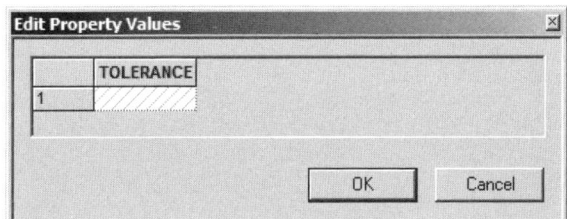

Bild 10.38: Das Fenster PROPERTY EDITOR (Ausschnitt) mit den Attributen der markierten Widerstände

Bild 10.39: Das Fenster EDIT PROPERTY VALUES zur gemeinsamen Editierung der markierten Attribute

Aktion 10.27

Tragen Sie in das Eingabefeld TOLERANCE den Wert 1 % ein und verlassen Sie dann das Fenster EDIT PROPERTY VALUES mit OK. Im Property-Editor sind jetzt alle Widerstande mit dem Attribut TOLERANCE = 1 % versehen (Bild 10.40)

	A	B	C	D	E
	SCHEMATIC1 : PAGE1	SCHEMATIC1 : PAGE1	SCHEMATIC1 : PAGE1	SCHEMATIC1 : PAGE1	SCHEMATIC1 : PAGE1
PSpiceOnly					
Reference	R1	R2	R3	R4	R5
Value	6.34k	93.1	18.2k	6.34k	110
R_damp					
BiasValue Power	0W	0W	115.8pW	329.7pW	5.721pW
Location X-Coordinate	150	190	300	390	460
Location Y-Coordinate	250	300	140	260	300
Source Part	R.Normal	R.Normal	R.Normal	R.Normal	R.Normal
TOLERANCE	1%	1%	1%	1%	1%

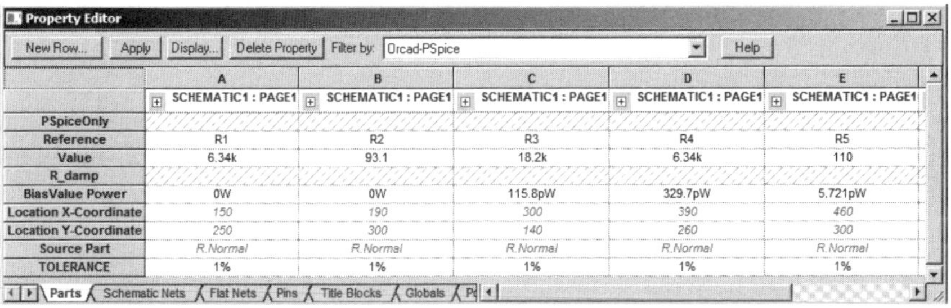

Bild 10.40: Das Fenster PROPERTY EDITOR (Ausschnitt). Das Attribut TOLERANCE ist für alle Widerstände auf 1% gesetzt worden

Damit die Schaltung perfekt ist, soll sie natürlich auch äußerlich anzeigen, dass die Widerstände toleranzbehaftet sind. Um den Toleranzwert 1% auf dem Schaltplan sichtbar zum machen, verfahren Sie wie folgt:

Aktion 10.28

Wiederholen die Aktionen 10.25 und 10.26, wählen Sie aber dieses Mal in Aktion 10.26 nicht EDIT... sondern DISPLAY... Es öffnet sich das Ihnen vertraute Fenster DISPLAY PROPERTIES. 1 % steht bereits in der Eingabezeile VALUE. Wählen Sie bei DISPLAY FORMAT die Option VALUE ONLY. OK.

Aktion
10.29
- Geben Sie nach dem gleichen Rezept den Kapazitäten eine Toleranz
- von 2 % und lassen Sie auch diese Werte auf dem Schaltplan anzeigen.

Aktion
10.30
- Öffnen Sie das Fenster SIMULATION SETTINGS und aktivieren Sie MONTE
- CARLO/WORST CASE (Bild 10.41):

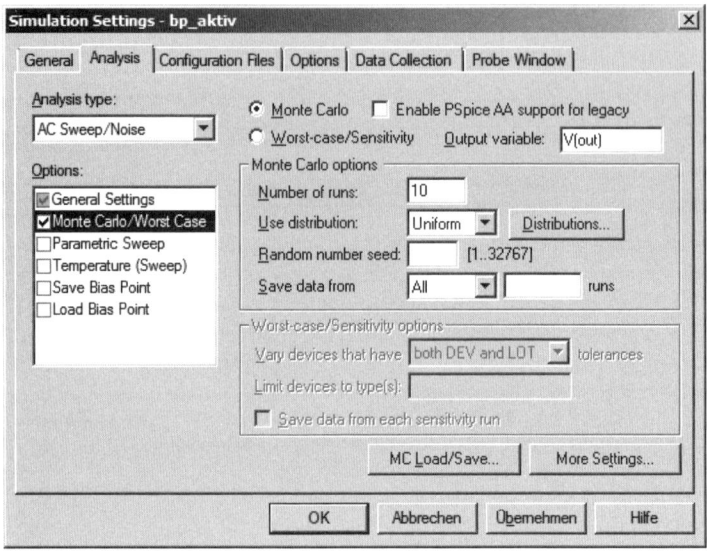

Bild 10.41: Das Fenster Simulation Settings mit der Abteilung Monte Carlo/
Worst Case. Eintragungen für eine Monte-Carlo-Analyse

Aktion
10.31
- Erzeugen Sie ein Setup nach Bild 10.41. Sie erreichen damit eine Monte-
- Carlo-Analyse mit 10 Durchläufen (NUMBER OF RUNS). Eine Monte-Carlo-
- Analyse funktioniert nur in Verbindung mit einer weiteren Analyse (AC
- Sweep, DC-Sweep oder Transienten-Analyse). Bei ANALYSIS TYPE ist bereits
- korrekt AC SWEEP/NOISE gewählt. Die Einträge hinter der Schaltfläche
- MORE SETTINGS... bleiben unverändert. Die sind nur für die Worst-Case-
- Analyse von Bedeutung. Bei OUTPUT VARIABLE müssen Sie eine Größe als
- Ausgangsgröße definieren. Auch das ist nur für die Worst-Case-Analyse
- bedeutsam, aber es muss dort etwas eingetragen werden, sonst verwei-
- gert PSPICE die Arbeit. Wählen Sie bei SAVE DATA FROM die Option ALL,
- denn dann haben Sie die Daten aller 10 Monte-Carlo-Durchläufe als Out-
- put zur Verfügung. Bestätigen Sie die Auswahl mit OK und starten Sie
- dann die Simulation.

Nach einiger Rechenzeit erscheint das Fenster AVAILABLE SECTIONS zur Auswahl derjenigen Monte-Carlo-Durchläufe, die im Probe-Fenster dargestellt
werden sollen.

Aktion
10.32
- Bringen Sie im Probe-Fenster den Amplitudengang der Ausgangsspan-
- nung des Bandfilters *V(out)* für alle 10 Monte-Carlo-Durchläufe zur An-
- zeige (Bild 10.42):

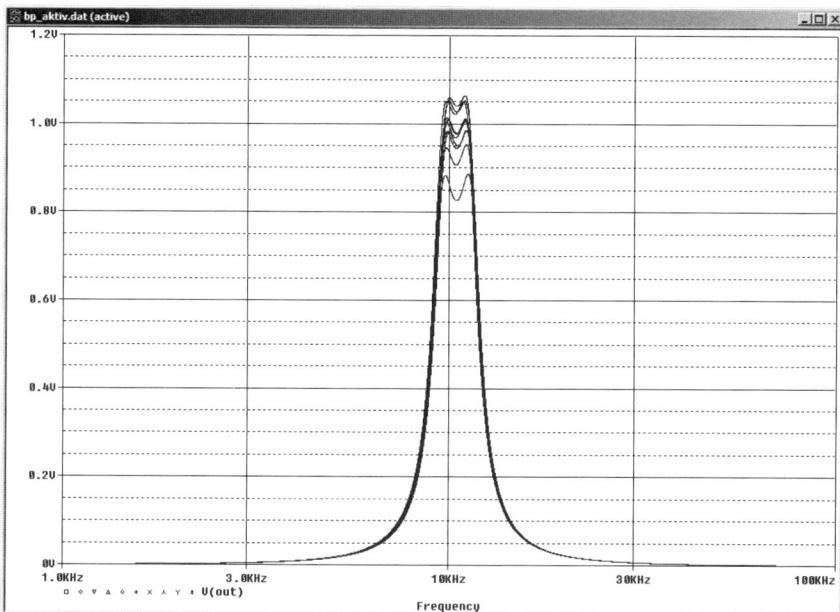

Bild 10.42: Die Durchlasskurve des Bandfilters von Bild 10.36 nach einer Monte-Carlo-Variation der Widerstände (1 %) und der Kapazitäten (2 %)

Das Ergebnis ist nicht überwältigend. Da die Toleranzen bereits sehr niedrig sind, wird eine Verbesserung in der Regel nur durch den Einsatz von Trimmwiderständen und -kondensatoren an den besonders sensiblen Stellen der Schaltung möglich sein. Welche Stellen das sind, kann Ihnen die Worst-Case-Analyse (vgl. Abschnitt 10.6) verraten.

Einschub für Elektroniker mit Stochastik-Kenntnissen:

Im Zusammenhang mit der Monte-Carlo-Analyse hält PROBE ein stochastisches Äquivalent zur Performance-Analyse bereit: die Darstellung der statistischen Verteilung von Werten, welche mittels einer Messfunktion (*Measurement Definition*) aus jedem einzelnen Monte-Carlo-Run gewonnen wurden. Als Beispiel dazu wird im Folgenden die statistische Verteilung der relativen Maxima der oben gewonnenen Durchlasskurven als Säulendiagramm dargestellt. Während für Bild 10.42 nur 10 Monte-Carlo-Läufe durchgeführt wurden, um das Diagramm übersichtlich zu halten, wurde das Säulendiagramm der statistischen Verteilung der Maxima (Bild 10.43) auf der Basis von 3000 MC-Läufen erstellt.

Um das Diagramm von Bild 10.43 zu erstellen, muss man:

1. im Setup (Bild 10.41) die NUMBER OF RUNS auf 3000 erhöhen.
2. die Schaltung simulieren.
3. alle Diagramme aus dem Probe-Fenster löschen.
4. die Performance-Analyse aktivieren:
5. das Fenster ADD TRACES öffnen und die Messfunktion *MAX(1)* mit dem Eintrag *MAX(V(out))* in die Trace-Expression-Zeile bringen. OK.

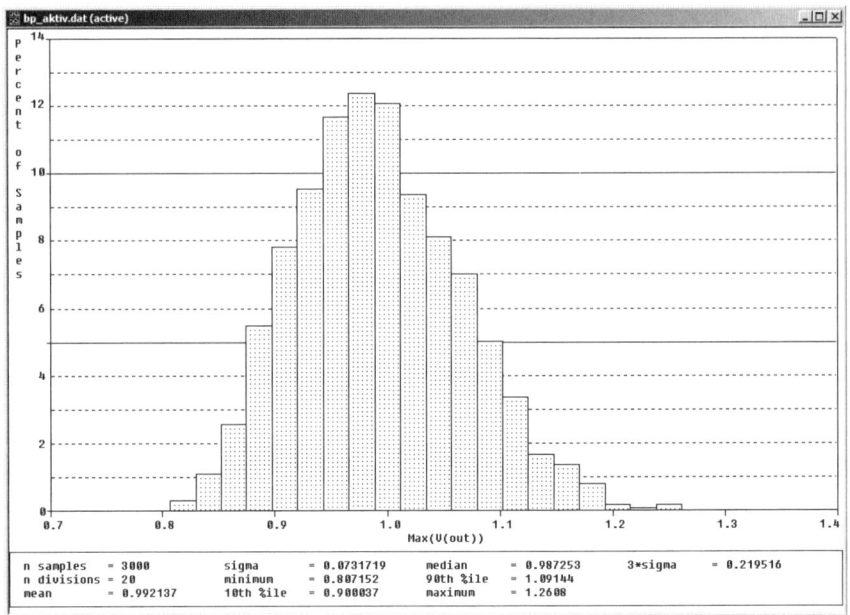

Bild 10.43: Säulendiagramm der statistischen Verteilung der 3-dB-Bandbreiten

Weil man aus den 10 MC-Durchläufen von Bild 10.42 keine detaillierte Statistik erwarten kann, wurde für Bild 10.43 die Zahl der Monte-Carlo-Durchläufe auf 3000 erhöht um das Säulendiagramm (Histogramm) zu verfeinern. Wenn Sie mehr MC-Durchläufe veranlassen, dann ist auch eine feinere Säulenstruktur mit mehr Säulen angebracht. Die Zahl der Säulen können Sie aus dem Probe-Fenster heraus nach Anwahl von Tools/Options... im Fenster Probe Settings einstellen. Die Anzahl der Säulen wird unter Number of Histogram Divisions festgelegt. Für Bild 10.43 wurde für Number of Histogram Divisions 20 gewählt.

Zum Schluss noch eine Zusammenstellung der bisher noch nicht benutzten Optionen des Fensters Monte Carlo or Worst Case (Bild 10.41):

YMAX: Bestimmt die maximale Differenz zwischen dem „Nominal-Run" und den einzelnen „MC-Runs".

MAX: Bestimmt den Maximalwert (relatives Maximum) der einzelnen „MC-Runs" sowie die Abweichung der einzelnen Maximalwerte vom Maximalwert des „Nominal-Runs".

MIN: Analog zu MAX.

RISE_Edge: Bestimmt das erste Überschreiten der bei Threshold value eingetragenen Grenze (beim Anstieg).

FALL_Edge: Wie RISE_EDGE, nur beim Abfall.

LIST: Schreibt die Parameter aller „MC-Runs" ins Output-File.

ALL: Ermittelt alle Angaben.

SEED:	Startpunkt (Saat) des Zufallsgenerators. 1≤SEED≤32767. Wenn Sie bei Seed nichts eintragen, dann gilt der Defaultwert 17533. Gleiche Werte bei SEED liefern bei gleichen Analysen immer gleiche „Zufallszahlen". D.h.: Wenn Sie bei einer gegebenen Analyse einen veränderten Satz von Parameterwerten nutzen wollen, dann müssen Sie SEED verändern.
FIRST:	Stellt nur die Ergebnisse der ersten „MC-Runs" sicher, und zwar genauso viele, wie Sie unter VALUE angefordert haben.
EVERY:	Erzeugt Ergebnisse nur in jedem N-ten „MC-Run". Dabei ist N der Wert, den Sie bei VALUE eingetragen haben.
RUNS(list):	Erzeugt Ergebnisse nur für die bei VALUE angegebenen Monte-Carlo-Durchläufe.
RANGE:	Untere (LO) und obere (HI) Grenzen der x-Achsen-Variablen (z.B. Frequenz oder Zeit), innerhalb derer YMAX, MAX und MIN gesucht werden sollen.

Ganz zum Schluss wird Ihnen jetzt noch an einem kleinen Beispiel gezeigt, wie die Toleranzen der Bauteil-Parameter verändert werden können, wenn sie nicht über das Attributmenü (wie oben bei den Widerständen und Kondensatoren) zugänglich sind.

Die Emitterschaltung (Bild 10.12) soll für den Fall untersucht werden, dass die Stromverstärkung des Bf des Transistors zwischen –50 % und +100 % streut.

Nach Markieren des Transistors (rot färben) kann man durch einen rechten Mausklick das Kontextmenü öffnen. Durch Anwahl von EDIT PSPICE MODEL öffnet sich dann das Fenster PSPICE MODEL EDITOR (Bild 10.44). Im Modell-Editor sind diejenigen Modellparameter des Transistors *BC547B* aufgelistet, die von den Defaultwerten der Parameter des Grundmodells *npn* abweichen. Das sind meistens auch diejenigen Parameter, für die Sie sich in der Regel interessieren. Der Parameter für die Stromverstärkung *Bf* (294.3) wird (getrennt durch ein Leerzeichen) mit dem Zusatz *Dev=100%*[1] versehen (Bild 10.45). Danach wird die Änderung durch Anklicken des roten Diskettensymbols gespeichert. Das neue Modell ist nur lokal gültig. Es wird im Ordner *Projects* gespeichert, und zwar im gleichen Verzeichnis wie die übrigen zum Projekt gehörenden PSPICE-Dateien. Der Name der Bibliotheks-Datei ist identisch mit dem Namen des Schaltplans, allerdings mit der Dateiendung .lib.

Eine Monte-Carlo-Analyse (bei ANALYSIS TYPE müssen Sie TRANSIENT wählen) mit dem veränderten Transistor ergibt das befriedigende Ergebnis von Bild 10.46. Die Streuung der Stromverstärkung bleibt wegen der Gegenkopplung ohne nennenswerten Einfluss.

---

1) Gemeint ist damit, dass sich die obere Toleranzgrenze durch Multiplikation des Nominalwertes mit dem Faktor 2 ergibt. Die untere Toleranzgrenze ergibt sich nach einer Division durch 2.

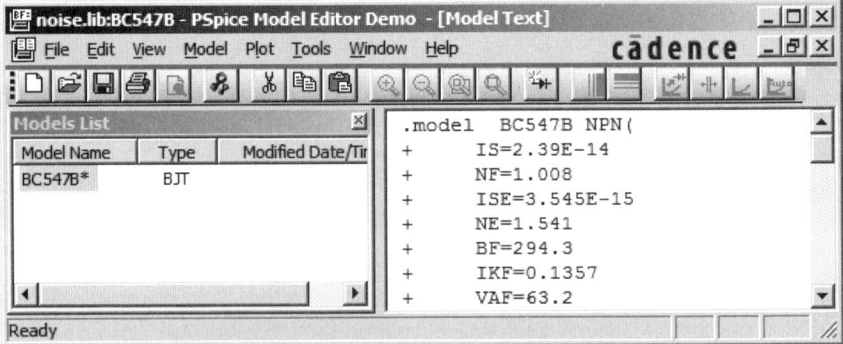

Bild 10.44: Modell-Parameter des *BC547B* (Auszug). *Bf* hat keine Streuung

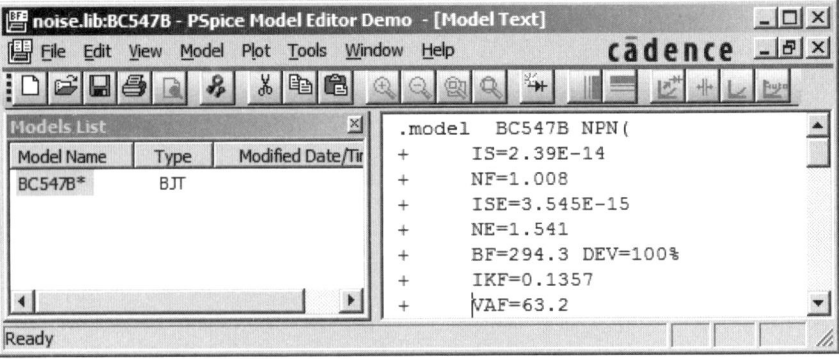

Bild 10.45: Modell-Parameter des BC547B (Auszug). *Bf* streut mit DEV= 100 %

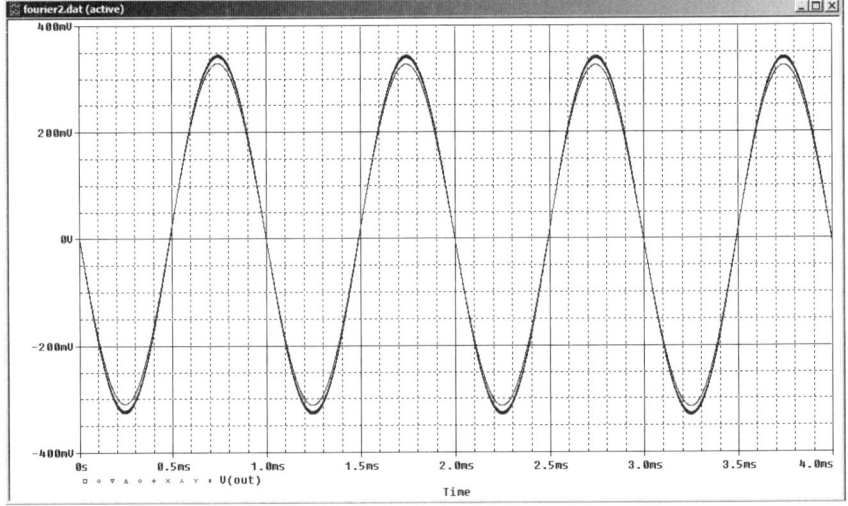

Bild 10.46: Emitterschaltung mit Stromgegenkopplung nach 10 Monte-Carlo-Durchläufen. Ausgangsspannung. Die Streuung der Stromverstärkung wirkt sich kaum aus

Hinweis: Weil bei Monte-Carlo-Analysen das Output-File *.out und/oder die Probe-Datei *.dat sehr umfangreich sind, sollten Sie diese zum Schluss löschen. PSPICE erzeugt diese Dateien beim nächsten Programmlauf neu.

Die Worst-Case-Analyse   10.6

Die Worst-Case-Analyse[1] steht im engen Zusammenhang mit der Monte-Carlo-Analyse. Auch hier wird versucht, das Verhalten von Schaltungen zu ermitteln, wenn deren Bauelemente mit Toleranzen behaftet sind. Die Worst-Case-Analyse versucht, die bei den vorgegebenen Toleranzen maximal mögliche Abweichung einer Größe vom Nominalfall zu ermitteln. In sehr vielen Fällen gelingt es, diesen schlimmsten Fall (Worst Case) zu simulieren. Damit ist die Worst-Case-Analyse der Monte-Carlo-Analyse überlegen, denn die kann das nicht. Aber: Es gibt auch Fälle, wo die Worst-Case-Analyse die Lage sträflich verschönert und Ihnen einen „schlimmsten Fall" vorgaukelt, der durch andere, weit schlimmere Fälle übertroffen wird. Solche Fälle finden Sie dadurch heraus, dass Sie die von der Worst-Case-Analyse ermittelten „worst cases" durch eine Monte-Carlo-Analyse bestätigen. Welche Bedingungen gelten müssen, damit die Worst-Case-Analyse korrekte Ergebnisse liefert, erfahren Sie weiter unten.

Da Sie also bei Toleranzuntersuchungen sowieso beide Analysen durchführen sollten, ist es sinnvoll, mit der Monte-Carlo-Analyse zu beginnen, denn deren Ergebnisse sind immer sicher. Erst danach können Sie mit Hilfe einer Worst-Case-Analyse versuchen, das „extreme" Verhalten der Schaltung zu bestimmen. Dieser Abschnitt geht deshalb davon aus, dass Sie sich bereits mit der Monte-Carlo-Analyse beschäftigt haben.

Überblick über den Aufbau der Worst-Case-Analyse   10.6.1

Bevor Sie eine Worst-Case-Analyse durchführen können, müssen Sie natürlich den Schaltplan gezeichnet und die gewünschten Schaltungsparameter mit Toleranzen versehen haben (vgl. Abschnitt 10.5). Außerdem müssen Sie definieren, was eigentlich unter „worst" zu verstehen ist. Dazu stehen Ihnen eine Reihe von Beschreibungsmöglichkeiten zur Verfügung, die Sie, nachdem Sie im Fenster MONTE CARLO/WORST-CASE (Bild 10.47) die Schaltfläche MORE SETTINGS... betätigt haben, im Fenster MONTE CARLO/WORST-CASE OUTPUT FILE OPTIONS (Bild 10.48) auswählen können. Die Bedeutung der fünf vorgefertigten Funktionen YMAX, MAX, MIN, RISE_EDGE, FALL_EDGE können Sie der Zusammenstellung in Abschnitt 10.5 entnehmen. Als Vorgabe ist die Funktion YMAX ausgewählt. Daraufhin ermittelt die Worst-Case-Analyse, welche maximale Abweichung vom Nominalfall bei den vorgegebenen Toleranzen für die bei OUTPUT VARIABLE (Bild 10.47) angegebene Ausgangsgröße zu erwarten ist. In Bild 10.48 ist unter WORST CASE DIRECTION die Richtung HI ausgewählt. Dadurch wird die maximale Abweichung vom Nominalfall ermittelt, die sich nach oben hin ergibt. Würden Sie als Funktion MAX wählen, dann würden die Maxima der Ausgangsgröße untersucht und die größte Abweichung vom Maximum bei Nominalwerten nach oben (HI) oder nach unten (LOW) ermittelt. Mit der Vorgabe BOTH DEV AND LOT (Bild 10.47) kann man nichts falsch machen.

---

1) Die in diesem Abschnitt betrachtete Worst-Case-Analyse gilt für analoge Schaltungen. Es gibt auch eine digitale Worst-Case-Analyse. Die lernen Sie im Lektion 12 kennen.

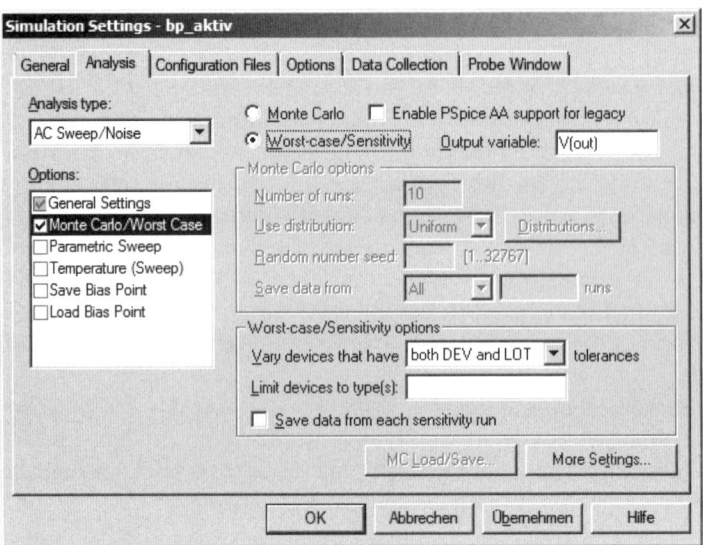

Bild 10.47: Das Fenster MONTE CARLO OR WORST CASE mit Eintragungen zur Durchführung einer Worst-Case-Analyse

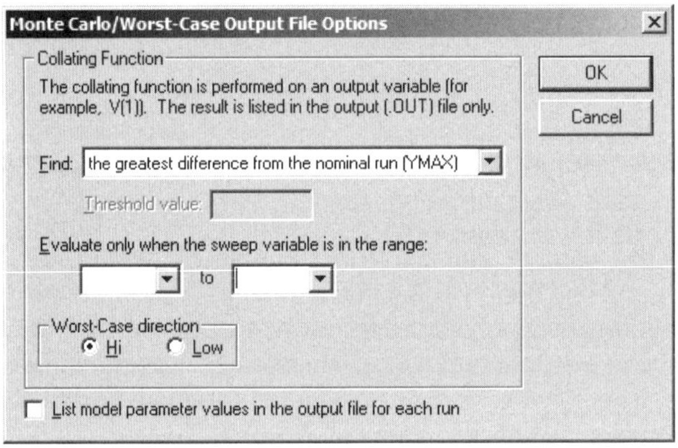

Bild 10.48: Das Fenster MONTE CARLO/WORST CASE OUTPUT FILE OPTIONS

Nach dem Start der Simulation führt PSPICE zuerst den „Nominal-Run" durch und ermittelt das Ergebnis der im Setup ausgewählten Funktion für den Fall, dass die Bauteilparameter ihre Nominalwerte haben. Anschließend wird nacheinander für jeden mit einer Toleranz versehenen Parameter eine Untersuchung durchgeführt, bei der sämtliche Parameter ihre Nominalwerte haben, bis auf den einen, dessen Einfluss gerade untersucht wird. PSPICE stellt so für jeden Parameter fest, in welche Richtung er verändert werden muss, damit er dem Worst-Case „zuarbeitet". Abschließend wird dann der *Worst-Case-Run* durchgeführt. Dabei stehen alle Parameter an der Grenze ihres Toleranzbereichs, und zwar an der Grenze, die den Worst-Case erwarten lässt.

Nach diesen Aussagen ist klar, wo die Grenzen der Worst-Case-Analyse liegen. Sie kann nur dann ein korrektes Ergebnis liefern, wenn für sämtliche Parameter gilt, dass sich die Ausgangsgröße monoton ändert, wenn auch der Parameter monoton verändert wird. Mit anderen Worten: wenn die Parameter ihre größte Wirkung auf die Ausgangsgröße an einer der beiden Toleranzgrenzen haben. Darüber hinaus dürfen sich die einzelnen Parameter bezüglich ihrer Worst-Case-Tendenz nicht gegenseitig beeinflussen. Bei derart massiven Einschränkungen des Gültigkeitsbereichs der Worst-Case-Analyse wundert man sich, dass sie meistens trotzdem den wirklichen Worst-Case herausfindet. Aber: Es gibt keine Garantie für die Richtigkeit des Ergebnisses. Einigermaßen beruhigt können Sie erst dann sein, wenn die Ergebnisse einer Monte-Carlo-Analyse mit vielen Durchläufen alle innerhalb der Worst-Case-Grenzen (HI und LOW) bleiben.

Wenn Sie im Fenster MONTE CARLO OR WORST CASE die Option LIST... aktivieren, dann stellt Ihnen PSPICE im Output-File detaillierte Informationen zur Verfügung, z.B. über den Anteil der einzelnen Schaltungsparameter an der Gesamtempfindlichkeit der Schaltung gegen Bauteiltoleranzen. Diese Informationen sind nützlich, wenn Sie die unerwünschte Empfindlichkeit gezielt und mit möglichst geringem Bauteilaufwand beseitigen wollen.

Ermittlung des Worst-Case eines aktiven Filters   10.6.2

Als Beispiel für eine Worst-Case-Analyse wird im Folgenden für das aktive Filter von Bild 10.36 der Amplitudengang der Ausgangsspannung *V(out)* auf die beiden „Worst-Cases" untersucht, die sich nach oben hin (HI) und nach unten hin (LOW) ergeben. Im Anschluss daran wird das zugehörige Probe-Diagramm mit dem Ergebnis der Monte-Carlo-Analyse (Bild 10.42) verglichen. Die Monte-Carlo-Ergebnisse sollten sich sämtlich innerhalb der Worst-Case-Grenzen befinden, damit Sie den von PSPICE ermittelten „Worst-Cases" trauen können.

Die Erstellung eines Probe-Diagramms mit der gemeinsamen Darstellung der Ergebnisse des Worst-Case HI, des Worst-Case LOW sowie der Monte-Carlo-Durchläufe, geschieht unter Verwendung der Probe-Option APPEND WAVEFORM (Rezept 5.6). Da PSPICE immer nur die Probe-Daten der letzten Simulation eines Simulationsprofils speichert, müssen Sie für Ihre Schaltung unterschiedliche Simulationsprofile anlegen, wenn Sie die Probe-Datensätze mehrerer Simulationen der gleichen Schaltung verwenden wollen.

Wenn Sie eine Darstellung der Monte-Carlo-Durchläufe innerhalb der Worst-Case-Grenzen erzeugen wollen, dann müssen Sie wie folgt vorgehen:

Aktion
10.33

1. Bringen Sie den Schaltplan mit den bereits eingestellten Toleranzen auf dem Bildschirm zur Anzeige.

Aktion
10.34

2. Legen Sie ein Simulationsprofil *bp_aktiv_monte-carlo* für eine Monte-Carlo-Analyse mit 10 Monte-Carlo-Durchläufen an. Erstellen Sie das Setup für eine Monte-Carlo-Analyse (Bild 10.41). Starten Sie die Simulation. Es ergibt sich ein Probe-Fenster entsprechend Bild 10.42.

**Aktion
10.35**

3. Legen Sie ein Simulationsprofil *bp_aktiv_hi* für die Worst-Case-Analyse (HI) an. Erstellen Sie das Setup für eine Worst-Case-Analyse (Worst-Case-Direction: HI). Wählen Sie dabei SAVE DATA FROM EACH SENSITIVITY RUN. (Bild 10.47). Starten Sie die Simulation und wählen Sie nach ihrem Abschluss aus dem Angebot im Fenster AVAILABLE SECTIONS die Darstellung des „Nominal-Run" (das oberste Diagramm) und des „Worst-Case-Run" (das unterste Diagramm). Bei der Auswahl einzelner Diagramme müssen Sie die Taste <Strg> Ihrer Tastatur gedrückt halten. Das Ergebnis sollte Bild 10.49 gleichen.

**Aktion
10.36**

4. Legen Sie ein Simulationsprofil *bp_aktiv_lo* für die Worst-Case-Analyse (LO) an. Erstellen Sie das Setup für eine Worst-Case-Analyse (Worst-Case-Direction: *low*) Wählen Sie dabei SAVE DATA FROM EACH SENSITIVITY RUN. (Bild 10.47). Starten Sie die Simulation und wählen Sie nach ihrem Abschluss aus dem Angebot im Fenster AVAILABLE SECTIONS die Darstellung des „Nominal-Run" (das oberste Diagramm) und des „Worst-Case-Run" (das unterste Diagramm). Bei der Auswahl einzelner Diagramme müssen Sie die Taste <Strg> Ihrer Tastatur gedrückt halten. Das Ergebnis sollte Bild 10.50 gleichen.

**Aktion
10.37**

5. Bringen Sie zuerst das Ergebnis der Monte-Carlo-Analyse ins Probe-Fenster und fügen Sie dann die Ergebnisse der beiden Worst-Case-Analysen unter Verwendung der Probe-Option APPEND WAVEFORM (Rezept 5.6) hinzu. Das Ergebnis sollte Bild 10.51 entsprechen.

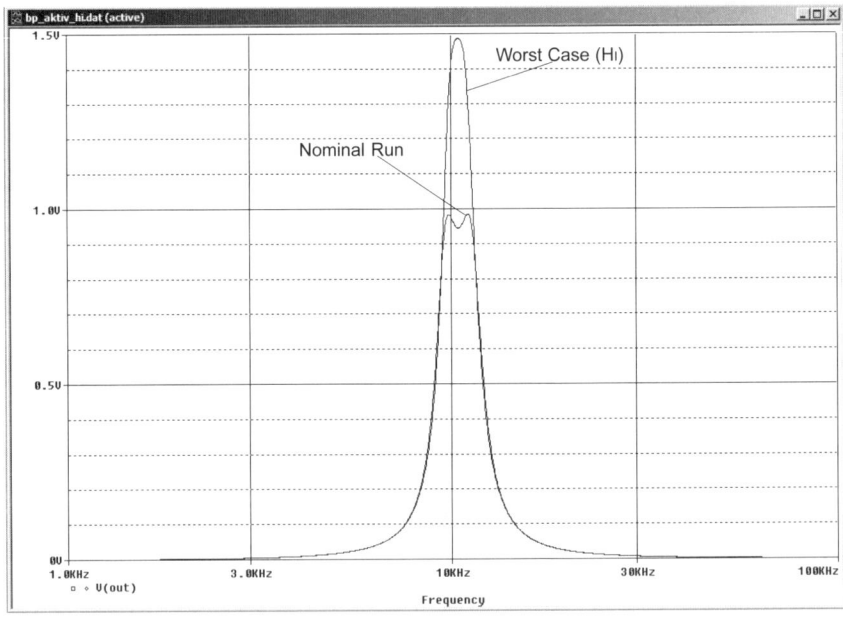

Bild 10.49: Worst-Case-Analyse des Amplitudengangs des aktiven Bandpasses aus Bild 10.36. Nominal-Run und Worst-Case-Run HI

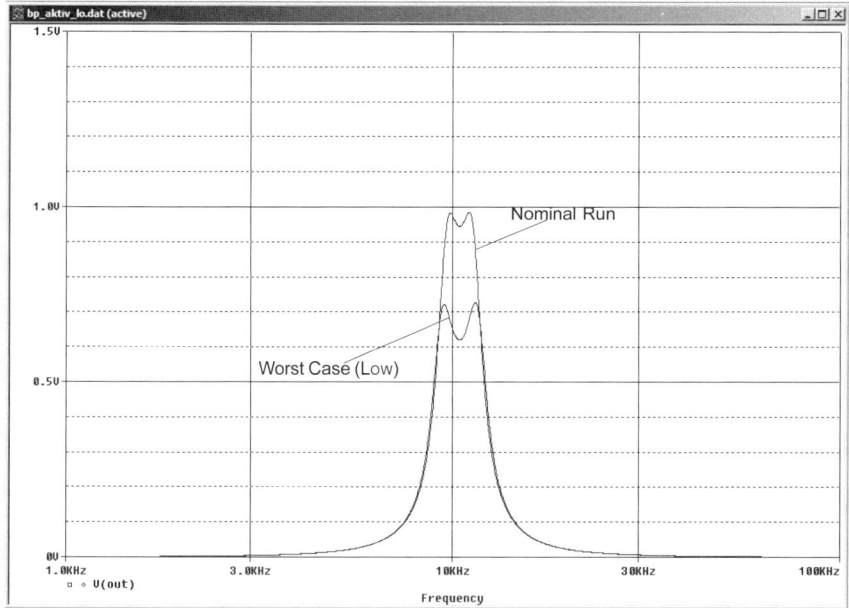

Bild 10.50: Worst-Case-Analyse. Nominal-Run und Worst-Case-Run (LO)

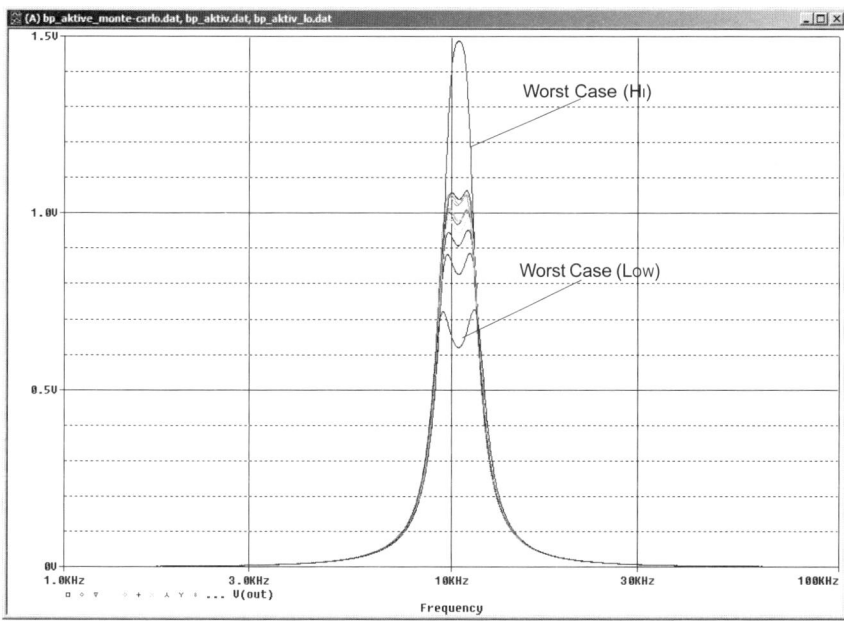

Bild 10.51: Kombination der Bilder 10.42, 10.49 und 10.50

Wenn Sie die Output-Files beider Worst-Case-Analysen öffnen, so finden Sie darin u.a. auch eine Aufstellung von Auswirkungen der Toleranzbehaftung einzelner Bauteile auf die Ausgangsspannung V(out). Sie gewinnen dadurch Hinweise, für welche Bauteile sich eine Reduktion der Toleranz oder der Einsatz eines Trimmers lohnen könnte.

Kochbuch

Rezept
10.1

Die Fourier-Analyse eines im Probe-Fenster dargestellten Vorgangs (FFT) durchführen

1. Bringen Sie den Vorgang (z.B. die Spannung), dessen Frequenzspektrum Sie mit Hilfe einer Fourier-Analyse bestimmen wollen, ins Probe-Fenster.

2. Stellen Sie sicher, dass Sie genau eine Periode des Vorgangs oder ein ganzzahliges Vielfaches der Periodendauer simuliert haben. Sollten Sie ein unganzzahliges Vielfaches der Periodendauer simuliert haben, dann reduzieren Sie den bei der Fourier-Analyse zu verwendenden Datenvorrat entsprechend (PLOT /AXIS SETTINGS/X AXIS/RESTRICTED).

3. Betätigen Sie die Probe-Schaltfläche FFT:

4. Nachdem PROBE die Berechnung des Fourier-Spektrums abgeschlossen und das Ergebnis als Probe-Diagramm dargestellt hat, können Sie durch erneutes Betätigen der Schaltfläche FFT zurück in den Zeitbereich wechseln.

(Aktionen 10.3 und 10.4 sowie Bilder 10.3 und 10.4)

Rezept
10.2

Das Ergebnis einer Fourier-Analyse ins Output-File schreiben

1. Aktivieren Sie im Fenster TRANSIENT OUTPUT FILE OPTIONS die Option PERFORM FOURIER ANALYSIS (Bild 10.6).

2. Geben Sie bei CENTER FREQUENCY die Frequenz der Grundschwingung ein.

3. Geben Sie an der Eingabefläche NUMBER OF HARMONICS die Anzahl der

Fourier-Schwingungen an, die Sie errechnet haben wollen.

4. Geben Sie bei OUTPUT VARIABLES den Namen der Größe an, deren Fourier-Spektrum Sie interessiert.

5. OK.

(Aktion 10.5 und Bilder 10.6, 10.7)

Rezept
10.3

Eine Sensitivity-Analyse durchführen

1. Öffnen Sie das Fenster SIMULATION SETTINGS/BIAS POINT/GENERAL SETTINGS und aktivieren Sie PERFORM SENSITIVITY ANALYSIS.

2. Tragen Sie bei OUTPUT VARIABLE(S) die Bezeichnung der Spannung ein, deren Empfindlichkeit Sie herausfinden wollen. Interessieren Sie sich für mehrere Spannungen, dann müs-

sen Sie diese in der Eingabezeile durch ein Leerzeichen trennen (Bild 10.35).

3. OK.

4. Starten Sie die Simulation und finden Sie anschließend das Analyseergebnis im Output-File unter der Überschrift „DC Sensitivity Analysis".

Kochbuch

Das Ausgangsrauschen einer elektronischen Schaltung im Probe-Fenster darstellen

1. Zeichnen Sie in CAPTURE die zu analysierende Schaltung.

2. Erzeugen Sie das Setup für einen AC-Sweep über den Frequenzbereich, dessen Rauschbeiträge Sie interessieren.

3. Aktivieren Sie im Fenster SIMULATION SETTINGS die Rauschanalyse durch Anklicken von ENABLED in der Abteilung NOISE ANALYSIS (Bild 10.18).

4. Geben Sie (Bild 10.19) unter OUTPUT VOLTAGE diejenige Stelle an, an der das Rauschen der Schaltung bestimmt werden soll. Geben Sie bei I/V SOURCE die Quelle an, die das äquivalente Eingangsrauschen erzeugen soll, und notieren Sie unter INTERVAL, in welchen Abständen PSPICE die Analyseergebnisse ins Output-File schreiben soll (Bild 10.19).

5. Verlassen Sie das Fenster SIMULATION SETTINGS mit OK.

6. Starten Sie den AC-Sweep und stellen Sie z.B. *NTOT(ONOISE)*, die spektrale Leistungsdichte des Rauschens, im Probe-Fenster dar.

(Bilder 10.19 bis 10.22).

(Aktionen 10.9 und 10.10)

Eine Transfer-Analyse durchführen

1. Aktivieren Sie im Fenster SIMULATION SETTINGS/BIAS POINT/GENERAL SETTINGS die Option CALCULATE SMALL-SIGNAL DC GAIN (Bild 10.34).

2. Tragen Sie bei TO OUTPUT VARIABLE (Bild 10.34) die Spannung ein, die als Ausgangsspannung betrachtet werden soll. Wollen Sie die Spannung zwischen zwei Knoten untersuchen, dann müssen Sie die Knotenbezeichnungen durch ein Komma trennen! Beispiel: V(N1:out,R3:2) ermittelt die Spannung zwischen dem Ausgang des Bauelements N1 und dem rechten Anschluss des Widerstands R3.

3. Tragen Sie unter FROM INPUT SOURCE NAME den Namen der Eingangsspannungsquelle ein.

4. Verlassen Sie das Fenster mit OK.

5. Simulieren Sie die Schaltung und finden Sie anschließend das Ergebnis im Output-File unter der Überschrift „Small Signal Characteristics".

Kochbuch

Rezept
10.6

Eine Performance-Analyse durchführen

1. Führen Sie einen Parametric-Sweep im Rahmen eines DC-Sweep, AC-Sweep oder einer Transienten-Analyse durch und erzeugen Sie auf diese Weise eine Kurvenschar im Probe-Fenster.

2. Löschen Sie alle im Probe-Fenster dargestellten Diagramme und klicken Sie aus dem leeren Probe-Fenster heraus die Schaltfläche PERFORMANCE ANALY-SIS an. Auf der x-Achse ist jetzt der Parameter aufgetragen (Aktion 10.18).

3. Öffnen Sie das Fenster ADD TRACES und bringen Sie die gewünschte Messfunktion (Rezept 10.7) in die Trace-Expression-Zeile (Aktion 10.20 und Bild 10.30).

4. Tragen Sie die Argumente der Messfunktion ein (Aktion 10.20).

5. Verlassen Sie das Fenster mit OK und starten Sie dadurch die Performance-Analyse.

Rezept
10.7

Eine Messfunktion aktivieren

1. Betätigen Sie die Schaltfläche zum Aufruf der Performance-Analyse:

2. Öffnen Sie das Fenster ADD TRACES. Im rechten Fensterteil stehen jetzt alle verfügbaren Messfunktionen.

3. Durch Anklicken einer Messfunktion können Sie diese in die Trace-Expression-Zeile befördern und dort editieren.

(Aktion 10.20 Bild 10.30)

Rezept
10.8

Die Messfunktionen von PROBE verstehen

1. Öffnen Sie das Menü TRACE aus dem Probe-Fenster heraus.

2. Klicken Sie MEASUREMENTS... an und öffnen Sie dadurch das Fenster MEASUREMENTS.

3. Im Fenster MEASUREMENTS sind alle verfügbaren Messfunktionen aufgeführt. Klicken Sie eine Messfunktion an, die Sie interessiert.

4. Klicken Sie die Schaltfläche VIEW

an, um die markierte Messfunktion sowie eine Beschreibung ihres Aufbaus und ihrer Eigenschaften zu finden.

Hinweis: Wenn Sie genügend Erfahrung mit Messfunktionen gewonnen haben, dann können Sie aus dem gleichen Fenster heraus nach Anklicken von NEW eigene Messfunktionen programmieren.

Kochbuch

Einen Bauelemente-Parameter mit einer Toleranz versehen __

Rezept 10.9

Bei Widerständen, Kapazitäten und Induktivitäten:

1. Doppelklicken Sie auf das Schaltzeichen und öffnen Sie dadurch den Property-Editor.

2. Eines der Attribute heißt TOLERANCE. Tragen Sie bei VALUE die gewünschte Toleranz ein, z.B. 5 %.

(Aktionen 10.25 bis 10.27)

Bei den Bauelementen, in deren Attributfenster TOLERANCE nicht vorhanden ist:

1. Markieren Sie das Schaltzeichen des Bauelements und färben Sie es dadurch rot.

2. Öffnen Sie mit rechtem Mausklick das Kontextmenü und wählen Sie darin EDIT PSPICE MODEL.

3. Es öffnet sich der Modell-Editor mit allen Parametern des Modells. Suchen Sie den (die) Parameter, den (die) Sie mit einer Toleranz versehen wollen. Setzen Sie den Schreib-Cursor hinter den Parameterwert und schreiben Sie (nach einem Leerzeichen) den Toleranzzusatz, z.B. DEV=5%.

3. Das neue Modell trägt den Schaltungsnamen, ergänzt mit der Dateiendung .lib. Es ist im gleichen Ordner gespeichert, wie die übrigen Schaltungsdateien.

4. Verlassen Sie den Modell-Editor mit OK. Das neue Modell ist nur im vorliegenden Schaltplan (lokal) gültig.

(Bilder 10.44 und 10.45)

Mehrere Widerstände, Kondensatoren und/oder Spulen _____ gemeinsam mit einer Toleranz versehen

Rezept 10.10

Befolgen Sie dazu die Anwendungsfolge der Aktionen 10.25 bis 10.28.

Das Säulendiagramm der statistischen Verteilung der Ergebnisse einer Monte-Carlo-Analyse darstellen

Rezept 10.11

Befolgen Sie dazu die Anweisungen der vier Schritte im Einschub nach Aktion 10.32.

In einem Probe-Diagramm die beiden „Worst-Case-Runs" gemeinsam mit den Monte-Carlo-Durchläufen darstellen

Rezept 10.12

Befolgen Sie dazu die Anwendungsfolge in den Aktionen 10.33 bis 10.37.

Kochbuch

Rezept
10.13

Eine Monte-Carlo-Analyse durchführen

1. Sorgen Sie dafür, dass die Bauteile Ihrer Schaltung die gewünschten Toleranzen besitzen (Aktionen 10.25 bis 10.27)

2. Öffnen Sie das Fenster SIMULATION SETTINGS und nehmen Sie das Setup für einen DC-Sweep oder einen AC-Sweep oder eine Transienten-Analyse vor.

3. Aktivieren Sie im Fensterteil Options die Option MONTE CARLO/WORST CASE (Bild 10.41).

4. Wählen Sie im Monte-Carlo/Worst Case-Fenster:

   • MONTE CARLO

   • bei OUTPUT VARIABLE die Spannung, welche Sie untersuchen wollen.

• Bei NUMBER OF RUNS müssen Sie die gewünschte Anzahl von Monte-Carlo-Durchläufen eintragen.

• Bei SAVE DATA FROM: Wählen Sie ALL, wenn Sie alle Simulationsergebnisse erhalten wollen.

5. Verlassen Sie das Fenster mit OK und starten Sie die Simulation.

6. Nach Abschluss der Simulation öffnet sich das Fenster AVAILABLE SECTIONS. Falls Sie einzelne Monte-Carlo-Runs nicht im Probe-Fenster darstellen wollen, dann müssen Sie in diesem Fenster deren blaue Markierung löschen.

(Aktionen 10.25 bis 10.32)

Rezept
10.14

Eine Worst-Case-Analyse durchführen

1. Sorgen Sie dafür, dass die Bauteile Ihrer Schaltung die gewünschten Toleranzen besitzen (Aktionen 10.25 bis 10.27)

2. Öffnen Sie das Fenster SIMULATION SETTINGS und nehmen Sie das Setup für einen DC-Sweep oder einen AC-Sweep oder eine Transienten-Analyse vor.

3. Aktivieren Sie die Option MONTE-CARLO/WORST CASE (Bild 10.47)

4. Aktivieren Sie die Option WORST CASE/SENSITIVITY (Bild 10.47).

5. Wählen Sie (Bild 10.47) die gewünschten Worst-Case-Optionen: Wenn Sie BOTH DEV AND LOT markieren, liegen Sie immer richtig (das ist der Normalfall).

6. Bei LIMIT DEVICES können Sie einzelne Bauelemente eintragen, deren Einfluss untersucht werden soll. Bleibt das Feld leer, dann werden alle Bauelemente berücksichtigt. Das ist der Normalfall.

7. Wählen Sie (Bild 10.48) bei WORST CASE DIRECTION die Richtung, nach der die größte Abweichung vom Nominal-Run gesucht werden soll. Markieren Sie HI, dann wird die größte Abweichung nach oben gesucht, markieren Sie LO, dann geht die Suche nach unten.

8. Wählen Sie bei FIND die gewünschte Funktion aus. Die Bedeutung der Funktionen können Sie der Aufstellung in 10.5 entnehmen.

Zoom und Cursor in der Digitalsimulation

11.1

Aktion
11.1

Laden Sie die Schaltung von Bild 6.7, die Sie (inzwischen in der Stromversorgung verändert) als *digi2.opj* gespeichert haben. Bringen Sie die Schaltung wieder in den Zustand von Bild 6.7 (*TR* = *TF* = 1 µs).

Aktion
11.2

Führen Sie eine Transienten-Analyse von 0 bis 2 ms durch (MAXIMUM STEP SIZE= 1 µs). Erzeugen Sie ein Probe-Fenster entsprechend Bild 11.1:

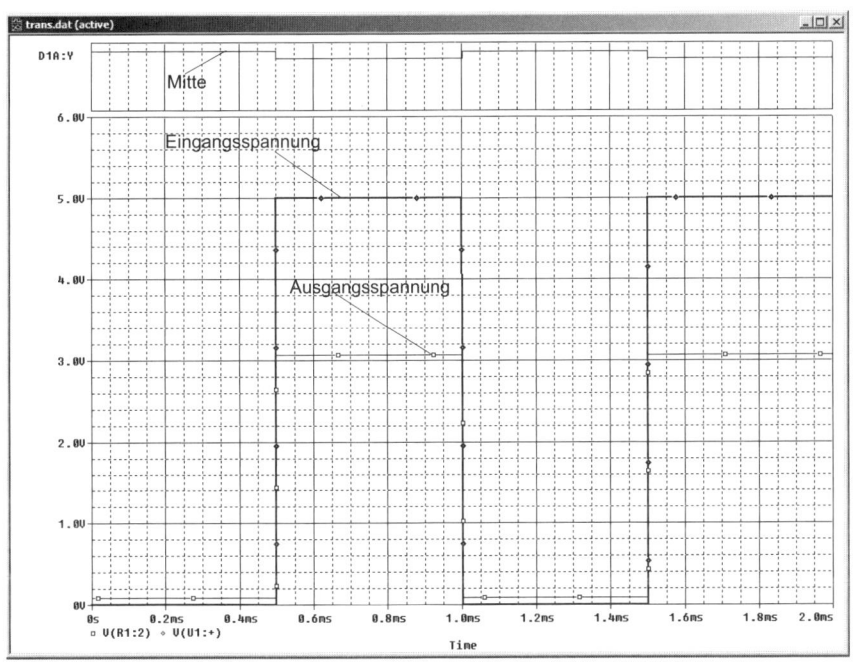

Bild 11.1: Diagramme der Spannungen der Schaltung von Bild 6.7

Das gleiche Bild haben Sie bereits in der Lektion 6 (Bild 6.10) erzeugt. Im Abschnitt 6.2.2 stellten Sie sich die Frage, wie PSPICE die Bereiche unbestimmter Zustände, die Ambiguity-Bereiche darstellt. Über die Ambiguity-Bereiche weiß man bekanntlich nur, dass bei ihrem Durchlauf zu einem unbestimmten Zeitpunkt, während die Eingangsspannung den Bereich zwischen 0,8 V und 2 V durchläuft, ein Zustandswechsel erfolgt. Im Abschnitt 6.2.2 mussten Sie zur Klärung dieser Frage ohne Zoom auskommen, denn da kannten Sie die Zoom-Möglichkeiten von PSPICE noch nicht. Sie haben sich damals dadurch beholfen, dass Sie durch Vergrößern der Parameter *TR* und *TF* für die Anstiegs- und Abfallzeit der Spannungsquelle *VPULSE* den Anstieg und den Abfall der Eingangsspannung so flach wählten, dass die Ambiguity-Bereiche auch ohne Zoom deutlich erkennbar wurden (Bilder 6.12 und 6.13).

Sie wissen inzwischen, dass es für die Analogsimulation komfortable Zoom-Möglichkeiten gibt. Die gibt es auch für die Digitalsimulation. Um einen Ausschnitt im digitalen Teil des Probe-Fensters stark vergrößert darzustellen, gibt es wie in der Analogsimulation zwei Möglichkeiten: Sie können aus dem Menü PLOT heraus die AXIS SETTINGS für die *x*-Achse in gewünschter Weise verändern (Rezept 7.1) oder mit Hilfe des Ausschnitt-Vergrößerungsglases einen Ausschnitt auswählen und vergrößern. Beide Vergrößerungsmöglichkeiten funktionieren auch im Digitalteil des Probe-Fensters. Das Vergrößerungsglas arbeitet dort allerdings etwas anders:

Aktion

1. Klicken Sie das Vergrößerungsglas für Ausschnittvergrößerungen an. Der Mauszeiger verwandelt sich in ein Kreuz.

2. Setzen Sie den Kreuz-Mauszeiger (innerhalb des Digitalteils!) irgendwo an den linken Rand des gewünschten Zoom-Bereichs und ziehen Sie ihn dann mit gedrückter linker Maustaste an den rechten Rand des gewünschten Zoom-Bereichs.

3. Lassen Sie die Maustaste los und staunen Sie über die Vergrößerung.

4. Wiederholen Sie den Vorgang gegebenenfalls.

5. Die Rückkehr zum Originalzustand geschieht mit dem dafür zuständigen Vergrößerungsglas:

Aktion

Erproben Sie die neuen Zoommöglichkeiten und stellen Sie einen Diagrammausschnitt entsprechend Bild 11.2 her.

Aktion

Aktivieren Sie den Cursor durch Anklicken der zugehörigen Schaltfläche. Registrieren Sie, dass am linken Rand des Digitalteils für jede Cursorposition die logischen Zustände angezeigt werden und dass im Cursorfenster wie bisher die analogen Daten ausgegeben werden (Bild 11.3).

Übung:

Klären Sie durch geeignete Simulationen die Frage, ob die Stimulusquellen *STIM1* und *DigClock* ausreichend kleine Umschaltzeiten besitzen, so dass sie nicht zur Quelle von Ambiguity werden können.

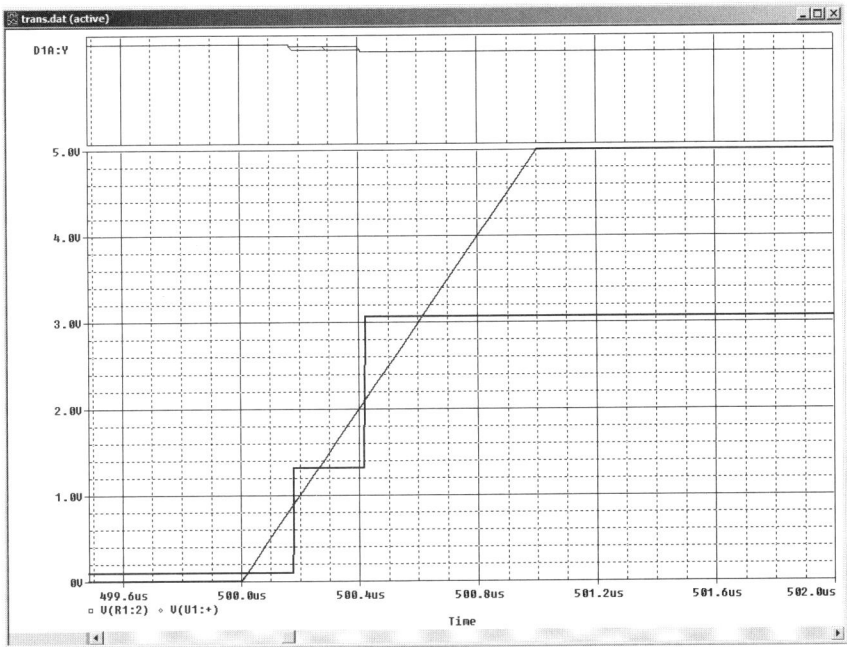

Bild 11.2: Ausschnittvergrößerung von Bild 11.1 zur Darstellung des unbestimmten Zustands im Anstiegsbereich der Ausgangsspannung und der Spannung zwischen den beiden Invertern *7404*

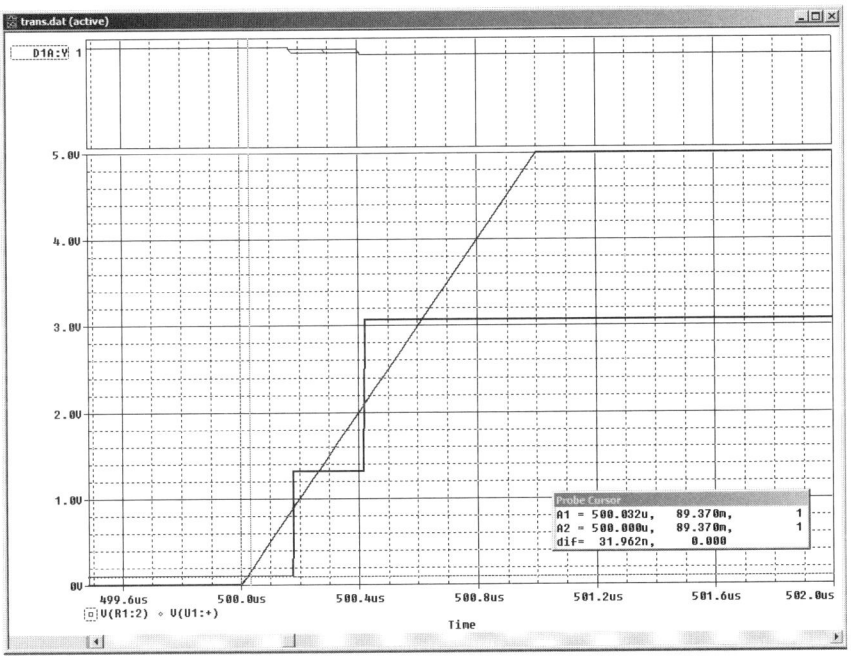

Bild 11.3: Darstellung von Bild 11.2 mit aktiviertem Cursor. Anzeige der logischen Zustände am linken Rand des Digitalfensters

11.2   Stimulierung eines Daten-Busses

Aktion
11.6

Laden Sie die Schaltung aus Bild 6.6, die Sie (inzwischen eventuell leicht verändert) unter dem Namen *digi.opj* gespeichert haben, und ersetzen Sie die vorhande Signalerzeugung durch einen Daten-Bus. Einen Daten-Bus können Sie in gleicher Weise verlegen, wie Sie es von der einfachen Verdrahtung gewöhnt sind. Den zugehörigen Zeichen-Cursor aktivieren Sie durch Betätigen der Schaltfläche mit dem dicken Leitungssegment, die sich zwei Schaltflächen unterhalb der Schaltfläche zum Zeichnen einfacher Leitungen befindet. Verbinden Sie auch die Einzelleitungen, die zu den Digitalbausteinen führen, mit dem Daten-Bus (Bild 11.4).

Aktion
11.7

Als Signalquelle soll eine 4-Bit-Stimulusquelle vom Typ *STIM4* aus *e_source.olb* dienen. Alle 4 Bits dieser Quelle müssen belastet werden. Da die eigentliche Schaltung nur einen 3 Bit breiten Stimulus benötigt, müssen Sie einen Widerstand R_{Dummy} einfügen, der von dem vierten Bit versorgt wird. Erzeugen Sie die Schaltung von Bild 11.4

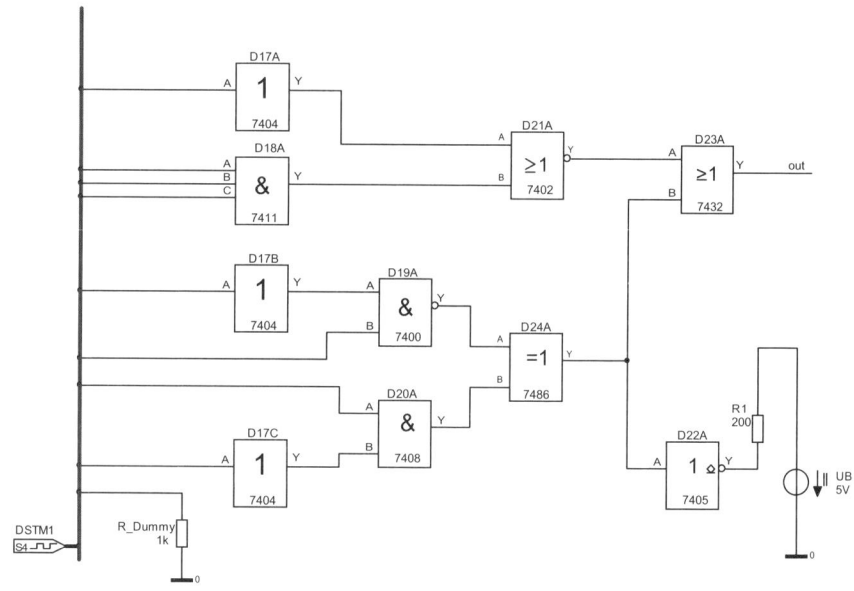

Bild 11.4: Digital-Schaltung an einem Daten-Bus

Der Bus mit seinen vier Daten-Leitungen benötigt einen Namen, der die Namen und die Anzahl der verwendeten Daten-Leitungen in eckigen Klammern enthält:

Aktion
11.8

Betätigen Sie die Schaltfläche PLACE NET ALIAS, um das Fenster EDIT NET
ALIAS zu öffnen. Wählen Sie für den Bus und seine vier Leitungen den
Namen *D[3:0]* und füllen Sie mit dieser Bezeichnung die Eingabezeile
des Attributfensters aus (Bild 11.5). Die Daten-Leitungen heißen damit
D3, D2, D1 und *D0*.

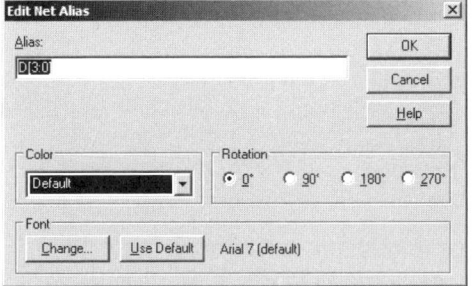

**Bild 11.5: Die Benennung des Da-
ten-Busses im Fenster EDIT NET ALIAS**

Bestätigen Sie die Namensgebung mit OK. Der Name des Daten-Busses erscheint auf dem Schaltplan (Bild 11.6).

Aktion
11.9

Jetzt müssen Sie die Zuleitungen zum Bus sinngemäß nach den Vorgaben von Bild 6.5 mit Labels versehen. Nennen Sie die Leitung, die von
U1 versorgt wurde *D0*, die Leitung, die von *U2* versorgt wurde *D1* und
die dritte Leitung *D2*. Die Leitung *D3* versorgt den Dummy (Bild 11.6):

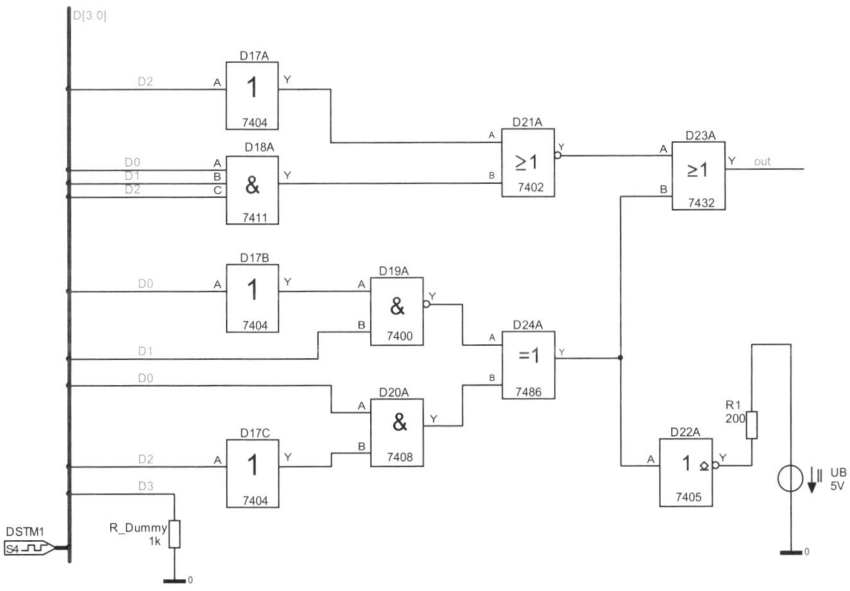

**Bild 11.6: Digital-Schaltung. Der Bus und die Daten-Leitungen sind durch Labels be-
nannt und einander eindeutig zugeordnet. *D3* versorgt R_{Dummy}**

Aktion

11.10

● Zum Abschluss muss noch die Stimulusquelle eingestellt werden[1]: Öff-
● nen Sie dazu den Property-Editor der Stimulusquelle und wählen Sie die
● Attribute nach der Vorgabe von Bild 11.7. Starten Sie eine Simulation
● über 5 ms und erzeugen Sie die Diagramme von Bild 11.8.

TIMESTEP= 0.4582ms	WIDTH=4	Die *Breite* des Daten-Busses.
COMMAND1=0c 0101	FORMAT 1111	4-Bit-Binärformat,
COMMAND2=1c 0100		Hexadezimal (4)
COMMAND3=2c 0010		und Oktal (3) ist auch zulässig.
COMMAND4=3c 0011		
COMMAND5=4c 0101		
COMMAND6=5c 1111		
COMMAND 7-16 leer		Die restlichen Attribute bleiben unverändert.

Bild 11.7: Die Attribute der Stimulusquelle von Bild 11.6

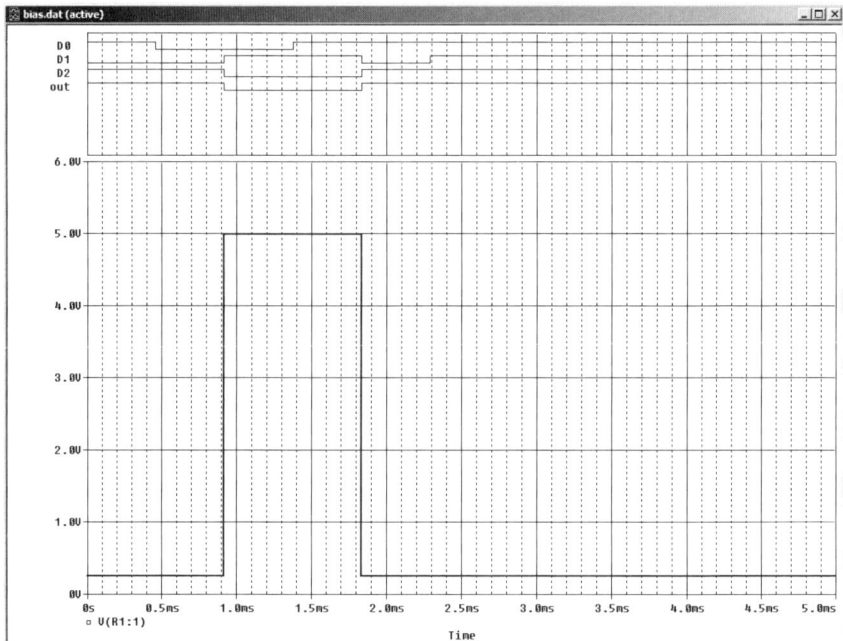

Bild 11.8: Spannungen der Schaltung von Bild 11.6 mit einem Stimulus nach Bild 11.7

Sie können das Stimulussignal, das Sie oben eingesetzt haben, auch unter
Verwendung hexadezimaler Zahlen erstellen. Dazu müssen Sie PSPICE
allerdings mitteilen, dass es die Werte in den COMMAND-Zeilen der Stimulusquelle hexadezimal verstehen soll. Das geschieht im Property-Editor der
Stimulusquelle durch Setzen des Attributs FORMAT auf den Wert *4*:

---

1) Zur Programmierung der Stimulusquelle vgl. auch Lektion 6, Beispiel 1.

Aktion
11.11

Wählen Sie die Attribute der Stimulusquelle entsprechend Bild 11.9 und
überzeugen Sie sich davon, dass die Stimulusquelle mit diesen Attributen das gleiche Ergebnis wie in Bild 11.8 erzeugt.

```
TIMESTEP= 0.4582ms        WIDTH=4
COMMAND1=0c 5             FORMAT=4
COMMAND2=1c 4
COMMAND3=2c 2
COMMAND4=3c 3
COMMAND5=4c 5
COMMAND6=5c F
```

**Bild 11.9: Attribute der Stimulusquelle. Die Bit-
kombinationen wurden hexadezimal angegeben**

Anwendungen, Tipps und Tricks   11.3

In diesem Abschnitt werden Sie (mit Hilfen) verschiedene Zählerschaltungen
untersuchen. Dies wird Ihre Sicherheit bei der Anwendung der Digitalsimulation erhöhen und Ihnen darüber hinaus eine Reihe nützlicher Tipps
und Tricks vermitteln, deren Kenntnis Ihre Arbeit mit der Digitalsimulation
effektivieren wird.

Asynchronzähler   11.3.1

Bild 11.10 zeigt einen Asynchronzähler, der aus vier JK-Flipflops des Typs
74107 aufgebaut ist. Die Zählerausgänge wurden mit Labels (*Q1* bis *Q4*)
versehen.

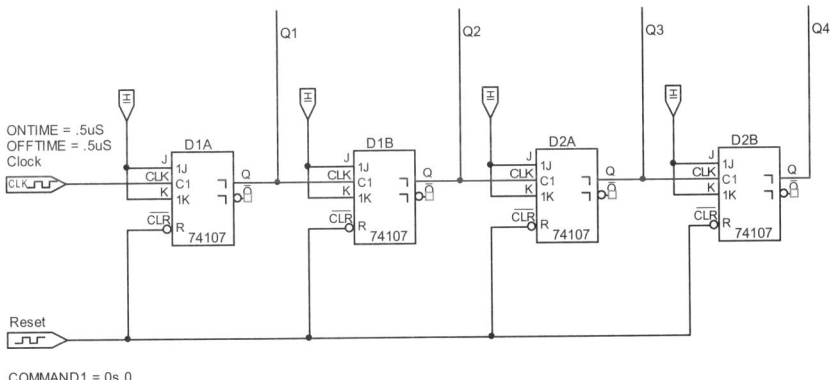

Bild 11.10: *zaehler1.opj*: **4-Bit-Asynchronzähler, bestehend aus vier JK-Flipflops**

Aktion

11.12
⬤ Legen Sie ein Projekt *zaehler1* an und zeichnen Sie die Schaltung von
⬤ Bild 11.10. Simulieren Sie die Schaltung und erzeugen Sie die Diagram-
⬤ me von Bild 11.11. Funktioniert der Zähler?

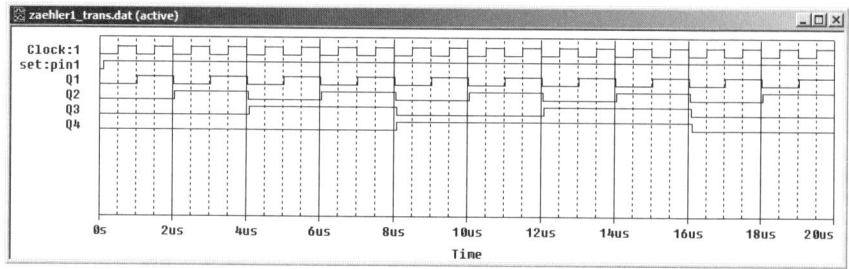

**Bild 11.11: Ausgangsspannungen des 4-Bit-Asynchronzählers. Der Name *Reset: Pin1*
ist zu lang für den Platz, der am linken Bildrand verfügbar ist**

Der Diagrammname *Reset: PIN 1* ist für die vorgegebene Größe des Pro-
be-Fensters zu lang, um vollständig angezeigt werden zu können. Um den
Namen vollständig darstellen zu können, müssen Sie den Teil des Digital-
Fensters, in dem sich die Diagramme befinden, verkleinern:

Aktion

11.13
⬤ Führen Sie die Maus auf den linken Rand des Digitaldiagramm-Fenster-
⬤ teils. Der Mauszeiger verändert sein Aussehen. Ziehen Sie den linken
⬤ Bildrand mit gedrückter Maustaste nach rechts in die gewünschte Positi-
⬤ on (Bild 11.12):

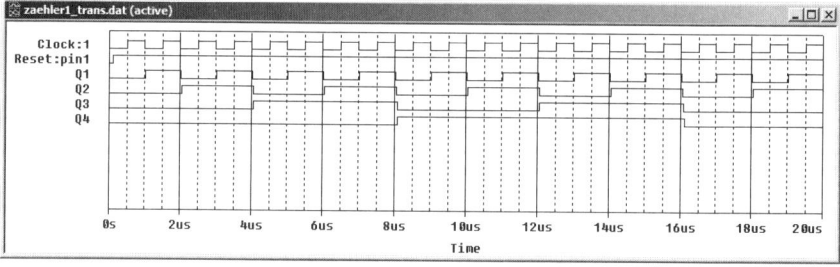

**Bild 11.12: Ausgangsspannungen des 4-Bit-Asynchronzählers. Das Diagrammfenster
wurde soweit verkleinert, dass der Name *Reset: Pin1* voll sichtbar wird**

Übungen:

• Welche Zeit benötigt das Flipflop *74107*, um eine am Eingang erfolgte
Signaländerung an den Ausgang weiterzugeben? Nutzen Sie den Zoom!

• Gibt es bezüglich der Laufzeiten beim Baustein *74107* Unterschiede
zwischen dem Wechsel des Ausgangs von *H* nach *L* und von *L* nach *H*?

• Wie lange dauert es, bis der H-L-Wechsel nach dem achten Taktimpuls
vom Eingang des Zählers an den Ausgang der letzten Stufe gelangt?

Asynchroner BCD-Zähler   11.3.2

Bild 11.13 zeigt die Erweiterung des Asynchronzählers aus Bild 11.10 zu
einem BCD-Zähler. Der Rücksetzimpuls nach dem 10. Takt wird mit Hilfe
eines Monoflops 74121 auf die Länge 100 ns eingestellt. Die eingestellte
Pulslänge des 74121 von 100 ns bringt korrekte Ergebnisse, ist aber noch
nicht optimal. In Lektion 12 werden Sie sich der Sache mit Hilfe der digitalen Worst-Case-Analyse annehmen.

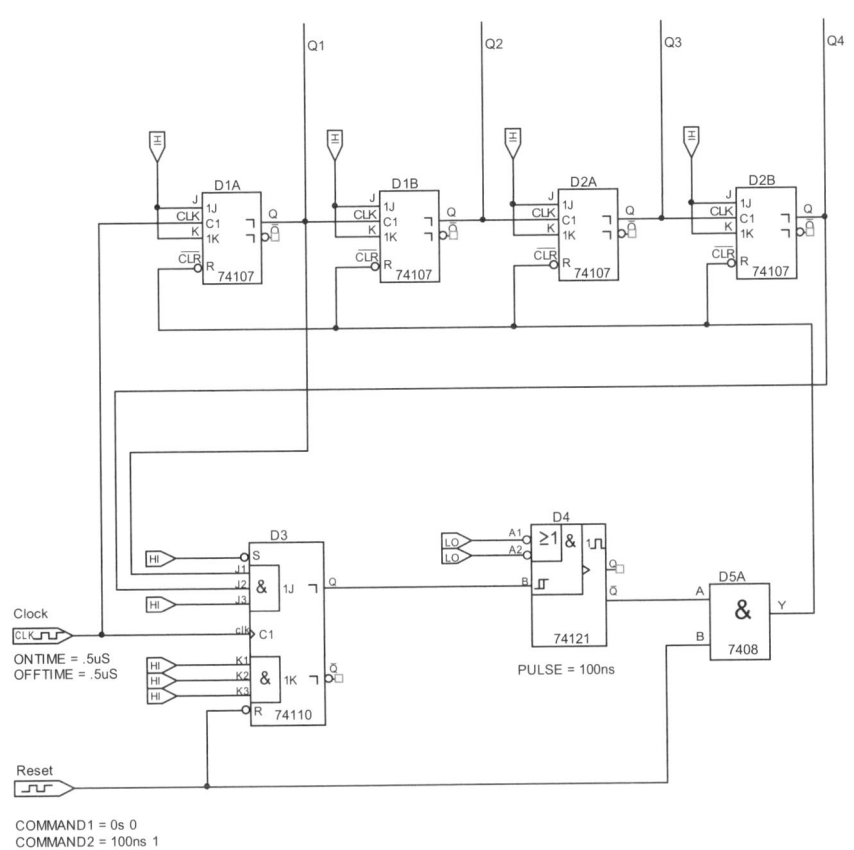

Bild 11.13: *zaehler2.opj*: **Asynchroner BCD-Zähler**

Aktion
11.14

Legen Sie ein Projekt *zaehler2* auf der Basis von *zaehler1* an. Zeichnen
Sie die Schaltung und speichern Sie als *zaehler2.opj*. Überzeugen Sie
sich durch eine geeignete Simulation von der korrekten Funktion der
Schaltung. Hinweis: Sollte sich das Fenster SIMULATION MESSAGES (vgl.
Bild 12.8) öffnen, dann ignorieren Sie dessen Botschaften erst einmal
durch Anklicken von NEIN. Sie werden sich mit Simulation-Messages in
Lektion 12 befassen.

11.3.3 Asynchroner BCD-Zähler mit dezimaler Ausgabe

Bild 11.14 zeigt den BCD-Zähler von Bild 11.13, ergänzt durch eine synchrone Ausgabe des Zählerstandes an einen BCD-Dezimal-Decoder *7442*.

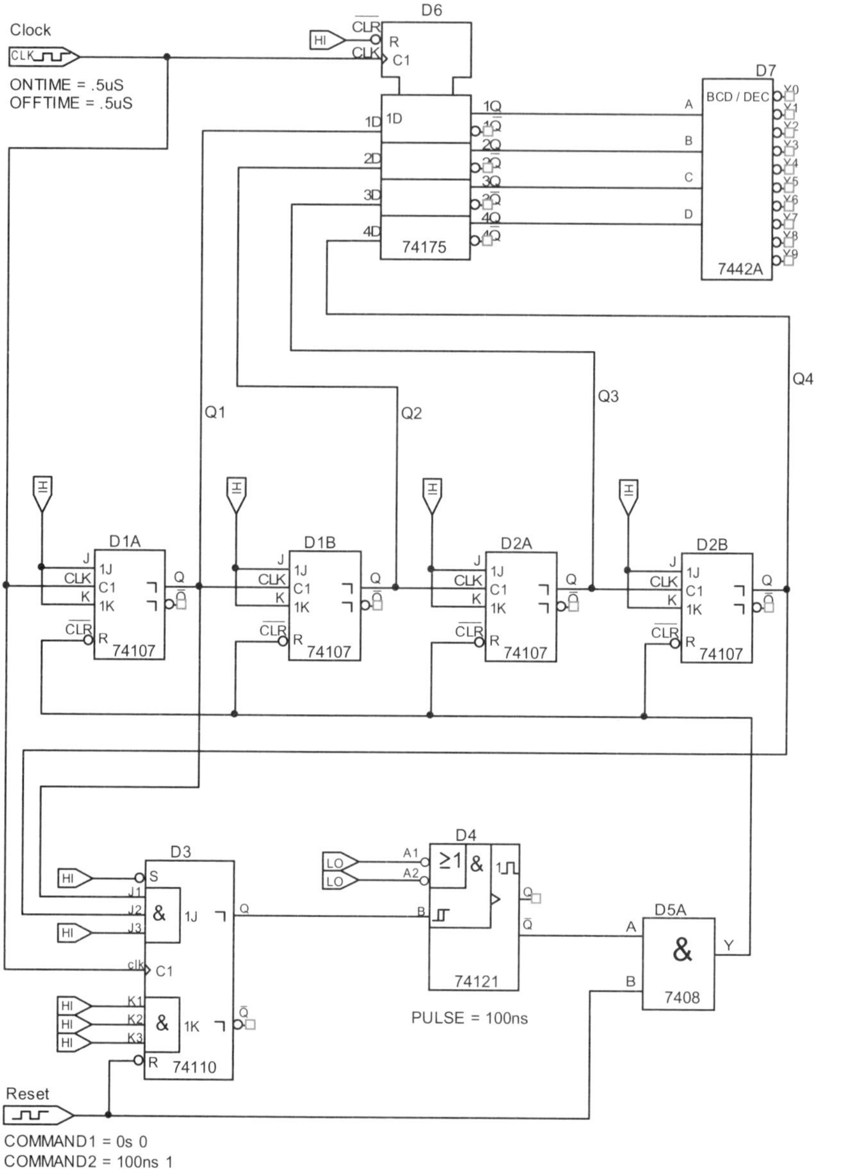

Bild 11.14: *zaehler3.opj*: BCD-Asynchronzähler mit dezimaler Ausgabe

Aktion 11.15

- Legen Sie ein Projekt *zaehler3* an, importieren Sie *zaehler2.opj* und er-
- gänzen Sie *zaehler2.opj* zu der Schaltung von Bild 11.14. Erzeugen Sie
- die Diagramme von Bild 11.15 und überzeugen Sie sich von der korrek-
- ten Funktion des Zählers.

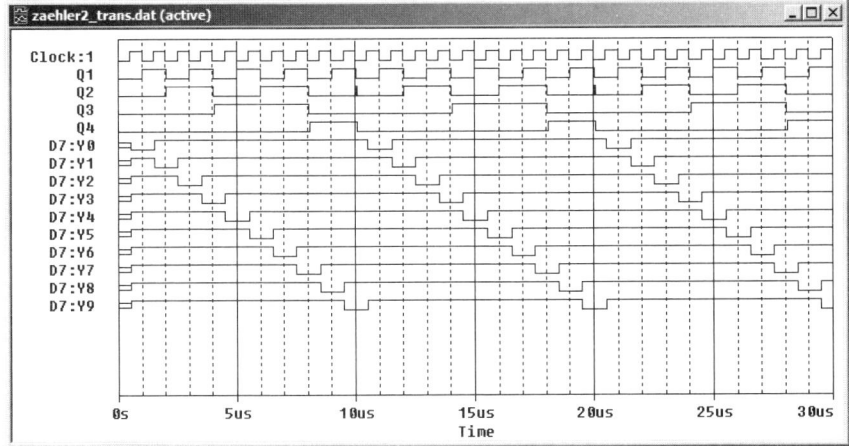

Bild 11.15: Simulationsergebnisse für den Zähler von Bild 11.14

Hexadezimale Darstellung von Bitkombinationen   11.3.4

In diesem Abschnitt lernen Sie, die Ausgangszustände des 4-Bit-D-Flip-flops nicht nur wie in Bild 11.15 für jeden der vier Ausgänge *D6:1Q* bis *D6:4Q* einzeln darzustellen, sondern auch gemeinsam als Zählerstand im hexadezimalen Format. In die Zeile TRACE EXPRESSION des Probe-Fensters müssen Sie dazu (in geschweiften Klammern) die Namen der einzelnen Ausgänge in der Rangfolge ihrer Bit-Wertigkeit eintragen (Bild 11.16):

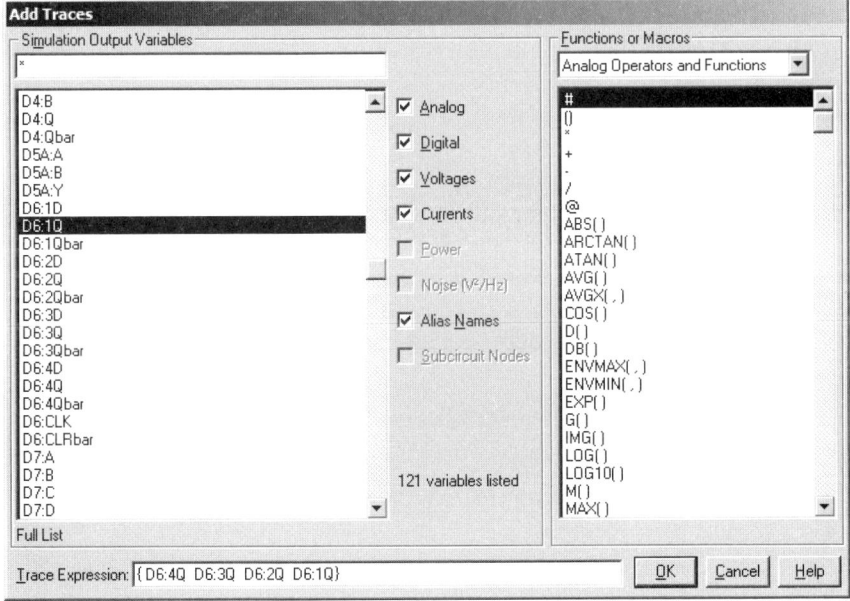

Bild 11.16: Trace-Liste mit ausgefüllter Trace-Expression-Zeile zur hexadezimalen Dar-stellung der Ausgangszustände des 4-Bit-D-Flipflops *74175* von Bild 11.14

Aktion
11.16

● Sorgen Sie dafür, dass sich *zaehler3.opj* auf der Zeichenfläche befindet,
● simulieren Sie die Schaltung und erzeugen Sie die Diagramme von Bild
● 11.17. Hinweis: Damit der lange Name für das letzte Diagramm im Pro-
● be-Fenster dargestellt werden kann, müssen Sie die linke Begrenzung
● des Diagramm-Fensters nach rechts verschieben (Aktion 11.13). Diese
● neue Aufteilung des Probe-Fensters merkt sich PSPICE, das heißt, bei
● Ihrer nächsten Simulation müssen Sie das Fenster vermutlich wieder
● (nach dem gleichen Prinzip) auf die alte Größe zurückbringen.

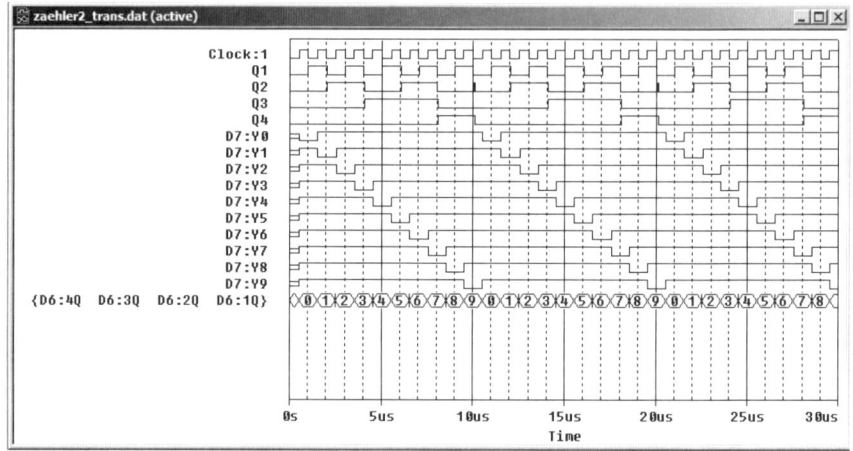

Bild 11.17: Simulationsergebnisse der Schaltung von Bild 11.14. Der Ausgangszustand des 4-Bit-D-Flipflops ist im hexadezimalen Zahlenformat dargestellt

Eleganter, d.h. mit einem viel kürzeren Namen, lässt sich der hexadezimale
Zählerstand nach Einfügen eines Datenbusses (Bild 11.19) aufrufen:

Aktion
11.17

● Legen Sie ein Projekt *zaehler3bus* an, wobei Sie *zaehler3.opj* importie-
● ren. Schließen Sie das 4-Bit-D-Flipflop *74175* und den Decodierer *7442A*
● über einen Daten-Bus zusammen (Bild 11.19). Simulieren Sie und brin-
● gen Sie im Probe-Fenster den Zustand des Daten-Busses hexdezimal
● zur Anzeige, indem Sie in der Zeile TRACE EXPRESSION in geschweiften
● Klammern den Namen des Datenbusses *{D[4:1]}* eingeben (Bild 11.18).
● Die Darstellung des untersten Diagramms von Bild 11.18 unterscheidet
● sich inhaltlich nicht von dem entsprechenden Diagramm von Bild 11.17.

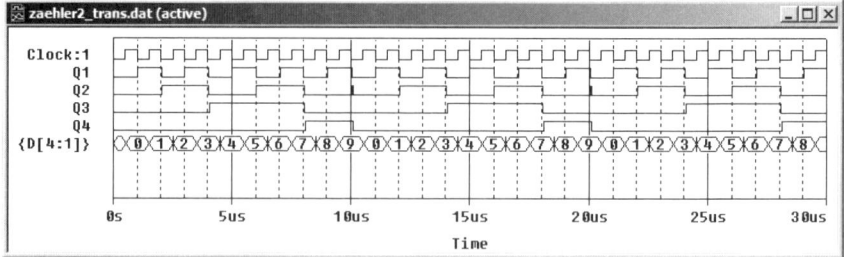

Bild 11.18: Diagramme der Schaltung von Bild 11.19. Kurzschreibweise {D[4:1]}

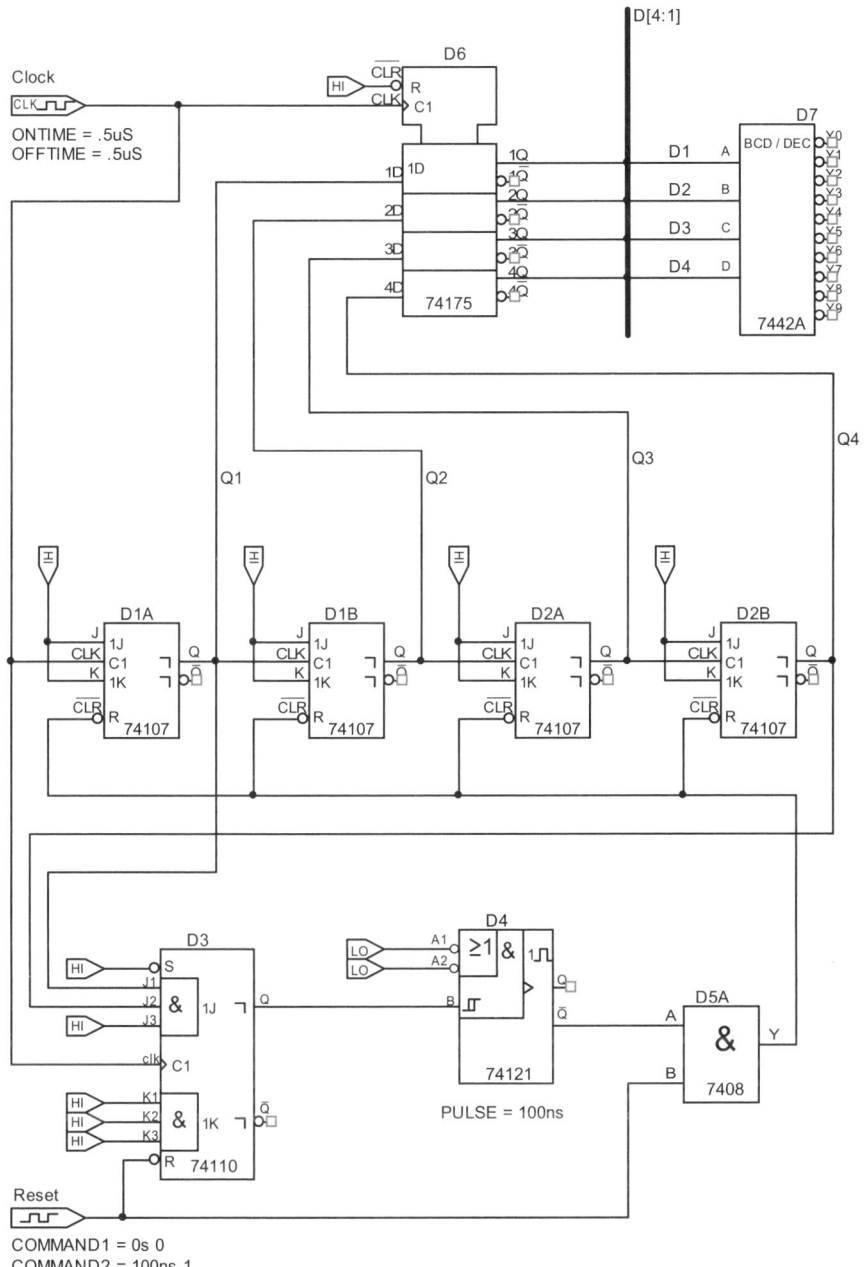

Bild 11.19: *zaehler3bus.opj*: **Asynchronzähler mit Daten-Bus**

11.3.5   Programmierung von Stimulusfolgen

Bild 11.20 zeigt die Schaltung eines synchronen Dualzählers.

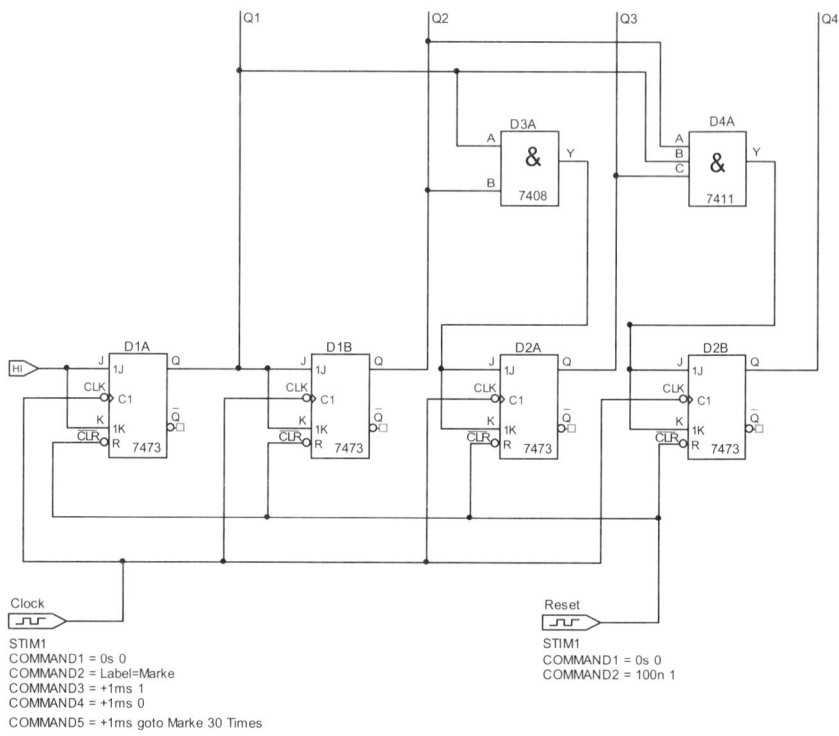

Bild 11.20: *synch_z1.opj*: **Synchronzähler**

Das Taktsignal der Schaltung soll durch Programmierung einer Stimulusquelle des Typs *STIM1* mit Hilfe einer Schleife erzeugt werden:

Aktion
11.18

● Legen Sie ein Projekt *synch_z1* an und zeichnen Sie die Schaltung von
● Bild 11.20. Benennen Sie die Taktquelle als *Clock*. Füllen Sie im Property-
● Editor von *Clock* die Command-Zeilen nach dem Muster von Bild 11.21
● aus. Die in Bild 11.21 nicht dargestellten Zeilen bleiben unverändert:

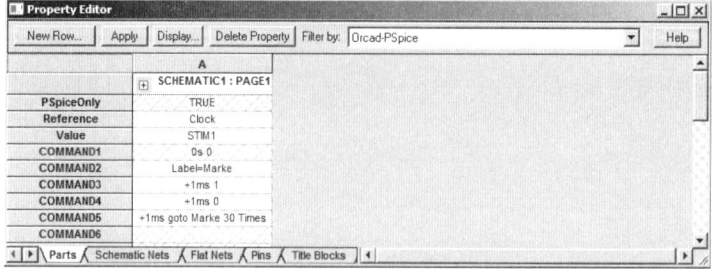

Bild 11.21:
Attribute
von *STIM1*

Die Programmierung der Quelle entsprechend Bild 11.21 bewirkt, dass der
Stimulus zu Beginn *0* ist, nach einer Millisekunde auf *1* geht und nach einer

weiteren Millisekunde wieder auf *0* geht. Eine Millisekunde später wird COMMAND5 ausgeführt, d.h., es geht (ohne weitere Verzögerung!) mit dem Kommando weiter, das im Anschluss an das Label *Marke* verzeichnet ist. Also: Die Verzögerung von 1 ms, die im COMMAND3 steht, wird beim Rücksprungkommando ignoriert. Die Folge wird 30-mal wiederholt.

Simulieren Sie die Schaltung und erzeugen Sie die Diagramme von Bild 11.22.

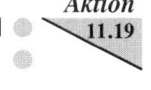

Aktion
11.19

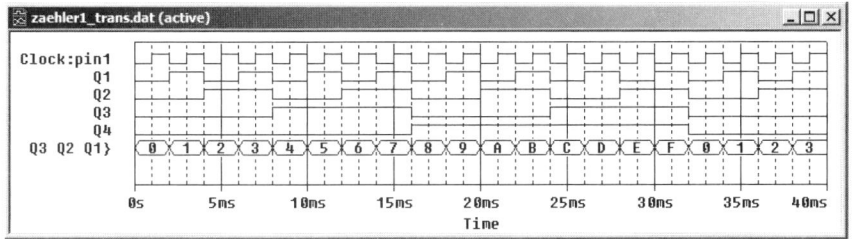

Bild 11.22: Zeitablaufdiagramme beim Betrieb des Synchronzählers von Bild 11.20

Aufgaben   11.4

Aufgabe 11.1:

Lösen Sie die Aufgabe 6.1 erneut, aber dieses Mal, indem Sie die Schaltung an einen 4-Bit-Daten-Bus anschließen. Erzeugen Sie die für die Wahrheitstabelle erforderlichen 16 Bit-Kombinationen hexadezimal, indem Sie den Daten-Bus in Abständen von 1 ms mit den Zuständen 0 bis F versorgen. Stellen Sie den Buszustand und den Ausgangszustand *out* im Probe-Fenster dar. Ihre Lösung sollte dem Bild 11.23 ähneln. Vergleichen Sie das Ergebnis mit Ihrer Lösung der Aufgabe 6.1.

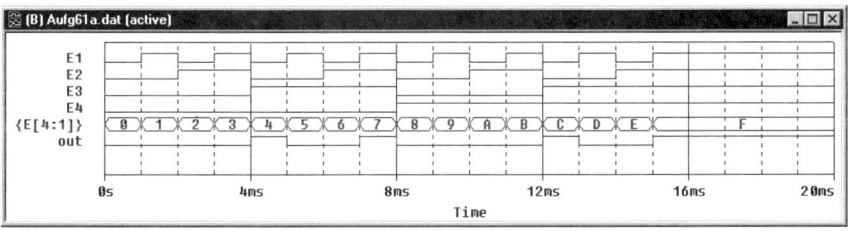

Bild 11.23: Lösungsdiagramm der Aufgabe 11.1

Aufgabe 11.2:

Wie lang und von welcher Form ist das Signal *RCO*, das der BCD-Synchronzähler *74160* (Bild 11.24) abgibt. Wie hängt das Signal von der Taktfrequenz ab?

Aufgabe 11.3:

Das nachfolgende Bild (Bild 11.24) zeigt die Schaltung eines dreistufigen synchronen Frequenzzählers.

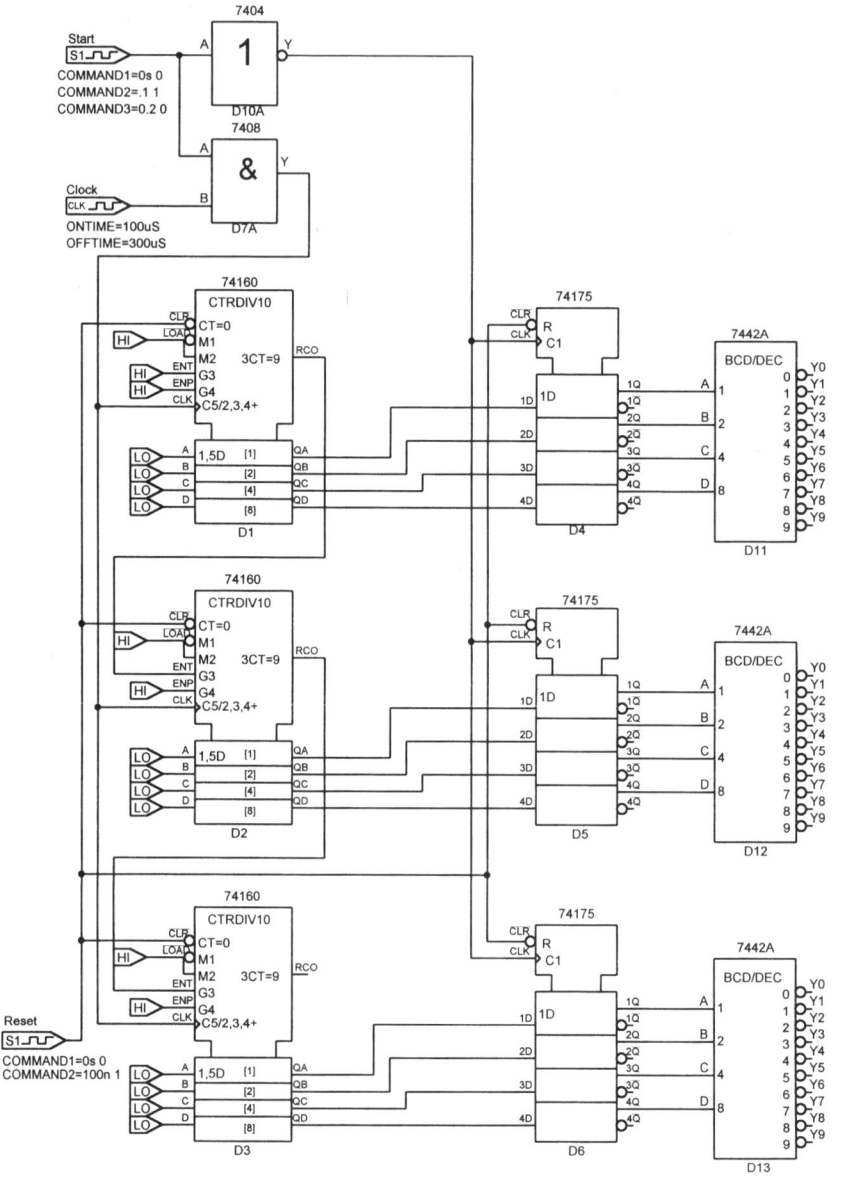

Bild 11.24: Frequenzzähler

Überlegen Sie sich, wie viele Impulse bei den Einstellungen von Bild 11.24 auf den Zählereingang gelangen. Überprüfen Sie Ihre Überlegung durch eine geeignete Simulation.

Aufgabe 11.4:

Starten Sie den Zähler *74160* (Bild 11.25) mit dem Zählerstand 5 und überzeugen Sie sich von der Korrektheit Ihrer Schaltung durch eine geeignete Simulation. Hinweis: Geladen wird die Bit-Kombination an den Eingängen *A* bis *D*, wenn der Eingang *M1* auf 0 liegt und eine positive Flanke am Takteingang erscheint.

Aufgabe 11.5:

Bild 11.25 zeigt zwei Zähler *74160*, die so kaskadiert wurden, dass damit von 0 bis 99 gezählt werden kann. Der Zählvorgang beginnt mit dem Zählerstand 16.

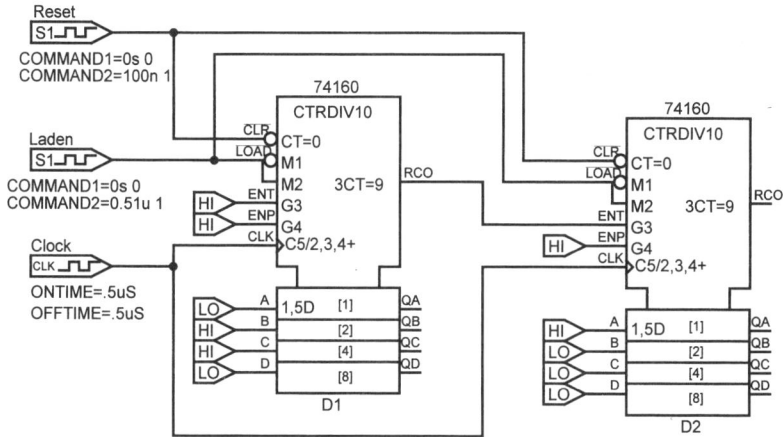

Bild 11.25: Zweistufiger Synchronzähler

Testen Sie den Zähler auf korrekte Funktion. Erweitern Sie die Schaltung so, dass beim Zählerstand von 40 ein Flipflop *74109* gesetzt und beim Zählerstand 56 zurückgesetzt wird.

Voreinstellungen der Digital-Bauteile 11.5

PSPICE bietet die Möglichkeit, über ein Eingabefenster eine Reihe von Voreinstellungen der Digital-Bauteile vorzunehmen. Es können dort der Anfangszustand der Flipflops, Toleranzen der Laufzeiten sowie das Verhalten an analog-digitalen Übergangsstellen beeinflusst werden. Das Fenster heißt OPTIONS. Man erreicht es über das Fenster SIMULATION SETTINGS.

Initialisieren von Flipflops 11.5.1

Sehen Sie sich noch einmal den Asynchronzähler in Bild 11.10 an. Die Ausgänge der Flipflops werden mit Hilfe eines Reset-Impulses zu Beginn der Simulation auf den Anfangszustand *0* zurückgesetzt. Ohne diesen Reset könnte die Simulation nicht gelingen, da die Flipflops direkt nach dem Einschalten unbestimmte Zustände besitzen. Nach dem ersten Taktimpuls müsste sich bei der gegebenen Schaltung der Ausgangszustand des ersten Flipflops (*D1A*) ändern. Aber: Welcher Zustand ergibt sich, wenn man einen unbestimmten Zustand ändert? PSPICE bietet die Möglichkeit, den Anfangszustand der Flipflops festzulegen, sie zu initialisieren:

Aktion
11.20
● Öffnen Sie das Fenster SIMULATION SETTINGS und klicken Sie darin die
● Schaltfläche OPTIONS an. Wählen Sie bei CATEGORY die Option GATE-LEVEL
● SIMULATION an (Bild 11.26):

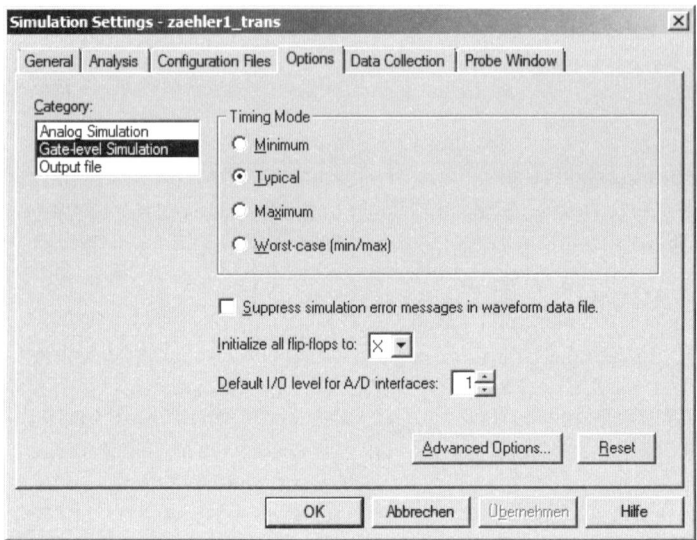

Bild 11.26: Das Fenster SIMULATION SETTINGS/OPTIONS/GATE-LEVEL SIMULATION

Unter dem Eintrag INITIALIZE ALL FLIP-FLOP TO: ist die Option *X* markiert, d.h., alle Flipflops haben zu Anfang unbestimmte Zustände.

Aktion
11.21
● Wählen Sie für die Initialisation der Flipflops die Option *0* und verlassen
● Sie das Fenster mit OK. Alle Flipflops des vorliegenden Schaltplans wer-
● den fortan bei Beginn der Simulation auf *0* gesetzt sein.

Aktion
11.22
● Legen Sie ein Projekt *zaehler1a* an und importieren Sie *zaehler1.opj*.
● Verändern Sie die Schaltung nach dem Muster von Bild 11.27. Damit die
● Reset-Eingänge nicht „in der Luft hängen", müssen Sie zur korrekten
● Funktion der Schaltung auf *1* gesetzt werden. Anderenfalls gäbe es eine
● Fehlermeldung.

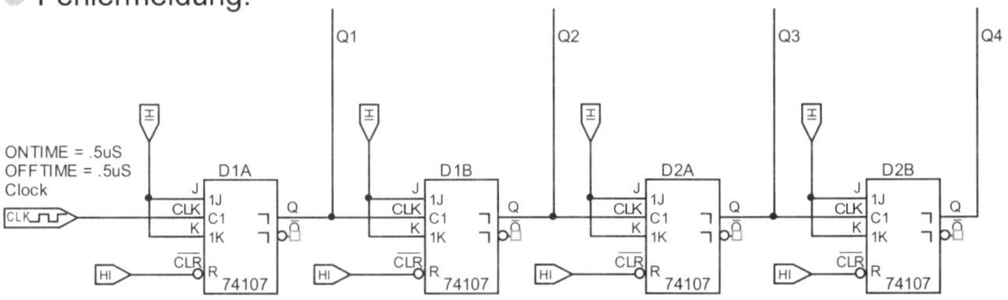

Bild 11.27: Asynchronzähler. Die Flipflops wurden in Aktion 11.22 auf *0* initialisiert

Simulieren Sie die Schaltung, stellen Sie den Takt und die Ausgangs-
signale Q1 bis Q4 im Probe-Fenster dar und überzeugen Sie sich durch
einen Vergleich mit Bild 11.12 von der Korrektheit der Anzeige.

Aktion
11.23

Initialisieren Sie die Flipflops erneut auf X, wiederholen Sie die Simulation und sehen Sie sich die Diagramme von Aktion 11.23 mit diesem Setup
an. Merken Sie sich diese Quelle unbestimmter Zustände.

Aktion
11.24

Laufzeittoleranzen   11.5.2

Digital-Schaltungen haben keine idealen Eigenschaften. Weder sprechen
sie auf extrem kurze Eingangssignale an (Setup- und Hold-Zeiten müssen
eingehalten werden), noch geben sie Eingangssignale unverzögert an den
Ausgang weiter (die Signale haben Laufzeiten, Propagation-Delays). Die
PSPICE-Modelle der Digital-Bausteine berücksichtigen solche Abweichungen vom Idealzustand.

Noch bedeutsamer als diese eben genannten Fehlerquellen, sind Toleranzen in den Laufzeiten. Die Hersteller geben für ihre Digital-Bauteile *typische* sowie *minimale* und *maximale* Laufzeiten an. PSPICE gibt Ihnen die
Möglichkeit, im Setup festzulegen, ob Sie mit typischen Werten oder mit
oberen bzw. unteren Grenzwerten der Laufzeiten simulieren wollen. Auch
diese Festlegungen geschehen im Fenster SIMULATION SETTINGS/OPTIONS (Bild
11.26). Unter TIMING MODE finden Sie dort vier Wahlmöglichkeiten. Der Vorgabewert für die Laufzeiten nach dem Öffnen eines neuen Arbeitsblattes ist
TYPICAL, d.h., die Laufzeiten entsprechen den typischen Werten.

Anhand der Testschaltung von Bild 11.28 sollen Sie im Folgenden die Laufzeiten eines UND-Gliedes *7408* untersuchen:

Zeichnen Sie die Schaltung von Bild 11.28, simulieren Sie mit der Laufzeit-
vorgabe TYPICAL und erzeugen Sie das Diagramm von Bild 11.29:

Aktion
11.25

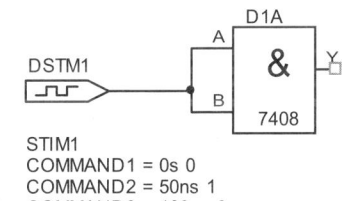

STIM1
COMMAND1 = 0s 0
COMMAND2 = 50ns 1
Bild 11.28: Laufzeit-Testschaltung   COMMAND3 = 100ns 0

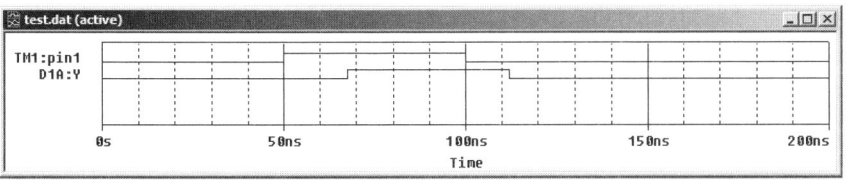

Bild 11.29: Eingangs- und Ausgangssignal der Schaltung von Bild 11.28. Laufzeit: TYPICAL

Die Flanke von *L* nach *H* erscheint um 17,5 ns verzögert am Ausgang. Die Flanke von *H* nach *L* benötigt vom Eingang bis zum Ausgang 12 ns.

Aktion
11.26
● Simulieren Sie auch mit minimaler und maximaler Laufzeit und überzeugen Sie sich von der Korrektheit der Datenblattangaben in Bild 11.30:

	Anstieg L / H	Abfall H / L
Minimum	7,0 ns	4,8 ns
Typical	17,5 ns	12,0 ns
Maximum	27,0 ns	19,0 ns

Bild 11.30: Laufzeiten des UND-Gliedes *7408*

Aktion
11.27
● Wählen Sie bei TIMING MODE (Bild 11.26) die Option WORST CASE, simulieren Sie damit die Schaltung und erzeugen Sie Bild 11.31:

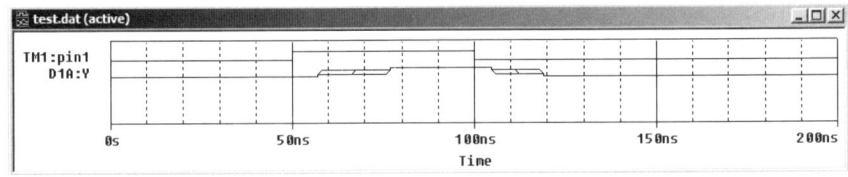

Bild 11.31: Ergebnis der Simulation der Testschaltung von Bild 11.28. Die Laufzeiten wurden als WORST CASE eingestellt

Mit der Darstellung von Bild 11.31 haben Sie „alles im Blick". Die Bilder 11.29 und 11.31 zeigen, dass die Digitalbausteine Signalverarbeitungszeiten (Laufzeiten) besitzen. Da diese Laufzeiten toleranzbehaftet sind, gibt es Zeitintervalle, während derer der Zustand einer Digitalschaltung ungewiss ist. Wenn das beim Entwurf von Digitalschaltungen nicht berücksichtigt wird, kann das zu Fehlfunktionen führen. Der Frage der Laufzeiten und ihrer Toleranzen werden Sie sich in Lektion 12 annehmen.

In manchen Fällen wird man nicht alle Bausteine auf „extreme" Werte setzen wollen, sondern nur eines oder eine beschränkte Anzahl. Die Einstellungen unter OPTIONS/GATE-LEVEL SIMULATION im Fenster SIMULATION SETTINGS wirken sich auf sämtliche Bauteile des Schaltplans aus. Wie lassen sich die Laufzeiten einzelner Bauteile separat auf MINIMUM, MAXIMUM oder TYPICAL einstellen? PSPICE hält dazu im Attributmenü der Digitalbauteile das Attribut MNTYMXDLY (**M**INIMUM **T**YPICAL **M**AXIMUM **D**ELAY) bereit (Bild 11.32).

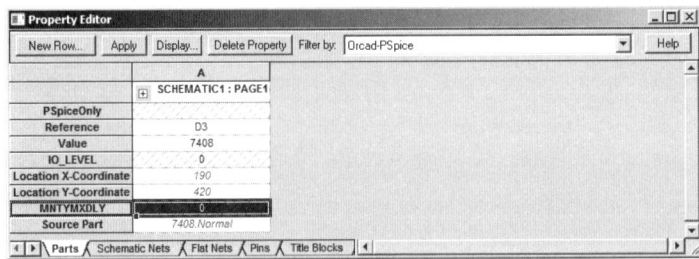

Bild 11.32: Property-Editor des *7408*

Mit Hilfe des Attributs MNTYMXDLY können Sie für ein Bauteil die bei OP-TIONS (Bild 11.26) getroffene Wahl der Laufzeiten überschreiben. Die zulässigen Attributwerte und deren Bedeutung zeigt Bild 11.33.

MNTYMXDLY= 0 Vorgabe aus DIGITAL SETUP übernehmen. 0 ist voreingestellt
MNTYMXDLY=1 Wert aus DIGITAL SETUP mit MINIMUM überschreiben.
MNTYMXDLY=2 Wert aus DIGITAL SETUP mit TYPICAL überschreiben.
MNTYMXDLY=3 Wert aus DIGITAL SETUP mit MAXIIMUM überschreiben.
MNTYMXDLY=4 Wert aus DIGITAL SETUP mit WORST CASE überschreiben.

Bild 11.33: Bedeutung der möglichen Werte des Attributs MNTYMXDLY

Aktion
11.28

Üben Sie die getrennte Einstellung der Laufzeiten, indem Sie die Testschaltung von Bild 11.28 durch drei weitere UND-Glieder ergänzen (Bild 11.34). Stellen Sie von den vier UND-Gliedern jeweils eines auf die Laufzeit MINIMUM, TYPICAL, MAXIMUM und WORST CASE ein. Stellen Sie damit die Diagramme von Bild 11.35 her:

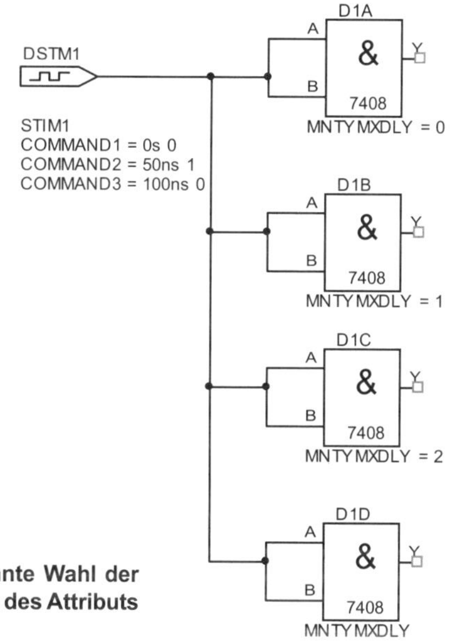

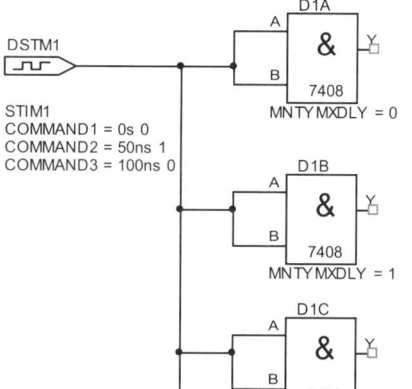

Bild 11.34: Erweiterte Testschaltung. Getrennte Wahl der Laufzeitattribute aller vier Bausteine mit Hilfe des Attributs MNTYMXDLY

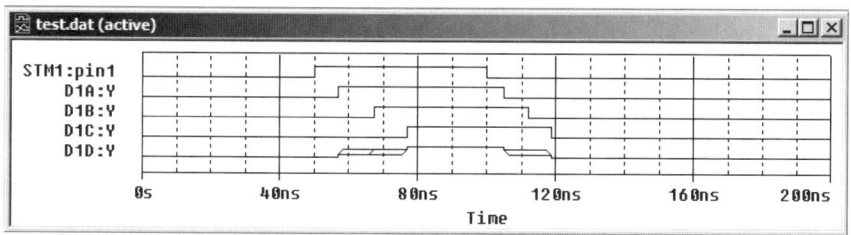

Bild 11.35: Simulationsergebnis der Schaltung von Bild 11.34

11.5.3   Wahl des I/O-Levels

Wie PSPICE unbestimmte Schaltzeitpunkte behandelt, haben Sie im Abschnitt 6.2.2 untersucht. Das Ergebnis zeigt Bild 6.13. Natürlich gibt es in einer realen Schaltung nicht, wie Bild 6.13 bei naiver Betrachtung vermuten lässt, Stufen im Verlauf der (analogen) Ausgangsspannung und Parallelogramme im Verlauf der digitalen Zustände. Die von PSPICE gewählte Darstellung ist eine Methode, die Übergangsbereiche, in denen der Zustand der Schaltung ungewiss ist, sichtbar zu machen. Der Ausgang schaltet irgendwann während der Zeit der Stufe bzw. des Parallelogramms. Wann das geschieht, weiß man nicht und PSPICE gaukelt hier auch keine Sicherheit vor. Manche Mixed-Mode-Schaltungen würden nun allerdings mit stufigen Spannungen nicht oder gar falsch funktionieren. Das gilt z.B. für manche analog-digitalen Oszillatorschaltungen. Für solche Fälle hält PSPICE Modelle mit nicht stufigem Schaltverlauf bereit, bei dem das Umschalten in der Mitte des Ambiguity-Bereichs ausgelöst wird. Welches Modell (I/O-Modell) Sie verwenden wollen, legen Sie durch die Wahl des I/O-Levels bei OPTIONS im Fenster SIMULATION SETTINGS (Bild 11.26) fest. *Level 1* bezeichnet das Modell, mit dem Sie die „stufigen" Diagramme der Bilder 6.12 und 6.13 hergestellt haben. Dieses Modell ist als Vorgabe eingestellt, wenn ein neues Arbeitsblatt eröffnet wird. *Level 2* bezeichnet ein nicht stufiges Modell.

Die Unterschiede zwischen den I/O-Levels sollen Sie an Hand der Reihenschaltung zweier UND-Glieder *7408* untersuchen (Bild 11.36):

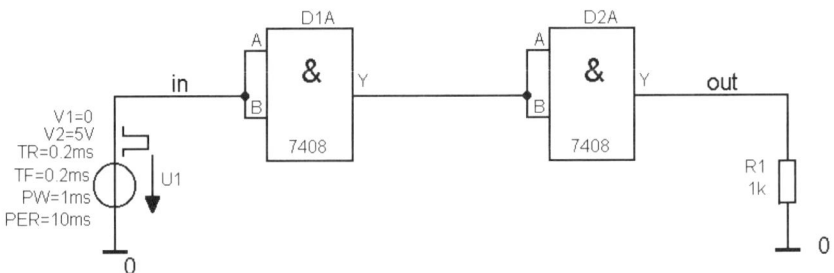

Bild 11.36: Testschaltung zur Untersuchung verschiedener I/O-Levels

Aktion
11.29
- Legen Sie ein Projekt *digi3* an. Zeichnen Sie die Schaltung von Bild 11.36.
- Wählen Sie für *VPULSE* die Einstellungen, die in Bild 11.36 angegeben sind. Simulieren Sie die Schaltung im Zeitbereich zwischen 0 und 2 ms
- und stellen Sie die Diagramme von Bild 11.37 her.

Aktion
11.30
- Stellen Sie jetzt in Fenster SIMULATION SETTINGS unter OPTIONS/GATE-LEVEL
- SIMULATION den Default-I/O-Level auf *2*, fordern Sie das gleiche Diagramm
- wie bei Aktion 11.29 erneut an, indem Sie bei SIMULATION SETTTINGS/PROBE
- WINDOW die Option LAST PLOT wählen. Wiederholen Sie die Simulation.
- Ihr Ergebnis sollte Bild 11.38 gleichen.

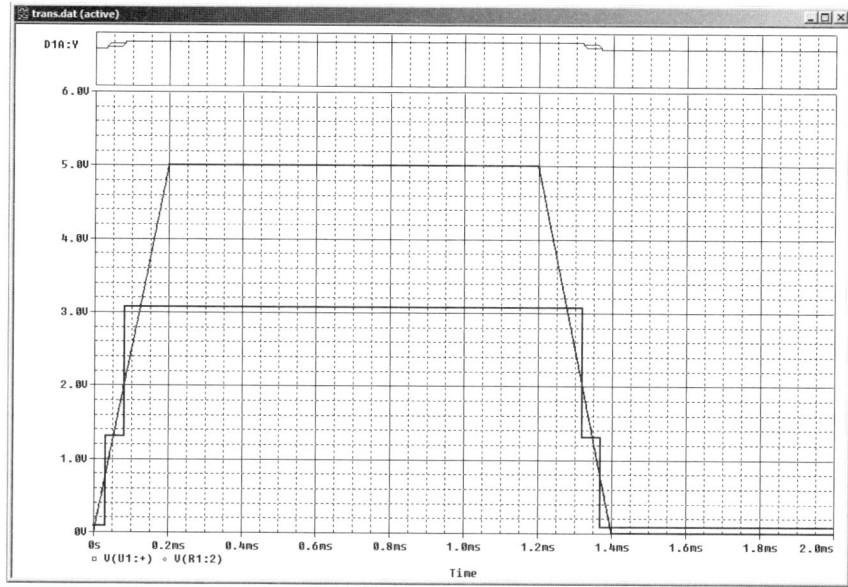

Bild 11.37: Diagramme der Testschaltung von Bild 11.36. I/O-Level = 1

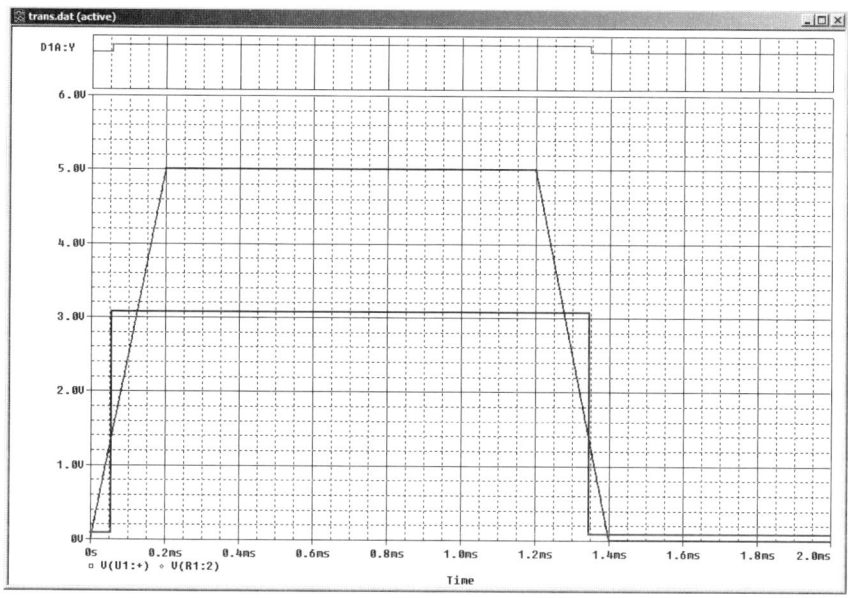

Bild 11.38: Diagramme der Testschaltung von Bild 33.36. I/O-Level = 2

Sie erkennen an den beiden Diagrammen die oben beschriebenen Unterschiede in der Wirkung der beiden I/O-Levels. Im Ergebnis der Simulation mit dem I/O-Level 2 sind die Stufen in der analogen Spannung und die Parallelogramme bei den digitalen Zuständen verschwunden.

Im Fenster SIMULATION SETTINGS/OPTIONS/GATE-LEVEL SIMULATION (BILD 11.26) gibt es noch die Möglichkeit, die I/O-Level 3 und 4 anzuwählen. Das sind im Wesentlichen Optionen für zukünftige Erweiterungen des Simulators.

Zur Zeit ist *Level 3* identisch mit *Level 1* und *Level 4* mit *Level 2*. Eine Ausnahme gibt es von dieser Regel: Die CMOS-Typen *HC* und *HCT* (die gibt es nur in der Vollversion von PSPICE) nutzen die I/O-Levels *3* und *4*.

Auch zur Festlegung der I/O-Level gibt es die Möglichkeit, sie im Fenster OPTIONS (BILD 11.26) für alle Digital-Bausteine gemeinsam einzustellen und diese Einstellungen dann bei Bedarf für einzelne Bauteile zu überschreiben. Das geschieht dann im Property-Editor des jeweiligen Digital-Bauteils mit Hilfe des Attributs I/O LEVEL (Bild 11.40). Folgende Werte können für das Attribut I/O LEVEL gesetzt werden (Bild 11.39):

I/O LEVEL = 0: Vorgabe aus DIGITAL SETUP übernehmen. 0 ist voreingestellt.
I/O LEVEL = 1: Wert aus DIGITAL SETUP mit Level 1 überschreiben.
I/O LEVEL = 2: Wert aus DIGITAL SETUP mit Level 2 überschreiben.
I/O LEVEL = 3: Wert aus DIGITAL SETUP mit Level 3 überschreiben.
I/O LEVEL = 4: Wert aus DIGITAL SETUP mit Level 4 überschreiben.

Bild 11.39: Bedeutung des Attributs I/O LEVEL im Property-Editor der Digital-Bauteile

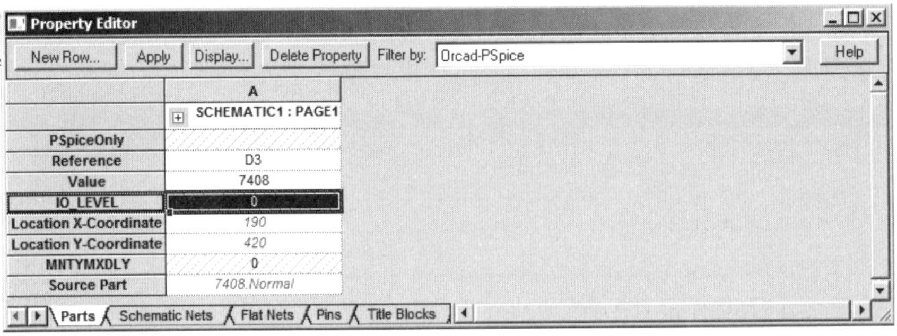

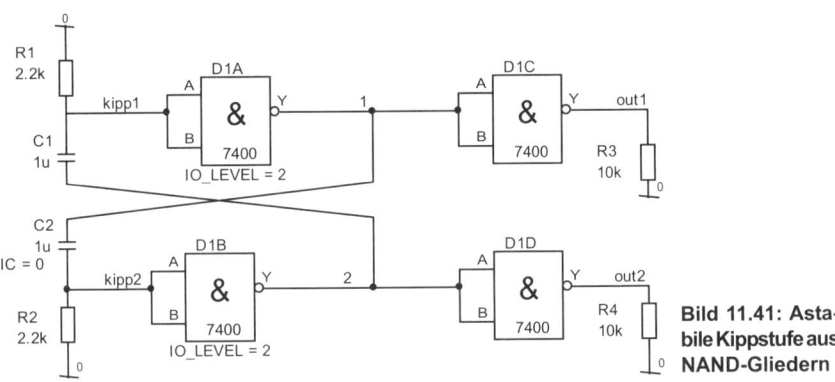

Bild 11.40: Property-Editor mit angewähltem Attribut I/O LEVEL

Übung: Bild 11.41 zeigt eine astabile Kippstufe aus NAND-Gliedern. Eine reale Kippstufe schwingt aufgrund von Schaltungsunsymmetrien an. Die gibt es bei PSPICE nicht, stattdessen wurde beim Kondensator C_2 das Attribut *IC* auf *0* gesetzt. Überzeugen Sie sich davon, dass die Kippstufe nur dann anschwingt, wenn für die NAND-Glieder *D1A* und *D1B* der I/O-Level auf *2* (treppenloser Ambiguity-Übergang) gesetzt ist. Die ICs *D1C* und *D1D* formen die Impulse an den Knoten *1* und *2*. Überprüfen Sie das!

Bild 11.41: Astabile Kippstufe aus NAND-Gliedern

Kochbuch

Rezept 11.1

Einen Daten-Bus digital stimulieren

1. Eine Bus-Stimulusquelle (STIM4, STIM8 oder *STIM16*) auf das Zeichenblatt bringen.

2. Den Property-Editor der Quelle öffnen und in die Command-Zei-len die Zeitpunkte und die zugehörigen Bit-Kombinationen eintragen.

(Aktionen 11.10 und 11.11)

Rezept 11.2

Einen Daten-Bus zeichnen

1. Die Schaltfläche mit dem stilisierten Datenbus anklicken:

2. Den Datenbus-Cursor mit linkem Mausklick an den Anfang des zu zeichnenden Daten-Busses setzen.

3. Die Maustaste loslassen und die Maus bis zum Ende des Daten-Busses oder bis zu einer gewünschten Knickstelle bewegen.

4. Knickstelle oder Ende des Daten-Busses durch Mausklick festsetzen.

5. Weiterzeichnen oder beenden durch Klick mit der rechten Maustaste und Wahl von END WIRE. Hinweis: Das Zeichnen von Bussen gleicht völlig dem Zeichnen einfacher Leitungen.

(Aktion 11.6)

Rezept 11.3

Einen Daten-Bus benennen (mit Labels versehen)

1. Anklicken der Schaltfläche PLACE NET ALIAS und `N1` dadurch öffnen des Fensters PLACE NET ALIAS (Bild 11.5).

2. Eintragen des Namens, z.B. D für Daten-Bus. In eckigen Klammern folgt dann die Bezeichnung der Daten-Leitungen. Der Daten-Bus D[3:0] enthält z.B. die Daten-Leitungen D3, D2, D1 und D0. D3 entspricht dem höchstwertigen Bit (MSB) in der Command-Zeile zur Erzeugung des Stimulus, D0 entspricht dem niederwertigsten Bit (LSB).

(Aktion 11.8)

Rezept 11.4

Einzelne Daten-Leitungen benennen (mit Labels versehen)

Alle Daten-Leitungen, die von einem Daten-Bus abzweigen, sind mit Namen zu versehen, die ihre Zuordnung zum Daten-Bus eindeutig ermöglichen (vgl. Rezept 11.3). Das geschieht durch geeignetes Benennen der Leitungen (vgl. Bild 11.6):

1. Anklicken der Schaltfläche PLACE NET ALIAS und `N1` dadurch öffnen des Fensters PLACE NET ALIAS

2. Eintragen des gewünschten Namens.

3. OK.

(Aktion 11.9)

Kochbuch

Rezept
11.5

Den Digitalteil des Probe-Fensters zoomen

1. Das Vergrößerungsglas aktivieren:

3. Maustaste loslassen.

4. Bei Bedarf können Sie den Vorgang mehrmals wiederholen.

2. Im Digitalteil des Probe-Fensters einen linken Mausklick an den linken Rand des gewünschten Zoombereichs setzen und dann die Maus mit gedrückter Maustaste zum rechten Rand des gewünschten Zoombereichs ziehen.

5. Rückkehr zur ursprünglichen Darstellung mit:

(Aktion 11.3)

Rezept
11.6

Initialisieren von Flipflops

1. Öffnen Sie aus dem Fenster SIMULATION SETTINGS heraus das Fenster OPTIONS. Wählen Sie bei CATEGORY die Option GATE-LEVEL SIMULATION.

2. Wählen Sie bei INITIALIZE ALL FLIPFLOPS TO: die Optionen 0, 1 oder X

(Aktionen 11.20, 11.21, Bild 11.26)

Rezept
11.7

Den I/O-Level wählen

1. Öffnen Sie aus dem Fenster SIMULATION SETTINGS heraus das Fenster OPTIONS. Wählen Sie bei CATEGORY die Option GATE-LEVEL SIMULATION.

2. Wählen Sie Level *1* oder Level *2*

3. Überschreiben Sie diese Wahl gegebenenfalls für einzelne Bauteile durch geeignetes Setzen von MNTYMXDLY im Property-Editor des Bauteils.

(Aktion 11.31 und Bilder 11.37 bis 11.40)

Rezept
11.8

Den Digitalteil des Probe-Fensters in seiner Größe ändern

Bringen Sie die Maus in den Grenzbereich von analogem und digitalem Fensterteil. Verschieben Sie die

Grenze mit gedrückter Maustaste.

(Aktionen 6.15 und 11.13)

Rezept
11.9

Darstellen von Bitfolgen in einem einzigen Probe-Diagramm

Schreiben Sie die Namen der gewünschten Zustände in der Reihenfolge vom MSB zum LSB (in geschweifte Klammern gesetzt) in die

Zeile TRACE EXPRESSION des Probe-Fensters. OK.

(Aktionen 11.16,17,19 und Bilder 11.16 bis 11.19)

DIE WORST-CASE-ANALYSE IN DER DIGITALTECHNIK

Bei der analogen Worst-Case-Analyse ging es darum, Schaltungen zu entwickeln, die nicht nur in Einzelexemplaren im Labor funktionieren, sondern auch unter den Bedingungen der Serienproduktion. Um dieses Problem geht es auch bei der digitalen Worst-Case-Analyse[1].

Die beiden wichtigsten Quellen für Fehlfunktionen von Digitalschaltungen sind Toleranzen der Verarbeitungszeiten der Bauteile, die Sie bereits als Ursache unbestimmter Schaltzeitpunkte (*Ambiguity*) kennengelernt haben, und Verletzungen (*Violations*) von Mindestanforderungen an Art- und Dauer der zu verarbeitenden Signale. Durch eine korrekte Festlegung der Schaltzeitpunkte (ein korrektes *Timing*) werden Fehler aus diesen Quellen vermieden.

Die Worst-Case-Analyse spürt die meisten Fehler im Timing auf und teilt sie in zwei Kategorien ein: *Timing-Violations* und *Timing-Hazards*.

Timing-Violations entstehen meistens dadurch, dass eine Schaltung erforderliche *Setup-, Hold-* und *Width*-(Pulsweiten-)Zeiten nicht einhält. Eine Date[2] muss z.B. am Dateneingang eines D-Flipflops für eine Mindestzeit (*Setup-Time*) angelegen haben, bevor der Taktimpuls, der sie in den Speicher befördern soll, ankommen darf. Sie muss auch nach dem Eintreffen des Taktimpulses noch für die Dauer der *Hold-Time* anliegend bleiben.

Timing-Hazards entstehen als Ergebnis von Ambiguity. Eine Folge bestimmter Timing-Hazards sind kurzzeitig auftretende (flüchtige) Fehlstellungen (*Glitches*) oder auch dauerhafte Fehlstellungen (*Persistent Hazards*).

PSPICE liefert als Ergebnis der digitalen Worst-Case-Analyse Fehlermeldungen, denen der Zeitpunkt des Auftretens der Fehler und ihre oftmals weit zurückliegende Ursache entnommen werden können. Auf Wunsch liefert PSPICE auch Ausschnitte der zugehörigen PROBE-Diagramme, welche die Fehler und ihre Ursachen illustrieren. Die Fehlermeldungen sind nach der Schwere der Fehler gewichtet als *Info, Warning, Serious* und *Fatal*. Fatale Fehler führen zum Programmabbruch.

---

1) Den Kern der digitalen Worst-Case-Analyse bilden Fehlermeldungen, die PSPICE erzeugt, um Sie den Fehlerursachen auf die Spur zu bringen. In den Fehlermeldungen spricht PSPICE englisch mit Ihnen. Damit Sie die Fehlermeldungen verstehen und die darin verwendeten Spezialbegriffe einüben können, werden in dieser Lektion Spezialbegriffe der Worst-Case-Analyse meistens im englischen Original verwendet, auch wenn es dafür übliche deutsche Entsprechungen gibt. In einigen Fällen wird der englische Begriff in seiner Schreibweise behutsam eingedeutscht, um seine Les- und Sprechbarkeit zu verbessern.

2) In diesem Buch wird als Singular des Begriffs *Daten* der Ausdruck *die Date* verwendet.

12.1 Überlappen von Ambiguity: Ambiguity-Konvergenz-Hazard

12.1.1 Kurzzeitige Fehlstellungen digitaler Zustände (Glitches)

Aktion
12.1

● Legen Sie ein Projekt *wcase* an und zeichnen Sie die Schaltung von Bild
● 12.1. Simulieren Sie (TIMING MODE (Bild 11.26): TYPICAL) im Zeitbereich
● von 0 bis 100 ns. Stellen Sie einen Probe-Bildschirm entsprechend Bild
● 12.2 her:

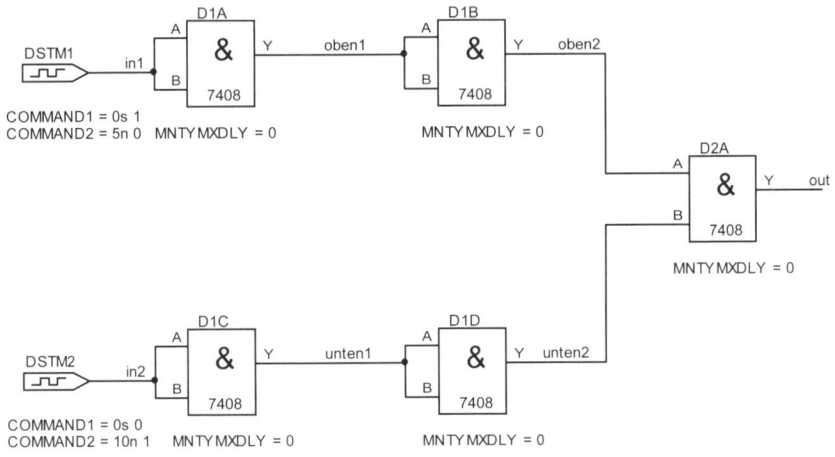

Bild 12.1: Testschaltung zur Untersuchung von Ambiguity-Konvergenz

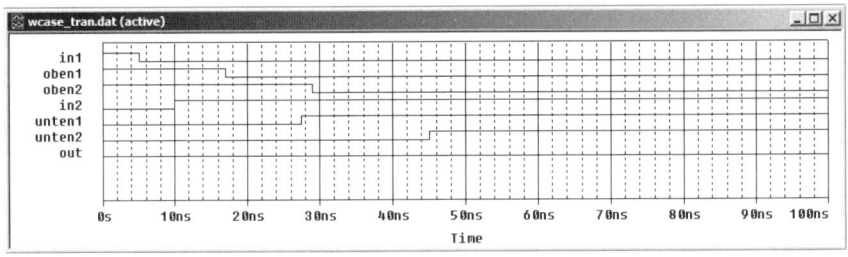

Bild 12.2: Zeitablaufdiagramme der Schaltung von Bild 12.1. Laufzeiten: TYPICAL

Die Diagramme entsprechen vollständig Ihren Erwartungen: Mit der typischen Laufzeitverzögerung des *7408* gelangen die Signale von *in1* und *in2* an den Eingang des UND-Gliedes *D2A*. Da das Signal am Knoten *oben2* bereits wieder auf *0* ist, wenn das Signal am Knoten *unten2* auf *1* geht, liegt der Ausgang *out* die ganze Zeit auf *0*.

Anders wird die Sache, wenn Sie die Laufzeittoleranzen der Bauteile berücksichtigen. Haben die in Reihe geschalteten UND-Glieder *D1A* und *D1B* besonders große Laufzeiten (am oberen Ende des Toleranzbereichs) und sind die Laufzeiten der UND-Glieder *D1C* und *D1D* besonders gering, dann kommt es kurzzeitig zu einer Fehlstellung des Ausgangs *out*, einem *Glitch*:

Aktion
12.2

Stellen Sie in den Attributmenüs von *D1A* und *D1B* das Laufzeitattribut MNTYMXDLY auf *3*, d.h. auf maximale Laufzeit, und in den Attributmenüs von *D1C* und *D1D* auf *1*, d.h. auf minimale Laufzeit (Bild 12.3). Wiederholen Sie die Simulation. Das Ergebnis sollte Bild 12.4 gleichen:

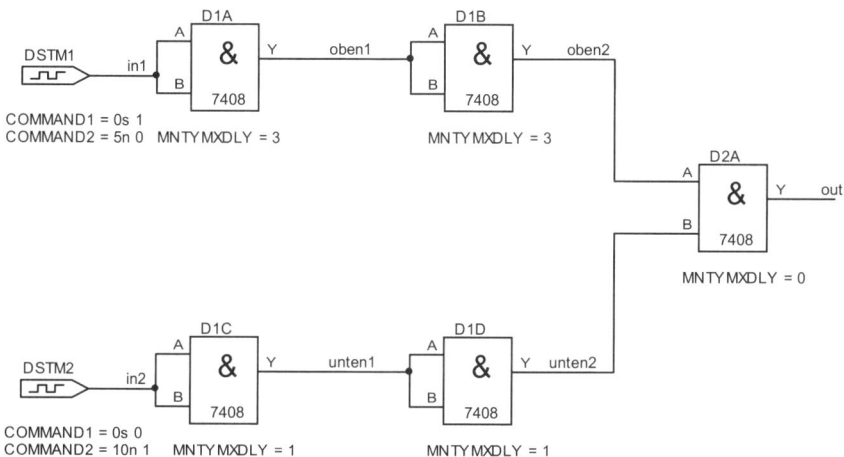

Bild 12.3: Testschaltung von Bild 12.1. *D1A* und *D1B* haben maximale Laufzeiten. *D1C* und *D1D* haben minimale Laufzeiten. *D2A* hat die typische Laufzeit

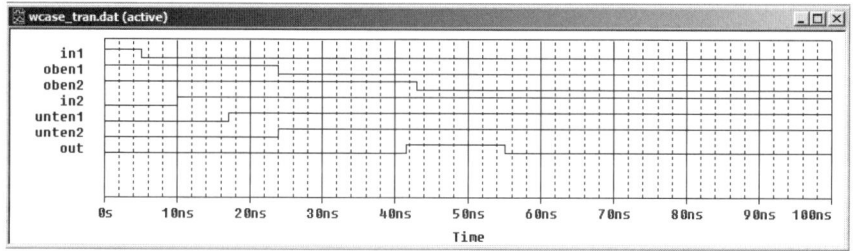

Bild 12.4: Diagramme zur Schaltung von Bild 12.3. *D1A* und *D1B* mit maximaler Laufzeit, *D1C* und *D1D* mit minimaler Laufzeit. Es entsteht ein *Glitch* am Ausgang *out*

Der Ausgang *out* geht kurzzeitig auf 1. Das ist eine Fehlfunktion, ein *Glitch*, der seine Ursache darin hat, dass die Bauteile nicht ausschließlich die für den *7408* typischen Laufzeiten aufweisen, sondern dass sie sich an unterschiedlichen Grenzen des Toleranzbereichs befinden.

Reale Digitalbausteine reagieren nicht auf beliebig kurze Impulse. Sie be-

sitzen Ansprechzeiten, unterhalb derer am Eingang vorhandene Erregun-
gen (Glitches) unterdrückt und nicht an den Ausgang weitergegeben werden. Die nächste Aktion wird Ihnen das demonstrieren:

**Aktion
12.3**

● Fügen Sie der Schaltung ein weiteres UND-Glied hinzu und versorgen
● Sie dieses UND-Glied mit den Signalen der beiden mittleren Knoten *oben1*
● und *unten1* (Bild 12.5). Wiederholen Sie die Simulation und erzeugen
● Sie die Diagramme von Bild 12.6.

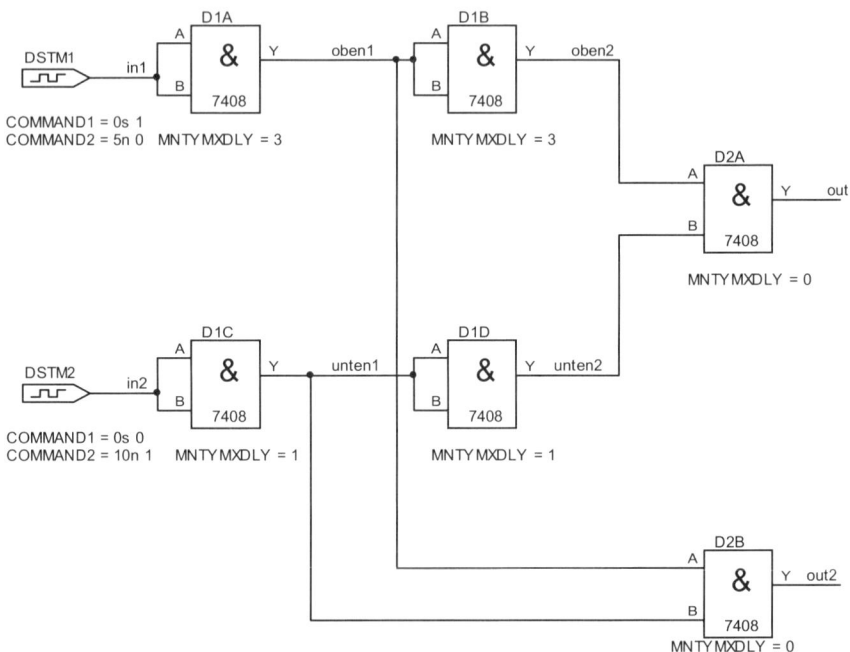

Bild 12.5: Erweiterte Testschaltung zur Untersuchung von Glitchunterdrückung

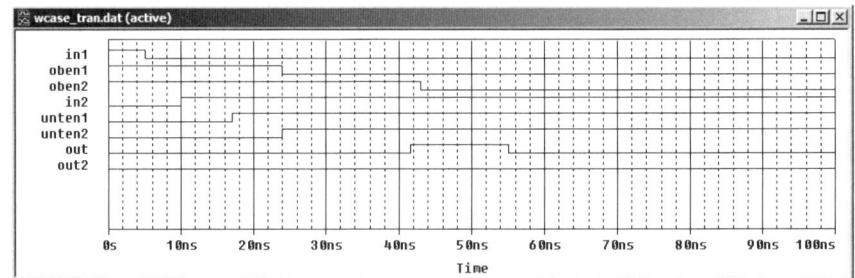

Bild 12.6: Diagramme der Schaltung von Bild 12.5. Glitchunterdrückung durch *D2B*

Bild 12.6 zeigt, dass für eine Zeitdauer von 7 ns beide Eingänge des UND-
Gliedes *D2B* gleichzeitig 1-Signal führen. Dennoch bleibt der Ausgang *out2*

von *D2B* auf *0*. PSPICE unterdrückt, so wie reale Bauteile auch, alle Signale, die kürzer als die aktuelle Laufzeit des Bauteils sind (glitch suppression). *D2B* war auf die Laufzeit *Typical* eingestellt, d.h. auf einen L-H-Wechsel reagiert der Ausgang erst nach 17,5 ns. Der 7 ns dauernde Glitch ist kürzer als die aktuelle Laufzeit und wurde folglich nicht an den Ausgang *out2* weitergegeben.

Aktion
12.4

Stellen sie *D2B* auf minimale Laufzeit (MNTYMXDLY=1). Die Laufzeit des UND-Gliedes beträgt somit 7 ns. Simulieren Sie die Schaltung und überzeugen Sie sich davon, dass der Impuls jetzt am Ausgang *out2* ankommt (Bild 12.7).

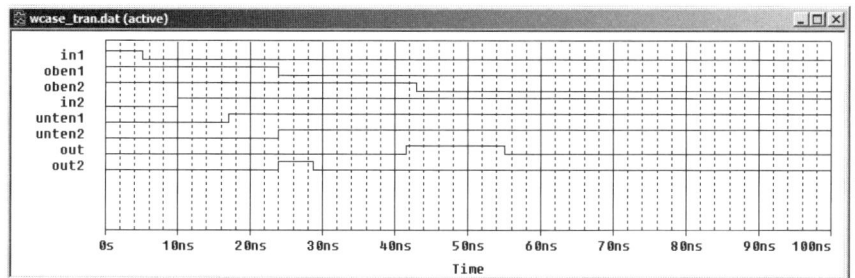

Bild 12.7: Der Überlappungsbereich der *1*-Signale an den Eingängen von *D2B* ist gerade so groß, wie die Laufzeit des UND-Gliedes. Der Impuls erreicht den Ausgang *out2*

Die oben beschriebene Störung würde nicht auftreten, wenn alle Bauteile ihre typischen Laufzeiten besäßen. Erst durch die Toleranzen der Laufzeiten entstehen die Ambiguity-Bereiche. Wenn Ambiguity-Bereiche zeitgleich an unterschiedlichen Eingängen eines Digitalbausteins zusammenkommen (converge), kann das zu den oben beschriebenen Fehlfunktionen führen. PSPICE nennt das *Ambiguity Convergence Hazard*. Dieses Buch verwendet den Begriff *Ambiguity-Konvergenz-Hazard*.

Übungen:

Klären Sie anhand der Diagramme von Bild 12.7 folgende Fragen:

• Beginnen die Impulse an *out* und *out2* um die L-H-Laufzeit des jeweiligen UND-Gliedes verzögert?

• Enden die Impulse an *out* und *out2* um die H-L-Laufzeit des jeweiligen UND-Gliedes verzögert?

12.1.2   Aufdeckung von Ambiguity-Konvergenz-Hazards

Was Sie im vorausgegangenen Abschnitt mit beachtlichem Zeitaufwand
und einiger Mühe für eine recht einfache und leicht überschaubare Schaltung herausgefunden haben, kann PSPICE schneller, ohne Mühe und auch
für Schaltungen von beeindruckendem Umfang: Die digitale Worst-Case-
Analyse von PSPICE liefert sowohl die gefährdeten Knotenpunkte als auch
die Zeitbereiche möglicher Ambiguity-Konvergenz-Hazards auf Knopfdruck.

Aktion
12.5

    ● Setzen Sie in der Schaltung von Bild 12.5 für alle Digitalbauteile die Attri-
    ● bute MNTYMXDLY auf *0*. Die Laufzeiten werden jetzt durch die Vorgabe
    ● im Setup-Fenster (Bild 11.26) festgelegt. (z.Z. TYPICAL).

Aktion
12.6

    ● Öffnen Sie aus dem Fenster SIMULATION SETTINGS heraus das Fenster OP-
    ● TIONS/GATE-LEVEL SIMULATION (Bild 12.8). Wählen Sie im Bereich TIMING MODE
    ● die Option WORST CASE (MIN/MAX) Verlassen Sie das Fenster mit OK.

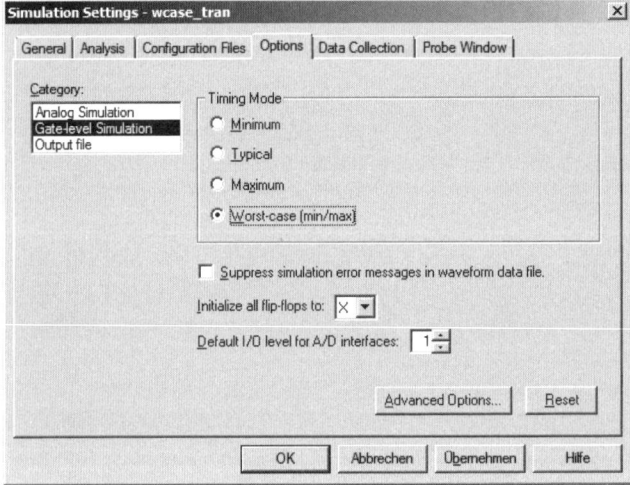

**Bild 12.8: Setup ei-
ner digitalen Worst-
Case-Analyse**

Aktion
12.7

    ● Wählen Sie unter SIMULATION SETTINGS/PROBE WINDOW die Option LAST PLOT.
    ● Simulieren Sie von 0 bis 100 ns. Nach Abschluss der Simulation öffnet
    ● sich das Fenster SIMULATION MESSAGES und bietet zwei Mitteilungen an,
    ● die während der Worst-Case-Analyse erzeugt wurden (Bild 12.9). Leh-
    ● nen Sie dieses Angebot erst einmal ab, indem Sie die Schaltfläche NEIN
    ● betätigen. Es öffnet sich ein Bildschirm entsprechend Bild 12.10:

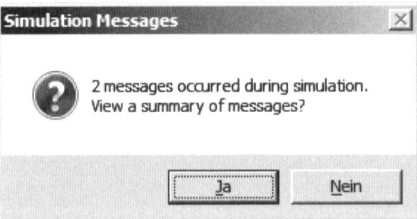

**Bild 12.9: Das Fenster SIMULATION MESSAGES
nach einer digitalen Worst-Case-Analyse**

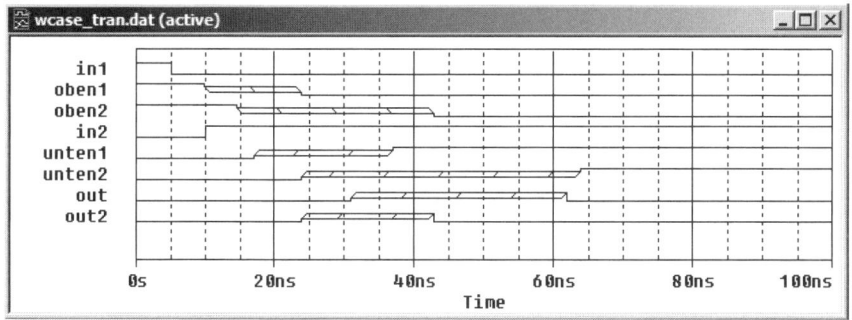

Bild 12.10: Diagramme der Schaltung von Bild 12.5 nach Abschluss einer digitalen Worst-Case-Analyse

Bild 12.10 zeigt (mit den Originalfarben) für die inneren Knoten *oben1, oben2, unten1* und *unten2* in gelber Farbe die Zeitbereiche, innerhalb derer bei Berücksichtigung der Laufzeittoleranzen mögliche Zustandswechsel erfolgen können, d.h. Timing-Ambiguity existiert. An den Knoten *oben1* und *oben2* sind in den Ambiguity-Bereichen fallende Zustandswechsel *F* (fall) von *1* nach *0* möglich. An den Knoten *unten1* und *unten2* können in den Ambiguity-Bereichen Zustandswechsel *R* (rise) von *0* nach *1* erfolgen. An den Eingängen des UND-Gliedes *D2A* überlappen sich die Ambiguity-Bereiche *F* und *R* der Knoten *oben2* und *unten2*. Am Ausgang des UND-Gliedes *D2A* tritt ein *Ambiguity-Konvergenz-Hazard* (*Ambiguity Convergence Hazard*) auf. Gleiches gilt für das UND-Glied *D2B*: Hier überlappen sich Ambiguity-Bereiche *F* und *R* der Knoten *oben1* und *unten1*. In grau (bei Wahl der Default-Farben des Probe-Fensters) sind jeweils die Bereiche der Konvergenz-Hazards gekennzeichnet. In diesen Bereichen können Glitches auftreten.

Übungen:

Klären Sie mit Hilfe der Diagramme von Bild 12.10 die folgenden Fragen:

*   Beginnt der Glitch-Bereich am Ausgang *out* um die minimale Laufzeit für einen L-H-Wechsel verzögert nach dem Zeitpunkt, an dem die Ambiguity-Konvergenz am Eingang von *D2A* beginnt?

*   Endet der Glitch-Bereich am Ausgang *out* um die maximale Laufzeit für einen H-L-Wechsel verzögert nach dem Zeitpunkt, an dem die Ambiguity-Konvergenz am Eingang von *D2A* endet?

*   Beginnt der Glitch-Bereich am Ausgang *out2* um die minimale Laufzeit für einen L-H-Wechsel verzögert nach dem Zeitpunkt, an dem die Ambiguity-Konvergenz am Eingang von *D2B* beginnt?

*   Endet der Glitch-Bereich am Ausgang *out2* um die maximale Laufzeit für einen H-L-Wechsel verzögert nach dem Zeitpunkt, an dem die Ambiguity-Konvergenz am Eingang von *D2B* endet?

12.1.3   Fehlermeldungen der digitalen Worst-Case-Analyse

Sie haben oben (Bild 12.9) die Botschaften ignoriert, die PSPICE Ihnen im Zusammenhang mit der durchgeführten Worst-Case-Analyse angeboten hat. Die sind natürlich nicht verloren:

Aktion
12.8
● Öffnen Sie aus dem Probe-Fenster heraus das Menü VIEW und wählen
● Sie darin die Option SIMULATION MESSAGES. Es öffnet sich daraufhin das
● Fenster SIMULATION MESSAGE SUMMARY (Bild 12.11).

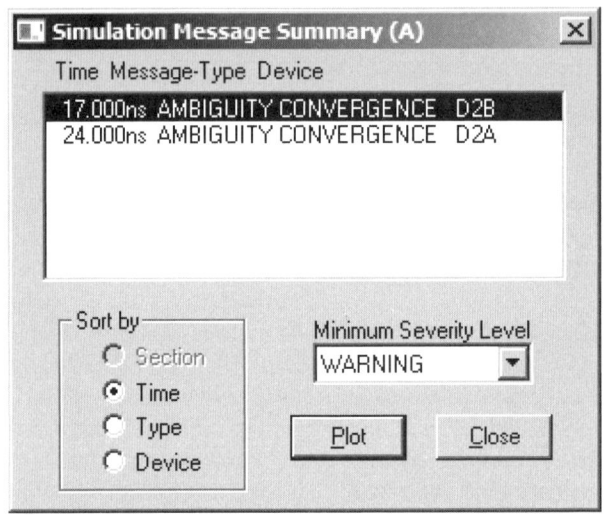

Bild 12.11: Das Fenster SIMULATION MESSAGE SUMMARY **mit der**
Ankündigung zweier Fehler

In dem Fenster werden Ihnen die beiden (Ihnen bereits bekannten) Ambiguity-Konvergenz-Hazards angekündigt, zusammen mit dem Hinweis, zu welcher Zeit sie verursacht wurden und welche Bauteile davon betroffen sind. PSPICE hat diese Fehler der Kategorie WARNING zugeordnet.

Aktion
12.9
● Sorgen Sie dafür, dass im Fenster SIMULATION MESSAGE SUMMARY der erste
● Fehler bei 17 ns markiert ist und lassen Sie sich das zugehörige Dia-
● gramm zeigen, indem Sie die Schaltfläche PLOT betätigen. Es erscheint
● ein Bildschirm entsprechend Bild 12.12.

In Bild 12.12 befindet sich eine geeignete Auswahl der Diagramme und ein passender Bildausschnitt, wodurch der Beginn der eigentlichen Ursache des Problems verdeutlicht wird: der Anfang der Überlappung der Ambiguity-Bereiche von *oben1* und *unten1* zum Zeitpunkt 17 ns sowie die Auswirkung, der Glitch am Ausgang *out2* von *D2B*.

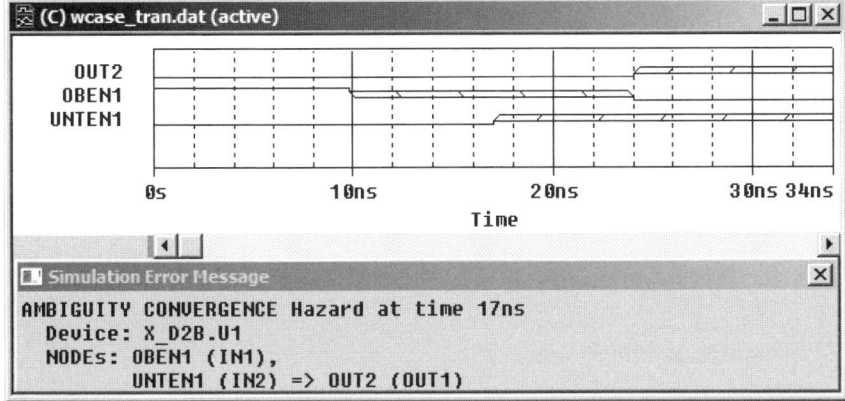

Bild 12.12: Fehlerdiagnose von PSPICE zum Ambiguity-Konvergenz-Hazard an *D2B*

Aktion
12.10

Sehen Sie sich auch noch an, was PSPICE über den Hazard an *D2A*
mitzuteilen hat (Bild 12.13):

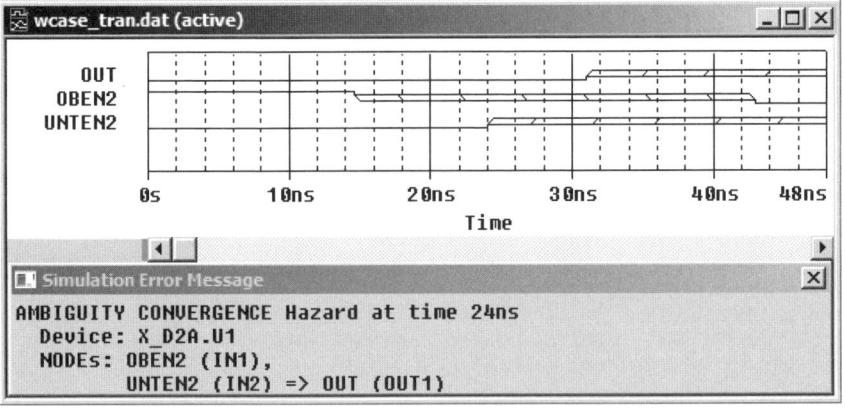

Bild 12.13: Fehlerdiagnose von PSPICE zum Ambiguity-Konvergenz-Hazard an *D2A*

Übungen:

• Vergrößern Sie den zeitlichen Abstand zwischen den Flanken der Stimulus-signale von Bild 12.5, indem Sie in *DSTIM2* bei COMMAND2 die vorhandene Zeit von 10 ns vergrößern.

• Auf welchen Wert muss die Zeit in COMMAND2 vergrößert werden, damit der Ambiguity-Konvergenz-Hazard am Ausgang *out* verschwindet?

• Auf welchen Wert muss die Zeit in COMMAND2 vergrößert werden, damit der Ambiguity-Konvergence-Hazard am Ausgang *out2* verschwindet?

12.2   Überlappen von Ambiguity: Cumulative-Ambiguity-Hazard

Aktion
12.11
● Legen Sie ein Projekt *wcase2* an und zeichnen Sie die Schaltung von
● Bild 12.14. Erzeugen Sie als Stimulus einen 50 ns langen Impuls mit
● Hilfe einer Quelle vom Typ *STIM1*. Verwenden Sie COMMANDS ent-
● sprechend Bild 12.14. Beobachten Sie durch geeignete Simulationen das
● „Schrumpfen" des Signalimpulses auf seinem Weg durch die Schaltung
● für minimale, typische und maximale Laufzeiten.

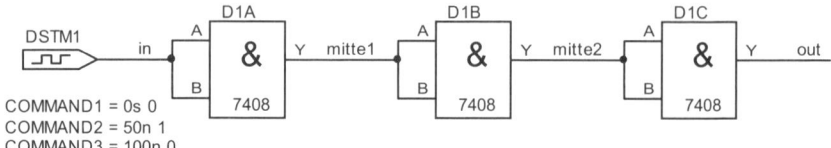

COMMAND1 = 0s 0
COMMAND2 = 50n 1
COMMAND3 = 100n 0

Bild 12.14: Testschaltung zur Untersuchung von Cumulative-Ambiguity

Aktion
12.12
● Bereiten Sie eine Worst-Case-Analyse der Schaltung über ein Zeitintervall
● von 0 bis 200 ns vor. Starten Sie die Simulation und ignorieren Sie nach
● dem Öffnen des Probe-Bildschirms erst einmal die Aufforderung, sich im
● Fenster SIMULATION MESSAGES eine Meldung anzusehen, indem Sie die
● Schaltfläche NEIN betätigen. Erzeugen Sie einen Probe-Bildschirm ent-
● sprechend Bild 12.15:

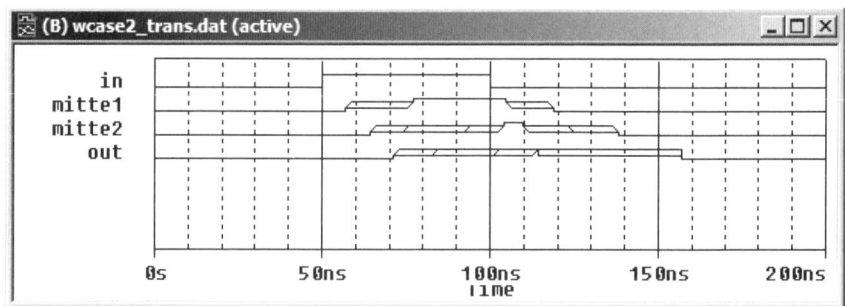

Bild 12.15: Ergebnis einer Worst-Case-Analyse der Schaltung von Bild 12.14

An jeder Station wird an den Impulsflanken zusätzliche Ambiguity ange-
sammelt (accumulate). Der Signalimpuls wird von Station zu Station schma-
ler. Nach dem dritten UND-Glied überlappen sich bei 114,4 ns die Ambiguity-Bereiche *F* und *R*, die von der ansteigenden und der abfallenden Impulsflanke ausgehen. Ein *Cumulative-Ambiguity-Hazard* ist entstanden. Als Ergebnis gelangt der Ausgang *out* in einen unbestimmten Zustand *X*, bei dem
der Signalwert unbestimmt ist, sowie der Zeitpunkt, zu dem der zweite Signal-
wechsel vor dem sicheren Ende des ersten Signalwechsels einsetzen kann.

Aktion
12.13
● Öffnen Sie jetzt (VIEW/SIMULATION MESSAGES) das Fenster SIMULATION MES-
● SAGES SUMMARY (Bild 12.16):

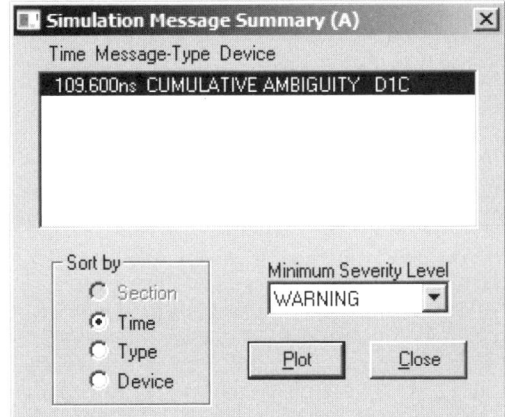

**Bild 12.16: Das Fenster SIMULATION MESSAGE SUMMARY.
Ein Cumulative-Ambiguity-Hazard wird angezeigt**

Aktion
12.14

Lassen Sie sich den zugehörigen Diagrammausschnitt anzeigen, indem
Sie die Schaltfläche PLOT betätigen. Sie erhalten Bild 12.17:

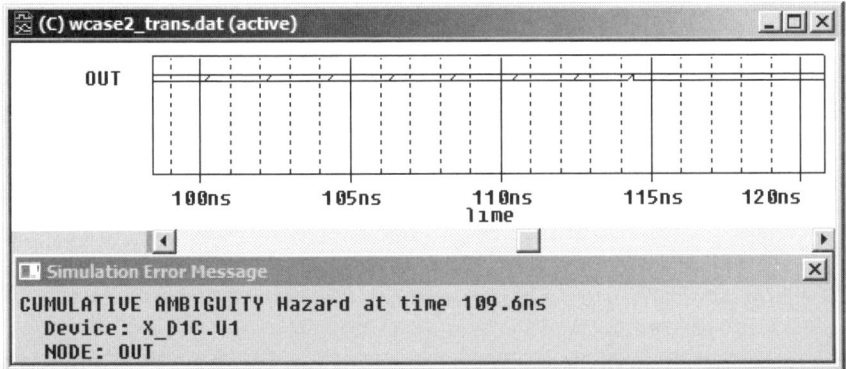

**Bild 12.17: Das von PSPICE gelieferte Diagnosefenster zur Worst-Case-Analyse der
Schaltung von Bild 12.14**

Der Cumulative-Ambiguity-Hazard tritt am Knoten *out* auf. Als Zeitpunkt
der Ursache des Hazards wird 109,6 ns angegeben. Der Ursprung der
Cumulative-Ambiguity lässt sich durch eine Darstellung des Zustands am
Knoten *mitte2* verdeutlichen:

Aktion
12.15

Stellen Sie sicher, dass das Diagnosefenster mit der Anzeige des pro-
blematischen Zeitbereichs (Bild 12.17) aktiv ist (gegebenenfalls müssen
Sie das Fenster mit der Maus anklicken, um es zu aktivieren) und öffnen
Sie dann das Fenster ADD TRACES. Wählen Sie in der Trace-Liste *mitte2*
aus und komplettieren Sie das Diagnosefenster durch das Diagramm am
Knoten *mitte2* (Bild 12.18):

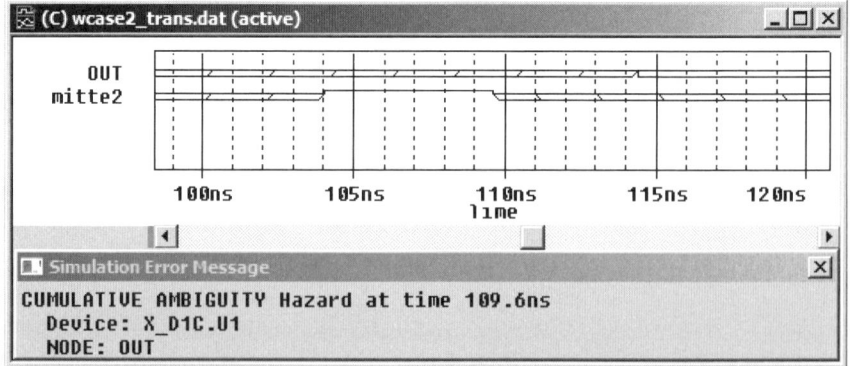

Bild 12.18: Um das Diagramm von *mitte2* ergänztes Diagnosefenster von Bild 12.17

Bild 12.18 zeigt die Entstehung des Hazards am Anfang des Ambiguity-Bereichs *F* am Knoten *mitte2* zum Zeitpunkt 109,6 ns. Frühestens 4,8 ns danach „merkt" der Ausgang *out* etwas von den widersprüchlichen Eingangssignalen. PSPICE zeigt ab 114,4 ns einen unbestimmten Zustand *X* am Ausgang *out* an. Der unbestimmte Zustand endet spätestens, wenn *der* Zustand an *mitte2* zum spätest möglichen Zeitpunkt von *1* auf *0* abfällt und wenn dieser Abfall mit der größtmöglichen Laufzeit das UND-Glied *D1C* durchlaufen hat.

Übungen:

- Berechnen Sie das Ende des unbestimmten Zustandes und vergleichen Sie Ihr Rechenergebnis mit der Aussage der Probe-Diagramme.
- Was fällt Ihnen ein, um den obigen Hazard abzustellen?

12.3   Nichteinhalten von Grenzwerten: Timing-Violations

Wenn an Eingängen von Digitalbausteinen Grenzwerte für die Dauer und die zeitliche Position anliegender Signale verletzt (violated) werden, spricht man von *Timing-Violations*. Auch als Ergebnis von Timing-Violations treten unbestimmte Zustände auf. Die digitale Worst-Case-Analyse hilft Ihnen, durch Timing-Violations verursachte Fehler in der Signalverarbeitung aufzuspüren. Die häufigsten Ursachen von Timing-Violations sind:

- Unterschreiten der Mindestzeit, die eine Date vor dem Eintreffen des Speicherimpulses anliegen muss (Setup-Violation).
- Unterschreiten der Mindestzeit, die eine Date nach dem Eintreffen des Speicherimpulses anliegen muss (Hold-Violation).
- Unterschreiten der Mindestbreite des Taktimpulses (Width-Violation).

Das folgende Beispiel macht Sie mit einigen Timing-Violations bekannt:

Aktion
12.16

Legen Sie ein Projekt *wcase3* an und zeichnen Sie die Testschaltung zur
Erzeugung von Timing-Violations (Bild 12.19). Wählen Sie Stimulussignale
nach den Vorgaben der Zeichnung. Initialisieren Sie die Flipflops des
Vierfach-D-Flipflops *74175* auf *0* (Rezept 11.6). Labeln Sie (vgl. Bild 12.19)
die interessierenden Ausgänge des *74175*:

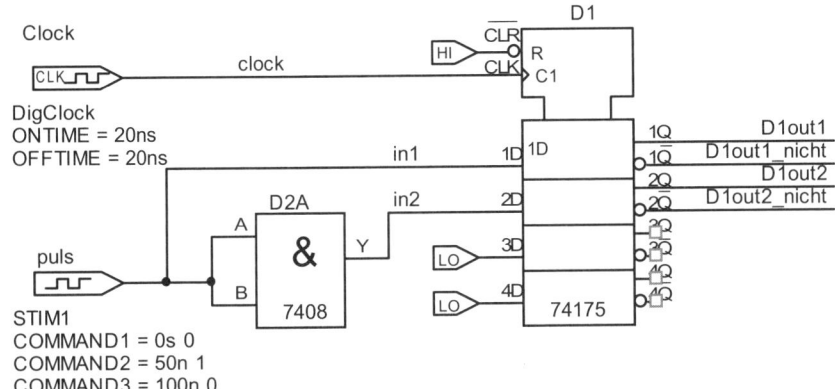

Bild 12.19: Testschaltung zur Erzeugung von Timing-Violations

Als aufmerksamer Bearbeiter der Lektion 11 fragen Sie sich vermutlich,
was die Label in der Schaltung und speziell an den Ausgängen der Flipflops sollen, denn Sie haben schließlich gelernt, dass rein digitale Knoten
keine Label zu ihrer Identifizierung benötigen. Das gilt (warum auch immer?)
nicht für die Fehlermeldungen der digitalen Worst-Case-Analyse. Da kennt
PSPICE nur seine Default-Label (z.B. *N0004*) und da Sie damit wenig an-
zufangen wissen, müssen Sie die Default-Label an denjenigen Knoten, die
Sie interessieren, mit eigenen Labels überschreiben. Das macht viel Arbeit
und die Schaltungen nicht schöner. Schade!

Damit Sie im Folgenden überprüfen können, ob PSPICE mit korrekten Laufzeiten etc. arbeitet, zeigt Ihnen Bild 12.20 einen Datenblattauszug für das
Vierfach-D-Flipflop *74175*:

	Minimum	Typical	Maximum
H-L-Wechsel	9,6 ns	24 ns	35 ns
L-H-Wechsel	8 ns	20 ns	30 ns
Hold-Time	5 ns	5 ns	5 ns
Setup-Time	20 ns	20 ns	20 ns
Width-Time	20 ns	20 ns	20 ns

Bild 12.20: Datenblattauszug zum D-Flipflop *74175*

Aktion
12.17
● Bereiten Sie eine digitale Worst-Case-Analyse im Zeitintervall von 0 bis
● 200 ns vor. Simulieren Sie die Schaltung. Lassen Sie sich nach dem
● Öffnen des Probe-Fensters nicht von dem kleinen Fenster SIMULATION
● MESSAGES und der darin verzeichneten Aussicht auf vier Fehler beein-
● drucken, sondern verweigern Sie erst einmal die Anzeige der Fehler, um
● sich einen Überblick über den gesamten Simulationsverlauf zu verschaf-
● fen. Stellen Sie einen Probe-Bildschirm entsprechend Bild 12.21 her.

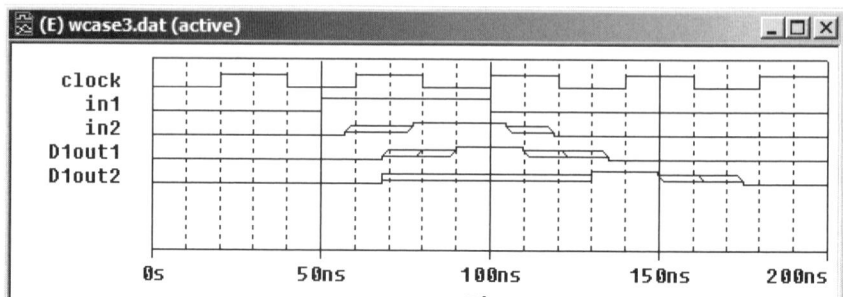

Bild 12.21: Diagramme nach der Worst-Case-Analyse der Schaltung von Bild 12.19

Das Taktsignal findet zum Zeitpunkt 60 ns am Knoten *in2* Ambiguity vor.
Folglich ist unklar, was an den Ausgang *D2out2* des D-Flipflops weitergegeben wird. Daraufhin nimmt der Ausgang nach 8 ns, d.h. der Mindestlaufzeit
für einen L-H-Wechsel (vgl. Datenblattauszug zum *74175*) einen unbestimmten Zustand an. Dieser Bereich wird durch zwei parallele graue, waagerechte Linien gekennzeichnet. Das ist ein typischer Timing-Hazard. Wo sind
die anderen drei Fehler?

Aktion
12.18
● Öffnen Sie durch Anwahl von VIEW/SIMULATION MESSAGES das Fenster SI-
● MULATION MESSAGE SUMMARY (Bild 12.22):

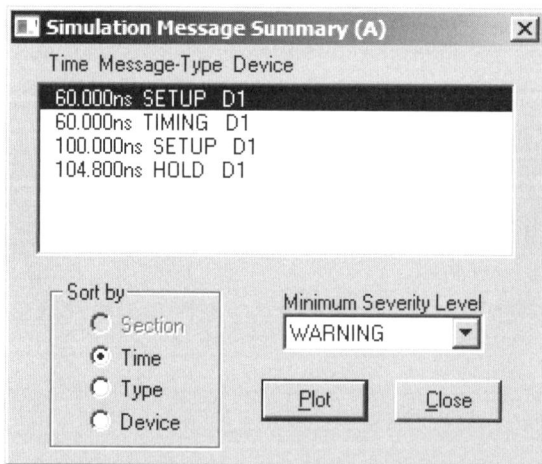

Bild 12.22: Fehlerliste zur Worst-Case-Analyse der Schaltung von Bild 12.19

Aktion
12.19

Sehen Sie sich die Liste der Fehler an. Der Timing-Hazard bei 60 ns ist
auch darunter. Darüber hinaus enthält die Liste drei Timing-Violations
der Sorten *Setup* und *Hold*.

Aktion
12.20

Markieren Sie den ersten Setup-Fehler bei 60 ns und lassen Sie sich
den zugehörigen Diagrammausschnitt anzeigen (Bild 12.23):

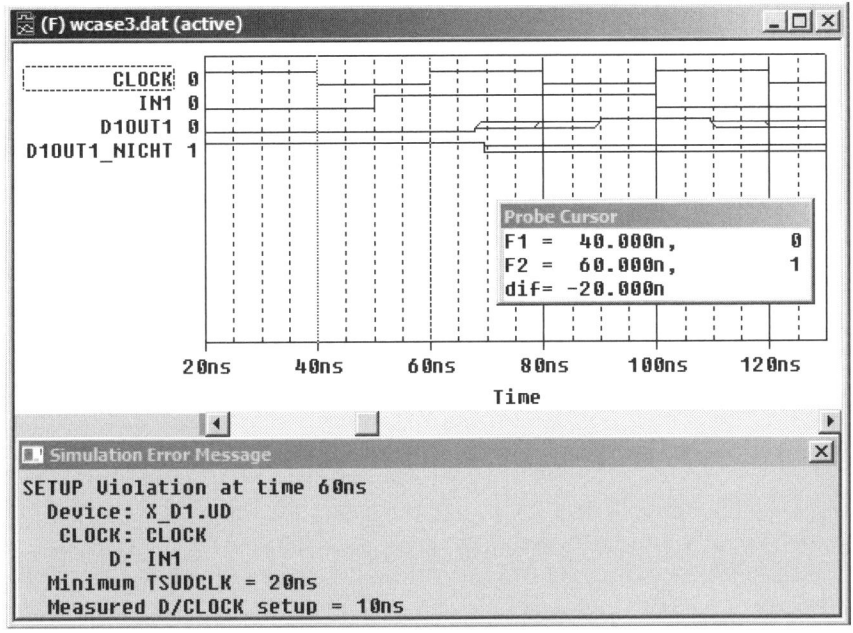

Bild 12.23: Diagnosefenster für den Setup-Fehler bei 60 ns

Zum Zeitpunkt 60 ns stellt PSPICE beim ansteigenden Clock-Impuls fest,
dass die Date am Eingang *in1* seit 10 ns anliegt. Das reicht nicht, um die
erforderliche Setup-Zeit des *74175* (20 ns) einzuhalten. Im Fehlertext wird
mitgeteilt, dass MINIMUM TSUDCLK, die **Setup-T**ime vor dem Eintreffen des
Clock-Signals nach den Datenblattvorgaben mindestens 20 ns lang sein
müsste, in Ihrer Schaltung aber MEASURED D/CLOCK SETUP nur 10 ns beträgt. Für den Fall, dass Ihnen dieser Hinweis nicht ausreicht, setzt PSPICE
Ihnen noch eine Cursor-Marke an den Anfang des bemängelten Taktes (60
ns) und an die Stelle, an der das Signal nach dem Datenblatt bereits hätte
anliegen müssen (40 ns). Die zu kurze Setup-Zeit könnte vielleicht ausge-
reicht haben, vielleicht auch nicht. PSPICE verarbeitet das Signal mit der
problematischen Setup-Zeit so, als würde alles gut gelaufen sein, d.h. es
gibt die am Eingang *in1* (zu kurz) angelegte *1* an den Ausgang *D1out1*
weiter. Allerdings wird das Diagramm in dem zweifelhaften Bereich grau
gefärbt und nicht grün, wie es sich für ein korrektes Signal gehören würde.

Aktion
12.21

Öffnen Sie erneut das Fenster SIMULATION MESSAGE SUMMARY (Aktion 12.18)
und lassen Sie sich den Hold-Fehler bei 104,8 ns anzeigen (Bild 12.24):

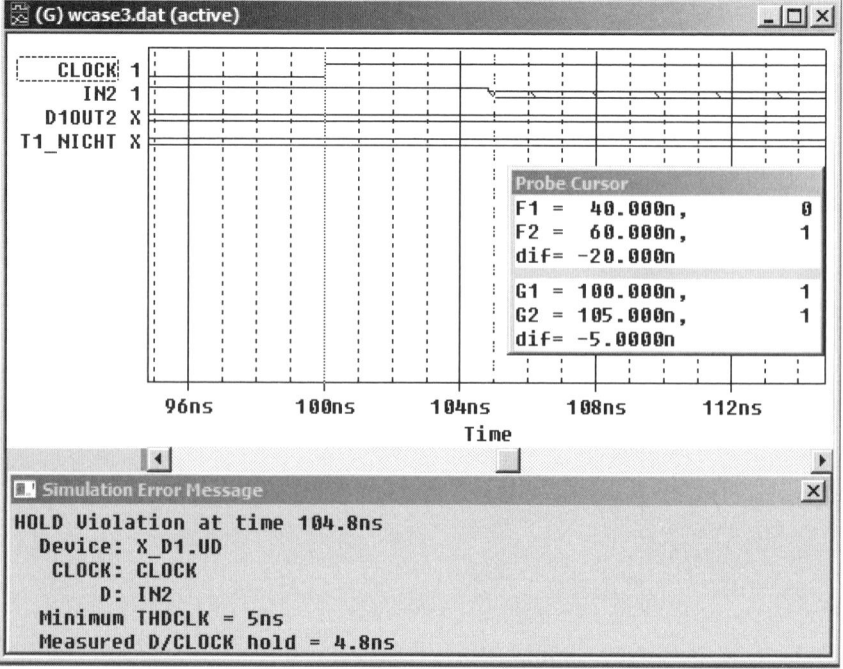

Bild 12.24: Diagnosefenster für den Hold-Fehler bei 104,8 ns

Die Taktflanke bei 100 ns findet am Dateneingang *in2* eine *1* vor. 4,8 ns
später, bei 104,8 ns, geht der Zustand an *in2* in einen Ambiguity-Bereich *F*
über. Die Fehlermeldung weist Sie darauf hin, dass die gemessene Hold-
Time von 4,8 ns (MEASURED D/CLOCK HOLD=4.8ns) zu kurz für den verwendeten Baustein ist. Als Mindest-**H**old-**T**ime des **D**ateneingangs nach dem
Auftreten des **Cl**ock-Signals (MINIMUM THDCLK) sind 5 ns erforderlich. Für
alle Fälle werden Ihnen noch zwei Cursor-Marken gesetzt, und zwar an
den Beginn des Taktimpulses (100 ns) und an den frühesten Zeitpunkt, zu
dem im Anschluss an den Takt ein Wechsel des Eingangssignals bei *in2*
zulässig ist (105 ns). In Bild 12.24 sehen Sie u.U. mehrere Cursor-Fenster.
Zuständig ist dasjenige Cursor-Fenster, dessen Kennbuchstabe mit dem
Kennbuchstaben in der Titelleiste des interessierenden Probe-Fensters übereinstimmt. In Bild 12.24 wäre das der Kennbuchstabe G.

Aktion
12.22
● Lassen Sie zum Abschluss noch den Setup-Fehler bei 100 ns anzeigen
● (Bild 12.25).

Der Takt zum Zeitpunkt 100 ns „sieht" am Eingang *in1* eine *0*, aber die liegt
dort erst seit 0 ns an, denn bei 100 ns findet gerade ein Zustandswechsel
am Eingang *in1* statt. PSPICE teilt Ihnen dazu mit, dass der verwendete
Baustein *74175* mindestens 20 ns als **S**etup-**T**ime nach dem Eintreffen des
Clock-Impulses (TSUDCLK) benötigt. Zwei Marker zu den Zeiten 100 ns
und 80 ns zeigen Ihnen wieder die Problemstelle (100 ns) und den Zeitpunkt (80 ns), zu dem die Date bei *in1* hätte anliegen müssen, damit der
Baustein korrekt arbeitet.

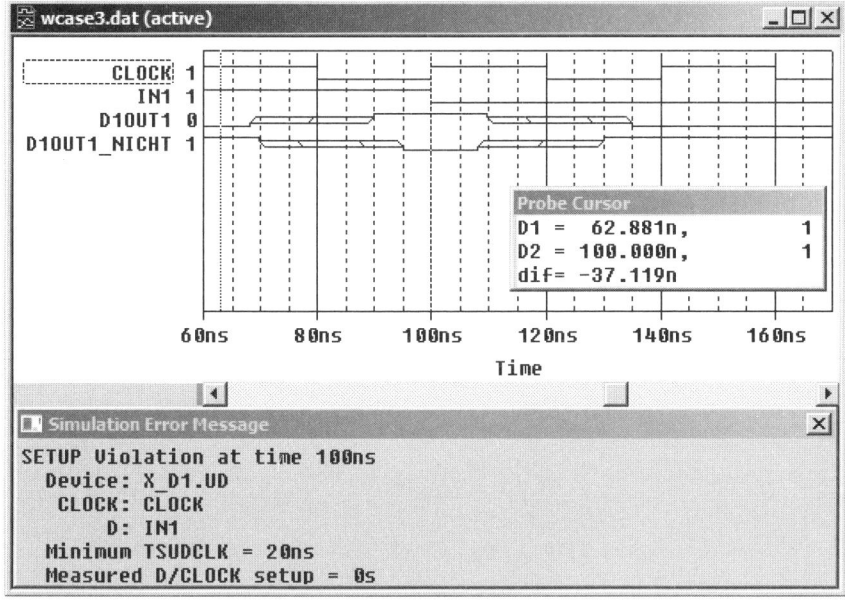

Bild 12.25: Diagnosefenster zum Setup-Fehler bei 100 ns

Der Hazard von Dauer: Persistent-Hazard   12.4

Nicht alle Hazards und Violations sind für eine Schaltung bedeutsam. Manche Meldungen der digitalen Worst-Case-Analyse wird der Entwickler ignorieren. In vielen Schaltungen wird es ihm z.B. egal sein, ob ein Signal wegen einer nicht ganz ausreichenden Setup-Zeit beim ersten ankommenden Takt mit Sicherheit in den Speicher übernommen wird, wenn gewährleistet ist, dass die Speicherung dann beim nächsten Takt geschieht. Welche der von PSPICE ermittelten Fehler Konsequenzen für den Schaltungsentwurf haben müssen und welche nicht, muss der Entwickler in jedem einzelnen Fall entscheiden. Diese Arbeit kann PSPICE ihm nicht abnehmen.

Zwei Sorten von Fehlern behandelt PSPICE trotz aller Subjektivität der Fehlereinschätzung als besonders bedeutsam: wenn zweifelhafte Zustände dauerhaft (persistent) in einen Speicher geschrieben werden oder wenn zweifelhafte Zustände an einen externen Ausgangsport der Schaltung gelangen. Diese Fehler heißen Persistent-Hazards. An einem Beispiel werden Sie im Folgenden einen Persistent-Hazards untersuchen.

Aktion
12.23

Legen Sie ein Projekt *wcase4*, basierend auf *wcase3.opj* an. Ergänzen Sie die Schaltung von Bild 12.19 durch ein weiteres 4-Bit-D-Flipflop vom Typ *74175* und setzen Sie die erforderlichen Labels (Bild 12.26). Initialisieren Sie im Fenster SIMULATION SETTINGS/OPTIONS die Flipflops auf *0* und wählen Sie WORST CASE. Simulieren Sie die Schaltung zwischen 0 und 150 ns. Nach Abschluss der Simulation erscheint automatisch das Fenster SIMULATION MESSAGES. Schließen Sie das Fenster vorläufig und erzeugen Sie einen Bildschirm mit den Diagrammen von Bild 12.27.

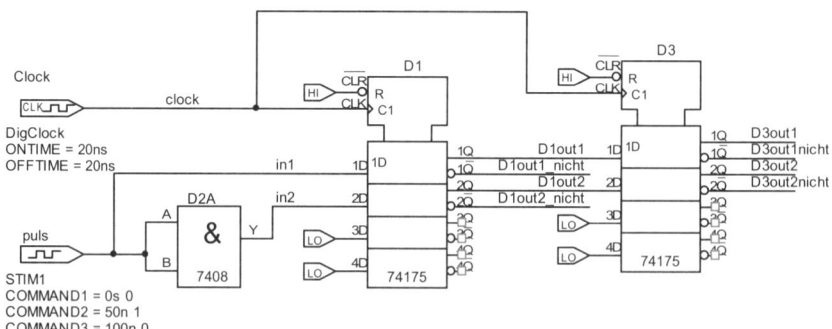

Bild 12.26: Testschaltung zur Erzeugung eines Persistent-Hazards

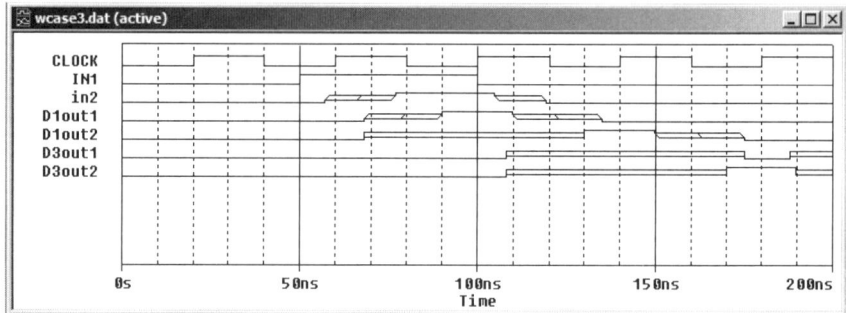

Bild 12.27: Ergebnisdiagramme der Worst-Case-Analyse der Schaltung von Bild 12.26

Aus den Diagrammen von Bild 12.27 erkennen Sie zu den Zeitpunkten der positiven Taktflanken bei 60 ns und 100 ns auch ohne die Hinweise von PSPICE mehrere Hazards und Violations. Diese Fehler sollen Sie hier nicht weiter untersuchen, denn in diesem Abschnitt geht es um die Erkundung eines Persistent-Hazard:

Aktion
12.24

● Öffnen Sie durch Anwahl von VIEW/SIMULATION MESSAGES das Fenster SI-
● MULATION MESSAGE SUMMARY (Bild 12.28):

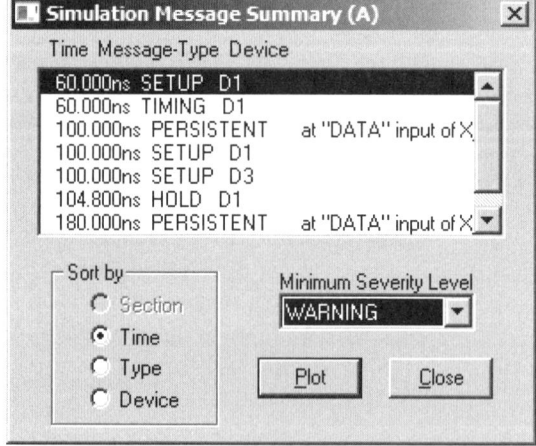

**Bild 12.28: Fehlerliste nach ei-
ner Worst-Case-Analyse der
Schaltung von Bild 12.27**

Die Analyse hat neben diversen Timing-Violations und einem Timing-Hazard auch zwei Persistent-Hazards der Kategorie SERIOUS aufgedeckt.

Aktion
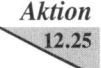
12.25

Fordern Sie das Diagnosematerial zum Persistent-Hazard bei 100 ns an, indem Sie PERSISTENT markieren und die Schaltfläche PLOT betätigen. Es öffnet sich das zugehörige Diagnose-Fenster (Bild 12.29):

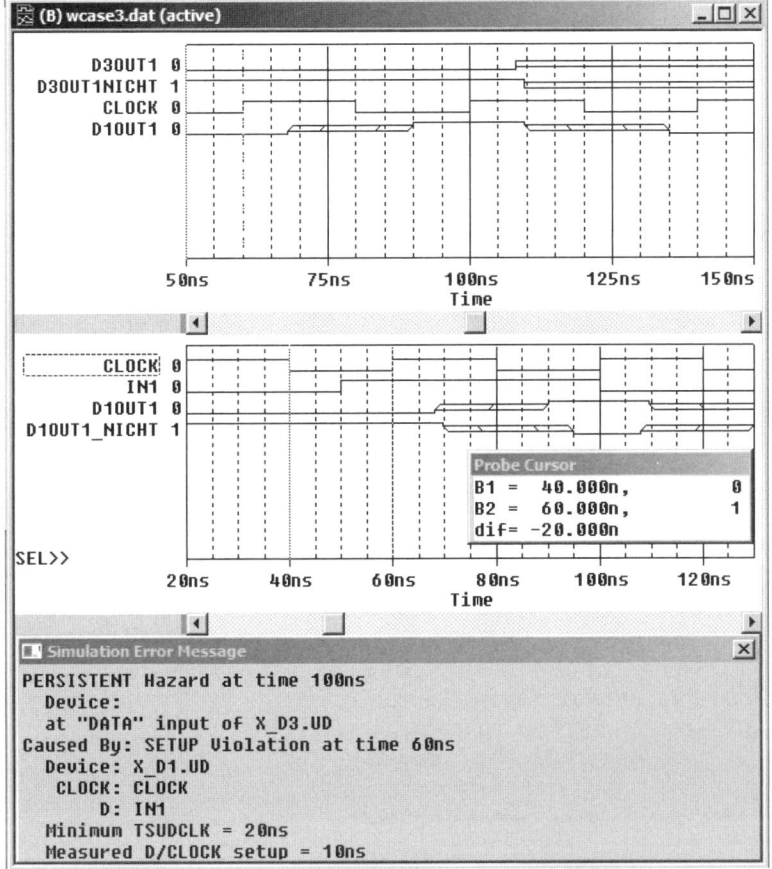

Bild 12.29: Diagnose-Fenster zum Persistent-Hazard bei 100 ns

Die Diagnose-Fenster für Persistent-Hazards sind sowohl im Diagramm- als auch im Textteil zweigeteilt. Sie enthalten Text- und Bild-Informationen über die (oftmals weit zurückliegende) Ursache und über das (oftmals sehr viel spätere) Auftreten der Persistent-Hazards.

Der in Bild 12.29 dokumentierte Persistent-Hazard ist durch die Setup-Violation bei 60 ns entstanden, bei der die vorgeschriebene Setup-Zeit des Signals an *in1* unterschritten wurde. Es war folglich ungewiss, ob die *1*, die zum Taktzeitpunkt 60 ns bei *in1* geführt wurde, wirklich in den Speicher geschrieben wurde. PSPICE setzte zwar den Ausgang auf *1*, merkte sich aber das Problem und bemängelt es jetzt, wo (mit dem Takt bei 100 ns) diese zweifelhafte *1* an den Ausgang des D-Flipflops *D3out1* weitergegeben werden soll.

Interessant ist an dieser Stelle auch die Verarbeitung des Signals *in2*. Die ansteigende Flanke des Taktsignals bei 60 ns liegt in einem Ambiguity-Bereich *R* des Eingangssignals *in2*. Infolgedessen wird u.U. die erforderliche Setupzeit nicht eingehalten und es ist unsicher, ob der Signalwert 1 vom Flipflop *D2* übernommen wird. Am Ausgang *D2out2* tritt deshalb ein unbestimmter Zustand *X* auf, der durch zwei graue parallele Linien gekennzeichnet ist. Mit der nächsten positiven Taktflanke bei 100 ns wird dieser unbestimmte Zustand von dem nächsten Flipflop (*D3*) übernommen, so dass dessen Ausgangssignal mit Sicherheit mehrdeutig ist. Dieses Signal wird auch als Zustand *X* bezeichnet, allerdings durch zwei rote parallele Linien gekennzeichnet.

Kochbuch

Rezept
12.1

Laufzeit-Grenzwerte einstellen _____

1. Öffnen Sie durch Anwählen von SI-MULATION SETTINGS/OPTIONS/GATE-LEVEL SIMULATION das Fenster von Bild 11.26.
2. Wählen Sie unter TIMING MODE für die Laufzeiten MINIMUM, TYPICAL oder MAXIMUM. Eine digitale Worst-Case-Analyse bereiten Sie durch Anwahl von WORST CASE vor.
3. Unter 2. haben Sie den Vorgabe-(Default-)wert für die Laufzeiten sämtlicher Digitalbausteine einge-

stellt. Diese Vorgabe können Sie im Attributmenü mit Hilfe des Attributs MNTYMXDLY für das betreffende Bauteil überschreiben. Die zulässigen Attributwerte finden Sie in Bild 11.33. Sie können auch im Rahmen einer Worst-Case-Analyse einzelne Laufzeiten mit Hilfe des Attributs MNTYMXDLY festhalten

(Aktionen 11.27 und 11.28)

Rezept
12.2

Eine digitale Worst-Case-Analyse durchführen _____

1. Bereiten Sie eine Transienten-Analyse vor.
2. Wählen Sie unter TIMING MODE (Bild 11.26) die Option WORST CASE (MIN/MAX).

1. Starten Sie die Tansienten-Analyse.
2. Werten Sie mögliche Meldungen mit Hilfe der dazu gelieferten Diagnose-Diagramme aus.

(Aktionen 12.5 und 12.6)

Teil 3:

Einblicke, Anwendungen, Aussichten

Dem Fleischergesellen eröffneten sich neue
und immer neuere, so nie geahnte Wunder.
Günther Rücker. Olympischer Sommer.

Bevor Sie mit Teil 3 beginnen:

Dieser Teil des Buches dient nicht dazu, Ihnen neue Simulationstechniken zu vermitteln, sondern er bietet:

Einblicke

- indem an einem ausführlichen Beispiel die Genauigkeit der Simulation untersucht wird. Dazu werden Messungen an einem Verstärker mit den entsprechenden Simulationsergebnissen verglichen.
- indem deutlich gemacht wird, wo Nutzer der Demoversion an die Grenzen ihrer Software stoßen, und wobei Wege aufgezeigt werden, wie man sich dann u.U. behelfen kann.

Anwendungen

- mit denen an einigen Beispielen aus Analog- Digital- und Regelungstechnik gezeigt wird, welche Möglichkeiten PSPICE Ihnen über die bisherigen Lernbeispiele hinaus bietet.

Ausblicke

- auf Möglichkeiten, den Funktionsumfang von PSPICE durch das Einbinden neuer Bauteile zu erweitern. Im Gegensatz zur Vollversion mit weit über 10000 Elementen, besitzt die Demoversion nur relativ wenige Bauteile. Das Teil, das man für eine Simulation gerade benötigt, ist meistens nicht vorhanden. Dem kann man abhelfen: PSPICE-Modelle kann man von vielen Halbleiterherstellern über das Internet beziehen und auch die Demoversion lässt die Einbindung zusätzlicher Bauteile zu. Neben den Bibliotheken, die Sie in den vorausgegangenen Teilen dieses Buches genutzt haben, gibt es die Bibliotheken *discretes2005.olb* und *discrertes2005.lib*. Diese Bibliotheken wurden speziell für dieses Buch erstellt. Sie ermöglichen es, auf sehr einfache Weise Modelle in PSPICE einzubinden, die über das Internet gewonnen wurden. Darüber wird sich der Nutzer der PSPICE-Demoversion natürlich besonders freuen, aber auch der Nutzer einer PSPICE-Vollversion wird irgendwann ein Bauteil verwenden wollen, das in seiner PSPICE-Version (noch) nicht vorhanden ist, für das er aber ein Modell im Internet gefunden hat. Dann freut auch er sich über *discretes2005.olb* und -*.lib*[1].

---

1) Es gibt noch zwei weitere Bibliotheken, in denen sich hauptsächlich Bauteile befinden, die speziell für dieses Buch entwickelt wurden: Die Bibliotheken *misc.olb* und *sample.lib*. Diese Bibliotheken haben Sie in den vorausgegangenen Teilen des Buches bereits ausführlich verwendet. *Misc.olb* und *sample.lib* wurden entwickelt, um dieses Buch möglichst umfassend und auch möglichst von Anfang an parallel zu einer Lehrveranstaltung zum Thema Elektrotechnik nutzen zu können.

SIMULATION UND MESSUNG

13
Kapitel

Diesem Kapitel[1] liegt die MOSFET-Endstufe von *Elektor* aus Heft 12/93 zugrunde (Bild 13.2). Diese Endstufe mit zwei komplementären selbstsperrenden MOSFET[2] hat sich viele Male bewährt und besitzt alles, was von einer Hi-Fi-Endstufe der Oberklasse erwartet werden kann. Die wichtigsten Messergebnisse aus *Elektor* 12/93 zeigt Bild 13.1:

3-dB-Leistungsbandbreite bei 35 W/8 Ω:	1,5 Hz...125 kHz
Anstiegsgeschwindigkeit mit Eingangsfilter:	20 V/µs
Signal/Rausch-Verhältnis (bei 1 W/8 Ω):	> 99 dBA
Harmonische Verzerrungen (bei 60 W/1 kHz/8 Ω):	< 0,005 %

Bild 13.1: Messdaten der MOSFET-Endstufe aus *Elektor* 12/93

In diesem Kapitel werden die Daten von Bild 13.1 durch Simulationen[3] erhoben und mit den Ergebnissen der Messung verglichen[4].

Leistungsbandbreite   13.1

Zuerst wird nach den Vorgaben von *Elektor* die 3-dB-Leistungsbandbreite bei 35 W Ausgangsleistung und R_{Last} = 8 Ω durch Simulation bestimmt.

Der Begriff 3-dB-Leistungsbandbreite ist manchem Elektroniker nicht vertraut. Es handelt sich dabei um nichts anderes, als um die allen Elektronikern bestens bekannte „normale" Bandbreite, an deren Grenzen die Ausgangsspannung auf 70,7 % abgesunken ist. Der Unterschied besteht nur darin, dass 3 dB Spannungsabfall einem Abfall der Spannung auf 70,7 % des Maximalwertes entspricht, wärend 3 dB Leistungsabfall einen Abfall der Leistung auf 50 % ihres Maximalwertes bedeutet. Wegen des bekannten quadratischen Zusammenhangs zwischen Spannung und Leistung ist bei einem gegebenen Widerstand die Leistung genau dann auf 50 % abgesunken, wenn die Spannung auf 70,7 % abgesunken ist.

Die Bandbreite wurde von *Elektor* bei einer Leistung von 35 W gemessen. 35 W Ausgangsleistung werden an einem Lastwiderstand von 8 Ω dann umgesetzt, wenn der Effektivwert der Ausgangsspannung 16,7 V beträgt. Das entspricht einer Amplitude von 23,7 V. Dazu ist bei der MOSFET-Endstufe eine Eingangsspannungsamplitude von 0,982 V erforderlich. Bild 13.3 zeigt den Amplitudengang der Spannung.

1) Die Abschnitte dieses Buches heißen jetzt nicht mehr Lektionen, wie in den beiden vorangegangenen (Lehrgangs-)Teilen des Buches, sondern Kapitel. Die Nummerierung der Kapitel schließt sich an die Nummerierung der vorangegangenen 12 Lektionen an. Das vorliegende Kapitel ist somit Kapitel 13.

2) Ihre hervorragenden Eigenschaften erhalten diese MOSFET durch einen internen hexagonalen Aufbau. Daher rührt der Name HEXFET, den der Hersteller INTERNATIONAL RECTIFIER für diese Transistoren verwendet.

3) Die PSPICE-Demoversion ist von der Schaltung überfordert. Die Simulationen erfolgten mit der Vollversion.

4) Die Gegenüberstellung der Messdaten mit den Simulationsergebnissen finden Sie in Bild 13.8.

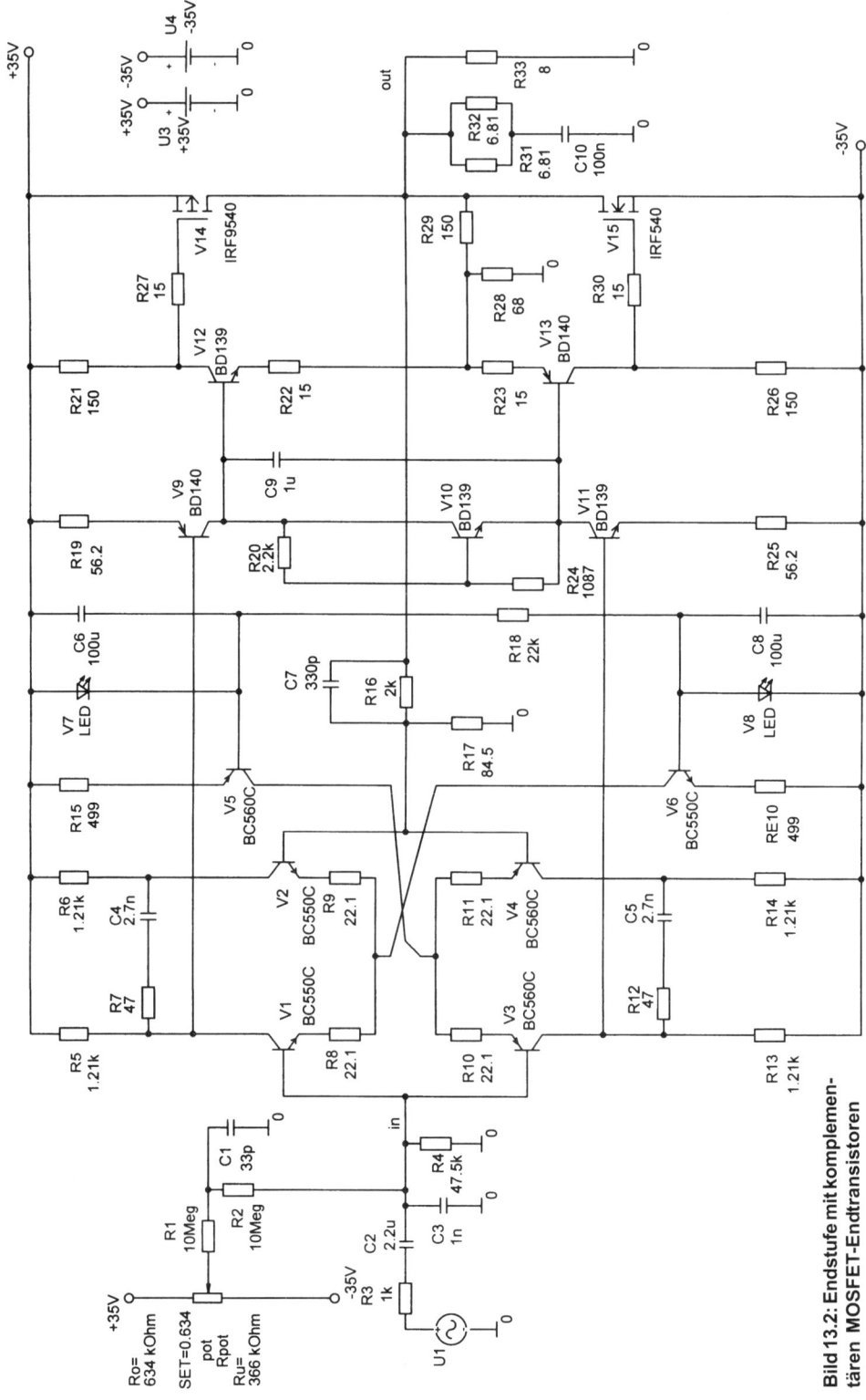

Bild 13.2: Endstufe mit komplemen-tären MOSFET-Endtransistoren

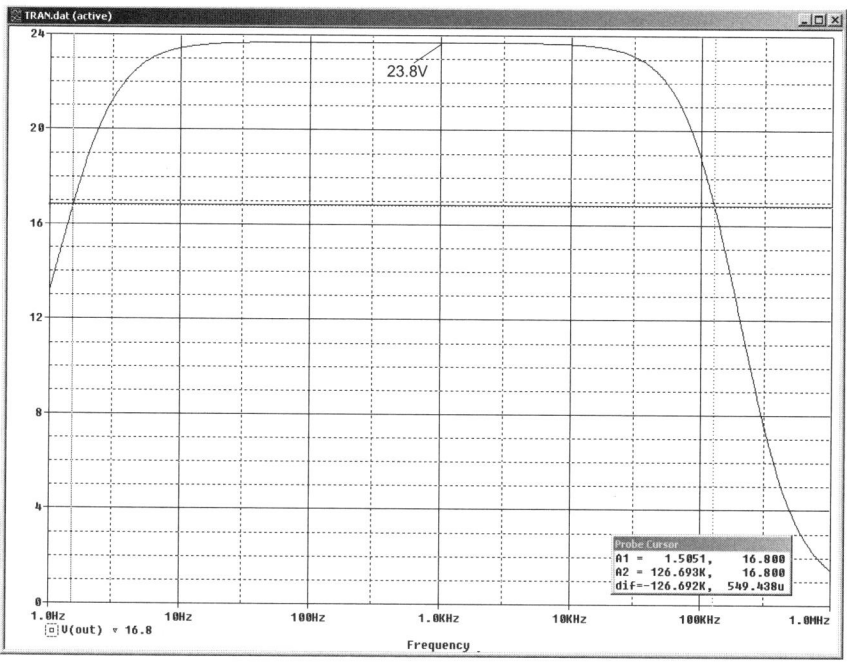

Bild 13.3: Amplitudengang der Ausgangsspannung des MOSFET-Verstärkers. Die untere Grenzfrequenz liegt bei f_{gu} = 1,5 Hz, die obere Grenzfrequenz bei f_{go} = 127 kHz

Die Simulation ergibt eine Leistungsbandbreite von 1,5 Hz bis 127 kHz.

Anstiegsgeschwindigkeit   13.2

Die Anstiegsgeschwindigkeit v_a eines Verstärkers (slew rate) wird aus der Zeit t_a bestimmt, die der Verstärker benötigt, um die Ausgangsspannung um den Wert Δu_a im Bereich zwischen 10 % und 90 % des maximal unverzerrt aussteuerbaren Spannungsbereichs zu verändern. Die Anstiegsgeschwindigkeit errechnet sich nach der Beziehung $v_a = \Delta u_a / t_a$. Ohne merkliche Verzerrungen lässt sich die MOSFET-Endstufe mit Amplituden der Eingangsspannung bis zu 1,44 V aussteuern.

Bei der Simulation des Anstiegsverhaltens geschieht die Ansteuerung des Verstärkers mit einer in diesem Buch bisher noch nicht verwendeten Spannungsquelle *VPWL* (**V**oltage Source **P**iecewise **L**inear). *VPWL* befindet sich wie alle übrigen Spannungsquellen in der Bibliothek *e_source.olb*. Bei der Spannungsquelle *VPWL* kann man den zeitlichen Verlauf der Spannung durch eine Folge von Zeit-Spannungs-Wertepaaren vorgeben, die von PSPICE linear verbunden werden (Bild 13.4).

Für die Simulation des Anstiegsverhaltens der Ausgangsspannung erhält *VPWL* einen Verlauf, der durch die folgenden Zeit-Spannungs-Wertepaare festgelegt ist: 0s/0V; 1ns/1.44V; 7us/1.44V; 7.001us/-1.44V; 17us/-1.44V; 17.001us/1.44V; 21us/1.44V

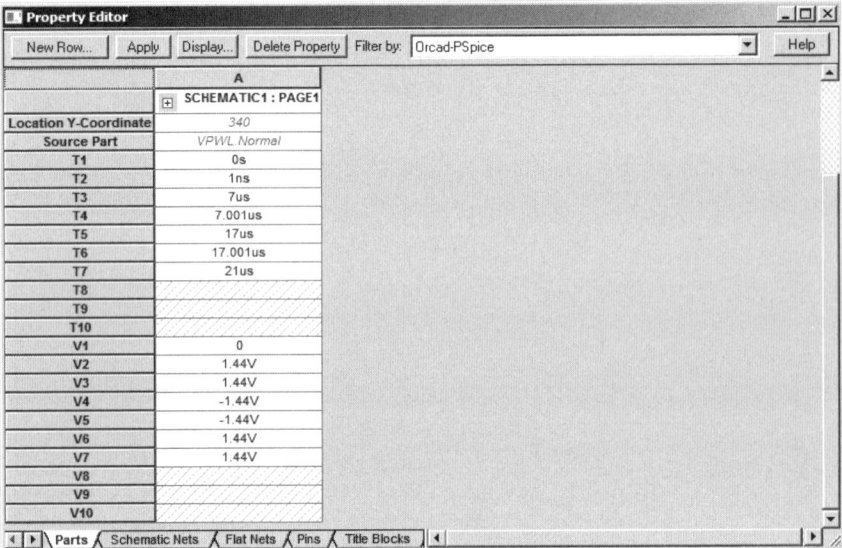

Bild 13.4: Der Property-Editor der Spannungsquelle *VPWL* mit Wertepaaren zur Festlegung der Eingangsspannung des MOSFET-Verstärkers

Nach einer Transienten-Analyse erhält man das Diagramm von Bild 13.5.

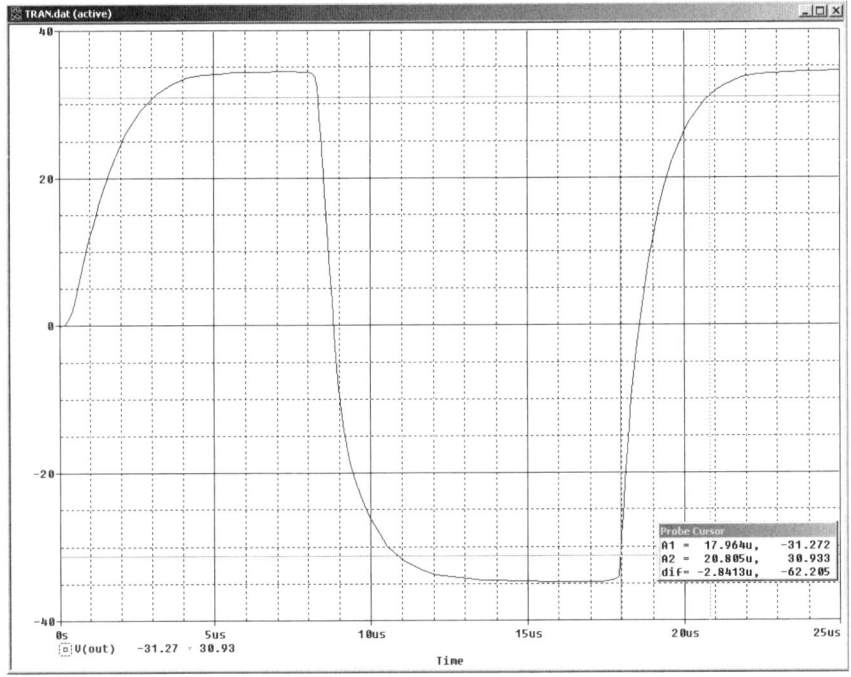

Bild 13.5: Der Anstieg der Ausgangsspannung bei R_{Last} = 8 Ω als Folge einer rechteckförmigen Eingangs-Wechselspannung mit einer Amplitude von 1,44 V

Die Anstiegsgeschwindigkeit der Ausgangsspannung beträgt (30,933 V + 31,272 V) / (20,805 µs −17,964 µs) = 21,9 V/µs.

Als nächstes soll der Rauschabstand bei 1 W Ausgangsleistung an 8 Ω bestimmt werden. Dazu muss die Amplitude der Ausgangsspannung 4 V betragen. Das entspricht einer Eingangsamplitude von ca. 0,165 V.

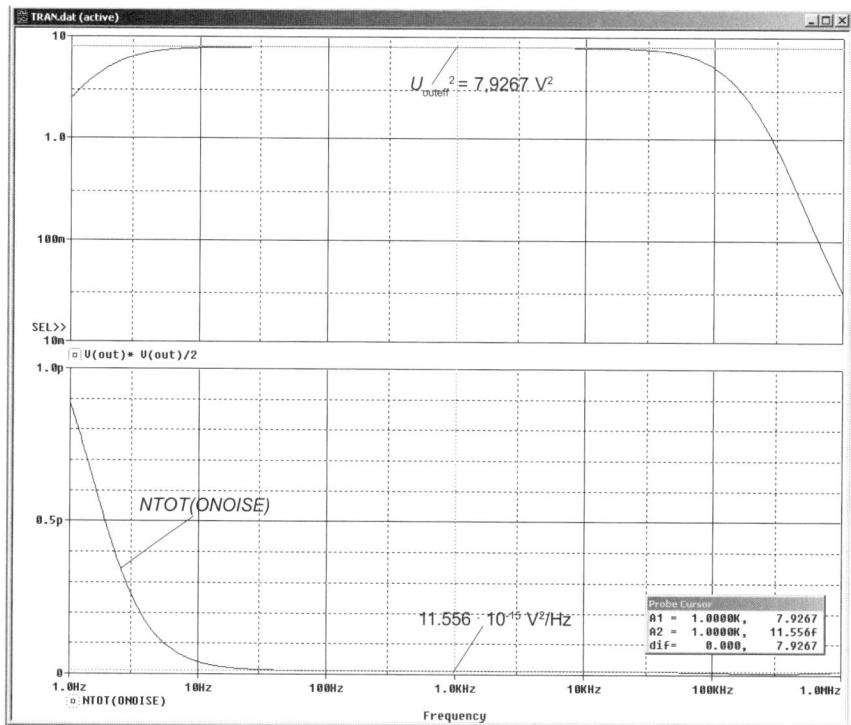

Bild 13.6: Frequenzgang zum Quadrat des Effektivwerts der Ausgangsspannung *V(out)* sowie der spektralen Rauschleistungsdichte *NTOT(ONOISE)* der MOSFET-Endstufe von Bild 13.2. Cursor-Koordinaten für *f* = 1 kHz

Der Rauschabstand errechnet sich nach der Formel:

$$A_n = 10 \cdot \log \left[U_{outeff}{}^2 / NTOT(ONOISE) \cdot B \right]$$

Diese Formel gilt unter der Bedingung, dass *NTOT(ONOISE)* im hörbaren Frequenzband *B* konstant ist. Dies ist (vgl. Bild 13.6) für den vorliegenden Verstärker recht gut gegeben. Um ganz korrekt zu sein, müsste man *NTOT(ONOISE)* über der hörbaren Bandbreite integrieren.

In der Formel für den Rauschabstand ist *NTOT(ONOISE)* die spektrale Rauschleistungsdichte am Ausgang der Schaltung und *B* die interessierende Bandbreite des Rauschens, d.h. der hörbare Frequenzbereich. Mit der Bandbreite *B* = 20 kHz und der spektralen Rauschleistungsdichte *NTOT(ONOISE)* = 11,556 $\cdot$ 10^{-15} V²/Hz (Bild 13.6) sowie dem Quadrat des Effektivwerts der Ausgangsspannung $U_{aeff}{}^2$ = 7,9267 V² (Bild 13.6) ergibt sich für den Verstärker ein Rauschabstand von ca. 105 dB.

13.4 Harmonische Verzerrungen

Die harmonischen Verzerrungen wurden von *Elektor* für eine abgegebene Leistung von 60 W ermittelt. Bei R_{Last} = 8 Ω erfordert das eine Amplitude der Ausgangsspannung von ca. 31 V. Dafür muss die Amplitude der Eingangsspannung ca. 1,3 V betragen. Eine Fourier-Analyse für *V(out)* bei einer Eingangsspannung mit VAMPL = 1.3V und FREQU = 1kHz ergibt mit Run to time = 4ms und Maximum Step Size = 1us[1] das Ergebnis von Bild 13.7.

HARMONIC NO	FREQUENCY (HZ)	FOURIER COMPONENT	NORMALIZED COMPONENT	PHASE (DEG)	NORMALIZED PHASE (DEG)
1	1.000E+03	3.137E+01	1.000E+00	-5.020E-01	0.000E+00
2	2.000E+03	1.643E-04	5.238E-06	1.055E+02	1.065E+02
3	3.000E+03	5.189E-04	1.654E-05	1.708E+02	1.723E+02
4	4.000E+03	1.785E-04	5.689E-06	-8.103E+01	-7.902E+01

TOTAL HARMONIC DISTORTION = 1.825867E-03 PERCENT

Bild 13.7: Harmonische Verzerrungen der MOSFET-Endstufe bei einer Ausgangsleistung von 60 W

Eine Gegenüberstellung der von *Elektor* ermittelten Messwerte (Bild 13.1)[2] mit den entsprechenden Simulationsergebnissen zeigt Bild 13.8. Die Übereinstimmung der Ergebnisse von Simulation und Messung ist nicht perfekt, aber dennoch sehr beeindruckend. Oder?

	Gemessen	Simuliert
Leistungsbandbreite, gemessen bei 35 W/8 Ω (Abfall der Leistung um 3 dB):	1,5 Hz bis 125 kHz	1,5 Hz bis 127 kHz
Anstiegsgeschwindigkeit	20 V/µs	21,9 V/µs
Signal/Rausch-Verhältnis, gemessen bei 1 W/8 Ω):	>99 dBA	105 dB
Harmonische Verzerrungen, gemessen bei 60 W/1 kHz/8 Ω):	0,003 %[2]	0,002 %

Bild 13.8: Gegenüberstellung von Mess- und Simulationsergebnissen der Endstufe

1) Die Genauigkeit der Bestimmung der Fourier-Komponenten ist abhängig von der Höhe der Werte von Maximum Step Size und von Print values in the output file every. Grundsätzlich gilt, dass die Berechnungen genauer werden, wenn beiden Attribute kleiner werden (vgl. die Ausführungen auf S. 223).

2) Die im Jahre 1993 von Elektor verwendeten Messgeräte waren offensichtlich bei der Messung des für damalige Verhältnisse extrem guten Klirrfaktors überfordert. Deshalb konnte damals (s. Bild 13.1) nur die unpräzise Angabe *harmonische Verzerrungen < 0,005* % gemacht werden. Heute gibt es empfindlichere Geräte. Deshalb wurde die Angabe für die harmonischen Verzerrungen in einer späteren Ausgabe von *Elektor* präzisiert (s.Bild 13.8).

ANALOGTECHNIK

In diesem Kapitel werden einige Schaltungen der Leistungselektronik und der Kommunikationselektronik untersucht. Sie lernen dabei nicht nur neue Anwendungen der Simulation kennen, sondern auch neue Bauteile. Vermutlich bringt Sie das auf Ideen für interessante eigene Untersuchungen.

Gesteuerte Thyristorbrücken 14.1

Der gesteuerte Gleichrichter *B2H* 14.1.1

Im folgenden Beispiel wird eine halbgesteuerteThyristorbrücke *B2H* an einem Transformator[1] betrieben (Bild 14.1). Leider lässt die PSPICE-Demoversion nur den Einsatz von zwei Subcircuits zu. Damit wäre die Schaltung mit den Original-Bauteilen der Demoversion nicht realisierbar, denn sowohl der Trafo als auch die Original-Thyristoren der Demoversion sind als Subcircuits realisiert. Die Schaltung von Bild 14.1 verwendet deshalb zwei von mir modellierte Thyristoren *Thyri_Lite* aus *misc.olb*. Von diesen Thyristoren können (im Rahmen der sonstigen Beschränkungen der Demoversion) beliebig viele eingesetzt werden. In der Schaltung werden Dioden des Typs *Dbreak* aus *ebreakou.olb* verwendet. Im Gegensatz zu den Dioden *1N4002* und *1N4148* können die Dioden *Dbreak* auch mit Sperrspannungen betrieben werden, wie sie in der Leistungselektronik üblich sind.

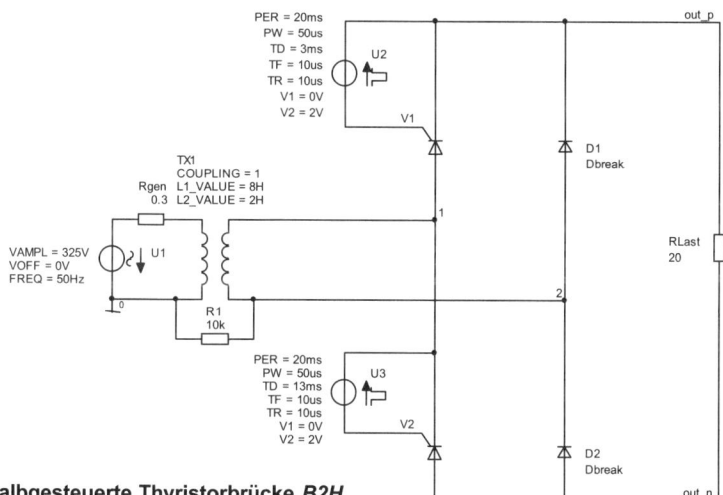

Bild 14.1: Halbgesteuerte Thyristorbrücke *B2H*

1) Der verwendete Transformator befindet sich in der Bibliothek *eanalog.olb* und heißt *XFRM_LINEAR*. Er hat eine lineare B-H-Kennlinie. Die Attribute des Trafos *XFRM_LINEAR* sind die Induktivitäten L_1 und L_2 sowie der Kopplungsfaktor *Coupling*. Für die Induktivitäten gilt: $L_1 / L_2 = N_1^2 / N_2^2$. Der Trafo von Bild 14.1 mit $L_1 = 8$ H und $L_2 = 2$ H hat somit ein Übersetzungsverhältnis $N_1 : N_2 = 2 : 1$. PSPICE kennt auch Trafos mit nichtlinearer Kennlinie. Deren Einsatz erfordert Kenntnisse über die Klassifizierung von Magnetkernen.

In diesem Abschnitt werden Spannungen und Ströme der Thyristorbrücke *B2H* untersucht. Dabei soll auch geklärt werden, in welchem Ausmaß durch den Betrieb der Schaltung hochfrequente Störungen im Versorgungsnetz erzeugt werden.

Die Simulation der Schaltung ergibt die Spannungen nach Bild 14.2:

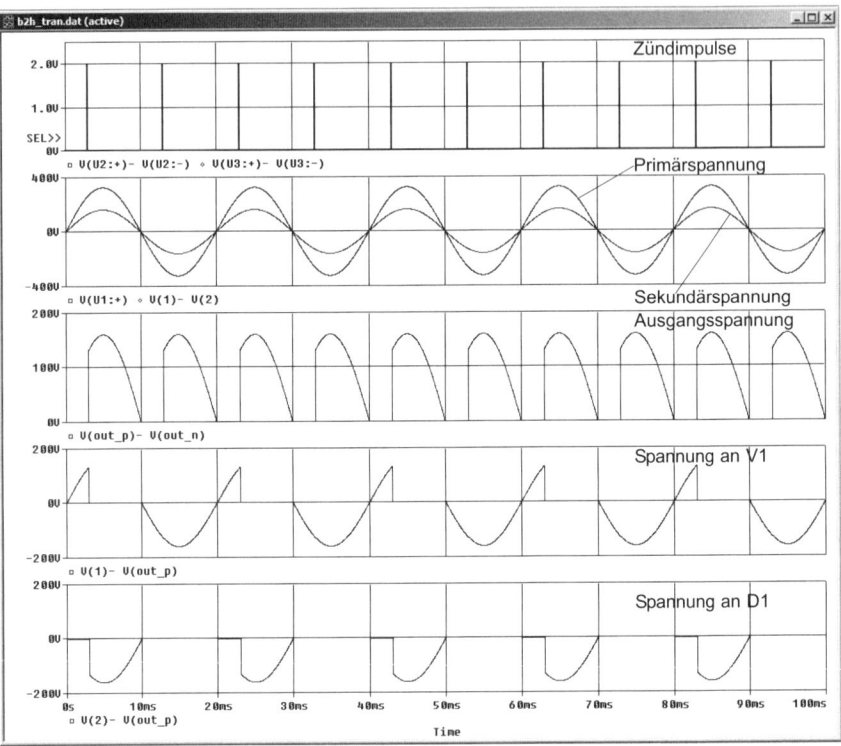

Bild 14.2: Spannungen der Thyristorbrücke *B2H* aus Bild 14.1

Den für mögliche hochfrequente Störungen im Netz verantwortlichen Leiterstrom zeigt Bild 14.3:

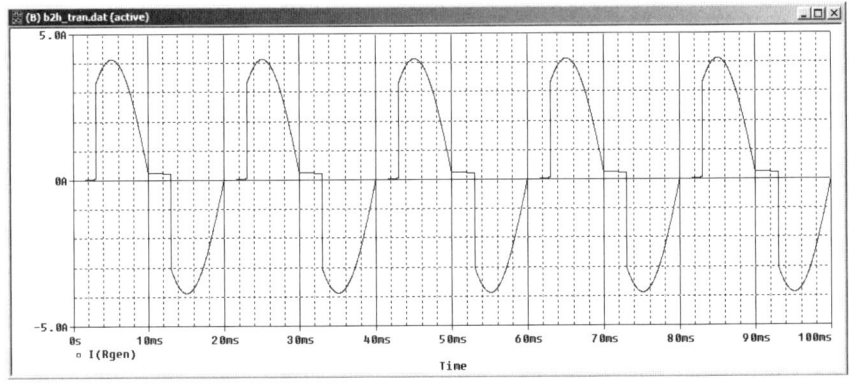

Bild 14.3: Eingangsstrom des Transformators *TX1* aus Bild 14.1

Die Abweichung des Eingangsstromes von der Sinusform lässt bezüglich der Netzstörungen nichts Gutes erwarten. Nach Betätigen der Schaltfläche *FFT* ergibt sich das Frequenzspektrum des Eingangsstromes (Bild 14.4):

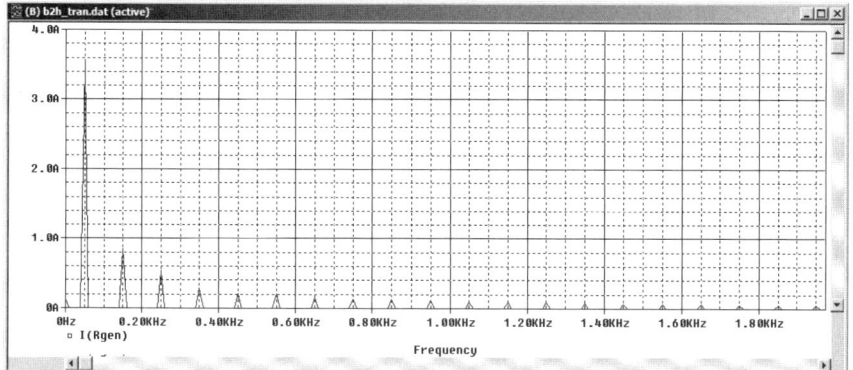

Bild 14.4: Frequenzspektrum des Eingangsstromes des Gleichrichters B2H

Die Thyristorbrücke *B2H* erzeugt starke Oberschwingungen. Die Amplitude der ersten Oberschwingung beträgt ca. 25 % der Grundschwingung.

Der gesteuerte Gleichrichter *B2C*   14.1.2

Bild 14.5 zeigt eine vollgesteuerte Thyristorbrücke *B2C*. Um die Transformator-Funktion zu demonstrieren, wurde das Übersetzungsverhältnis verändert. Es beträgt jetzt 1:2 (vgl. die Fußnote auf Seite 317). Bild 14.6 zeigt die Spannungen der vollgesteuerten Brücke analog zu denen der halbgesteuerten Brücke (Bild 14.2).

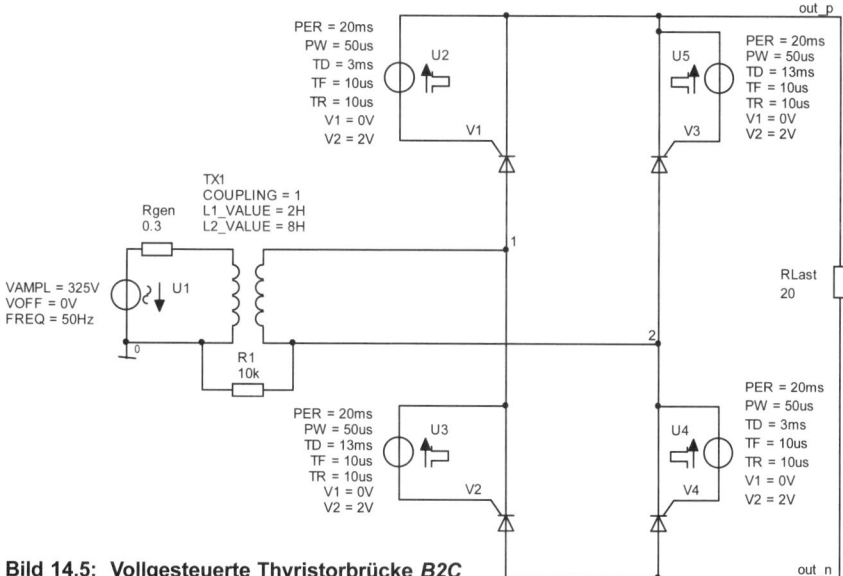

Bild 14.5: Vollgesteuerte Thyristorbrücke *B2C*

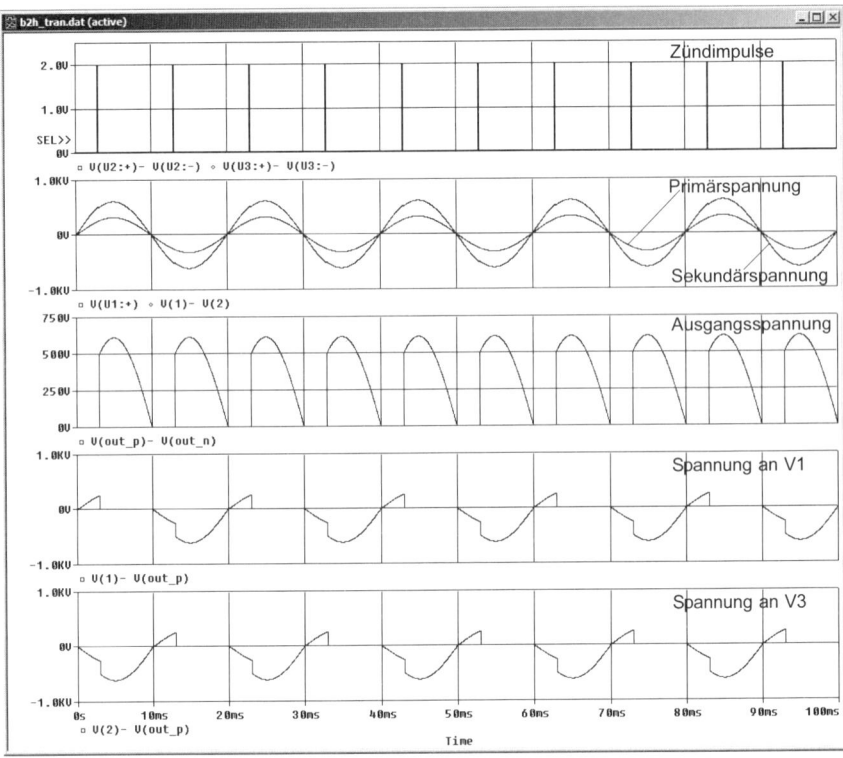

Bild 14.6: Spannungen der Thyristorbrücke *B2C* aus Bild 14.5

14.2   Blindleistungskompensation im Dreiphasennetz

Die wichtigsten Verbraucher der Energieelektronik sind elektrische Maschinen. Elektrische Maschinen nehmen nicht nur Wirkleistung auf, um diese dann in mechanische Leistung umzuformen, sondern sie benötigen für ihre Funktion auch induktive Blindleistung. Blindleistung wird von den elektrischen Maschinen nicht „verbraucht", sie wird nur während eines Teils der Periode vom Netz „entliehen" und im anderen Teil der Periode ans Netz zurückgeliefert. Der Transport der Blindleistung durch die Zuleitungen geschieht allerdings nicht verlustlos. Die Energieversorgungsunternehmen stellen den Kleinverbrauchern die erforderliche Blindleistung kostenlos zur Verfügung. Wird Blindleistung allerdings in hohem Maße verbraucht, dann muss sie bezahlt werden. Elektrische Anlagen mit hoher Blindleistungsaufnahme, es handelt sich dabei fast immer um induktive Blindleistung, müssen deshalb *kompensiert* werden. Die Kompensation induktiver Blindleistung geschieht durch Zuschalten von Kondensatoren.

Bild 14.7 zeigt einen symmetrischen Verbraucher in Sternschaltung[1]. Jeder Strang besteht aus einer Reihenschaltung von $R = 10\ \Omega$ und $L = 100$ mH.

---

[1] Die Drehstrombauteile *V3Phase*, *Schalt3Phase* befinden sich in den Bibliotheken *misc.olb* und *sample.lib*. Der Schalter *Schalt3Phase* schaltet zu dem Zeitpunkt ein, der über das Attribut *t_Start* eingestellt wurde. Das Attribut *t_Stop* bestimmt den Ausschaltzeitpunkt. Als Attribute der Drehstromquelle *V3Phase* lassen sich die Amplitude, die Frequenz und die Phasenlage beim Einschalten (*Delay*) einstellen. Die Nutzung von *Wmeter_trans* wurde bereits in Abschnitt 3.6.2 erläutert. Auch *Wmeter_trans* befindet sich in *misc.olb*.

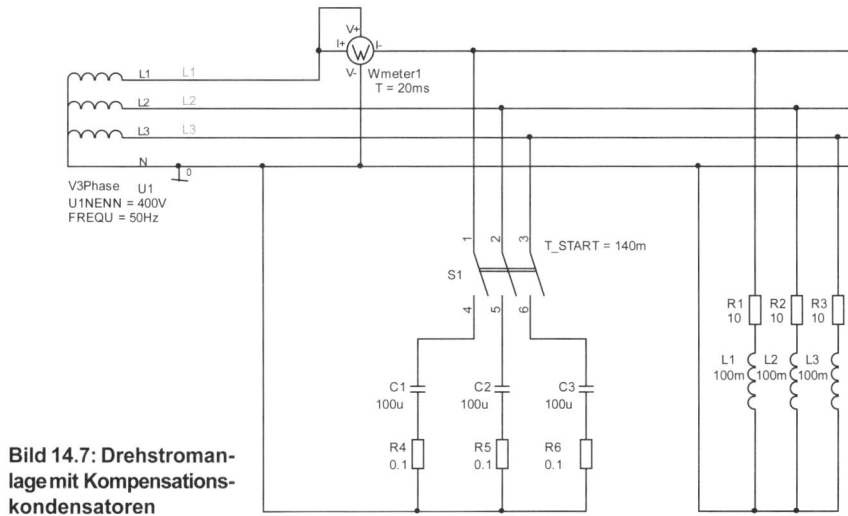

**Bild 14.7: Drehstroman-
lage mit Kompensations-
kondensatoren**

Über den Schalter *S1* können drei Kompensationskondensatoren zuge-
schaltet werden. Die Bilder 14.8 bis 14.10 zeigen die Wirkung der Kompensation. Bild 14.8 zeigt den unkompensierten Fall nach Abschluss des Einschwingvorgangs. Bild 14.9 zeigt den Fall, bei dem *S1* nach 140 ms geschlossen wird, so dass von da an eine nahezu vollständige Kompensation
der Blindleistung erreicht wird. Bild 14.10 zeigt den überkompensierten Fall.
Die exakte Höhe der von *Wmeter1* ermittelten und in Bild 14.8 dargestellten Leistungen wurden mit dem Probe-Cursor festgestellt.

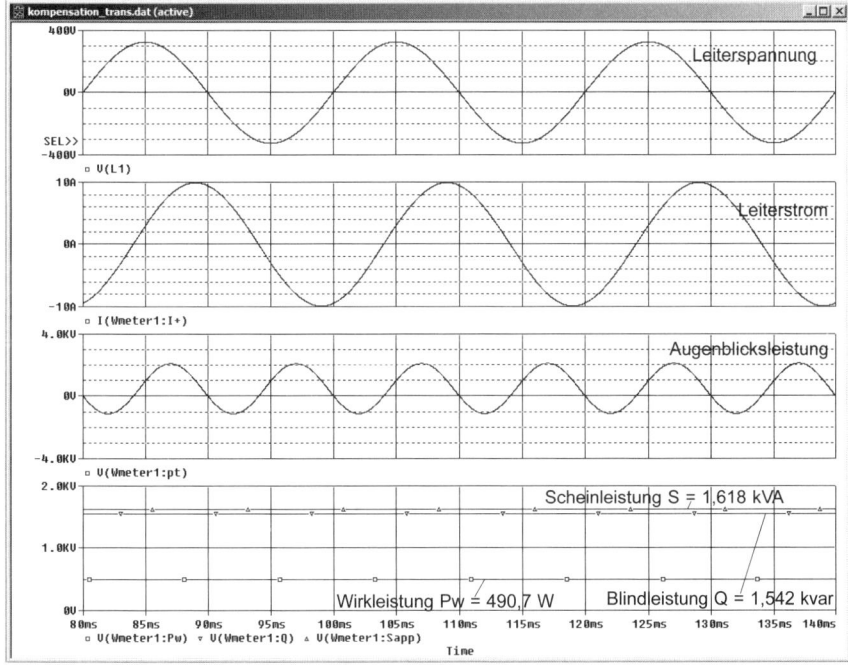

Bild 14.8: Drehstromschaltung ohne Kompensation der Blindleistung. *S8* ist geöffnet

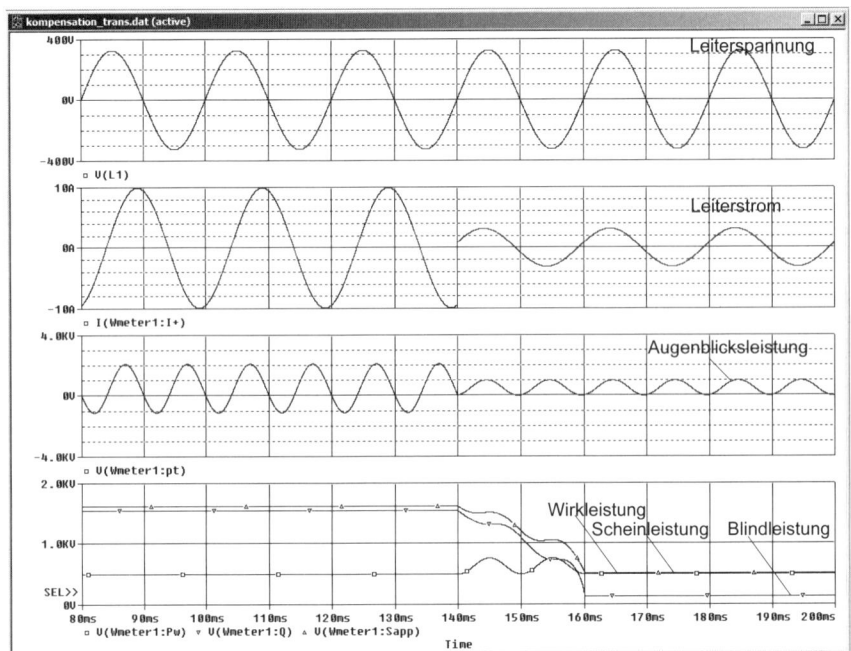

Bild 14.9: Nahezu vollständige Blindleistungskompensation ab _t_ = 140 ms

PSPICE muss zur Ermittlung von Schein-, Wirk- und Blindleistung den Mittelwert über die vorausgegangene Periodendauer bilden. Im Übergangsbereich zwischen 140 und 160 ms ist die Anzeige also nicht aussagekräftig.

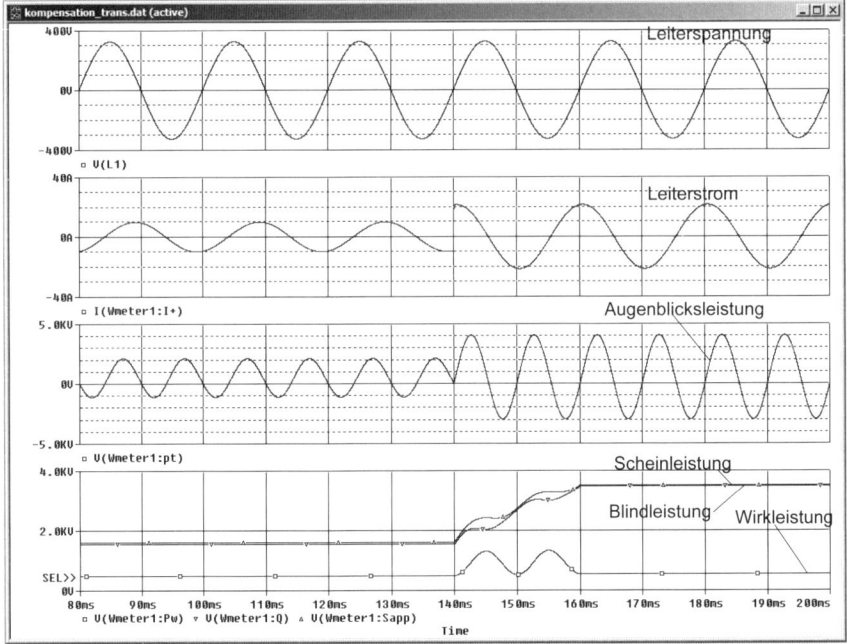

Bild 14.10: Überkompensation durch drei Kondensatoren mit jeweils 200 µF

Aktive Filter   14.3

Es gibt eine große Anzahl von Realisierungsmöglichkeiten für aktive Filter. Alle haben eine Eigenschaft gemeinsam: Sie lassen sich nur schwer berechnen. Hier soll ein Filter durch Probieren dimensioniert werden.

Gegeben sei die wahrscheinlich meistgebrauchte aktive Filterstruktur, das Universalfilter nach Bild 14.11[1].

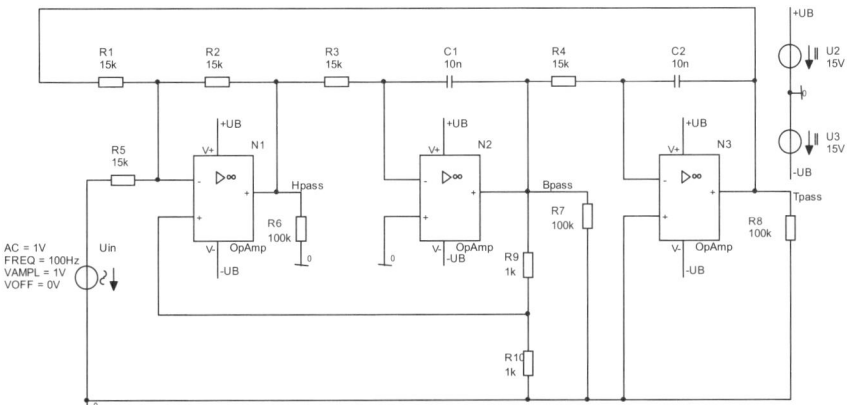

Bild 14.11: Universalfilter, realisiert mit einem Addierer und zwei Integrierern

Die Schaltung erfordert drei gleiche Operationsverstärker. Mit Operationsverstärkern der Original-Demoversion wird damit die Beschränkung von maximal zwei Subcircuits überschritten. In *misc.olb* gibt es deshalb den Operationsverstärker *OpAmp*, den ich entwickelt habe, um einige in der elektrotechnischen Grundausbildung unverzichtbare Schaltungen untersuchen zu können. Von *OpAmp* können (im Rahmen der sonstigen Beschränkungen der Demoversion) beliebig viele Exemplare simuliert werden.

Abhängig davon, an welcher Stelle der Schaltung die Spannung abgegriffen wird, arbeitet das Filter als Hoch-, Tief- oder Bandpass.

Für den Fall, dass alle frequenzbestimmenden Widerstände und Kondensatoren gleich groß sind, soll experimentell geklärt werden, auf welchen Wert die Zeitkonstante $\tau = RC$ eingestellt werden muss, um einen Tiefpass mit der Grenzfrequenz 1 kHz zu erhalten. Nach einigem Probieren findet man mit $C = 20$ nF als passenden Widerstandswert $R = 15$ kΩ (Bild 14.12).

Die Tansientenanalyse (Bild 14.13) zeigt einen Schönheitsfehler der Schaltung: Die Ausgangsspannung ist gegenüber der Eingangsspannung um 180° phasenverschoben. Meistens stört das nicht. Wenn doch, dann müssen Sie noch einen weiteren Operationsverstärker spendieren.

---

1) Bei der Stromversorgung der Operationsverstärker werden in der Schaltung von Bild 14.11 Label verwendet. Label gleichen Namens werden von CAPTURE als elektrisch verbunden angesehen.

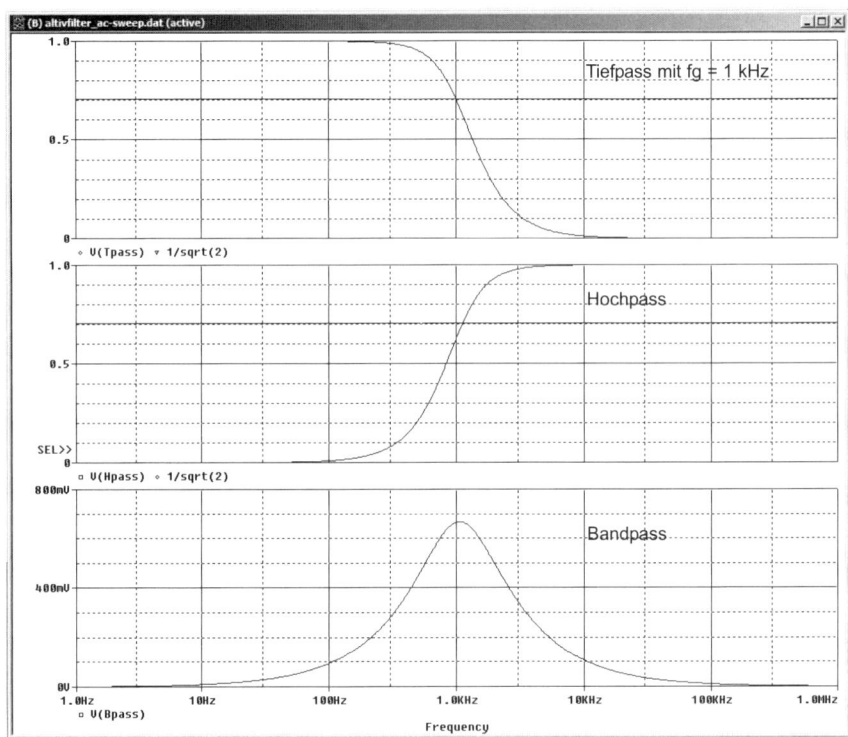

Bild 14.12: Amplitudengänge von Tief-, Hoch- und Bandpass. R = 15 kΩ und C = 10 nF

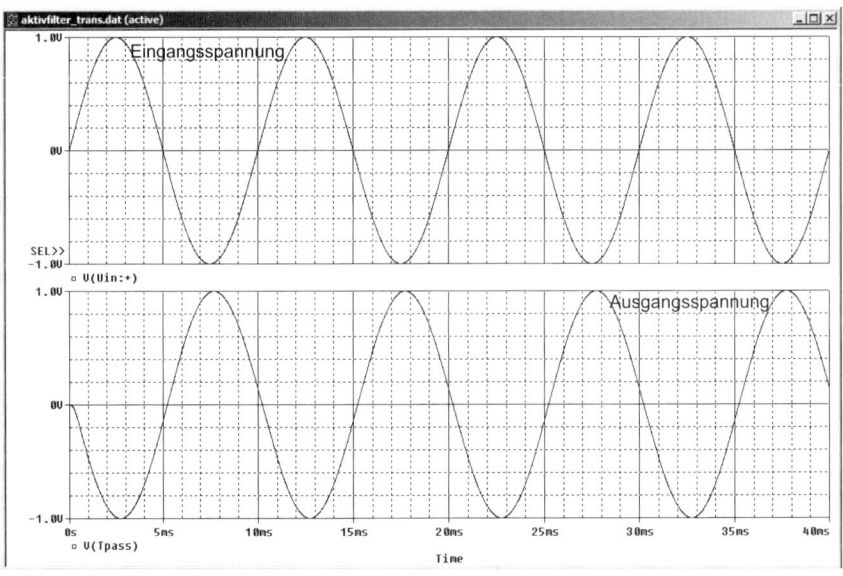

Bild 14.13: Eingangs- und Ausgangsspannung des Tiefpasses (f_g = 1 kHz). Die Spannungen sind phasenverschoben

In Bild 11.12 fällt auf, dass das Universalfilter bei gleichen frequenzbestimmenden Bauteilen unterschiedliche Grenz- und Mittenfrequenzen hat.

Dieses Kapitel liefert Ihnen Simulationsbeispiele zu den wichtigsten Schaltungen der Digital-Analog-(DA-) und der Analog-Digital-(AD-)Umsetzung. Es dient gleichzeitig dazu, Sie mit den in PSPICE enthaltenen Modellen integrierter AD- und DA-Umsetzer *DACbreak* und *ADCbreak* sowie mit dem Analogschalter *Sw_analog* vertraut zu machen.

DA-Umsetzer mit gewichteten Widerstandswerten 15.1

Bild 15.1)[1] zeigt einen 8-Bit-DA-Umsetzer, wie er in allen einschlägigen Lehrbüchern besprochen wird. Die gewünschte Bitkombination kann mit Hilfe zweier Leitungen eingestellt werden, deren Potenziale fest bei 0 V bzw. 5 V liegen. Das Bild zeigt die Ströme und Potenziale bei der Umsetzung der Bitkombination *10011011* zu einer Analogspannung 3,027 V[2].

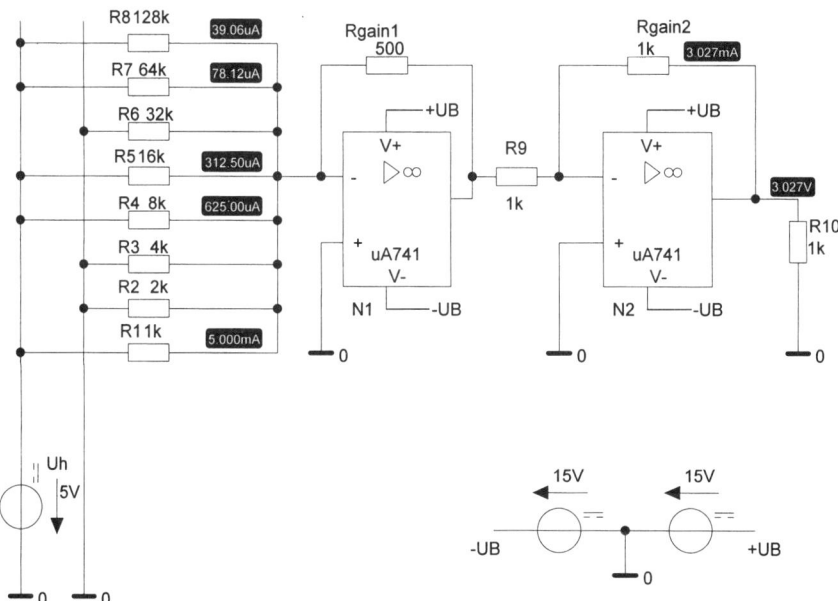

Bild 15.1: Schaltplan eines DA-Umsetzers mit gewichteten Widerstandswerten. Umsetzung der Bitkombination *10011011* zu einer analogen Spannung 3,027 V

---

1) Bei der Stromversorgung der Operationsverstärker werden in der Schaltung von Bild 15.1 Label verwendet. Label gleichen Namens werden von CAPTURE als elektrisch verbunden angesehen.

2) Um eine gute Vergleichbarkeit zu ermöglichen, gilt für diesen und alle folgenden DA-Umsetzer:
In: *10011011*. Out: 5 V $\cdot$ (1 $\cdot$ 2^7 + 0 $\cdot$ 2^6 + 0 $\cdot$ 2^5 + 1 $\cdot$ 2^4 + 1 $\cdot$ 2^3 + 0 $\cdot$ 2^2 + 1 $\cdot$ 2^1 + 1 $\cdot$ 2^0) / 256 = 3.027344 V

Ein offensichtlicher Mangel der Schaltung besteht darin, dass die Höhe der analogen Ausgangsspannung von der Höhe der Datenbits abhängt, mit denen die Schaltung angesteuert wird. Die genauen Pegel dieser Datenbits sind in realen Schaltungen nicht bekannt. Bei Schaltungen der TTL-Familie weiß man z.B. nur, dass sich die H-Pegel irgendwo zwischen 2 V und 5 V bewegen und die L-Pegel zwischen 0 V und 0,8 V. Dieser Mangel lässt sich mit Hilfe von Analogschaltern beheben, die von den Datenbits gesteuert werden und Spannungen definierter Höhe an den Eingang des DA-Umsetzers schalten. Bild 15.3 zeigt eine entsprechende Schaltung. Dabei wurde für die H-Pegel 3,5 V, für die L-Pegel 0,6 V angenommen. Der Analogschalter *Sw_analog* befindet sich in der Bibliothek *misc.olb*. Er schaltet in die Position *2*, wenn am Steuereingang *st* mindestens ca. 2 V anliegen. Unterhalb von ca. 0,8 V befindet sich der Schalter in Position *1*.

15.2   Digital-Analog-Umsetzer mit R-2R-Netzwerk

Die Technologie zur Herstellung integrierter Schaltkreise lässt es nicht zu, definierte Widerstandswerte mit so hoher Genauigkeit zu realisieren, wie sie für DA-Umsetzer gehobener Qualität erforderlich wäre. Das bedeutet, dass ein DA-Umsetzer nach Bild 15.3 nicht als IC realisierbar wäre. Sehr einfach lassen sich hingegen so genannte R-2R-Netzwerke integriert herstellen. Ein R-2R-Netzwerk enthält nur Widerstände der Größe *1R* sowie der doppelten Größe *2R*. Der exakte Wert von *R* unterliegt großen Toleranzen, hingegen wird vom Hersteller das Verhältnis *2* der beiden Widerstandssorten mit äußerst geringen Toleranzen garantiert. Bild 15.4 zeigt einen DA-Umsetzer, der mit Hilfe eines R-2R-Netzwerks realisiert wurde. Auch dieser DA-Umsetzer wird von Datenbits mit einem H-Pegel von 3,5 V angesteuert. Die Eingangsbitkombination beträgt wieder 10011011.

15.3   Der Digital-Analog-Umsetzer *DAC8break*

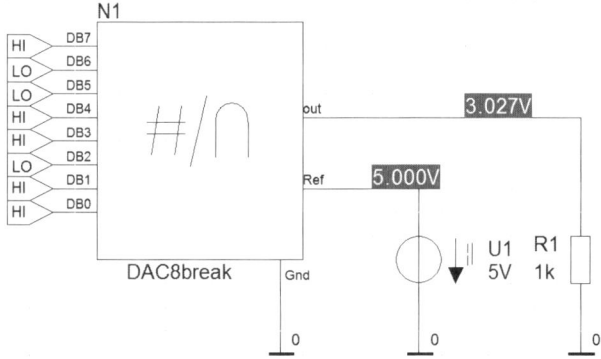

Bild 15.2: DA-Umsetzer *DACbreak* aus der Bibliothek *ebreakou.olb*. Umsetzung der Bitkombination *10011011* zu einer analogen Spannung 3,027 V

Bild 15.2 zeigt den in PSPICE enthaltenen DA-Umsetzer *DAC8break* aus der Bibliothek *ebreakou.olb*. Seine korrekte Nutzung bedarf keiner weiteren Erläuterung. Beispiele zum Einsatz von *DAC8break* zeigen die folgenden Abschnitte.

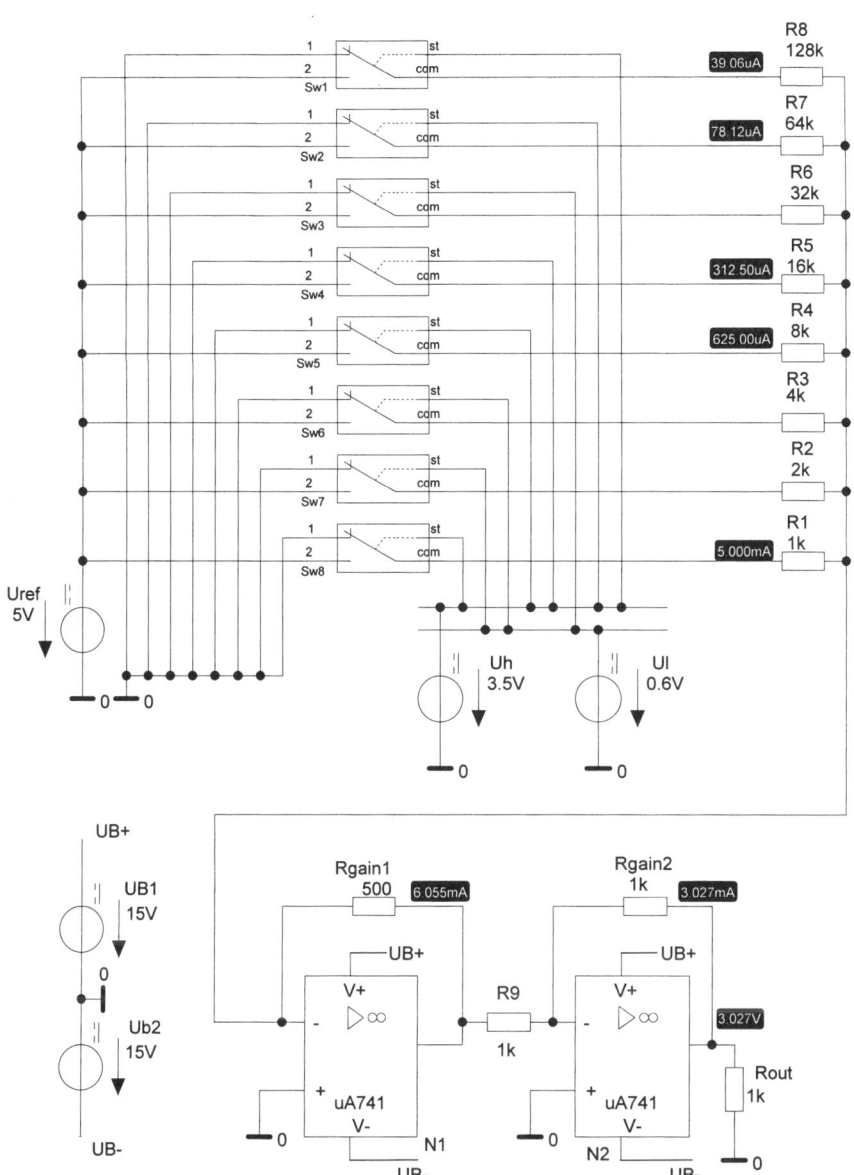

Bild 15.3: (Dieses Bild bezieht sich auf Abschnitt 15.1) Umsetzung der Bitkombination *10011011* mit Hilfe von Analogschaltern zur analogen Spannung 3,027 V

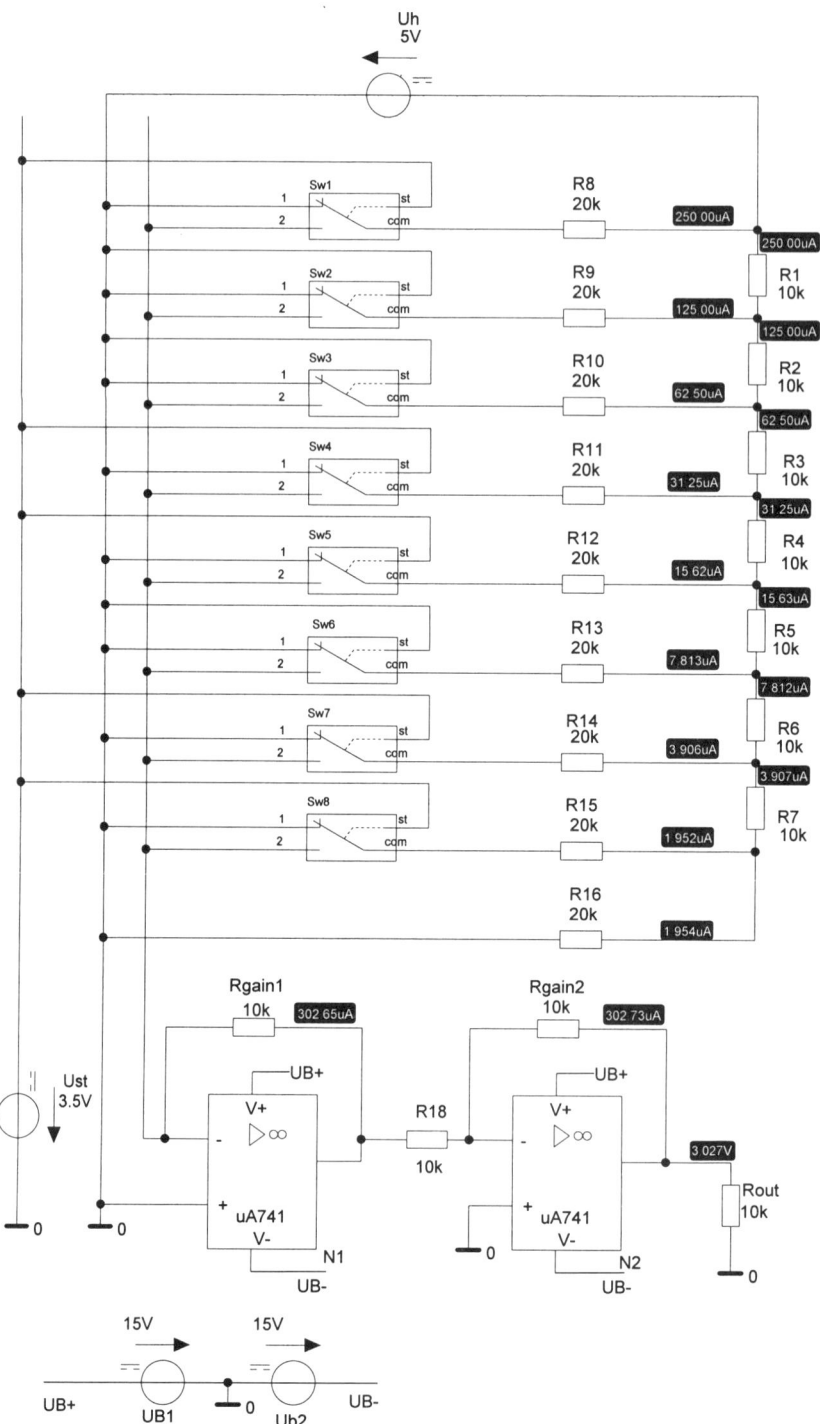

Bild 15.4: (Dieses Bild bezieht sich auf Abschnitt 15.2). DA-Umsetzer mit Analogschaltern und R-2R-Netzwerk. Umsetzung der Bitkombination *10011011* zur analogen Spannung 3,027 V

Analog-Digital-Umsetzung nach dem Zählverfahren   15.4

Bild 15.5 zeigt einen AD-Umsetzer nach dem Zählverfahren. Im Zentrum der Schaltung befindet sich ein 8-Bit-Zähler, bestehend aus $D2$ und $D3$. Der aktuelle Zählerstand wird vom DA-Umsetzer $N2$ zu einer analogen Spannung umgeformt. Diese Spannung wird am Komparator $N1$ mit der analogen Eingangsspannung U_{mess} = 3,027344 V verglichen. Sobald die Ausgangsspannung von $N2$ größer ist als U_{mess}, wird der aktuelle Zählerstand an den Ausgang von $D6$ geschaltet. Hinweis: Vor Beginn der Simulation müssen im Menü SIMULATION SETTINGS/OPTIONS/GATE-LEVEL SIMULATION alle Flipflops auf 0 initialisiert werden.

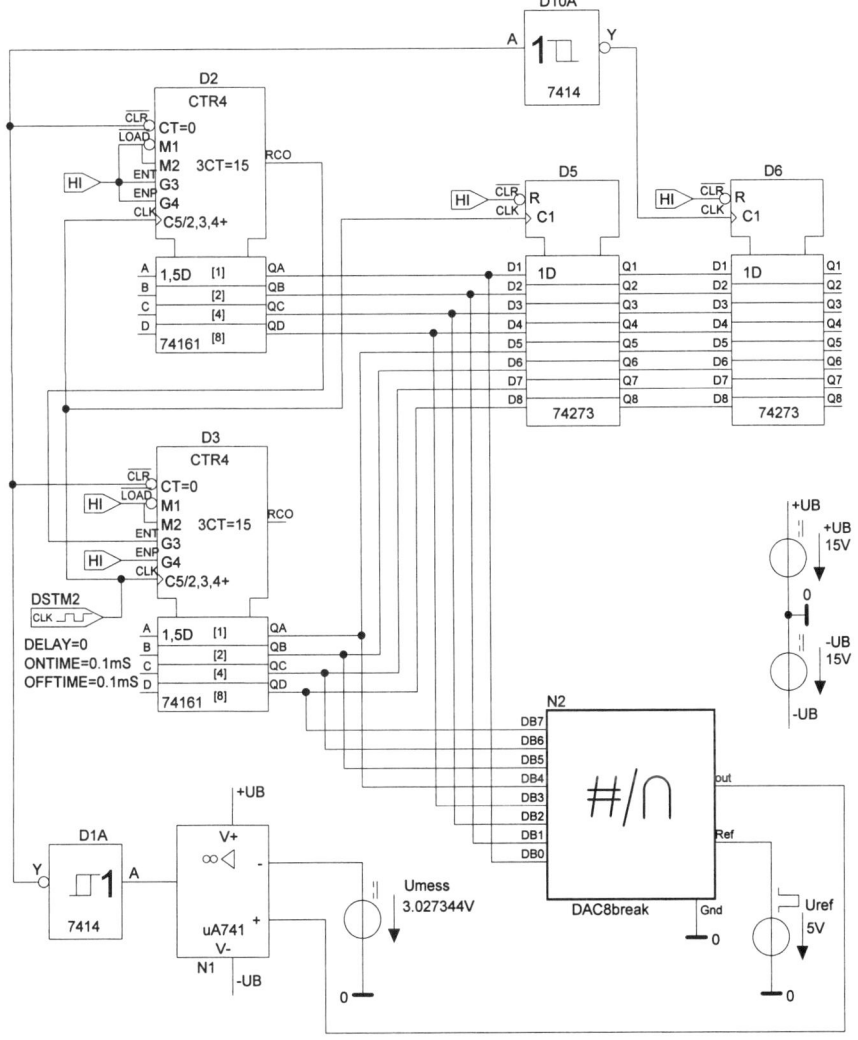

Bild 15.5: AD-Umsetzer nach dem Zählverfahren. Die Spannung U_{mess} = 3,027344 V wird zur Bit-Folge 10011011 umgeformt

Bild 15.6 zeigt die digitalen Zustände des Zählers und des Ausgangs von
D6. Im Analogteil ist die Ausgangsspannung des DA-Umsetzers N2 dargestellt. Um die Orientierung im Digitalteil zu erleichtern, wurde ein Cursor
gesetzt. Die zur Cursorposition gehörenden Bit-Kombinationen werden am
linken Rand des Digital-Fensters angezeigt. Wie zu erwarten, ergibt sich
nach dem Abschluss der AD-Umsetzung von U_{mess} = 3,027344 V am Ausgang von D6 die Bit-Folge 10011011.

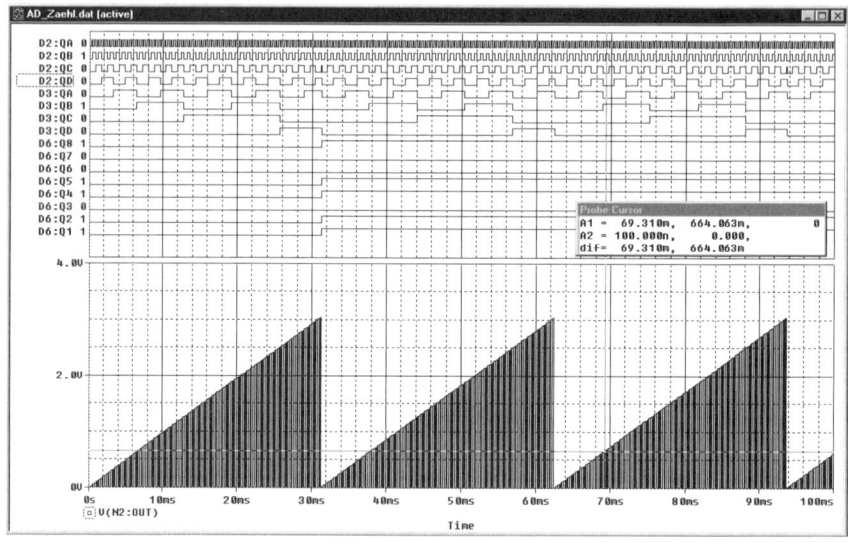

Bild 15.6: Spannungen und digitale Zustände beim AD-Umsetzer von Bild 15.5.

AD-Umsetzer nach dem Zählverfahren sind langsam. Nachteilig ist zusätzlich, dass die Umsetzzeit von der Höhe der umzusetzenden Analogspannung
abhängt. Dennoch werden AD-Umsetzer nach dem Zählverfahren für einfache Anwendungen eingesetzt, bei denen es nicht auf die Umsetzgeschwin-
digkeit ankommt, so zum Beispiel zur Raumtemperaturmessung.

15.5   AD-Umsetzung nach dem Dual-Slope-Verfahren

Bild 15.7 zeigt einen AD-Umsetzer, der nach dem Dual-Slope-Verfahren
arbeitet. Der DA-Umsetzer N3 ist für die Funktion des Umsetzers nicht erforderlich, er dient nur zur einfachen Kontrolle des Simulationsergebnisses.
Zur Simulation der Schaltung müssen im Menü SIMULATION SETTINGS/OPTIONS
/GATE-LEVEL SIMULATION alle Flipflops auf 0 initialisiert und außerdem als In-
terface-Level Level 2 gewählt werden. Die Bilder 15.8 und 15.9 zeigen Simulationsergebnisse für jeweils gleiche Knoten der Schaltung. Für Bild 15.9
wurde der Wert von C_1 um ca. 30 % reduziert. Dabei wird der wesentliche
Vorteil der Schaltung deutlich, nämlich die weitgehende Unabhängigkeit
dieses Verfahrens von der Größe der Zeitkonstanten $\tau = R1C1$.

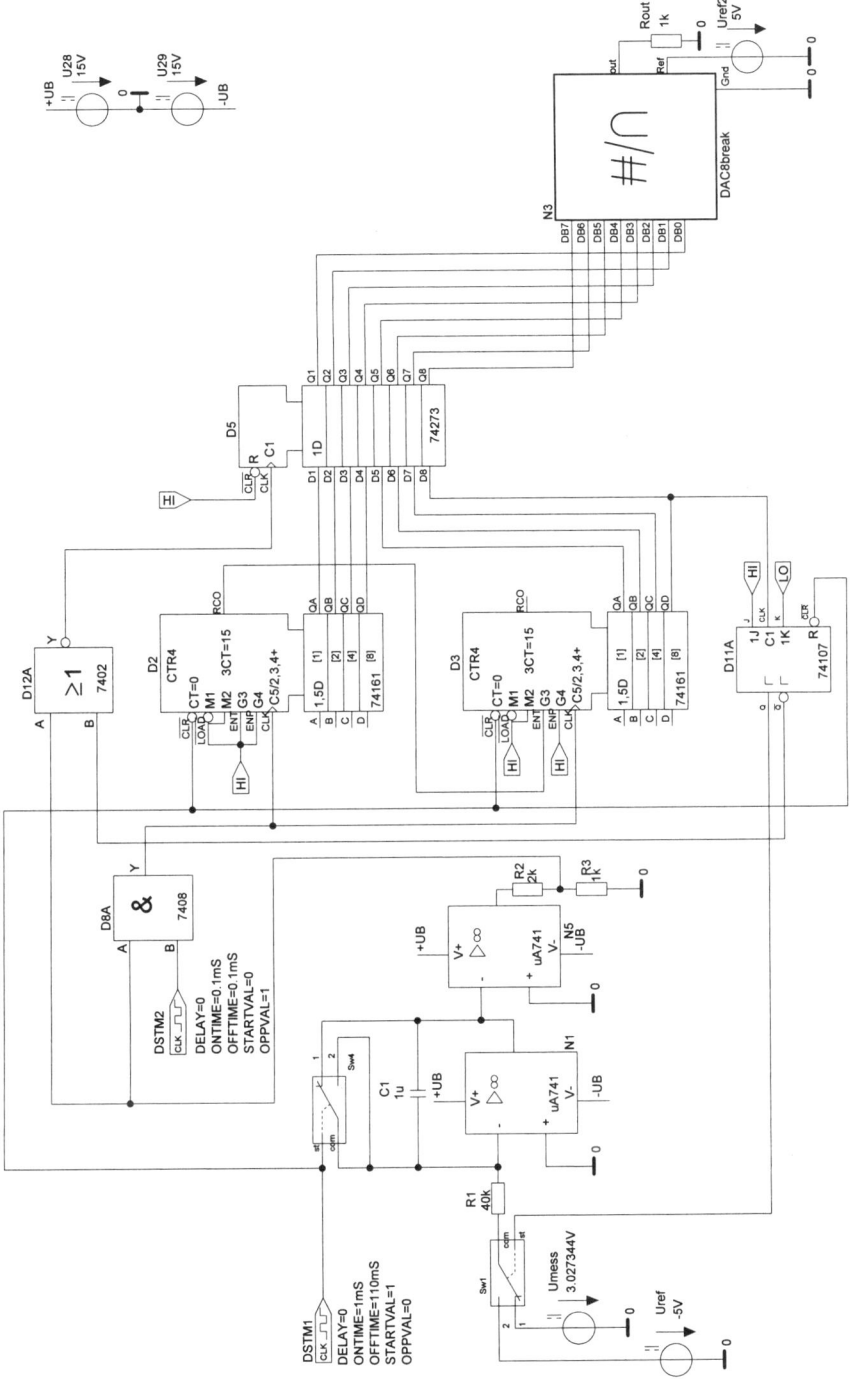

Bild 15.7: AD-Umsetzer nach dem Dual-Slope-Verfahren. Die Eingangsspannung des AD-Umsetzers U_{mess} = 3,027344 V wird zur Bit-Folge 10011011 umgeformt

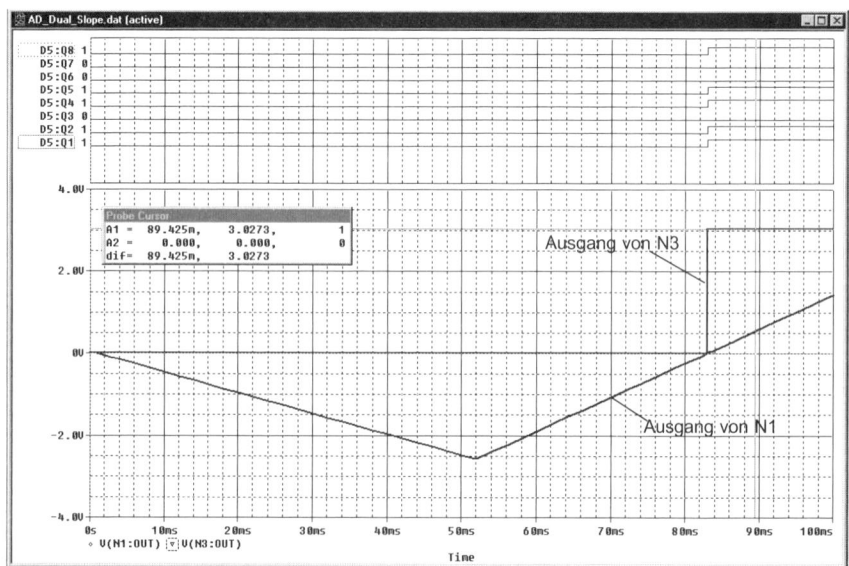

Bild 15.8: AD-Umsetzer von Bild 15.7. Digitale Zustände am Ausgangsspeicher *D5*, Ausgangsspannungen am (Kontroll-)DA-Umsetzer *N3* und am Messverstärkers *N1*. Der Kondensator *C1* hat den Wert *C1* = 1,5 µF

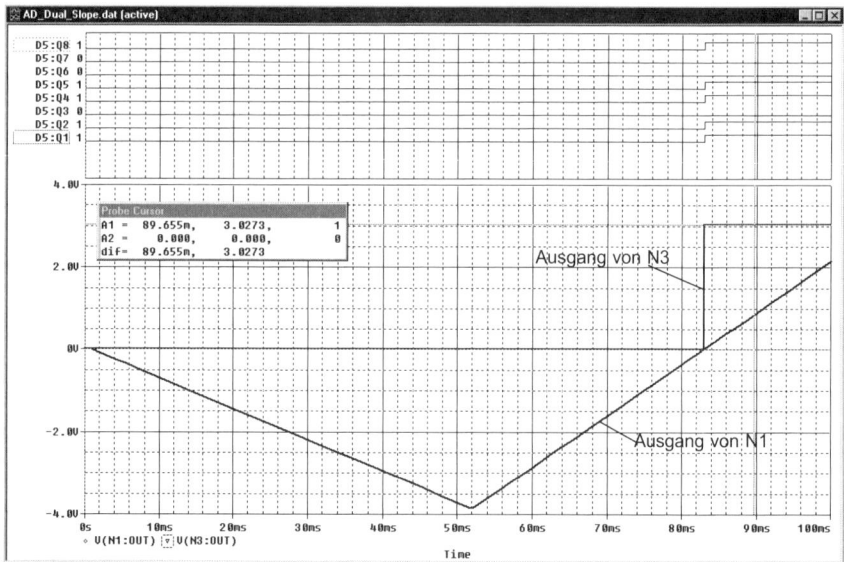

Bild 15.9: AD-Umsetzer von Bild 15.7. Digitale Zustände am Ausgangsspeicher *D5*, Ausgangsspannungen am (Kontroll-)DA-Umsetzer *N3* und am Messverstärker *N1*. Der Kondensator *C1* hat den Wert *C1* = 1 µF

AD-Umsetzung nach dem Wägeverfahren (SAR)   15.6

Bild 15.10 zeigt einen AD-Umsetzer nach dem Wägeverfahren[1]. Ausgehend von MSB wird für jedes Bit einzeln geprüft, ob es gesetzt oder nicht gesetzt werden muss. Die Ausgangsspannung des DA-Umsetzers *N1* wird auf diese Weise Schritt für Schritt (sukzessiv) der Messspannung U_{mess} angenähert (U_{mess} wird approximiert). In integrierter Form heißen Schaltungen dieses Typs **S**ukzessive **A**pproximations **R**egister (SAR).

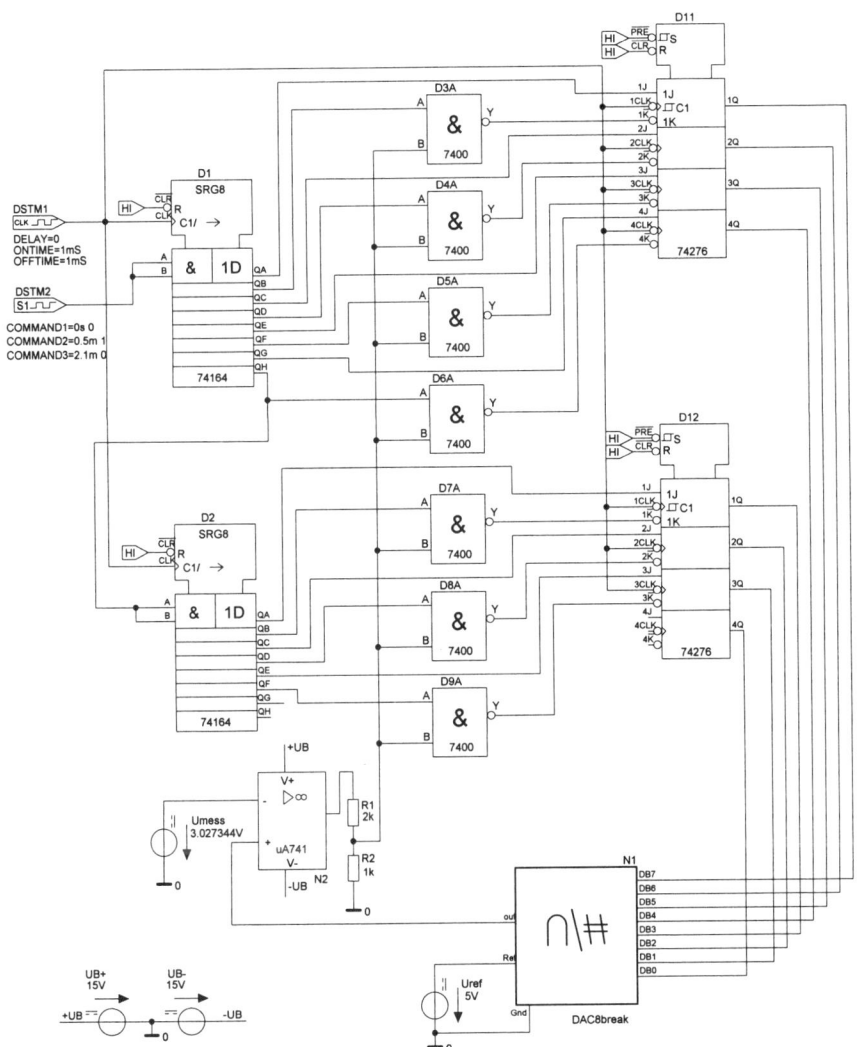

Bild 15.10: AD-Umsetzer nach dem Wägeverfahren. Bit *8* ist konstant auf *0* gesetzt

---

1) Das LSB ist konstant auf *0* gesetzt, denn die Simulation eines vollständigen 8-Bit-SAR würde die Grenzen der Demoversion überschreiten.

Die Simulationsergebnisse (Flipflops: *0*, I/O LEVEL: *Level 2*) zeigt Bild 15.11.
Der Digitalteil zeigt die Taktsignale sowie die digitalen Ausgangszustände
10011010. Der Analogteil zeigt die sukzessive Approximation der Messspannung U_{mess} = 3,027344 V durch die Ausgangsspannung von *N1*. Mit 7
Bit (genau genommen sind es die obersten 7 Bit eines 8-Bit-Umsetzers)
gelingt die Annäherung bis auf 3,0078 V. Bild 15.12 zeigt die gleichen Signale für einen (mit der Vollversion von PSPICE simulierten) vollständigen
8-Bit-SAR-Umsetzer. Die Simulation ergibt die korrekte Bitfolge 10011011.
Die Ausgangsspannung von *N1* beträgt zum Schluss 3,027 V.

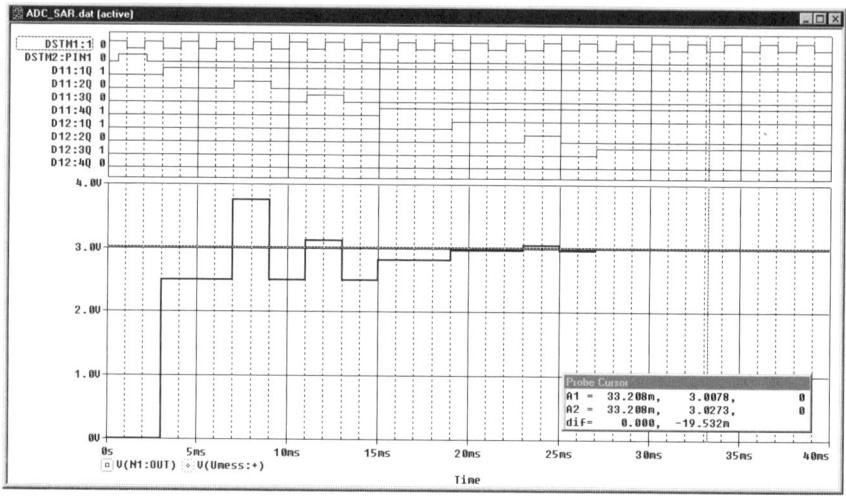

**Bild 15.11: AD-Umsetzer nach dem Wägeverfahren. Bit 8 liegt fest auf *0*. Ausgangszu-
stände sowie Approximation der Messspannung durch die Ausgangsspannung von *N1***

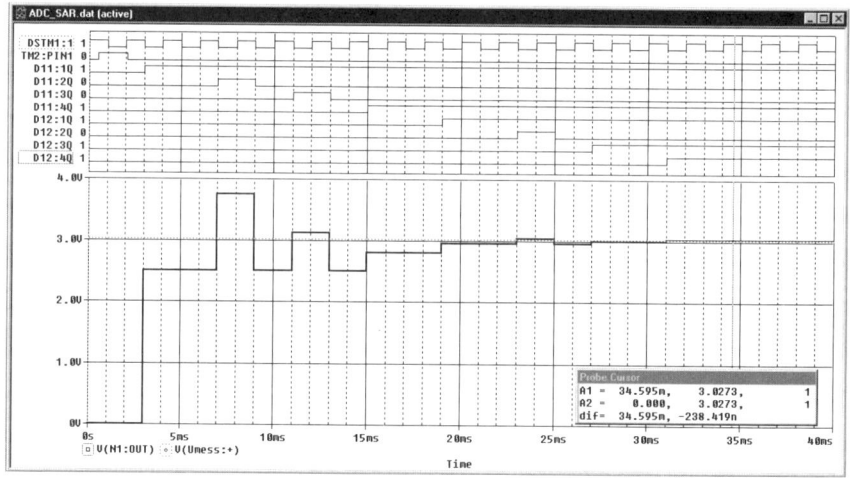

**Bild 15.12: 8-Bit-AD-Umsetzer nach dem Wägeverfahren. Ausgangszustände sowie Ap-
proximation der Messspannung durch die Ausgangsspannung von *N1***

AD-Umsetzung mit den Bausteinen *ADCbreak*   15.7

PSPICE enthält in der Bibliothek *ebreakou.olb* die integrierten AD-Umsetzer *ADC8break*, *ADC10break* und *ADC12break* mit 8, 10 und 12 Bit. Der folgende Abschnitt macht Sie am Beispiel des Bausteins *ADC8break* mit der Handhabung der PSPICE-AD-Umsetzer vertraut.

Bild 15.13 zeigt eine Testschaltung, mit der die Spannung 3,027344 V in die zugehörige digitale 8-Bit-Folge 10011011 umgesetzt werden soll. Diese Bitfolge wird anschließend mit einen DA-Umsetzer *DAC8break* wieder in eine analoge Spannung zurückgeformt. Das Ergebnis der Umsetzungen zeigt Bild 15.14. Zur besseren Orientierung wurde in Bild 15.14 wieder ein Cursor gesetzt. Man erkennt, dass sowohl die AD- als auch die anschließende DA-Umsetzung perfekt verlaufen.

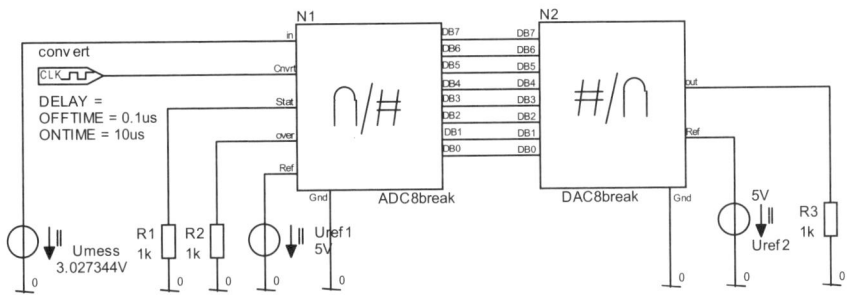

Bild 15.13: Testschaltung zur Erkundung des PSPICE-AD-Umsetzers *ADC8break*

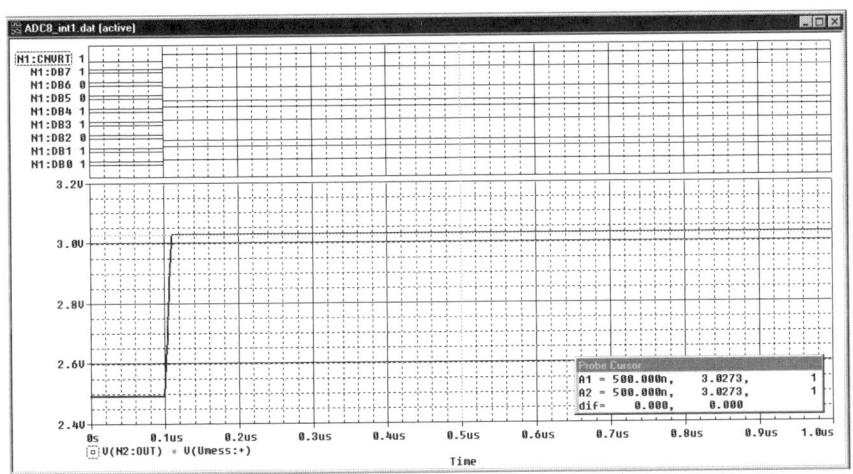

Bild 15.14: Umsetzung von U_{mess} = 3,07344 V in die Bitfolge 10011011 und zurück

Hinweise zur Simulation: Der AD-Umsetzer beginnt seine Arbeit, sobald eine positive Impulsflanke am Anschluss *Cnvrt* auftritt. Bei der Simulation müssen die Anschlüsse *Stat* und *over* von ADC8break über Widerstände an Masse gelegt werden. *over* wird immer dann auf ca. 3,5 V gesetzt, wenn das umzusetzende Signal größer ist als die angelegte Referenzspannung. Das Signal an *Stat* ist nur dann bedeutsam, wenn der AD-Umsetzer mit Laufzeitattributen versehen wird. Das ist nicht Gegenstand dieses Buches.

In Bild 15.15 wird eine sinusförmige Messspannung mit 100 kHz verwendet. Die Abtastung der Messspannung erfolgt wie gehabt an der positiven Flanke des Signals am Anschluss *Cnvrt*. Mit den Einstellungen der verwendeten Stimulusquelle *convert* beträgt die Abtastfrequenz 5 MHz. Bild 15.16 zeigt das Simulationsergebnis mit MAXIMUM STEP SIZE = 1ns. Die Stufigkeit der Ausgangsspannung ist abhängig von der Abtastfrequenz. Die Genauigkeit der Umsetzung der an den positiven Flanken von *convert* genommenen „Proben" hängt von der Bit-Auflösung der verwendeten AD-DA-Umsetzer ab. Mit *ADC12break* und *DAC12break* ließen sich natürlich noch genauere Ergebnisse erzielen.

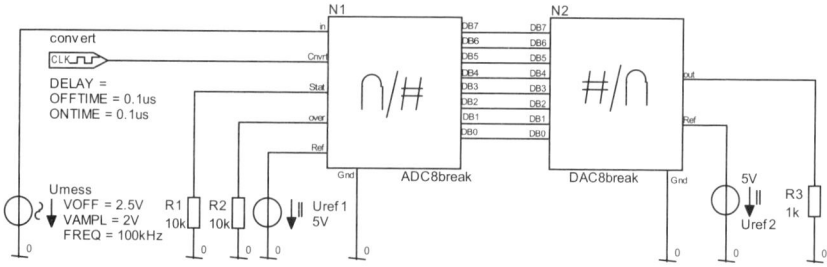

Bild 15.15: Testschaltung zur Umsetzung einer sinusförmigen Messspannung

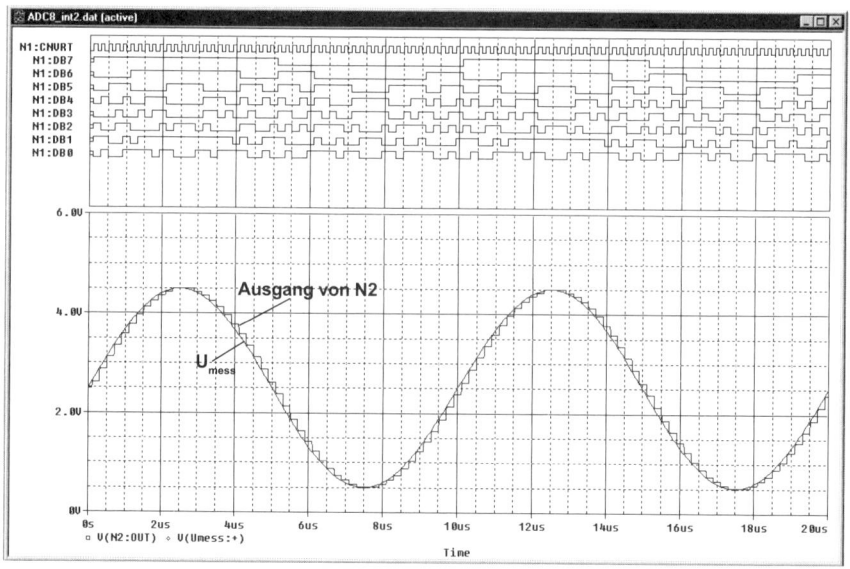

Bild 15.16: Umsetzung einer sinusförmigen Spannung mit $\hat{u}$ = 2 V und f = 100 kHz

MODELLE EINBINDEN

Grundsätzliches über SPICE/PSPICE-Modelle   16.1

PSPICE besitzt, „fest eingebaut" in den Simulator, mehrere Grundmodelle:

RES	Widerstand	PJF	P-Kanal-Junction-FET
CAP	Kondensator	NMOS	N-Kanal-MOSFET
IND	Induktivität	PMOS	P-Kanal-MOSFET
D	Diode	GASFET	N-Kanal GAS-MESFET
NPN	NPN-Bipolar-Transistor	LPNP	Lateraler-PNP-Transistor
PNP	PNP-Bipolar-Transistor	NIGBT	N-Kanal-IGBT
NJF	N-Kanal-Junction-FET	TRN	Übertragungsleitung

Bild 16.1: SPICE/PSPICE-Grundmodelle

Jedes Grundmodell (*model type*) besteht aus Gleichungen (*device equations*), die das Verhalten des Bauteils mathematisch beschreiben. Die *device equations* besitzen Parameter (*model parameter*), die vom Nutzer variiert werden können. In Lektion 8.1.4 haben Sie gelernt, für den *model type RES* (Widerstand) den *model parameter TC1* (Temperaturbeiwert) zu sweepen. Bild 16.2 zeigt die *model parameter* für den *model type D* (Diode):

Name	Beschreibung	Einheit	Default
AF	flicker noise exponent		1.0
BV	reverse breakdown knee voltage	V	unendlich
CJO	zero-bias p-n capacitance	F	0
EG	bandgap voltage (barrier height)	eV	1.11
FC	forward-bias depletion capacitance coefficient		0.5
IBVL	low-level reverse breakdown knee current	A	0.0
IBV	reverse breakdown knee current	A	1E-10
IKF	high-injection knee current	A	unendlich
IS	saturation current	A	1E-14
ISR	recombination current parameter	A	0.0
KF	flicker noise coefficient		0.0
M	p-n grading coefficient		0.5
N	emission coefficient		1.0
NBV	reverse breakdown ideality factor		1.0
NBVL	low-level reverse breakdown ideality factor		1.0
NR	emission coefficient for isr		2.0
RS	parasitic resistance	Ω	0.0
TBV1	bv temperature coefficient (linear)	°C	-1 0.0
TBV2	bv temperature coefficient (quadratic)	°C	-2 0.0
TIKF	ikf temperature coefficient (linear)	°C	-1 0.0
TRS1	rs temperature coefficient (linear)	°C	-1 0.0
TRS2	rs temperature coefficient (quadratic)	°C	-2 0.0
TT	transit time	s	0.0
VJ	p-n potential	V	1.0
XTI	IS temperature exponent		3.0

Bild 16.2: Modellparameter des Grundmodells *D* der Diode

In den Modellbibliotheken findet man für diejenigen Bauteile, die auf Grundmodellen basieren, jeweils einen Parametersatz, mit dem die Default-Parameter des Grundmodells überschrieben werden. Für die Diode *1N3940*
findet man z.B. in der Bibliothek *eval.lib* den folgenden Parametersatz:

```
*$
* GENERIC FUNCTIONAL EQUIVALENT = 1N3940
* TYPE: DIODE
* SUBTYPE: RECTIFIER
*
* THIS IS A TEMPERATURE TRACKING MODEL WHICH  WAS CONSTRUCTED FROM
* PRODUCT SPECIFICATION LIMITS AND MEASUREMENTS MADE ON ONE DEVICE.
* THE MODEL IS INTENDED FOR USE FROM -55 C TO 125 C.  NO RADIATION EFFECTS
* ARE INCLUDED. SIMULATIONS USING THIS MODEL REPRESENT THE RESPONSES OF
* NOMINAL DEVICES AND SIMULATIONS ARE ACCURATE WITHIN THE LIMITS OF THE
* PRODUCT SPECIFICATION.
*
.MODEL D1N3940 D(
+      IS = 4E-10
+      RS = .105
+      N = 1.48
+      TT = 8E-7
+      CJO = 1.95E-11
+      VJ = .4
+      M = .38
+      EG = 1.36
+      XTI = -8
+      KF = 0
+      AF = 1
+      FC = .9
+      BV = 600
+      IBV = 1E-4
+ )
*$
```

Von den 25 Default-Parametern des Grundmodells *D* werden die oben aufgeführten 14 zur Beschreibung des Verhaltens der Diode *1N3940* verändert (überschrieben). 11 Parameter verbleiben auf ihren Default-Werten.

Es hat sich eingebürgert, dass die Parametersätze, mit denen die Default-
Parameter überschrieben werden, *Modelle* genannt werden. Ganz korrekt
ist das nicht, aber solange Missverständnisse ausgeschlossen werden können, folgt dieses Buch dieser Konvention.

Jeder Parametersatz für ein Grundmodell beginnt mit der Zeichenkette *.model*,
gefolgt von dem Namen des Modells (*D1N3940*) und dem Namen des
Grundmodells (*D*). Danach folgen in Klammern diejenigen Parameter, mit
denen entsprechende Default-Parameter überschrieben werden sollen[1].
Bei PSPICE ist es üblich, die einzelnen Modelle durch die Zeichenkette *\$
zu trennen. Ein „gutes" Modell enthält Kommentare, z.B. eine Beschreibung seines Gültigkeitsbereichs. Kommentarzeilen werden durch einen Stern
(*) eingeleitet. Die SPICE/PSPICE-Syntax verlangt, dass Modellparameter

---

1) Das Einklammern der Parametersätze ist bei PSPICE nicht zwingend erforderlich, erhöht aber die Übersichtlichkeit und entspricht einer gängigen SPICE-Tradition.

ohne Zeilenumbruch, getrennt durch Leerzeichen, an die jeweiligen Kennbuchstaben der Grundmodelle angehängt werden. Wo das nicht gemacht
werden soll, kennzeichnet ein Pluszeichen (+), dass der Rest der Zeile so
behandelt wird, als würde er zur vorangehenden Zeile gehören.

Zur Beschreibung des Verhaltens von Bauteilen werden oftmals auch ganze Schaltungen verwendet, die aus mehreren parametrisierten Grundmodellen zusammengesetzt sind. Man nennt solche Schaltungen *Subcircuits*.
Auch *Subcircuits* bezeichnet man häufig als *Modelle*. Wenn Verwechselun-
gen ausgeschlossen sind, wird das auch in diesem Buch so gehandhabt.
Operationsverstärker sind meistens als *Subcircuits* „modelliert".

Der Subcircuit des Operationsverstärkers *µA741* sieht wie folgt aus:

```
*$
* connections:  non-inverting input
*                | inverting input
*                | | positive power supply
*                | | | negative power supply
*                | | | | output
*                | | | | |
.subckt uA741  1 2 3 4 5
*
  c1    11 12 8.661E-12
  c2     6  7 30.00E-12
  dc     5 53 dx
  de    54  5 dx
  dlp   90 91 dx
  dln   92 90 dx
  dp     4  3 dx
  egnd  99  0 poly(2) (3,0) (4,0) 0 .5 .5
  fb     7 99 poly(5) vb vc ve vlp vln 0 10.61E6 -10E6 10E6 10E6 -10E6
  ga     6  0 11 12 188.5E-6
  gcm    0  6 10 99 5.961E-9
  iee   10  4 dc 15.16E-6
  hlim  90  0 vlim 1K
  q1    11  2 13 qx
  q2    12  1 14 qx
  r2     6  9 100.0E3
  rc1    3 11 5.305E3
  rc2    3 12 5.305E3
  re1   13 10 1.836E3
  re2   14 10 1.836E3
  ree   10 99 13.19E6
  ro1    8  5 50
  ro2    7 99 100
  rp     3  4 18.16E3
  vb     9  0 dc 0
  vc     3 53 dc 1
  ve    54  4 dc 1
  vlim   7  8 dc 0
  vlp   91  0 dc 40
  vln    0 92 dc 40
.model dx D(Is=800.0E-18 Rs=1)
.model qx NPN(Is=800.0E-18 Bf=93.75)
.ends
*$
```

Ein Subcircuit beginnt mit der Zeichenkette *.subckt*. Darauf folgt sein Name (*uA741*) und eine Liste der Pinnamen (*1 2 3 4 5*). Subcircuits werden bei PSPICE üblicherweise durch die Zeichen **$* von anderen Modellen getrennt.

Neben den Modellbibliotheken gibt es noch Schaltzeichenbibliotheken. Die Schaltzeichenbibliotheken für CAPTURE haben die Dateiendung *.olb*.

Mit der Erstellung neuer Modelle, mit der Anpassung der Parameter von *models* und *subcircuits* an spezielle Bedürfnisse sowie der Erstellung von Schaltzeichen beschäftigt sich dieses Buch nicht. Das sind Aufgaben für Spezialisten. Hier lernen Sie „nur", wie Sie sich ein Modell oder eine Modell-bibliothek, die Sie von einem Dritten, z.B. von der Webseite eines Halbleiter-herstellers bezogen haben, nutzbar machen, d.h. mit einem passenden Schaltzeichen versehen und ins Programm einbinden können. Damit Sie es dabei nicht allzu schwer haben, wurde von mir eine CAPTURE-Schalt-zeichenbibliothek mit allen wichtigen Schaltzeichen diskreter Halbleiter und Operationsverstärker entwickelt. Diese Bibliothek heißt *discretes2005.olb* und befindet sich zusammen mit anderen für dieses Buch erstellten Biblio-theken im Ordner *addlibs* innerhalb Ihrer PSPICE-Installation. Außerdem befinden sich in diesem Ordner die Modellbibliotheken der Halbleiter von *NXP* (früher *Philips*), *Infineon* und *National Semiconductor* sowie die Bibli-othek *parts.lib* mit Modellen, die ich mit dem Programm PARTS erzeugt habe. Falls Sie eine PSPICE-Vollversion nutzen, bringt Ihnen von den oben erwähnten Bibliotheken nur *parts.lib* etwas Neues, denn die Modelle der anderen Zusatzbibliotheken sind in der Vollversion bereits enthalten.

Im Folgenden werden Sie lernen:

• die im Ordner *addlibs* bereitgestellten Modellbibliotheken anzumelden.
• die Schaltzeichenbibliothek *discretes2005.olb* anzumelden.
• ein Modell mit einem Schaltzeichen zu verknüpfen.
• Modelle aus dem Internet zu laden.

16.2   Modellbibliotheken an- und abmelden

Aktion

16.1

Starten Sie CAPTURE und erstellen Sie ein Projekt mit dem Namen *modeltest*. Legen Sie ein Simulationsprofil mit dem Namen *modeltest* an und wählen Sie im Fenster SIMULATION SETTINGS, das sich anschließend öffnet, die Abteilung CONFIGURATION FILES (Bild 16.3). Wählen Sie unter CATEGORY die Option LIBRARY:

Bild 16.3 zeigt, dass zur Zeit die Modellbibliotheken *nom.lib* und *sample.lib* bei PSPICE angemeldet sind. Die Bibliothek *nom.lib* wird während der PSPICE-Installation angelegt. Sie nimmt eine Sammelanmeldung für alle PSPICE-Original-Modellbibliotheken vor. Im Fall der Demoversion sind das die Bibliotheken *eval.lib* und *breakout.lib*. Die Bibliothek *sample.lib* beinhal-tet Modelle, die zu den für dieses Buches erstellten Euromodifikationen ge-hören.

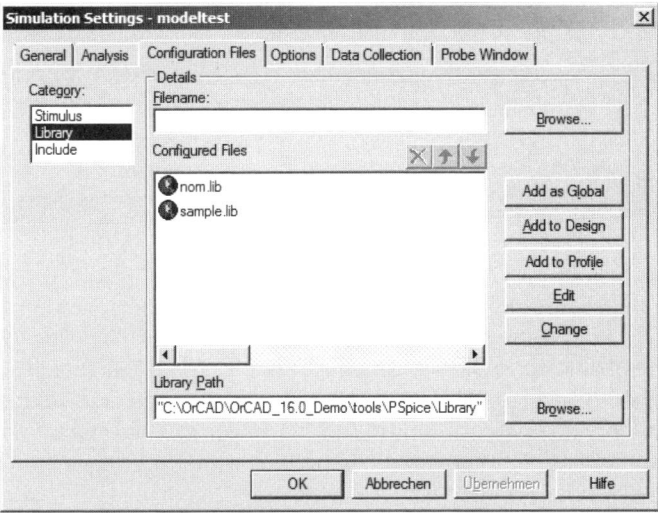

Bild 16.3: Das Fenster SIMULATION SETTINGS/CONFIGURATION FILES/LIBRARY
zur Anmeldung von Modellbibliotheken

Um das Anmelden von Modellbibliotheken zu lernen, werden Sie im Folgenden die Modellbibliothek *discretes2005.lib* bei PSPICE anmelden. Diese Bibliothek befindet sich im Ordner *addlibs* Ihrer PSpice-Installation.

Aktion
16.2

Betätigen Sie (Bild 16.3) die Schaltfläche BROWSE... Finden Sie *discretes2005.lib* auf dem Pfad *.../OrCAD/OrCAD_16.0_Demo/addlibs*. Bringen Sie die Datei mitsamt dem Suchpfad in die Eingabezeile FILENAME. Betätigen Sie danach die Schaltfläche ADD AS GLOBAL und befördern Sie *discretes2005.lib* dadurch in die Liste der *global*, d.h. für sämtliche Schaltungen angemeldeten Modellbibliotheken (Bild 16.4).

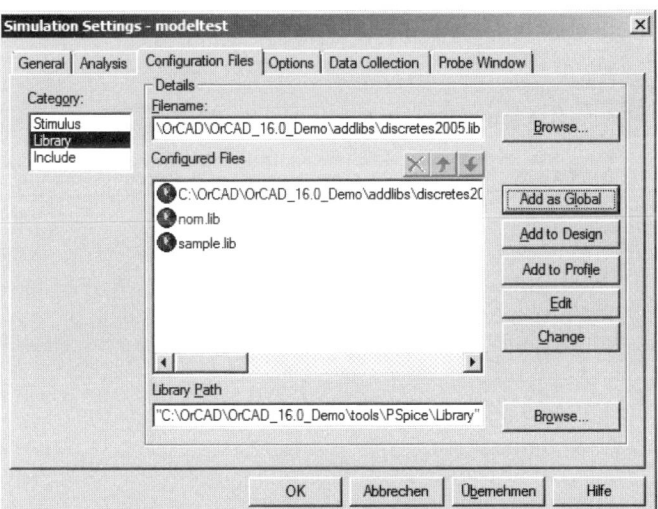

Bild 16.4: Das Fenster SIMULATION SETTINGS/CONFIGURATION FILES/LIBRARY.
Die Modellbibliothek *discretes2005.lib* **ist global angemeldet**

Übungen:

- Melden Sie nach dem Muster von Aktion 16.2 auch noch die Modellbibliotheken *nxp.lib*, *nat_sem.lib*, *infineon.lib* und *parts.lib* an (Bild 16.5)[1] Auch diese Bibliotheken finden Sie im Ordner *addlibs*. In *nxp.lib*, *nat_sem.lib* und *infineon.lib* befinden sich die Modelle der Halbleiter von *NXP* (*früher Philips*), *National Semiconductor* und *Infineon*. Die Bibliothek *parts.lib* enthält Modelle diskreter Halbleiter, die ich erzeugt habe, weil ich sie nützlich fand, sie aber in den anderen Bibliotheken nicht vorhanden waren.

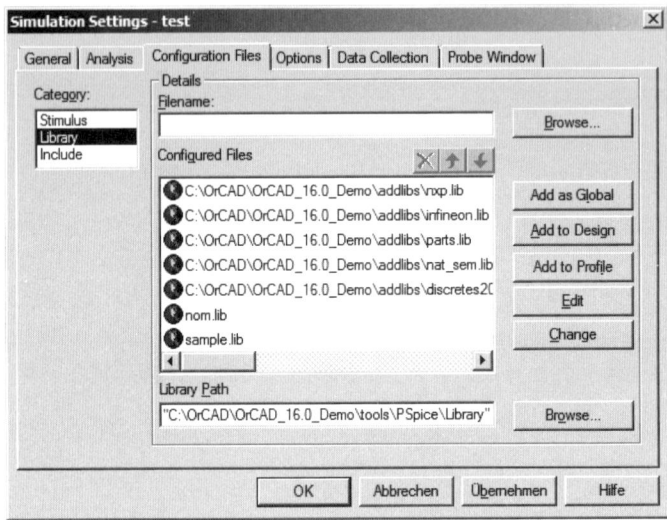

Bild 16.5: Das Fenster Simulation Settings/Configuration Files/Library.
Fünf neue Modellbibliotheken sind global angemeldet

- Welche Modelle diskreter Halbleiter und Operationsverstärker Ihnen fortan zur Verfügung stehen, finden Sie im Anhang im Abschnitt *Zusatzmodelle*. Sehen Sie sich in diesem Abschnitt etwas um.

Um eine unter CAPTURE bei PSPICE angemeldete Modellbibliothek wieder abzumelden, müssen Sie im Fenster Simulation Settings (Bild 16.5) in der mit Configured Files überschriebenen Liste den Namen der abzumeldenden Bibliothek durch einen Mausklick markieren. Anschließend können Sie die markierte Bibliothek abmelden, indem Sie die darüberliegende Schaltfläche mit der (dann) roten X-förmigen Markierung anklicken. Die abgemeldete Bibliothek ist danach weiterhin auf Ihrer Festplatte vorhanden und kann jederzeit wieder angemeldet werden.

In *addlibs* befindet sich auch die Bibliothek *discretes2005.olb*, mit Schaltzeichen für alle gängigen diskreten Halbleiterbauelemente und Operations-

---

1) Modellbibliotheken, die vom Nutzer im Fenster Simulation Settings (Bild 16.5) angemeldet werden sollen, müssen immer mit ihrem vollständigen Suchpfad in die Eingabezeile Filename eingetragen werden. Die Schaltfläche Browse... hilft Ihnen dabei. Ohne Suchpfad sind im Fenster Simulation Settings lediglich diejenigen Bibliotheken aufgeführt, die bereits während der Installation angemeldet wurden.

verstärker (vgl. Abschnitt 16.6). Diese Schaltzeichen sind so vorbereitet, dass Sie mit neu erworbenen Modellen verknüpft werden können. Die Schalt-zeichen von *discretes2005.olb* sind zu Anfang mit Default-Modellen ver-knüpft. Diese befinden sich in der Bibliothek *discretes2005.lib*, die Sie in Aktion 16.2 angemeldet haben. Welche Modelle *discretes2005.olb* als Default-Modelle verwendet, können Sie den Kommentaren entnehmen, die es im Abschnitt 16.6 zu jedem dieser Schaltzeichen gibt.

Aktion
16.3

Öffnen Sie *discretes2005.lib* in einem ASCII-Texteditor (Notepad) und sehen Sie sich an, welche Modelle darin vorhanden sind. Welche dieser Modelle sind vom Typ *model* ? Welche vom Typ *subcircuit* ?

Schaltzeichenbibliotheken an- und abmelden   16.3

Das An- und Abmelden von Schaltzeichenbibliotheken geschieht unter CAP-TURE im Fenster PLACE PART (Bild 16.6).

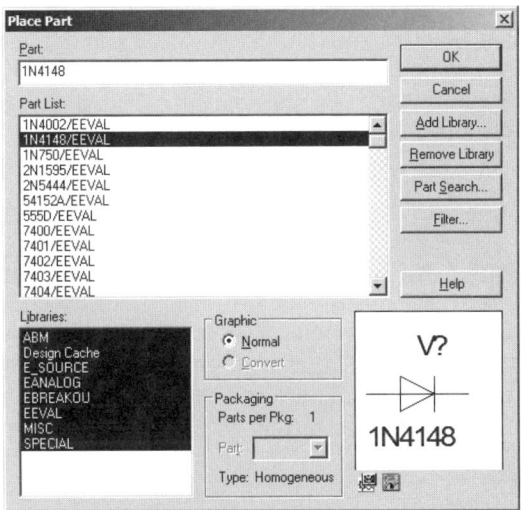

Bild 16.6: Das Fenster PLACE PART zum An- und Abmelden neuer Schaltzeichenbibliotheken

Wenn Sie im Fenster PLACE PART die Schaltfläche ADD LIBRARY... betätigen, dann öffnet sich das Fenster BROWSE FILE zum Auffinden einer *olb*-Datei, die Sie anmelden wollen. Haben Sie die gewünschte Bibliothek gefunden, dann können Sie diese durch Markieren und anschließendes Betätigen der Schaltfläche ÖFFNEN anmelden, d.h. in den Fensterteil LIBRARIES des Fens-ters PLACE PART befördern. Ist Ihnen das gelungen, dann müssen Sie das Fenster PLACE PART durch Anklicken der kleinen Schaltfläche mit dem Kreuz (rechts oben) schließen. Das ist eine ungewöhnliche Art, eine Aktion zu quittieren, aber CAPTURE will das so.

Aktion
16.4

Arbeiten Sie sich über die Schaltfläche ADDLIBRARY... des Fensters PLACE PART bis zum Ordner *addlibs* durch und melden Sie die Schaltzeichen-bibliothek *discretes2005.olb* bei CAPTURE an (Bild 16.7).

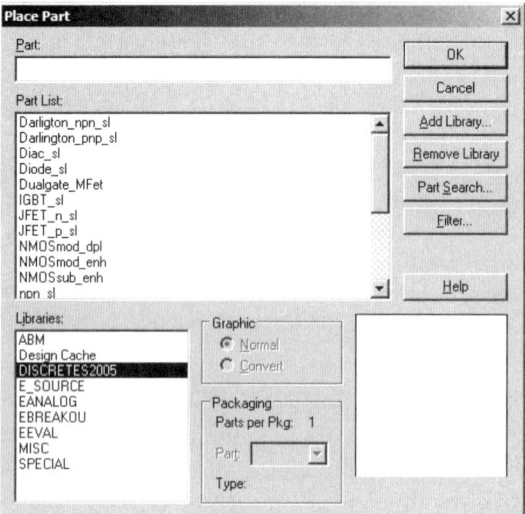

Bild 16.7: Das Fenster PLACE PART. Die Bibliothek *discretes2005.olb* ist angemeldet

Wenn Sie eine der im Fensterteil LIBRARIES verzeichneten, d.h. angemeldeten Bibliotheken markieren (anklicken mit der Maus) und anschließend die Schaltfläche REMOVE LIBRARY betätigen, dann wird die markierte Bibliothek abgemeldet. Eine abgemeldete Bibliothek wird nicht gelöscht und kann bei Bedarf später wieder angemeldet werden.

16.4 Modelle an Schaltzeichen anbinden

Das Einbinden neuer Modelle ist mit Hilfe der Bibliothek *discretes2005.olb* sehr einfach. Um das zu lernen, werden Sie die folgende Stabilisierungsschaltung mit einer Z-Diode *BZY83/C24* und einem (Längs-)Transistor *BC140* realisieren (Bild 16.8). Beide Modelle befinden sich in *parts.lib*.

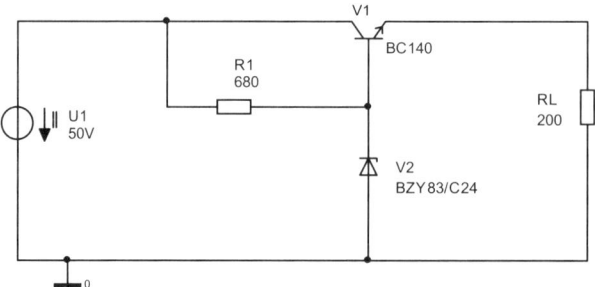

Bild 16.8: Spannungssta-bilisierung mit Z-Diode und Längstransistor

Aktion
16.5

  ● Öffnen Sie in CAPTURE das noch leere Projekt *modeltest.opj*, das Sie in
  ● Aktion 16.1 angelegt haben. Zeichnen Sie als Grundlage für die Erzeu-
  ● gung der Schaltung von Bild 16.8 zuerst einmal die Schaltung von Bild
  ● 16.9 unter Verwendung der Schaltzeichen *npn_mod* und *Z-Diode_sl* aus
  ● der Bibliothek *discretes2005.olb*:

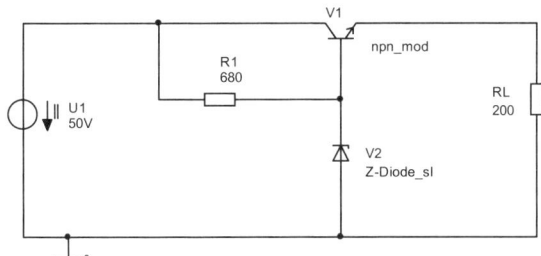

Bild 16.9: Schaltung mit Bauteilen aus *discretes2005.olb*

Überzeugen Sie sich im Abschnitt *Zusatzmodelle* des Anhangs davon, dass die Modelle *BC140* und *BZY83/C24* in *parts.lib* vorhanden sind.

Aktion
16.6

Doppelklicken Sie (Bild 16.9) auf den Namen *npn_mod* und öffnen Sie dadurch das Fenster DISPLAY PROPERTIES. Überschreiben Sie den aktuellen Modell-Namen *npn_mod* mit dem Namen des gewünschten Modells *BC140*. Verlassen Sie dann das Fenster DISPLAY PROPERTIES mit OK. Öffnen Sie anschließend den Property-Editor des Transistors und finden Sie darin die Abteilung IMPLEMENTATION[1]. Überzeugen Sie sich davon, dass PSPICE das Modell des *BC140* tatsächlich *implementiert* hat.

Aktion
16.7

Wiederholen Sie Aktion 16.7 für die Z-Diode *BZY83/C24*. Ihre Schaltung müsste danach der von Bild 16.8 gleichen.

Aktion
16.8

Simulieren Sie die Schaltung mit einem DC-Sweep von *U1* zwischen 0V und 50V (Increment 0.2V). Erzeugen Sie ein Simulationsergebnis entsprechend Bild 16.10 und freuen Sie sich darüber, dass Ihnen die Einbindung neuer Modelle fortan sehr leicht fallen wird.

Aktion
16.9

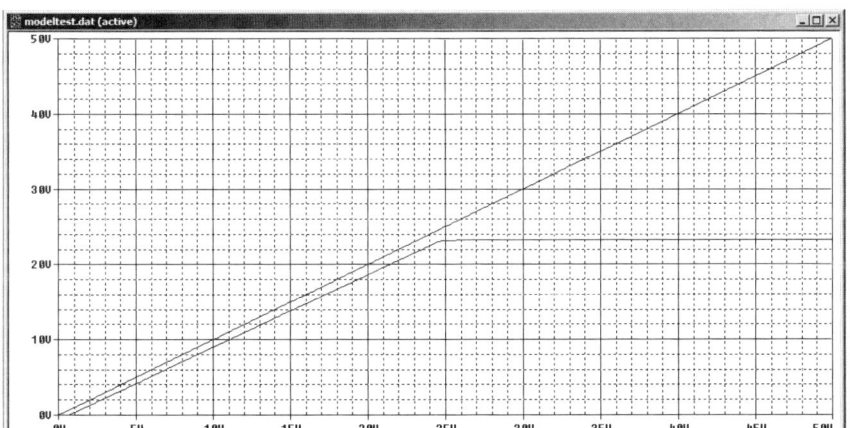

Bild 16.10: Spannungsstabilisierung mit Z-Diode und Längstransistor

---

1) Meistens besitzt ein Bauteil weitaus mehr Attribute, als diejenigen, für die sich der Nutzer normalerweise interessiert. Der Property-Editor eines Bauteils besitzt deshalb verschiedene Filter, die über FILTER BY: ausgewählt werden können. Für den PSPICE-Nutzer gibt es den Filter OrCAD-PSPICE. Ungefiltert werden alle Attribute eines Bauteils angezeigt, wenn <CURRENT PROPERTIES> gewählt wird. Um das Attribut IMPLEMENTATION sichtbar zu machen, müssen Sie im Property-Editor unter FILTER BY: die Option CURRENT PROPERTIES wählen.

16.5   Ein Modell aus dem Internet laden

Sie haben in Abschnitt 16.2 sehr viele wichtige Modelle in Ihre PSPICE-Installation eingebunden. Dennoch werden Sie früher oder später ein Modell nutzen wollen, das Sie nicht besitzen, aber aus dem Internet laden können. Am Beispiel der Modelle von *Texas Instruments* werden Sie in diesem Abschnitt lernen, Modelle aus dem Internet zu laden und in Ihrer PSPICE-Installation nutzbar zu machen[1].

Viele Halbleiterhersteller, so auch *Texas Instruments*, bieten die Möglichkeit, ihre Modelle einzeln oder als Gesamtheit herunterzuladen. Bei *Texas Instruments* erfordert das Herunterladen des vollständigen Modellvorrats ca. 40 MByte Speicherplatz. 39.999 MByte davon wären Datenmüll, den Sie vermutlich niemals nutzen würden. Im Zeitalter des Internets ist es wenig vernünftig, bei PSPICE-Modellen eine umfangreiche Vorratshaltung zu betreiben. Oftmals ist es besser, ein Modell erst dann herunterzuladen, wenn es wirklich benötigt wird. Diesen Weg habe ich Ihnen durch eine Liste der Namen der bei *Texas Instruments* verfügbaren Operationsverstärker-Modelle vorbereitet. Den Modellnamen auf dieser Liste sind jeweils die Namen der Schaltzeichen aus *discretes2005.olb* hinzugefügt, die zu den einzelnen Modellen „passen". Diese Liste befindet sich im Anhang.

Am Beispiel des Operationsverstärkers *TL081* von *Texas Instruments* lernen Sie im Folgenden den Download eines PSPICE-Modells[2], dessen Ablage in einer geeigneten Modellbibliothek und deren Einbindung in PSPICE.

Aktion

16.10

● Gehen Sie auf die Webseite von *Texas Instruments* (*www.ti.com*). Auf
● der Eingangsseite befindet sich ganz oben ein Eingabefeld, das anfangs
● den Eintrag SEARCH BY KEYWORD enthält[3]. Tragen Sie in dieses Feld *TL081*
● ein und starten Sie die Suche durch Anklicken von GO. Es öffnet sich
● nach einiger Zeit ein Bildschirm mit dem Suchergebnis (Bild 16.11):

```
JFET-Input Operational Amplifier - TL081 - TI Product Folder
   ... JFET-Input Operational Amplifier - TL081 - TI Product Folder  ... TL081 Status:ACTIVE ...
   http://focus.ti.com/docs/prod/folders/print/tl081.html - 179.34k  HTML file


[PDF] TL081, TL081A, TL081B, TL082, TL082A, TL082B, TL084, TL084A, TL084B (Rev. G
   ... TL081, TL081A, TL081B, TL082, TL082A, TL082B, TL084, TL084A, TL084B (Rev. G
   ... OFFSET N1 IN− IN+ V CC− NC V CC+ OUT OFFSET N2 TL081, TL081A, TL081B D, P, OR PS
   PACKAGE (TOP VIEW) 12348765 1OUT 1IN− 1IN ...
   http://focus.ti.com/lit/ds/slos081g/slos081g.pdf - 974.07k  PDF file


JFET-Input Operational Amplifier - TL081A - TI Product Folder
   ... TL081, TL081A, TL081B, TL082, TL082A, TL082B, TL084, TL084A, TL084B (Rev. G)
   (tl081a.pdf, 974 KB) 23 Sep 2004 Download  ... TL081: JFET-Input Operational Amplifier ...
   http://focus.ti.com/docs/prod/folders/print/tl081a.html - 94.92k  HTML file
```

Bild 16.11: Ergebnis einer Suche nach dem Keyword *TL081* auf der Webseite von *Texas Instruments* (Auszug)

---

1) Der Nutzer der PSPICE-Demoversion wird von der Möglichkeit, neue Modelle in sein Programm einbinden zu können, natürlich besonders profitieren. In einigen Fällen wird er sich allerdings zu früh freuen, wenn er bei seiner Modellsuche im Internet fündig geworden ist: Manche Modelle, besonders die einiger Operationsverstärker, sind derart aufwändig modelliert, dass die Demoversion damit überfordert ist.

2) Die folgenden Beispiele sind mit dem Internet-Explorer erzeugt. Andere Web-Browser arbeiten ähnlich.

3) Die Angaben zur Webseite von *Texas Instruments* geben deren Stand vom September 2008 wieder. Dieser Stand kann sich natürlich ändern, aber das Prinzip der Modellsuche wird vermutlich gleich bleiben.

Sie benötigen den *Product Folder* zum *TL081*. In Bild 16.11 befindet sich dieser ganz oben unter den Suchergebnissen. Klicken Sie den (blauen) Link zum *Product Folder* des *TL081* an. Sie erhalten einen Bildschirm entsprechend Bild 16.12.

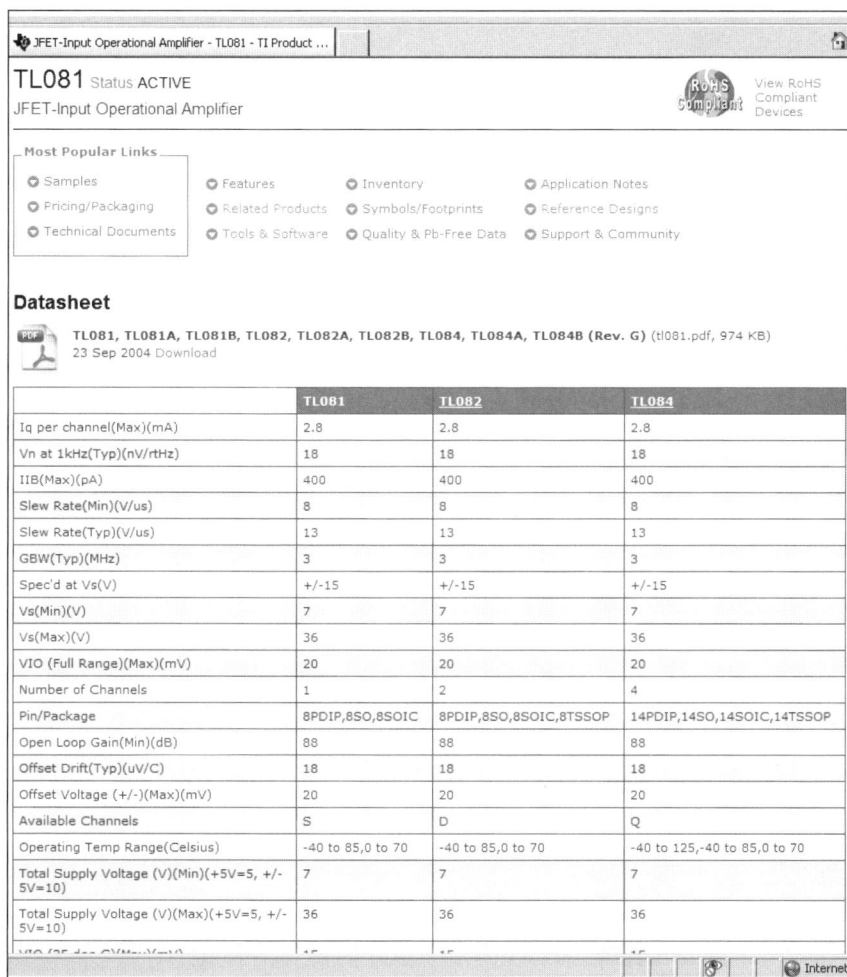

Bild 16.12: Der *Product Folder* des Operationsverstärkers *TL081* (Auszug)

Sie finden im Hauptteil des Bildes die wesentlichen Informationen des Datenblatts zum *TL081*. Oben links gibt es einen Link zu TECHNICAL DOCUMENTS.

Aktion
16.11

Klicken Sie TECHNICAL DOCUMENTS an und erzeugen Sie dadurch einen Bildschirm wie er auszugsweise in Bild 16.13 dargestellt ist.

Aktion
16.12

Klicken Sie in der Abteilung SIMULATION MODELS/SPICE MODEL den roten Link *zip* an, um die Datei *sloj069.zip* in der sich (gepackt) das Modell des *TL081* befindet, herunterzuladen. Es öffnet sich (falls Sie den Original-Entzipper von VISTA verwenden) das Fenster *Dateidownload* (Bild 16.14).

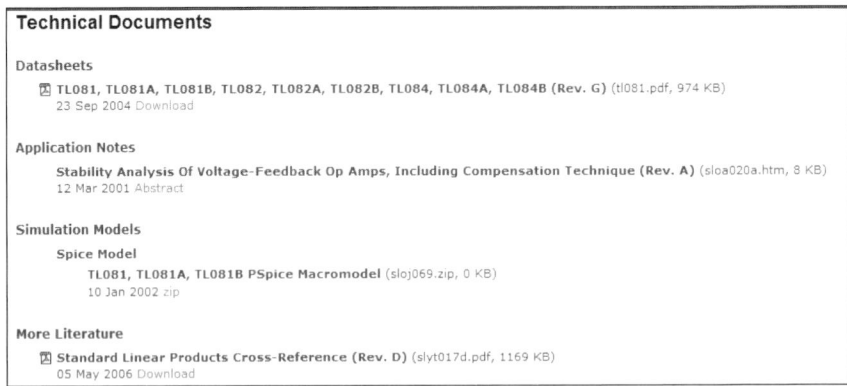

Technical Documents

Datasheets
  🗎 TL081, TL081A, TL081B, TL082, TL082A, TL082B, TL084, TL084A, TL084B (Rev. G) (tl081.pdf, 974 KB)
     23 Sep 2004 Download

Application Notes
     Stability Analysis Of Voltage-Feedback Op Amps, Including Compensation Technique (Rev. A) (sloa020a.htm, 8 KB)
     12 Mar 2001 Abstract

Simulation Models
     Spice Model
       TL081, TL081A, TL081B PSpice Macromodel (sloj069.zip, 0 KB)
       10 Jan 2002 zip

More Literature
  🗎 Standard Linear Products Cross-Reference (Rev. D) (slyt017d.pdf, 1169 KB)
     05 May 2006 Download

Bild 16.13: Verfügbare technische Dokumente zum *TL081*. Auszug

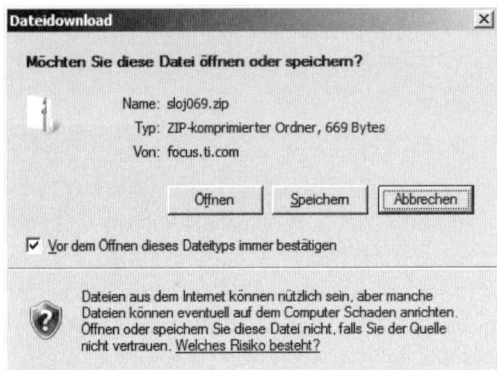

Bild 16.14: Das Fenster DATEIDOWN-
LOAD **zum Laden von** *sloj069.zip*

Aktion

16.13

● Betätigen Sie im Fenster DATEIDOWNLOAD die Schaltfläche SPEICHERN. Es
● öffnen sich zwei Fenster. Das Fenster SPEICHERN UNTER ist aktiv (Bild 16.15).
● Arbeiten Sie sich in diesem Fenster durch bis zum Ordner *addlibs*.

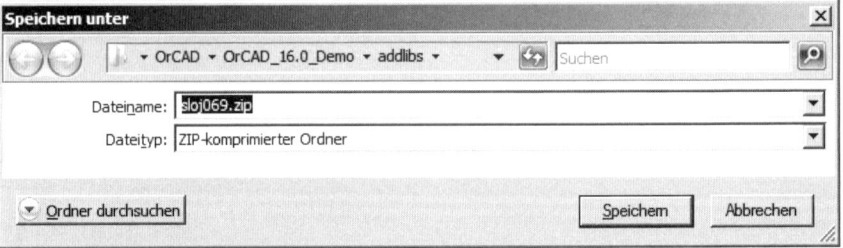

Bild 16.15: Das Fenster SPEICHERN UNTER **zur Wahl eines Speicherorts für die Datei** *sloj069.zip*

Aktion
16.14

● Wählen Sie im Fenster SPEICHERN UNTER die Option SPEICHERN und begin-
● nen Sie den Download. Zum Schluss öffnet sich das Fenster DOWNLOAD
● BEENDET (Bild 16.16). Wählen Sie im Fenster DOWNLOAD BEENDET die Opti-
● on ÖFFNEN. Es öffnet sich u.U. das Fenster INTERNET EXPLORER-SICHERHEIT
● in welchem Sie gefragt werden, ob Sie Ihren Internet-Browser beim Down-
● load agieren lassen wollen. Wählen Sie dann ZULASSEN. Es öffnet sich
● anschließend das Fenster SLOJ069.ZIP (Bild 16.17).

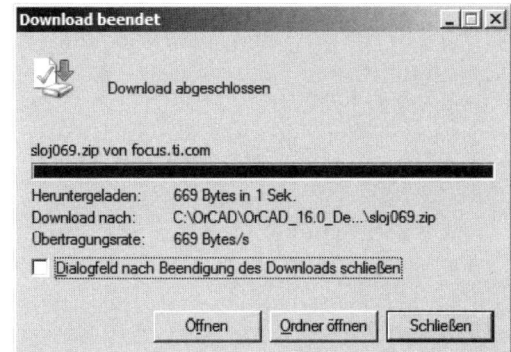

Bild 16.16: Das Fenster DOWNLOAD BEENDET mit drei Optionen

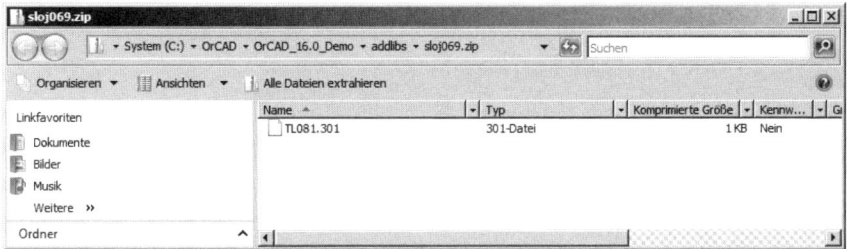

Bild 16.17: Das Fenster SLOJ069.ZIP mit Suchpfad zum Ordner *addlibs*. Auszug

Aktion
16.15

Markieren Sie im Fenster SLOJ069.ZIP den Eintrag *TL081.301* und betätigen Sie dann die Schaltfläche ALLE DATEIEN EXTRAHIEREN. Es öffnet sich das Fenster ZIP-KOMPRIMIERTE ORDNER EXTRAHIEREN. Der Suchpfad zum Ordner *addlibs* ist bereits eingetragen (Bild 16.18).

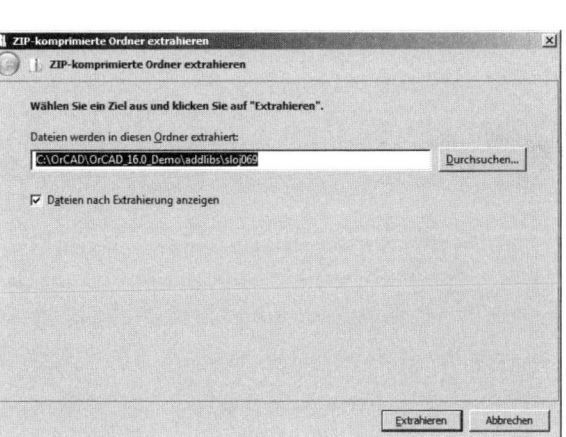

Bild 16.18: Das Fenster ZIP-KOMPRIMIERTE ORDNER EXTRAHIEREN. Suchpfad zum Ordner *addlibs*

Aktion
16.16

Betätigen Sie EXTRAHIEREN. Nach kurzer Zeit öffnet sich der WINDOWS-Explorer und zeigt innerhalb des Ordners *addlibs* den Ordner *sloj069* mit der entpackten Datei *TL081.301* an. Öffnen Sie *TL081.301* im Editor. Die Datei enthält den vollständigen Subcircuit des *TL081*, beginnend mit der Zeile *.SUBCKT TL081   1 2 3 4 5* und endend mit der Zeile *.ENDS*.

Aktion

- Machen Sie die Datei *TL081.301* zum Ausgangspunkt Ihrer Sammlung
- der Modelle von *Texas Instruments*, indem Sie diese Datei umbenennen
- in *texas.lib*. Kopieren Sie *texas.lib* in die oberste Hierarchie-Ebene von
- *addlibs*, d.h. dorthin, wo sich auch die übrigen PSPICE-Bibliotheken be-
- finden.

Aktion

- Schließen Sie das noch geöffnete Fenster SLOJ069.ZIP und löschen Sie
- aus *addlibs* den Ordner *sloj069* sowie die Datei *sloj069.zip*.

Übungen:

- Gehen Sie erneut auf die Webseite von *Texas Instruments* und laden Sie
  sich nach dem Muster der Aktionen 16.10 bis 16.15 das Modell des Operationsverstärkers *OPA130* herunter. Öffnen Sie *texas.lib* im Editor und
  hängen Sie (COPY/PASTE) das Modell des *OPA130*, getrennt durch die bei
  PSPICE übliche Trennzeile *$, an das Modell des *TL081* an.

- Gehen Sie auf die Webseite von *Linear Technologies* (*www.linear.com*)
  und laden Sie das Modell des Operationsverstärkers *LT1215* herunter.
  Machen Sie die heruntergeladene Datei zum Ausgangspunkt Ihrer Sammlung der Modelle von *Linear Technologies*, indem Sie die Datei umbenennen in *lin_tech.lib*.

  Hinweise zum Vorgehen:

  1. *www.linear.com* anwählen.
  2. Bei SEARCH suchen nach: *LT1215*
  3. Auf der Datenblattseite *LT1215 SPICE MODEL* finden.
  4. Rechter Mausklick und ZIEL SPEICHERN UNTER… wählen.
  5. Speichern in *addlibs*.
  6. Umbenennen in *lin_tech.lib*

- Laden Sie bei *Linear Technologies* auch noch das Modell des *LF155* herunter und hängen Sie es in *lin_tech.lib*, getrennt durch eine Trennzeile
  *$, an das dort bereits vorhandene Modell des *LT1215* an.

- Gehen Sie auf die Webseite von *International Rectifier* (*www.irf.com*) und
  laden Sie sich das Modell des MOSFET *IRL8113S* herunter. Machen Sie
  die heruntergeladene Datei zum Ausgangspunkt Ihrer Sammlung der Modelle von *International Rectifier*, indem Sie sie umbenennen in *int_rect.lib*.

  Hinweise zum Vorgehen:

  1. *www.irf.com* anwählen.
  2. Bei SEARCH/PART SEARCH suchen nach: *IRL8113S*
  3. Unter PRODUCT den Link *IRL8113S* anklicken.
  4. Oben links den Link SPICE FILE mit rechter Maustaste anklicken
     und ZIEL SPEICHERN UNTER… wählen. Speichern in *addlibs*.
  5. Umbenennen in *int_recht.lib*.

- Melden Sie, falls Sie mit der PSPICE-Demoversion arbeiten, *texas.lib*,
  lin_tech.lib und *int_rect.lib* bei PSPICE an.

discretes2005.olb: Schaltzeichen für importierte Modelle   16.6

Nachfolgend finden Sie eine Aufstellung der Schaltzeichen, die es in der Bibliothek *discretes2005.olb* für die wichtigsten Grundmodelle und Subcircuits gibt. Alle Schaltzeichen sind so aufgebaut, dass der Name des Simulationsmodells auf dem Schaltplan sichtbar und editierbar ist. Die Schaltzeichen sind mit Default-Modellen verknüpft. Diese Default-Modelle befinden sich in der Bibliothek *discretes2005.lib*. Nach Doppelklick auf einen im Schaltplan sichtbaren Modellnamen öffnet sich das Fenster DISPLAY PROPERTIES, in welchem der Name des Default-Modells mit den Namen eines anderen Modells überschrieben werden kann. Dadurch werden die Schaltzeichen aus *discretes2005.olb* mit neuen Modellen verknüpft.

Diese Methode, neue Modelle in PSPICE einzubinden, funktioniert problemlos, wenn es Ihnen gelingt, drei mögliche Fehler zu vermeiden:

1. Der Modellname muss im zugehörigen Eingabefenster korrekt eingetragen werden. Es kann leicht geschehen, dass man anstelle eines korrekt geschriebenen Modellnamens (z.B. *BC550C*), einen falschen Namen einträgt, z.B. *BC550 C*. Mit falsch geschriebenem Namen kann PSPICE ein Modell natürlich nicht finden. Im Anhang befindet sich in korrekter Schreibweise eine Liste der Modelle aus *nxp.lib, infineon.lib, nat_sem.lib* und *parts.lib* sowie eine Aufstellung der aktuell bei *Texas Instruments* verfügbaren Modelle. Durch diese Listen soll die Eingabe fehlerhafter Modellnamen möglichst ausgeschlossen werden.

2. Bei parametrisierbaren Grundmodellen müssen der Modell-Typ und das Schaltzeichen zueinander „passen". Für jeden Modell-Typ befindet sich in der nachfolgenden Aufstellung ein passendes Schaltzeichen. Die Listen im Anhang geben für jedes Modell an, welches Schaltzeichen dafür geeignet ist. Im Zweifelsfall finden Sie den Namen des Modell-Typs innerhalb der zugehörigen Modellbibliothek (*.lib) in der Kopfzeile des Modelltextes (die beginnt mit .model) direkt hinter dem Modell-Namen[1].

3. Bei Subcircuits müssen die Pins des Modells nach Anzahl und Reihenfolge mit dem zugehörigen Schaltzeichen übereinstimmen. Nach der Reihenfolge der Pins in der Kopfzeile des Modelltextes werden die Pins des Modells mit dem Schaltzeichen verknüpft. Die Schaltzeichen aus *discretes2005.olb* erfordern bei MOSFET-Subcircuits die Pin-Reihenfolge *drain, gate, source*. Bei Operationsverstärkern sind zwei verschiedene Pin-Reihenfolgen erlaubt. Das Schaltzeichen *OpAmp1* ist für Operationsverstärker geeignet, welche die folgende Pin-Reihenfolge besitzen: *nicht invertierender Eingang, invertierender Eingang, positive Versorgungspannung, negative Versorgungsspannung, Ausgang*[2]. Das Schaltzeichen *OpAmp2* „passt" zu Operationsverstärkern mit der Pin-Reihenfolge: *nicht invertie-*

---

1) Aus dem Modelltext der Diode *1N3940* (vgl. S. 338) ersieht man, dass das Modell dieser Diode den Namen *D1N3940* trägt und vom Typ *D* ist. Das Schaltzeichen *Diode_sl* „passt" für den Modell-Typ *D*.

2) Das Modell des Operationsverstärkers *uA748* (vgl. S. 339) hat diese Pin-Reihenfolge und „passt" folglich zu dem Schaltzeichen *OpAmp1*.

render Eingang, invertierender Eingang, Ausgang, positive Versorgungsspannung, negative Versorgungsspannung. Als Subcircuits modellierte
Bipolar-Transistoren (npn_sub und pnp_sub) erfordern die Pin-Reihenfolge Kollektor, Basis, Emitter. In den Listen im Anhang ist angegeben,
welches Schaltzeichen für das jeweilige Modell geeignet ist. Wollen Sie
ein Bauteil einbinden, bei dem die Pin-Reihenfolge nicht stimmt, dann
müssen Sie mit einem ASCII-Texteditor die in der ersten Zeile des Modelltextes angeführten Pin-Namen in die korrekte Reihenfolge bringen.

In *discretes2005.olb* vorhandenen Schaltzeichen:

NPN-Bipolartransistoren ────────────────────────────

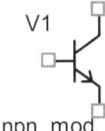

V1

npn_mod

npn_mod dient als Schaltzeichen für das parametrisierbare Grundmodell *NPN*. Dem Schaltzeichen *npn_mod* ist als Default-Modell
das Modell *npn_mod* aus der Bibliothek *discretes2005.lib* zugeordnet. Dieses Default-Modell basiert auf dem Modell des *BC548B*
von *NXP*.

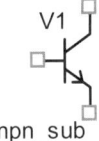

V1

npn_sub

npn_sub dient als Schaltzeichen für als Subcircuit modellierte npn-
Transistoren. Dem Schaltzeichen *npn_sub* ist als Default-Modell
der Subcircuit *npn_sub* aus der Bibliothek *discretes2005.lib* zugeordnet. Dieses Default-Modell basiert auf dem Modell des *2PD2150*
von *NXP*. Erforderliche Reihenfolge der Pins am Modell: *Kollektor,
Basis, Emitter*.

PNP-Bipolartransistoren ────────────────────────────

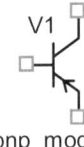

V1

pnp_mod

pnp_mod dient als Schaltzeichen für das parametrisierbare Grundmodell *PNP*. Dem Schaltzeichen *pnp_mod* ist als Default-Modell
das Modell *pnp_mod* aus der Bibliothek *discretes2005.lib* zugeordnet. Dieses Default-Modell basiert auf dem Modell des *BC558B*
von *NXP*.

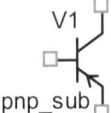

V1

pnp_sub

pnp_sub dient als Schaltzeichen für als Subcircuit modellierte pnp-
Transistoren. Dem Schaltzeichen *pnp_sub* ist als Default-Modell
der Subcircuit *pnp_sub* aus der Bibliothek *discretes2005.lib* zugeordnet. Dieses Default-Modell basiert auf dem Modell des *2PB1424*
von *NXP*. Erforderliche Reihenfolge der Pins am Modell: *Kollektor,
Basis, Emitter*.

NPN-Darligton-Transistoren ────────────────────────────

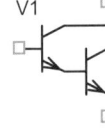

V1

Darlington_npn

Darlington_npn dient als Schaltzeichen für als Subcircuit modellierte npn-Darlington-Transistoren. Dem Schaltzeichen *Darlington_
npn* ist als Default-Modell der Subcircuit *Darlington_npn* aus der
Bibliothek *discretes2005.lib* zugeordnet. Dieses Default-Modell basiert auf dem Modell des *BST52* von *NXP*. Erforderliche Reihenfolge der Pins am Modell: *Kollektor, Basis, Emitter*.

PNP-Darligton-Transistoren

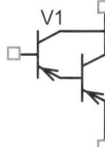

V1

Darlington_pnp

Darlington_pnp dient als Schaltzeichen für als Subcircuit modellierte pnp-Darlington-Transistoren. Dem Schaltzeichen *Darlington_pnp* ist als Default-Modell der Subcircuit *Darlington_pnp* aus der Bibliothek *discretes2005.lib* zugeordnet. Dieses Default-Modell basiert auf dem Modell des *BST62* von *NXP*. Erforderliche Reihenfolge der Pins am Modell: *Kollektor, Basis, Emitter*.

N-Kanal-Sperrschicht-Feldeffekttransistoren

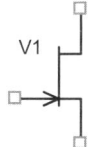

V1

JFET_n_mod

JFET_n_mod dient als Schaltzeichen für das parametrisierbare Grundmodell *NJF*. Dem Schaltzeichen *JFET_n_mod* ist als Default-Modell das Modell *JFET_n_mod* aus der Bibliothek *discretes-2005.lib* zugeordnet. Dieses Default-Modell basiert auf dem Modell des *BF245C* von *NXP*.

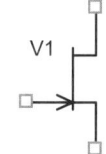

V1

JFET_n_sub

JFET_n_sub dient als Schaltzeichen für als Subcircuit modellierte n-Kanal-Sperrschicht-Feldeffekttransistoren. Dem Schaltzeichen *JFET_n_sub* ist als Default-Modell der Subcircuit *JFET_n_sub* aus der Bibliothek *discretes2005.lib* zugeordnet. Dieses Default-Modell basiert auf dem Modell des *BF862* von *NXP*. Erforderliche Reihenfolge der Pins am Modell: *drain, gate, source*

P-Kanal-Sperrschicht-Feldeffekttransistoren

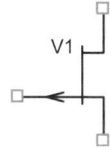

V1

JFET_p_mod

JFET_p_mod dient als Schaltzeichen für das parametrisierbare Grundmodell *PJF*. Dem Schaltzeichen *JFET_p_mod* ist als Default-Modell das Modell *JFET_p_mod* aus der Bibliothek *discretes-2005.lib* zugeordnet. Dieses Default-Modell basiert auf dem Modell des *J174* von *NXP*.

Dioden

D1

Diode_sl

Diode_sl dient als Schaltzeichen für das parametrisierbare Grundmodell des Typs *D*. Dem Schaltzeichen *Diode_sl* ist als Default-Modell das Modell *Diode_sl* aus der Bibliothek *discretes2005.lib* zugeordnet. Dieses Default-Modell basiert auf dem Grundmodell D mit $Cjo = 0{,}1$ pF und $Rs = 0{,}1\ \Omega$.

V1

Z-Diode_sl

Z-Diode_sl dient als Schaltzeichen für das parametrisierbare Grundmodell des Typs *D* (Schaltzeichenvariante zur Nutzung bei Z-Dioden). Dem Schaltzeichen *Z-Diode_sl* ist als Default-Modell das Modell *Z-Diode_sl* aus *discretes2005.lib* zugeordnet. Dieses Default-Modell basiert auf dem Modell *BZY83C/15* von *Infineon*.

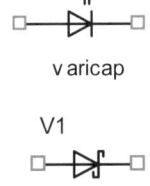

V1

varicap

varicap dient als Schaltzeichen für das parametrisierbare Grund-modell des Typs *D* (Schaltzeichenvariante zur Nutzung bei Kapa-zitätsdioden). Dem Schaltzeichen *varicap* ist als Default-Modell das Modell *varicap* aus *discretes2005.lib* zugeordnet. Dieses Default-Modell basiert auf dem Modell *BB135* von *NXP*.

V1

Schottky

Schottky dient als Schaltzeichen für Schottky-Dioden. Dem Schalt-zeichen *Schottky* ist als Default-Modell der Subcircuit *Schottky* aus der Bibliothek *discretes2005.lib* zugeordnet. Dieses Default-Mo-dell basiert auf dem Modell der Schottky-Diode *BAS40* von *NXP*.

Operationsverstärker

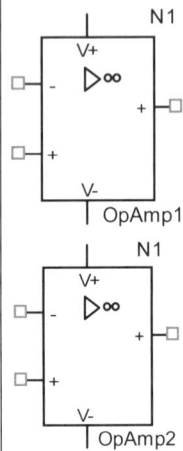

N1
V+
−
+
V-
OpAmp1

OpAmp1 dient als Schaltzeichen für Operationsverstärker, deren Subcircuits fünf Pins aufweisen. In der ersten Zeile der Modell-beschreibung müssen die Namen der fünf Pins in folgender Rei-henfolge angegeben sein: *nicht invertierender Eingang, invertie-render Eingang, positive Versorgungsspannung, negative Versor-gungsspannung, Ausgang*. Dem Schaltzeichen *OpAmp1* ist als Default-Modell der Subcircuit *OpAmp1* zugeordnet. Dieses Default-Modell basiert auf dem *TL081* von *Texas Instruments*.

N1
V+
−
+
V-
OpAmp2

OpAmp2 dient als Schaltzeichen für Operationsverstärker, deren Subcircuits fünf Pins aufweisen. In der ersten Zeile der Modell-beschreibung müssen die Namen der fünf Pins in folgender Rei-henfolge angegeben sein: *nicht invertierender Eingang, invertie-render Eingang, Ausgang, positive Versorgungsspannung, nega-tive Versorgungsspannung*. Dem Schaltzeichen *OpAmp2* ist als Default-Modell der Subcircuit *OpAmp2* zugeordnet. Dieses Default-Modell basiert auf einem OPV mit bipolaren Eingangstransistoren.

Insulated Gate Bipolar Transistors IGBT

V1

IGBT_mod

IGBT_mod dient als Schaltzeichen für das parametrisierbare Grundmodell *NIGBT*. Dem Schaltzeichen *IGBT_mod* ist als Default-Modell das Modell *IGBT_mod* aus der Bibliothek *discretes2005.lib* zugeordnet. Dieses Default-Modell basiert auf dem Grundmodell *NIGBT* mit seinen Default-Werten.

V1

IGBT_sub

IGBT_sub dient als Schaltzeichen für als Subcircuits modellierte N-Kanal-IGBTs. Dem Schaltzeichen *IGBT_sub* ist als Default-Mo-dell der Subcircuit *IGBT_sub* zugeordnet. Dieses Default-Modell basiert auf dem Modell des *IXGH40N60C* von *IXYS*. Erforderliche Reihenfolge der Pins am Modell: *Kollektor, Gate, Emitter*.

P-Kanal-MOSFETs des Verarmungstyps

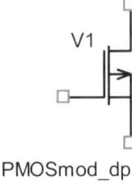

V1

PMOSmod_dpl

PMOSmod_dpl dient als Schaltzeichen für das parametrisierbare Grundmodell des Typs *PMOS*, Verarmungstyp. Dem Schaltzeichen *PMOSmod_dpl* ist als Default-Modell das Modell *PMOS_mod_dpl* aus *discretes2005.lib* zugeordnet. Dieses Default-Modell basiert auf dem Grundmodell *PMOS* mit *VTO*=4 und *KP*=2E-4.
Das Modell hat vier Pins in der Reihenfolge: *drain, gate, source, substrat*. Beim Aufruf des Schaltzeichens werden *source* und *substrat* verbunden, so dass das Schaltzeichen nur drei Anschlüsse hat.

P-Kanal-MOSFETs des Anreicherungstyps

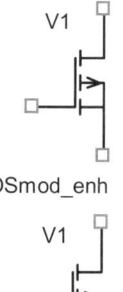

PMOSmod_enh

PMOSmod_enh dient als Schaltzeichen für das parametrisierbare Grundmodell *PMOS*, Anreicherungstyp. Dem Schaltzeichen *PMOS mod_enh* ist als Default-Modell das Modell *PMOSmod_enh* aus *discretes2005.lib* zugeordnet. Dieses Default-Modell basiert auf dem Grundmodell *PMOS* mit *VTO*=-0.5 und *KP*=0.2m.

Das Modell hat vier Pins in der Reihenfolge: *drain*, *gate*, *source*, *substrat*. Beim Aufruf des Bauteils werden *source* und *substrat* verbunden, so dass das Schaltzeichen nur drei Anschlüsse hat.

PMOSsub_enh

PMOSsub_enh dient als Schaltzeichen für als Subcircuits modellierte P-Kanal-MOSFETs des Anreicherungstyps. Dem Schaltzeichen *PMOSsub_enh* ist als Default-Modell der Subcircuit *PMOS sub_enh* aus *discretes2005.lib* zugeordnet. Dieses Default-Modell basiert auf dem Modell des *BUZ-173* von *Infineon*.

Erforderliche Reihenfolge der Pins am Modell: *drain*, *gate*, *source*.

N-Kanal-MOSFETs des Verarmungstyps

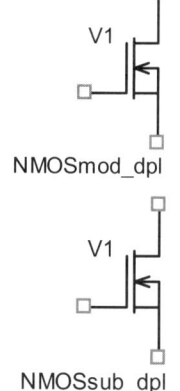

NMOSmod_dpl

NMOSmod_dpl dient als Schaltzeichen für das parametrisierbare Grundmodell *NMOS*, Verarmungstyp. Dem Schaltzeichen *NMOS mod_dpl* ist als Default-Modell das Modell *NMOSmod_dpl* aus der Bibliothek *discretes2005.lib* zugeordnet. Dieses Default-Modell basiert auf auf dem Grundmodell *NMOS* mit *VTO*=-4 und *KP*=0.2m.

Das Modell hat vier Pins in der Reihenfolge: *drain*, *gate*, *source*, *substrat*. Beim Aufruf des Schaltzeichens werden *source* und *substrat* verbunden, so dass das Schaltzeichen nur drei Anschlüsse hat.

NMOSsub_dpl

NMOSsub_dpl dient als Schaltzeichen für als Subcircuits modellierte MOSFETs des Verarmungstyps. Dem Schaltzeichen *NMOSsub_dpl* ist als Default-Modell der Subcircuit *NMOSsub_dpl* aus *discretes2005.lib* zugeordnet. Dieses Default-Modell basiert auf dem Modell des *BSS126* von *Infineon*. Erforderliche Reihenfolge der Pins am Modell: *drain*, *gate*, *source*.

N-Kanal-MOSFETs des Anreicherungstyps

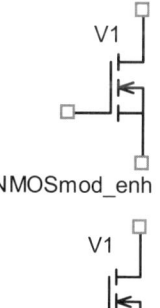

NMOSmod_enh

NMOSmod_enh dient als Schaltzeichen für das parametrisierbare Grundmodell *NMOS* in der Version für die Nutzung bei Anreicherungstypen. Dem Schaltzeichen *NMOSmod_enh* ist als Default-Modell das Modell *NMOSmod_enh*. Dieses Default-Modell basiert auf dem Grundmodell *NMOS* mit *VTO*=0.5 und *KP*=0.2m.

Das Modell hat vier Pins. Reihenfolge der Pins: *drain*, *gate*, *source*, *substrat*. Beim Aufruf des Schaltzeichens werden source und substrat verbunden, so dass das Schaltzeichen nur drei Anschlüsse hat.

NMOSsub_enh

NMOSsub_enh dient als Schaltzeichen für als Subcircuits modellierte MOSFETs des Anreicherungstyps. Dem Schaltzeichen *NMOSsub_enh* ist als Default-Modell der Subcircuit *NMOSsub_enh* aus *discretes2005.lib* zugeordnet. Dieses Default-Modell basiert auf dem Modell des *BUZ-60* von *Infineon*. Erforderliche Reihenfolge der Pins am Modell: *drain*, *gate*, *source*.

Dualgate-MOSFETs

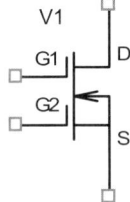

Dualgate_MFet

Dualgate_MFet dient als Schaltzeichen für Dualgate-MOSFets mit zwei Gates. Dem Schaltzeichen *Dualgate_MFet* ist als Default-Modell der Subcircuit *Dualgate_MFet* aus der Bibliothek *discretes2005.lib* zugeordnet. Dieses Default-Modell basiert auf dem Modell des *BF 998* von *NXP*. Erforderliche Reihenfolge der Pins am Modell: *source, drain, gate2, gate1*.

Thyristoren

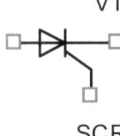

SCR

Thyristor dient als Schaltzeichen als subcircuits modellierte Thyristoren. Dem Schaltzeichen *Thyristor* ist als Default-Modell der Subcircuit *SCR* zugeordnet. Der Subcircuit *SCR* ist Bestandteil aller PSPICE-Versionen. Die Nullkippspannung und die negative Durchbruchspannung betragen 400 V. Erforderliche Reihenfolge der Pins am Modell: *Anode, Gate, Kathode*.

Triacs

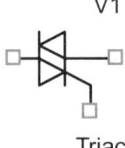

Triac

Triac dient als Schaltzeichen für Triacs. Dem Schaltzeichen *Triac* ist als Default-Modell der Subcircuit *Triac* zugeordnet. Der Subcircuit *Triac* ist Bestandteil aller PSPICE-Versionen. Die Nullkippspannung beträgt 400 V. Erforderliche Reihenfolge der Pins am Modell: *MT2 (Anode), gate, MT1 (Kathode)*.

Diacs

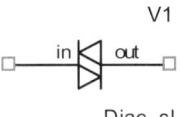

Diac_sl

Diac_sl dient als Schaltzeichen für Diacs. Dem Schaltzeichen *Diac_sl* ist als Default-Modell das Modell *Diac_sl* aus *discretes2005.lib* zugeordnet. Das Modell *Diac_sl* wurde speziell für dieses Buch entwickelt. Es ist ein stark vereinfachtes Modell eines Diac, das aber für Schalteranwendungen gut brauchbar ist. Die Durchbruchspannung beträgt ca. 40 V. Erforderliche Reihenfolge der Pins am Modell: *in, out*.

NTC-Widerstände

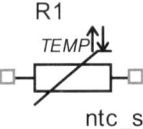

ntc_sl

ntc_sl dient als Schaltzeichen für Heißleiter. Dem Schaltzeichen *ntc_sl* ist als Default-Modell der Subcircuit *ntc_sl* aus der Bibliothek *discretes2005.lib* zugeordnet. Dieses Default-Modell basiert auf dem Modell des *M891_1000* von *Epcos*.

Varistoren (VDR)

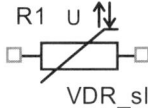

VDR_sl

VDR_sl dient als Schaltzeichen für Varistoren. Dem Schaltzeichen *VDR_sl* ist als Default-Modell der Subcircuit *VDR_sl* aus der Bibliothek *discretes2005.lib* zugeordnet. Dieses Default-Modell basiert auf dem Modell des *B32K320* von *Epcos*.

Aufgabe 16.1:

Zeichnen Sie den Dimmer von Bild 16.19. Simulieren Sie die Schaltung und erstellen Sie im Probe-Fenster übereinanderstehend die Diagramme der Versorgungsspannung, der Zündimpulse und der Spannung am Last-widerstand *RL*. Experimentieren Sie mit unterschiedlichen Zündwinkeln.

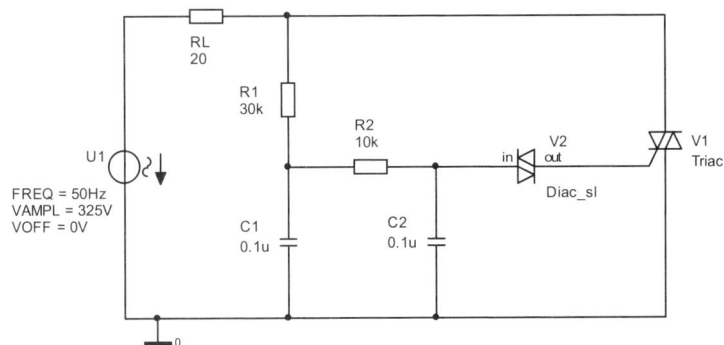

Bild 16.19: Dimmer mit Diac und Triac

Aufgabe 16.2:

Zeichnen Sie die astabile Kippstufe von Bild 16.20. Simulieren Sie mit RUN TO TIME = 0.5ms und MAXIMUM STEP SIZE = 100ns. Erzeugen Sie die Zeit-diagramme der Potenziale an den Knoten *out1* und *out2*. Arbeitet die Schal-tung befriedigend? Ersetzen Sie den relativ langsamen *OPA130* durch den schnelleren Typen *OPA132*. Arbeitet dieser besser? Wie verhält sich der *LT1022* von *Linear Technologies* in der Schaltung?

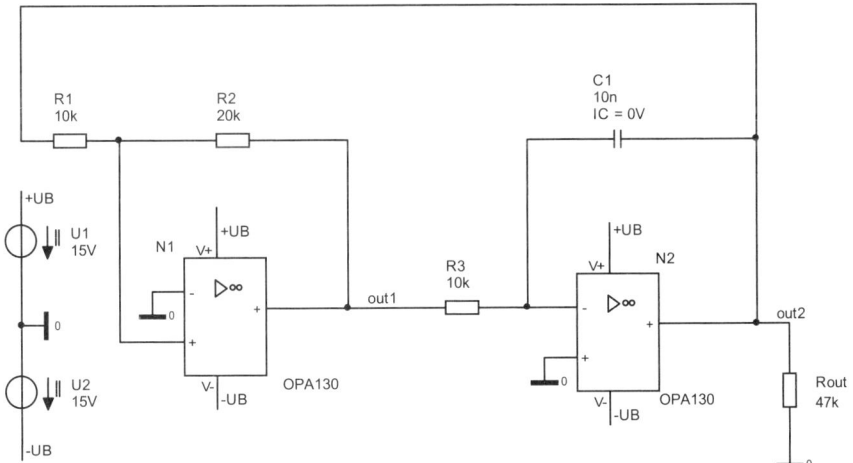

Bild 16.20: Astabile Kippstufe mit zwei Operationsverstärkern *OPA130*

Aufgabe 16.3:

Laden Sie sich die Modelle der ntc-Widerstände von *Epcos* herunter. Gehen Sie dazu wie folgt vor:

1. Gehen Sie auf die Webseite von *Epcos* (www.epcos.de).
2. Wählen Sie in der linken Menüleiste die Option Tools für Entwickler.
3. Wählen Sie NTC-Thermistor-Modellbibliothek für PSpice.
4. Wählen Sie Download Bibliothek. Nehmen Sie die dann angezeigte lange Belehrung zur Kenntnis und klicken Sie anschließend auf Akzeptieren.
5. Es öffnet sich das Fenster Dateidownload. Wählen Sie die Option Öffnen.
6. Markieren Sie im Entzip-Fenster *ntc.lib.* Dann: Extrahieren.
7. Extrahieren Sie *ntc.lib* in irgendein temporäres Verzeichnis.
8. Finden Sie in dem unter 7. gewählten Entpack-Verzeichnis den Ordner *ntc_psp* mit der Bibliothek *ntc.lib.* Kopieren Sie *ntc.lib* nach *addlibs*.

Aufgabe 16.4:

Laden Sie nach dem Muster von Aufgabe 16.3 *siov.lib* mit den Varistoren von *Epcos* herunter. Führen Sie (ASCII-Editor) *ntc.lib* und *siov.lib* zu einer einzigen Bibliothek *epcos.lib* zusammen (Copy/Paste). Melden Sie, sofern Sie mit der PSPICE-Demoversion arbeiten, *epcos.lib* bei PSPICE an.

Aufgabe 16.5:

Versorgen Sie den Heißleiter *ntc_sl* aus *discretes2005.olb* mit 1 V aus einer Quelle VDC. Nehmen Sie einen Temperatur-Sweep von −50 °C bis 150 °C vor und erzeugen Sie die Temperaturkennlinie des ntc entsprechend Bild 16.22. Wie groß ist der Widerstand bei der Nominaltemperatur 25 °C?.

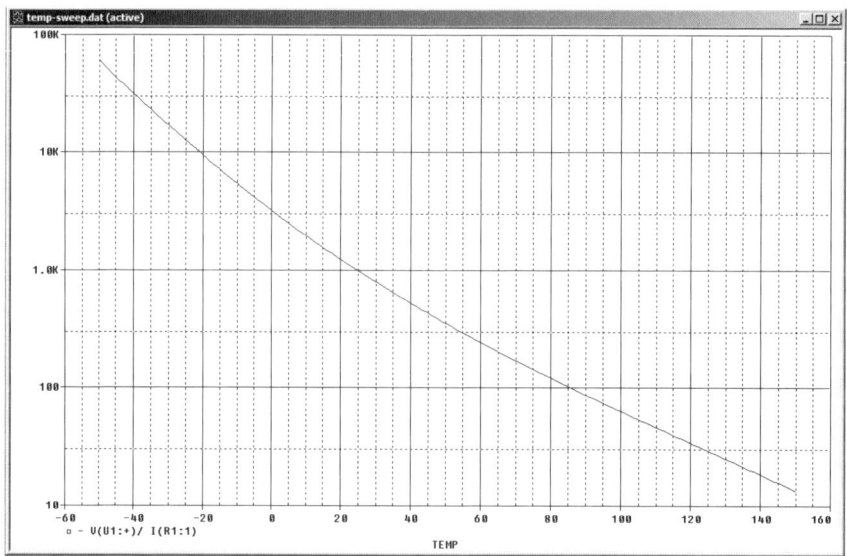

Bild 16.22: Temperaturkennlinie des Kaltleiters *ntc_sl* aus *discretes2005.olb*

Aufgabe 16.6:

Finden Sie im Online-Produktkatalog von *Epcos* einen 2 kΩ–ntc-Widerstand. Wiederholen Sie damit die Simulation von Aufgabe 16.5.

REGELUNGSTECHNIK

In diesem Kapitel lernen Sie anhand von Beispielen einige regelungstechnische Bausteine kennen, die ich zur Ergänzung der Originalversion von PSpice entwickelt habe. Sie erkennen dabei die beinahe universelle Nutzbarkeit, die PSpice durch die Möglichkeiten der Option *ABM* (Analog Behavioral Modeling) erhält. Mit *ABM* kann man individuelle PSpice-Modelle für praktisch alle mathematisch beschreibbaren technischen Systeme entwickeln. Die Entwicklung individueller PSpice-Modelle geht weit über den Rahmen einer Einführung in PSpice hinaus und ist deshalb nicht Gegenstand dieses Buches. Auf meiner Webseite *www.spiceLab.de* finden Sie weiterführende Informationen zu *ABM* und zur Regelungstechnik mit PSpice.

Die regelungstechnischen Bausteine dieses Buches erklären sich durch die verwendeten genormten Schaltzeichen eigentlich von selbst. Wenn Sie dennoch irgendwann zusätzliche Informationen zu einem Baustein benötigen, finden Sie diese in den Modellbeschreibungen im Anhang.

Optimierung von Reglerparametern   17.1

Die Wahl geeigneter Reglerparameter für eine vorgegebene Regelstrecke soll im Folgenden anhand eines gasbeheizten Brennofens erklärt werden. Eine Analyse des Ofens habe ergeben, dass bei der Erwärmung des Brenngutes drei Verzögerungen mit den Zeitkonstanden $T1 = 100$ s, $T2 = 60$ s und $T3 = 40$ s wirksam sind. Eine Gleichspannung von 100 V am Stellmotor des Ventils der Gaszuleitung ergebe nach Abklingen des Einschaltvorgangs für das Brenngut eine Temperatur von 1000 °C. Durch drei hintereinander geschaltete PT1-Elemente[1] mit (zusammen) einer Streckenverstärkung von 10, d.h. $Ks(Str1) \cdot Ks(Str2) \cdot Ks(Str3) = 10$, lässt sich das regelunstechnische Verhalten des Ofens beschreiben. Bild 17.1 zeigt diese Regelstrecke:

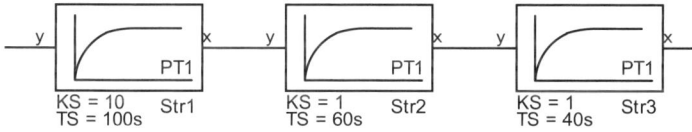

Bild 17.1: Modellierung eines Brennofens mit drei PT1-Elementen

Im Folgenden wird die Regelstrecke zuerst mit einem P-Regler geregelt, danach mit einem I-, einem PI- und einem PID-Regler. Damit die Ergebnisse vergleichbar werden, sollen die Regler jeweils so eingestellt werden, dass der Überschwinger der Sprungantwort ca. 15% des stationären Endwertes beträgt[2]:

---

1) Die regelungstechnischen Bausteine befinden sich in *misc.olb*
2) Für regelungstechnische Spezialisten: Das entspricht einer Phasenreserve von ca. 65°

17.1.1 P-Regelung

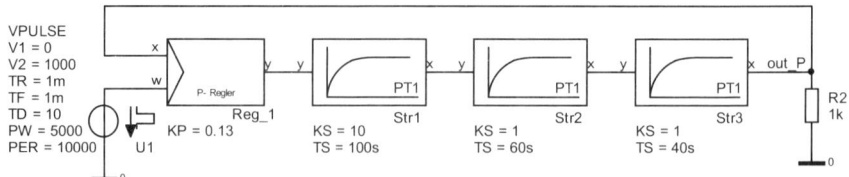

Bild 17.2: Regelkreis mit P-Regler

Bild 17.2 zeigt den Regelkreis mit P-Regler. Durch Ausprobieren verschiedener Werte von Kp findet man einen Überschwinger von 15 % des stationären Endwertes mit $Kp = 0{,}13$. Bild 17.3 zeigt die Sprungantwort. Der Überschwinger stimmt, aber leider entspricht der Endwert (565) nicht dem Wert der Führungsgröße (1000). Die P-Regelung besitzt eine bleibende Regelabweichung[1].

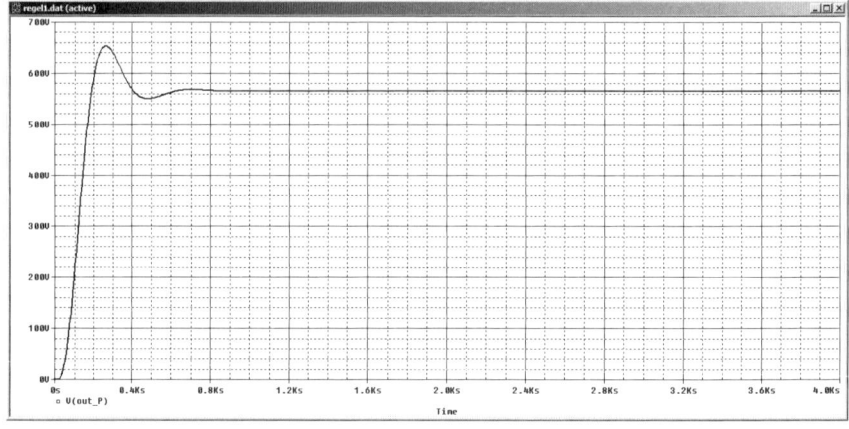

Bild 17.3: P-Regler: Sprungantwort des Regelkreises von Bild 17.2

17.1.2 I-Regelung

Bild 17.4 zeigt den Regelkreis mit einem I-Regler. Nach einigem Probieren findet man den gewünschten Überschwinger von 15 % mit einem Integrierbeiwert $Ki = 0{,}00035$. Bild 17.5 zeigt die Sprungantwort. Die Regelabweichung ist verschwunden. Leider ist die Regelung viel langsamer geworden.

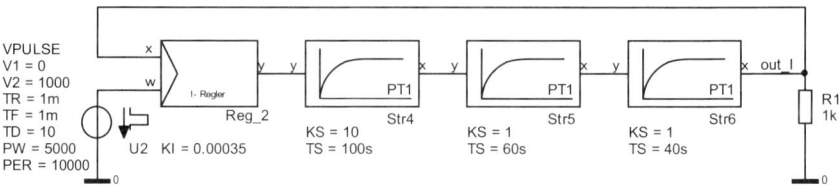

Bild 17.4: Regelkreis mit I-Regler

---

1) PSpice rechnet nur mit reinen Zahlen. Simulationsergebnisse an Knotenpunkten interpretiert es als Spannungen. Die Größe am Knoten *out_P* wird deshalb im Probe-Fenster in Volt angegeben.

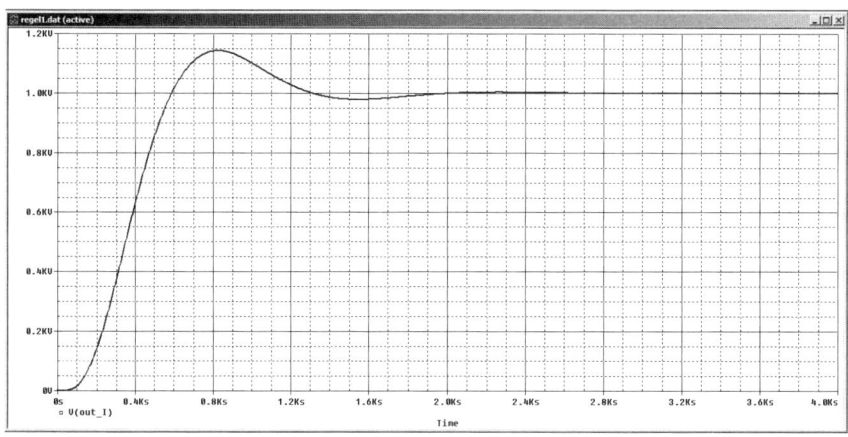

Bild 17.5: I-Regler: Sprungantwort des Regelkreises von Bild 17.4

PI-Regelung   17.1.3

Bild 17.6 zeigt den Regelkreis mit einem PI-Regler. Die Nachstellzeit *TN* wurde so gewählt, dass damit die größte Streckenzeitkonstante kompensiert wird, d.h. *TN* = 100s. Durch Probieren erhält man den gewünschten Überschwinger mit *Kp* = 0,075. Bild 17.7 zeigt die Sprungantwort: Die PI-Regelung ist ziemlich schnell und besitzt keine bleibende Regelabweichung.

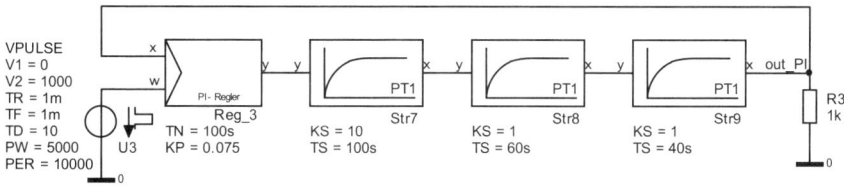

Bild 17.6: Regelkreis mit PI-Regler

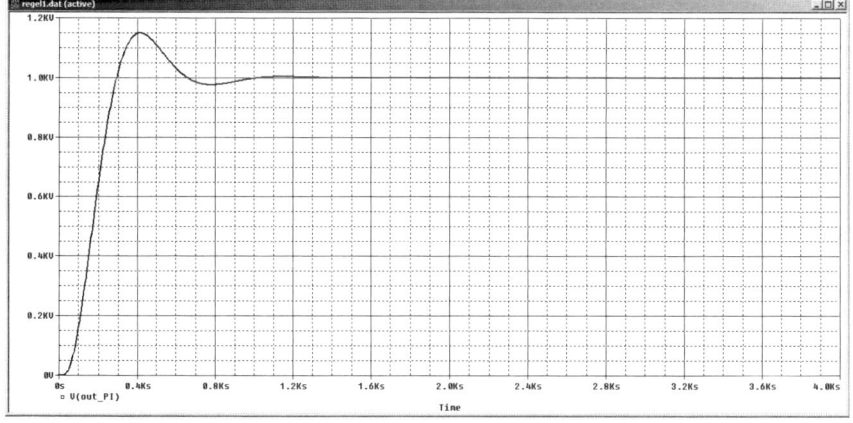

Bild 17.7: PI-Regler: Sprungantwort des Regelkreises von Bild 17.6

17.1.4 PID-Regelung

Ein PID-Regler ermöglicht es, zwei Zeitkonstanten $Ts1$ und $Ts2$ der Regelstrecke zu kompensieren. Dazu wählt man die Nachstellzeit $TN = Ts1 + Ts2$ und die Vorhaltezeit $Tv = (Ts1 \cdot Ts2) / (Ts1 + Ts2)$. Mit $Ts1 = 100s$ und $Ts2 = 60s$ ergibt das $TN = 160s$ und $TV = 40s$ (Bild 17.8)[1]. Durch Probieren findet man für die Propotionalverstärkung des Reglers den Wert $Kp = 0{,}4$. In Bild 17.9 sind die Sprungantworten von P-, I-, PI- und PID-Regler in einem gemeinsamen Diagramm dargestellt.

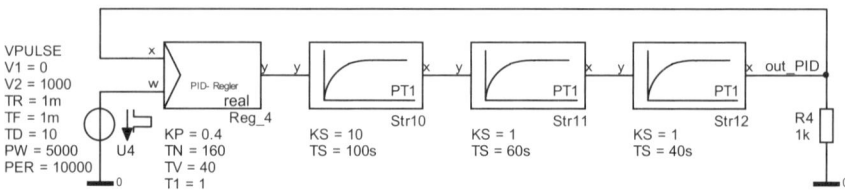

Bild 17.8: Regelkreis mit PID-Regler

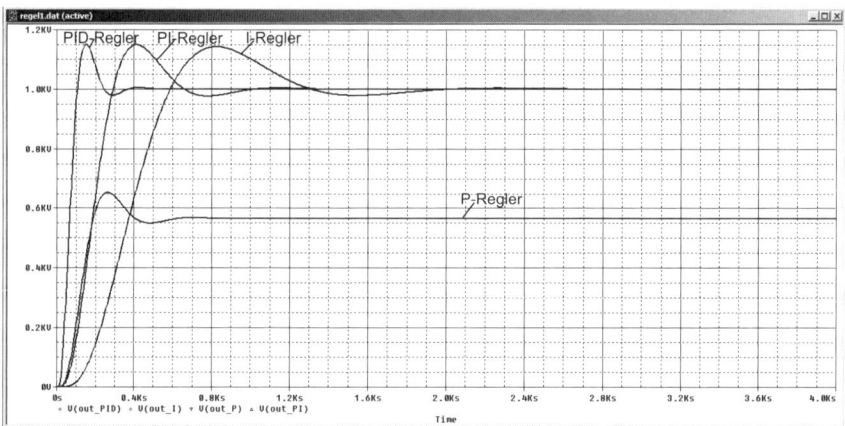

Bild 17.9: PID-Regler: Sprungantwort des Regelkreises von Bild 17.8

Die PID-Regelung scheint ideal zu sein. Leider täuscht der Schein. Wenn Sie sich die Spannung am Ausgang des PID-Reglers anschauen, erkennen Sie, dass der sehr steile Einschaltsprung der Führungsgröße wegen des D-Anteils des Reglers eine enorm hohe Spannung (mehr als 16 kV) am Ausgang des Reglers ergibt. Reale Regler liefern normalerweise keine solchen Spannungen. Die Reglermodelle wurden deshalb mit Attributen *Max* und *Min* ausgestattet, die es zulassen, die Reglerausgangsspannung auf realistische Werte zu begrenzen. Damit sollten Sie bei Gelegenheit experimentieren. Für den PID-Regelkreis von Bild 17.8 ergibt z.B. eine Begrenzung der Reglerausgangsspannung auf ± 300 V mit einer anschließenden Anpassung von Kp auf $Kp = 0{,}21$ immer noch ein sehr gutes Ergebnis.

---

1) Die Zeitkonstante $T1$ gibt dem Regler reales Verhalten. Sie bewirkt, dass senkrechte Spannungssprünge bei vorhandenem D-Anteil des Reglers nicht zu unendlich hohen Ausgangsgrößen des Reglers führen.

So eine Arbeit wird eigentlich niemals fertig,
man muss sie für fertig erklären.

Johann Wolfgang von Goethe

Anhang

Handbücher

Auf Ihrer CD befindet sich das komplette PSPICE-Handbuch. Bei Ihren ersten Schritten mit PSPICE werden Sie das Handbuch vermutlich nicht aufzuschlagen brauchen. Als fortgeschrittener PSPICE-Nutzer kommen Sie aber früher oder später an den Punkt, an dem Sie weitergehende Fragen klären möchten und Ihnen keiner dabei helfen kann. Dann hilft nur noch das Studium des (englischen) Handbuchs weiter. Das Handbuch finden Sie innerhalb des Ordners OrCAD_16.0_Demo/doc. Es ist im Acrobat-Reader lesbar. Unter der umfangreichen Dokumentation sind der PSPICE USERS GUIDE (pspug/pspug.pdf), der PSPICE REFERENCE GUIDE (pspcref/pspcref.pdf) und der CAPTURE USERS GUIDE (cap_ug/cap_ug.pdf) von besonderer Bedeutung.

Die Farben des Probe-Bildschirms ändern

Wenn Sie PSPICE frisch installiert haben, dann sind die Farben des Probe-Bildschirms so eingestellt, dass die Diagramme farbig auf schwarzem Grund erscheinen. Diese Darstellung ist sehr attraktiv und schont die Augen. Leider ist sie zum Druck ungeeignet, da die schwarze Hintergrundfarbe den Toner bzw. die Tinte des Druckers immens strapaziert. Deshalb kann man für den Drucker eine andere Farbwahl treffen. Als Vorgabeeinstellung für den Druck ist ein weißer Hintergrund eingestellt. Ob man die Bildschirmfarben so lässt, wie sie sind, d.h. mit schwarzem Hintergrund, das ist eine Frage der persönlichen Vorliebe: Die attraktive Bildschirmdarstellung mit schwarzem Hintergrund wird erkauft mit einer „Abkopplung" von der Darstellung des Druckers (weißer Hintergrund) und natürlich auch von der Darstellung der Probe-Bildschirme in diesem Buch. Sie müssen sich entscheiden.

Falls Sie die Bildschirmfarben ändern wollen, müssen Sie die Datei *PSpice.ini* bearbeiten, die sich im Ordner ...\OrCAD_16.0_Demo\tools\PSpice befindet. Dazu müssen Sie den Originaleintrag unter [PROBE DISPLAY COLORS] nach dem unten rechts dargestellten Muster abändern. Da sich gelb vor einem weißen Hintergrund nicht abhebt, muss neben den Farben für den Vorder- und Hintergrund auch die Farbe von TRACE 4 geändert werden.

Originalfarben
(schwarzer Hintergrund)

```
[PROBE DISPLAY COLORS]
NUMTRACECOLORS=12
BACKGROUND=BLACK
FOREGROUND=WHITE
TRACE_1=BRIGHTGREEN
TRACE_2=BRIGHTRED
TRACE_3=BRIGHTBLUE
TRACE_4=BRIGHTYELLOW
TRACE_5=BRIGHTMAGENTA
TRACE_6=BRIGHTCYAN
```

Geänderte Farben
(weißer Hintergrund)

```
[PROBE DISPLAY COLORS]
NUMTRACECOLORS=12
BACKGROUND=BRIGHTWHITE
FOREGROUND=BLACK
TRACE_1=BRIGHTGREEN
TRACE_2=BRIGHTRED
TRACE_3=BRIGHTBLUE
TRACE_4=BROWN
TRACE_5=BRIGHTMAGENTA
TRACE_6=BRIGHTCYAN
```

PROBE: Verfügbare Funktionen und Operatoren

Operator oder Funktion	Beschreibung
*	Mal
+	Plus
-	Minus
/	Geteilt durch
()	Klammersetzung in mathematischen Ausdrücken
ABS(x)	Betrag von x
SGN(x)	Vorzeichen von x
SQRT(x)	$\sqrt{x}$
EXP(x)	e^x
LOG(x)	$\ln(x)$
LOG10(x)	$\log(x)$
M(x)	Amplitude von x
P(x)	Phasenwinkel von x (in Grad)
R(x)	Realteil von x
IMG(x)	Imaginärteil von x
G(x)	Gruppenlaufzeit von x
PWR(x,y)	$(ABS(x))^y$
SIN(x)	$\sin x$
COS(x)	$\cos x$
TAN(x)	$\tan x$
ATAN(x)	$\arctan x$
ARCTAN(x)	wie ATAN(x)
D(f)	Ableitung von f nach der x-Achsen-Variablen
S(f)	Integral von f über den Bereich der x-Achse
AVG(f)	Mittelwert von f über dem Bereich der x-Achse
AVGX(x,d)	Mittel von x im Intervall d vor dem aktuellen x-Achsenwert
DB(f)	Amplitude von f in dB
MIN(f)	Minimum des Realteils von f
MAX(f)	Maximum des Realteils von f
RMS(f)	Effektivwert von f berechnet von 0 bis zum aktuellen x-Achsenwert

In der Bibliothek *eeval.olb* vorhandene Bauteile

Bauteil	Funktion
2N2222	NPN bipolar transistor
2N2907A	PNP bipolar transistor
2N3904	NPN bipolar transistor
2N3906	PNP bipolar transistor
1N750	zener diode
MV2201	voltage variable capacitance diode
1N4002	power diode

1N4148	switching diode
MBD101	switching diode
1N914	diode
2N3819	N-channel Junction field effect transistor
2N4393	N-channel Junction field effect transistor
IXGH40N60	N-channel Insulated Gate Bipolar Transistor
LM324	linear operational amplifier
LF411	linear operational amplifier
UA741	linear operational amplifier
LM111	voltage comparator
K3019PL_3C8	ferroxcube pot magnetic core
K502T300_3C8	ferroxcube pot magnetic core
K528T500_3C8	ferroxcube pot magnetic core
KRM8PL_3C8	ferroxcube pot magnetic core
IRF150	N-type power MOS field effect transistor
IRF9140	P-type power MOS field effect transistor
PAL20RP4B	Programmable Logic Device
A4N25	optocoupler
2N1595	silicon controlled rectifier (Thyristor)
2N5444	Triac
555D	555 timer subcircuit
Sw_tOpen,Sw_tClose	Time Dependent Switch Models
P/L2C	Coupled, equal, lumped T-section tline
P/L2C_A	Coupled, unequal, lumped T-section tline
P/LS	Uncoupled (single), lumped tline
P/T2C	Coupled, equal, distributed tline
P/T2C_A	Coupled,unequal,distributed(asymmetrical) tline
P/TS	Uncoupled (single), distributed tline
ESC2_B	Pentium Mercury set IBIS I/O model
54152A	Multiplexer/Data Selector 8-1 Line
7400	Quadruple 2-input Positive-Nand Gates
7401	Quadruple 2-input Positive-Nand Gate. Open-Collector
7402	Quadruple 2-input Positive-Nor Gates
7403	Quadruple 2-input Positive-Nand Gates. Open-Collector
7404	Hex Inverters
7405	Hex Inverters with Open-Collector Outputs
7406	Hex Inverter Buffers/Drivers with Open-Collector
7407	Hex Buffers/Drivers with Open-Collector
7408	Quadruple 2-input Positive-And Gates
7409	Quadruple 2-input Positive-And Gates. Open-Collector
7410	Triple 3-input Positive-Nand Gates
74100	8-Bit Bistable Latches
74107	Dual J-K Flip-Flops with Clear
74109	Dual J-KBar Positive-Edge-Triggered Flip-Flops
7411	Triple 3-input Positive-And Gates
74S11	S-series TTL Triple 3-input Positive-And gates
74110	And-Gated J-K Master-Slave Flip-Flops with Data Lockout
74111	Dual J-K Master-Slave Flip-Flops with Data Lockout
7412	Triple 3-input Positive-Nand Gates. Open-Collector
74121	Non-retriggerable Monoflop. Schmitt-Trigger Inputs
74122	Retriggerable Monostable Multivibrator
74123	Retriggerable Monostable Multivibrator
74125	Quadruple Bus Buffer with 3-state Outputs

74126	Quadruple Bus Buffer with 3-state Outputs
74128	Line Drivers
7413	Dual 4-input Positive-Nand Schmitt-Triggers
74132	Quadruple 2-input Positive-Nand Schmitt-Trigger
74136	Quadruple 2-input Exclusive-Or Gates. Open-Collector
7414	Hex Schmitt-Trigger Inverters
74147	Priority Encoder 10-4 Line
74148	Priority Encoder 8-3 Line
74151A	Multiplexer/Data Selector 8-1 Line
74153	Dual 4-Line To 1-Line Data Selectors/Multiplexers
74154	Decoder/Demultiplexer 4-16 Line
74155	Decoder/Demultiplexer 2-4 Line
74156	Decoder/Demultiplexer 2-4 Line. Open Collector
74157	Quadruple 2-Line To 1-Line Data Selectors/Multiplexers
74159	Decoder/Demultiplexer 4-16 Line. Open-Collector
7416	Hex Inverter Buffers/Drivers with Open-Collector
74160	Synchronous 4-bit Decade Counters. Asynchronous Clear
74161	Synchronous 4-bit Binary Counter with Direct Clear
74162	Synchronous 4-bit Decade Counters. Synchronous Clear
74163	Synchronous 4-bit Binary Counter
74164	8-Bit Parallel-Out Serial Shift Registers
7417	Hex Buffers/Drivers with Open-Collector
74173	Registers D-Type 4-Bit with 3-State Outputs
74174	Hex D-Type FLIP-FLOPS with Clear
74175	Quadruple D-Type FLIP-FLOPS with Clear
74176	35MHz Presettable Decade and Binary Counter/Latch
74177	35MHz Presettable Decade and Binary Counter/Latch
74178	4-Bit Parallel-Access Shift Register
74179	4-Bit Parallel-Access Shift Register
74180	Parity Generator/Checker Odd/Even 9-Bit
74181	ALU / Function Generator
74182	Look-Ahead Carry Generator
74184	BCD-To-Binary Converters
74185A	Binary-To-BCD Converters
74194	4-Bit Bidirectional Universal Shift Registers
74195	4-Bit Parallel-Access Shift Registers
74196	4-Bit Presettable Decade Counter/Latch
74197	4-Bit Presettable Binary Counter/Latch
7420	Dual 4-input Positive-Nand Gates
7422	Dual 4-input Positive-Nand Gates. Open-Collector
7423	Dual 4-input Nor Gates with Strobe
74246	Decoder/Driver BCD-7-Segment. Open Collector
74248	Decoder/Driver BCD-7-Segment with internal Pullups
74249	Decoder/Driver BCD-7-Segment. Open Collector
7425	Dual 4-input Nor Gates with Strobe
74251	Multipexer/Data Selector 8-1 Line with 3-State Outputs
74259	8-Bit Adressable Latches
7426	High-Voltage Interface Positive-Nand Gates
74265	Quad. complementary-Output Elements
7427	Triple 3-input Positive-Nor Gates
74273	Octal D-Type Edge-triggered Flip-Flops wirh Clear
74276	Quadruple J-K Flip-Flops
74278	Priority Registers 4-Bit cascadable

74279	Quadruple Sbar-Rbar Latches
7428	Quadruple 2-input Positive-Nor Buffers
74283	4-Bit Binary full Adders with fast carry
74290	Counter Decade 4-Bit, asynchronous
74293	Counter Binary 4-Bit, asynchronous
74298	Multiplexers Quad 2-Iinput with Storage
7430	8-input Positive-Nand Gates
7432	Quadruple 2-input Positive-Or Gates
7433	Quadruple 2-input Positive-Nor Buffers. Open Collector
74351	Dual Data Selector/Multiplexer with 3-State Outputs
74365A	Hex Bus Drivers with 3-State Outputs
74366A	Hex Bus Drivers with 3-State Outputs
74367A	Hex Bus Drivers with 3-State Outputs
74368A	Hex Bus Drivers with 3-State Outputs
7437	Quadruple 2-input Positive-Nand Buffers
74376	Quadruple J-K Flip-Flops
7438	Quadruple 2-input Positive-Nand Buffers. Open-Collector
7439	Quadruple 2-input Positive Nand Buffers. Open-Collector
74390	Counter Decade 4-Bit, asynchronous
74393	Counter Binary 4-Bit, asynchronous
7440	Dual 4-input Positive-Nand Buffers
74425	Quadruple Bus Buffers with 3-State Outputs
74426	Quadruple Bus Buffers with 3-State Outputs
7442A	Decoder BCD-Decimal 4-10 Line
7443A	Decoder Excess-3-Decimal 4-10 Line
7444A	Decoder Gray-Decimal 4-10 Line
7445	Decoder/Driver BCD-Decimal. Open Collector
7446A	Decoder/Driver BCD-7 Segment. Open Collector
7448	Decoder/Driver BCD-7 Segment with internal Pullups
7449	Decoder/Driver BCD-7 Segment. Open Collector
74490	Counter Decade 4-Bit, asynchronous
7450	Dual 2-wide 2-input And-Or-Invert Gates
7451	And-Or-Invert Gates
7453	Expandable 4-wide And-Or-Invert Gates
7454	4-wide And-Or-Invert Gates
7460	Dual 4-input Expanders
7470	And-Gated J-K Positive-Edge-Triggered Flip-Flops. Preset, Clr.
7472	And-Gated J-K Master-Slave Flip-Flops. Preset, Clear.
7473	Dual J-K Flip-Flops with Clear
7474	Dual D-Type Positive-Edge-Triggered Flip-Flops. Preset, Clear.
7475	4-bit bistable latches (dual 2-bit common clock 4-bit bistable)
7476	Dual J-K Flip-Flops with Preset and Clear
7477	4-bit bistable latches
7482	2-Bit Binary full Adders
7483A	4-Bit Binary full Adders with fast Carry
7485	4-Bit Magnitude Comparator
7486	Quadruple 2-input Exclusive-Or Gates
7491A	8-Bit Shift Registers
7492A	Counter Divide-By-12 4-Bit, asynchronous
7493A	Counter Binary 4-Bit, asynchronous
7494	4-Bit Shift Registers
7495A	4-Bit Parallel Shift Registers
7496	8-Bit Parallel-Out Serial Shift Registers

In der Bibliothek *misc.olb* bzw. *sample.lib* vorhandene Bauteile

BC547B	NPN bipolar transistor
BC548B	NPN bipolar transistor
BC 557B	PNP bipolar transistor
BC 558B	PNP bipolar transistor
BC550C	NPN bipolar transistor
BC 560C	PNP bipolar transistor
BD 139	NPN bipolar transistor
BD 140	PNP bipolar transistor
IRF 540	NMOS power transistor
IRF 9540	PMOS power transistor
LED-red	light emitting diode (GaAs)
V3Phase	Drehstromgenerator
Schalt3Phase	Drehstromschalter
AC-Ameter	Wechselstrommesser für die AC-Analyse
AC-Vmeter	Wechselspannungsmesser für die AC-Analyse
Ameter_trans	Mittelwertmesser für Ströme in der Transientenanalyse
Vmeter_trans	Mittelwertmesser für Spannungen in der Transientenanalyse
Wmeter_trans	Mittelwertmesser für Leistungen in der Transientenanalyse
OpAmp	nahezu idealer Operationsverstärker
Sw_analog	Analogschalter
Sw_perChange	Wechselschalter (bei Bedarf periodisch)
Sw_perClose	Schließer (bei Bedarf periodisch)
Sw_perOpen	Öffner (bei Bedarf periodisch)
ntc_lite	Heißleiter mit $B = 3770$. Der Nennwiderstand R20 ist einstellbar
ptc_lite	Silizium-Messkaltleiter (TS-Serie von Texas Inst. oder KTY-Serie)
PE	Symbol zur Kennzeichnung eines PE-Leiters
PEN	Symbol zur Kennzeichnung eines PEN-Leiters
N	Symbol zur Kennzeichnung eines N-Leiters
Diode_id	„Ideale" Diode. Durchlasswiderstand R_F=const=1mΩ. Sperrwiderstand R_{rev}=const=1GΩ. Schwellspannung U_D=0 V
P-Reg	P-Regler
I-Reg	I-Regler
PI-Reg	PI-Regler
PD_T1-Reg	Realer PD-Regler
PID_T1-Reg	Realer PID-Regler
P	Proportional-Element
I	I-Element
PT1	PT1-Element
PT2	PT2-Element
Delaytime	Totzeitelement
Plusminus	Summierer mit den Anschlüssen 1, 2, -, out. Es gilt: $v(out) = v(1) + v(2) - v(-)$

Die Spannungsquellen für die Transienten-Analyse

Es werden im Folgenden nur die Attribute der Spannungsquellen beschrieben. Zu jeder Spannungsquelle gibt es in PSPICE auch eine entsprechende Stromquelle. Deren Attribute entsprechen denen der analogen Spannungsquellen.

1. Die Spannungsquelle *VSIN*

Die Quelle ist einsetzbar für die DC-Analyse, die AC-Analyse und für die Transienten-Analyse. In einer Transienten-Analyse liefert sie eine sinusförmige Wechselspannung.

Attribute der DC-Analyse:

　　　　　　DC:　　　　　Höhe der Spannung.

Attribute der AC-Analyse:

　　　　　　AC:　　　　　Amplitude.

Attribute der Transienten-Analyse:

　　　　　　VOFF:　　　　Offset

　　　　　　VAMPL:　　　Amplitude

　　　　　　FREQ:　　　　Frequenz

　　　　　　TD:　　　　　Verzögerungszeit. Default: *TD* = 0. Die Spannung beginnt den durch die übrigen Attribute eingestellten Verlauf nach Ablauf von *TD*.

　　　　　　DF:　　　　　Dämpfungsfaktor. Default: *DF* = 0. Mit *DF* = 0 liefert die Quelle einen Sinus mit konstanter Amplitude (vgl. die Gleichung unten).

　　　　　　PHASE:　　　Phasenlage der Spannung bei ihrem Beginn.

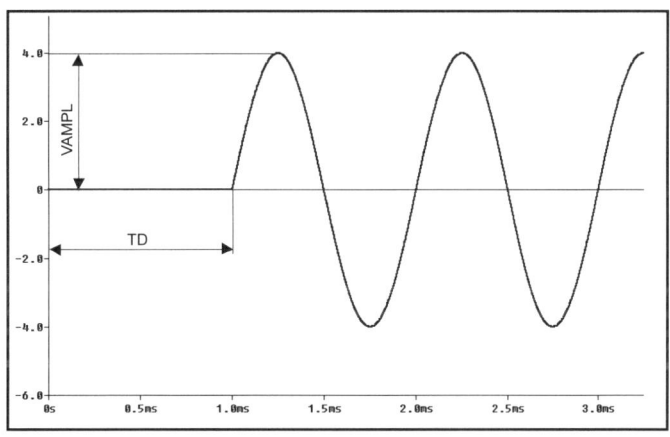

Bild A1: Spannung einer Quelle *VSIN* mit *VOFF* = 0; *VAMPL* = 4V; *FREQ* = 1k; *TD* = 1ms; *DF* = 0; *PHASE* = 0

Es sind immer nur diejenigen Attribute wirksam, welche zu der Analyse gehören, die gerade durchgeführt wird. Aber: Auch wenn Sie eine andere als die Transienten-Analyse durchführen wollen, müssen Sie dennoch für die Attribute der Transienten-Analyse irgendwelche Werte einsetzen, denn sonst simuliert PSPICE nicht. Die Spannung von *VSIN* ist für t < *TD* gleich dem Wert, der bei *VOFF* eingestellt wurde. Für t ≥ *TD* verläuft sie nach folgender Funktion:

$$u(t) = VOFF + VAMPL \cdot \sin(2\,\pi \cdot (FREQ \cdot (t - TD) + PHASE / 360)) \cdot e^{-(t-TD) \cdot DF}$$

2. Die Spannungsquelle *VPULSE*

Die Quelle ist einsetzbar für die DC-Analyse, die AC-Analyse und für die Transienten-Analyse. In einer Transienten-Analyse liefert sie eine periodische Impulsfolge.

Attribute der DC-Analyse:
$\quad\quad$ *DC*: $\quad\quad\quad\quad\quad$ Höhe der Spannung.

Attribute der AC-Analyse:
$\quad\quad$ *AC*: $\quad\quad\quad\quad\quad$ Amplitude.

Attribute der Transienten-Analyse:
$\quad\quad$ *V1*: $\quad\quad\quad\quad\quad$ Ausgangshöhe der Spannung des Impulses
$\quad\quad$ *V2*: $\quad\quad\quad\quad\quad$ Amplitude des Impulses
$\quad\quad$ *TD*: $\quad\quad\quad\quad\quad$ Verzögerungszeit (Delay Time)
$\quad\quad$ *TR*: $\quad\quad\quad\quad\quad$ Anstiegszeit des Impulses (Rise Time)
$\quad\quad$ *TF*: $\quad\quad\quad\quad\quad$ Abfallzeit des Impulses (Fall Time)
$\quad\quad$ *PW*: $\quad\quad\quad\quad$ Impulsbreite (Pulse With). Das ist die Zeit, während der der Impuls seinen Maximalwert hat
$\quad\quad$ *PER*: $\quad\quad\quad\quad$ Periodendauer der Impulsfolge

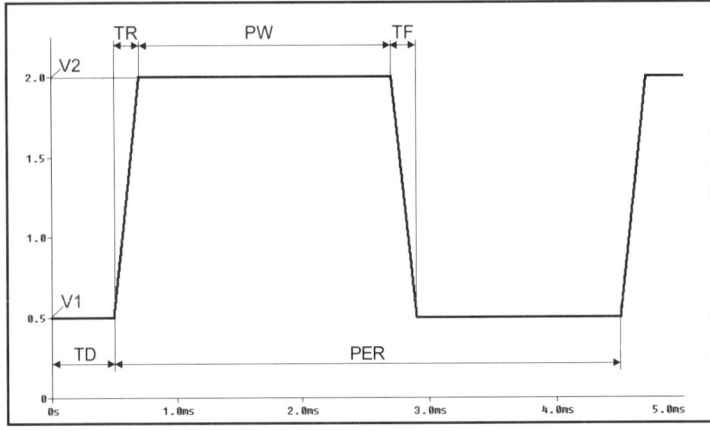

Bild A2: Spannung von *VPULSE* mit *V1* = 0.5V; *V2* = 2V; *TD* = 0.5ms; *TR* = 0.2ms; *TF* = 0.2ms; *PW* = 2ms; *PER* = 4ms

3. Die Spannungsquelle *VSRC*

Diese Spannungsquelle schafft die Verbindung zu früheren Versionen von PSPICE. Sie können hier die Attribute aller Spannungsquellen unmittelbar in der von PSPICE verwendeten Syntax eingeben. Das musste man früher, als PSPICE noch nicht über einen komfortablen Schaltplaneditor verfügte, notgedrungen so tun. Freiwillig macht das heute kaum noch jemand.

4. Die Spannungsquelle *VPWL*

Sie können im Attributfenster Zeit-Spannungs-Wertepaare angeben, die dann stückweise linear (piecewise linear) zu einem Spannungsverlauf verbunden werden.

5. Die Spannungsquelle *VPWL_ENH*

Bei dieser Spannungsquelle haben Sie erweiterte (**Enh**anced) Möglichkeiten für den Einsatz von *VPWL*. Sie können die Spannungsquelle sehr flexibel programmieren. Das ist allerdings nicht einfach, und wenn Sie das lernen wollen, müssen Sie sich mit dem entsprechenden Kapitel des Handbuchs auseinandersetzen.

6. Die Spannungsquelle *VEXP*

Die Quelle ist einsetzbar für die DC-Analyse, die AC-Analyse und für die Transienten-Analyse. In einer Transienten-Analyse liefert sie eine exponentiell ansteigende und abfallende Spannung.

Attribute der DC-Analyse:
        DC: Höhe der Spannung.

Attribute der AC-Analyse:
        AC: Amplitude.

Attribute der Transienten-Analyse:
V1:	Anfangswert der Spannung
V2:	Maximal-(End-)wert der Spannung
TD1:	Verzögerung des Spannungsbeginns
TD2:	Beginn des Abfalls der Spannung
TC1:	Anstiegszeitkonstante
TC2:	Abfallzeitkonstante

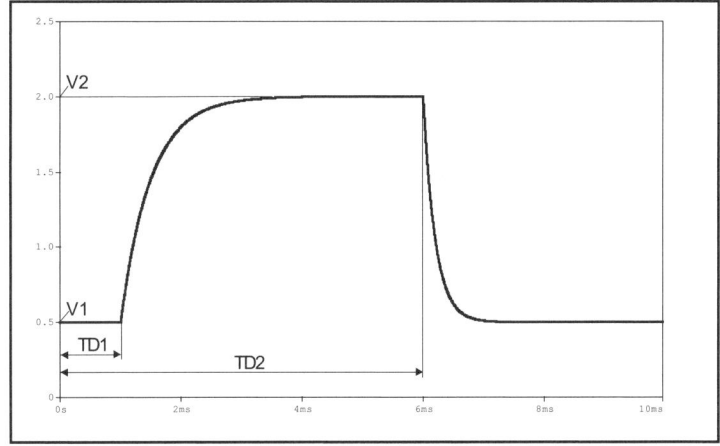

Bild A3: Spannung *VEXP* mit *V1* = 0.5V; *V2* = 2V; *TD1* = 1ms; *TD2* = 6ms; *TC1* = 0.5ms; *TC2* = 0.2ms

7. Die Spannungsquelle *VSFFM*

Mit dieser Quelle kann eine sinusförmige Trägerspannung mit einer Sinusspannung geringerer Frequenz moduliert werden. Es handelt sich um eine **S**ingle **F**requency **F**requency **M**odulation, d.h. eine Frequenzmodulation mit einer reinen Sinusspannung.

Die Transient-Attribute von *VSFFM*:

VOFF:	Offsetspannung
VAMPL:	Amplitude
FC:	Trägerfrequenz (**F**requency of **C**arrier)
MOD:	Modulationsindex
FM:	Frequenz der Modulationsspannung

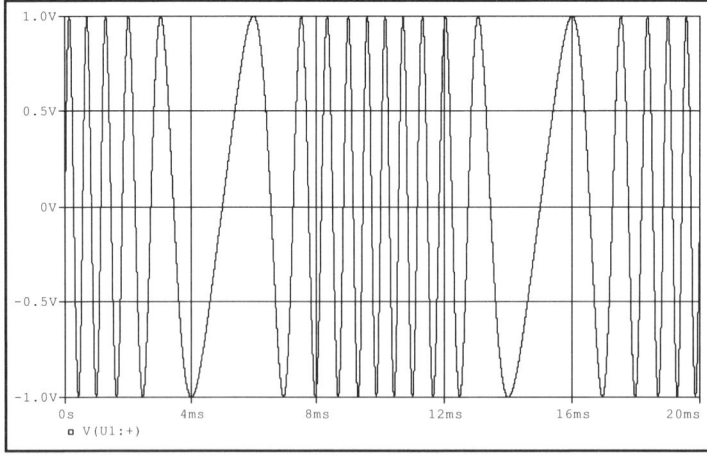

Bild A4: Spannung aus
VSFFM mit *VOFF* = 0V;
VAMPL = 1V; *FC* = 1kHz;
MOD = 8; *FM* = 100Hz

Die Messgeräte in *misc.olb*

1. Der Strommesser *AC-Ameter* für die AC-Analyse bei einer festen Frequenz

AC-Ameter besitzt keine Attribute. Das Messgerät stellt die Höhe des Stromes bei einem Einpunkt-AC-Sweep mit START FREQUENCY = END FREQUENCY fest. Im Probe-Fenster muss WATCH aktiviert sein.

2. Der Spannungsmesser *AC-Vmeter* für die AC-Analyse bei einer festen Frequenz

AC-Vmeter besitzt keine Attribute. Das Messgerät stellt die Höhe der Spannung bei einem Einpunkt-AC-Sweep mit START FREQUENCY = END FREQUENCY fest. Im Probe-Fenster muss WATCH aktiviert sein.

3. Der Spannungsmesser *Vmeter_trans* für die Transienten-Analyse

Vmeter_trans berechnet den arithmetischen Mittelwert, den Gleichrichtwert und den Effektivwert periodischer Spannungen beliebiger Kurvenform. Das Messgerät besitzt das Attribut T für die Periodendauer der auszuwertenden Spannung. *Vmeter_trans* wertet zu jedem Zeitpunkt t den Zeitraum zwischen $t - T$ und t aus. *Vmeter_trans* ist als Subcircuit realisiert, d.h. in der Demoversion sind nur maximal zwei Messgeräte für die Transienten-Analyse einsetzbar.

4. Der Strommesser *Ameter_trans* für die Transienten-Analyse

Ameter_trans berechnet den arithmetischen Mittelwert, den Gleichrichtwert und den Effektivwert periodischer Ströme beliebiger Kurvenform. Das Messgerät besitzt das Attribut T für die Periodendauer des auszuwertenden Stromes. *Ameter_trans* wertet zu jedem Zeitpunkt t den Zeitraum zwischen $t - T$ und t aus. *Ameter_trans* ist als Subcircuit realisiert, d.h. in der PSPICE-Demoversion sind nur maximal zwei Messgeräte für die Transienten-Analyse einsetzbar.

4. Der Leistungsmesser *Wmeter_trans* für die Transienten-Analyse

Wmeter_trans berechnet die Schein-, Wirk- und Blindleistung sowie die Effektivwerte von Strom und Spannung periodischer Vorgänge beliebiger Kurvenform. Das Messgerät besitzt das Attribut T für die Periodendauer des auszuwertenden Vorgangs. *Wmeter_trans* wertet zu jedem Zeitpunkt t den Zeitraum zwischen $t - T$ und t aus. *Wmeter_trans* ist als Subcircuit realisiert, d.h. in der Demoversion sind nur maximal zwei Messgeräte für die Transienten-Analyse einsetzbar.

Die Schalter aus *misc.olb*

Der (periodische) Schließer *Sw_perClose*

Die Attribute von *Sw_perClose*:

t_D:	Verzögerungszeit. Default: 1m
t_on:	Einschaltzeit. Default: 5g
t_off:	Ausschaltzeit. Default: 5g
t_switch:	Schaltzeit. Default: 1u

Der Sperrwiderstand des Schalters beträgt 1GΩ. Der Durchlasswiderstand des Schalters beträgt 1mΩ.

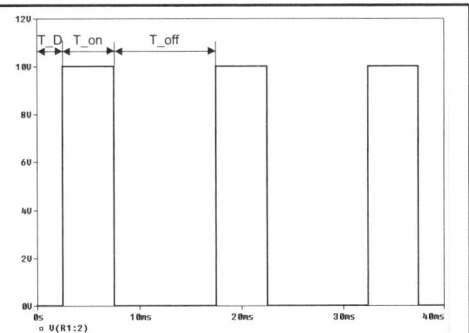

Bild A5: 10 V werden mit *Sw_perClose* geschaltet. *t_D*=2.5m, *t_on*=5m, *t_off*=10m, *t_switch*=1u

Der (periodische) Öffner *Sw_perOpen*

Die Attribute von *Sw_perOpen*:

t_D:	Verzögerungszeit. Default: 1m
t_on:	Einschaltzeit. Default: 5g
t_off:	Ausschaltzeit. Default: 5g
t_switch:	ungefähre Schaltzeit. Default: 1u

Der Sperrwiderstand des Schalters beträgt 1GΩ. Der Durchlasswiderstand des Schalters beträgt 1mΩ.

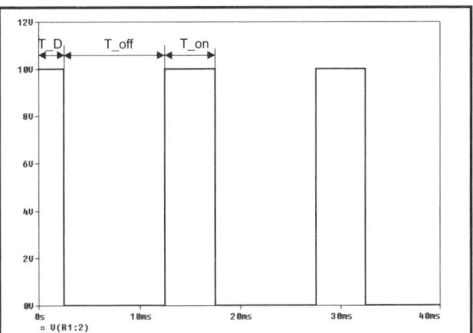

Bild A6: *Sw_perOpen* geschaltet. *t_D*=2.5m, *t_on*=5m, *t_off*=10m, *t_switch*=1u

Der (periodische) Wechselschalter *Sw_perChange*

Die Attribute von *Sw_perChange*:

t_D:	Verzögerungszeit. Default: 1m
t_2:	Verweilzeit Pos. 2. Default: 5g
t_periode:	Periodendauer. Default: 10g
t_switch:	Schaltzeit. Default: 1u

Der Sperrwiderstand des Schalters beträgt 1GΩ. Der Durchlasswiderstand des Schalters beträgt 1mΩ.

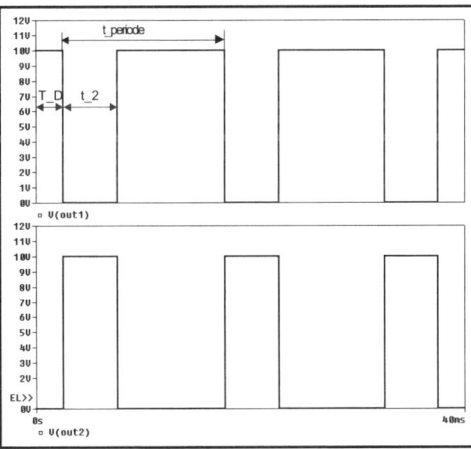

Bild A7: 10 V werden mit *Sw_perChange* geschaltet. *t_D*=2.5m, *t_2*=5m, *t_periode*=15m, *t_switch*=1u

Der Analogschalter *Sw_analog*

Die Attribute von *Sw_analog*:

VON   Einschaltspannung. Default: 2.8 V
VOFF   Ausschaltspannung. Default: 0.8V
R_HIGH Sperrwiderstand. Default 1g
R_LOW Durchlasswiderstand. Default: 1m

Ist die Spannung am Steuereingang *st* kleiner als *VOFF*, so befindet sich der Schalter sicher in Stellung *1*.

Ist die Spannung am Steuereingang *st* größer als *VON*, so befindet sich der Schalter sicher in Stellung *2*.

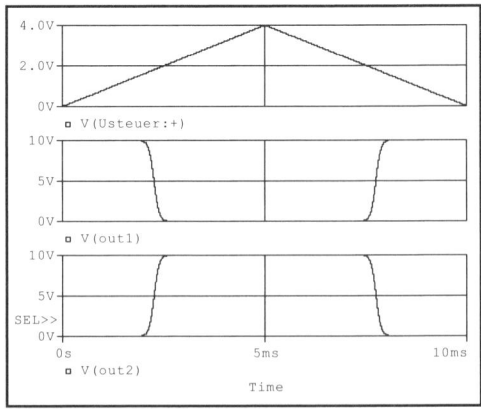

Bild A8: 10 V liegen an *com*. Eine dreieckförmige Spannung U_{st} ($0 < U_{st} < 4$ V) liegt am Eingang *st*. *VOFF*=0.8, *VON*=2.8, *R_high*=1g; *R_low*=1m

Der Drehstromschalter *Schalt3Phase*

Die Attribute von *Schalt3Phase*:

t_Start: Einschaltzeitpunkt Default: 0s
t_Stop: Ausschaltzeitpunkt. Default: 1s
tsw: Ungefähre Schaltzeit. Default: 35us

Der Durchlasswiderstand beträgt 1 mΩ. Der Sperrwiderstand beträgt 1 MΩ

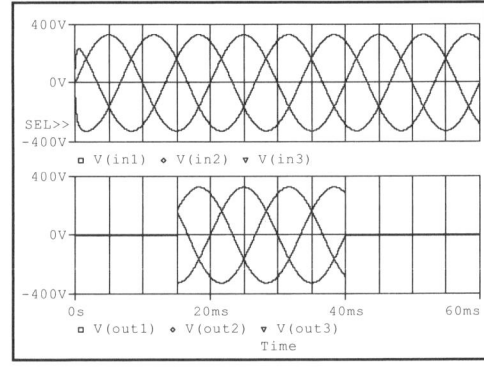

Bild A9: Oben: Sternspannungen *U(L1)* = *U(L2)* = *U(L3)* = 325 V. Bei *t_Start* = 15ms wird eingeschaltet. Bei *t_Stop* = 40ms wird ausgeschaltet.

Die Drehstromquelle aus *misc.olb*

Der Drehstromquelle *V3Phase*

Die Attribute von *V3Phase*:

U1NENN: Leiterspannung (Effektivwert). Default: 400V
FREQU: Frequenz. Default: 50Hz
TD: Einschaltverzögerung. Default: 0
Texp: Anstiegsverzögerung. Default: 0.2ms

Das Attribut *Texp* dient zur Verbesserung der Konvergenz während des Einschaltens. Alle Leiterspannungen haben beim Einschalten den Wert 0 Volt und steigen von da aus exponentiell (*Texp*) auf ihren theoretischen Wert an. Das Bild A9 zeigt in seinem oberen Teil das Einschalten von *V3Phase* mit *TD*=0, *U1NENN* =400V, *FREQU*=50Hz und *Texp* =0.2s

Die regelungstechnischen Bautsteine aus *misc.olb*

P-Regler *P-Reg* und P-Element (P-Strecke) *P*

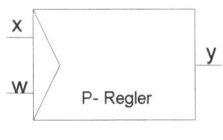

$y = Kp \cdot (w - x)$

$out\,(t) = Kp \cdot in\,(t)$

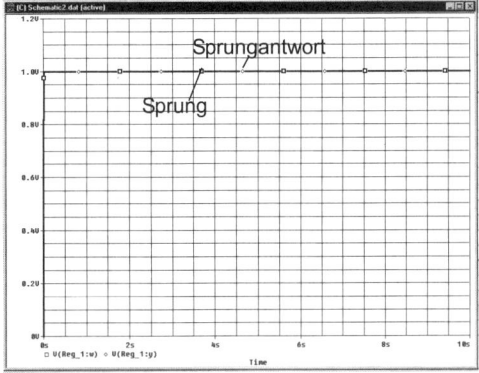

Einstellbare Attribute mit Defaultwerten:

Proportionalverstärkung	$Kp = 1$
Obere Begrenzung der Ausgangsgröße	$Max = 15G$
Untere Begrenzung der Ausgangsgröße	$Min = -15G$

Sprungantwort von P-Regler und P-Element mit Defaultwerten der Attribute

I-Regler *I-Reg* und I-Element (I-Strecke) *I*

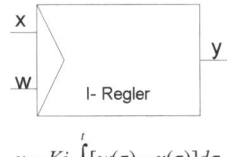

$$y = Ki \cdot \int\limits_{0}^{t} [w(\tau) - x(\tau)]d\tau$$

$$x = Ki \cdot \int\limits_{0}^{t} y\,d\tau$$

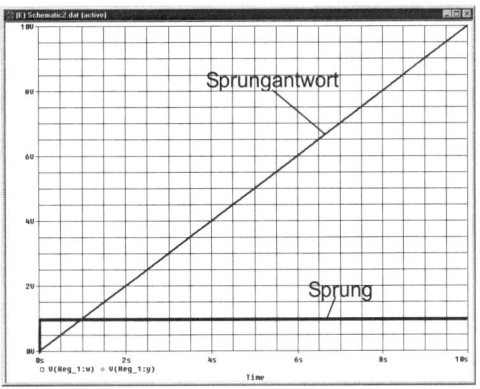

Einstellbare Attribute mit Defaultwerten:

Integrierbeiwert	$Ki = 1$
Obere Begrenzung der Ausgangsgröße	$Max = 15G$
Untere Begrenzung der Ausgangsgröße	$Min = -15G$
Anfangswert (nur für I-Element)	$Startval = 0$

Sprungantwort des I-Reglers *I-Reg* und des I-Elements *I* mit Defaultwerten der Attribute

PI-Regler *PI-Reg*

$$y = Kp \cdot \left[(w-x) + \frac{1}{TN} \cdot \int_0^t [w(\tau) - x(\tau)] d\tau \right]$$

Einstellbare Attribute mit Defaultwerten:

Proportionalverstärkung $Kp = 1$

Nachstellzeit $TN = 1$

Obere Begrenzung
der Ausgangsgröße $Max = 15G$

Untere Begrenzung
der Ausgangsgröße $Min = -15G$

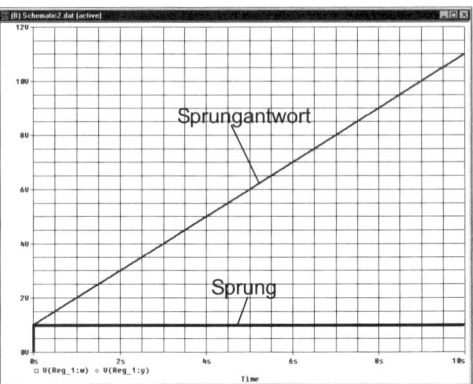

Sprungantwort des PI-Reglers mit Defaultwerten der Attribute

Realer PD-Regler *PD_T1-Reg*

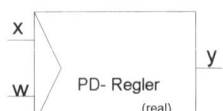

$$T1 \frac{dy}{dt} + y = Kp \cdot \left[(w-x) + TV \cdot \frac{d(w-x)}{dt} \right]$$

Höhe der Anfangsspitze der Spungantwort:

$y(\text{t}=0) = Kp \cdot TV/T1$

Einstellbare Attribute mit Defaultwerten:

Proportionalverstärkung $Kp = 1$

Vorhaltezeit $TV = 1$

Zeitkonstante $T1 = 0.1$

Obere Begrenzung
der Ausgangsgröße $Max = 15G$

Untere Begrenzung
der Ausgangsgröße $Min = -15G$

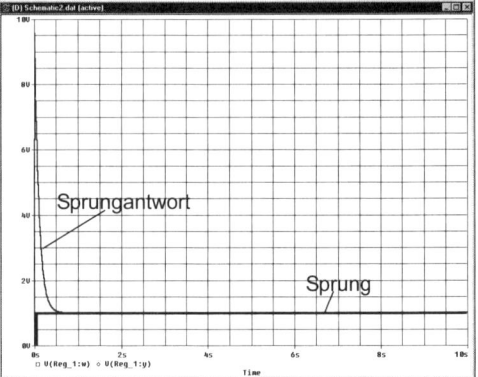

Sprungantwort des realen PD-Reglers *PD_T1-Reg* mit Defaultwerten der Attribute. Sprungfunktion mit *TR* = 1ms

Realer PID-Regler *PID_T1-Reg* in additiver Form

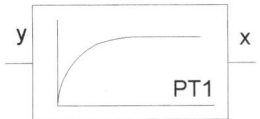

$$T1 \cdot \frac{dy(t)}{dt} + y(t) = Kp \left[\frac{T1+TN}{TN}(w-x) + \frac{1}{TN} \int_0^t [w(\tau) - x(\tau)]d\tau + (T1+TV)\frac{d(w-x)}{dt} \right]$$

Höhe der Anfangsspitze der Spungantwort:

$y(t=0) = Kp \cdot (1 + TV/T1)$

Einstellbare Attribute mit Defaultwerten:

Proportionalverstärkung	$Kp = 1$
Vorhaltezeit	$TV = 1$
Nachstellzeit	$TN = 1$
Zeitkonstante	$T1 = 0.1$
Obere Begrenzung der Ausgangsgröße	$Max = 15G$
Untere Begrenzung der Ausgangsgröße	$Min = -15G$

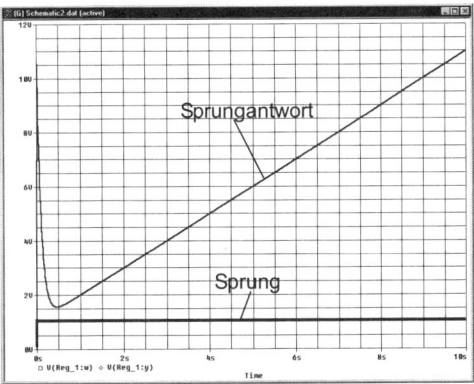

Sprungantwort des realen PID-Reglers mit Default-werten der Attribute. Sprungfunktion mit $TR = 1ms$

PT1-Element *PT1*

$$Ts \cdot \frac{dx}{dt} + x = Ks \cdot y$$

Einstellbare Attribute mit Defaultwerten:

Proportionalverstärkung	$Ks = 1$
Streckenzeitkonstante	$Ts = 1$
Obere Begrenzung der Ausgangsgröße	$Max = 15G$
Untere Begrenzung der Ausgangsgröße	$Min = -15G$
Anfangswert	$Startval = 0$

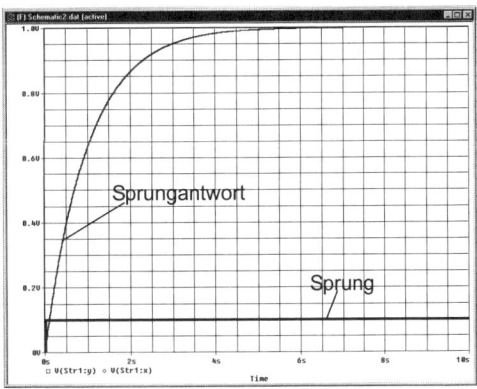

Sprungantwort des PT1-Elements *PT1* mit $Ks=10$ und sonst Defaultwerten der Attribute. Sprunghöhe: 0.1

PT2-Element *PT2*

$$\frac{1}{\omega_0^2} \cdot \frac{d^2 x}{dt^2} + \frac{2D}{\omega_0} \cdot \frac{dx}{dt} + x = Ks \cdot y$$

Einstellbare Attribute mit Defaultwerten:

Proportionalverstärkung	$Ks = 1$
Resonanzfrequenz	$omega0 = 1$
Dämpfung	$D = 0.5$
Anfangswert	$Startval = 0$
Obere Begrenzung	
der Ausgangsgröße *out*	$Max = 15G$
Untere Begrenzung	
der Ausgangsgröße *out*	$Min = -15G$

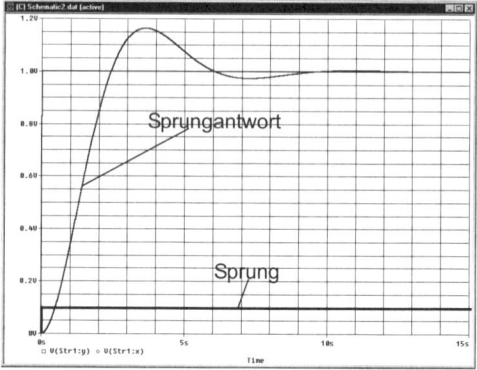

Sprungantwort des PT2-Elements *PT2* mit *Ks*=10 und sonst Defaultwerten der Attribute. Sprunghöhe: 0.1

Totzeit-Element *Delaytime*

$$out(t) = Kp \cdot in(t - TD)$$

Einstellbare Attribute mit Defaultwerten:

Proportionalverstärkung	$Kp = 1$
Laufzeit	$TD = 1$

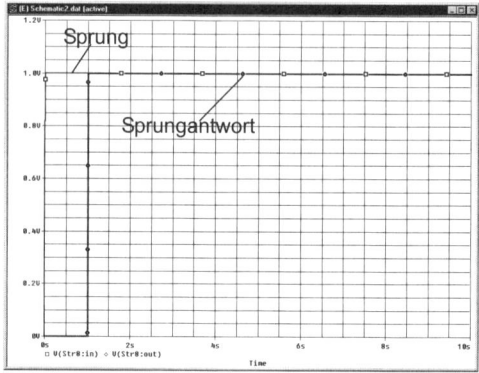

Sprungantwort des Totzeit-Elements *Delaytime* mit Defaultwerten der Attribute. Sprungfunktion mit *TR* = 1ms

Zusatzmodelle

Die meisten Halbleiterhersteller bieten im Internet SPICE/PSPICE-Modelle für ihre Bauteile an. Eine Zusammenstellung der aktuellen Internet-Adressen finden Sie unter *www.spicelab.de*.

Im Kapitel 16 haben Sie gelernt, wie Sie Zugang zu den Modellen von *Texas Instruments*, *Linear Technologies*, *International Rectifier* und *Epcos* erhalten können. Im Ordner *addlibs* befinden sich die Simulationsmodelle von *NXP (Philips)*, *Infineon* und *National Semiconductor*. In einer weiteren Bibliothek (*parts.lib*) befinden sich Modelle, die ich unter Verwendung des Programms PARTS aus Datenblattangaben ermittelt habe. Im Folgenden finden Sie eine Auflistung der Modelle aus *addlibs* sowie der Modelle von *Texas Instruments*. Vor der ersten Nutzung eines Modells sollten Sie unbedingt die zugehörige Modellbibliothek in einem Texteditor öffnen und nach Hinweisen untersuchen. Häufig finden Sie dort Bemerkungen über den Geltungsbereich der Modelle. In allen Fällen finden Sie auch eine Erklärung der Hersteller, in der diese versichern, dass sie bei der Ermittlung der Modellparameter sehr viel Sorgfalt aufgewandt haben, dass sie aber dennoch alle Regressforderungen ablehnen, die sich aus der Nutzung ihrer Modelle ergeben. Dies gilt selbstverständlich auch für die von mir ermittelten Modelle.

nxp.lib (Philips)

Die Bibliothek *nxp.lib* enthält Modelle der Dioden, Z-Dioden, Bipolartransistoren und Feldeffekttransistoren, von *NXP, founded by Philips*. Die Namen der Modelle der Bipolartransistoren 2PAxxx, 2PBxxx und 2PCxxx wurden vor der 2 durch den Buchstaben Q ergänzt, da PSPICE als erstes Zeichen dieser Modellnamen keine Zahlen akzeptiert.

Bipolartransistoren

Name	Schaltzeichen	Name	Schaltzeichen	Name	Schaltzeichen
Q2PA1576Q	pnp_mod	BC547B	npn_mod	BCP52-16	pnp_mod
Q2PA1576R	pnp_mod	BC547C	npn_mod	BCP53-16	pnp_mod
Q2PA1576S	pnp_mod	BC556A	pnp_mod	BCP54-16	npn_mod
Q2PA1774Q	pnp_mod	BC556B	pnp_mod	BCP55-16	npn_mod
Q2PA1774QM	pnp_mod	BC557B	pnp_mod	BCP56-16	npn_mod
Q2PA1774R	pnp_mod	BC557C	pnp_mod	BCP68	npn_sub
Q2PA1774RM	pnp_mod	BC807	pnp_mod	BCP69	pnp_mod
Q2PA1774S	pnp_mod	BC807-25	pnp_mod	BCV26	darlington_pnp
Q2PA1774SM	pnp_mod	BC807-40	pnp_mod	BCV27	darlington_npn
Q2PB709AR	pnp_mod	BC817	npn_mod	BCV28	darlington_pnp
Q2PB709ART	pnp_mod	BC817-16	npn_mod	BCV29	darlington_npn
Q2PB709ARW	pnp_sub	BC817-25	npn_mod	BCV46	darlington_pnp
Q2PB1424	pnp_sub	BC817-40	npn_mod	BCV47	darlington_npn
Q2PC4081Q	npn_mod	BC846	npn_mod	BCV48	darlington_pnp
Q2PC4081R	npn_mod	BC846A	npn_mod	BCV49	darlington_npn
Q2PC4081S	npn_mod	BC846B	npn_mod	BCW29	pnp_mod
Q2PC4617Q	npn_mod	BC847	npn_mod	BCW30	pnp_mod
Q2PC4617R	npn_mod	BC847A	npn_mod	BCX17	pnp_mod
Q2PD601AR	npn_sub	BC847B	npn_mod	BCX18	pnp_mod
Q2PD601ART	npn_sub	BC847C	npn_mod	BCX19	npn_mod
Q2PD601ARW	npn_sub	BC848B	npn_mod	BCX51	pnp_mod
Q2PD2150	npn_sub	BC856	pnp_mod	BCX56	npn_mod
BC327	pnp_sub	BC856A	pnp_sub	BCX70G	npn_mod
BC327-25	pnp_sub	BC856B	pnp_mod	BCX70H	npn_mod
BC327-40	pnp_sub	BC857	pnp_mod	BCX70J	npn_mod
BC337-16	npn_mod	BC857A	pnp_mod	BCX70K	npn_mod
BC337-25	npn_mod	BC857B	pnp_mod	BF199	npn_mod
BC337-40	npn_mod	BC857C	pnp_mod	BF240	npn_mod
BC368	npn_mod	BC858B	pnp_mod	BF324	pnp_sub
BC369	pnp_mod	BC868	npn_mod	BF370	npn_sub
BC546A	npn_mod	BC869	pnp_mod	BF420	npn_mod
BC546B	npn_mod	BCP51	pnp_mod	BF421	pnp_mod

Name	Schaltzeichen	Name	Schaltzeichen	Name	Schaltzeichen
BF422	npn_mod	PBSS304PD	pnp_sub	PBSS5350Z	pnp_sub
BF423	pnp_mod	PBSS304PX	pnp_sub	PBSS5420D	pnp_sub
BF450	pnp_mod	PBSS305ND	npn_sub	PBSS5440D	pnp_sub
BF550	pnp_mod	PBSS305NX	npn_sub	PBSS5540X	pnp_mod
BF570	npn_sub	PBSS305PD	pnp_sub	PBSS5540Z	pnp_sub
BF620	npn_mod	PBSS305PX	pnp_mod	PBSS8110D	npn_sub
BF621	pnp_sub	PBSS306NX	npn_sub	PBSS8110T	npn_sub
BF622	npn_mod	PBSS306PX	pnp_sub	PBSS8110X	npn_sub
BF623	pnp_sub	PBSS2515E	npn_mod	PBSS8110Y	npn_sub
BF723	pnp_mod	PBSS2515M	npn_mod	PBSS8110Z	npn_sub
BF820	npn_mod	PBSS2540E	npn_sub	PBSS9110D	pnp_sub
BF821	pnp_sub	PBSS3515E	pnp_mod	PBSS9110T	pnp_sub
BF822	npn_mod	PBSS3515M	pnp_mod	PBSS9110X	pnp_sub
BF823	pnp_mod	PBSS4120T	npn_sub	PBSS9110Y	pnp_sub
BF824	pnp_sub	PBSS4130T	npn_sub	PBSS9110Z	pnp_sub
BF840	npn_mod	PBSS4140T	npn_sub	PMBT2222	npn_mod
BFS19	npn_mod	PBSS4140U	npn_sub	PMBT2222A	npn_mod
BFS20	npn_mod	PBSS4140V	npn_mod	PMBT2369	npn_sub
BSP19	npn_sub	PBSS4160T	npn_sub	PMBT2907	pnp_mod
BSP31	pnp_sub	PBSS4160U	npn_sub	PMBT2907A	pnp_mod
BSP33	pnp_sub	PBSS4220V	npn_sub	PMBT3904	npn_mod
BSP41	npn_sub	PBSS4230T	npn_sub	PMBT3906	pnp_mod
BSP43	npn_sub	PBSS4240T	npn_sub	PMBT4401	npn_sub
BSP52	darlington_npn	PBSS4240V	npn_mod	PMBT4403	pnp_mod
BSP62	darlington_pnp	PBSS4240Y	npn_mod	PMBT5401	pnp_mod
BSR14	npn_mod	PBSS4320T	npn_sub	PMBT5550	npn_mod
BSR16	pnp_mod	PBSS4320X	npn_mod	PMBT5551	npn_mod
BSR19A	npn_mod	PBSS4330X	npn_mod	PMBT6429	npn_sub
BSR31	pnp_sub	PBSS4350D	npn_sub	PMBTA06	npn_sub
BSR33	pnp_sub	PBSS4350T	npn_sub	PMBTA13	darlington_npn
BSR41	npn_sub	PBSS4350Z	npn_sub	PMBTA14	darlington_npn
BSR43	npn_sub	PBSS4420D	npn_sub	PMBTA42	npn_sub
BST39	npn_sub	PBSS4440D	npn_sub	PMBTA64	darlington_pnp
BST52	darlington_npn	PBSS4520X	npn_sub	PMBTA92	pnp_sub
BST62	darlington_pnp	PBSS4540X	npn_sub	PMMT491A	npn_sub
BSV52	npn_sub	PBSS4540Z	npn_sub	PMMT591A	npn_sub
MMBT2222A	npn_mod	PBSS5120T	pnp_sub	PMSS3906	pnp_mod
MMBT3904	npn_mod	PBSS5130T	pnp_sub	PMST2222	npn_mod
MMBT3906	pnp_mod	PBSS5140T	pnp_sub	PMST2222A	npn_mod
MMBTA42	npn_sub	PBSS5140U	pnp_mod	PMST2369	npn_sub
MMBTA92	pnp_sub	PBSS5140V	pnp_mod	PMST2907A	pnp_mod
MPSA44	npn_sub	PBSS5160T	pnp_sub	PMST4403	pnp_mod
MPSA56	pnp_sub	PBSS5160U	pnp_sub	PMST5088	npn_mod
MPSA92	pnp_sub	PBSS5160V	pnp_sub	PMST5089	npn_mod
PBHV8115T	npn_sub	PBSS5220T	pnp_sub	PMST5401	pnp_mod
PBHV9040T	pnp_sub	PBSS5220V	pnp_mod	PMST5550	npn_mod
PBSS301NX	npn_mod	PBSS5230T	pnp_sub	PMST5551	npn_mod
PBSS301PX	pnp_mod	PBSS5240T	pnp_sub	PMST6429	npn_sub
PBSS302ND	npn_sub	PBSS5240V	pnp_mod	PMSTA42	npn_sub
PBSS302NX	npn_sub	PBSS5240Y	pnp_mod	PMSTA92	pnp_sub
PBSS302PD	pnp_sub	PBSS5250T	pnp_sub	PXTA14	darlington_npn
PBSS302PX	pnp_mod	PBSS5250X	pnp_sub	PXTA42	npn_sub
PBSS303ND	npn_sub	PBSS5320D	pnp_mod	PXTA92	pnp_mod
PBSS303NX	npn_sub	PBSS5320T	pnp_sub	PZTA14	darlington_npn
PBSS303PD	pnp_sub	PBSS5320X	pnp_sub	PZTA42	npn_sub
PBSS303PX	pnp_sub	PBSS5350D	pnp_sub	PZTA44	npn_sub
PBSS304ND	npn_sub	PBSS5350T	pnp_sub	PZTA92	pnp_sub
PBSS304NX	npn_sub	PBSS5350X	pnp_sub		

JFet und Dualgate-Feldeffekttransistoren

Name	Schaltzeichen	Name	Schaltzeichen	Name	Schaltzeichen
BF862	jfet_n_sub	BF908	dualgate_mfet	BF998	dualgate_mfet
BF904	dualgate_mfet	BF909	dualgate_mfet		

Leistungs MOSFETs

Name	Schaltzeichen	Name	Schaltzeichen	Name	Schaltzeichen
BSH201	PMOSsub_enh	PHD34NQ10T	NMOSsub_enh	PSMN005-55B	NMOSsub_enh
BSH202	PMOSsub_enh	PHK4NQ10T	NMOSsub_enh	PSMN005-55P	NMOSsub_enh
BSH203	PMOSsub_enh	PHP9NQ20T	NMOSsub_enh	PSMN015-100B	NMOSsub_enh
BSN254	NMOSsub_enh	PHP12NQ15T	NMOSsub_enh	PSMN015-100P	NMOSsub_enh
BSN304	NMOSsub_enh	PHP18NQ10T	NMOSsub_enh	PSMN025-100D	NMOSsub_enh
PHB18NQ10T	NMOSsub_enh	PHP20NQ20T	NMOSsub_enh	PSMN035-150B	NMOSsub_enh
PHB20NQ20T	NMOSsub_enh	PHP30NQ15T	NMOSsub_enh	PSMN035-150P	NMOSsub_enh
PHB27NQ10T	NMOSsub_enh	PHP45NQ10T	NMOSsub_enh	PSMN063-150D	NMOSsub_enh
PHB45NQ10T	NMOSsub_enh	PHT6NQ10T	NMOSsub_enh	PSMN070-200B	NMOSsub_enh
PHD18NQ10T	NMOSsub_enh	PHW80NQ10T	NMOSsub_enh	PSMN070-200P	NMOSsub_enh
PHD23NQ10T	NMOSsub_enh	PMBF170	NMOSsub_enh	PSMN130- 200D	NMOSsub_enh

Dioden

Name	Schaltzeichen	Name	Schaltzeichen	Name	Schaltzeichen
BAS116	Diode_sl	BAS28	Diode_sl	BAS56	Diode_sl
BAS116H	Diode_sl	BAS32L	Diode_sl	BAS716	Diode_sl
BAS16	Diode_sl	BAS321	Diode_sl	BAV103	Diode_sl
BAS16H	Diode_sl	BAS416	Diode_sl	BAV199	Diode_sl
BAS16L	Diode_sl	BAS45A	Diode_sl	BAV99S	Diode_sl
BAS216	Diode_sl	BAS516	Diode_sl		

Z-Dioden

Name	Schaltzeichen	Name	Schaltzeichen	Name	Schaltzeichen
BZA820A	Z-Diode_sl	BZX384-B22	Z-Diode_sl	BZX585-B24	Z-Diode_sl
BZA856A	Z-Diode_sl	BZX384-B24	Z-Diode_sl	BZX585-B27	Z-Diode_sl
BZA862A	Z-Diode_sl	BZX384-B27	Z-Diode_sl	BZX585-B30	Z-Diode_sl
BZA868A	Z-Diode_sl	BZX384-B30	Z-Diode_sl	BZX585-B33	Z-Diode_sl
BZA956A	Z-Diode_sl	BZX384-B33	Z-Diode_sl	BZX585-B36	Z-Diode_sl
BZA962A	Z-Diode_sl	BZX384-B36	Z-Diode_sl	BZX585-B39	Z-Diode_sl
BZA968A	Z-Diode_sl	BZX384-B39	Z-Diode_sl	BZX585-B43	Z-Diode_sl
		BZX384-B43	Z-Diode_sl	BZX585-B47	Z-Diode_sl
BZV85-C3V6	Z-Diode_sl	BZX384-B47	Z-Diode_sl	BZX585-B51	Z-Diode_sl
BZV85-C33	Z-Diode_sl	BZX384-B51	Z-Diode_sl	BZX585-B56	Z-Diode_sl
BZV90-C30	Z-Diode_sl	BZX384-B56	Z-Diode_sl	BZX585-B62	Z-Diode_sl
		BZX384-B62	Z-Diode_sl	BZX585-B68	Z-Diode_sl
BZX284-B6V2	Z-Diode_sl	BZX384-B68	Z-Diode_sl	BZX585-B75	Z-Diode_sl
BZX284-C7V5	Z-Diode_sl	BZX384-B75	Z-Diode_sl		
BZX284-C8V2	Z-Diode_sl			BZX79-C6V8	Z-Diode_sl
		BZX585-B2V4	Z-Diode_sl		
BZX384-B2V4	Z-Diode_sl	BZX585-B2V7	Z-Diode_sl	BZX84-C2V4	Z-Diode_sl
BZX384-B2V7	Z-Diode_sl	BZX585-B3V0	Z-Diode_sl	BZX84-C2V7	Z-Diode_sl
BZX384-B3V0	Z-Diode_sl	BZX585-B3V3	Z-Diode_sl	BZX84-C3V0	Z-Diode_sl
BZX384-B3V3	Z-Diode_sl	BZX585-B3V6	Z-Diode_sl	BZX84-C3V3	Z-Diode_sl
BZX384-B3V6	Z-Diode_sl	BZX585-B3V9	Z-Diode_sl	BZX84-C3V6	Z-Diode_sl
BZX384-B3V9	Z-Diode_sl	BZX585-B4V3	Z-Diode_sl	BZX84-C3V9	Z-Diode_sl
BZX384-B4V3	Z-Diode_sl	BZX585-B4V7	Z-Diode_sl	BZX84-C4V3	Z-Diode_sl
BZX384-B4V7	Z-Diode_sl	BZX585-B5V1	Z-Diode_sl	BZX84-C4V7	Z-Diode_sl
BZX384-B5V1	Z-Diode_sl	BZX585-B5V6	Z-Diode_sl	BZX84-C5V1	Z-Diode_sl
BZX384-B5V6	Z-Diode_sl	BZX585-B6V2	Z-Diode_sl	BZX84-C5V6	Z-Diode_sl
BZX384-B6V2	Z-Diode_sl	BZX585-B6V8	Z-Diode_sl	BZX84-C6V2	Z-Diode_sl
BZX384-B6V8	Z-Diode_sl	BZX585-B7V5	Z-Diode_sl	BZX84-C6V8	Z-Diode_sl
BZX384-B7V5	Z-Diode_sl	BZX585-B8V2	Z-Diode_sl	BZX84-C7V5	Z-Diode_sl
BZX384-B8V2	Z-Diode_sl	BZX585-B9V1	Z-Diode_sl	BZX84-C8V2	Z-Diode_sl
BZX384-B9V1	Z-Diode_sl	BZX585-B10	Z-Diode_sl	BZX84-C9V1	Z-Diode_sl
BZX384-B10	Z-Diode_sl	BZX585-B11	Z-Diode_sl	BZX84-C10	Z-Diode_sl
BZX384-B11	Z-Diode_sl	BZX585-B12	Z-Diode_sl	BZX84-C11	Z-Diode_sl
BZX384-B12	Z-Diode_sl	BZX585-B13	Z-Diode_sl	BZX84-C12	Z-Diode_sl
BZX384-B13	Z-Diode_sl	BZX585-B15	Z-Diode_sl	BZX84-C13	Z-Diode_sl
BZX384-B15	Z-Diode_sl	BZX585-B16	Z-Diode_sl	BZX84-C15	Z-Diode_sl
BZX384-B16	Z-Diode_sl	BZX585-B18	Z-Diode_sl	BZX84-C16	Z-Diode_sl
BZX384-B18	Z-Diode_sl	BZX585-B20	Z-Diode_sl	BZX84-C18	Z-Diode_sl
BZX384-B20	Z-Diode_sl	BZX585-B22	Z-Diode_sl	BZX84-C20	Z-Diode_sl

Name	Schaltzeichen	Name	Schaltzeichen	Name	Schaltzeichen
BZX84-C22	Z-Diode_sl	BZX884-B62	Z-Diode_sl	PZU9.1B	Z-Diode_sl
BZX84-C24	Z-Diode_sl	BZX884-B68	Z-Diode_sl	PZU9.1B1	Z-Diode_sl
BZX84-C27	Z-Diode_sl	BZX884-B75	Z-Diode_sl	PZU9.1B2	Z-Diode_sl
BZX84-C30	Z-Diode_sl			PZU9.1B3	Z-Diode_sl
BZX84-C33	Z-Diode_sl	PDZ10B	Z-Diode_sl	PZU10B	Z-Diode_sl
BZX84-C36	Z-Diode_sl	PDZ11B	Z-Diode_sl	PZU10B1	Z-Diode_sl
BZX84-C39	Z-Diode_sl	PDZ4.7B	Z-Diode_sl	PZU10B2	Z-Diode_sl
BZX84-C43	Z-Diode_sl	PDZ5.6B	Z-Diode_sl	PZU10B3	Z-Diode_sl
BZX84-C47	Z-Diode_sl	PDZ9.1B	Z-Diode_sl	PZU11B	Z-Diode_sl
BZX84-C51	Z-Diode_sl			PZU11B1	Z-Diode_sl
BZX84-C56	Z-Diode_sl	PESD12VS1UB	Z-Diode_sl	PZU11B2	Z-Diode_sl
BZX84-C62	Z-Diode_sl	PESD12VS1UL	Z-Diode_sl	PZU11B3	Z-Diode_sl
BZX84-C68	Z-Diode_sl	PESD15VS1UB	Z-Diode_sl	PZU12B	Z-Diode_sl
BZX84-C75	Z-Diode_sl	PESD15VS1UL	Z-Diode_sl	PZU12B1	Z-Diode_sl
		PESD24VS1UB	Z-Diode_sl	PZU12B2	Z-Diode_sl
BZX884-B2V4	Z-Diode_sl	PESD24VS1UL	Z-Diode_sl	PZU12B3	Z-Diode_sl
BZX884-B2V7	Z-Diode_sl	PESD3V3S1UB	Z-Diode_sl	PZU13B	Z-Diode_sl
BZX884-B3V0	Z-Diode_sl	PESD3V3S1UL	Z-Diode_sl	PZU13B1	Z-Diode_sl
BZX884-B3V3	Z-Diode_sl	PESD5V0S1UB	Z-Diode_sl	PZU13B2	Z-Diode_sl
BZX884-B3V6	Z-Diode_sl	PESD5V0S1UL	Z-Diode_sl	PZU13B3	Z-Diode_sl
BZX884-B3V9	Z-Diode_sl	PLVA2656A	Z-Diode_sl	PZU14B2	Z-Diode_sl
BZX884-B4V3	Z-Diode_sl	PLVA650A	Z-Diode_sl	PZU15B	Z-Diode_sl
BZX884-B4V7	Z-Diode_sl	PMBD6050	Z-Diode_sl	PZU15B1	Z-Diode_sl
BZX884-B5V1	Z-Diode_sl	PMBD7000	Z-Diode_sl	PZU15B2	Z-Diode_sl
BZX884-B5V6	Z-Diode_sl			PZU15B3	Z-Diode_sl
BZX884-B6V2	Z-Diode_sl	PZU5.1B	Z-Diode_sl	PZU16B	Z-Diode_sl
BZX884-B6V8	Z-Diode_sl	PZU5.1B1	Z-Diode_sl	PZU16B1	Z-Diode_sl
BZX884-B7V5	Z-Diode_sl	PZU5.1B2	Z-Diode_sl	PZU16B2	Z-Diode_sl
BZX884-B8V2	Z-Diode_sl	PZU5.1B3	Z-Diode_sl	PZU16B3	Z-Diode_sl
BZX884-B9V1	Z-Diode_sl	PZU5.6B	Z-Diode_sl	PZU18B	Z-Diode_sl
BZX884-B10	Z-Diode_sl	PZU5.6B1	Z-Diode_sl	PZU18B1	Z-Diode_sl
BZX884-B11	Z-Diode_sl	PZU5.6B2	Z-Diode_sl	PZU18B2	Z-Diode_sl
BZX884-B12	Z-Diode_sl	PZU5.6B3	Z-Diode_sl	PZU18B3	Z-Diode_sl
BZX884-B13	Z-Diode_sl	PZU6.2B	Z-Diode_sl	PZU20B	Z-Diode_sl
BZX884-B15	Z-Diode_sl	PZU6.2B1	Z-Diode_sl	PZU20B1	Z-Diode_sl
BZX884-B16	Z-Diode_sl	PZU6.2B2	Z-Diode_sl	PZU20B2	Z-Diode_sl
BZX884-B18	Z-Diode_sl	PZU6.2B3	Z-Diode_sl	PZU20B3	Z-Diode_sl
BZX884-B20	Z-Diode_sl	PZU6.8B	Z-Diode_sl	PZU22B	Z-Diode_sl
BZX884-B22	Z-Diode_sl	PZU6.8B1	Z-Diode_sl	PZU22B1	Z-Diode_sl
BZX884-B24	Z-Diode_sl	PZU6.8B2	Z-Diode_sl	PZU22B2	Z-Diode_sl
BZX884-B27	Z-Diode_sl	PZU6.8B3	Z-Diode_sl	PZU22B3	Z-Diode_sl
BZX884-B30	Z-Diode_sl	PZU7.5B	Z-Diode_sl	PZU24B	Z-Diode_sl
BZX884-B33	Z-Diode_sl	PZU7.5B1	Z-Diode_sl	PZU24B1	Z-Diode_sl
BZX884-B36	Z-Diode_sl	PZU7.5B2	Z-Diode_sl	PZU24B2	Z-Diode_sl
BZX884-B39	Z-Diode_sl	PZU7.5B3	Z-Diode_sl	PZU24B3	Z-Diode_sl
BZX884-B43	Z-Diode_sl	PZU8.2B	Z-Diode_sl	PZU27B	Z-Diode_sl
BZX884-B47	Z-Diode_sl	PZU8.2B1	Z-Diode_sl	PZU30B	Z-Diode_sl
BZX884-B51	Z-Diode_sl	PZU8.2B2	Z-Diode_sl	PZU33B	Z-Diode_sl
BZX884-B56	Z-Diode_sl	PZU8.2B3	Z-Diode_sl	PZU36B	Z-Diode_sl

Kapazitätsdioden

Name	Schaltzeichen	Name	Schaltzeichen	Name	Schaltzeichen
BB135	varicap	BB156	varicap	BB202	varicap
BB145B	varicap	BB179	varicap	BB207	varicap
BB149	varicap	BB179B	varicap	BB208	varicap
BB149A	varicap	BB201	varicap		

Schottky-Dioden

Name	Schaltzeichen	Name	Schaltzeichen	Name	Schaltzeichen
BAS40	Schottky	BAS70	Schottky	BAT17	Schottky
BAS40H	Schottky	BAS70H	Schottky	BAT54	Schottky
BAS40L	Schottky	BAS70L	Schottky	BAT54H	Schottky
BAS40W	Schottky	BAS70W	Schottky	BAT54L	Schottky

Name	Schaltzeichen	Name	Schaltzeichen	Name	Schaltzeichen
BAT54W	Schottky	PMEG2015EJ	Schottky	PMEG4005ET	Schottky
BAT720	Schottky	PMEG2015EA	Schottky	PMEG4005AEV	Schottky
BAT721	Schottky			PMEG4005EJ	Schottky
BAT760	Schottky	PMEG2020AEA	Schottky		
BAT85	Schottky	PMEG2020EJ	Schottky	PMEG4010EH	Schottky
BAT960	Schottky			PMEG4010EJ	Schottky
		PMEG3002AEB	Schottky	PMEG4010BEV	Schottky
PMEG1020EA	Schottky	PMEG3002AEL	Schottky	PMEG4010CEJ	Schottky
PMEG1020EV	Schottky			PMEG4010BEA	Schottky
PMEG1020EH	Schottky	PMEG3005EH	Schottky		
PMEG1020EJ	Schottky	PMEG3005AEV	Schottky	PMEG6002EB	Schottky
		PMEG3005EL	Schottky		
PMEG1030EJ	Schottky	PMEG3005EB	Schottky	PMEG6010AED	Schottky
PMEG1030EH	Schottky	PMEG3005ET	Schottky	PMEG6010CEJ	Schottky
		PMEG3005AEA	Schottky		
PMEG2005AEL	Schottky	PMEG3005EJ	Schottky	PRLL5817	Schottky
PMEG2005EJ	Schottky				
PMEG2005EB	Schottky	PMEG3010BEA	Schottky	1PS10SB82	Schottky
PMEG2005ET	Schottky	PMEG3010EH	Schottky	1PS70SB40	Schottky
PMEG2005EH	Schottky	PMEG3010EB	Schottky	1PS70SB82	Schottky
PMEG2005AEA	Schottky	PMEG3010CEJ	Schottky	1PS74SB23	Schottky
PMEG2005AEV	Schottky	PMEG3010BEV	Schottky	1PS76SB21	Schottky
PMEG2005EL	Schottky	PMEG3010EJ	Schottky	1PS79SB17	Schottky
				1PS76SB40	Schottky
PMEG2010AEH	Schottky	PMEG3015EV	Schottky	1PS79SB30	Schottky
PMEG2010EA	Schottky	PMEG3015EH	Schottky	1PS76SB10	Schottky
PMEG2010EH	Schottky	PMEG3015EJ	Schottky	1PS76SB70	Schottky
PMEG2010BEA	Schottky			1PS79SB31	Schottky
PMEG2010EJ	Schottky	PMEG3020EH	Schottky	1PS70SB10	Schottky
PMEG2010AEB	Schottky	PMEG3020EJ	Schottky	1PS70SB20	Schottky
PMEG2010BEV	Schottky			1PS76SB17	Schottky
PMEG2010AEJ	Schottky	PMEG4002EL	Schottky	1PS79SB10	Schottky
PMEG2015EH	Schottky	PMEG4005AEA	Schottky	1PS79SB40	Schottky
PMEG2015EV	Schottky	PMEG4005EH	Schottky		

HF-Transistoren

Name	Schaltzeichen	Name	Schaltzeichen	Name	Schaltzeichen
BFG10	npn_sub	BFG480W	npn_sub	BFR93A	npn_sub
BFG10W/X	npn_sub	BFG505	npn_sub	BFR93AW	npn_sub
BFG10/X	npn_sub	BFG505/X	npn_sub	BFR106	npn_sub
BFG21W	npn_sub	BFG520	npn_sub	BFR505	npn_sub
BFG25A/X	npn_sub	BFG520W	npn_sub	BFR505T	npn_sub
BFG25AW/X	npn_sub	BFG520W/X	npn_sub	BFR520	npn_sub
BFG31	pnp_sub	BFG520/X	npn_sub	BFR540	npn_sub
BFG35	npn_sub	BFG520/XR	npn_sub	BFS17	npn_sub
BFG67	npn_sub	BFG540	npn_sub	BFS17A	npn_sub
BFG67/X	npn_sub	BFG540W	npn_sub	BFS17W	npn_sub
BFG92A/X	npn_sub	BFG540W/X	npn_sub	BFS25A	npn_sub
BFG93A	npn_sub	BFG540W/XR	npn_sub	BFS505	npn_sub
BFG94	npn_sub	BFG540/X	npn_sub	BFS520	npn_sub
BFG97	npn_sub	BFG540/XR	npn_sub	BFS540	npn_sub
BFG135	npn_sub	BFG541	npn_sub	BFT25A	npn_sub
BFG198	npn_sub	BFG590	npn_sub	BFT92	pnp_sub
BFG310W/XR	npn_sub	BFG590/X	npn_sub	BFT92W	pnp_sub
BFG310/XR	npn_sub	BFG591	npn_sub	BFT93	pnp_sub
BFG325W/XR	npn_sub	BFQ18A	npn_sub	BFT93W	pnp_sub
BFG325/XR	npn_sub	BFQ19	npn_sub	PBR941	npn_sub
BFG403W	npn_sub	BFQ67	npn_sub	PBR951	npn_sub
BFG410W	npn_sub	BFQ67W	npn_sub	PRF947	npn_sub
BFG424F	npn_sub	BFQ540	npn_sub	PRF949	npn_sub
BFG424W	npn_sub	BFR92A	npn_sub	PRF957	npn_sub
BFG425W	npn_sub	BFR92AW	npn_sub		

infineon.lib

Die Bibliothek *infineon.lib* enthält die Modelle der MOSFETs von *Infineon*. Dort wo Verwechslungen möglich wären, sind die Modellnamen mit dem Zusatz /INF versehen worden.

Name	Schaltzeichen	Name	Schaltzeichen	Name	Schaltzeichen
BS170	NMOSsub_enh	BSS139/INF	NMOSsub_dpl	BUZ-101	NMOSsub_enh
		BSS145	NMOSsub_enh	BUZ-102	NMOSsub_enh
BSO302SN	NMOSsub_enh	BSS159N/INF	NMOSsub_dpl	BUZ-104	NMOSsub_enh
BSO304SN	NMOSsub_enh	BSS169/INF	NMOSsub_dpl	BUZ-171	PMOSsub_enh
BSO305N	NMOSsub_enh	BSS192P/INF	PMOSsub_enh	BUZ-173	PMOSsub_enh
BSO307N	NMOSsub_enh	BSS225/INF	NMOSsub_enh	BUZ-220	NMOSsub_enh
		BSS229	NMOSsub_dpl	BUZ-271	PMOSsub_enh
BSP88/INF	NMOSsub_enh	BSS295	NMOSsub_enh	BUZ-272	PMOSsub_enh
BSP89/INF	NMOSsub_enh	BSS296	NMOSsub_enh	BUZ-305	NMOSsub_enh
BSP92P/INF	PMOSsub_enh	BSS297	NMOSsub_enh	BUZ-310	NMOSsub_enh
BSP123/INF	NMOSsub_enh	BSS7728N/INF	NMOSsub_enh	BUZ-311	NMOSsub_enh
BSP125/INF	NMOSsub_enh			BUZ-323	NMOSsub_enh
BSP129/INF	NMOSsub_dpl	BUZ-10	NMOSsub_enh	BUZ-325	NMOSsub_enh
BSP135/INF	NMOSsub_dpl	BUZ-10L	NMOSsub_enh	BUZ-326	NMOSsub_enh
BSP149/INF	NMOSsub_dpl	BUZ-10M	NMOSsub_enh	BUZ-331	NMOSsub_enh
BSP171	PMOSsub_enh	BUZ-11	NMOSsub_enh	BUZ-334	NMOSsub_enh
BSP295	NMOSsub_enh	BUZ-11_2	NMOSsub_enh	BUZ-338	NMOSsub_enh
BSP296/INF	NMOSsub_enh	BUZ-11GE	NMOSsub_enh	BUZ-341	NMOSsub_enh
BSP297/INF	NMOSsub_enh	BUZ-12	NMOSsub_enh	BUZ-342	NMOSsub_enh
BSP308	NMOSsub_enh	BUZ-12AL	NMOSsub_enh	BUZ-342KL	NMOSsub_enh
BSP315	PMOSsub_enh	BUZ-20	NMOSsub_enh	BUZ-344	NMOSsub_enh
BSP316	PMOSsub_enh	BUZ-21	NMOSsub_enh	BUZ-345	NMOSsub_enh
BSP316P/INF	PMOSsub_enh	BUZ-22	NMOSsub_enh	BUZ-346	NMOSsub_enh
BSP317	PMOSsub_enh	BUZ-30A	NMOSsub_enh	BUZ-350	NMOSsub_enh
BSP317P/INF	PMOSsub_enh	BUZ-31	NMOSsub_enh	BUZ-356	NMOSsub_enh
BSP318	NMOSsub_enh	BUZ-40B	NMOSsub_enh	BUZ-358	NMOSsub_enh
BSP318S	NMOSsub_enh	BUZ-41A	NMOSsub_enh		
BSP319	NMOSsub_enh	BUZ-45B	NMOSsub_enh	BUZ100s	NMOSsub_enh
BSP320S	NMOSsub_enh	BUZ-50B	NMOSsub_enh	BUZ100sl	NMOSsub_enh
BSP324/INF	NMOSsub_enh	BUZ-51	NMOSsub_enh	BUZ101s	NMOSsub_enh
BSP372/INF	NMOSsub_enh	BUZ-53A	NMOSsub_enh	BUZ101sl	NMOSsub_enh
BSP373/INF	NMOSsub_enh	BUZ-60	NMOSsub_enh	BUZ102s	NMOSsub_enh
		BUZ-61A	NMOSsub_enh	BUZ102sl	NMOSsub_enh
BSR316P/INF	PMOSsub_enh	BUZ-64	NMOSsub_enh	BUZ103s	NMOSsub_enh
		BUZ-70	NMOSsub_enh	BUZ103sl	NMOSsub_enh
BSS84	PMOSsub_enh	BUZ-71	NMOSsub_enh	BUZ104s	NMOSsub_enh
BSS87/INF	NMOSsub_enh	BUZ-71L	NMOSsub_enh	BUZ104sl	NMOSsub_enh
BSS88	NMOSsub_enh	BUZ-71LGE	NMOSsub_enh	BUZ110s	NMOSsub_enh
BSS89	NMOSsub_enh	BUZ-72	NMOSsub_enh	BUZ110sl	NMOSsub_enh
BSS92	PMOSsub_enh	BUZ-72GE	NMOSsub_enh	BUZ111s	NMOSsub_enh
BSS92_1	PMOSsub_enh	BUZ-73	NMOSsub_enh	BUZ111sl	NMOSsub_enh
BSS98	NMOSsub_enh	BUZ-73AGE	NMOSsub_enh		
BSS100	NMOSsub_enh	BUZ-73L	NMOSsub_enh	SISC1_4N60D/INF	NMOSsub_dpl
BSS101	NMOSsub_enh	BUZ-74A	NMOSsub_enh	SISC0_3N06D/INF	NMOSsub_dpl
BSS110	PMOSsub_enh	BUZ-76	NMOSsub_enh	SISC0_3N06E1_0/INF	NMOSsub_enh
BSS119/INF	NMOSsub_enh	BUZ-77A	NMOSsub_enh	SISC0_3N06E1_4/INF	NMOSsub_enh
BSS123/INF	NMOSsub_enh	BUZ-78	NMOSsub_enh	SISC0_5N10D/INF	NMOSsub_dpl
BSS125	NMOSsub_enh	BUZ-80A	NMOSsub_enh	SISC3_2N20D/INF	NMOSsub_dpl
BSS126/INF	NMOSsub_dpl	BUZ-81	NMOSsub_enh	SISC3_2N20E/INF	NMOSsub_enh
BSS127/INF	NMOSsub_enh	BUZ-84A		SISC0_97N24D/INF	NMOSsub_dpl
BSS129	NMOSsub_dpl	BUZ-90	NMOSsub_enh		
BSS131/INF	NMOSsub_enh	BUZ-91A	NMOSsub_enh	SN7002N/INF	NMOSsub_enh
BSS135	NMOSsub_dpl	BUZ-92	NMOSsub_enh	SN7002W/INF	NMOSsub_enh
BSS138N/INF	NMOSsub_enh	BUZ-100_1	NMOSsub_enh		
BSS138W/INF	NMOSsub_enh	BUZ-100_2	NMOSsub_enh	SPP15P10P/INF	PMOSsub_enh

nat_sem.lib

Die Bibliothek *nat_sem.lib* enthält Modelle von Operationsverstärkern von *National Semiconductor*. Alle Modelle von National Semiconductor haben den Namenszusatz /NS.

Name	Schaltzeichen	Name	Schaltzeichen	Name	Schaltzeichen
LF155/NS	OpAmp1	LM6262/NS	OpAmp1	LMC6034/NS	OpAmp1
LF156/NS	OpAmp1	LM6264/NS	OpAmp1	LMC6035/NS	OpAmp1
LF157/NS	OpAmp1	LM6265/NS	OpAmp1	LMC6036/NS	OpAmp1
LF255/NS	OpAmp1	LM6361/NS	OpAmp1	LMC6041A/NS	OpAmp1
LF256/NS	OpAmp1	LM6362/NS	OpAmp1	LMC6041B/NS	OpAmp1
LF257/NS	OpAmp1	LM6364/NS	OpAmp1	LMC6042A/NS	OpAmp1
LF351/NS	OpAmp1	LM6365/NS	OpAmp1	LMC6042B/NS	OpAmp1
LF353/NS	OpAmp1	LM6572A/NS	OpAmp1	LMC6044A/NS	OpAmp1
LF355/NS	OpAmp1	LM6572B/NS	OpAmp1	LMC6044B/NS	OpAmp1
LF356/NS	OpAmp1	LM6574A/NS	OpAmp1	LMC6061A/NS	OpAmp1
LF357/NS	OpAmp1	LM6574B/NS	OpAmp1	LMC6061B/NS	OpAmp1
LF411/NS	OpAmp1	LM6582A/NS	OpAmp1	LMC6062A/NS	OpAmp1
LF412/NS	OpAmp1	LM6582B/NS	OpAmp1	LMC6062B/NS	OpAmp1
LF441A/NS	OpAmp1	LM6584A/NS	OpAmp1	LMC6064A/NS	OpAmp1
LF441B/NS	OpAmp1	LM6584B/NS	OpAmp1	LMC6064B/NS	OpAmp1
LF442A/NS	OpAmp1	LM660A/NS	OpAmp1	LMC6081A/NS	OpAmp1
LF442B/NS	OpAmp1	LM660B/NS	OpAmp1	LMC6081B/NS	OpAmp1
LF444A/NS	OpAmp1	LM662A/NS	OpAmp1	LMC6082A/NS	OpAmp1
LF444B/NS	OpAmp1	LM662B/NS	OpAmp1	LMC6082B/NS	OpAmp1
LF451/NS	OpAmp1	LM6762A/NS	OpAmp1	LMC6084A/NS	OpAmp1
LF453/NS	OpAmp1	LM6762B/NS	OpAmp1	LMC6084B/NS	OpAmp1
LM118/NS	OpAmp1	LM6772A/NS	OpAmp1	LMC6462A/NS	OpAmp1
LM124/NS	OpAmp1	LM6772B/NS	OpAmp1	LMC6462B/NS	OpAmp1
LM158/NS	OpAmp1	LM7101/NS	OpAmp1	LMC6464A/NS	OpAmp1
LM218/NS	OpAmp1	LM7101A/NS	OpAmp1	LMC6464B/NS	OpAmp1
LM224/NS	OpAmp1	LM7101B/NS	OpAmp1	LMC6482A/NS	OpAmp1
LM258/NS	OpAmp1	LM7111A/NS	OpAmp1	LMC6484A/NS	OpAmp1
LM2902/NS	OpAmp1	LM7111B/NS	OpAmp1	LMC6492A/NS	OpAmp1
LM2904/NS	OpAmp1	LM7121/NS	OpAmp1	LMC6492B/NS	OpAmp1
LM318/NS	OpAmp1	LM7131A/NS	OpAmp1	LMC6494A/NS	OpAmp1
LM324/NS	OpAmp1	LM7171A/NS	OpAmp1	LMC6494B/NS	OpAmp1
LM358/NS	OpAmp1	LM7171B/NS	OpAmp1	LMC6464/NS	OpAmp1
LM6118/NS	OpAmp1	LM7211A/NS	OpAmp1	LMC6772A/NS	OpAmp1
LM6132A/NS	OpAmp1	LM7211B/NS	OpAmp1	LMC7101A/NS	OpAmp1
LM6132B/NS	OpAmp1	LM7215/NS	OpAmp1	LMC7101B/NS	OpAmp1
LM6142A/NS	OpAmp1	LM7221A/NS	OpAmp1	LMC7111A/NS	OpAmp1
LM6142B/NS	OpAmp1	LM7221B/NS	OpAmp1	LMC7211A/NS	OpAmp1
LM6152A/NS	OpAmp1	LM7226/NS	OpAmp1	LMC7211B/NS	OpAmp1
LM6152B/NS	OpAmp1	LM7301/NS	OpAmp1	LMC7215/NS	OpAmp1
LM6161/NS	OpAmp1	LM741/NS	OpAmp1	LMC7221A/NS	OpAmp1
LM6162/NS	OpAmp1	LMC660B/NS	OpAmp1	LMC7221B/NS	OpAmp1
LM6164/NS	OpAmp1	LMC662A/NS	OpAmp1	LMC7225/NS	OpAmp1
LM6165/NS	OpAmp1	LMC662/NS	OpAmp1	LPC660A/NS	OpAmp1
LM6171A/NS	OpAmp1	LMC6001A/NS	OpAmp1	LPC660B/NS	OpAmp1
LM6171B/NS	OpAmp1	LMC6001B/NS	OpAmp1	LPC661A/NS	OpAmp1
LM6172/NS	OpAmp1	LMC6022/NS	OpAmp1	LPC661B/NS	OpAmp1
LM6181/NS	OpAmp1	LMC6024/NS	OpAmp1	LPC662A/NS	OpAmp1
LM6218/NS	OpAmp1	LMC6032/NS	OpAmp1	LPC662B/NS	OpAmp1
LM6261/NS	OpAmp1				

Operationsverstärker von *Texas Instruments*

In Abschnitt 16.5 haben Sie am Beispiel der Operationsverstärker *TL081* und *OPA130* gelernt, wie Sie Modelle auf der Webseite von *Texas Instruments* finden und herunterladen können. Im Folgenden erfahren Sie, welche Modelle *Texas Instruments* für Sie bereithält und mit welchen Schaltzeichen aus *discretes2005.olb* diese zu verknüpfen sind. Die Modelle der Operationsverstärker von *Texas Instruments* haben in der Regel fünf Pins. Diese Pins sind leider bei den verschiedenen Modellen in zwei unterschiedlichen Reihenfolgen angeordnet. Sie erfordern folglich zwei unterschiedliche Schaltzeichen. Bei den meisten Modellen gilt die Pin-Reihenfolge: *nichtinvertierender Eingang, invertierender Eingang, positive Versorgungsspannung, negative Versorgungsspannung, Ausgang*. Zu diesen Modellen „passt" das Schaltzeichen *OpAmp1* aus *discretes2005.olb*. Bei einigen Modellen ist die Pin-Reihenfolge anders: *nichtinvertierender Eingang, invertierender Eingang, Ausgang, positive Versorgungsspannung, negative Versorgungsspannung*. Zu diesen Modellen „passt" das Schaltzeichen *OpAmp2*. Neben den Operationsverstärkern, die ich in der folgenden Liste aufgeführt habe, gibt es (wenige) Operationsverstärker, für die keines der beiden Schaltzeichen geeignet ist, weil die Anzahl der Pins größer als 5 ist. Der häufigste Grund dafür besteht darin, dass der betreffende Operationsverstärker einen sechsten Pin für einen Enable-Eingang besitzt. Häufig gibt es dann auch eine Version mit gleichen elektronischen Eigenschaften, aber ohne Enable-Eingang.

Name	Schaltzeichen	Name	Schaltzeichen	Name	Schaltzeichen
LF347	OpAmp1	OPA137	OpAmp1	OPA2613	OpAmp2
LF347B	OpAmp1	OPA177	OpAmp1	OPA2614	OpAmp2
LF353	OpAmp1	OPA2107	OpAmp1	OPA2652	OpAmp1
LF411	OpAmp1	OPA211	OpAmp1	OPA27	OpAmp1
LM139	OpAmp1	OPA2111	OpAmp1	OPA277	OpAmp1
LM139A	OpAmp1	OPA2130	OpAmp1	OPA2822	OpAmp1
LM239	OpAmp1	OPA2131	OpAmp1	OPA301	OpAmp1
LM239A	OpAmp1	OPA2132	OpAmp1	OPA333	OpAmp1
LM2901	OpAmp1	OPA2134	OpAmp1	OPA335	OpAmp1
LM293	OpAmp1	OPA2137	OpAmp1	OPA336	OpAmp1
LM293A	OpAmp1	OPA2227	OpAmp1	OPA337	OpAmp1
LM324	OpAmp1	OPA2228	OpAmp1	OPA338	OpAmp1
LM324A	OpAmp1	OPA2234	OpAmp1	OPA340	OpAmp1
LM3302	OpAmp1	OPA2237	OpAmp1	OPA342	OpAmp1
LM339	OpAmp1	OPA2241	OpAmp1	OPA343	OpAmp1
LM339A	OpAmp1	OPA2244	OpAmp1	OPA344	OpAmp1
LM348	OpAmp1	OPA2251	OpAmp1	OPA345	OpAmp1
LM358	OpAmp1	OPA227	OpAmp1	OPA347	OpAmp1
LM358A	OpAmp1	OPA2277	OpAmp1	OPA348	OpAmp1
LM393	OpAmp1	OPA228	OpAmp1	OPA349	OpAmp1
LM393A	OpAmp1	OPA2335	OpAmp1	OPA350	OpAmp1
LP2901	OpAmp1	OPA2336	OpAmp1	OPA353	OpAmp1
LP339	OpAmp1	OPA2337	OpAmp1	OPA354	OpAmp1
LT1013	OpAmp1	OPA2338	OpAmp1	OPA364	OpAmp1
LT1013D	OpAmp1	OPA234	OpAmp1	OPA365	OpAmp1
LT1014	OpAmp1	OPA2340	OpAmp1	OPA37	OpAmp1
LT1014A	OpAmp1	OPA2342	OpAmp1	OPA374	OpAmp1
LT1014D	OpAmp1	OPA2343	OpAmp1	OPA379	OpAmp1
MC1458	OpAmp1	OPA2343	OpAmp1	OPA380	OpAmp1
MC3403	OpAmp1	OPA2347	OpAmp1	OPA381	OpAmp1
OP07C	OpAmp1	OPA2348	OpAmp1	OPA404	OpAmp1
OP07D	OpAmp1	OPA2349	OpAmp1	OPA4130	OpAmp1
OPA1013	OpAmp1	OPA2350	OpAmp1	OPA4131	OpAmp1
OPA121	OpAmp1	OPA2353	OpAmp1	OPA4132	OpAmp1
OPA124	OpAmp1	OPA237	OpAmp1	OPA4134	OpAmp1
OPA128	OpAmp1	OPA241	OpAmp1	OPA4137	OpAmp1
OPA129	OpAmp1	OPA244	OpAmp1	OPA4227	OpAmp1
OPA130	OpAmp1	OPA251	OpAmp1	OPA4228	OpAmp1
OPA131	OpAmp1	OPA2541	OpAmp1	OPA4234	OpAmp1
OPA132	OpAmp1	OPA2544	OpAmp1	OPA4241	OpAmp1
OPA134	OpAmp1	OPA2604	OpAmp1	OPA4243	OpAmp1

Name	Schaltzeichen	Name	Schaltzeichen	Name	Schaltzeichen
OPA4244	OpAmp1	THS4601	OpAmp1	TLC2252	OpAmp1
OPA4251	OpAmp1	THS4631	OpAmp1	TLC2252A	OpAmp1
OPA4277	OpAmp1	THS6002	OpAmp1	TLC2254	OpAmp1
OPA4336	OpAmp1	THS6007	OpAmp1	TLC2254A	OpAmp1
OPA4340	OpAmp1	THS6012	OpAmp1	TLC2262	OpAmp1
OPA4342	OpAmp1	THS6022	OpAmp1	TLC2262A	OpAmp1
OPA4343	OpAmp1	THS6042	OpAmp1	TLC2264	OpAmp1
OPA4347	OpAmp1	THS6052	OpAmp1	TLC2264A	OpAmp1
OPA4348	OpAmp1	THS6053	OpAmp1	TLC2272	OpAmp1
OPA4350	OpAmp1	THS6062	OpAmp1	TLC2272A	OpAmp1
OPA4353	OpAmp1	THS6072	OpAmp1	TLC2274	OpAmp1
OPA445	OpAmp1	THS6092	OpAmp1	TLC2274A	OpAmp1
OPA4820	OpAmp1	TL022	OpAmp1	TLC251	OpAmp1
OPA501	OpAmp1	TL031	OpAmp1	TLC251A	OpAmp1
OPA512	OpAmp1	TL032	OpAmp1	TLC251B	OpAmp1
OPA541	OpAmp1	TL032A	OpAmp1	TLC252	OpAmp1
OPA544	OpAmp1	TL034	OpAmp1	TLC252A	OpAmp1
OPA602	OpAmp1	TL034A	OpAmp1	TLC252B	OpAmp1
OPA604	OpAmp1	TL051	OpAmp1	TLC254	OpAmp1
OPA627	OpAmp1	TL051A	OpAmp1	TLC254A	OpAmp1
OPA637	OpAmp1	TL052	OpAmp1	TLC254B	OpAmp1
OPA656	OpAmp1	TL052A	OpAmp1	TLC25L2	OpAmp1
OPA657	OpAmp1	TL054	OpAmp1	TLC25L2A	OpAmp1
OPA703	OpAmp1	TL054A	OpAmp1	TLC25L2B	OpAmp1
OPA704	OpAmp1	TL061	OpAmp1	TLC25L4	OpAmp1
OPA725	OpAmp1	TL061A	OpAmp1	TLC25L4A	OpAmp1
OPA727	OpAmp1	TL061B	OpAmp1	TLC25L4B	OpAmp1
OPA735	OpAmp1	TL062	OpAmp1	TLC25M2	OpAmp1
OPA743	OpAmp1	TL062A	OpAmp1	TLC25M2A	OpAmp1
OPA820	OpAmp1	TL062B	OpAmp1	TLC25M4	OpAmp1
OPA842	OpAmp1	TL064	OpAmp1	TLC25M4A	OpAmp1
OPA843	OpAmp1	TL064A	OpAmp1	TLC25M4B	OpAmp1
OPA846	OpAmp2	TL064B	OpAmp1	TLC2652	OpAmp1
RC4136	OpAmp1	TL071	OpAmp1	TLC2652A	OpAmp1
RC4558	OpAmp1	TL071A	OpAmp1	TLC2654	OpAmp1
RC4559	OpAmp1	TL071B	OpAmp1	TLC2654A	OpAmp1
SN10502	OpAmp2	TL072	OpAmp1	TLC271	OpAmp1
THS3001	OpAmp1	TL072A	OpAmp1	TLC271A	OpAmp1
THS3121	OpAmp1	TL072B	OpAmp1	TLC271B	OpAmp1
THS3122	OpAmp1	TL074	OpAmp1	TLC272	OpAmp1
THS3201	OpAmp2	TL074A	OpAmp1	TLC272A	OpAmp1
THS4001	OpAmp1	TL074B	OpAmp1	TLC272B	OpAmp1
THS4011	OpAmp1	TL081	OpAmp1	TLC274	OpAmp1
THS4012	OpAmp1	TL081A	OpAmp1	TLC274A	OpAmp1
THS4021	OpAmp1	TL081B	OpAmp1	TLC274B	OpAmp1
THS4022	OpAmp1	TL082	OpAmp1	TLC277	OpAmp1
THS4031	OpAmp1	TL082A	OpAmp1	TLC279	OpAmp1
THS4032	OpAmp1	TL082B	OpAmp1	TLC27L2	OpAmp1
THS4042	OpAmp1	TL084	OpAmp1	TLC27L2A	OpAmp1
THS4051	OpAmp1	TL084A	OpAmp1	TLC27L2B	OpAmp1
THS4052	OpAmp1	TL084B	OpAmp1	TLC27L4	OpAmp1
THS4061	OpAmp1	TL322	OpAmp1	TLC27L4A	OpAmp1
THS4062	OpAmp1	TLC071	OpAmp1	TLC27L4B	OpAmp1
THS4081	OpAmp1	TLC072	OpAmp1	TLC27L7	OpAmp1
THS4082	OpAmp1	TLC073	OpAmp1	TLC27L9	OpAmp1
THS4211	OpAmp2	TLC074	OpAmp1	TLC27M2	OpAmp1
THS4215	OpAmp2	TLC075	OpAmp1	TLC27M2A	OpAmp1
THS4222	OpAmp2	TLC080	OpAmp1	TLC27M2B	OpAmp1
THS4225	OpAmp2	TLC081	OpAmp1	TLC27M4	OpAmp1
THS4226	OpAmp2	TLC082	OpAmp1	TLC27M4A	OpAmp1
THS4275	OpAmp1	TLC083	OpAmp1	TLC27M4B	OpAmp1
THS4281	OpAmp1	TLC084	OpAmp1	TLC27M7	OpAmp1
THS4304	OpAmp1	TLC085	OpAmp1	TLC27M9	OpAmp1
THS4502	OpAmp1	TLC1078	OpAmp1	TLC339	OpAmp1
THS4503	OpAmp1	TLC1079	OpAmp1	TLC352	OpAmp1
THS4504	OpAmp1	TLC2201	OpAmp1	TLC354	OpAmp1
THS4505	OpAmp1	TLC2201A	OpAmp1	TLC3702	OpAmp1

Name	Schaltzeichen	Name	Schaltzeichen	Name	Schaltzeichen
TLC3704	OpAmp1	TLV2252	OpAmp1	TLV2472	OpAmp1
TLC372	OpAmp1	TLV2252A	OpAmp1	TLV2472A	OpAmp1
TLC374	OpAmp1	TLV2254	OpAmp1	TLV2473	OpAmp1
TLC393	OpAmp1	TLV2254A	OpAmp1	TLV2473A	OpAmp1
TLE2021	OpAmp1	TLV2262	OpAmp1	TLV2474	OpAmp1
TLE2021A	OpAmp1	TLV2262A	OpAmp1	TLV2474A	OpAmp1
TLE2022	OpAmp1	TLV2322	OpAmp1	TLV2475	OpAmp1
TLE2022A	OpAmp1	TLV2324	OpAmp1	TLV271	OpAmp1
TLE2024	OpAmp1	TLV2332	OpAmp1	TLV2760	OpAmp1
TLE2024A	OpAmp1	TLV2334	OpAmp1	TLV2761	OpAmp1
TLE2027	OpAmp1	TLV2341	OpAmp1	TLV2762	OpAmp1
TLE2037	OpAmp1	TLV2342	OpAmp1	TLV2763	OpAmp1
TLE2037A	OpAmp1	TLV2344	OpAmp1	TLV2764	OpAmp1
TLE2061	OpAmp1	TLV2352	OpAmp1	TLV2771	OpAmp1
TLE2061A	OpAmp1	TLV2354	OpAmp1	TLV2771A	OpAmp1
TLE2062	OpAmp1	TLV2361	OpAmp1	TLV2772	OpAmp1
TLE2062A	OpAmp1	TLV2362	OpAmp1	TLV2772A	OpAmp1
TLE2064	OpAmp1	TLV2371	OpAmp1	TLV2772M	OpAmp1
TLE2064A	OpAmp1	TLV2372	OpAmp1	TLV2773	OpAmp1
TLE2071	OpAmp1	TLV2374	OpAmp1	TLV2773A	OpAmp1
TLE2071A	OpAmp1	TLV2401	OpAmp1	TLV2774	OpAmp1
TLE2072	OpAmp1	TLV2402	OpAmp1	TLV2774A	OpAmp1
TLE2072A	OpAmp1	TLV2404	OpAmp1	TLV2775	OpAmp1
TLE2074	OpAmp1	TLV2434	OpAmp1	TLV2775A	OpAmp1
TLE2074A	OpAmp1	TLV2434A	OpAmp1	TLV2781	OpAmp1
TLE2081	OpAmp1	TLV2444	OpAmp1	TLV2782	OpAmp1
TLE2081A	OpAmp1	TLV2444A	OpAmp1	TLV2782A	OpAmp1
TLE2082	OpAmp1	TLV2451	OpAmp1	TLV2783	OpAmp1
TLE2082A	OpAmp1	TLV2451A	OpAmp1	TLV2783A	OpAmp1
TLE2084	OpAmp1	TLV2452	OpAmp1	TLV2784	OpAmp1
TLE2084A	OpAmp1	TLV2452A	OpAmp1	TLV2784A	OpAmp1
TLE2141	OpAmp1	TLV2453	OpAmp1	TLV2785	OpAmp1
TLE2141A	OpAmp1	TLV2453A	OpAmp1	TTLV2785A	OpAmp1
TLE2142	OpAmp1	TLV2454	OpAmp1	TLV3012	OpAmp1
TLE2142A	OpAmp1	TLV2454A	OpAmp1	TLV3491	OpAmp1
TLE2144	OpAmp1	TLV2455	OpAmp1	TLV3492	OpAmp1
TLE2144A	OpAmp1	TLV2455A	OpAmp1	TLV3494	OpAmp1
TLE2161	OpAmp1	TLV2460	OpAmp1	TLV4111	OpAmp1
TLE2161A	OpAmp1	TLV2461	OpAmp1	TLV4112	OpAmp1
TLV2211	OpAmp1	TLV2471	OpAmp1	TLV4113	OpAmp1
TLV2221	OpAmp1	TLV2471A	OpAmp1	ICL7652	OpAmp1
TLV2231	OpAmp1				

parts.lib

parts.lib enthält Modelle, die von mir unter Verwendung des Programms PARTS aus den Datenblattangaben ermittelt wurden. Der häufigste Grund dafür war der Wunsch, ältere Schaltungen simulieren zu können, deren Bauteile nicht mehr hergestellt werden.

Bipolare Transistoren und Feldeffekt-Transistoren

Name	Schaltzeichen	Name	Schaltzeichen	Name	Schaltzeichen
BC107B	npn_mod	BC161-16	pnp_mod	2N2219	npn_mod
BC140	npn_mod	BC177B	pnp_mod	BF245A	JFET_n_mod
BC141-10	npn_mod	BC237B	npn_mod	BF245B	JFET_n_mod
BC160	pnp_mod	2N1613	npn_mod	BF245C	JFET_n_mod

Z-Dioden

Name	Schaltzeichen	Name	Schaltzeichen	Name	Schaltzeichen
BZY83/C4V7	Z-Diode_sl	BZY83/C8V2	Z-Diode_sl	BZY83/C15	Z-Diode_sl
BZY83/C5V1	Z-Diode_sl	BZY83/C9V1	Z-Diode_sl	BZY83/C16	Z-Diode_sl
BZY83/C5V6	Z-Diode_sl	BZY83/C10	Z-Diode_sl	BZY83/C18	Z-Diode_sl
BZY83/C6V2	Z-Diode_sl	BZY83/C11	Z-Diode_sl	BZY83/C20	Z-Diode_sl
BZY83/C6V8	Z-Diode_sl	BZY83/C12	Z-Diode_sl	BZY83/C22	Z-Diode_sl
BZY83/C7V5	Z-Diode_sl	BZY83/C13	Z-Diode_sl	BZY83/C24	Z-Diode_sl

Rezeptliste

Lektion 1:   ZEICHNEN VON SCHALTPLÄNEN

Rezept 1.1:   CAPTURE starten
Rezept 1.2:   Ein neues Projekt anlegen
Rezept 1.3:   Eine gespeicherte Projektdatei öffnen
Rezept 1.4:   Ein Projekt speichern
Rezept 1.5:   CAPTURE beenden
Rezept 1.6:   Ein neues Bauteil auf die Zeichenfläche bringen
Rezept 1.7:   Markieren und Verschieben
Rezept 1.8:   Bauteile rotieren und spiegeln
Rezept 1.9:   Leitungen zeichnen
Rezept 1.10:   Attribute ändern
Rezept 1.11:   Das Massezeichen platzieren
Rezept 1.12:   Attribute im Property-Editor ändern
Rezept 1.13:   Attribute im Schaltplan sichtbar machen
Rezept 1.14:   Vergrößern und Verkleinern
Rezept 1.15:   Den Orthogonalmodus beim Verdrahten abstellen

Lektion 2:   GLEICHSTROM-SIMULATION

Rezept 2.1:   Die Simulation starten
Rezept 2.2:   Ein neues Simulationsprofil erstellen
Rezept 2.3:   Gleichspannungen auf dem Schaltplan anzeigen
Rezept 2.4:   Gleichströme auf dem Schaltplan anzeigen
Rezept 2.5:   Leistungen auf dem Schaltplan anzeigen
Rezept 2.6:   Einzelne angezeigte Spannungen, Ströme oder Leistungen löschen
Rezept 2.7:   Einzelne gelöschte Ströme/Spannungen wieder anzeigen
Rezept 2.8:   Einzelne gelöschte Leistungen wieder anzeigen
Rezept 2.9:   Das Output-File öffnen
Rezept 2.10:   Anschlussbezeichnungen von Bauteilen verstehen

Lektion 3:   DIE TRANSIENTEN-ANALYSE

Rezept 3.1:   Eine Spannung als Differenz zweier Potenziale darstellen
Rezept 3.2:   Eine Transienten-Analyse durchführen
Rezept 3.3:   Die Simulationsschrittweite (MAXIMUM STEP SIZE) wählen
Rezept 3.4:   Ein Simulationsergebnis im Probe-Fenster darstellen
Rezept 3.5:   Positive Zählrichtung von Strömen und Spannungen
Rezept 3.6:   Die Eingabezeile TRACE-EXPRESSION editieren
Rezept 3.7:   Eine zweite y-Achse einfügen

Lektion 4:   DIE AC-ANALYSE

Rezept 4.1:   Eine AC-Analyse (feste Frequenz) durchführen

Lektion 5:   DER AC-SWEEP

Rezept 5.1:   Einen AC-Sweep durchführen
Rezept 5.2:   Zwischen linearer und logarithmischer x-Achse wechseln
Rezept 5.3:   Zwischen linearer und logarithmischer y-Achse wechseln
Rezept 5.4:   Die berechneten Datenpunkte im PROBE-Diagramm anzeigen
Rezept 5.5:   Gespeicherte PROBE-Diagramme zur Anzeige bringen
Rezept 5.6:   Gespeicherte PROBE-Diagramme verschiedener Schaltungen in einem gemeinsamen Diagramm zur Anzeige bringen

Lektion 6:   SIMULATION IN DER DIGITALTECHNIK 1

Rezept 6.1:   Eine statische Logik-Analyse durchführen
Rezept 6.2:   Ein digitales Stimulussignal mit 1 Bit erzeugen
Rezept 6.3:   Ein periodisches Taktsignal erzeugen

Lektion 7:   PROBE-FEINHEITEN
Rezept 7.1:   Die Skalierung von *x*- und *y*-Achse ändern
Rezept 7.2:   Mathematische Operationen auf Probe-Diagramme anwenden
Rezept 7.3:   Ein Diagramm aus dem Probe-Bildschirm löschen
Rezept 7.4:   Ein zweites Diagramm in richtiger Zuordnung oberhalb eines
                    bereits vorhandenen Diagramms darstellen
Rezept 7.5:   Automatischer Wiederaufruf der Einstellungen des letzten Probe-
                    Durchgangs
Rezept 7.6:   Vergrößerung und Verkleinerung im Probe-Fenster
Rezept 7.7:   Den Probe-Cursor aktivieren
Rezept 7.8:   Strichstärke und Farbe von Probe-Diagrammen ändern
Rezept 7.9:   Die beiden Probe-Cursor den im Probe-Bildschirm angezeigten
                    Diagrammen zuordnen
Rezept 7.10:   Den Cursor steuern. Diagrammstellen mit Koordinaten versehen

Lektion 8:   DER DC-SWEEP
Rezept 8.1:   DC-Sweep: Eine Gleichspannungsquelle sweepen
Rezept 8.2:   DC-Sweep: Eine Gleichstromquelle sweepen
Rezept 8.3:   DC-Sweep: Die Betriebstemperatur einer Schaltung sweepen
Rezept 8.4:   DC-Sweep: Einen Modellparameter sweepen
Rezept 8.5:   DC-Sweep: Widerstandswert als *Global-Parameter* sweepen
Rezept 8.6:   Einen Gobal-Parameter auf dem Schaltplan anmelden
Rezept 8.7:   Mehrere Simulationsprofile in einem Projekt nutzen
Rezept 8.8:   Einen geschachtelten DC-Sweep durchführen
Rezept 8.10:   Auf dem Schaltplan einen nicht bekannten PIN-Namen identifizieren
Rezept 8.11:   Das Temperaturverhalten von Widerständen, Kapazitäten und
                    Induktivitäten modellieren
Rezept 8.12:   Mehrere Schaltungen in einem Projekt nutzen

Lektion 9:   DER PARAMETRIC-SWEEP
Rezept 9.1:   Einen Parametric-Sweep durchführen
Rezept 9.2:   Ein Projekt auf der Basis eines vorhandenen Projekts anlegen

Lektion 10:   SPEZIELLE ANALYSEN
Rezept 10.1:   Die Fourier-Analyse (FFT) eines im Probe-Fenster dargestellten
                    Vorgangs durchführen
Rezept 10.2:   Das Ergebnis einer Fourier-Analyse ins Output-File schreiben
Rezept 10.3:   Eine Sensitivity-Analyse durchführen
Rezept 10.4.   Das Ausgangsrauschen einer elektronischen Schaltung im Probe-
                    Fenster darstellen
Rezept 10.5:   Eine Transfer-Analyse durchführen
Rezept 10.6:   Eine Performance-Analyse durchführen
Rezept 10.7:   Eine Messfunktion aktivieren
Rezept 10.8:   Die Messfunktionen von PROBE verstehen
Rezept 10.9:   Einen Bauelemente-Parameter mit einer Toleranz versehen
Rezept 10.10:   Mehrere Widerstände, Kondensatoren und/oder Spulen gemeinsam
                    mit einer Toleranz versehen
Rezept 10.11:   Das Säulendiagramm der statistischen Verteilung der Ergebnisse
                    einer Monte-Carlo-Analyse darstellen
Rezept 10.12:   In einem Probe-Diagramm die beiden „Worst-Case-Runs"
                    gemeinsam mit den Monte-Carlo-Durchläufen darstellen
Rezept 10.13:   Eine Monte-Carlo-Analyse durchführen
Rezept 10.14:   Eine Worst-Case-Analyse durchführen

Lektion 11:   SIMULATION IN DER DIGITALTECHNIK 2
Rezept 11.1:   Einen Daten-Bus digital stimulieren

Rezept 11.2:   Einen Daten-Bus zeichnen
Rezept 11.3:   Einen Datenbus benennen (mit Labels versehen)
Rezept 11.4:   Einzelne Daten-Leitungen benennen (mit Labels versehen)
Rezept 11.5:   Den Digitalteil des Probe-Fensters zoomen
Rezept 11.6:   Initialisieren von Flipflops
Rezept 11.7:   Den I/O-Level wählen
Rezept 11.8:   Den Digitalteil des Probe-Fensters in seiner Größe ändern
Rezept 11.9:   Darstellen von Bitfolgen in einem einzigen Probe-Diagramm

Lektion 12:   Die Worst-Case-Analyse in der Digitaltechnik
Rezept 12.1:   Laufzeit-Grenzwerte einstellen
Rezept 12.2:   Eine digitale Worst-Case-Analyse durchführen

Literaturliste

Im Interesse der Aktualität des Buches und der Entwicklung des deutschen Waldes verzichtet dieses Buch auf den Abdruck einer vollständigen Liste der verfügbaren PSPICE-Literatur. Wenn Sie an solch einer Liste Interesse haben, dann hilft Ihnen das Internet weiter. Sie finden z.B. unter der Adresse *www.wlb-stuttgart.de* Links zu den Verbund-Katalogen der deutschen wissenschaftlichen Bibliotheken. Eine Online-Recherche nach *SPICE* und *PSPICE* bringt Sie in wenigen Minuten zu einer lückenlosen Liste der verfügbaren PSPICE-Literatur, die beinahe täglich auf den neuesten Stand gebracht wird und somit jede in Buchform verbreitete Literaturliste innerhalb kürzester Zeit veralten lässt. Die folgende Literaturliste ist deshalb keine Liste der verfügbaren PSPICE-Literatur. Sie enthält nur diejenigen Werke, die bei der Erarbeitung dieses Buches genutzt wurden, und zwar in der Reihenfolge ihrer Bedeutung für die Entstehung des Buches. Diese Reihenfolge stellt selbstverständlich keine Wertung dar.

OrCAD PSpice A/D. Reference Manual 2007

OrCAD PSPICE A/D User's Guide, OrCAD Inc. 2007

OrCAD CAPTURE User's Guide, OrCAD Inc. 2007

Roy W. Goody. OrCAD PSpice for WINDOWS, Vol. I - III, Third Edition Prentice Hall 2001

Claus Kühnel. Schaltungsdesign unter WINDOWS. Franzis 1994

Dietmar Ehrhardt/Jürgen Schulte. Simulieren mit PSPICE. Vieweg 1995

Lutz v. Wangenheim. PC-Simulation elektronischer Grundschaltungen. Hüthig 1993

Otto Justus. Berechnung linearer und nichtlinearer Netzwerke. Mit PSPICE-Beispielen. Fachbuchverlag Leipzig 1994

Otto Justus. Dynamisches Verhalten elektrischer Maschinen. Eine Einführung in die numerische Modellierung mit PSpice. Vieweg 1993

L. W. Nagel. SPICE2: A Computer Program to Simulate Semiconductor Circuits. Berkeley 1975

Andreas Bursian. PSPICE für Einsteiger. Franzis 1996

Royd Lüdtke/S. Stratmann. Design Center - PSpice unter Windows. Vieweg 1996

Frank Krämer (Hrsg). PSPICE V9. Fächer 2000

MicroSim Application Notes. MicroSim Corporation 1996

T. E. Price. Analog Electronics. An integrated PSpice approach, Prentice Hall 1997

Rainer Ose. Elektrotechnik für Ingenieure. Bauelemente und Grundschaltungen mit PSpice. Fachbuchverlag Leipzig im Carl Hanser Verlag 2007

Bernhard Beetz. Elektroaufgaben mit PSPICE, 3. Auflage Vieweg 2008

Oliver Hilbertz/ Walter Motsch. Benutzerunterstützung für das Simulationsprogramm PSpice (Version 8), Shaker Verlag 2001

Harun Duyan/Guido Hahnloser/Dirk H. Traeger. PSpice für Windows, Teubner 1996

Marc E. Herniter. Schematic Capture with Cadence PSpice, Prentice Hall 2003

Antworten auf häufig gestellte Fragen

Frage: Welche der vielen Simulationsdateien aus dem Ordner Projects der OrCAD-Demoversion-16.0 muss ich für zukünftige Simulationen erhalten? Welche Dateien kann ich löschen?

Antwort: Sie benötigen die Dateien *.dsn, *.opj, *.prb, *.mrk, *.sim sowie, falls vorhanden, *.lib. Alle übrigen Dateien erzeugt PSPICE bei der Simulation einer Projektdatei *.opj wieder neu.

Frage: Bei der Simulation mit OrCAD-16.0 erhalte ich die Fehlermeldung MISSING PSPICETEMPLATE. Was mache ich falsch?

Antwort: CAPTURE enthält viele Bauteile, die nur zum Zeichnen, nicht aber zum Simulieren gedacht sind und folglich nicht mit Simulationsmodellen verknüpft sind. Für die Simulation sind nur diejenigen Bauteile geeignet, die sich im Ordner ...\tools\capture\library\pspice und im Ordner Addlibs befinden.

Frage: Warum bleibt die Schaltfläche zum Öffnen des Fensters ADD TRACES nach der Simulation manchmal inaktiv, so dass sich das Fenster nicht öffnen lässt?

Antwort: Wenn die Simulation wegen eines Fehlers abgebrochen wurde, lässt sich das Fenster ADD TRACES nicht öffnen. Sie müssen dann im Outputfile die Ursachen des Simulationsabbruchs herausfinden.

Frage: Seitdem ich mit PSPICE arbeite wird meine Festplatte voll und voller. Gibt es dafür Ursachen, die man abstellen kann?

Antwort: Die Probe-Dateien *.dat erfordern viel Speicherplatz. Sie müssen deshalb hin und wieder aufräumen und alte Dateien dieses Typs löschen. PSPICE berechnet die dat-Dateien bei jeder Simulation neu, so dass gelöschte dat-Dateien keinen großen Verlust bedeuten.

Frage: Kann ich meine alten SCHEMATICS-Schaltungen in CAPTURE importieren und unter CAPTURE simulieren?

Antwort: Ja. Es gibt dazu einen Translator. Den können Sie aus CAPTURE heraus durch FILE/IMPORT DESIGN aufrufen. Während des Imports müssen Sie Namen und Suchweg der Ini-Datei angeben, die zu dem Programm gehört, aus dem Sie importieren wollen. Die Ini-Dateien haben folgende Namen:

Studentenversion 9.1: WINDOWS/PSPICEEV.INI
Version 8, Vollversion: WINDOWS/MSIM.INI
Version 8, Evaluationsversion: WINDOWS/MSIM_EVL.INI
Alle Vollversionen ab Version 9.0: ... /PSPICE/PSPICE.INI

Frage: In einer Fehlermeldung werde ich aufgefordert, nähere Hinweise dem SESSION LOG zu entnehmen. Der ist aber auf dem Bildschirm nicht sichtbar. Was kann ich da tun?

Antwort: Der Session-Log kann hinter dem CAPTURE-Fenster „versteckt" sein. Öffnen Sie in diesem Fall im Arbeitsfenster von CAPTURE das Menü WINDOW und wählen Sie darin SESSION LOG.

Frage: Im Projektmanager gibt es den Design-Cache. Der wurde in diesem Buch nie verwendet. Welche Bedeutung hat er?

Antwort: Im Design-Cache legt CAPTURE Kopien sämtlicher Schaltzeichen ab, die auf dem Schaltplan positioniert wurden. Das ist sehr praktisch, falls Sie CAPTURE haupsächlich zum Zeichnen von Schaltplänen verwenden, denn dann können Sie Ihre CAPTURE-Dateien auf jedem fremden Computer laufen lassen, auf dem CAPTURE installiert ist. Es ist dann nicht erforderlich, dass die zugehörigen Schaltzeichenbibliotheken auf dem fremden Computer installiert sind. Für die Nutzer von PSPICE bringt der Design-Cache keinen Vorteil, denn von den verwendeten Simulationsmodellen werden keine Kopien im Design-Cache abgelegt.

Frage: In meinem Design-Cache befinden sich Bauteile, die ich vor langer Zeit einmal in meiner Schaltung verwendet habe, inzwischen aber nicht mehr Bestandteil der Schaltung sind. Kann man den Design-Cache „aufräumen"?

Antwort: Wenn Sie den Design-Cache im Projektmanager markieren und dann durch Klicken mit der rechten Maustaste das Kontextmenü öffnen, bietet sich Ihnen die Option CLEANUP CACHE. Durch Anwahl von CLEANUP CACHE wird der Inhalt des Design-Cache aktualisiert.

Frage: Ich habe in einer Schaltung ein Bauteil durch ein Bauteil gleichen Namens aus einer anderen Bibliothek ersetzt. CAPTURE scheint das nicht zu merken, denn es verwendet weiterhin das alte Bauteil. Was kann ich tun?

Antwort: CAPTURE sucht zuerst im Design-Cache nach einem gewünschten Bauteil und anschließend in den angemeldeten Schaltzeichenbibliotheken. CAPTURE positioniert dasjenige Bauteil, das es zuerst findet. Bevor Sie also ein Bauteil auf dem Schaltplan platzieren, dessen Namen bereits eines der Bauteile des Design-Cache trägt, sollten Sie durch CLEANUP CACHE den Design-Cache „aufräumen".

Frage: Ich erhalte nach dem Start einer Simulation die folgende Meldung:

ERROR--Circuit Too Large!
EVALUATION VERSION Limit Exceeded for „X" Devices!

Was ist los?

Antwort: Seit PSPICE-Version 10.0 besitzt die Demoversion eine Begrenzung auf maximal zwei Subcircuits. Subcircuits bezeichnet PSPICE als *X-Devices*. In der Schaltung, die durch die Fehlermeldung bemängelt wurde, gibt es mehr als zwei Subcircuits.

Frage: Ich erhalte bei der Erstellung einer Schaltung folgende Fehlermeldung:

„Warning: Demo Edition can only save a schematic with 60 or less components and 64 or less nets. This design exceeds that limit and future changes can not be saved." Was ist los?

Antwort: Die Demoversion lässt es nur zu, Schaltpläne mit maximal 60 Bauteilen oder 64 Knoten zu speichern.

Frage: Nach dem Start einer Simulation erscheint folgende Fehlermeldung: „Demo Edition is limited to 60 or less components and 64 or less nets. Can not netlist". Was ist los?

Antwort: In der Demoversion ist nicht nur das Speichern von Schaltplänen mit mehr als 60 Bauteilen oder 64 Knoten unmöglich, sondern auch das Erstellen einer Netzliste und das Simulieren.

Frage: Im Property-Editor sämtlicher Bauteile gibt es eine Eingabefläche Filter by: Wofür ist die gut?

Antwort: CAPTURE dient als Frontend für viele Programme, die alle ihre spezifischen Attribute haben. Für die verschiedenen Programme gibt es deshalb Filter, welche die Gesamtheit der Attribute eines Bauteils reduzieren auf diejenigen, die für das betreffende Programm bedeutsam sind. Die für PSPICE bedeutsamen Attribute werden durch den Filter OrCAD-PSpice ausgefiltert. Ungefiltert werden die Attribute angezeigt, wenn bei Filter by: die Option <Current Properties> gewählt wird.

Frage: Ich habe im Property-Editor eines PARAMETERS-Symbols ein neues Attribut angelegt. Dieses Attribut kann ich nicht mehr löschen und es erscheint sogar in allen danach platzierten PARAMETERS-Symbolen. Was kann ich tun?

Antwort: Wenn Sie im PARAMETERS-Symbol ein neues Attribut anlegen, dann sollten Sie vorher alle Filter ausschalten, indem Sie im Property-Editor von PARAMETERS unter Filter by: die Option <Current Properties> wählen. Dann lässt sich das Attribut bei Bedarf auch wieder löschen. Dazu müssen Sie es markieren, dann durch rechten Mausklick das Kontextmenü öffnen und im Kontextmenü Delete Property wählen.

Sollten Sie vergessen haben, vor dem Anlegen eines neuen Attributs den Filter auszuschalten, dann wird der Name des neuen Attributs in die Datei *prefprop.txt* übernommen, in der die mit den jeweiligen Filtern anzuzeigenden Attribute gespeichert sind. Dann können Sie das Attribut im Property-Editor zwar nicht mehr löschen, aber immerhin unsichtbar machen, indem Sie es markieren, dann durch rechten Mausklick das Kontextmenü öffnen und anschließend Filters/Hide wählen.

Wenn es Sie stört, dass Sie den Property-Editor von PARAMETERS mit einem zwar unsichtbaren, aber doch real vorhandenen Attribut „belasten", dann können Sie das Attribut löschen, indem Sie die Datei *prefprop.txt* in einem ASCII-Texteditor bearbeiten. *prefprop.txt* befindet sich im Ordner ...\tools\capture Ihrer PSPICE-Installation. Falls sie z.B. ein Attribut namens *test* im Filter Orcad-PSpice angelegt haben, dann enthält *prefprop.txt* in der Abteilung Orcad-PSpice einen Eintrag (test hide) oder (test show), je nachdem ob Sie das Attribut im Property-Editor sichtbar gelassen (show) oder versteckt haben (hide). Diesen Eintrag müssen Sie löschen. Um das unerwünschte Attribut völlig loszuwerden, müssen Sie anschließend alle im Schaltplan vorhandenen PARAMETERS-Symbole löschen und dann auch noch mit Cleanup Cache den Design-Cache entrümpeln.

Index

A

ABM 359
AC-Ameter 372
AC-Analyse 89
AC-Sweep 97, 111
AC-Vmeter 372
Achsenformatierung 99
   -logarithmisch und linear 97
   -zwischen lin. und log. wechseln 111
Achsenskalierung 99
AD-Umsetzung 325
ADC8break 335
Add Plot 150
Add Plot to Window 150
addlibs 340, 379
aktive Filter 323
   - Worst Case 255
   -Universalfilter 323
Alias-Namen 56, 68, 69
Aliasdatei 53
ALL 250
Alternate Display 133, 136
Ambiguity 121
Ambiguity, Digitaloutput 125
Ambiguity-Konvergenz-Hazard 294
Ameter_trans 80, 372
Amplitudengang 97
Analog Behavior Modelling 359
Analog-Digital-Umsetzung 325
Analogschalter 326, 374
Analysis-Type 47
Anfangszustand 279
Anfangszustände setzen 84
Anreicherungstyp 355
Anschlussbezeichnungen von Bauteilen 60
Anstiegsgeschwindigkeit, Slew Rate 313
Anwendungen 317
Append 107
äquivalentes Eingangsrauschen 231
Arbeitspunkt 242
   -Bias-Point-Detail-Analyse 242
   -DC-Sensitivity-Analyse 243
   -Transfer-Analyse 242
Area 154
arithmetischer Mittelwert 80
Asynchronzähler 280
Attribute 26, 32
   -ändern 43, 44
   -löschen 394
   -setzen 32
   -sichtbar machen 44
Ausgabedatei 53
Ausgangswiderstand 242
Ausschalter 373
Ausschnitt 154
Ausschnittvergrößerung 264, 265. Siehe auch Vergrößern
Available Sections 202

B

B2H-Thyristorbrücke 317
Bandbreite 241

Bauteile
   -rotieren 25
   -spiegeln 25
Bezugspotential 45
Bezugspunkt 45
Bias-Point-Analysis 46
Bias-Point-Detail 242
Bibliothek 22
   -Modell 338, 340
   -Schaltzeichen 26, 340, 343
Bipolartransistor 352, 379
Bitkombinationen 273
blank (blanc project) 19
Blindleistung 82, 86, 320
Bode-Diagramm 155
Bus. Siehe Datenbus

C

CAPTURE
   -Arbeitsfenster 17, 20
   -Menüleiste 20
   -Schaltflächen 35
   -starten 17
   -Werkzeugleiste 20
   -Zeichenfenster 20
CAPTURE Users Guide 363
Cascade (Windows) 138
Category 280
Center Frequency 258
clockcycle 125
COMMAND, Stimulusquelle 268
Command-Zeile 287
Cumulative-Ambiguity-Hazard 298
Current Properties 394
Cursor steuern 166

D

DA-Umsetzung 325
DAC8break 327
Darligton-Transistor, npn 352
Darligton-Transistor, pnp 353
Datenbereich
   -einschränken 221
   -restricted 221
Datenbus 266, 287
   -benennen 287
   -Stimulierung 266
   -verlegen 266
   -zeichnen 287
Datenleitungen 266
   -benennen 267, 287
Datenpunkte
   -berechnete markieren 104
dB 97
DC Parametric Sweep
   -Setup 199
DC Sensitivity Analysis 243, 258
DC-Analyse 46
DC-Sensitivity-Analyse 243
DC-Sweep 167
   -Bauteiltemperatur als Sweepvariable 178
   -Betriebstemperatur sweepen 195
   -eine Gleichspannungsquelle sweepen 194
   -eine Gleichstromquelle sweepen 194
   -einen geschachtelten DC-Sweep durchführen 197
   -einen Modellparameter sweepen 195

-Gleichstromquelle als Sweepvariable 173
-Spannungsquelle als Sweepvariable 168
-Sweepvariablen 168
-Widerstandswert als Sweepvariable 181, 183
Default-Parameter 338
DESIGN LAB 78
Design-Cache 23, 393
DEV 251, 261
Device Equations 337
Dezibel 97
DF 90
Diac 356, 357
Diagramm aus Probe-Fenster löschen 164
Diagramme, gemeinsame
    -aus verschiedenen Simulationen 106, 107
Diagramme mit Koordinaten versehen 166
Dialog-Fenster. *Siehe* Fenster
DigClock 123, 127
Digital Plot Size 121
Digital Size 121
Digital-Analog-Umsetzung 325
Digital-Simulation 113, 263
    -dynamisch 118
    -statisch 113
    -Zeitablaufdiagramme 118
    -Zoom 263
digitale Zustände 115
DIGSTIM 123
Dimmer 357
Diode 353, 381
Display Properties 32
Display Results on Schematic 59
Do not skip Sections 109
Doppelt logarithmische Achsen 101
Download
    -Epcos 358
    -International Rectifier 350
    -Linear Technologies 350
    -Texas Instruments 346
Dreiphasennetz 320
Dual-Slope-Verfahren 330
Dualgate-Feldeffekttransistor 356, 380

E

eeval.olb 364
Effektivwert 80
Eingangswiderstand 242
Einpunkt-AC-Sweep 92
Einschalter 373
Empfindlichkeit 244
Enable 59
    -Current Display 49
    -Voltage Display 59
Enable Bias Voltage Display 47
End (Simulation Status Window) 66
Examine Output 54
Exklusiv-ODER-Glied 114

F

Faktoren als Sweepparameter 215
FALL (MC/Worst Case) 250
Farbe
    -Probe-Bildschirm 363
    -y-Achse 72
Fast-Fourier-Transformation 222
Fehlerdiagnose 297

Fehlermeldung 53
Fehlermeldungen, digitale Worst-Case-Analyse 289
Fehlstellungen digitaler Zustände 290
Feldeffekttransistor 353
Fenster
    -Add Traces 68
    -Append 108
    -Create PSpice Project 19
    -Digital Plot Size 121
    -Display Properties 34
    -New Project 18
    -New Simulation 45
    -Place Ground 30
    -PROBE-Cursor 157
    -Section Information 134
    -Session Log 18
    -Set Attribute 184
    -Simulation Settings 46
    -Y Axis Settings 143
Fenster, aktiv 139
FFT 219, 221
FILESTIM 123
Filter
    -Current Properties 394
    -für Attribute 394
    -OrCAD-PSpice 394
Final Time 66
Format, Stimulusquelle 268
Fourier-Analyse 219, 258
    -Daten im Output-File 223
    -Ergebnis im Output-File 258
    -Transistorverstärker 225
Frequenzgang 97
Frequenzspektrum 219
Frequenzweiche
    -Frequenzgang 207
    -Optimierung 215
Frontend 18
Functions or Macros 68, 238
Funktionen
    -Probe 364
    -PSPICE 68

G

Gate-level Simulation 280
Gaussian 244
Gaußverteilung 244
Gegenkopplung 227
Gegenüberstellung
    -Messung und Simulation 311, 316
Gitterraster 34
Gleichrichtwert 80
Gleichspannungen
    -anzeigen 48, 59
Gleichstrom-Analyse 46
Gleichströme
    -Anzeige löschen 49, 60
    -anzeigen 49
Glitch 290
Glitchunterdrückung 292
Global Parameter 183
GND 30
grid 34
Größen, physikalische 40
Grundmodelle 337, 338

H

Handbuch
 -CAPTURE Users Guide 363
 -PSpice Reference Guide 363
 -PSpice Users Guide 363
Handbuch, OrCAD 16.0 363
Harmonic Distortion 227
harmonische Verzerrung 227
Hauptsweep 167
Hazard 289
Heißleiter 356, 358, 368
hexadezimale Ausgabe 273
HEXFET 311
HF-Transistoren 383
Hi-Element 117, 123
Hi-Fi-Endstufe 311
hochohmig, Digitaloutput 125
Hold-Fehler 304
Hold-Zeit 281

I

I-Element, Attribute 375
I-Regelung 360
I-Regler 360
I-Regler, Attribute 375
I/O-Level 284
Iabs (Gleichrichtwert) 80
Iavg (arithm. Mittelwert) 80
IC (Initial Condition) 63, 83
IGBT 354
Imaginärteil 149
Impedanzniveau 217
Inconsistent Sections 109
infineon.lib 384
Information
 -Kontextmenü von Diagranmmen 134
Ini-Datei 363, 392
Initial Condition (IC) 63
Initialisieren, Flipflops 279
Initialize all flip-flop 280
Insulated Gate Bipolar Transistor 354
Internet
 -Modelle herunterladen 346
Interval, AC-Sweep 231
Irms (Effektivwert) 80

J

JFet 353, 380
Junction 30

K

Kaltleiter 182, 368
Kapazitätsdiode 354, 382
Klirrfaktor 225
Knoten 53
Knotenbezeichnungen
 -bei Analogsimulation 54
 -bei Digitalsimulation 118
Knotennamen 54
Knotennamen, überschreiben 79
Knotenpunkt 30
Knotenpunktpotenziale, Differenz 76
Kommunikationselektronik
 -Beispiele 317

Kompensation, Blindleistung 82
Kontextmenü 28
 -Probe-Diagramme 134
Konvergenzprobleme 78
Koordinatenachsen, linear, logarithmisch, dB 97

L

Label 78
 -für Datenleitungen 267, 287
 -im Stimulus-Command 277
Last Session 72
Laufzeiten 270
Laufzeittoleranzen 279, 281
Leistungen 81
Leistungsbandbreite 311
Leistungselektronik 317
Leistungsmesser 81, 372
Leitungen zeichnen 43
Lernvoraussetzungen 16
Leuchtdiode 368
Libraries 22
LIST 250
Lo-Element 117, 123
Location 19
Log 99
Logik-Analyse 113
 -dynamisch 118
 -statisch 130
logische Pegel 130
logische Zustände 114, 125
Löschen 24
 -gelöschte Größen erneut anzeigen 60
 -rückgängig 48, 50, 60
 -unerwünschte Stromangaben 49
LOT 245
Lötstelle 30

M

Macros 238
Main Sweep 167
Mark Data Points 104
Marker 133, 139
Markieren 24
 -berechnete Datenpunkte 104
markierten Bereich vergrößern 35, 44
Maßeinheiten 40
Massezeichen 30, 45
Maßvorsätze 40
MAX 250
Max(1) 239
Maximum Step Size 64, 66, 87
MC Options 248
MC Runs 248
Measurement Definitions 237
Measurements 238
Messergebnisse 311
Messfunktionen 237, 260
 -Bandwith (1,db_level) 240
 -Max(1) 239
 -verstehen 260
Messung vs. Simulation 311
MIN 250
Mirror Horizontally 25
Mirror Vertically 25
misc.olb 368

Mittelwert
  -arithmetischer 80
  -Effektivwert 80
  -Gleichrichtwert 80
Mixed-Mode-Simulation 118
MNTYMXDLY 282
model parameter 337
model type 337
Modellbibliothek
  -abmelden 342
  -anmelden 341
Modellbibliotheken 338
Modellbildung 359
Modelle
  -aus dem Internet laden 346
  -Temperaturverhalten modellieren 198
Modelle, einbinden 337
Modulationsindex 371
Monte-Carlo-Analyse 244, 262
  -Ergebnisse, statistische Verteilung 249
MOSFET 381, 384
Multi-Windows-Fähigkeit 138
Multi-Windows-Technik 133

N

N-Kanal-MOSFET 355
Nachstellzeit 361, 376, 377
nat_sem.lib 385
Nebensweep 167, 191
Netzliste 54
New Project 18
Noise 259
Noise Analysis 230
nom.lib 340
Nominal-Run 244, 254
NPN 352
ntc 182, 356, 358, 368
NTOT(ONOISE) 233
Number of Harmonics 258
nxp.lib 379

O

Oberschwingungen 318
Öffner 373
olb, Suffix für Bibliotheken 340
Operationsverstärker 354, 357, 368, 385, 386
Operatoren
  -mathematische 76
  -Probe 73, 364
  -Probe-Fenster 364
ORCAD-PSPICE, Attributfilter 78
Orthogonal-Modus 31
Ortskurve 149
Output Var 248
Output-File 53
Output-Window, Probe 136

P

P-Element 375
P-Element, Attribute 375
P-Kanal-MOSFET 354, 355
P-Regelung 360
P-Regler 360, 375
P-Regler, Attribute 375
P-Strecke 375

PARAM 184
Parameter 183
  -Anmeldung 185
PARAMETERS 185
  -Attributfenster 185
  -Pseudokomponente 184
Parametersatz
  -Diode 338
Parametric-Sweep
  -Available Sections 202
  -durchführen 218
  -Kurvenschar 206
Part List 23
parts.lib 388
PD-Regler 376
Pegel
  -logische 130
Performance-Analyse 235, 260
  -AC-Parametric-Sweep 236
  -Suchkriterien 236
Persistent-Hazard 305
Phasengang 97
Phasenreserve 359
PI-Regelung 361
PI-Regler 361, 376
PID-Regelung 362
PID-Regler 362, 377
Pinnamen 340
Platzieren, Bauteile 31, 42
Plot Window Templates 238
PNP 352
Positionieren, Bauteile 42
Positioniermodus 42
PROBE 53, 67
  -Bildschirmfarben ändern 363
  -Cursor 156
  -Cursor aktivieren 165
  -den Cursor steuern 166
  -Diagramme löschen 164
  -Diagrammstellen mit Koordinaten versehen 166
  -die Cursors den Diagrammen zuordnen 166
  -Farben des Bildschirms 67
  -Funktionen und Operatoren 364
  -Kontextmenü 134
  -Restore Last PROBE Session 165
  -Schaltflächen 162
  -Skalierung von x- und y-Achse ändern 164
  -Vergrößerung und Verkleinerung 165
PROBE-Cursor 156
  -Suchrichtung 159
  -zum nächsten Wendepunkt 159
  -zum relativen Maximum 159
  -zum relativen Minimum 159
PROBE-Diagramme 67
  -entflechten 150
  -Farbe ändern 133
  -Strichstärke ändern 133
  -übereinander darstellen 164
Probe-Fenster 53, 61, 67
  -Erscheinung ändern 133
  -Größe ändern 270
Product Folder 347
Programmierung, Stimulusfolgen 276
Projekt
  -anlegen 18
  -speichern 21
Projektmanager 20, 21
Propagation-Delay 281

Properties...
    -Kontextmenü von Diagrammen 134
Property, löschen 394
Property-Editor 33
Pseudokomponente 184
PSpice Reference Guide 363
PSpice Users Guide 363
PSpice-Modelle 359
PSpice.ini 363
PT1-Element 359, 377
PT2-Element, Attribute 378
ptc 182, 368

Q

Quellen 123, 369

R

R-2R-Netzwerk 326
RANGE 251
Rausch-Frequenzgang 232
Rauschabstand 230, 315
Rauschanalyse 259
Rauschen 230, 259
Rauschspannung 231
Rbreak 178, 180
Realteil 149
Reference Designator 32
Regelabweichung, bleibende 360
Regelkreis 360
Regelstrecke 359
Regelungstechnik 359
reglerparameter, Optimierung 359
Restricted 221
RISE 250
Rotieren, Bauteile 43
RUN, Monte-Carlo 251

S

sample.lib 368
Säulendiagramm 261
Scale 99
Schalt3Phase 374
Schalter 368, 372, 373, 374
Schaltfläche
    -Add as Global 341
    -Add Library... 343
    -Options 280
    -Remove Library 344
Schaltflächen
    -des Probe-Fensters 162
    -von CAPTURE 35
Schaltflächenleisten, Probe, verschieben 136
Schaltvorgänge 82
Schaltzeichen, an Modelle anbinden 344
Schaltzeichenbibliotheken 340
    -abmelden 343
    -anmelden 343
Scheinleistung 82
Schließer 373
Schottky-Diode 354, 382
Schottky-Dioden 382
Schrittweite der Simulation 64, 70, 87
Secondary Sweep 167, 191
SEED 251
Sensitivity-Analyse 243, 258

Session Log 392
Set Attribute 184
Setup
    -DC-Parametric-Sweep 199
    -Transienten-Analyse 66
    -Wechselstromanalyse 91
Setup-Fehler 305
Setup-Zeit 281
Show/Hide Currents on Selected Parts 50
Simulation starten 59
Simulation Status Window, Probe 136
Simulation vs. Messung 311
Simulationsergebnisse
    -im Probe-Fenster darstellen 88
    -mathematisch verknüpfen 67
Simulationslauf 244
Simulationsmodelle
    -aus dem Internet laden 346
    -Temperaturverhalten modellieren 198
Simulationsprofil 45, 74
Simulationsschrittweite 87
Skalierung von x- und y-Achse ändern 164
Slew Rate 313
Small Signal Characteristics 259
Snap to grid 34
Spannungsmesser 372
    -für AC-Analyse 89
    -Transienten-Analyse 80
Spannungsquellen
    -analog 369
    -digital 123
Speichern 41
Spektralanalyse 220, 224
spektrale Leistungsdichte 233
Spiegeln 43
Sprungantwort 375
Statistik 250
Statusbar, Probe 136
Sternschaltung 320
STIM1 123, 124
STIM16 123
STIM4 123, 266
STIM8 123
Stimulus 123
Stimulusfolgen 276
Stimulusquelle 123
Stimulussignal 124
Stochastik 249
Störabstand 116
Streuung 244, 251
Ströme, Zählrichtung 75
Strommesser 372
    -AC-Analyse 94
    -Transienten-Analyse 80
Subcircuit Nodes 69
Subcircuits 339
Sw_analog 374
Sw_perChange 62, 373
Sw_perClose 373
Sw_perOpen 373
Sweep Type 111
Sweepvariablen 168

T

Taktsignal 123
TC1 178, 337
TD 90

Temperatur Coefficient 178
Temperatur-Sweep 192
Temperaturbeiwert 178
Temperaturmessbrücke 178
Thermistor 358
Thyristor 356
Thyristorbrücke 317
Tile Horizontally 138
Tile Vertically 138
Time 66
Time Step 66, 126
Timing Mode 281
Timing-Hazard 289
Timing-Violations 300
TOL 245
Toleranz 261
Total Harmonic Distortion 227
Totzeitelement 378
Trace 67
Trace Color Scheme 72
Trace-Expression-Zeile 69
Trace-Expression-Zeile, editieren 88
Trace-Liste 68
Trägerfrequenz 371
Transfer Function 242, 259
Transfer-Analyse 242, 259
Transformator 317
Transienten-Analyse 61, 87
Transistoren, HF 383
Translator SCHEMATICS to CAPTURE 392
Triac 356, 357
TTL-Pegel 113
TTL-Technik 114
Typografie 16

U

Uabs (Gleichrichtwert) 80
Uavg (arithm. Mittelwert) 80
Überlappung 293
Umschalter 373
unbestimmte Zustände 115, 121
unbestimmter Zustand, Digitaloutput 125
Uniform 244
Universalfilter 323
Unterschaltkreise 69
Urms (Effektivwert) 80
User Defined 101

V

V(ONOISE) 233
V3Phase 374
VAMPL 90
Varicap 354
Varistor 356, 358
VDC 26
VDR 356
Verarmungstyp 355
Verdrahten 26, 28
Verdrahtungsmodus 28
Vergleich, Simulation und Messung 311
Vergrößern
    -Bildschirm ausfüllen 35, 44
    -digital 264, 288, 308
    -markierten Bereich 35, 44
    -PROBE 165
Verkleinern 35, 44

-ganze Arbeitsfläche anzeigen 44
    -PROBE 165
Verknüpfen, Probe-Ergebnisse 67
Verschieben 42
Verschieben, Probe-Schaltflächenleisten 136
Verschieben, Schaltzeichen 25
Verteilung 244
Verzerrungen 225
VEXP 371
View/Entire Page 44
View/Fit 44
View/In 44
View/Out 44
Violation 289
Vmeter_trans 80, 372
VOFF 90
Vorhaltezeit 362, 376, 377
Vorkenntnisse 16
Vorlage 19
Vorzeichen, Ströme 75
Vorzeichen, Ströme und Spannungen 88
VPULSE 86, 370
VPWL 313, 370
VPWL_ENH 370
VSFFM 371
VSIN 90, 369
VSIN, Attribute 73
VSRC 370

W

Wägeverfahren, AD-Umsetzung 333
Wechselschalter 373
Wechselstromanalyse 96
Width-Fehler 303
Wire 28
Wirkleistung 82
Wmeter_trans 81, 372
Worst-Case-Analyse 253, 262
    -Fenster 254

X

X Axis Settings 99
X, unbestimmter Zustand 123
x-Achse, Achsenvariable ändern 149, 172
x-Achse, linear und logarithmisch 99
X-Device 393

Y

y-Achse
    -benutzerdefiniert skalieren 142
    -eine zweite einfügen 71, 88
    -löschen 187
YMAX 250

Z

Z-Diode 353, 381, 388
Zählrichtung, Ströme 75
Zählrichtung von Strömen und Spannungen 88
Zählverfahren, AD-Umsetzung 329
Ziel-Funktion 237
Zoom 27, 35, 154
Zoom, digital 264, 288
Zusatzmodelle 379
Zustände, logische 125

Systemvoraussetzungen der OrCAD-Demoversion 16.0

PC Pentium 4 (32-Bit) oder vergleichbarer PC
512 MB RAM (besser 1GB)
300 MB Auslagerungsspeicher
ca. 900 MB Festplattenspeicher
WINDOWS-XP, WINDOWS-VISTA, WINDOWS 7

Ordnerstruktur nach der Installation:

Inhalt des Ordners capture:

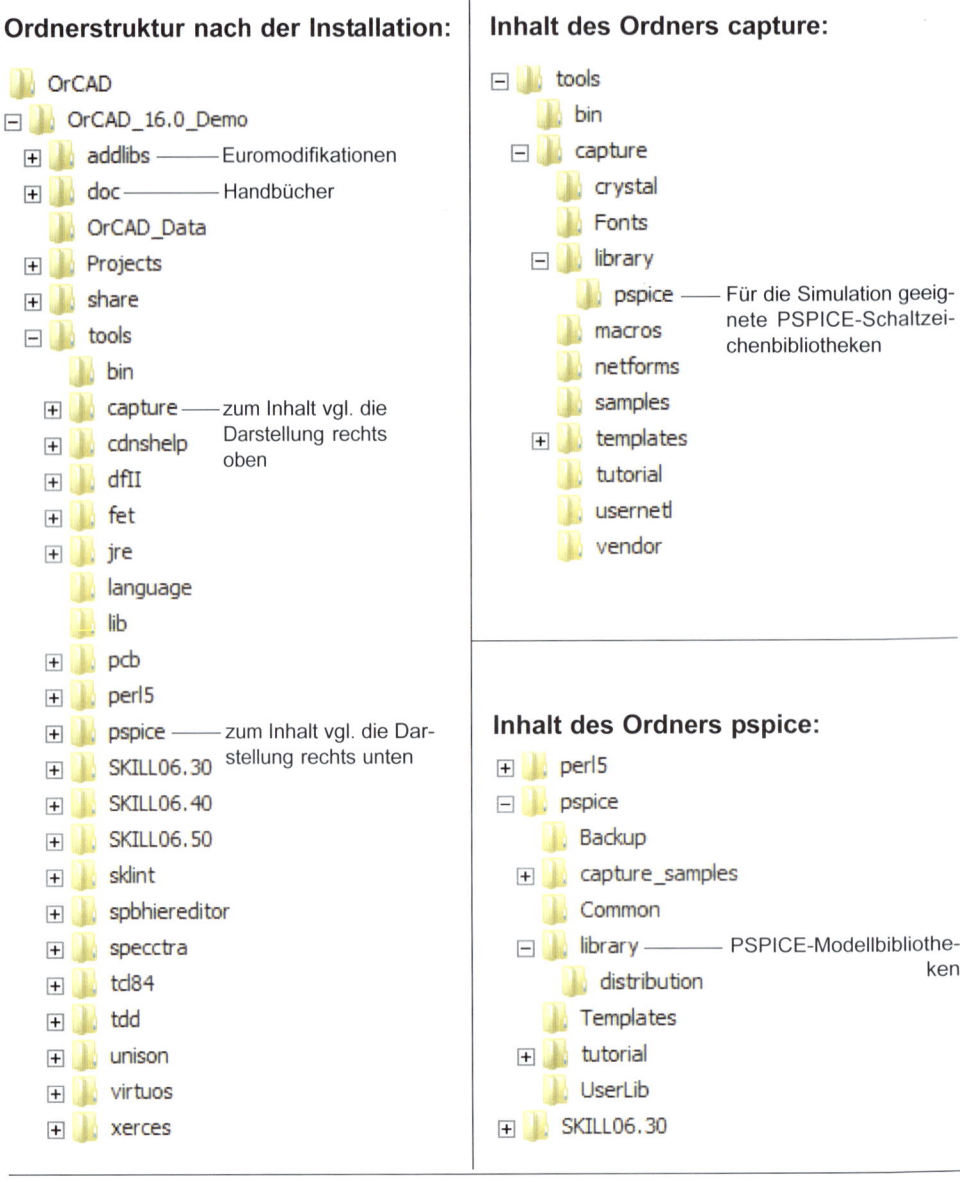

Inhalt des Ordners pspice:

Inhalt der CD zum Buch:

Selbstextrahierende ZIP-Datei *Heinemann_Auflage7.exe*